中 国 国 家 标 准 汇 编

2005 年修订-2

中 国 标 准 出 版 社

2 0 0 6

图书在版编目（CIP）数据

中国国家标准汇编．2：2005年修订/中国标准出版社总编室编．—北京：中国标准出版社，2006

ISBN 7-5066-4259-X

Ⅰ．中… Ⅱ．中… Ⅲ．国家标准-汇编-中国-2005 Ⅳ．T-652.1

中国版本图书馆CIP数据核字（2006）第113949号

中国标准出版社出版发行
北京复兴门外三里河北街16号
邮政编码:100045
网址 www.spc.net.cn
电话:68523946 68517548
中国标准出版社秦皇岛印刷厂印刷
各地新华书店经销

*

开本 880×1230 1/16 印张 41 字数 1 312 千字
2006年10月第一版 2006年10月第一次印刷

*

定价 180.00 元

ISBN 7-5066-4259-X

出 版 说 明

1.《中国国家标准汇编》是一部大型综合性国家标准全集，自 1983 年起，按国家标准顺序号以精装本、平装本两种装帧形式陆续分册汇编出版。《汇编》在一定程度上反映了我国建国以来标准化事业发展的基本情况和主要成就，是各级标准化管理机构，工矿企事业单位，农林牧副渔系统，科研、设计、教学等部门必不可少的工具书。

2. 由于标准的动态性，每年有相当数量的国家标准被修订，这些国家标准的修订信息无法在已出版的《汇编》中得到反映。为此，自 1995 年起，新增出版在上一年度被修订的国家标准的汇编本。

3. 修订的国家标准汇编本的正书名、版本形式、装帧形式与《中国国家标准汇编》相同，视篇幅分设若干册，但不占总的分册号，仅在封面和书脊上注明"2005 年修订-1，-2，-3，……"等字样，作为对《中国国家标准汇编》的补充。读者配套购买则可收齐前一年新制定和修订的全部国家标准。

4. 修订的国家标准汇编本的各分册中的标准，仍按顺序号由小到大排列(不连续)；如有遗漏的，均在当年最后一分册中补齐。

5. 2005 年度发布的修订国家标准分 20 册出版。本分册为"2005 年修订-2"，收入新修订的国家标准 54 项。

中国标准出版社

2006 年 9 月

目　　录

ICS 21.160
J 26

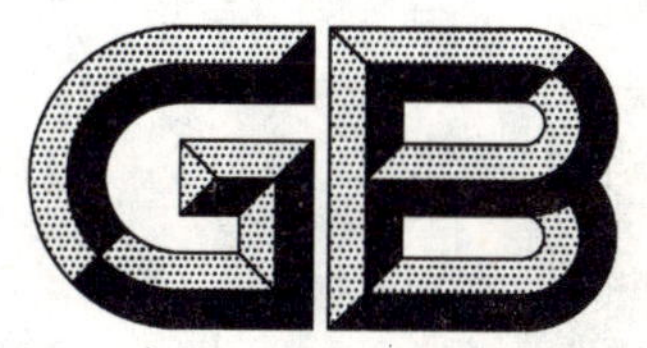

中华人民共和国国家标准

GB/T 1972—2005
代替 GB/T 1972—1992

碟形弹簧

Disc spring

2005-01-13 发布　　　　2005-08-01 实施

中华人民共和国国家质量监督检验检疫总局
中国国家标准化管理委员会　发布

前 言

本标准代替 GB/T 1972—1992《碟形弹簧》。本标准与 GB/T 1972—1992 相比主要变化如下：

——质量要求分为一级精度和二级精度；

——检验规则增加了 A 项(即关键项)；

——对检验规则进行了细化，增强了可操作性；

——原第 8 章并入附录 C《碟簧的设计计算及应用》；原附录 C 的内容并入第 4 章和第 5 章；

——试验方法具体化，统一了检测要求；

——内容表达及章节按 GB/T 1.1 进行了较大调整；

——按 GB/T 1.1 进行了编辑性修改。

本标准附录 A 为规范性附录，附录 B 和附录 C 为资料性附录。

本标准由中国机械工业联合会提出。

本标准由全国弹簧标准化技术委员会(CSBTS/TC235)归口。

本标准负责起草单位：机械科学研究院、扬州弹簧有限公司、扬州大学。

本标准参加起草单位：上海核工碟形弹簧制造有限公司、廊坊市双飞碟簧厂。

本标准主要起草人：姜膺、黄志福、周骥平、胡家骅、沈子建、高歧洲。

本标准所代替标准的历次版本发布情况为：

——GB/T 1972—1980；

——GB/T 1972—1992。

碟 形 弹 簧

1 范围

本标准规定了截面为矩形的碟形弹簧(以下简称碟簧)的结构型式、尺寸系列、技术要求、试验方法、检验规则和设计计算。

本标准适用于普通矩形截面碟簧。

本标准不适用于梯形截面碟簧、开槽形碟簧和膜片碟簧。

2 规范性引用文件

下列文件中的条款通过本标准的引用而成为本标准的条款。凡是注日期的引用文件，其随后所有的修改单(不包括勘误的内容)或修订版均不适用于本标准，然而，鼓励根据本标准达成协议的各方研究是否可使用这些文件的最新版本。凡是不注日期的引用文件，其最新版本适用于本标准。

GB/T 224 钢的脱碳层深度测定法

GB/T 230.1 金属洛氏硬度试验 第1部分：试验方法(A、B、C、D、E、F、G、H、K、N、T标尺)〔GB/T 230.1—2004，ISO 6508-1：1999，Metallic materials—Rockwell hardness test—Part 1：Test method (scales A、B、C、D、E、F、G、H、K、N、T)，MOD〕

GB/T 1222 弹簧钢

GB/T 2828.1 计数抽样检验程序 第1部分：按接收质量限(AQL)检索的逐批检验抽样计划(GB/T 2828.1—2003，ISO 2859-1：1999，IDT)

GB/T 3279 弹簧钢热轧薄钢板

GB/T 4340.1 金属维氏硬度试验 第1部分：试验方法(GB/T 4340.1—1999，eqv ISO 6507-1：1997)

YB/T 5058 弹簧钢、工具钢冷轧钢带

3 碟簧尺寸、参数名称、代号及单位

碟簧尺寸、参数名称、代号及单位按表1的规定。

表 1

尺寸、参数名称	代 号	单 位
外 径	D	mm
内 径	d	
中性径	D_0	
厚 度	t	
有支承面碟簧减薄厚度	t'	
单片碟簧的自由高度	H_0	
组合碟簧的自由高度	H_z	
无支承面碟簧压平时变形量的计算值 $h_0=H_0-t$	h_0	
有支承面碟簧压平时变形量的计算值 $h_0'=H_0-t'$	h_0'	
支承面宽度	b	

表 1(续)

尺寸、参数名称	代号	单位
单片碟簧压平时的计算高度	H_c	mm
组合碟簧压平时的计算高度	H_{zc}	
单片碟簧的负荷	F	N
压平时的碟簧负荷计算值	F_c	
与变形量 f_z 对应的组合碟簧负荷	F_z	
考虑摩擦时叠合组合碟簧负荷	F_R	
对应于碟簧变形量 $f_1, f_2, f_3, \cdots\cdots$ 的负荷	$F_1, F_2, F_3, \cdots\cdots$	
单片碟簧在 $f=0.75\ h_0$ 时的负荷	$F_f=0.75\ h_0$	
与碟簧负荷 $F_1, F_2, F_3, \cdots\cdots$ 对应的碟簧高度	$H_1, H_2, H_3, \cdots\cdots$	mm
单片碟簧的变形量	f	
对应于碟簧负荷 $F_1, F_2, F_3, \cdots\cdots$ 的变形量	$f_1, f_2, f_3, \cdots\cdots$	
不考虑摩擦力时叠合组合碟簧或对合组合碟簧的变形量	f_z	
负荷降低值(松弛)	ΔF	N
高度减少值(蠕变)	ΔH	mm
对合组合碟簧中对合碟簧片数或叠合组合碟簧中叠合碟簧组数	i	
叠合组合碟簧中碟簧片数	n	
碟簧刚度	F'	N/mm
碟簧变形能	U	N·mm
组合碟簧变形能	U_z	
直径比 $C=D/d$	C	
碟簧疲劳破坏时负荷循环作用次数	N	
摩擦系数	f_M, f_R	
弹性模量	E	N/mm²
泊松比	μ	
计算系数	K_1, K_2, K_3, K_4	
计算应力	σ	N/mm²
位置 OM、Ⅰ、Ⅱ、Ⅲ、Ⅳ处(见图 1)的计算应力	$\sigma_{OM}, \sigma_{Ⅰ}, \sigma_{Ⅱ}, \sigma_{Ⅲ}, \sigma_{Ⅳ}$	
变负荷作用时计算上限应力	σ_{max}	
变负荷作用时计算下限应力	σ_{min}	
变负荷作用时对应于工作行程的计算应力幅	σ_a	
疲劳强度上限应力	$\sigma_{r\,max}$	
疲劳强度下限应力	$\sigma_{r\,min}$	
疲劳强度应力幅	σ_{ra}	
质量	m	kg

注：中性径指碟簧截面翻转点(中性点)所在圆直径。$D_0=(D-d)/\ln(D/d)$。

4 结构型式、产品分类及尺寸系列

4.1 型式

碟形弹簧根据厚度分为无支承面碟簧和有支承面碟簧，见图1和表2。

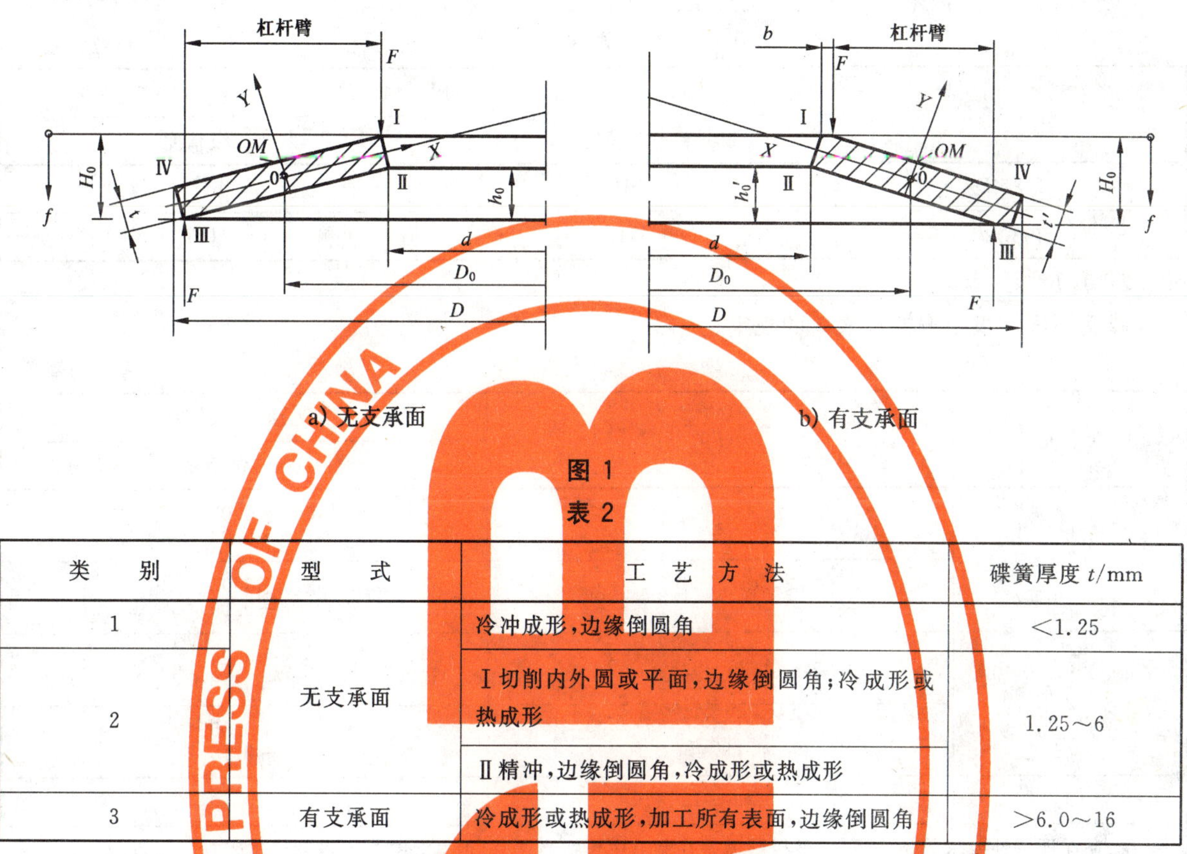

a) 无支承面　　b) 有支承面

图 1

表 2

类　别	型　式	工　艺　方　法	碟簧厚度 t/mm
1	无支承面	冷冲成形，边缘倒圆角	<1.25
2	无支承面	Ⅰ切削内外圆或平面，边缘倒圆角；冷成形或热成形	1.25～6
2	无支承面	Ⅱ精冲，边缘倒圆角，冷成形或热成形	1.25～6
3	有支承面	冷成形或热成形，加工所有表面，边缘倒圆角	>6.0～16

4.2 产品分类

碟形弹簧根据工艺方法分为1、2、3三类，每个类别的型式，工艺方法和碟簧厚度见表2；根据 D/t 及 h_0/t 的比值不同分为A、B、C三个系列，每个系列的比值范围见表3。

表 3

系　列	比值 D/t	比值 h_0/t	备　注
A	≈18	≈0.4	材料弹性模量 E=206 000 N/mm^2；泊松比 μ=0.3
B	≈28	≈0.75	
C	≈40	≈1.3	

4.3 尺寸系列

常用碟簧尺寸系列按附录A；非常用碟簧尺寸系列参见附录B。

5 技术要求

5.1 材料

5.1.1 碟簧材料的弹性模量 E=206 000 N/mm^2。

5.1.2 碟簧材质为60Si2MnA及50CrVA，其化学成分应符合GB/T 1222的规定。

5.1.3 碟簧应采用符合YB/T 5058及GB/T 3279规定的带、板材或符合GB/T 1222要求的锻造坯料

(锻造比不得小于2)制造。若采用其他材料时,可由供需双方协议规定。

5.1.4 材料必须有材料制造商的质量保证书,并经复检合格后方可使用。

5.2 尺寸的极限偏差

5.2.1 直径

碟簧内、外径的极限偏差按表4的规定。

表4

单位为毫米

项目	极限偏差	
	一级精度	二级精度
外径 D	h12	h13
内径 d	H12	H13

5.2.2 厚度

碟簧厚度的极限偏差按表5的规定。

表5

单位为毫米

类别	$t(t')$	$t(t')$的极限偏差
		一、二级精度
1	0.2~0.6	+0.02 −0.06
	>0.6~<1.25	+0.03 −0.09
2	1.25~3.8	+0.04 −0.12
	>3.8~6	+0.05 −0.15
3	>6~16	±0.10

注:在保证特性要求的条件下,厚度极限偏差在制造中作适当调整,但其公差带不得超出本表规定的范围。

5.2.3 自由高度

碟簧自由高度的极限偏差按表6的规定。

表6

单位为毫米

类别	$t(t')$	H_0的极限偏差
		一、二级精度
1	<1.25	+0.10 −0.05
2	1.25~2	+0.15 −0.08
	>2~3	+0.20 −0.10
	>3~6	+0.30 −0.15
3	>6~16	±0.30

注:在保证特性要求的条件下,自由高度极限偏差在制造中可作适当调整,但其公差带不得超出本表规定的范围。

5.3 碟簧特性的极限偏差

5.3.1 单片碟簧

碟簧在 $H_0-0.75h_0$ 高度时负荷的极限偏差按表7的规定。

表 7

类别	t/mm	$H_0-0.75\ h_0$ 高度时负荷的极限偏差/%	
		一级精度	二级精度
1	<1.25	+25.0 − 7.5	+30 −10
2	1.25～3	+15.0 − 7.5	+20 −10
	>3～6	+10 − 5	+15.0 − 7.5
3	>6～16	±5	±10

5.3.2 **组合碟簧**

组合碟簧的加载特性和卸载特性参照附录 C.4.5 由供需双方协议规定。

5.4 **表面粗糙度**

碟簧表面粗糙度按表 8 的规定。

表 8

单位为微米

类别	工艺方法	表面粗糙度 Ra	
		上、下表面	内、外圆
1	冷冲成形，边缘倒圆角	3.2	12.5
2	Ⅰ切削内外圆或平面，边缘倒圆角；冷成形或热成形	6.3	6.3
	Ⅱ精冲，边缘倒圆角，冷成形或热成形	6.3	3.2
3	冷成形或热成形，加工所有表面，边缘倒圆角	12.5	12.5

5.5 **表面质量**

碟簧表面不允许有对使用有害的毛刺、裂纹、伤痕等缺陷。

5.6 **热处理**

5.6.1 碟簧成形后，必须进行淬火、回火处理，淬火次数不得超过两次。

5.6.2 热处理硬度在 42 HRC～52 HRC 范围内。

5.6.3 经热处理的碟簧，其单面脱碳层深度：1 类碟簧，不应超过其厚度的 5%；2、3 类碟簧，不应超过其厚度的 3%（最大不超过 0.15 mm）。

5.7 **强压处理**

5.7.1 碟簧应进行强压处理，处理方法为：用不小于两倍的 $f\approx0.75\ h_0$ 时的负荷压缩碟簧，持续时间不少于 12 h，或短时压缩，压缩次数不少于 5 次。

5.7.2 碟簧经强压处理后，自由高度尺寸应稳定，在规定的试验条件下，其自由高度应在表 5 规定的极限偏差范围内。其永久变形量小于自由高度的 0.3%。

5.8 **表面防腐处理**

碟簧表面一般采用氧化方法进行处理，若采用其他防腐处理（如磷化、电镀等），由供需双方协议商定。

5.9 **表面强化处理**

对用于承受变负荷的碟簧，推荐进行表面强化处理，强化处理的要求由供需双方协议规定。

5.10 **其他**

碟簧有特殊技术要求（如疲劳、松弛和儒变等）时，由供需双方协议规定。

6 试验方法

碟簧的几何尺寸、特性、疲劳试验应在永久变形检验后进行。

6.1 几何尺寸

6.1.1 厚度

碟簧的厚度用千分尺在碟簧中心处沿圆周测量至少3点，取最大值。

6.1.2 直径

碟簧的直径用分度值小于0.02 mm的游标卡尺测量，圆周范围内至少测量3点，外径取最大值，内径取最小值。

6.1.3 自由高度

碟簧的自由高度在二级精度平台上，用分度值小于0.02 mm的游标深度尺测量。圆周范围内至少测量3点，取最大值。

6.2 特性

6.2.1 负荷

6.2.1.1 单片碟簧

单片碟簧的负荷在精度不低于1%的试验机上进行，测量加载到 $H_0-0.75\ h_0$ 时的负荷或 $H_0-0.75h_0\cdot i$（$i\leqslant 10$ 片，对合组合）时的负荷，试验时要用润滑剂，两端的压板硬度必须在52 HRC以上，表面粗糙度 $Ra<1.6\ \mu m$。

6.2.1.2 组合碟簧

组合碟簧的负荷在精度不低于1%的试验机上进行，测量加载和卸载到 $H_z-0.75\ h_0\cdot i$（即指定高度）时的负荷。试验时要用润滑剂，两端的压板硬度必须在52 HRC以上，表面粗糙度 $Ra<1.6\ \mu m$；导向件应符合附录C的要求。组合碟簧的试验要求由供需双方协议规定。

6.2.2 永久变形

碟簧的永久变形在试验机上用两倍的 $f\approx 0.75\ h_0$ 时的负荷将成品碟簧压缩3次，测量第2次和第3次压缩后的自由高度，其差值即为永久变形量。永久变形检验后碟簧的自由高度应在表6规定的极限偏差范围内。

6.2.3 硬度

碟簧硬度按GB/T 230.1或GB/T 4340.1的规定。厚度<1 mm，在维氏（或表面洛氏）硬度计上进行；厚度≥1 mm，在洛氏硬度计上进行。试验压痕应在碟簧上表面的中心处。每件打4点，第1点不考核，取后3点的平均值。

6.2.4 脱碳检验

碟簧脱碳层深度按GB/T 224的规定进行。

6.3 表面质量

碟簧的表面质量用10倍放大镜，目测检查。

6.4 表面粗糙度

碟簧的表面粗糙度用粗糙度比较样块检验。

6.5 防腐

碟簧表面防腐按选定防腐方法的相关规定检验。

6.6 疲劳试验

6.6.1 单片碟簧

单片碟簧在疲劳试验机上用等幅正弦波负荷进行试验。试验可以单片进行，也可以由小于或等于

10 片的样本对合成一组进行。组合试验必须使用符合附录 C 中 C.7 要求的工装。试验前必须加预压，其单片变形量 $f_0=(0.15\sim0.2)h_0$，应力振幅根据寿命要求按图 C.9～图 C.11 确定。

6.6.2 组合碟簧

组合碟簧的疲劳试验由供需双方协议规定。

7 检验规则

7.1 缺陷分类

7.1.1 A 缺陷项目：疲劳，脱碳，硬度。

7.1.2 B 缺陷项目：$H_0-0.75\ h_0$ 时负荷，内径、外径、永久变形。

7.1.3 C 缺陷项目：厚度，自由高度，表面质量，表面粗糙度。

7.2 检查水平

碟簧产品检查水平按 GB/T 2828.1 中特殊检查水平 S-4。

7.3 样本大小字码

样本大小字码根据提交检查批的批量和特殊检查水平 S-4 确定，见表 9。

表 9

批　量　范　围	检查水平　S-4
	字码
2～8	A
16～25	B
26～90	C
91～150	D
151～500	E
501～1 200	F
1 201～10 000	G
10 001～35 000	H
35 001～500 000	J
≥500 001	K

7.4 抽样方案

7.4.1 A 缺陷项目样本抽取

A 缺陷项目样本的抽取不限交货批量大小，疲劳试验样本为 1 个（或由 1 片～10 片对合组合成为一组），脱碳样本为 2 片，硬度样本为 2 片（可与脱碳样本共用）。

7.4.2 B、C 缺陷项目样本抽取

7.4.2.1 当交货批量为 2 片～1 200 片时，B、C 缺陷项目样本抽取可采用一次正常检查抽样方案，见表 10。

7.4.2.2 当交货批量为 1 201 片～10 000 片时，B、C 缺陷项目样本抽取可采用二次正常检查抽样方案，见表 11。

7.4.2.3 当交货批量为大于 10 000 片时，B、C 缺陷项目样本抽取可采用五次正常检查抽样方案，见表 12。

表 10

样本大小字码	样本大小	合格质量水平 AQL			
		4.0		6.5	
		Ac	Re	Ac	Re
A	2	0	1	0	1
B	3	0	1	0	1
C	5	0	1	1	2
D	8	1	2	1	2
E	13	1	2	2	3
F	20	2	3	3	4

表 11

样本大小字码	样本	样本大小	累计样本大小	合格质量水平 AQL			
				4.0		6.5	
				Ac	Re	Ac	Re
G	第一	20	20	1	3	2	5
	第二	20	40	4	5	6	7

表 12

样本大小字码	样本	样本大小	累计样本大小	合格质量水平 AQL			
				4.0		6.5	
				Ac	Re	Ac	Re
H	第一	13	13	#	3	#	4
	第二	13	26	0	3	1	5
	第三	13	39	1	4	2	6
	第四	13	52	2	5	4	7
	第五	13	65	4	5	6	7
J	第一	20	20	#	4	0	4
	第二	20	40	1	5	2	7
	第三	20	60	2	6	4	9
	第四	20	80	4	7	6	11
	第五	20	100	6	7	10	11
K	第一	32	32	0	4	0	6
	第二	32	64	2	7	3	9
	第三	32	96	4	9	7	12
	第四	32	128	6	11	11	15
	第五	32	160	10	11	15	16

注：#——此样本是不允许接收。

7.5 合格质量水平

7.5.1 A缺陷项目

在检验中，若有1片碟簧质量不合格，相应的检验允许重复进行一次，样本数为第一次抽样的2倍，如果复检仍有1片不合格，则判该批碟簧不合格。

7.5.2 B缺陷项目

合格质量水平为4.0。

7.5.3 C缺陷项目

合格质量水平为6.5。

7.6 检验分类

检验分交付检验和型式检验。

7.6.1 交付检验

产品交付时须经制造商质量检验部门按本标准的规定检验合格，并签发合格证后方可交付。

7.6.2 型式检验

7.6.2.1 有下列情况之一时，应进行型式检验：

a) 新产品试制鉴定时；

b) 正式生产后，材料、工艺有较大改变，可能影响产品性能时；

c) 产品停产两年后，恢复生产时。

7.6.2.2 型式检验项目为：A缺陷项目中的脱碳、硬度及B、C缺陷项目。

7.7 其他

对产品验收有特殊要求时，可由供需双方协议规定。

8 标志、包装、运输、贮存

8.1 碟簧在包装前应清理干净。

8.2 碟簧可用简易包装或集装箱运输，并应包装可靠。

8.3 包装箱内应附有产品合格证，合格证包括下列内容：

a) 制造商名称；

b) 产品名称、规格；

c) 执行标准；

d) 制造日期或生产批号；

e) 技术检查部门签章。

8.4 包装箱外部标明：

a) 制造商名称、商标及地址；

b) 产品名称、规格或批号、零件号；

c) 片数；

d) 毛重；

e) 收货单位及地址；

f) 装箱日期。

8.5 产品应贮存在通风和干燥的仓库内，在正常保管情况下，自发出之日起12个月内不锈蚀。

8.6 对标志、包装、运输与贮存有特殊要求，应由供需双方协议规定。

附 录 A
（规范性附录）
常用碟簧尺寸系列

A.1 常用碟簧尺寸系列见表 A.1～表 A.3。

表 A.1 系列 A $D/t \approx 18$；$h_0/t \approx 0.4$；$E=206\ 000\ \text{N/mm}^2$；$\mu=0.3$

类别	D/mm	d/mm	$t(t')$[a]/mm	h_0/mm	H_0/mm	$f \approx 0.75\ h_0$					Q/(kg/1 000 片)
						f/mm	(H_0-f)/mm	F/N	σ_{OM}[b]/(N/mm²)	σ_{II}、σ_{III}[c]/(N/mm²)	
1	8	4.2	0.4	0.2	0.6	0.15	0.45	210	−1 200	1 220*	0.114
	10	5.2	0.5	0.25	0.75	0.19	0.56	329	−1 210	1 240*	0.225
	12.5	6.2	0.7	0.3	1	0.23	0.77	673	−1 280	1 420*	0.508
	14	7.2	0.8	0.3	1.1	0.23	0.87	813	−1 190	1 340*	0.711
	16	8.2	0.9	0.35	1.25	0.26	0.99	1 000	−1 160	1 290*	1.050
	18	9.2	1	0.4	1.4	0.3	1.1	1 250	−1 170	1 300*	1.480
	20	10.2	1.1	0.45	1.55	0.34	1.21	1 530	−1 180	1 300*	2.010
2	22.5	11.2	1.25	0.5	1.75	0.38	1.37	1 950	−1 170	1 320*	2.940
	25	12.2	1.5	0.55	2.05	0.41	1.64	2 910	−1 210	1 410*	4.400
	28	14.2	1.5	0.65	2.15	0.49	1.66	2 850	−1 180	1 280*	5.390
	31.5	16.3	1.75	0.7	2.45	0.53	1.92	3 900	−1 190	1 320*	7.840
	35.5	18.3	2	0.8	2.8	0.6	2.2	5 190	−1 210	1 330*	11.40
	40	20.4	2.25	0.9	3.15	0.68	2.47	6 540	−1 210	1 340	16.40
	45	22.4	2.5	1	3.5	0.75	2.75	7 720	−1 150	1 300*	23.50
	50	25.4	3	1.1	4.1	0.83	3.27	12 000	−1 250	1 430*	34.30
	56	28.5	3	1.3	4.3	0.98	3.32	11 400	−1 180	1 280*	43.00
	63	31	3.5	1.4	4.9	1.05	3.85	15 000	−1 140	1 300*	64.90
	71	36	4	1.6	5.6	1.2	4.4	20 500	−1 200	1 330*	91.80
	80	41	5	1.7	6.7	1.28	5.42	33 700	−1 260	1 460*	145.0
	90	46	5	2	7	1.5	5.5	31 400	−1 170	1 300*	184.5
	100	51	6	2.2	8.2	1.65	6.55	48 000	−1 250	1 420*	273.7
	112	57	6	2.5	8.5	1.88	6.62	43 800	−1 130	1 240*	343.8
3	125	64	8(7.5)	2.6	10.6	1.95	8.65	85 900	−1 280	1 330*	533.0
	140	72	8(7.5)	3.2	11.2	2.4	8.8	85 300	−1 260	1 280*	666.6
	160	82	10(9.4)	3.5	13.5	2.63	10.87	139 000	−1 320	1 340*	1 094
	180	92	10(9.4)	4	14	3	11	125 000	−1 180	1 200	1 387
	200	102	12(11.25)	4.2	16.2	3.15	13.05	183 000	−1 210	1 230*	2 100
	225	112	12(11.25)	5	17	3.75	13.25	171 000	−1 120	1 140	2 640
	250	127	14(13.1)	5.6	19.6	4.2	15.4	249 000	−1 200	1 220	3 750

a 表中给出的 t 是碟簧厚度的公称数值，t' 是第 3 类碟簧的实际厚度。

b σ_{OM} 是碟簧上表面 OM 点的计算应力。

c 有“*”号的数值是在位置Ⅱ处的最大计算拉应力，无“*”号的数值是在位置Ⅲ处的最大计算拉应力。

表 A.2 系列 B $D/t \approx 28$；$h_0/t \approx 0.75$；$E = 206\ 000\ N/mm^2$；$\mu = 0.3$

类别	D/mm	d/mm	$t(t')$[a]/mm	h_0/mm	H_0/mm	$f \approx 0.75\ h_0$					Q/(kg/1 000 片)
						f/mm	(H_0-f)/mm	F/N	σ_{OM}[b]/(N/mm²)	σ_{II}、σ_{III}[c]/(N/mm²)	
1	8	4.2	0.3	0.25	0.55	0.19	0.36	119	−1 140	1 330	0.086
1	10	5.2	0.4	0.3	0.7	0.23	0.47	213	−1 170	1 300	0.180
1	12.5	6.2	0.5	0.35	0.85	0.26	0.59	291	−1 000	1 110	0.363
1	14	7.2	0.5	0.4	0.9	0.3	0.6	279	−970	1 100	0.444
1	16	8.2	0.6	0.45	1.05	0.34	0.71	412	−1 010	1 120	0.698
1	18	9.2	0.7	0.5	1.2	0.38	0.82	572	−1 040	1 130	1.030
1	20	10.2	0.8	0.55	1.35	0.41	0.94	745	−1 030	1 110	1.460
1	22.5	11.2	0.8	0.65	1.45	0.49	0.96	710	−962	1 080	1.880
1	25	12.2	0.9	0.7	1.6	0.53	1.07	868	−938	1 030	2.640
1	28	14.2	1	0.8	1.8	0.6	1.2	1 110	−961	1 090	3.590
2	31.5	16.3	1.25	0.9	2.15	0.68	1.47	1 920	−1 090	1 190	5.600
2	35.5	18.3	1.25	1	2.25	0.75	1.5	1 700	−944	1 070	7.130
2	40	20.4	1.5	1.15	2.65	0.86	1.79	2 620	−1 020	1 130	10.95
2	45	22.4	1.75	1.3	3.05	0.98	2.07	3 660	−1 050	1 150	16.40
2	50	25.4	2	1.4	3.4	1.05	2.35	4 760	−1 060	1 140	22.90
2	56	28.5	2	1.6	3.6	1.2	2.4	4 440	−963	1 090	28.70
2	63	31	2.5	1.75	4.25	1.31	2.94	7 180	−1 020	1 090	46.40
2	71	36	2.5	2	4.5	1.5	3	6 730	−934	1 060	57.70
2	80	41	3	2.3	5.3	1.73	3.57	10 500	−1 030	1 140	87.30
2	90	46	3.5	2.5	6	1.88	4.12	14 200	−1 030	1 120	129.1
2	100	51	3.5	2.8	6.3	2.1	4.2	13 100	−926	1 050	159.7
2	112	57	4	3.2	7.2	2.4	4.8	17 800	−963	1 090	229.2
2	125	64	5	3.5	8.5	2.63	5.87	30 000	−1 060	1 150	355.4
2	140	72	5	4	9	3	6	27 900	−970	1 100	444.4
2	160	82	6	4.5	10.5	3.38	7.12	41 100	−1 000	1 110	698.3
2	180	92	6	5.1	11.1	3.83	7.27	37 500	−895	1 040	885.4
3	200	102	8(7.5)	5.6	13.6	4.2	9.4	76 400	−1 060	1 250	1 369
3	225	112	8(7.5)	6.5	14.5	4.88	9.62	70 800	−951	1 180	1 761
3	250	127	10(9.4)	7	17	5.25	11.75	119 000	−1 050	1 240	2 687

a 表中给出的 t 是碟簧厚度的公称数值，t' 是第 3 类碟簧的实际厚度。

b σ_{OM} 是碟簧上表面 OM 点的计算应力。

c 有“*”号的数值是在位置Ⅱ处的最大计算拉应力，无“*”号的数值是在位置Ⅲ处的最大计算拉应力。

表 A.3 系列 C $D/t\approx40;h_0/t\approx1.3;E=206\ 000\ N/mm^2;\mu=0.3$

类别	D/ mm	d/ mm	t(t′)[a]/ mm	h_0/ mm	H_0/ mm	$f\approx0.75\ h_0$ f/ mm	(H_0-f)/ mm	F/ N	σ_{OM}[b]/ (N/mm²)	σ_{II}、σ_{III}[c]/ (N/mm²)	Q/ (kg/1 000 片)
1	8	4.2	0.2	0.25	0.45	0.19	0.26	39	−762	1 040	0.057
	10	5.2	0.25	0.3	0.55	0.23	0.32	58	−734	980	0.112
	12.5	6.2	0.35	0.45	0.8	0.34	0.46	152	−944	1 280	0.251
	14	7.2	0.35	0.45	0.8	0.34	0.46	123	−769	1 060	0.311
	16	8.2	0.4	0.5	0.9	0.38	0.52	155	−751	1 020	0.466
	18	9.2	0.45	0.6	1.05	0.45	0.6	214	−789	1 110	0.661
	20	10.2	0.5	0.65	1.15	0.49	0.66	254	−772	1 070	0.912
	22.5	11.2	0.6	0.8	1.4	0.6	0.8	425	−883	1 230	1.410
	25	12.2	0.7	0.9	1.6	0.68	0.92	601	−936	1 270	2.060
	28	14.2	0.8	1	1.8	0.75	1.05	801	−961	1 300	2.870
	31.5	16.3	0.8	1.05	1.85	0.79	1.06	687	−810	1 130	3.580
	35.5	18.3	0.9	1.15	2.05	0.86	1.19	831	−779	1 080	5.140
	40	20.4	1	1.3	2.3	0.98	1.32	1 020	−772	1 070	7.300
2	45	22.4	1.25	1.6	2.85	1.2	1.65	1 890	−920	1 250	11.70
	50	22.4	1.25	1.6	2.85	1.2	1.65	1 550	−754	1 040	14.30
	56	28.5	1.5	1.95	3.45	1.46	1.99	2 620	−879	1 220	21.50
	63	31	1.8	2.35	4.15	1.76	2.39	4 240	−985	1 350	33.40
	71	36	2	2.6	4.6	1.95	2.65	5 140	−971	1 340	46.20
	80	41	2.25	2.95	5.2	2.21	2.99	6 610	−982	1 370	65.50
	90	46	2.5	3.2	5.7	2.4	3.3	7 680	−935	1 290	92.20
	100	51	2.7	3.5	6.2	2.63	3.57	8 610	−895	1 240	123.2
	112	57	3	3.9	6.9	2.93	3.97	10 500	−882	1 220	171.9
	125	61	3.5	4.5	8	3.38	4.62	15 100	−956	1 320	248.9
	140	72	3.8	4.9	8.7	3.68	5.02	17 200	−904	1 250	337.7
	160	82	4.3	5.6	9.9	4.2	5.7	21 800	−892	1 240	500.4
	180	92	4.8	6.2	11	4.65	6.35	26 400	−869	1 200	708.4
	200	102	5.5	7	12.5	5.25	7.25	36 100	−910	1 250	1 004
3	225	112	6.5(6.2)	7.1	13.6	5.33	8.27	44 600	−840	1 140	1 456
	250	127	7(6.7)	7.8	14.8	5.85	8.95	50 500	−814	1 120	1 915

a 表中给出的 t 是碟簧厚度的公称数值，t' 是第 3 类碟簧的实际厚度。

b σ_{OM} 是碟簧上表面 OM 点的计算应力。

c 有“*”号的数值是位置Ⅱ处的最大计算拉应力，无“*”号的数值是位置Ⅲ处的最大计算拉应力。

A.2 标记示例

A.2.1 一级精度，系列 A，外径 D=100 mm 的碟簧；标记为：碟簧 A 100-1 GB/T 1972

A.2.2 二级精度，系列 B，外径 D=100 mm 的碟簧；标记为：碟簧 B 100 GB/T 1972

附 录 B
（资料性附录）
非常用碟簧尺寸系列

B.1 非常用碟簧尺寸系列见表 B.1。

表 B.1

类别	D/mm	d/mm	$t(t')$[a]/mm	H_0/mm	h_0/mm	(h_0/t) h_0'/t'	$f=h_0$	$f\approx 0.75\ h_0$				Q/(kg/1 000 片)
							σ_{OM}[b]/(N/mm²)	f/mm	(H_0-f)/mm	F/N	σ[c]/(N/mm²)	
	260	131	14(12.9)	19.5	5.5	0.51	−1 444	4.125	15.375	224 687	1 122	4 012
	260	131	11.5(10.6)	18	6.5	0.70	−1 392	4.875	13.125	150 851	1 188	3 296
	260	131	9(8.3)	15.5	6.5	0.87	−1 076	4.875	10.625	74 483	986	2 581
	270	136	15(13.8)	21	6	0.52	−1 565	4.5	16.500	279 693	1 223	4 629
	270	136	13(12)	19	6	0.58	−1 351	4.5	14.500	183 541	1 087	4 025
	270	136	10(9.2)	17.5	7.5	0.90	−1 276	5.625	11.875	109 946	1 189	3 086
	280	142	16(14.75)	22	6	0.49	−1 560	4.5	17.500	315 987	1 202	5 296
	280	142	13(12)	20.5	7.5	0.71	−1 566	5.625	14.875	218 086	1 341	4 309
	280	142	10(9.2)	17.5	7.5	0.90	−1 192	5.625	11.875	102 681	1 113	3 304
	290	147	16(14.75)	22	6	0.49	−1 454	4.500	17.500	294 484	1 120	5 683
	290	147	13(12)	20.5	7.5	0.71	−1 459	5.625	14.875	203 246	1 249	4 623
	290	147	10.5(9.7)	18.5	8	0.91	1 244	6.000	12.500	118 434	1 161	3 737
	300	152	16(14.75)	22.5	6.5	0.53	−1 469	4.875	17.625	299 199	1 151	6 084
3	300	152	13.5(12.45)	21	7.5	0.69	−1 417	5.625	15.375	211 867	1 202	5 135
	300	152	11(10.15)	19	8	0.87	−1 220	6.000	13.000	126 270	1 122	4 168
	315	162	18(16.9)	25	7	0.48	−1 629	5.250	19.750	419 031	1 236	7 613
	315	162	15(13.8)	23.5	8.5	0.7	−1 635	6.375	17.125	297 519	1 380	6 209
	315	162	12(11.05)	21	9	0.9	−1 368	6.750	14.250	169 652	1 283	4 972
	330	167	17(15.65)	24	7	0.53	−1 469	5.250	18.750	378 013	1 108	8 451
	330	167	15(13.8)	23.5	8.5	0.70	−1 473	6.375	17.125	272 522	1 259	6 893
	330	167	12(11.05)	21	9	0.90	−1 234	6.000	15.000	153 045	1 150	5 519
	340	172	18(16.6)	25	7	0.51	−1 384	5.250	19.750	356 028	1 045	8 962
	340	172	15(13.8)	23.5	8.5	0.70	−1 387	6.375	17.125	256 672	1 186	7 318
	340	172	12(11.05)	21	9	0.90	−1 162	6.750	14.250	144 144	1 083	5 860
	355	182	19(17.5)	27	8	0.54	−1 626	6.000	21.000	516 889	1 275	10 568
	355	182	16.5(15.2)	26	9.5	0.71	−1 576	7.125	18.875	353 672	1 359	8 706
	355	182	13(12)	23	10	0.92	−1 239	7.500	15.500	189 116	1 218	6 873

表 B.1(续)

类别	D/mm	d/mm	$t(t')$[a]/mm	H_0/mm	h_0/mm	(h_0/t) h_0'/t'	$f=h_0$	$f\approx0.75\ h_0$				Q/(kg/1 000 片)
							σ_{OM}[b]/(N/mm²)	f/mm	(H_0-f)/mm	F/N	σ[c]/(N/mm²)	
3	370	187	20(18.45)	28	8	0.52	−1 484	6.000	22.000	471 668	1 157	11 595
	370	187	16.5(15.2)	26	9.5	0.71	−1 438	7.125	18.875	322 730	1 233	9 552
	370	187	13(12)	23	10	0.92	−1 180	7.500	15.500	172 570	1 105	7 541
	380	192	20(18.45)	28.5	8.5	0.54	−1 492	6.375	22.125	476 530	1 179	12 232
	380	192	17(15.65)	27	10	0.73	−1 478	7.500	19.500	352 946	1 275	10 376
	380	192	13.5(12.45)	23.5	10	0.89	−1 163	7.500	16.000	182 062	1 077	8 254
	400	202	21(19.35)	29.5	8.5	0.52	−1 416	6.375	23.125	496.432	1 108	14 220
	400	202	18(16.6)	28	10	0.69	−1 416	7.500	20.500	375 905	1 168	12 420
	400	202	14(12.9)	24.5	10.5	0.90	−1 142	7.875	16.625	192 737	1 062	9 480
	420	212	22(20.25)	31	9	0.53	−1 423	6.750	24.250	548 308	1 118	6 412
	420	212	19(17.5)	29.5	10.5	0.69	−1 422	7.875	21.625	420 725	1 204	14 183
	420	212	15(13.8)	26	11	0.88	−1 163	8.250	17.750	224 394	1 076	11 185
	440	222	23(21.1)	32.5	9.5	0.54	−1 431	7.125	25.375	602 805	1 132	18 775
	440	222	20(18.45)	31.5	11.5	0.71	−1 491	8.625	22.875	491 415	1274	16 416
	440	222	16(14.75)	28	12	0.90	−1 232	9.000	19.000	271 589	1 145	13 124
	450	227	25(23.05)	36	11	0.56	−1 718	8.250	27.750	859 748	1 369	21 455
	450	227	21(19.35)	33	12	0.71	−1 562	9.000	24.000	567 109	1 334	18 011
	450	227	16(14.75)	28	12	0.90	−1 178	9.000	19.000	259 623	1 095	13 729
	480	242	26(23.95)	36	10	0.50	−1 432	7.500	28.500	767 144	1 108	25 373
	480	242	21.5(19.8)	34	12.5	0.72	−1 463	9.375	24.625	557 948	1 256	20 977
	480	242	17(15.65)	30	13	0.92	−1 190	9.750	20.250	297 357	1 115	16 580
	500	253	27(24.85)	38	11	0.53	−1 509	8.250	29.750	875 297	1 186	28 497
	500	253	22.5(20.75)	35.5	12.5	0.71	−1 414	9.375	26.125	596 978	1 220	23 794
	500	253	18(16.6)	31.5	13.5	0.90	−1 214	10.125	21.375	337 473	1 100	19 379

a 表中给出的 t 是碟簧厚度的公称数值，t' 是第 3 类碟簧的实际厚度。

b σ_{OM} 是碟簧上表面 OM 点的计算应力。

c σ 为 $\sigma_{Ⅱ}$（位置Ⅱ处的最大计算拉应力）和 $\sigma_{Ⅲ}$（位置Ⅲ处的最大计算拉应力）中的较大值。

B.2 材料

材料符合 4.1 的规定。

B.3 标记

$D\times d\times t\times H_0$-技术要求

技术要求按以下规定填写：参照第 5 章，填写精度等级，并在精度等级前加字母“C”。

B.4 示例

外径为 ϕ500 mm，内径为 ϕ253 mm，厚度为 18 mm，减薄厚度为 16.6 mm，自由高度为 31.5 mm 的一级精度碟簧标记为：

ϕ500×ϕ253×18×31.5-C1

外径为 ϕ500 mm，内径为 ϕ253 mm，厚度为 18 mm，减薄厚度为 16.6 mm，自由高度为 31.5 mm 的二级精度碟簧标记为：

ϕ500×ϕ253×18×31.5-C2

附 录 C
（资料性附录）
碟簧的设计计算及应用

C.1 碟簧尺寸、参数名称、代号及单位

碟簧尺寸、参数名称、代号及单位按表1规定。

C.2 碟簧型式

碟簧型式见图1。

C.3 单片碟簧的计算公式

下列公式适用于有支承面和无支承面的碟簧。

为使有支承面碟簧的计算负荷 F（在 $f=0.75\,h_0$ 时），与相同尺寸（D,d,H）的无支承面碟簧的计算负荷相等，应将有支承面碟簧的厚度减薄，碟簧厚度的减薄按表C.1计算。

表 C.1

系　列	A	B	C
t'/t	0.94	0.94	0.96

C.3.1 碟簧负荷

$$F=\frac{4E}{1-\mu^2}\cdot\frac{t^4}{K_1D^2}\cdot K_4{}^2\cdot\frac{f}{t}\left[K_4{}^2\left(\frac{h_0}{t}-\frac{f}{t}\right)\left(\frac{h_0}{t}-\frac{f}{2t}\right)+1\right]\quad\cdots\cdots\cdots\cdots(C.1)$$

$$F_c=\frac{4E}{1-\mu^2}\cdot\frac{h_0t^3}{K_1D^2}\cdot K_4{}^2\quad\cdots\cdots\cdots\cdots(C.2)$$

其中计算系数

$$K_1=\frac{1}{\pi}\cdot\frac{[(C-1)/C]^2}{(C+1)/(C-1)-2/\ln C}\quad\cdots\cdots\cdots\cdots(C.3)$$

$$K_2=\frac{6}{\pi}\cdot\frac{(C-1)/\ln C-1}{\ln C}\quad\cdots\cdots\cdots\cdots(C.4)$$

$$K_3=\frac{3}{\pi}\cdot\frac{C-1}{\ln C}\quad\cdots\cdots\cdots\cdots(C.5)$$

$$C=\frac{D}{d}\quad\cdots\cdots\cdots\cdots(C.6)$$

$$K_4=\sqrt{-\frac{C_1}{2}+\sqrt{\left(\frac{C_1}{2}\right)^2+C_2}}\quad\cdots\cdots\cdots\cdots(C.7)$$

$$C_1=\frac{(t'/t)^2}{[(1/4)\cdot(H_0/t)-t'/t+3/4][(5/8)\cdot(H_0/t)-t'/t+3/8]}\quad\cdots\cdots\cdots\cdots(C.8)$$

$$C_2=\frac{C_1}{(t'/t)^3}\left[\frac{5}{32}\left(\frac{H_0}{t}-1\right)^2+1\right]\quad\cdots\cdots\cdots\cdots(C.9)$$

无支承面碟簧，$K_4=1$。

对有支承面碟簧，K_4 按（C.7）式计算，并在式（C.1）、（C.2）中和下文公式中以 t' 代替 t，以 $h_0'=H_0'-t'$ 代替 h_0。

C.3.2 计算应力

$$\sigma_{OM}=-\frac{4E}{1-\mu^2}\cdot\frac{t^2}{K_1D^2}\cdot K_4\cdot\frac{f}{t}\cdot\frac{3}{\pi}\quad\cdots\cdots\cdots\cdots(C.10)$$

$$\sigma_{\mathrm{I}} = -\frac{4E}{1-\mu^2} \cdot \frac{t^2}{K_1 D^2} \cdot K_4 \cdot \frac{f}{t} \left[K_4 K_2 \left(\frac{h_0}{t} - \frac{f}{2t} \right) + K_3 \right] \quad \cdots\cdots\cdots\cdots (C.11)$$

$$\sigma_{\mathrm{II}} = -\frac{4E}{1-\mu^2} \cdot \frac{t^2}{K_1 D^2} \cdot K_4 \cdot \frac{f}{t} \left[K_4 K_2 \left(\frac{h_0}{t} - \frac{f}{2t} \right) - K_3 \right] \cdots\cdots\cdots\cdots\cdots\cdots (C.12)$$

$$\sigma_{\mathrm{III}} = -\frac{4E}{1-\mu^2} \cdot \frac{t^2}{K_1 D^2} \cdot K_4 \cdot \frac{1}{C} \cdot \frac{f}{t} \left[K_4 (K_2 - 2K_3) \left(\frac{h_0}{t} - \frac{f}{2t} \right) - K_3 \right] \quad \cdots (C.13)$$

$$\sigma_{\mathrm{IV}} = -\frac{4E}{1-\mu^2} \cdot \frac{t^2}{K_1 D^2} \cdot K_4 \cdot \frac{1}{C} \cdot \frac{f}{t} \left[K_4 (K_2 - 2K_3) \left(\frac{h_0}{t} - \frac{f}{2t} \right) + K_3 \right] \quad \cdots\cdots (C.14)$$

注:计算应力为正值时是拉应力,负值为压应力。

C.3.3 碟簧刚度

$$F' = \frac{4E}{1-\mu^2} \cdot \frac{t^3}{K_1 D^2} \cdot K_4^2 \left\{ K_4^2 \left[\left(\frac{h_0}{t} \right)^2 - 3 \cdot \frac{h_0}{t} \cdot \frac{f}{t} + \frac{3}{2} \left(\frac{f}{t} \right)^2 \right] + 1 \right\} \quad \cdots\cdots (C.15)$$

C.3.4 碟簧变形能

$$U = \int_0^f F \cdot \mathrm{d}f = \frac{2E}{1-\mu^2} \cdot \frac{t^5}{K_1 D^2} \cdot K_4^2 \left(\frac{f}{t} \right)^2 \left[K_4^2 \left(\frac{h_0}{t} - \frac{f}{2t} \right)^2 + 1 \right] \quad \cdots\cdots\cdots (C.16)$$

注 1:锐角矩形截面的碟簧,采用(C.1)式计算碟簧负荷时,对于 $E=206\ 000\ \mathrm{N/mm^2}$ 和 $\mu=0.3$ 的钢,其计算值与精确理论值比约高出 8%～9%,这将补偿因位置Ⅰ和Ⅲ处的杠杆臂的缩短而造成的实际碟簧负荷的增大。

注 2:$D/t>40$ 的超薄碟簧,按(C.1)式计算结果数值偏大,应考虑圆锥母线的弯曲。$D/d<1.8$ 的超小直径比的碟簧,必须考虑沿半径方向杠杆臂的缩短,其计算方法应特殊考虑。

C.3.5 单片碟簧的特性线

计算求得的单片碟簧特性线与 h_0/t 或 $K_4(h_0'/t')$ 的比值有关,见图 C.1。

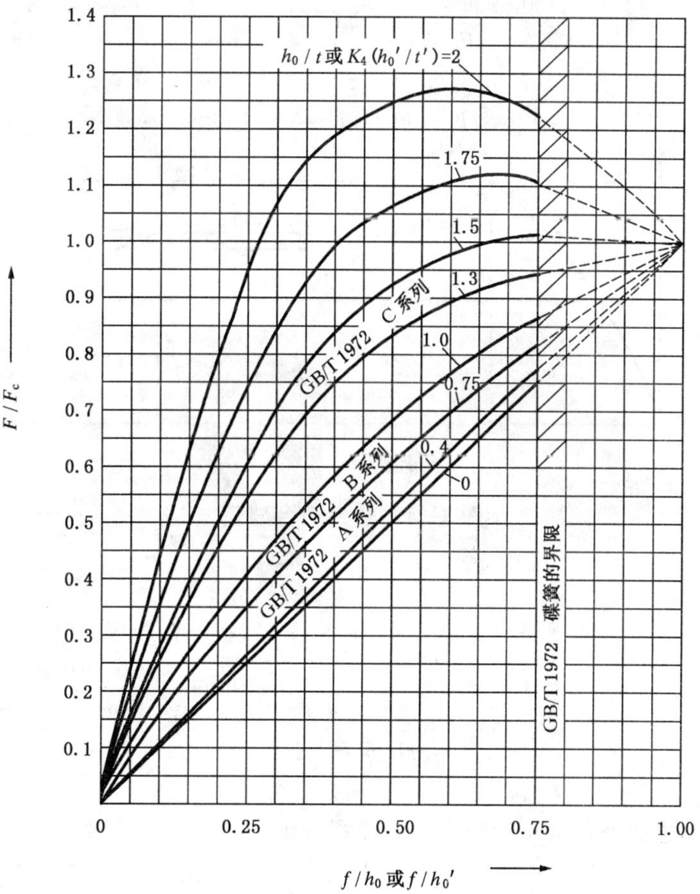

图 C.1 按不同 h_0/t 或 $K_4(h_0'/t')$ 计算的碟簧特性曲线

当 $f/h_0>0.75$ 时，由于实际杠杆臂缩短，碟簧负荷比计算值要大，这部分的计算特性曲线与实测特性曲线有较大差别，见图 C.2。

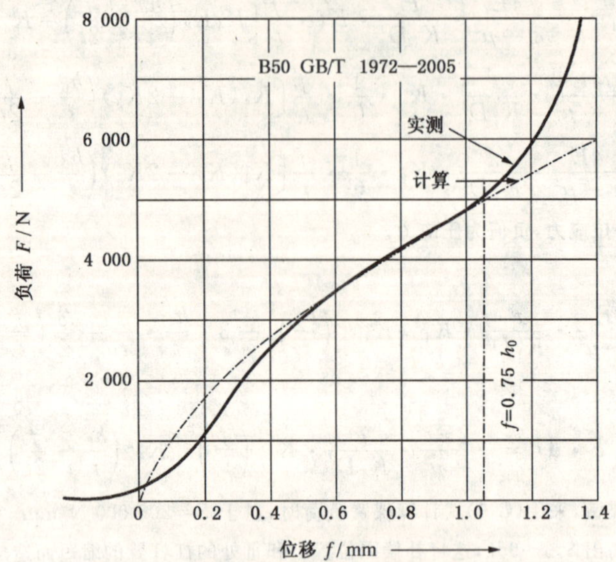

图 C.2 B50 碟簧计算和实测特性曲线

C.4 组合碟簧

C.4.1 叠合组合碟簧

叠合组合碟簧由 n 个同方向同规格的碟簧组成（见图 C.3），在不计摩擦力时

$$F_z=n\cdot F \quad \text{(C.17)}$$

$$f_z=f \quad \text{(C.18)}$$

$$H_z=H_0+(n-1)\cdot t \quad \text{(C.19)}$$

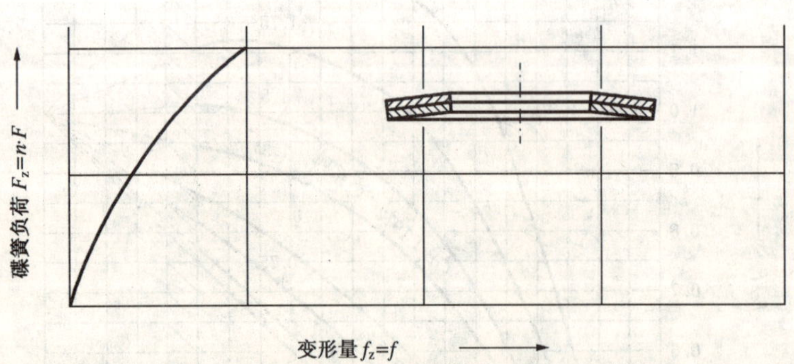

图 C.3 叠合组合碟簧

C.4.2 对合组合碟簧

对合组合碟簧由 i 个相向同规格的碟簧组成（见图 C.4），在不计摩擦力时

$$F_z=F \quad \text{(C.20)}$$

$$f_z=i\cdot f \quad \text{(C.21)}$$

$$H_z=i\cdot H_0 \quad \text{(C.22)}$$

C.4.3 复合组合碟簧

复合组合碟簧由 i 组相向同规格的叠合组合碟簧组成（见图 C.5），在不计摩擦力时，

$$F_z=n\cdot F \quad \text{(C.23)}$$

$$f_z=i\cdot f \quad \text{(C.24)}$$

$$H_z=i\cdot[H_0+(n-1)\cdot t] \quad \text{(C.25)}$$

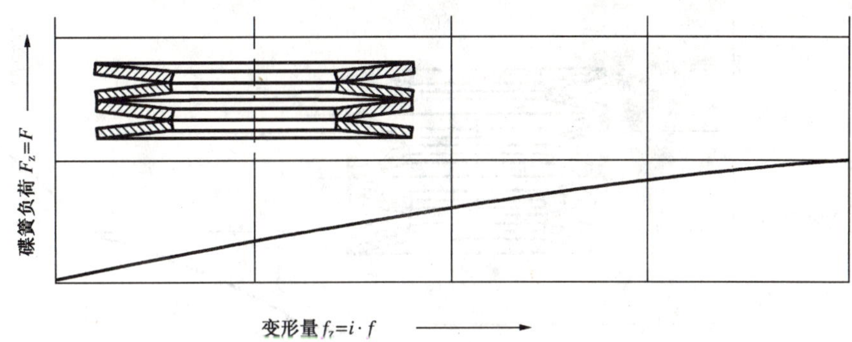

图 C.4 对合组合碟簧

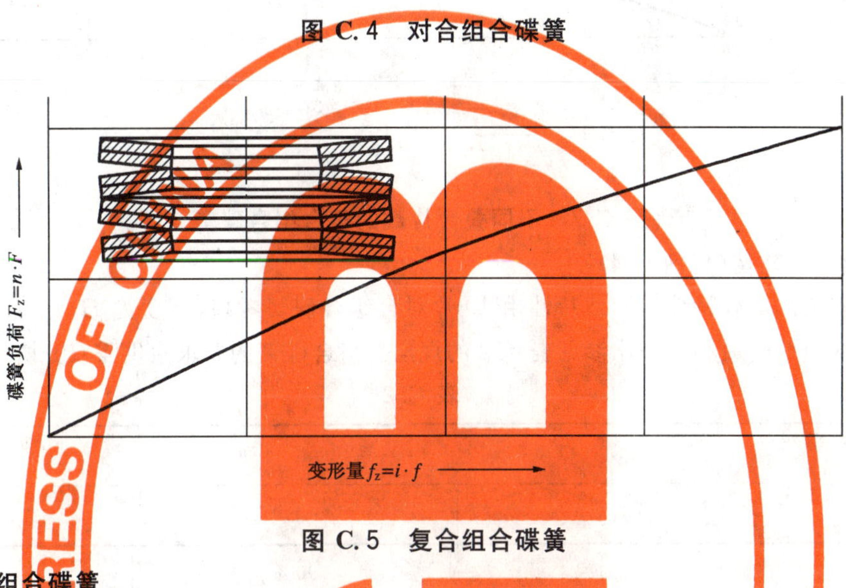

图 C.5 复合组合碟簧

C.4.4 其他组合碟簧

为获得特殊的特性曲线，还可以由不同厚度碟簧组成组合碟簧(见图 C.6)或由尺寸相同但各组片数逐渐增加的碟簧组成组合碟簧(见图 C.7)。

图 C.6 不同厚度的对合组合碟簧

C.4.5 摩擦力对特性线的影响

在碟簧应用中，摩擦力对特性线的影响必须考虑。摩擦力与碟簧组合方式、每组叠合片数有关，也受碟簧表面质量及润滑情况的影响。由于摩擦力的阻尼作用，叠合组合碟簧比理论计算增加了刚性，对合组合碟簧的各片变形量将依次递减。在冲击负荷下使用的组合碟簧，其外力的传递对各片也将依次递减，所以组合碟簧的片数不宜用得过多。

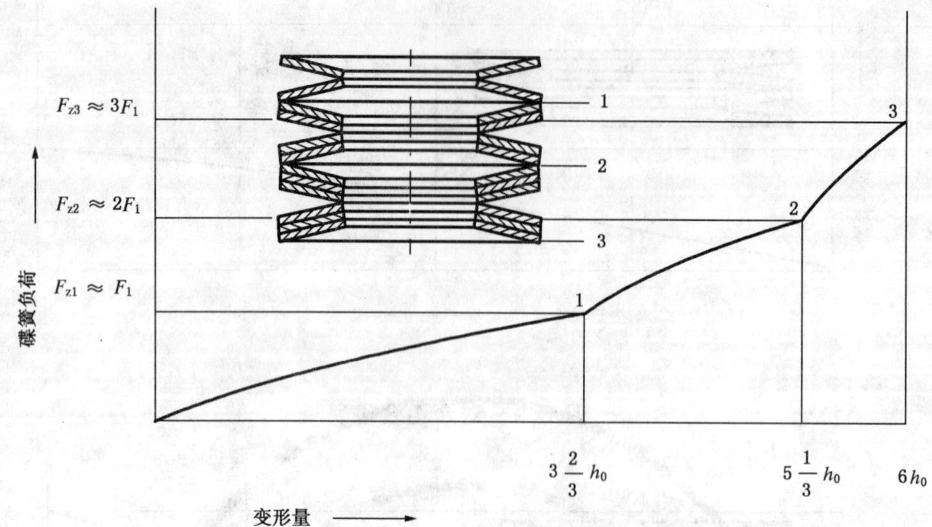

图 C.7 不同叠合片数的复合组合碟簧

C.4.5.1 对合组合碟簧(见图 C.4)

对合组合碟簧的加载特性和卸载特性由 10 片对合组合碟簧考核，高度为 $H_z-7.5h_0$ 时卸载负荷应达到相应加载负荷的最小百分比参见表 C.2 的规定。组合碟簧的要求由供需双方协议规定。

表 C.2

类别	系列		
	A	B	C
1	90%	90%	85%
2	92.5%	92.5%	87.5%
3	95%	95%	90%

C.4.5.2 叠合组合碟簧(见图 C.3)

摩擦力存在于碟簧接触锥面和承载边缘处，加载时使碟簧负荷增大，卸载时则使碟簧负荷减小。考虑摩擦力影响时的碟簧负荷，按下式计算：

$$F_R = F\cdot\frac{n}{1\pm f_M(n-1)\pm f_R} \quad\cdots\cdots\cdots\cdots\cdots\cdots(C.26)$$

式中：

f_M——碟簧锥面间的摩擦系数(见表 C.3)；

f_R——承载边缘处的摩擦系数(见表 C.3)。

上式用于加载时取－号，卸载时取＋号。

表 C.3

按 GB/T 1972 系列	f_M	f_R
A 系列	0.005～0.03	0.03～0.05
B 系列	0.003～0.02	0.02～0.04
C 系列	0.002～0.015	0.01～0.03
注：单片碟簧的摩擦，也可用(C.26)式考虑，以 $n=1$ 代入即可。		

C.4.5.3 复合组合碟簧

由多组叠合组合碟簧对合组成的复合组合碟簧(见图 C.5),仅考虑叠合表面间的摩擦时,可按下式计算:

$$F_R = F \cdot \frac{n}{1 \pm f_M(n-1)} \quad \cdots\cdots(C.27)$$

用于加载时取一号,卸载时取+号。

C.5 负荷分类、许用应力

C.5.1 负荷分类

静负荷:作用负荷不变或在长时间内只有偶然变化,在规定寿命内变化次数小于 1×10^4 次。

变负荷:作用在碟簧上的负荷在预加负荷 F_1 和工作负荷 F_2 之间循环变化,在规定寿命内变化次数大于 1×10^4 次。

C.5.2 静负荷作用下碟簧的许用应力

静负荷作用下的碟簧,应通过校验 OM 点(图 1 由中性点向上表面作垂线与上表面交点)的应力 σ_{OM}来保证自由高度 H_0 的稳定。在压平时的 σ_{OM} 应接近碟簧材料的屈服极限 σ_s,对于材料为 GB/T 1222的 60 Si2MnA 或 50CrVA 的钢制碟簧,σ_s=1 400~1 600 N/mm^2。

C.5.3 变负荷作用下碟簧的疲劳极限

变负荷作用下碟簧的使用寿命可分为:

a) 无限寿命 可以承受 2×10^6 次或更多加载次数而不破坏。

b) 有限寿命 可以在持久强度范围内承受 1×10^4~2×10^6 次有限的加载变化直至破坏。

对于承受变负荷作用的碟簧,疲劳破坏一般发生在最大拉应力位置Ⅱ或Ⅲ处(见图 1),是Ⅱ点还是Ⅲ点,取决于 $C=D/d$ 值和 h_0/t(无支承面)或 $K_4(h_0'/t')$(有支承面。)图 C.8 为判断最大应力位置(疲劳破坏关键位置)的曲线。

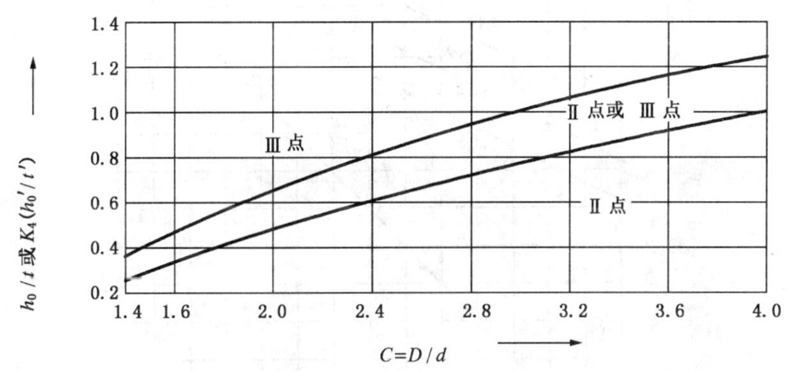

图 C.8 碟簧疲劳破坏关键部位

注:图 C.8 中的过渡区内,疲劳破坏关键部位可能在Ⅱ点或Ⅲ点,因此需同时校验 σ_{II} 和 σ_{III}。变负荷作用下的碟簧,安装时必须有预压变形量 f_1。一般 f_1=0.15 h_0~0.2 h_0。此预压变形量 f_1 能防止Ⅰ点附近产生径向小裂纹,对提高寿命也有作用。材料为 50CrVA 的变负荷作用下单片(或对合片数不超过 10 片)碟簧的疲劳极限,根据寿命要求、碟簧厚度、计算的上限应力 $\sigma_{r\max}$(对应于工作时的最大变形量 f_2)和下限应力 $\sigma_{r\min}$(对应于预压变形量 f_1),按图 C.9~图 C.11 和图 C.1~图 C.2 查取。厚度超过 14 mm 和组合片数较多的碟簧,其他材料的碟簧以及在特殊情况下(如环境温度较高、有化学影响)工作的碟簧应酌量降低。

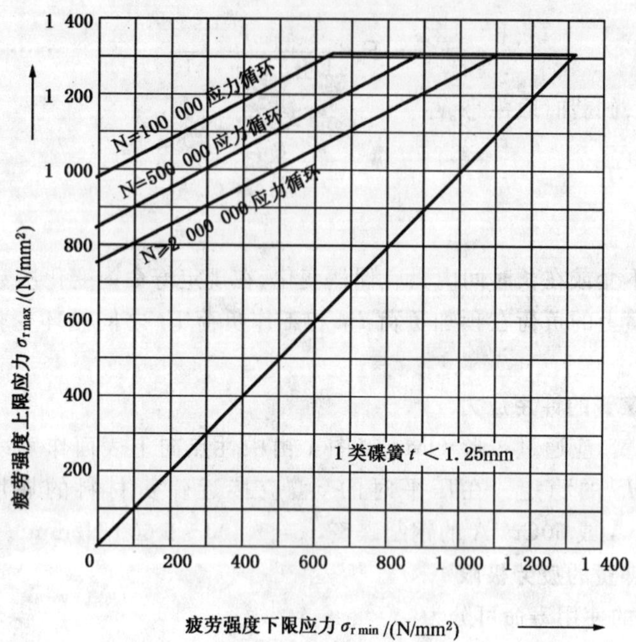

图 C.9　$t<1.25$ mm 碟簧的疲劳强度曲线图

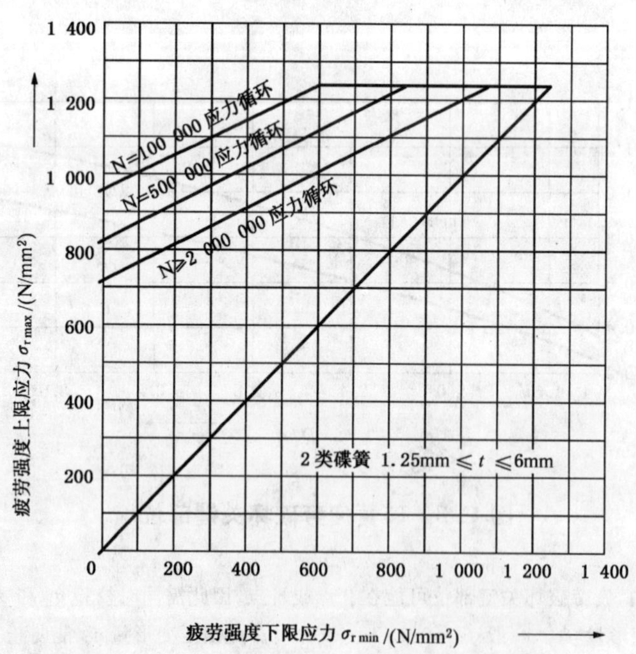

图 C.10　1.25 mm$\leqslant t \leqslant$6 mm 碟簧的疲劳强度曲线图

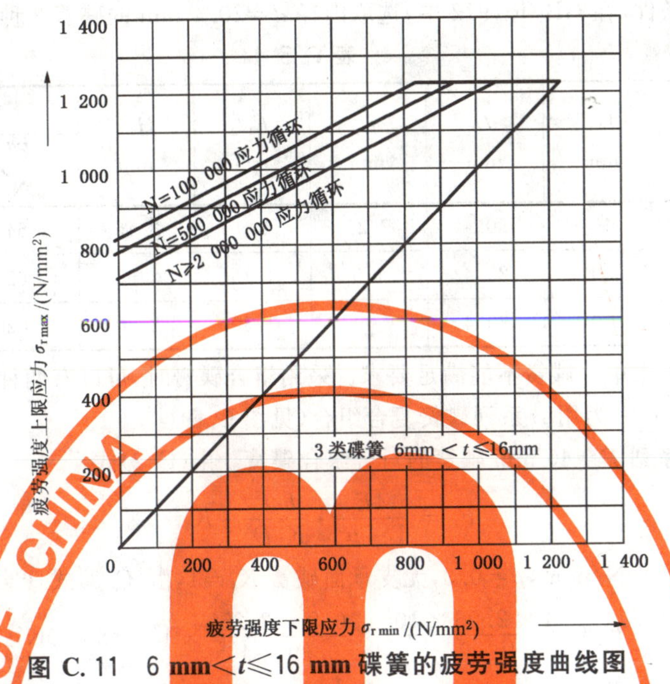

图 C.11　6 mm＜t≤16 mm 碟簧的疲劳强度曲线图

C.6　蠕变和松弛

长期承受负荷作用的碟簧，随着时间的推移，会产生蠕变和松弛。发生蠕变时，指定负荷时的碟簧工作高度会减少 ΔH；发生松弛时，碟簧在指定高度时的负荷会减少 ΔF。

C.7　导向件

C.7.1　碟簧的导向件采用导杆(内导向)或导套(外导向)，导向件与碟簧之间的间隙推荐采用表 C.4 的数值，碟簧的导向应优先采用内导向。

表 C.4

单位为毫米

d 或 D	间　隙	d 或 D	间　隙
～16	0.2	＞31.5～50	0.6
＞16～20	0.3	＞50～80	0.8
＞20～26	0.4	＞80～140	1
＞26～31.5	0.5	＞140～250	1.6

C.7.2　导向件导向表面的硬度最低不小于 55 HRC，导向件表面粗糙度 Ra＜3.2 μm。

C.8　计算示例

C.8.1　受静负荷的碟簧

C.8.1.1　单片碟簧的计算

受静负荷的标准碟簧一般不必验算强度，碟簧负荷、变形量、碟簧刚度、碟簧变形能等均可由附录 C 所给出的公式进行计算。

C.8.1.2　组合碟簧计算

例：设计一组合碟簧，承受静负荷为 5 000 N 时的变形量要求为 10 mm。导杆的最大直径为20 mm。

解：按导杆尺寸条件，在 GB/T 1972 中，选取内径 $d=20.4$ mm 的碟簧 3 种，尺寸如表 C.5。

表 C.5

碟簧	D/mm	d/mm	t/mm	h_0/mm	H_0/mm	$f=0.75h_0$		
						F/N	f/mm	σ_{II} 或 σ_{III}/(N/mm²)
A40 GB/T 1972	40	20.4	2.25	0.9	3.15	6 540	0.68	$\sigma_{II}=1\ 340$
B40 GB/T 1972	40	20.4	1.5	1.15	2.65	2 620	0.86	$\sigma_{III}=1\ 130$
C40 GB/T 1972	40	20.4	1	1.30	2.30	1 020	0.98	$\sigma_{III}=1\ 070$

由表 C.5 可见，采用单片碟簧不能满足要求。采用组合碟簧时，可以有两种方案，一为用 A 系列碟簧对合组合（见图 C.4），一为用 B 系列碟簧复合组合（见图 C.5）。

方案一：选用 A 系列 $D=40$ mm 碟簧的对合组合碟簧。由（C.2）式

$$F_c=\frac{4E}{1-\mu^2}\cdot\frac{h_0t^3}{K_1D^2}\cdot K_4{}^2$$

式中：$E=2.06\times10^5$ N/mm²，$\mu=0.3$，无支承面碟簧 $K_4=1$，由（C.3）式，$C=2$ 则 $K_1=0.69$，所以

$$F_c=\frac{4\times2.06\times10^5}{1-0.3^2}\times\frac{0.9\times2.25^3}{0.69\times40^2}\times1^2=8\ 410\text{N}$$

$$\frac{F_1}{F_c}=\frac{5\ 000}{8\ 410}=0.59$$

由图 C.1，A 系列的 $h_0/t\approx0.4$，根据 $F_1/F_c=0.59$ 查出 $f/h_0=0.57$，变形量 $f_1=0.57\times0.9=0.51$ mm，因此为满足总变形量为 10 mm，所需碟簧片数为：

$$i=\frac{f_{z1}}{f_1}=\frac{10}{0.51}=19.6$$

取 20 片，则组合碟簧尺寸为：

未受负荷时自由高度：$H_z=i\cdot H_0=20\times3.15=63$ mm，受负荷 $F_1=5\ 000$ N 时的高度：$H_1=H_z-f_{z1}=63-20\times0.51=52.8$ mm。

方案二：选用 B 系列 $D=40$ mm 复合组合碟簧。每一叠合组用 2 片碟簧，不考虑摩擦力时，单片碟簧的负荷为：

$$F_1=\frac{F_z}{n}=\frac{5\ 000}{2}=2\ 500\text{ N}$$

由（C.2）式：

$$F_c=\frac{4\times2.06\times10^5}{1-0.3^2}\times\frac{1.15\times1.5^3}{0.69\times40^2}\times1=3\ 180\text{ N}$$

$$\frac{F_1}{F_c}=\frac{2\ 500}{3\ 180}=0.79$$

由图 C.1，$f_1/h_0=0.71$，$f_1=0.71\times1.15=0.82$ mm，按总变形量为 10 mm 的要求由（C.24）式所需叠合组数为：

$$i=\frac{f_{z1}}{f_1}=\frac{10}{0.82}=12.2$$

取 13 个叠合组，则组合碟簧尺寸为：

未受负荷时组合碟簧自由高度为（按 C.25 式）：

$$H_z=i\cdot[H_0+(n-1)\cdot t]=13\times[2.65+(2-1)\times1.5]=54\text{ mm}$$

受负荷 $F_{z1}=5\ 000$ N 后，组合碟簧高度为：

$$H_1=H_z-i\cdot f_{z1}=54-13\times0.82=43.34\text{ mm}$$

考虑摩擦力时，碟簧负荷应予修正，按（C.27）式，由表 C.2 取 $f_M=0.015$，负荷为 5 000 N 时，单片碟簧

的负荷为：

$$F_1 = F_{z1} \cdot \frac{1 - f_M \cdot (n-1)}{n} = 5\ 000 \times \frac{1-0.015 \times (2-1)}{2} = 2\ 462.5\ \text{N}$$

$\frac{F_1}{F_c}=\frac{2\ 462.5}{3\ 180}=0.77$，由图 C.1，B 系列$\frac{h_0}{t}=0.75$，则

$$\frac{f_1}{h_0}=0.68,\ f_1=0.68\times1.15=0.78\ \text{mm}$$

则叠合组数应为：

$$i=\frac{f_{z1}}{f_1}=\frac{10}{0.78}=12.82$$

仍应取 13 组。负荷为 5 000 N 时的变形量为 $f_{z1}=13\times0.78=10.14$ mm，尺寸同前。可见方案二的组合碟簧高度较小，单片碟簧的利用也较好。由于采用单数叠合组数，组合碟簧一端为外圆支承，另一端为内圆支承，一般情况下尽量以外圆支承（取偶数组数）为宜。

碟簧刚度和碟簧变形能分别由（C.15）、（C.16）式计算。

碟簧刚度：由（C.15）式单片碟簧刚度为：

$$F'=\frac{4E}{1-\mu^2}\cdot\frac{t^3}{K_1D^2}\cdot K_4{}^2\left\{K_4{}^2\left[\left(\frac{h_0}{t}\right)^2-3\cdot\frac{h_0}{t}\cdot\frac{f}{t}+\frac{3}{2}\left(\frac{f}{t}\right)^2\right]+1\right\}$$

不考虑摩擦力，$f=0.78$，$h_0=1.15$ mm 时，刚度为：

$$F'=\frac{4\times2.06\times10^5}{1-0.3^2}\times\frac{1.5^3}{0.69\times40^2}\times1^2\times\left\{1^2\times\left[\left(\frac{1.15}{1.5}\right)^2-3\times\frac{1.15}{1.5}\times\frac{0.78}{1.5}+\frac{3}{2}\times\left(\frac{0.78}{1.5}\right)^2\right]+1\right\}$$
$$=2\ 211\ \text{N/mm}$$

考虑摩擦力时，一组叠合组合碟簧 $f_1=0.78$ mm 时的刚度应为：

$$F_R{}'=F'\cdot\frac{n}{1-f_M(n-1)}=2\ 211\times\frac{2}{1-0.015\times(2-1)}=4\ 489.3\ \text{N/mm}$$

复合组合碟簧变形为 $f_{z1}=i\cdot f_1=13\times0.78=10.14$ mm 时的刚度为：

$$F_z{}'=\frac{F_R{}'}{i}=\frac{4\ 489.3}{13}=345.33\ \text{N/mm}$$

碟簧变形能：单片碟簧变形量为 $f_1=0.78$ mm 时的变形能按（C.16）式为：

$$U=\frac{2E}{1-\mu^2}\cdot\frac{t^5}{K_1D^2}\cdot K_4{}^2\left(\frac{f}{t}\right)^2\left[K_4{}^2\left(\frac{h_0}{t}-\frac{f}{2t}\right)^2+1\right]$$
$$=\frac{2\times2.06\times10^5}{1-0.3^2}\times\frac{1.5^5}{0.69\times40^2}\times1\times\left(\frac{0.78}{1.5}\right)^2\times\left[1\times\left(\frac{1.15}{1.5}-\frac{0.78}{2\times1.5}\right)^2+1\right]$$
$$=1\ 056.8\ \text{N}\cdot\text{mm}$$

组合碟簧总变形能为

$$U_z=i\cdot n\cdot U=13\times2\times1\ 056.8=27\ 477\ \text{N}\cdot\text{mm}$$

应力：受静负荷时，校验压平时（$f=h_0$）OM 点的应力，由（C.10）式：

$$\sigma_{OM}=-\frac{4E}{1-\mu^2}\cdot\frac{t^2}{K_1D^2}\cdot K_4\cdot\frac{f}{t}\cdot\frac{3}{\pi}=\frac{4\times2.06\times10^5}{1-0.3^2}\times\frac{1.5^2}{0.69\times40^2}\times1\times\frac{1.15}{1.5}\times\frac{3}{\pi}=-1\ 350\ \text{N/mm}^2$$

其绝对值小于材料的屈服极限 1 400 N/mm²，故静强度满足要求。

C.8.2 受变负荷的碟簧计算

C.8.2.1 单片碟簧受变负荷时的校核计算

例 1：一碟簧 $D=40$ mm，$d=20.4$ mm，$t=2.25$ mm，$h_0=0.9$mm，$H_0=3.15$ mm，在 $F_1=1\ 950$ N 和 $F_2=4\ 000$ N 之间循环工作，试校核其寿命是否在持久寿命范围内。

解：由（C.2）式，并参照上例

$$F_c=\frac{4E}{1-\mu^2}\cdot\frac{h_0t^3}{K_1D^2}\cdot K_4{}^2=\frac{4\times2.06\times10^5}{1-0.3^2}\times\frac{2.25^3\times0.9}{0.69\times40^2}=8\ 408.3\ \text{N}$$

所以$\frac{F_1}{F_c}=\frac{1\ 950}{8\ 408.3}=0.23$和$\frac{F_2}{F_c}=\frac{4\ 000}{8\ 408.3}=0.476$

由$\frac{h_0}{t}=\frac{0.9}{2.25}=0.4$，从图 C.1 查得

$$\frac{f_1}{h_0}=0.22,\frac{f_2}{h_0}=0.45$$

因此 $f_1=0.22\times0.9=0.198$ mm，$f_2=0.45\times0.9=0.405$ mm

由图 C.8 可查出疲劳破坏关键位置为Ⅱ点。

由式(C.12)计算Ⅱ点应力：

$$\sigma_{\text{Ⅱ}}=-\frac{4E}{1-\mu^2}\cdot\frac{t^2}{K_1D^2}\cdot K_4\cdot\frac{f}{t}\left[K_4K_2\left(\frac{h_0}{t}-\frac{f}{2t}\right)-K_3\right]$$

由(C.3)式 $K_1=0.69$，由(C.4)式 $K_2=1.21$，由(C.5)式 $K_3=1.36$，无支承面碟簧 $K_4=1$，则 $f_1=0.198$ mm时：

$$\sigma_{\text{Ⅱ}}=-\frac{4\times2.06\times10^5}{1-0.3^2}\times\frac{2.25^2}{0.69\times40^2}\times1\times\frac{0.198}{2.25}\times\left[1\times1.21\times\left(\frac{0.9}{2.25}-\frac{0.198}{2\times2.25}\right)-1.36\right]$$

$$=339.9\ \text{N/mm}^2$$

$f_2=0.405$ mm 时：

$$\sigma_{\text{Ⅱ}}=-\frac{4\times2.06\times10^5}{1-0.3}\times\frac{2.25^2}{0.69\times40^2}\times1\times\frac{0.405}{2.25}\times\left[1\times1.21\times\left(\frac{0.9}{2.25}-\frac{0.405}{2\times2.25}\right)-1.36\right]$$

$$=736.8\ \text{N/mm}^2$$

因此计算上限应力 $\sigma_{max}=736.8\ \text{N/mm}^2$

下限应力 $\sigma_{min}=339.9\ \text{N/mm}^2$

应力幅为 $\sigma_a=736.8-339.9=396.9\ \text{N/mm}^2$

由图 C.10，按 $\sigma_{min}=339.9\ \text{N/mm}^2$ 查得 $N\geqslant2\times10^6$ 的 $\sigma_{max}=880\ \text{N/mm}^2$，因此疲劳强度应力幅为

$$\sigma_{ra}=\sigma_{r\,max}-\sigma_{r\,min}=880-339.9=540.1\ \text{N/mm}^2$$

$\sigma_{ra}>\sigma_a$，此碟簧能持久工作。

例 2：校核碟簧 A125　GB/T 1972 有支承面的单片碟簧在 $F_1=17\ 500$ N 和 $F_2=54\ 000$ N 之间循环工作时的疲劳寿命。

由(C.2)式

$$F_c=\frac{4E}{1-\mu^2}\cdot\frac{h_0t^3}{K_1D^2}\cdot{K_4}^2$$

其中，K_1，K_4 按(C.3)～(C.9)式计算：

$$K_1=\frac{1}{\pi}\cdot\frac{[(C-1)/C]^2}{(C+1)/(C-1)-2/\ln C}$$

$$C=\frac{D}{d}=\frac{125}{64}=1.95$$

∴　$K_1=0.68$

$$K_4=\sqrt{-\frac{C_1}{2}+\sqrt{\left(\frac{C_1}{2}\right)^2+C_2}}$$

由(C.8)式：

$$C_1=\frac{(t'/t)^2}{[(1/4)\cdot(H_0/t)-t'/t+3/4][(5/8)\cdot(H_0/t)-t'/t+3/8]}$$

由标准查得 $t'=7.5$，$t=8$，$H_0=10.6$ 代入上式得

$$C_1=23.77$$

由(C.9)式

$$C_2 = \frac{C_1}{(t'/t)}\left[\frac{5}{32}\left(\frac{H_0}{t}-1\right)+1\right]=26.6$$

所以 $K_4=\sqrt{-\frac{23.65}{2}+\sqrt{\left(\frac{23.65}{2}\right)^2+27.8}}=1.035$，有支承面碟簧应以 $t'=7.5$ mm 和 $h_0'=H_0-t'=10.6-7.5=3.1$ mm 代入，则：

$$F_c=\frac{4\times 2.06\times 10^5}{1-0.3^2}\times\frac{3.1\times 7.5^3}{0.68\times 125^2}\times 1.035^2=119\ 394\ \text{N}$$

$$\frac{F_1}{F_c}=\frac{17\ 500}{119\ 394}=0.147$$

$$\frac{F_2}{F_c}=\frac{54\ 000}{119\ 394}=0.452$$

由图 C.1，按 $K_4\cdot\frac{h_0'}{t'}=1.035\times\frac{3.1}{7.5}=0.428$ 查出

$$\frac{f_1}{h_0'}=0.12,\ \frac{f_2}{h_0'}=0.38$$

所以 $f_1=0.12\times 3.1=0.372$ mm

$f_2=0.38\times 3.1=1.178$ mm

由图 C.8，$C\approx 2$，$K_4\cdot\frac{h_0'}{t'}=0.428$ 查出疲劳破坏关键部位在Ⅱ点或Ⅲ点，计算Ⅱ点应力。由(C.12)式，并由(C.4)，(C.5)式得 $K_2=1.21$，$K_3=1.36$，$f_1=0.372$ mm 时

$$\sigma_{\text{Ⅱ}}=-\frac{4\times 2.06\times 10^5}{1-0.3^2}\times\frac{7.5^2}{0.68\times 125^2}\times 1.035\times\frac{0.372}{7.5}\times\left[1.035\times 1.21\times\left(\frac{3.1}{7.5}-\frac{0.372}{2\times 7.5}\right)-1.36\right]=216.9\ \text{N/mm}^2$$

$f_2=1.178$ mm 时：

$$\sigma_{\text{Ⅱ}}=-\frac{4\times 2.06\times 10^5}{1-0.3^2}\times\frac{7.5^2}{0.68\times 125^2}\times 1.035\times\frac{1.178}{7.5}\times\left[1.035\times 1.21\times\left(\frac{3.1}{7.5}-\frac{1.178}{2\times 7.5}\right)-1.36\right]=735.8\ \text{N/mm}^2$$

计算应力幅：$\sigma_{a\text{Ⅱ}}=735.8-216.9=518.9\ \text{N/mm}^2$

由(C.13)式计算Ⅲ点应力得，$f_1=0.372$ mm 时，$\sigma_{\text{Ⅲ}}=261\ \text{N/mm}^2$，

$f_2=1.178$ mm 时，$\sigma_{\text{Ⅲ}}=791\ \text{N/mm}^2$。

计算应力幅：$\sigma_{a\text{Ⅲ}}=791-261=530\ \text{N/mm}^2$

可见Ⅲ点的应力幅较大，应校核Ⅲ点疲劳强度。

碟簧的计算上限应力：$\sigma_{r\max}=791\ \text{N/mm}^2$

下限应力：$\sigma_{r\min}=261\ \text{N/mm}^2$

应力幅：$\sigma_a=\sigma_{r\max}-\sigma_{r\min}=791-261=530\ \text{N/mm}^2$

由图 C.11，下限应力 $\sigma_{r\min}=261\ \text{N/mm}^2$，寿命 $N=2\times 10^6$ 次时疲劳强度上限应力为 $\sigma_{r\max}=805\ \text{N/mm}^2$，疲劳强度应力幅 $\sigma_{ra}=805-261=544\ \text{N/mm}^2>\sigma_a=530\ \text{N/mm}^2$，可见碟簧的工作寿命大约为 $N=2\times 10^6$。

C.8.2.2 对合组合碟簧受变负荷的校核计算

例 3：有一个由 20 片碟簧 A40 GB/T 1972 对合组合碟簧，受预加负荷 $F=1\ 500$ N，工作负荷为 $F=5\ 000$ N，循环加载，试验算此组合碟簧的疲劳强度。

由(C.2)式：

$$F_c=\frac{4\times 2.06\times 10^5}{1-0.3^2}\times\frac{0.9\times 2.25^3}{0.69\times 40^2}\times 1=8\ 408.3\ \text{N}$$

因此：

$$\frac{F_1}{F_c}=\frac{1\ 500}{8\ 408.3}=0.18,\qquad \frac{F_2}{F_c}=\frac{5\ 000}{8\ 408.3}=0.59$$

从图 C.1，按 $h_0/t\approx0.4$ 查出 $f_1/h_0=0.155$，$f_2/h_0=0.57$

所以：$f_1=0.155\times0.9=0.14$ mm

$f_2=0.57\times0.9=0.51$ mm

由图 C.8，按 $h_0/t\approx0.4$，$C=2$ 可得疲劳破坏关键部位为Ⅱ点，按(C.12)式计算Ⅱ点应力，以 $K_1=0.69$，$K_2=1.22$，$K_3=1.38$，$K_4=1$ 代入

$f_1=0.14$ mm 时：

$$\sigma_{Ⅱ}=-\frac{4\times2.06\times10^5}{1-0.3^2}\times\frac{2.25^2}{0.69\times40^2}\times1\times\frac{0.14}{2.25}\times\left[1\times1.22\times\left(\frac{0.9}{2.25}-\frac{0.14}{2\times2.25}\right)-1.38\right]$$

$$=240\ \text{N/mm}^2$$

$f_2=0.51$ mm 时：

$$\sigma_{Ⅱ}=-\frac{4\times2.06\times10^5}{1-0.3^2}\times\frac{2.25^2}{0.69\times40^2}\times1\times\frac{0.51}{2.25}\times\left[1\times1.22\times\left(\frac{0.9}{2.25}-\frac{0.51}{2\times2.25}\right)-1.38\right]$$

$$=937\ \text{N/mm}^2$$

碟簧的计算应力幅为：

$$\sigma_a=\sigma_{max}-\sigma_{min}=937-240=697\ \text{N/mm}^2$$

由图 C.10，在 $\sigma_{r\,min}=240$ N/mm² 处查得 $N=2\times10^6$ 时疲劳强度上限应力为 $\sigma_{r\,max}=840$ N/mm²，即疲劳强度应力幅为：

$$\sigma_{ra}=\sigma_{r\,max}-\sigma_{r\,min}=840-240=600\ \text{N/mm}^2$$

所以 $\sigma_a>\sigma_{ra}$，即不能满足疲劳寿命的要求。改进途径有：

a) 提高预加负荷：

如果必须满足上限应力为 937 N/mm²，则由图 C.10 可查出 $N=2\times10^6$ 时，下限应力为 500 N/mm²。此时预加碟簧变形近似为

$$f_1\geqslant\frac{500}{240}\times0.14=0.29\ \text{mm}$$

由图 C.1 按 $f_1/h_0=0.29/0.9=0.32$ 查出

$$\frac{F_1}{F_c}=0.35,\quad F_1=0.35\times8\ 408.3=2\ 942.9\ \text{N}$$

此时，计算应力幅为：$\sigma_a=\sigma_{max}-\sigma_{min}=937-500=437\ \text{N/mm}^2<\sigma_{ra}=600\ \text{N/mm}^2$

即预加负荷 F_1 为 2 942.9 N，可满足工作负荷 $F_2=5\ 000$ N 的变负荷下，达到 $N=2\times10^6$ 疲劳寿命要求。

b) 降低工作负荷

如果仍保持预加负荷为 1 500 N，要求达到 $N=2\times10^6$ 疲劳寿命要求，则工作负荷应降低。

由图 C.10 查出 $\sigma_{r\,min}=240$ N/mm²，$N=2\times10^6$ 时的 $\sigma_{r\,max}\approx841$ N/mm²。考虑安全系数，取 $\sigma_{r\,max}=800$ N/mm²，则

$$f_2\approx\frac{800}{937}\times0.51=0.43\ \text{mm},\ f_2/h_0=0.43/0.9=0.48$$

由图 C.3 查得 $\frac{F_2}{F_c}=0.51$，$F_2=0.51\times8\ 408.3=4\ 288$ N，当工作负荷不大于 4 288 N 时，能满足疲劳强度要求。

C.8.2.3 复合组合碟簧受变负荷的校核计算

例 4：C.8.1.2 例中的方案二，用碟簧 B40 GB/T 1972 二片叠合，共 13 组叠合组合碟簧组成的复

合组合碟簧，受变负荷 F_{z1}=1 500 N 到 F_{z2}=5 000 N 循环作用，试验算此组合碟簧的疲劳强度。

解：不考虑摩擦力时，单片碟簧受力：

$$F_1=\frac{F_{z1}}{2}=\frac{1\ 500}{2}=750\ \text{N},F_2=\frac{F_{z2}}{2}=\frac{5\ 000}{2}=2\ 500\ \text{N}$$

由 C.8.1.2 例，F_c=3 180 N，则 $\frac{F_1}{F_c}=\frac{750}{3\ 180}=0.24$，$\frac{F_2}{F_c}=\frac{2\ 500}{3\ 180}=0.79$

按图 C.1 查得 $\frac{f_1}{h_0}\approx 0.17$，所以 $f_1=0.17\times 1.15=0.2$ mm

$$\frac{f_2}{h_0}\approx 0.71\text{，所以 }f_2=0.71\times 1.15=0.82\ \text{mm}$$

由图 C.8 查出疲劳破坏关键位置为Ⅲ点，按(C.13)式计算Ⅲ点应力：

f_1= 0.2 mm 时：$\sigma_{Ⅲ}$=308 N/mm^2

f_2=0.82 mm 时：$\sigma_{Ⅲ}$=1 060 N/mm^2

由计算下限应力为 σ_{min}=308 N/mm^2，计算上限应力 σ_{max}=1 060 N/mm^2，计算应力幅 σ_a=752 N/mm^2，按图 C.10 查出疲劳强度大约为 $N=10^5$ 次。

由于复合组合碟簧中叠合组合碟簧组数较多，因此按图 C.10 查出的数值应考虑安全系数，予以适当降低。

对比 C.8.2.2 和 C.8.2.3，可以看出采用 A 系列对合组合碟簧的疲劳强度比采用 B 系列复合组合碟簧的疲劳强度好。

ICS 21.160
J 26

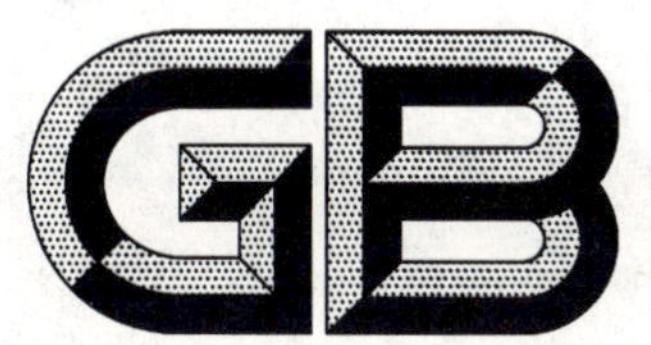

中华人民共和国国家标准

GB/T 1973.1—2005
代替 GB/T 1973.1—1989

小型圆柱螺旋弹簧技术条件

Small cylindrically coiled springs specification

2005-07-11 发布　　　　2006-01-01 实施

中华人民共和国国家质量监督检验检疫总局
中国国家标准化管理委员会　发布

前言

GB/T 1973《小型圆柱螺旋弹簧》分为3个部分：

——第1部分：小型圆柱螺旋弹簧技术条件；

——第2部分：小型圆柱螺旋拉伸弹簧尺寸及参数；

——第3部分：小型圆柱螺旋压缩弹簧尺寸及参数。

本部分为GB/T 1973的第1部分。

本部分代替GB/T 1973.1—1989《小型圆柱螺旋弹簧技术条件》。

本部分与GB/T 1973.1—1989相比主要变化如下：

——修改了规范性引用文件；

——修改了术语和符号部分内容；

——将附录内容调至正文中(1989年版的附录A;本版的4.6.1.2和4.6.1.3中的表8、表9)；

——调整了编写格式。

本部分由中国机械工业联合会提出。

本部分由全国弹簧标准化技术委员会(SAC/TC 235)归口。

本部分起草单位：机械科学研究院、北京航星机器制造公司。

本部分主要起草人：余方、姜膺、尤逢海。

本部分所代替标准的历次版本发布情况为：

——GB/T 1973—1980；GB/T 1973.1—1989。

小型圆柱螺旋弹簧技术条件

1 范围

本部分规定了小型圆柱螺旋弹簧的技术要求、试验方法和检验规则及包装、标志、运输、贮存要求。

本部分适用于圆截面圆柱螺旋压缩、拉伸和扭转弹簧(以下简称弹簧)。弹簧材料的截面直径小于0.5 mm。

本部分不适用于特殊性能的弹簧。

2 规范性引用文件

下列文件中的条款通过GB/T 1973的本部分的引用而成为本部分的条款。凡是注日期的引用文件,其随后所有的修改单(不包括勘误的内容)或修订版均不适用于本部分,然而,鼓励根据本部分达成协议的各方研究是否使用这些文件的最新版本。凡是不注日期的引用文件,其最新版本适用于本部分。

GB/T 1805 弹簧术语

GB/T 2828.1 计数抽样检验程序 第1部分:按接收质量限(AQL)检索的逐批检验抽样计划(GB/T 2828.1—2003,ISO 2859-1:1999,IDT)

GB/T 3134 铍青铜线

GB/T 4357 碳素弹簧钢丝

GB/T 4879 防锈包装

GB/T 14955 青铜线

YB(T) 11 弹簧用不锈钢丝

YB/T 5101 琴钢丝

3 术语、符号和缩略语

3.1 拉伸弹簧钩环开口尺寸符号:a。

3.2 弹簧的其余术语、符号和缩略语按GB/T 1805的规定。

4 技术要求

4.1 弹簧产品应符合本部分的要求,并按规定程序批准的产品图样及技术文件制造。

4.2 材料

4.2.1 弹簧一般应选用表1所规定的材料,若需用其他材料时,可由供需双方商定。

表 1

标 准 号	标准名称
GB/T 3134	铍青铜线
GB/T 4357	碳素弹簧钢丝
GB/T 14955	青铜线
YB(T)11	弹簧用不锈钢丝
YB/T 5101	琴钢丝

4.2.2　弹簧材料的质量应符合相应的材料标准及合同中附加的有关规定。

4.2.3　弹簧材料必须有材料制造商的质量保证书，并经弹簧制造商复验合格后方可使用。

4.3　极限偏差的等级

弹簧特性与尺寸的极限偏差分为1、2、3三个等级。各项目的等级应根据使用需要分别独立选定，并在图样上注明，未注明的则由制造厂从标准中选定。

4.4　根据用户需要，允许对弹簧特性、外径(或内径)、压缩弹簧的自由高度、拉伸弹簧的自由长度和扭转弹簧的扭臂长度等的极限偏差不对称使用，其公差值应符合本部分4.5和4.6的规定。

4.5　尺寸和位置的极限偏差

4.5.1　弹簧直径

弹簧直径的极限偏差均按表2规定。弹簧的外径和内径不得同时考核。

表2　　单位为毫米

旋绕比 $C(D/d)$	极限偏差		
	1级精度	2级精度	3级精度
4～<8	±0.10	±0.15	±0.30
8～<15	±0.15	±0.25	±0.45
15～<22	±0.20	±0.30	±0.50

4.5.2　压缩(或拉伸)弹簧自由高度(或长度)、扭转弹簧扭臂长度的极限偏差

压缩(或拉伸)弹簧自由高度(或长度)、扭转弹簧扭臂长度的极限偏差按表3规定。当图样规定测量压缩(或拉伸)弹簧指定高度(或长度)下两点或两点以上负荷时，则压缩(或拉伸)弹簧自由高度(或长度)不予考核。

表3　　单位为毫米

压缩(或拉伸)弹簧自由高度(或长度)、扭转弹簧扭臂长度	极限偏差		
	1级精度	2级精度	3级精度
≤5	±0.4	±0.6	±0.8
>5～10	±0.6	±0.8	±1.0
>10～20	±0.8	±1.0	±1.2
>20	±1.0	±1.2	±1.5

4.5.3　扭转弹簧的自由角度

有特性要求的扭转弹簧，其自由角度不予考核。无特性要求时，自由角度的极限偏差按表4规定。

表4　　单位为度

有效圈数 n	极限偏差		
	1级精度	2级精度	3级精度
<3	±8	±10	±15
3～10	±10	±15	±20

4.5.4　拉伸弹簧钩环开口尺寸的极限偏差

拉伸弹簧钩环开口尺寸的极限偏差按表5规定。

表5　　单位为毫米

钩环开口尺寸 a	极限偏差		
	1级精度	2级精度	3级精度
≤3	±0.20	±0.30	±0.50
>3～6	±0.25	±0.40	±0.60
>6	±0.30	±0.45	±0.75

4.5.5 压缩弹簧总圈数和拉伸弹簧有效圈数

4.5.5.1 压缩弹簧的总圈数与有效圈数之差应大于或等于2。当指定弹簧特性时,总圈数为参考值。不指定弹簧特性时,总圈数的极限偏差按表6规定。

表6

单位为圈

总圈数 n_1	极限偏差
≤10	±0.50
>10~20	±0.75
>20	±1.00

4.5.5.2 拉伸弹簧在保证两钩环开口位置的情况下,有效圈数为参考值。有特殊要求时,由供需双方商定。

4.5.6 压缩弹簧的垂直度

对高径比不大于5的两端面经过磨削的压缩弹簧,在自由状态下,外廓素线对两端面的垂直度的公差值按表7规定。当高径比大于5时,垂直度不考核。

表7

单位为毫米

高径比 b	公差		
	1级精度	2级精度	3级精度
≤3	$0.03H_0$,最小0.30	$0.05H_0$,最小0.50	$0.06H_0$,最小0.60
>3~5	$0.05H_0$,最小0.30	$0.06H_0$,最小0.50	$0.08H_0$,最小0.60
注:H_0为弹簧自由高度。			

4.5.7 节距

节距应均匀,用节距均匀度来考核,图样上的弹簧节距偏差作为参考。

4.5.7.1 等节距的压缩弹簧在压缩到全变形量的80%时,其正常节距圈不得接触。

4.5.7.2 不等节距压缩弹簧的工作圈,在压缩变形时应逐次增加接触圈数。

4.5.8 压并高度

压缩弹簧的压并高度原则上不指定。但对两端面经磨削约0.75圈的弹簧,当需要压并高度时,将式(1)求得的值定为最大值:

$$H_b = n_1 d_{max} \quad \cdots\cdots(1)$$

式中:

H_b——压并高度,单位为毫米(mm);

n_1——总圈数,单位为圈;

d_{max}——材料最大直径,单位为毫米(mm)(材料最大直径=材料直径+材料直径的上偏差)。

4.5.9 永久变形

4.5.9.1 压缩(或拉伸)弹簧被压缩(或拉伸)至试验负荷位置时,其永久变形量应小于或等于自由高度的0.3%,且最大不得大于0.05 mm。

4.5.9.2 扭转弹簧被扭至许用弯曲应力所对应的角度时,其永久变形量不得大于1°。

4.5.10 端面磨削

当材料直径大于0.3 mm时,两端面如需磨削,磨削平面部分不得小于0.75圈,表面粗糙度最大值为$Ra25\ \mu m$。

4.6 压缩和拉伸弹簧的弹簧特性及其极限偏差

4.6.1 弹簧特性

压缩(或拉伸)弹簧的弹簧特性为指定高度(或长度)下的负荷或刚度。

4.6.1.1 在考核指定高度(或长度)下的负荷时,弹簧的变形量应在试验负荷时变形量的20%~80%之间。

试验负荷 F_s:测定弹簧特性时在弹簧上允许承载的最大负荷。

试验应力 τ_s:测定弹簧特性时在弹簧上允许承载的最大应力。

4.6.1.2 试验负荷用式(2)计算:

$$F_s = \frac{\pi d^3}{8D}\tau_s \qquad \cdots\cdots(2)$$

式中:

F_s——试验负荷,单位为牛(N);

τ_s——试验负荷下的应力,单位为兆帕(MPa);

d——材料直径,单位为毫米(mm);

D——弹簧中径,单位为毫米(mm)。

当压缩弹簧经计算得出的试验负荷大于压并负荷时,以压并负荷作为试验负荷。

4.6.1.3 试验应力

a) 压缩弹簧的试验应力按表8选取。

表 8

单位为兆帕

材 料	琴钢丝、碳素弹簧钢丝	弹簧用不锈钢丝	青铜线
试验应力	抗拉强度×0.50	抗拉强度×0.45	抗拉强度×0.40

b) 拉伸弹簧的试验应力按表9选取。

表 9

单位为兆帕

材 料	琴钢丝、碳素弹簧钢丝	弹簧用不锈钢丝	青铜线
试验应力	抗拉强度×0.40	抗拉强度×0.36	抗拉强度×0.32

4.6.1.4 弹簧刚度在特殊需要时考核,其变形量应在试验负荷下变形量的30%~70%之间。

4.6.1.5 指定高度(或长度)时的负荷和刚度不得同时考核。

4.6.2 弹簧特性的极限偏差

4.6.2.1 指定高度(或长度)时负荷的极限偏差按表10规定。

注:特殊工作条件下的弹簧允许进行负荷分组,但需在图样中注明。

表 10

单位为牛

有效圈数 n	极 限 偏 差		
	1级精度	2级精度	3级精度
3~<10	$\pm 0.08F$	$\pm 0.12F$	$\pm 0.15F$
≥10	$\pm 0.07F$	$\pm 0.10F$	$\pm 0.12F$

4.6.2.2 刚度的极限偏差按表11规定。

表 11

单位为牛每毫米

有效圈数 n	极 限 偏 差		
	1级精度	2级精度	3级精度
3~<10	$\pm 0.08F'$	$\pm 0.12F'$	$\pm 0.15F'$
≥10	$\pm 0.07F'$	$\pm 0.10F'$	$\pm 0.12F'$

4.7 表面质量

弹簧表面应光滑，不允许有裂纹、锈蚀等缺陷，不允许有深度超出材料直径公差之半的个别压痕、凹坑和刮伤。

4.8 热处理

弹簧在成形后必须进行去应力退火处理，其硬度不予考核。用淬火冷硬铍青铜线卷制的弹簧应进行时效处理。

4.9 表面处理

应根据需要在产品图样中注明对弹簧表面处理的要求。当镀层为锌、铜、铬、锡时，电镀后应进行去氢处理。

4.10 其他要求

根据需要，需方可对弹簧规定下列要求：

a) 立定强压处理；

b) 疲劳试验、模拟试验。

4.11 如有其他特殊技术要求，由供需双方协议规定。

5 试验方法

5.1 永久变形

弹簧永久变形在弹簧试验机或专门试验装置上进行。

5.1.1 将弹簧压缩(或拉伸)至试验负荷位置连续3次，测量其中第2次和第3次压缩(或拉伸)后的自由高度(或长度)的变化值。以此变化值作为压缩(或拉伸)弹簧的永久变形量。

5.1.2 将扭转弹簧扭转至许用弯曲应力所对应的扭转角度连续5次，测量其中第4次和第5次扭转后自由角度的变化值。以此变化值作为扭转弹簧的永久变形量。

5.2 直径(外径或内径)

用读数值小于或等于0.02 mm的游标卡尺测量，图样上标明外径或中径的测量外径，并以外径最大值为准。标明内径的测量内径，并以内径最小值为准。

5.3 压缩弹簧自由高度和拉伸弹簧自由长度

压缩弹簧自由高度和拉伸弹簧自由长度应用分度值小于或等于0.02 mm的游标卡尺测量弹簧的最高点(或最长点)。当弹簧自重影响自由高度(或长度)时，可将弹簧横置进行测量。

5.4 扭转弹簧的自由角度

自由角度应用样板或通用量具测量。

5.5 拉伸弹簧钩环开口尺寸

用分度值小于或等于0.02 mm的游标卡尺测量弹簧钩环开口尺寸。

5.6 压缩弹簧总圈数

采用目测。

5.7 垂直度

用二级精度平板、三级精度宽座角尺和0.02 mm～1.00 mm的塞尺测量。在无负荷状态下，将被测弹簧竖直放在平板上，贴靠宽座角尺，自转一周，同时用塞尺测量，取大值；再按此法测量弹簧的另一端面，将两端面垂直度误差中的较大值作为弹簧的垂直度误差Δ，如图1所示。

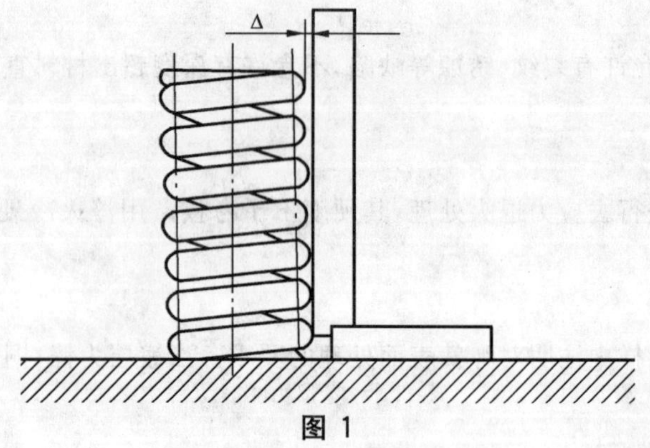

图 1

5.8 压缩弹簧的节距

在相应的弹簧试验机上将弹簧压至全变形量的 80%，弹簧在正常节距圈($n-1$)范围内不应接触，必要时可用透光法检查。

5.9 弹簧特性

5.9.1 弹簧特性应在精度不低于 1%的弹簧试验机上测试。压缩(或拉伸)弹簧特性的测试是将弹簧一次性压缩(或拉伸)到试验负荷后进行。

5.9.2 指定高度(或长度)时的负荷

弹簧测试高度(或长度)应按产品图样规定。经负荷分组的弹簧根据所分的组别进行测试。

5.9.3 刚度

刚度的值按试验负荷下变形量的 30%～70%之间的任意两点的负荷差与变形量差之比来确定。

5.10 端面粗糙度

采用目测。

5.11 表面质量

弹簧表面质量的检查采用目测或用 5 倍放大镜进行。弹簧表面防腐处理按有关标准或技术文件进行检查。

5.12 疲劳试验、模拟试验

疲劳试验、模拟试验按图样或协议规定，在弹簧疲劳试验机上或模拟试验机上进行。

5.13 如对试验方法有特殊要求时，由供需双方协议规定。

6 检验规则

6.1 抽样规则

产品的验收抽样检查按 GB/T 2828.1 的规定。

6.2 检验项目

压缩、拉伸和扭转弹簧的检验项目按本部分第 4 章的有关规定。供需双方亦可根据需要，商定检验项目。当有特殊要求时，经供需双方商定才对疲劳寿命进行检验。

6.3 各检验项目的检验方法按第 5 章的有关规定进行。

7 标志、包装、运输、贮存

7.1 包装

弹簧在包装前应清洁表面并进行防腐处理，用包装材料按 GB/T 4879 的规定进行包装。

7.2 合格证

箱内应附有制造商的产品合格证。合格证包括下列内容：

a) 制造商名称；

b) 产品名称及型号；

c) 制造日期或生产批号；

d) 质量检查部门签章。

7.3 包装箱应保证在正常运输中不致使弹簧损伤。

7.4 标志

包装箱外部应注明：

a) 收货地址及单位名称；

b) 数量；

c) 总质量，单位为千克；

d) 制造商名称、商标和地址；

e) “轻放”、“防潮”等字样或符号；

f) 出厂日期。

7.5 贮存

产品应存放在通风和干燥的仓库内。在正常保管情况下，自出厂之日起，制造商应保证在6个月内不锈蚀。

7.6 其他

对标志、包装、运输与贮存有特殊要求的，应由制造商与用户协议规定。

ICS 21.160
J 26

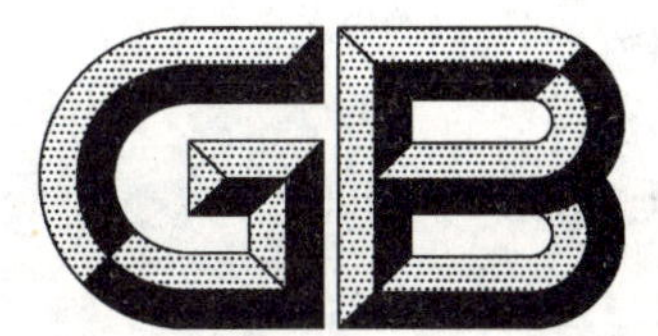

中华人民共和国国家标准

GB/T 1973.2—2005
代替 GB/T 1973.2—1989

小型圆柱螺旋拉伸弹簧尺寸及参数

Small cylindrically coiled tension spring dimensions and parameters

2005-07-11 发布　　2006-01-01 实施

中华人民共和国国家质量监督检验检疫总局
中国国家标准化管理委员会　发布

前言

GB/T 1973《小型圆柱螺旋弹簧》分为3个部分：

——第1部分：小型圆柱螺旋弹簧技术条件；

——第2部分：小型圆柱螺旋拉伸弹簧尺寸及参数；

——第3部分：小型圆柱螺旋压缩弹簧尺寸及参数。

本部分为GB/T 1973的第2部分。

本部分代替GB/T 1973.2—1989《小型圆柱螺旋拉伸弹簧 尺寸及参数》。

本部分与GB/T 1973.2—1989相比主要变化如下：

——修改了规范性引用文件；

——修改了术语符号部分内容，如：弹簧刚度代号由"P'"改为"F'"，"工作极限负荷"变成"试验负荷"，"工作极限负荷试验下变形量"变成"负荷下变形量"等；

——修改了标记方法，如：原标准的名称为中文"拉簧"，新标准中拟替代为字母；在标记中增加了有效圈数 n；

——将表2和表3中 $d=0.26$ mm修改为 $d=0.25$ mm；$d=0.29$ mm修改为 $d=0.30$ mm，对应的数据相应变更；

——修改了附录（见附录A），如：计算公式的更改引起尺寸参数的变化，同时由于计算公式参照GB/T 1239.6—1992《圆柱螺旋弹簧设计计算》做了多处改动，故给出附录A作为资料性附录；

——调整了编写格式。

本部分的附录A为资料性附录。

本部分由中国机械工业联合会提出。

本部分由全国弹簧标准化技术委员会（SAC/TC235）归口。

本部分起草单位：机械科学研究院。

本部分起草人：余方、姜膺。

本部分所代替标准的历次版本发布情况为：

——GB/T 1973—1980；GB/T 1973.2—1989。

小型圆柱螺旋拉伸弹簧尺寸及参数

1 范围

本部分规定了小型圆柱螺旋拉伸弹簧的标记、尺寸及参数。

本部分适用于直径小于 0.5 mm 的圆截面材料制造的一般用途的冷卷圆柱螺旋拉伸弹簧(圆钩环压中心型),以下简称弹簧。

2 规范性引用文件

下列文件中的条款通过 GB/T 1973 的本部分的引用而成为本部分的条款。凡是注日期的引用文件,其随后所有的修改单(不包括勘误的内容)或修订版均不适用于本部分,然而,鼓励根据本部分达成协议的各方研究是否可使用这些文件的最新版本。凡是不注日期的引用文件,其最新版本适用于本部分。

GB/T 1358 圆柱螺旋弹簧尺寸系列

GB/T 1805 弹簧术语

GB/T 1973.1 小型圆柱螺旋弹簧技术条件

GB/T 4357 碳素弹簧钢丝

GB/T 4459.4 机械制图 弹簧画法

GB/T 13911 金属镀覆及化学处理表示方法

YB(T) 11 弹簧用不锈钢丝

3 术语、符号

3.1 下列术语和符号(见表 1)适用于本部分。

表 1

术 语	符 号	单 位
材料直径	d	mm
弹簧中径	D	mm
弹簧外径	D_2	mm
自由长度	H_0	mm
总圈数	n_1	圈
有效圈数	n	圈
弹簧刚度	F'	N/mm
试验负荷	F_s	N
初拉力	F_0	N
试验负荷下变形量	f_s	mm
试验切应力	τ_s	MPa
许用切应力	$[\tau]$	MPa
初切应力	τ_0	MPa
工作负荷	$F_1, F_2, \cdots, F_n$	N

表 1(续)

术 语	符 号	单 位
展开长度	L	mm
弹簧单件质量	m	mg
拉伸弹簧钩环开口宽度	a	mm

3.2 其余术语和符号按 GB/T 1805 的规定。

4 弹簧的工作图及型式

4.1 工作图样的绘制按 GB/T 4459.4 规定。

4.2 弹簧的型式分为 A 型(见图 1)和 B 型(见图 2)两种。

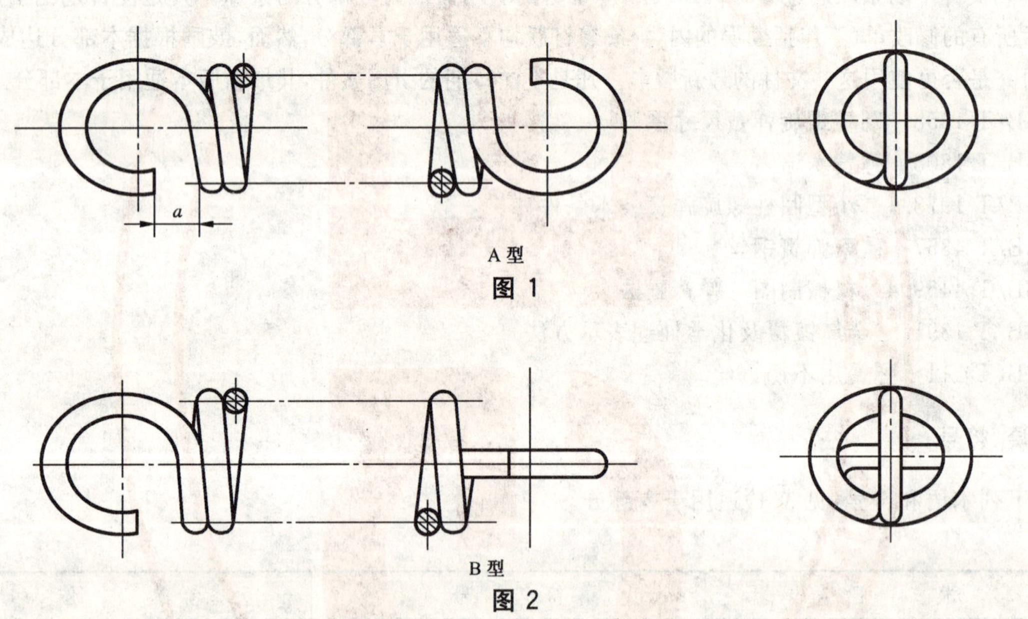

A 型

图 1

B 型

图 2

5 材料

弹簧材料直径小于 0.5 mm,并规定使用 GB/T 4357 中 B 级钢丝或 YB(T) 11 中 B 组钢丝。当采用 YB(T) 11 中 B 组钢丝时,需在标记中注明代号“S”。若采用其他级(组)别的材料,由供需双方商定并在标记中注明。

6 制造精度

弹簧的刚度、外径、自由长度按 GB/T 1973.1 规定的 3 级精度制造。如需按 2 级精度制造时,加注符号“2”,但钩环开口宽度均按 3 级精度制造。

7 旋向

弹簧的旋向规定为右旋。如需左旋应在标记中注明“左”。

8 钩环开口宽度

弹簧钩环开口宽度 a 为 0.25 D～0.35 D。

9 表面处理

9.1 采用碳素弹簧钢丝制造的弹簧,表面一般进行氧化处理,但也可进行镀锌、镀镉、磷化等金属镀层及化学处理。其标记方法应按 GB/T 13911 的规定。

9.2 采用弹簧用不锈钢丝制造的弹簧,必要时可对表面进行清洗处理,不加任何标记。

10 标记

10.1 标记的组成

弹簧的标记由名称、型式、尺寸、标准编号、材料牌号以及表面处理组成。规定如下:

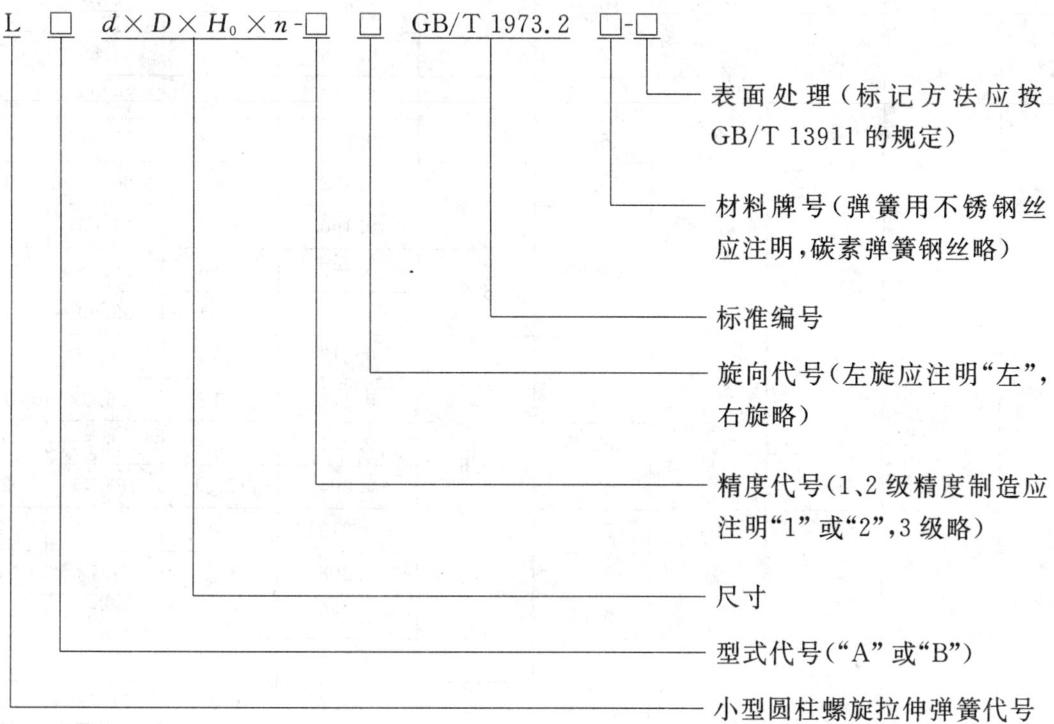

10.2 标记示例

A 型弹簧,材料直径 0.20 mm,弹簧中径 3.20 mm,自由长度 8.80 mm,有效圈数 12.5 圈,左旋,刚度、外径和自由长度的精度为 2 级,材料为碳素弹簧钢丝 B 级,表面镀锌处理。

LA 0.20×3.20×8.80×12.5-2 左 GB/T 1973.2-Ep·Zn

B 型弹簧,材料直径 0.40 mm,弹簧中径 5.00 mm,自由长度 17.60 mm,有效圈数 19.25 圈,右旋,刚度、外径和自由长度的精度为 3 级,材料为弹簧用不锈钢丝 B 组。

LB 0.40×5.00×17.60×19.25 GB/T 1973.2-S

11 弹簧的其他技术要求

弹簧的其他技术要求按 GB/T 1973.1 的规定。

12 基本尺寸及参数

采用碳素弹簧钢丝制造的弹簧的基本尺寸及参数见表 2;采用弹簧用不锈钢丝制造的弹簧的基本尺寸及参数见表 3。

表 2

材料直径 d/mm	弹簧中径 D/mm	初拉力 F_0/N	试验负荷 F_s/N	有效圈数 n/圈	自由长度 H_0/mm	弹簧刚度 F'/(N/mm)	试验负荷下变形量 f_s/mm	展开长度 L/mm	弹簧单件质量 m/mg
0.16	1.20	0.011	1.153	7.25	3.5	0.510	2.26	34.87	5.5
				7.50		0.493	2.34	35.81	5.7
				9.25	3.8	0.400	2.88	42.41	6.7
				9.50		0.389	2.96	43.35	6.8
				12.25	4.3	0.302	3.82	53.72	8.5
				12.50		0.296	3.90	54.66	8.6
				15.25	4.8	0.242	4.75	65.03	10.3
				15.50		0.239	4.83	65.97	10.4
				19.25	5.4	0.192	6.00	80.11	12.6
				19.50		0.190	6.08	81.05	12.8
				24.25	6.2	0.152	7.56	98.96	15.6
				24.50		0.151	7.64	99.90	15.8
				31.25	7.4	0.118	9.74	125.35	19.8
				31.50		0.117	9.82	126.29	19.9
				39.25	8.6	0.094	12.24	155.51	24.5
				39.50		0.094	12.31	156.45	24.7
	1.60	0.006	0.865	7.25	4.3	0.215	4.02	46.50	7.3
				7.50		0.208	4.16	47.75	7.5
				9.25	4.6	0.169	5.13	56.55	8.9
				9.50		0.164	5.26	57.81	9.1
				12.25	5.1	0.127	6.79	71.63	11.3
				12.50		0.125	6.93	72.88	11.5
				15.25	5.6	0.102	8.45	86.71	13.7
				15.50		0.101	8.59	87.96	13.9
				19.25	6.2	0.081	10.67	106.81	16.9
				19.50		0.080	10.81	108.07	17.1
				24.25	7.0	0.064	13.44	131.95	20.8
				24.50		0.064	13.58	133.20	21.0
				31.25	8.2	0.050	17.32	167.13	26.4
				31.50		0.050	17.46	168.39	26.6
				39.25	9.4	0.040	21.75	207.34	32.7
				39.50		0.039	21.89	208.60	32.9
	2.00	0.004	0.692	7.25	5.1	0.110	6.28	58.12	9.2
				7.50		0.106	6.49	59.69	9.4
				9.25	5.4	0.086	8.01	70.69	11.2
				9.50		0.084	8.23	72.26	11.4

表 2(续)

材料直径 d/mm	弹簧中径 D/mm	初拉力 F_0/N	试验负荷 F_s/N	有效圈数 n/圈	自由长度 H_0/mm	弹簧刚度 F'/(N/mm)	试验负荷下变形量 f_s/mm	展开长度 L/mm	弹簧单件质量 m/mg
0.16	2.00	0.004	0.692	12.25	5.9	0.065	10.61	89.54	14.1
				12.50		0.064	10.82	91.11	14.4
				15.25	6.4	0.052	13.21	108.38	17.1
				15.50		0.052	13.42	109.96	17.4
				19.25	7.0	0.041	16.67	133.52	21.1
				19.50		0.041	16.89	135.09	21.3
				24.25	7.8	0.033	21.00	164.93	26.0
				24.50		0.033	21.22	166.50	26.3
				31.25	9.0	0.026	27.06	208.92	33.0
				31.50		0.025	27.28	210.49	33.2
				39.25	10.2	0.020	33.99	259.18	40.9
				39.50		0.020	34.21	260.75	41.2
	2.50	0.002	0.553	7.25	6.1	0.056	9.81	72.65	11.5
				7.50		0.055	10.15	74.61	11.8
				9.25	6.4	0.044	12.52	88.36	13.9
				9.50		0.043	12.85	90.32	14.3
				12.25	6.9	0.033	16.57	111.92	17.7
				12.50		0.033	16.91	113.88	18.0
				15.25	7.4	0.027	20.63	135.48	21.4
				15.50		0.026	20.97	137.44	21.7
				19.25	8.0	0.021	26.05	166.90	26.3
				19.50		0.021	26.38	168.86	26.7
				24.25	8.8	0.017	32.81	206.17	32.5
				24.50		0.017	33.15	208.13	32.8
				31.25	10.0	0.013	42.28	261.14	41.2
				31.50		0.013	42.62	263.11	41.5
				39.25	11.2	0.010	53.10	323.98	51.1
				39.50		0.010	53.43	325.94	51.4
0.20	1.60	0.015	1.689	7.25	4.6	0.525	3.21	46.50	11.5
				7.50		0.508	3.33	47.75	11.8
				9.25	5.0	0.412	4.10	56.55	13.9
				9.50		0.402	4.21	57.81	14.3
				12.25	5.6	0.311	5.43	71.63	17.7
				12.50		0.305	5.54	72.88	18.0
				15.25	6.2	0.250	6.76	86.71	21.4
				15.50		0.246	6.87	87.96	21.7

表 2(续)

材料直径 d/mm	弹簧中径 D/mm	初拉力 F_0/N	试验负荷 F_s/N	有效圈数 n/圈	自由长度 H_0/mm	弹簧刚度 F'/(N/mm)	试验负荷下变形量 f_s/mm	展开长度 L/mm	弹簧单件质量 m/mg
0.20	1.60	0.015	1.689	19.25	7.0	0.198	8.53	106.81	26.3
				19.50		0.195	8.64	108.07	26.7
				24.25	8.0	0.157	10.75	131.95	32.5
				24.50		0.155	10.86	133.20	32.8
				31.25	9.4	0.122	13.86	167.13	41.2
				31.50		0.121	13.97	168.39	41.5
				39.25	11.0	0.097	17.40	207.34	51.1
				39.50		0.096	17.51	208.60	51.4
	2.00	0.009	1.351	7.25	5.4	0.269	5.02	58.12	14.3
				7.50		0.260	5.20	59.69	14.7
				9.25	5.8	0.211	6.41	70.69	17.4
				9.50		0.205	6.58	72.26	17.8
				12.25	6.4	0.159	8.49	89.54	22.1
				12.50		0.156	8.66	91.11	22.5
				15.25	7.0	0.128	10.56	108.38	26.7
				15.50		0.126	10.74	109.96	27.1
				19.25	7.8	0.101	13.34	133.52	32.9
				19.50		0.100	13.51	135.09	33.3
				24.25	8.8	0.080	16.80	164.93	40.7
				24.50		0.080	16.97	166.50	41.1
				31.25	10.2	0.062	21.65	208.92	51.5
				31.50		0.062	21.82	210.49	51.9
				39.25	11.8	0.050	27.19	259.18	63.9
				39.50		0.049	27.36	260.75	64.3
	2.50	0.006	1.081	7.25	6.4	0.138	7.85	72.65	17.9
				7.50		0.133	8.12	74.61	18.4
				9.25	6.8	0.108	10.01	88.36	21.8
				9.50		0.105	10.28	90.32	22.3
				12.25	7.4	0.082	13.26	111.92	27.6
				12.50		0.080	13.53	113.88	28.1
				15.25	8.0	0.065	16.51	135.48	33.4
				15.50		0.064	16.78	137.44	33.9
				19.25	8.8	0.052	20.84	166.90	41.2
				19.50		0.051	21.11	168.86	41.6
				24.25	9.8	0.041	26.25	206.17	50.8
				24.50		0.041	26.52	208.13	51.3

表 2(续)

材料直径 d/mm	弹簧中径 D/mm	初拉力 F_0/N	试验负荷 F_s/N	有效圈数 n/圈	自由长度 H_0/mm	弹簧刚度 F'/(N/mm)	试验负荷下变形量 f_s/mm	展开长度 L/mm	弹簧单件质量 m/mg
0.20	2.50	0.006	1.081	31.25	11.2	0.032	33.83	261.14	64.4
				31.50		0.032	34.09	263.11	64.9
				39.25	12.8	0.025	42.48	323.98	79.9
				39.50		0.025	42.75	325.94	80.4
	3.20	0.004	0.844	7.25	7.8	0.066	12.86	92.99	22.9
				7.50		0.063	13.30	95.50	23.6
				9.25	8.2	0.051	16.40	113.10	27.9
				9.50		0.050	16.85	115.61	28.5
				12.25	8.8	0.039	21.72	143.26	35.3
				12.50		0.038	22.17	145.77	35.9
				15.25	9.4	0.031	27.05	173.42	42.8
				15.50		0.031	27.49	175.93	43.4
				19.25	10.2	0.025	34.14	213.63	52.7
				19.50		0.024	34.58	216.14	53.3
				24.25	11.2	0.020	43.00	263.89	65.1
				24.50		0.019	43.45	266.41	65.7
				31.25	12.6	0.015	55.41	334.27	82.4
				31.50		0.015	55.85	336.78	83.1
				39.25	14.2	0.012	69.60	414.69	102.3
				39.50		0.012	70.04	417.20	102.9
0.25	2.00	0.027	2.528	7.25	5.8	0.657	3.83	58.12	22.4
				7.50		0.635	3.98	59.69	23.0
				9.25	6.3	0.515	4.91	70.69	27.2
				9.50		0.501	5.05	72.26	27.8
				12.25	7.1	0.389	6.51	89.54	34.5
				12.50		0.381	6.64	91.11	35.1
				15.25	7.9	0.312	8.10	108.38	41.7
				15.50		0.307	8.23	109.96	42.4
				19.25	8.9	0.247	10.22	133.52	51.4
				19.50		0.244	10.36	135.09	52.0
				24.25	10.2	0.196	12.88	164.93	63.5
				24.50		0.194	13.01	166.50	64.1
				31.25	12.1	0.152	16.59	208.92	80.3
				31.50		0.151	16.73	210.49	80.9
				39.25	14.1	0.121	20.84	259.18	99.6
				39.50		0.121	20.98	260.75	100.2

表 2(续)

材料直径 d/mm	弹簧中径 D/mm	初拉力 F_0/N	试验负荷 F_s/N	有效圈数 n/圈	自由长度 H_0/mm	弹簧刚度 F'/(N/mm)	试验负荷下变形量 f_s/mm	展开长度 L/mm	弹簧单件质量 m/mg
0.25	2.50	0.017	2.022	7.25	6.8	0.336	6.02	72.65	27.9
				7.50		0.325	6.22	74.61	28.7
				9.25	7.3	0.264	7.68	88.36	34.0
				9.50		0.257	7.88	90.32	34.7
				12.25	8.1	0.199	10.16	111.92	43.0
				12.50		0.195	10.37	113.88	43.8
				15.25	8.9	0.160	12.65	135.48	52.1
				15.50		0.157	12.86	137.44	52.8
				19.25	9.9	0.127	15.97	166.90	64.2
				19.50		0.125	16.18	168.86	64.9
				24.25	11.2	0.101	20.12	206.17	79.2
				24.50		0.100	20.93	208.13	80.0
				31.25	13.1	0.078	25.93	261.14	100.4
				31.50		0.077	26.14	263.11	101.1
				39.25	15.1	0.062	32.57	323.98	124.5
				39.50		0.062	32.77	325.94	125.3
	3.20	0.011	1.580	7.25	8.2	0.160	9.86	92.99	35.8
				7.50		0.155	10.20	95.50	36.8
				9.25	8.7	0.126	12.57	113.10	43.6
				9.50		0.122	12.91	115.61	44.5
				12.25	9.5	0.095	16.65	143.26	35.2
				12.50		0.093	16.99	145.77	56.1
				15.25	10.3	0.076	20.73	173.43	66.8
				15.50		0.075	21.07	175.93	67.8
				19.25	11.3	0.060	26.17	213.63	82.3
				19.50		0.060	26.51	216.14	83.2
				24.25	12.6	0.048	32.97	263.89	101.6
				24.50		0.047	33.31	266.41	102.6
				31.25	14.5	0.037	42.48	334.27	128.7
				31.50		0.037	42.82	336.78	129.7
				39.25	16.5	0.030	53.36	414.69	159.7
				39.50		0.029	53.70	417.20	160.7
	4.00	0.007	1.264	7.25	9.8	0.082	15.40	116.24	44.8
				7.50		0.079	15.92	119.38	46.0
				9.25	10.3	0.064	19.65	141.37	54.4
				9.50		0.063	20.18	144.51	55.7

表 2(续)

材料直径 d/mm	弹簧中径 D/mm	初拉力 F_0/N	试验负荷 F_s/N	有效圈数 n/圈	自由长度 H_0/mm	弹簧刚度 F'/(N/mm)	试验负荷下变形量 f_s/mm	展开长度 L/mm	弹簧单件质量 m/mg
0.25	4.00	0.007	1.264	12.25	11.1	0.049	26.02	179.07	69.0
				12.50		0.048	26.55	182.21	70.2
				15.25	11.9	0.039	32.39	216.77	83.5
				15.50		0.038	32.92	219.91	84.7
				19.25	12.9	0.031	40.89	267.04	102.8
				19.50		0.031	41.42	270.18	104.1
				24.25	14.2	0.025	51.51	329.87	127.0
				24.50		0.024	52.04	333.01	128.3
				31.25	16.1	0.019	66.38	417.83	160.9
				31.50		0.019	66.91	420.97	162.1
				39.25	18.1	0.015	83.37	518.36	199.6
				39.50		0.015	83.90	521.50	200.9
0.30	2.00	0.042	4.262	7.25	6.0	1.361	3.13	58.12	32.2
				7.50		1.316	3.24	59.69	33.1
				9.25	6.6	1.067	3.99	70.69	39.2
				9.50		1.039	4.10	72.26	40.1
				12.25	7.5	0.806	5.29	89.54	49.7
				12.50		0.790	5.40	91.11	50.5
				15.25	8.4	0.647	6.58	108.38	60.1
				15.50		0.637	6.69	109.96	61.0
				19.25	9.5	0.513	8.31	133.52	74.0
				19.50		0.506	8.42	135.09	74.9
				24.25	11.0	0.407	10.47	164.93	91.5
				24.50		0.403	10.58	166.50	92.3
				31.25	13.0	0.316	13.49	208.92	115.9
				31.50		0.313	13.60	210.49	116.7
				39.25	15.3	0.251	16.95	259.18	143.7
				39.50		0.250	17.06	260.75	144.6
	2.50	0.027	3.410	7.25	7.0	0.697	4.89	72.65	40.3
				7.50		0.673	5.06	74.61	41.4
				9.25	7.7	0.546	6.24	88.36	49.0
				9.50		0.532	6.41	90.32	50.1
				12.25	8.5	0.413	8.26	111.92	62.1
				12.50		0.404	8.43	113.88	63.2
				15.25	9.4	0.331	10.29	135.48	75.1
				15.50		0.326	10.46	137.44	76.2

表 2(续)

材料直径 d/mm	弹簧中径 D/mm	初拉力 F_0/N	试验负荷 F_s/N	有效圈数 n/圈	自由长度 H_0/mm	弹簧刚度 F'/(N/mm)	试验负荷下变形量 f_s/mm	展开长度 L/mm	弹簧单件质量 m/mg
0.30	2.50	0.027	3.410	19.25	10.5	0.263	12.99	166.90	92.6
				19.50		0.259	13.16	168.86	93.7
				24.25	12.0	0.208	16.36	206.17	114.3
				24.50		0.206	16.53	208.13	115.4
				31.25	14.0	0.162	21.08	261.14	144.8
				31.50		0.160	21.25	263.11	145.9
				39.25	16.3	0.129	26.48	323.98	179.7
				39.50		0.128	26.65	325.94	180.8
	3.20	0.016	2.664	7.25	8.4	0.332	8.01	92.99	51.6
				7.50		0.321	8.29	95.50	53.0
				9.25	9.0	0.261	10.22	113.10	62.7
				9.50		0.254	10.50	115.61	64.1
				12.25	9.9	0.197	13.54	143.26	79.5
				12.50		0.193	13.82	145.77	80.8
				15.25	10.8	0.158	16.86	173.42	96.2
				15.50		0.155	17.13	175.93	97.6
				19.25	11.9	0.125	21.28	213.63	118.5
				19.50		0.124	21.55	216.14	119.9
				24.25	13.4	0.099	26.80	263.89	146.4
				24.50		0.098	27.08	266.41	147.8
				31.25	15.4	0.077	34.54	334.27	185.4
				31.50		0.077	34.82	336.78	186.8
				39.25	17.7	0.061	43.38	414.69	230.0
				39.50		0.061	43.66	417.20	231.4
	4.00	0.010	2.131	7.25	10.0	0.170	12.52	116.24	64.5
				7.50		0.165	12.95	119.38	66.2
				9.25	10.6	0.133	15.98	141.37	78.4
				9.50		0.130	16.41	144.51	80.1
				12.25	11.5	0.101	21.16	179.07	99.3
				12.50		0.099	21.59	182.21	101.1
				15.25	12.4	0.081	26.34	216.77	120.2
				15.50		0.080	26.77	219.91	122.0
				19.25	13.5	0.064	33.25	267.04	148.1
				19.50		0.063	33.68	270.18	149.8
				24.25	15.0	0.051	41.88	329.87	182.9
				24.50		0.050	42.31	333.01	184.7

表 2(续)

材料直径 d/mm	弹簧中径 D/mm	初拉力 F_0/N	试验负荷 F_s/N	有效圈数 n/圈	自由长度 H_0/mm	弹簧刚度 F'/(N/mm)	试验负荷下变形量 f_s/mm	展开长度 L/mm	弹簧单件质量 m/mg
0.30	4.00	0.010	2.131	31.25	17.0	0.039	53.97	417.83	231.7
				31.50		0.039	54.40	420.97	233.5
				39.25	19.3	0.031	67.79	518.36	287.5
				39.50		0.031	68.22	521.50	289.2
0.32	2.50	0.040	4.034	7.25	7.2	0.902	4.47	72.65	45.9
				7.50		0.872	4.63	74.61	47.1
				9.25	7.9	0.707	5.70	88.36	55.8
				9.50		0.689	5.86	90.32	57.0
				12.25	8.8	0.534	7.56	111.92	70.7
				12.50		0.523	7.71	113.88	71.9
				15.25	9.8	0.429	9.41	135.48	85.5
				15.50		0.422	9.56	137.44	86.8
				19.25	11.1	0.340	11.87	166.90	105.4
				19.50		0.336	12.03	168.86	106.6
				24.25	12.7	0.270	14.96	206.17	130.2
				24.50		0.267	15.11	208.13	131.4
				31.25	14.9	0.209	19.27	261.14	164.9
				31.50		0.208	19.43	263.11	166.1
				39.25	17.5	0.167	24.20	323.98	204.5
				39.50		0.166	24.36	325.94	205.8
	3.20	0.024	3.152	7.25	8.6	0.430	7.33	92.99	58.7
				7.50		0.416	7.58	95.50	60.3
				9.25	9.3	0.337	9.35	113.10	71.4
				9.50		0.328	9.60	115.61	73.0
				12.25	10.2	0.255	12.38	143.26	90.4
				12.50		0.250	12.63	145.77	92.0
				15.25	11.2	0.205	15.41	173.42	109.5
				15.50		0.201	15.66	175.93	111.1
				19.25	12.5	0.162	19.45	213.63	134.9
				19.50		0.160	19.70	216.14	136.5
				24.25	14.1	0.129	24.50	263.89	166.6
				24.50		0.127	24.76	266.41	168.2
				31.25	16.3	0.100	31.58	334.27	211.0
				31.50		0.099	31.83	336.78	212.6
				39.25	18.9	0.079	39.66	414.69	261.8
				39.50		0.079	39.91	417.20	263.4

表 2(续)

材料直径 d/mm	弹簧中径 D/mm	初拉力 F_0/N	试验负荷 F_s/N	有效圈数 n/圈	自由长度 H_0/mm	弹簧刚度 F'/(N/mm)	试验负荷下变形量 f_s/mm	展开长度 L/mm	弹簧单件质量 m/mg
0.32	4.00	0.015	2.522	7.25	10.2	0.220	11.45	116.24	73.4
				7.50		0.213	11.84	119.38	75.4
				9.25	10.9	0.173	14.60	141.37	89.3
				9.50		0.168	15.00	144.51	91.2
				12.25	11.8	0.130	19.34	179.07	113.1
				12.50		0.128	19.74	182.21	115.0
				15.25	12.8	0.105	24.08	216.77	136.9
				15.50		0.103	24.47	219.91	138.8
				19.25	14.1	0.083	30.39	267.04	168.6
				19.50		0.082	30.78	290.18	170.6
				24.25	15.7	0.066	38.29	329.87	208.3
				24.50		0.065	38.68	333.01	210.2
				31.25	17.9	0.051	49.34	417.83	263.8
				31.50		0.051	49.73	420.97	265.8
				39.25	20.5	0.041	61.97	518.36	327.3
				39.50		0.040	62.37	521.50	329.2
	5.00	0.010	2.018	7.25	12.2	0.113	17.89	145.30	91.7
				7.50		0.109	18.50	149.23	94.2
				9.25	12.9	0.088	22.82	176.71	111.6
				9.50		0.086	23.43	180.64	114.0
				12.25	13.8	0.067	30.21	223.84	141.3
				12.50		0.065	30.83	227.77	143.8
				15.25	14.8	0.054	37.61	270.96	171.1
				15.50		0.053	38.23	274.89	173.5
				19.25	16.1	0.042	47.47	333.79	210.7
				19.50		0.042	48.10	337.72	213.2
				24.25	17.7	0.034	59.80	412.33	260.3
				24.50		0.033	60.43	416.26	262.8
				31.25	19.9	0.026	77.07	522.29	329.7
				31.50		0.026	77.68	526.22	332.2
				39.25	22.5	0.021	96.80	647.95	409.1
				39.50		0.021	97.41	651.88	411.6
0.35	2.50	0.057	5.279	7.25	7.5	1.292	4.09	72.65	54.9
				7.50		1.249	4.23	74.61	56.4
				9.25	8.2	1.012	5.22	88.36	66.7
				9.50		0.986	5.36	90.32	68.2

表 2(续)

材料直径 d/mm	弹簧中径 D/mm	初拉力 F_0/N	试验负荷 F_s/N	有效圈数 n/圈	自由长度 H_0/mm	弹簧刚度 F′/(N/mm)	试验负荷下变形量 f_s/mm	展开长度 L/mm	弹簧单件质量 m/mg
0.35	2.50	0.057	5.279	12.25	9.2	0.764	6.91	111.92	84.5
				12.50		0.749	7.05	113.88	86.0
				15.25	10.3	0.614	8.60	135.48	102.3
				15.50		0.604	8.74	137.44	103.8
				19.25	11.7	0.486	10.85	166.90	126.1
				19.50		0.480	11.00	168.86	127.5
				24.25	13.4	0.386	13.67	206.17	155.7
				24.50		0.382	13.81	208.13	157.2
				31.25	15.9	0.300	17.62	261.14	197.2
				31.50		0.297	17.76	263.11	198.7
				39.25	18.7	0.239	22.13	323.98	244.7
				39.50		0.237	22.27	325.94	246.2
	3.20	0.035	4.124	7.25	8.9	0.616	6.70	92.99	70.2
				7.50		0.595	6.93	95.50	72.1
				9.25	9.6	0.483	8.55	113.10	85.4
				9.50		0.470	8.78	115.61	87.3
				12.25	10.6	0.364	11.32	143.26	108.2
				12.50		0.357	11.55	145.77	110.1
				15.25	11.7	0.293	14.09	173.42	131.0
				15.50		0.288	14.32	175.93	132.9
				19.25	13.1	0.232	17.78	213.63	161.3
				19.50		0.229	18.02	216.14	163.2
				24.25	14.8	0.184	22.40	263.89	199.3
				24.50		0.182	22.63	266.41	201.2
				31.25	17.3	0.143	28.87	334.27	252.5
				31.50		0.142	29.10	336.78	254.4
				39.25	20.1	0.114	36.25	414.69	313.2
				39.50		0.113	36.48	417.20	315.1
	4.00	0.022	3.299	7.25	10.5	0.315	10.46	116.24	87.8
				7.50		0.305	10.83	119.38	90.2
				9.25	11.2	0.247	13.35	141.37	106.8
				9.50		0.241	13.71	144.51	109.1
				12.25	12.2	0.187	17.68	179.07	135.2
				12.50		0.183	18.04	182.21	137.6
				15.25	13.3	0.150	22.01	216.77	163.7
				15.50		0.147	22.37	219.91	166.1

表 2(续)

材料直径 d/mm	弹簧中径 D/mm	初拉力 F_0/N	试验负荷 F_s/N	有效圈数 n/圈	自由长度 H_0/mm	弹簧刚度 F'/(N/mm)	试验负荷下变形量 f_s/mm	展开长度 L/mm	弹簧单件质量 m/mg
0.35	4.00	0.022	3.299	19.25	14.7	0.119	27.79	267.04	201.7
				19.50		0.117	28.15	270.18	204.1
				24.25	16.4	0.094	35.01	329.87	249.1
				24.50		0.093	35.37	333.01	251.5
				31.25	18.9	0.073	45.11	417.83	315.6
				31.50		0.073	45.47	420.97	317.9
				39.25	21.7	0.058	56.65	518.36	391.5
				39.50		0.058	57.01	521.50	393.9
	5.00	0.014	2.640	7.25	12.5	0.161	16.35	145.30	109.7
				7.50		0.156	16.92	149.23	112.7
				9.25	13.2	0.127	20.86	176.71	133.5
				9.50		0.123	21.43	180.64	136.4
				12.25	14.2	0.096	27.63	223.84	169.1
				12.50		0.094	28.19	227.77	172.0
				15.25	15.3	0.077	34.40	270.96	204.6
				15.50		0.076	34.96	274.89	207.6
				19.25	16.7	0.061	43.42	333.79	252.1
				19.50		0.060	43.97	337.72	255.1
				24.25	18.4	0.048	54.69	412.33	311.4
				24.50		0.048	55.25	416.26	314.4
				31.25	20.9	0.037	70.47	522.29	394.5
				31.50		0.037	71.04	526.22	397.4
				39.25	23.7	0.030	88.52	647.95	489.4
				39.50		0.030	89.08	651.88	492.3
0.40	3.20	0.059	6.000	7.25	9.2	1.051	5.71	92.99	91.7
				7.50		1.016	5.91	95.50	94.2
				9.25	10.0	0.823	7.29	113.10	111.6
				9.50		0.802	7.48	115.61	114.0
				12.25	11.2	0.622	9.65	143.26	141.3
				12.50		0.609	9.85	145.77	143.8
				15.25	12.4	0.499	12.01	173.42	171.1
				15.50		0.491	12.21	175.93	173.5
				19.25	14.0	0.396	15.16	213.63	210.7
				19.50		0.391	15.36	216.14	213.2
				24.25	16.0	0.314	19.10	263.89	260.3
				24.50		0.311	19.30	266.41	262.8

表 2(续)

材料直径 d/mm	弹簧中径 D/mm	初拉力 F_0/N	试验负荷 F_s/N	有效圈数 n/圈	自由长度 H_0/mm	弹簧刚度 F'/(N/mm)	试验负荷下变形量 f_s/mm	展开长度 L/mm	弹簧单件质量 m/mg
0.40	3.20	0.059	6.000	31.25	18.8	0.244	24.61	334.27	329.7
				31.50		0.242	24.81	336.78	332.2
				39.25	22.0	0.194	30.91	414.69	409.1
				39.50		0.193	31.11	417.20	411.6
	4.00	0.038	4.798	7.25	10.8	0.538	8.92	116.24	114.7
				7.50		0.520	9.23	119.38	117.8
				9.25	11.6	0.422	11.39	141.37	139.5
				9.50		0.411	11.69	144.51	142.6
				12.25	12.8	0.318	15.08	179.07	176.6
				12.50		0.312	15.39	182.21	179.7
				15.25	14.0	0.256	18.77	216.77	213.8
				15.50		0.252	19.08	219.91	216.9
				19.25	15.6	0.203	23.69	267.04	263.4
				19.50		0.200	24.00	270.18	266.5
				24.25	17.6	0.161	29.84	329.87	325.4
				24.50		0.159	30.15	333.01	328.5
				31.25	20.4	0.125	38.45	417.83	412.2
				31.50		0.124	38.76	420.97	415.3
				39.25	23.6	0.099	48.30	518.36	511.3
				39.50		0.099	48.60	521.50	514.4
	5.00	0.024	3.840	7.25	12.8	0.275	13.94	145.30	143.3
				7.50		0.266	14.42	149.23	147.2
				9.25	13.6	0.216	17.79	176.71	174.3
				9.50		0.210	18.27	180.64	178.2
				12.25	14.8	0.163	23.56	223.84	220.8
				12.50		0.160	24.04	227.77	224.7
				15.25	16.0	0.131	29.32	270.96	267.3
				15.50		0.129	29.80	274.89	271.2
				19.25	17.6	0.104	37.01	333.79	329.3
				19.50		0.102	37.49	337.72	333.1
				24.25	19.6	0.082	46.62	412.33	406.8
				24.50		0.082	47.10	416.26	410.6
				31.25	22.4	0.064	60.09	522.29	515.2
				31.50		0.063	60.56	526.22	519.1
				39.25	25.6	0.051	75.47	647.95	639.2
				39.50		0.051	75.95	651.88	643.1

表 2(续)

材料直径 d/mm	弹簧中径 D/mm	初拉力 F_0/N	试验负荷 F_s/N	有效圈数 n/圈	自由长度 H_0/mm	弹簧刚度 F'/(N/mm)	试验负荷下变形量 f_s/mm	展开长度 L/mm	弹簧单件质量 m/mg
0.40	6.30	0.015	3.048	7.25	15.4	0.138	22.14	183.08	180.6
				7.50		0.133	22.90	188.02	185.5
				9.25	16.2	0.108	28.24	222.66	219.6
				9.50		0.105	29.00	227.61	224.5
				12.25	17.4	0.081	37.40	282.04	278.2
				12.50		0.080	38.17	286.98	283.1
				15.25	18.6	0.065	46.55	341.41	336.8
				15.50		0.064	47.32	346.36	341.7
				19.25	20.2	0.052	58.76	420.58	414.9
				19.50		0.051	59.53	425.53	419.8
				24.25	22.2	0.041	74.02	519.54	512.5
				24.50		0.041	74.79	524.49	517.4
				31.25	25.0	0.032	95.39	658.08	649.2
				31.50		0.032	96.15	663.03	654.1
				39.25	28.2	0.025	119.80	816.42	805.4
				39.50		0.025	120.58	821.37	810.2
0.45	3.20	0.094	8.318	7.25	9.6	1.683	4.94	92.99	116.1
				7.50		1.627	5.11	95.50	119.2
				9.25	10.5	1.319	6.31	113.10	141.2
				9.50		1.284	6.48	115.61	144.3
				12.25	11.8	0.996	8.35	143.26	178.9
				12.50		0.976	8.52	145.77	182.0
				15.25	13.2	0.800	10.40	173.42	216.5
				15.50		0.787	10.57	175.93	219.6
				19.25	15.0	0.634	13.13	213.63	266.7
				19.50		0.626	13.30	216.14	269.8
				24.25	17.2	0.503	16.54	263.89	329.5
				24.50		0.498	16.71	266.41	332.6
				31.25	20.4	0.390	21.31	334.27	417.3
				31.50		0.387	21.48	336.78	420.5
				39.25	24.0	0.311	26.76	414.69	517.7
				39.50		0.309	26.93	417.20	520.9
	4.00	0.060	6.655	7.25	11.2	0.862	7.72	116.24	145.1
				7.50		0.833	7.99	119.38	149.0
				9.25	12.1	0.675	9.86	141.37	176.5
				9.50		0.658	10.12	144.51	180.4

表 2(续)

材料直径 d/mm	弹簧中径 D/mm	初拉力 F_0/N	试验负荷 F_s/N	有效圈数 n/圈	自由长度 H_0/mm	弹簧刚度 F'/(N/mm)	试验负荷下变形量 f_s/mm	展开长度 L/mm	弹簧单件质量 m/mg
0.45	4.00	0.060	6.655	12.25	13.4	0.510	13.05	179.07	223.6
				12.50		0.500	13.32	182.21	227.5
				15.25	14.8	0.410	16.25	216.77	270.6
				15.50		0.403	16.51	219.91	274.6
				19.25	16.6	0.325	20.51	267.04	333.4
				19.50		0.320	20.78	270.18	337.3
				24.25	18.8	0.258	25.83	329.87	411.8
				24.50		0.255	26.09	333.01	415.8
				31.25	22.0	0.200	33.29	417.83	521.7
				31.50		0.198	33.55	420.97	525.6
				39.25	25.6	0.159	41.81	518.36	647.2
				39.50		0.158	42.07	521.50	651.1
	5.00	0.039	5.325	7.25	13.2	0.441	12.07	145.30	181.4
				7.50		0.426	12.49	149.23	186.3
				9.25	14.1	0.346	15.40	176.71	220.6
				9.50		0.337	15.82	180.64	225.5
				12.25	15.4	0.261	20.39	223.84	279.5
				12.50		0.256	20.81	227.77	284.4
				15.25	16.8	0.210	25.38	270.96	338.3
				15.50		0.206	25.80	274.89	343.2
				19.25	18.6	0.166	32.04	333.79	416.7
				19.50		0.164	32.46	337.72	421.6
				24.25	20.1	0.132	40.36	412.33	514.8
				24.50		0.131	40.78	416.26	519.7
				31.25	24.0	0.102	52.01	522.29	652.1
				31.50		0.102	52.42	526.22	657.0
				39.25	27.6	0.081	65.33	647.95	809.0
				39.50		0.081	65.74	651.88	813.9
	6.30	0.024	4.225	7.25	15.8	0.221	19.16	183.08	228.6
				7.50		0.213	19.82	188.02	234.7
				9.25	16.7	0.173	24.45	222.66	278.0
				9.50		0.168	25.11	227.61	284.2
				12.25	18.0	0.131	32.37	282.04	352.1
				12.50		0.128	33.03	286.98	358.3
				15.25	19.4	0.105	40.30	341.41	426.2
				15.50		0.103	40.96	346.36	432.4
				19.25	21.2	0.083	50.86	420.58	525.1
				19.50		0.082	51.52	425.33	531.3
				24.25	23.4	0.066	64.07	519.54	648.6
				24.50		0.065	64.73	524.49	654.8
				31.25	26.6	0.051	82.56	658.08	821.6
				31.50		0.051	83.22	663.03	827.8
				39.25	30.2	0.041	103.70	816.42	1 019.3
				39.50		0.040	104.37	821.37	1 025.5

表 3

材料直径 d/mm	弹簧中径 D/mm	初拉力 F_0/N	试验负荷 F_s/N	有效圈数 n/圈	自由长度 H_0/mm	弹簧刚度 F'/(N/mm)	试验负荷下变形量 f_s/mm	展开长度 L/mm	弹簧单件质量 m/mg
0.16	1.20	0.011	1.040	7.25	3.5	0.451	2.31	34.87	5.5
				7.50		0.436	2.39	35.81	5.7
				9.25	3.8	0.354	2.94	42.41	6.7
				9.50		0.344	3.02	43.35	6.8
				12.25	4.3	0.267	3.90	53.72	8.5
				12.50		0.262	3.98	54.66	8.6
				15.25	4.8	0.214	4.85	65.03	10.3
				15.50		0.211	4.93	65.97	10.4
				19.25	5.4	0.170	6.12	80.11	12.6
				19.50		0.168	6.20	81.05	12.8
				24.25	6.2	0.135	7.72	98.96	15.6
				24.50		0.134	7.80	99.90	15.8
				31.25	7.4	0.105	9.94	125.35	19.8
				31.50		0.104	10.02	126.29	19.9
				39.25	8.6	0.083	12.48	155.51	24.5
				39.50		0.083	12.56	156.45	24.7
	1.60	0.005	0.780	7.25	4.3	0.190	4.10	46.50	7.3
				7.50		0.184	4.24	47.75	7.5
				9.25	4.6	0.149	5.23	56.55	8.9
				9.50		0.145	5.37	57.81	9.1
				12.25	5.1	0.113	6.93	71.63	11.3
				12.50		0.110	7.07	72.88	11.5
				15.25	5.6	0.090	8.62	86.71	13.7
				15.50		0.089	8.76	87.96	13.9
				19.25	6.2	0.072	10.89	106.81	16.9
				19.50		0.071	11.03	108.07	17.1
				24.25	7.0	0.057	13.72	131.95	20.8
				24.50		0.056	13.86	133.20	21.0
				31.25	8.2	0.044	17.68	167.13	26.4
				31.50		0.044	17.82	168.39	26.6
				39.25	9.4	0.035	22.20	207.34	32.7
				39.50		0.035	22.34	208.60	32.9
	2.00	0.004	0.624	7.25	5.1	0.097	6.40	58.12	9.2
				7.50		0.094	6.63	59.69	9.4
				9.25	5.4	0.076	8.18	70.69	11.2
				9.50		0.074	8.40	72.26	11.4

表 3(续)

材料直径 d/mm	弹簧中径 D/mm	初拉力 F_0/N	试验负荷 F_s/N	有效圈数 n/圈	自由长度 H_0/mm	弹簧刚度 F'/(N/mm)	试验负荷下变形量 f_s/mm	展开长度 L/mm	弹簧单件质量 m/mg
0.16	2.00	0.004	0.624	12.25	5.9	0.058	10.82	89.54	14.1
				12.50		0.057	11.05	91.11	14.4
				15.25	6.4	0.046	13.48	108.38	17.1
				15.50		0.046	13.70	109.96	17.4
				19.25	7.0	0.037	17.01	133.52	21.1
				19.50		0.036	17.24	135.09	21.3
				24.25	7.8	0.029	21.42	164.93	26.0
				24.50		0.029	21.65	166.50	26.3
				31.25	9.0	0.023	27.62	208.92	33.0
				31.50		0.022	27.84	210.49	33.2
				39.25	10.2	0.018	34.68	259.18	40.9
				39.50		0.018	34.90	260.75	41.2
	2.50	0.002	0.500	7.25	6.1	0.050	10.01	72.65	11.5
				7.50		0.048	10.35	74.61	11.8
				9.25	6.4	0.039	12.77	88.36	13.9
				9.50		0.038	13.12	90.32	14.3
				12.25	6.9	0.030	16.92	111.92	17.7
				12.50		0.029	17.25	113.88	18.0
				15.25	7.4	0.024	21.05	135.48	21.4
				15.50		0.023	21.40	137.44	21.7
				19.25	8.0	0.019	26.58	166.90	26.3
				19.50		0.019	26.92	168.86	26.7
				24.25	8.8	0.015	33.48	206.17	32.5
				24.50		0.015	33.82	208.13	32.8
				31.25	10.0	0.012	43.14	261.14	41.2
				31.50		0.011	43.48	263.11	41.5
				39.25	11.2	0.009	54.18	323.98	51.1
				39.50		0.009	54.52	325.94	51.4
0.20	1.60	0.015	1.525	7.25	4.66	0.465	3.28	46.50	11.5
				7.50		0.449	3.39	47.75	11.8
				9.25	5.0	0.364	4.18	56.55	13.9
				9.50		0.355	4.30	57.81	14.3
				12.25	5.6	0.275	5.54	71.63	17.7
				12.50		0.270	5.65	72.88	18.0
				15.25	6.2	0.221	6.90	86.71	21.4
				15.50		0.217	7.01	87.96	21.7

表 3(续)

材料直径 d/mm	弹簧中径 D/mm	初拉力 F_0/N	试验负荷 F_s/N	有效圈数 n/圈	自由长度 H_0/mm	弹簧刚度 F'/(N/mm)	试验负荷下变形量 f_s/mm	展开长度 L/mm	弹簧单件质量 m/mg
0.20	1.60	0.015	1.525	19.25	7.0	0.175	8.71	106.81	26.3
				19.50		0.173	8.82	108.07	26.7
				24.25	8.0	0.139	10.97	131.95	32.5
				24.50		0.138	11.08	133.20	32.8
				31.25	9.4	0.108	14.14	167.13	41.2
				31.50		0.107	14.25	168.39	41.5
				39.25	11.0	0.086	17.75	207.34	51.1
				39.50		0.085	17.88	208.60	51.4
	2.00	0.009	1.220	7.25	5.4	0.238	5.12	58.12	14.3
				7.50		0.230	5.30	59.69	14.7
				9.25	5.8	0.186	6.54	70.69	17.4
				9.50		0.182	6.72	72.26	17.8
				12.25	6.4	0.141	8.66	89.54	22.1
				12.50		0.138	8.84	91.11	22.5
				15.25	7.0	0.113	10.78	108.38	26.7
				15.50		0.111	10.95	109.96	27.1
				19.25	7.8	0.090	13.60	133.52	32.9
				19.50		0.088	13.78	135.09	33.3
				24.25	8.8	0.071	17.14	164.93	40.7
				24.50		0.070	17.32	166.50	41.1
				31.25	10.2	0.055	22.10	208.92	51.5
				31.50		0.055	22.26	210.49	51.9
				39.25	11.8	0.044	27.74	259.18	63.9
				39.50		0.044	27.92	260.75	64.3
	2.50	0.006	0.975	7.25	6.4	0.122	8.01	72.65	17.9
				7.50		0.118	8.28	74.61	18.4
				9.25	6.8	0.095	10.22	88.36	21.8
				9.50		0.093	10.50	90.32	22.3
				12.25	7.4	0.072	13.53	111.92	27.6
				12.50		0.071	13.80	113.88	28.1
				15.25	8.0	0.058	16.84	135.48	33.4
				15.50		0.057	17.12	137.44	33.9
				19.25	8.8	0.046	21.26	166.90	41.2
				19.50		0.045	21.54	168.86	41.6
				24.25	9.8	0.036	26.78	206.17	50.8
				24.50		0.036	27.06	208.13	51.3

表 3(续)

材料直径 d/mm	弹簧中径 D/mm	初拉力 F_0/N	试验负荷 F_s/N	有效圈数 n/圈	自由长度 H_0/mm	弹簧刚度 F'/(N/mm)	试验负荷下变形量 f_s/mm	展开长度 L/mm	弹簧单件质量 m/mg
0.20	2.50	0.006	0.975	31.25	11.2	0.028	34.52	261.14	64.4
				31.50		0.028	34.80	263.11	64.9
				39.25	12.8	0.023	43.34	323.98	79.9
				39.50		0.022	43.62	325.94	80.4
	3.20	0.004	0.762	7.25	7.8	0.058	13.12	92.99	22.9
				7.50		0.056	13.58	95.50	23.6
				9.25	8.2	0.046	16.74	113.10	27.9
				9.50		0.044	17.20	115.61	28.5
				12.25	8.8	0.034	22.16	143.26	35.3
				12.50		0.034	22.62	145.77	35.9
				15.25	9.4	0.028	27.60	173.42	42.8
				15.50		0.027	28.04	175.93	43.4
				19.25	10.2	0.022	34.84	213.63	52.7
				19.50		0.022	35.28	216.14	53.3
				24.25	11.2	0.017	43.88	263.89	65.1
				24.50		0.017	44.34	266.41	65.7
				31.25	12.6	0.013	56.55	334.27	82.4
				31.50		0.013	57.00	336.78	83.1
				39.25	14.2	0.011	71.02	414.69	102.3
				39.50		0.011	71.48	417.20	102.9
0.25	2.00	0.027	2.274	7.25	5.8	0.581	3.92	58.12	22.4
				7.50		0.562	4.05	59.69	23.0
				9.25	6.3	0.455	5.00	70.69	27.2
				9.50		0.443	5.13	72.26	27.8
				12.25	7.1	0.344	6.62	89.54	34.5
				12.50		0.337	6.75	91.11	35.1
				15.25	7.9	0.276	8.24	108.38	41.7
				15.50		0.272	8.37	109.96	42.4
				19.25	8.9	0.219	10.40	133.52	51.4
				19.50		0.216	10.53	135.09	52.0
				24.25	10.2	0.174	13.10	164.93	63.5
				24.50		0.172	13.23	166.50	64.1
				31.25	12.1	0.135	16.87	208.92	80.3
				31.50		0.134	17.01	210.49	80.9
				39.25	14.1	0.107	21.18	259.18	99.6
				39.50		0.107	21.33	260.75	100.2

表 3(续)

材料直径 d/mm	弹簧中径 D/mm	初拉力 F_0/N	试验负荷 F_s/N	有效圈数 n/圈	自由长度 H_0/mm	弹簧刚度 F'/(N/mm)	试验负荷下变形量 f_s/mm	展开长度 L/mm	弹簧单件质量 m/mg
0.25	2.50	0.017	1.819	7.25	6.8	0.297	6.12	72.65	27.9
				7.50		0.288	6.33	74.61	28.7
				9.25	7.3	0.261	7.80	88.36	34.0
				9.50		0.254	8.02	90.32	34.7
				12.25	8.1	0.197	10.34	111.92	43.0
				12.50		0.193	10.55	113.88	43.8
				15.25	8.9	0.159	12.87	135.48	52.1
				15.50		0.156	13.08	137.44	52.8
				19.25	9.9	0.126	16.24	166.90	64.2
				19.50		0.124	16.45	168.86	64.9
				24.25	11.2	0.100	20.46	206.17	79.2
				24.50		0.099	20.67	208.13	80.0
				31.25	13.1	0.077	26.37	261.14	100.4
				31.50		0.077	26.58	263.11	101.1
				39.25	15.1	0.062	33.12	323.98	124.5
				39.50		0.061	33.33	325.94	125.3
	3.20	0.011	1.421	7.25	8.2	0.142	10.02	92.99	35.8
				7.50		0.137	10.37	95.50	36.8
				9.25	8.7	0.111	12.79	113.10	43.6
				9.50		0.108	13.13	115.61	44.5
				12.25	9.5	0.084	16.93	143.26	35.2
				12.50		0.082	17.28	145.77	56.1
				15.25	10.3	0.067	21.08	173.42	66.8
				15.50		0.066	21.43	175.93	67.8
				19.25	11.3	0.053	26.61	213.63	82.3
				19.50		0.053	26.96	216.14	83.2
				24.25	12.6	0.042	33.52	263.89	101.6
				24.50		0.042	33.87	266.41	102.6
				31.25	14.5	0.033	43.20	334.27	128.7
				31.50		0.033	43.54	336.78	129.7
				39.25	16.5	0.026	54.26	414.69	159.7
				39.50		0.026	54.60	417.20	160.7
	4.00	0.007	1.137	7.25	9.8	0.073	15.66	116.24	44.8
				7.50		0.070	16.20	119.38	46.0
				9.25	10.3	0.057	19.98	141.37	54.4
				9.50		0.055	20.52	144.51	55.7

表 3(续)

材料直径 d/mm	弹簧中径 D/mm	初拉力 F_0/N	试验负荷 F_s/N	有效圈数 n/圈	自由长度 H_0/mm	弹簧刚度 F'/(N/mm)	试验负荷下变形量 f_s/mm	展开长度 L/mm	弹簧单件质量 m/mg
0.25	4.00	0.007	1.137	12.25	11.1	0.043	26.46	179.07	69.0
				12.50		0.042	27.00	182.21	70.2
				15.25	11.9	0.035	32.94	216.77	83.5
				15.50		0.034	33.48	219.91	84.7
				19.25	12.9	0.027	41.58	267.04	102.8
				19.50		0.027	42.12	270.18	104.1
				24.25	14.2	0.022	52.38	329.87	127.0
				24.50		0.021	52.92	333.01	128.3
				31.25	16.1	0.017	67.50	417.83	160.9
				31.50		0.017	68.04	420.97	162.1
				39.25	18.1	0.013	84.78	518.36	199.6
				39.50		0.013	85.32	521.50	200.9
0.30	2.00	0.042	3.930	7.25	6.0	1.205	3.26	58.12	32.2
				7.50		1.164	3.38	59.69	33.1
				9.25	6.6	0.944	4.16	70.69	39.2
				9.50		0.919	4.28	72.26	40.1
				12.25	7.5	0.713	5.51	89.54	49.7
				12.50		0.699	5.63	91.11	50.5
				15.25	8.3	0.573	6.86	108.38	60.1
				15.50		0.563	6.98	109.96	61.0
				19.25	9.5	0.454	8.66	133.52	74.0
				19.50		0.448	8.78	135.09	74.9
				24.25	11.0	0.360	10.91	164.93	91.5
				24.50		0.356	11.03	166.50	92.3
				31.25	13.0	0.279	14.06	208.92	115.9
				31.50		0.277	14.18	210.49	116.7
				39.25	13.3	0.222	17.66	259.18	143.7
				39.50		0.221	17.77	260.75	144.6
	2.50	0.027	3.144	7.25	7.0	0.617	5.10	72.65	40.3
				7.50		0.596	5.27	74.61	41.4
				9.25	7.8	0.483	6.50	88.36	49.0
				9.50		0.471	6.68	90.32	50.1
				12.25	8.5	0.365	8.61	111.92	62.1
				12.50		0.358	8.79	113.88	63.2
				15.25	9.4	0.293	10.72	135.48	75.1
				15.50		0.288	10.90	137.44	76.2

表 3(续)

材料直径 d/mm	弹簧中径 D/mm	初拉力 F_0/N	试验负荷 F_s/N	有效圈数 n/圈	自由长度 H_0/mm	弹簧刚度 F'/(N/mm)	试验负荷下变形量 f_s/mm	展开长度 L/mm	弹簧单件质量 m/mg
0.30	2.50	0.027	3.144	19.25	10.5	0.232	13.54	166.90	92.6
				19.50		0.229	13.71	168.86	93.7
				24.25	12.0	0.184	17.05	206.17	114.3
				24.50		0.182	17.23	208.13	115.4
				31.25	14.0	0.143	21.97	261.14	144.8
				31.50		0.142	22.15	263.11	145.9
				39.25	16.3	0.114	27.60	323.98	179.7
				39.50		0.113	27.77	325.94	180.8
	3.20	0.016	2.456	7.25	8.4	0.294	8.35	92.99	51.6
				7.50		0.284	8.64	95.50	53.0
				9.25	9.0	0.230	10.66	113.10	62.7
				9.50		0.224	10.94	115.61	64.1
				12.25	9.9	0.174	14.11	143.26	79.5
				12.50		0.171	14.40	145.77	80.8
				15.25	10.8	0.140	17.57	173.42	96.2
				15.50		0.138	17.86	175.93	97.6
				19.25	11.9	0.111	22.18	213.63	118.5
				19.50		0.109	22.46	216.14	119.9
				24.25	13.4	0.088	27.94	263.89	146.4
				24.50		0.087	28.22	266.41	147.8
				31.25	15.4	0.068	36.00	334.27	185.4
				31.50		0.068	36.29	336.78	186.8
				39.25	17.7	0.054	45.22	414.69	230.0
				39.50		0.054	45.50	417.20	231.4
	4.00	0.010	1.965	7.25	10.0	0.151	13.05	116.24	64.5
				7.50		0.146	13.50	119.38	66.2
				9.25	10.6	0.118	16.65	141.37	78.4
				9.50		0.115	17.10	144.50	80.1
				12.25	11.5	0.089	22.05	179.07	99.3
				12.50		0.087	22.50	182.21	101.1
				15.25	12.4	0.072	27.45	216.77	120.2
				15.50		0.070	27.90	219.91	122.0
				19.25	13.5	0.057	34.65	267.04	148.1
				19.50		0.056	35.10	270.18	149.8
				24.25	15.0	0.045	43.65	329.87	182.9
				24.50		0.045	44.10	333.01	184.7

表 3(续)

材料直径 d/mm	弹簧中径 D/mm	初拉力 F_0/N	试验负荷 F_s/N	有效圈数 n/圈	自由长度 H_0/mm	弹簧刚度 F'/(N/mm)	试验负荷下变形量 f_s/mm	展开长度 L/mm	弹簧单件质量 m/mg
0.30	4.00	0.010	1.965	31.25	17.0	0.035	56.25	417.83	231.7
				31.50		0.035	56.70	420.97	233.5
				39.25	19.3	0.028	70.65	518.36	287.5
				39.50		0.028	71.10	521.50	289.2
0.32	2.50	0.040	3.814	7.25	7.2	0.798	4.78	72.65	45.9
				7.50		0.772	4.94	74.61	47.1
				9.25	7.8	0.626	6.10	88.36	55.8
				9.50		0.609	6.26	90.32	57.0
				12.25	8.8	0.473	8.07	111.92	70.7
				12.50		0.463	8.24	113.88	71.9
				15.25	9.8	0.380	10.05	135.48	85.5
				15.50		0.373	10.22	137.44	86.8
				19.25	11.1	0.301	12.68	166.90	105.4
				19.50		0.297	12.85	168.86	106.6
				24.25	12.7	0.239	15.98	206.17	130.2
				24.50		0.236	16.14	208.13	131.4
				31.25	14.9	0.185	20.60	261.14	164.9
				31.50		0.184	20.75	263.11	166.1
				39.25	17.5	0.147	25.86	323.98	204.5
				39.50		0.147	26.02	325.94	205.8
	3.20	0.024	2.980	7.25	8.6	0.381	7.83	92.99	58.7
				7.50		0.368	8.10	95.50	60.3
				9.25	9.3	0.298	9.98	113.10	71.4
				9.50		0.291	10.25	115.61	73.0
				12.25	10.2	0.225	13.22	143.26	90.4
				12.50		0.221	13.50	145.77	92.0
				15.25	11.2	0.181	16.46	173.42	109.5
				15.50		0.178	16.73	175.93	111.1
				19.25	12.5	0.143	20.78	213.63	134.9
				19.50		0.142	21.05	216.14	136.5
				24.25	14.1	0.114	26.18	263.89	166.6
				24.50		0.113	26.45	266.41	168.2
				31.25	16.3	0.088	33.74	334.27	211.0
				31.50		0.088	34.00	336.78	212.6
				39.25	18.9	0.070	42.38	414.69	261.8
				39.50		0.070	42.65	417.20	263.4

表 3(续)

材料直径 d/mm	弹簧中径 D/mm	初拉力 F_0/N	试验负荷 F_s/N	有效圈数 n/圈	自由长度 H_0/mm	弹簧刚度 F'/(N/mm)	试验负荷下变形量 f_s/mm	展开长度 L/mm	弹簧单件质量 m/mg
0.32	4.00	0.015	2.384	7.25	10.2	0.195	12.23	116.24	73.4
				7.50		0.188	12.65	119.38	75.4
				9.25	10.9	0.153	15.60	141.37	89.3
				9.50		0.149	16.02	144.51	91.2
				12.25	11.8	0.115	20.66	179.07	113.1
				12.50		0.113	21.08	182.21	115.0
				15.25	12.8	0.093	25.72	216.77	136.9
				15.50		0.091	26.14	219.91	138.8
				19.25	14.1	0.073	32.47	267.04	168.6
				19.50		0.072	32.89	270.18	170.6
				24.25	15.7	0.058	40.90	329.87	208.3
				24.50		0.058	41.32	333.04	210.2
				31.25	17.9	0.045	52.71	417.83	263.8
				31.50		0.045	53.13	420.97	265.8
				39.25	20.5	0.036	66.20	518.36	327.3
				39.50		0.036	66.62	521.50	329.2
	5.00	0.010	1.908	7.25	12.2	0.100	19.12	145.30	91.7
				7.50		0.096	19.76	149.23	94.2
				9.25	12.9	0.078	24.38	176.71	111.6
				9.50		0.076	25.04	180.64	114.0
				12.25	13.8	0.059	32.28	223.84	141.3
				12.50		0.058	32.94	227.77	143.8
				15.25	14.8	0.047	40.19	270.96	171.1
				15.50		0.047	40.85	274.89	173.5
				19.25	16.1	0.038	50.73	333.79	210.7
				19.50		0.037	51.39	337.72	213.2
				24.25	17.7	0.030	63.91	412.33	260.3
				24.50		0.030	64.56	416.26	262.8
				31.25	19.9	0.023	82.35	522.29	329.7
				31.50		0.023	83.02	526.22	332.2
				39.25	22.5	0.018	103.44	647.95	409.1
				39.50		0.018	104.10	651.88	411.6
0.35	2.50	0.057	4.990	7.25	7.5	1.143	4.37	72.65	54.9
				7.50		1.104	4.52	74.61	56.4
				9.25	8.2	0.896	5.57	88.36	66.7
				9.50		0.872	5.72	90.32	68.2

表 3(续)

材料直径 d/mm	弹簧中径 D/mm	初拉力 F_0/N	试验负荷 F_s/N	有效圈数 n/圈	自由长度 H_0/mm	弹簧刚度 F'/(N/mm)	试验负荷下变形量 f_s/mm	展开长度 L/mm	弹簧单件质量 m/mg
0.35	2.50	0.057	4.990	12.25	9.2	0.676	7.38	111.92	84.5
				12.50		0.663	7.53	113.88	86.0
				15.25	10.3	0.543	9.19	135.48	102.3
				15.50		0.534	9.34	137.44	103.8
				19.25	11.7	0.430	11.60	166.90	126.1
				19.50		0.425	11.75	168.86	127.5
				24.25	13.4	0.342	14.61	206.17	155.7
				24.50		0.338	14.76	208.13	157.2
				31.25	15.9	0.265	18.82	261.14	197.2
				31.50		0.263	18.98	263.11	198.7
				39.25	18.7	0.211	23.64	323.98	244.7
				39.50		0.210	23.80	325.94	246.2
	3.20	0.035	3.898	7.25	8.9	0.545	7.15	92.99	70.2
				7.50		0.527	7.40	95.50	72.1
				9.25	9.6	0.427	9.13	113.10	85.4
				9.50		0.416	9.38	115.61	87.3
				12.25	10.6	0.322	12.10	143.26	108.2
				12.50		0.316	12.34	145.77	110.1
				15.25	11.7	0.259	15.05	173.42	131.0
				15.50		0.255	15.30	175.93	132.9
				19.25	13.1	0.205	19.00	213.63	161.3
				19.50		0.203	19.25	216.14	163.2
				24.25	14.9	0.163	23.93	263.89	199.3
				24.50		0.161	24.18	266.41	201.2
				31.25	17.3	0.126	30.84	334.27	252.5
				31.50		0.125	31.09	336.78	254.4
				39.25	20.1	0.101	38.74	414.69	313.2
				39.50		0.100	38.98	417.20	315.1
	4.00	0.022	3.120	7.25	10.5	0.279	11.18	116.24	87.8
				7.50		0.270	11.57	119.38	90.2
				9.25	11.2	0.219	14.26	141.37	106.8
				9.50		0.213	14.65	144.51	109.1
				12.25	12.2	0.165	18.89	179.07	135.2
				12.50		0.162	19.28	182.21	137.6
				15.25	13.3	0.133	23.52	216.77	163.7
				15.50		0.130	23.90	219.91	166.1

表 3(续)

材料直径 d/mm	弹簧中径 D/mm	初拉力 F_0/N	试验负荷 F_s/N	有效圈数 n/圈	自由长度 H_0/mm	弹簧刚度 F'/(N/mm)	试验负荷下变形量 f_s/mm	展开长度 L/mm	弹簧单件质量 m/mg
0.35	4.00	0.022	3.120	19.25	14.7	0.105	29.68	267.04	201.7
				19.50		0.104	30.07	270.18	204.1
				24.25	16.4	0.083	37.40	329.87	249.1
				24.50		0.083	37.78	333.01	251.5
				31.25	18.9	0.065	48.20	417.83	315.6
				31.50		0.064	48.58	420.97	317.9
				39.25	21.7	0.052	60.52	518.36	391.5
				39.50		0.051	60.92	521.50	393.9
	5.00	0.014	2.495	7.25	12.5	0.143	17.48	145.30	109.7
				7.50		0.138	18.08	149.23	112.9
				9.25	13.2	0.112	22.30	176.71	133.5
				9.50		0.109	22.90	180.64	136.4
				12.25	14.2	0.085	29.52	223.84	169.1
				12.50		0.083	30.12	227.77	172.0
				15.25	15.3	0.068	36.74	270.96	204.6
				15.50		0.067	37.35	274.89	207.6
				19.25	16.7	0.054	46.38	333.79	252.1
				19.50		0.053	46.98	337.72	255.1
				24.25	18.4	0.043	58.45	412.33	311.4
				24.50		0.042	59.05	416.26	314.4
				31.25	20.9	0.033	75.30	522.29	394.5
				31.50		0.033	75.90	526.22	397.4
				39.25	23.7	0.026	94.57	647.95	489.4
				39.50		0.026	95.17	651.88	492.3
0.40	3.20	0.059	5.820	7.25	9.2	0.929	6.26	92.99	91.7
				7.50		0.898	6.48	95.50	94.2
				9.25	10.0	0.728	7.99	113.10	111.6
				9.50		0.709	8.20	115.61	114.0
				12.25	11.2	0.550	10.58	143.26	141.3
				12.50		0.539	10.80	145.77	143.8
				15.25	12.4	0.442	13.17	173.42	171.1
				15.50		0.435	13.38	175.93	173.5
				19.25	14.0	0.350	16.62	213.63	210.7
				19.50		0.346	16.84	216.14	213.2
				24.25	16.0	0.278	20.94	263.89	260.3
				24.50		0.275	21.16	266.41	262.8

表 3(续)

材料直径 d/mm	弹簧中径 D/mm	初拉力 F_0/N	试验负荷 F_s/N	有效圈数 n/圈	自由长度 H_0/mm	弹簧刚度 F'/(N/mm)	试验负荷下变形量 f_s/mm	展开长度 L/mm	弹簧单件质量 m/mg
0.40	3.20	0.059	5.820	31.25	18.8	0.216	26.99	334.27	329.7
				31.50		0.214	27.20	336.78	332.2
				39.25	22.0	0.172	33.89	414.69	409.1
				39.50		0.171	34.11	417.20	411.6
	4.00	0.038	4.655	7.25	10.8	0.476	9.78	116.24	114.7
				7.50		0.460	10.12	119.38	117.8
				9.25	11.6	0.373	12.48	141.37	139.5
				9.50		0.363	12.82	144.51	142.6
				12.25	12.8	0.282	16.53	179.07	176.6
				12.50		0.276	16.87	182.21	179.7
				15.25	14.0	0.226	20.58	216.77	213.8
				15.50		0.223	20.91	219.91	216.9
				19.25	15.6	0.179	25.97	267.04	263.4
				19.50		0.177	26.31	270.18	266.5
				24.25	17.6	0.142	32.72	329.87	325.4
				24.50		0.141	33.06	333.01	328.5
				31.25	20.4	0.110	42.16	417.83	412.2
				31.50		0.110	42.50	420.97	415.3
				39.25	23.6	0.088	52.96	518.36	511.3
				39.50		0.087	53.30	521.50	514.4
	5.00	0.024	3.725	7.25	12.8	0.244	15.28	145.30	143.3
				7.50		0.236	15.81	149.23	147.2
				9.25	13.6	0.191	19.50	176.71	174.3
				9.50		0.186	20.03	180.64	178.2
				12.25	14.8	0.144	25.83	223.84	220.8
				12.50		0.141	26.35	227.77	224.7
				15.25	16.0	0.116	32.15	270.96	267.3
				15.50		0.114	32.68	274.89	271.2
				19.25	17.6	0.092	40.58	333.79	329.3
				19.50		0.091	41.11	337.72	333.1
				24.25	19.6	0.073	51.12	412.33	406.8
				24.50		0.072	51.65	416.26	410.6
				31.25	22.4	0.057	65.88	522.29	515.2
				31.50		0.056	66.41	526.22	519.1
				39.25	25.6	0.045	82.75	647.95	639.2
				39.50		0.045	83.28	651.88	643.1

表 3(续)

材料直径 d/mm	弹簧中径 D/mm	初拉力 F_0/N	试验负荷 F_s/N	有效圈数 n/圈	自由长度 H_0/mm	弹簧刚度 F'/(N/mm)	试验负荷下变形量 f_s/mm	展开长度 L/mm	弹簧单件质量 m/mg
0.40	6.30	0.015	2.956	7.25	15.4	0.122	24.27	183.08	180.6
				7.50		0.118	25.10	188.02	185.5
				9.25	16.2	0.095	30.96	222.66	219.6
				9.50		0.093	31.80	227.61	224.5
				12.25	17.4	0.072	41.00	282.04	278.2
				12.50		0.071	41.84	286.98	283.1
				15.25	18.6	0.058	51.04	341.41	336.8
				15.50		0.057	51.88	346.36	341.7
				19.25	20.2	0.046	64.43	420.58	414.9
				19.50		0.045	65.27	425.53	419.8
				24.25	22.2	0.036	81.17	519.54	512.5
				24.50		0.036	82.00	524.49	517.4
				31.25	25.0	0.028	104.60	658.08	649.2
				31.50		0.028	105.44	663.03	654.1
				39.25	28.2	0.022	131.38	816.42	805.4
				39.50		0.022	132.22	821.37	810.2
0.45	3.20	0.094	7.892	7.25	9.6	1.489	5.30	92.99	116.1
				7.50		1.439	5.48	95.50	119.2
				9.25	10.5	1.167	6.76	113.10	141.2
				9.50		1.136	6.94	115.61	144.3
				12.25	11.8	0.881	8.96	143.26	178.9
				12.50		0.863	9.14	145.77	182.0
				15.25	13.2	0.708	11.15	173.42	216.5
				15.50		0.696	11.33	175.93	219.6
				19.25	15.0	0.561	14.07	213.63	266.7
				19.50		0.554	14.26	216.14	269.8
				24.25	17.2	0.445	17.73	263.89	329.5
				24.50		0.441	17.91	266.41	332.6
				31.25	20.4	0.345	22.85	334.27	417.3
				31.50		0.343	23.03	336.78	420.5
				39.25	24.0	0.275	28.70	414.69	517.7
				39.50		0.273	28.88	417.20	520.9
	4.00	0.060	6.312	7.25	11.2	0.762	8.28	116.24	145.1
				7.50		0.737	8.57	119.38	149.0
				9.25	12.1	0.597	10.57	141.37	176.5
				9.50		0.582	10.85	144.51	180.4

表 3(续)

材料直径 d/mm	弹簧中径 D/mm	初拉力 F_0/N	试验负荷 F_s/N	有效圈数 n/圈	自由长度 H_0/mm	弹簧刚度 F'/(N/mm)	试验负荷下变形量 f_s/mm	展开长度 L/mm	弹簧单件质量 m/mg
0.45	4.00	0.060	6.312	12.25	13.4	0.451	14.00	179.07	223.6
				12.50		0.442	14.28	182.21	227.5
				15.25	14.8	0.362	17.42	216.77	270.6
				15.50		0.357	17.71	219.91	274.6
				19.25	16.6	0.287	22.00	267.04	333.4
				19.50		0.283	22.27	270.18	337.3
				24.25	18.8	0.228	27.70	329.87	411.8
				24.50		0.226	27.99	333.01	415.8
				31.25	22.0	0.177	35.70	417.83	521.7
				31.50		0.175	35.98	420.97	525.6
				39.25	25.6	0.141	44.83	518.36	647.2
				39.50		0.140	45.12	521.50	651.1
	5.00	0.039	5.050	7.25	13.2	0.390	12.94	145.30	181.4
				7.50		0.377	14.00	149.23	186.3
				9.25	14.1	0.306	16.51	176.71	220.6
				9.50		0.298	16.96	180.64	225.5
				12.25	15.4	0.231	21.86	223.84	279.5
				12.50		0.226	22.31	227.77	284.4
				15.25	16.8	0.186	27.22	270.96	338.3
				15.50		0.183	27.66	274.89	343.2
				19.25	18.6	0.147	34.36	333.79	416.7
				19.50		0.145	34.80	337.72	421.6
				24.25	20.8	0.117	43.28	412.33	514.8
				24.50		0.115	43.73	416.26	519.7
				31.25	24.0	0.091	55.77	522.29	651.7
				31.50		0.090	56.22	526.22	657.0
				39.25	28.0	0.072	70.05	647.95	809.0
				39.50		0.072	70.50	651.88	813.9
	6.30	0.024	4.010	7.25	16.0	0.195	20.54	183.08	228.6
				7.50		0.189	21.25	188.02	234.7
				9.25	16.7	0.153	26.21	222.66	278.0
				9.50		0.149	26.92	227.61	284.2
				12.25	18.0	0.115	34.71	282.04	352.1
				12.50		0.113	35.42	286.98	358.3
				15.25	19.4	0.093	43.21	341.41	426.2
				15.50		0.091	43.92	346.36	432.4

表 3(续)

材料直径 d/mm	弹簧中径 D/mm	初拉力 F_0/N	试验负荷 F_s/N	有效圈数 n/圈	自由长度 H_0/mm	弹簧刚度 F'/(N/mm)	试验负荷下变形量 f_s/mm	展开长度 L/mm	弹簧单件质量 m/mg
0.45	6.30	0.024	4.010	19.25	21.2	0.073	54.55	420.58	525.1
				19.50		0.073	55.25	425.53	531.3
				24.25	23.4	0.058	68.72	519.54	648.6
				24.50		0.058	69.42	524.49	654.8
				31.25	26.6	0.045	88.55	658.08	821.6
				31.50		0.045	89.26	663.03	827.8
				39.25	30.2	0.036	111.22	816.42	1 019.3
				39.50		0.036	111.92	821.37	1 025.5

附 录 A
（资料性附录）
计 算 说 明

A.1 范围

本附录适用于变负荷作用次数在 $10^3 \sim 10^5$ 次或冲击负荷的圆柱螺旋拉伸弹簧。推荐工作温度：当采用碳素弹簧钢丝时，一般在－40℃～＋120℃；当采用弹簧用不锈钢丝时，一般在－250℃～＋300℃ 。

A.2 计算公式

A.2.1 基本公式

A.2.1.1 有关术语、符号及单位符号按表 1 规定。

A.2.1.2 本部分的计算公式如下：

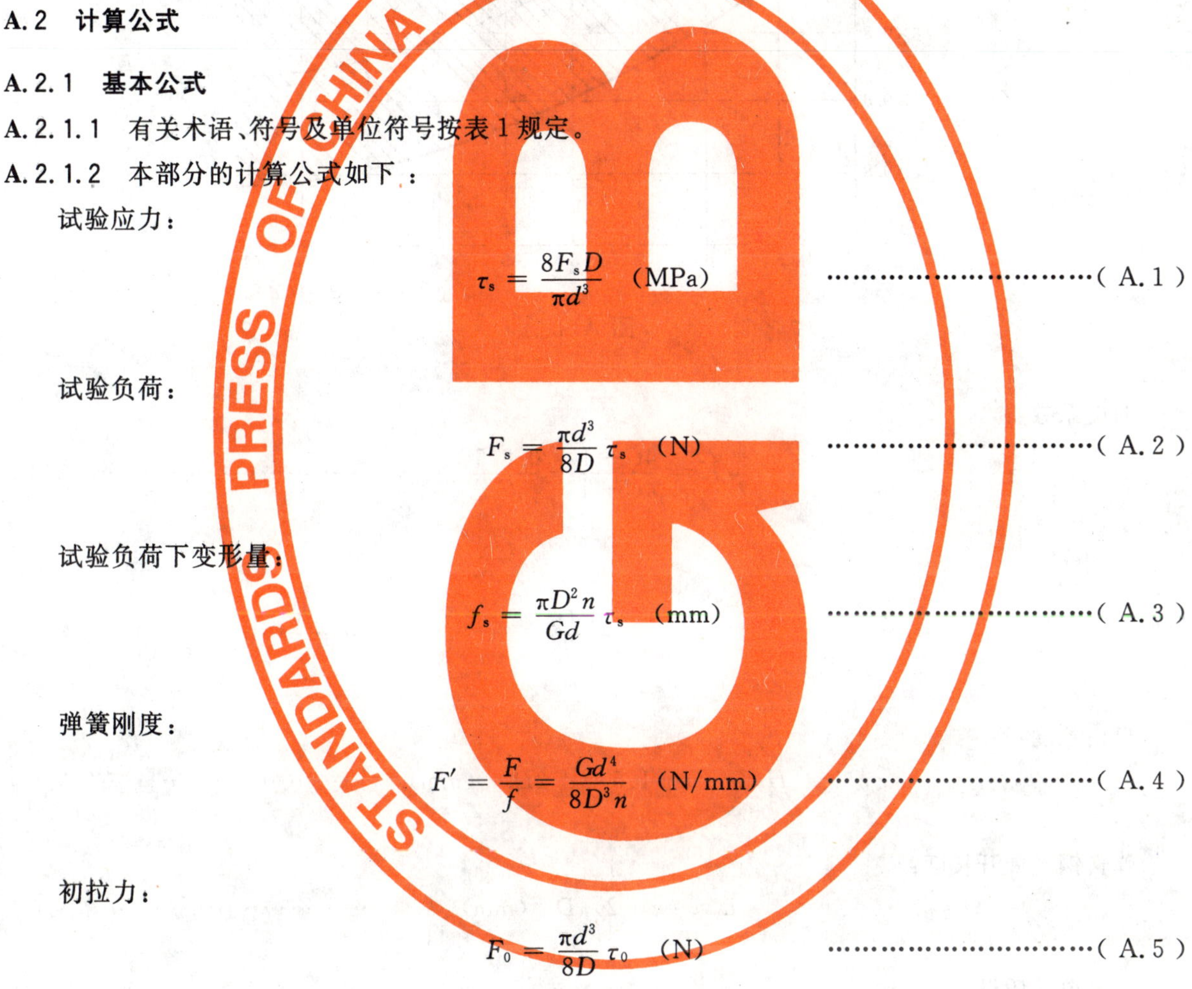

试验应力：

$$\tau_s = \frac{8F_sD}{\pi d^3} \quad (\text{MPa}) \qquad \cdots\cdots(A.1)$$

试验负荷：

$$F_s = \frac{\pi d^3}{8D}\tau_s \quad (\text{N}) \qquad \cdots\cdots(A.2)$$

试验负荷下变形量：

$$f_s = \frac{\pi D^2 n}{Gd}\tau_s \quad (\text{mm}) \qquad \cdots\cdots(A.3)$$

弹簧刚度：

$$F' = \frac{F}{f} = \frac{Gd^4}{8D^3 n} \quad (\text{N/mm}) \qquad \cdots\cdots(A.4)$$

初拉力：

$$F_0 = \frac{\pi d^3}{8D}\tau_0 \quad (\text{N}) \qquad \cdots\cdots(A.5)$$

初应力 τ_0 的选取范围：

$\because \quad F_0 = \frac{\pi d^3}{8D}\tau_0$ 取 $\tau_0 = \frac{60}{C}$，

则：$F_0 = \frac{\pi d^3}{8D} \cdot \frac{60}{C} = \frac{23.56d^4}{D^2}$

当选取初拉力时，推荐初应力 τ_0 值在图 A.1 阴影区域内选取。本部分中的 τ_0 是按照关系式 $\tau_0 C \approx 60$ 确定的，即取 τ_0 上下限的近似中点而算出 F_0 值。

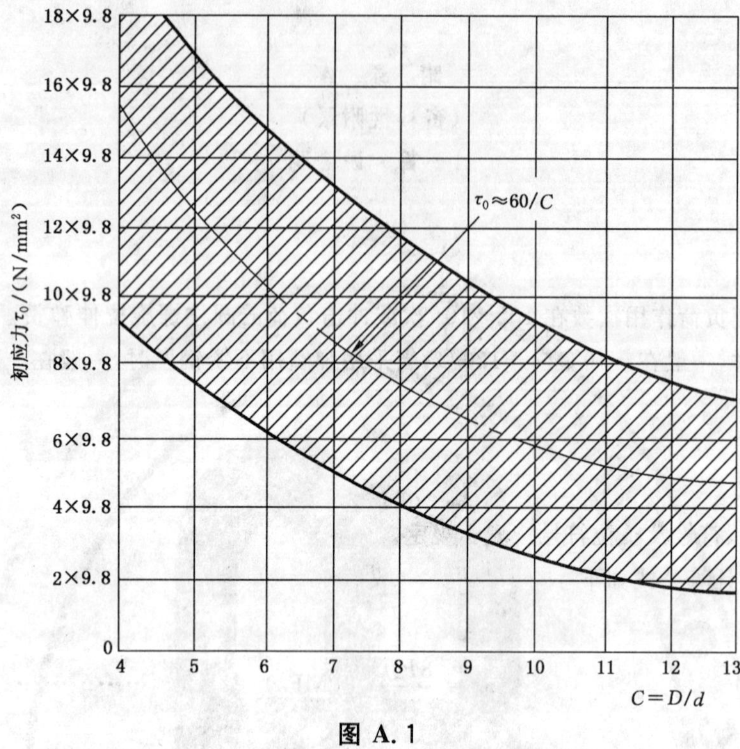

图 A.1

曲度系数：

$$K=\frac{4C-1}{4C-4}+\frac{0.615}{C} \quad \cdots\cdots(A.6)$$

旋转比：

$$C=\frac{D}{d} \quad \cdots\cdots(A.7)$$

自由长度：

$$H_0=(n+1.5)d+2D_1 \quad (\mathrm{mm}) \quad \cdots\cdots(A.8)$$

弹簧钢丝展开长度：

$$L\approx(n+2)\pi D \quad (\mathrm{mm}) \quad \cdots\cdots(A.9)$$

弹簧单件质量：

$$m\approx\frac{\pi d^2}{4}L\rho \quad (\mathrm{mg}) \quad \cdots\cdots(A.10)$$

式中：ρ 为弹簧材料密度，取 $\rho=7.85\ \mathrm{mg/mm^3}$。

A.2.2 计算

采用碳素弹簧钢丝时，用以上计算公式及图 A.1、表 A.1 和表 A.3（GB/T 4357 中 B 级材料抗拉强度下限值）即可算出碳钢弹簧的基本尺寸及参数。

采用弹簧用不锈钢丝时，用以上计算公式及图 A.1、表 A.2 和表 A.4[YB(T) 11 中 B 组材料抗拉强度下限值]即可算出不锈钢弹簧的基本尺寸及参数。

A.3　自由长度 H_0 的计算值再按 GB/T 1358 推荐的尺寸系列向上限圆整，得到标准中的圆整值。所以标准中的节距 t、展开长度 L、单件质量 m 均为近似值，不作为主要的技术参数，仅作参考；试验负荷下变形量 f_s，由于考虑到有初拉力的条件，也为参考值。

表 A.1

推荐载荷类型	许用切应力 [τ]/MPa	切变模量 G/MPa	试验切应力 τ_s/MPa	试验负荷 F_s/N	试验负荷下变形量 f_s/mm	初拉力 F_0/N
10^3 次以下	$0.4\sigma_b$	78 000	$\tau_s \leqslant 1.12[\tau]$ 取 $\tau_s=[\tau]$	$\frac{\pi d^3\times 0.4\sigma_b}{8D}$	$\frac{\pi D^2 n\times 0.4\sigma_b}{Gd}$	$\frac{\pi d^3\tau_0}{8D}$
$10^3\sim10^5$ 次及冲击载荷	$0.32\sigma_b$	78 000	$\tau_s \leqslant 1.25[\tau]$ 取 $\tau_s=1.25[\tau]$	$\frac{\pi d^3\times 0.4\sigma_b}{8D}$	$\frac{\pi D^2 n\times 0.4\sigma_b}{Gd}$	$\frac{\pi d^3\tau_0}{8D}$

表 A.2

推荐载荷类型	许用切应力 [τ]/MPa	切变模量 G/MPa	试验切应力 τ_s/MPa	试验负荷 F_s/N	试验负荷下变形量 f_s/mm	初拉力 F_0/N
10^3 次以下	$0.36\sigma_b$	69 000	$\tau_s \leqslant 1.12[\tau]$ 取 $\tau_s=[\tau]$	$\frac{\pi d^3\times 0.36\sigma_b}{8D}$	$\frac{\pi D^2 n\times 0.36\sigma_b}{Gd}$	$\frac{\pi d^3\tau_0}{8D}$
$10^3\sim10^5$ 次及冲击载荷	$0.288\sigma_b$	69 000	$\tau_s \leqslant 1.25[\tau]$ 取 $\tau_s=1.25[\tau]$	$\frac{\pi d^3\times 0.36\sigma_b}{8D}$	$\frac{\pi D^2 n\times 0.36\sigma_b}{Gd}$	$\frac{\pi d^3\tau_0}{8D}$

表 A.3

d/mm	0.16	0.20	0.25	0.30	0.32	0.35	0.40	0.45
σ_b/MPa	2 150	2 150	2 060	2 010	1 960	1 960	1 910	1 860

表 A.4

d/mm	0.16	0.20	0.25	0.30	0.32	0.35	0.40	0.45
σ_b/MPa	2 157	2 157	2 059	2 059	2 059	2 059	2 059	1 961

ICS 21.160
J 26

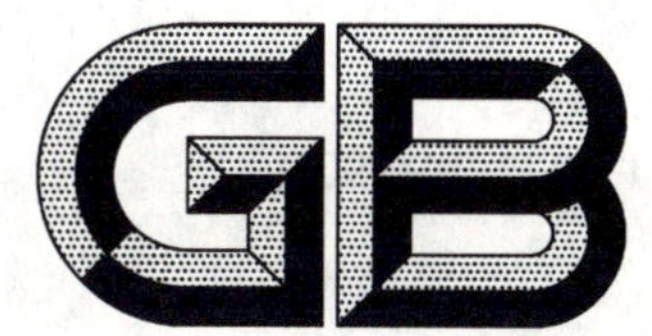

中华人民共和国国家标准

GB/T 1973.3—2005
代替 GB/T 1973.3—1989

小型圆柱螺旋压缩弹簧尺寸及参数

Small cylindrically coiled compression spring dimensions and parameters

2005-07-11 发布 2006-01-01 实施

中华人民共和国国家质量监督检验检疫总局
中国国家标准化管理委员会 发布

前　言

GB/T 1973《小型圆柱螺旋弹簧》分为3个部分：

——第1部分：小型圆柱螺旋弹簧技术条件；

——第2部分：小型圆柱螺旋拉伸弹簧尺寸及参数；

——第3部分：小型圆柱螺旋压缩弹簧尺寸及参数。

本部分为GB/T 1973的第3部分。

本部分代替GB/T 1973.3—1989《小型圆柱螺旋压缩弹簧　尺寸及参数》。

本部分与GB/T 1973.3—1989相比主要变化如下：

——修改了规范性引用文件；

——修改了术语符号部分内容，如：弹簧刚度代号由“P'”改为“F'”，“工作极限负荷”变成“试验负荷”，“工作极限负荷下变形量”改成“试验负荷下变形量”等；

——修改了标记方法，如：原标准的名称为中文“压簧”，新标准中拟替代为字母；在标记中增加了有效圈数n；

——将表2和表3中$d=0.26$ mm修改为$d=0.25$ mm；$d=0.29$ mm修改为$d=0.30$ mm，对应的数据相应变更。

——修改了附录(见附录A)，如：计算公式的更改引起尺寸参数的变化，同时由于计算公式参照GB/T 1239.6—1992《圆柱螺旋弹簧设计计算》做了多处改动，故给出附录A作为资料性附录；

——调整了编写格式。

本部分的附录A为资料性附录。

本部分由中国机械工业联合会提出。

本部分由全国弹簧标准化技术委员会(SAC/TC 235)归口。

本部分起草单位：机械科学研究院。

本部分起草人：余方、姜膺、黄刚。

本部分所代替标准的历次版本发布情况为：

——GB/T 1973—1980；GB/T 1973.3—1989。

小型圆柱螺旋压缩弹簧尺寸及参数

1 范围

本部分规定了小型圆柱螺旋压缩弹簧的标记、尺寸及参数。

木部分适用于直径小于 0.5 mm 的圆截面材料制造的一般用途冷卷圆柱螺旋压缩弹簧(两端圈并紧不磨型及并紧磨平型),以下简称弹簧。

2 规范性引用文件

下列文件中的条款通过 GB/T 1973 的本部分的引用而成为本部分的条款。凡是注日期的引用文件,其随后所有的修改单(不包括勘误的内容)或修订版均不适用于本部分,然而,鼓励根据本部分达成协议的各方研究是否可使用这些文件的最新版本。凡是不注日期的引用文件,其最新版本适用于本部分。

GB/T 1358 圆柱螺旋弹簧尺寸系列

GB/T 1805 弹簧术语

GB/T 1973.1 小型圆柱螺旋弹簧技术条件

GB/T 4357 碳素弹簧钢丝

GB/T 4459.4 机械制图 弹簧画法

GB/T 13911 金属镀覆及化学处理表示方法

YB(T)11 弹簧用不锈钢丝

3 术语、符号

3.1 下列术语和符号(见表 1)适用于本部分。

表 1

术 语	符 号	单 位
材料直径	d	mm
弹簧中径	D	mm
弹簧外径	D_2	mm
自由高度	H_0	mm
总圈数	n_1	圈
有效圈数	n	圈
弹簧刚度	F'	N/mm
试验负荷	F_s	N
试验负荷下变形量	f_s	mm
试验应力	τ_s	MPa
许用切应力	$[\tau]$	MPa
工作负荷	$F_1, F_2, \cdots, F_n$	N
展开长度	L	mm
弹簧单件质量	m	mg
最大芯轴直径	$D_{X\max}$	mm
最小套筒直径	$D_{T\min}$	mm

3.2 其余术语和符号按 GB/T 1805 的规定。

4 弹簧的工作图及型式

4.1 工作图样的绘制按 GB/T 4459.4 的规定。

4.2 弹簧的型式分为两端圈并紧不磨型(YⅡ)(见图 1)和两端圈并紧磨平型(YⅠ)(见图 2)两种。

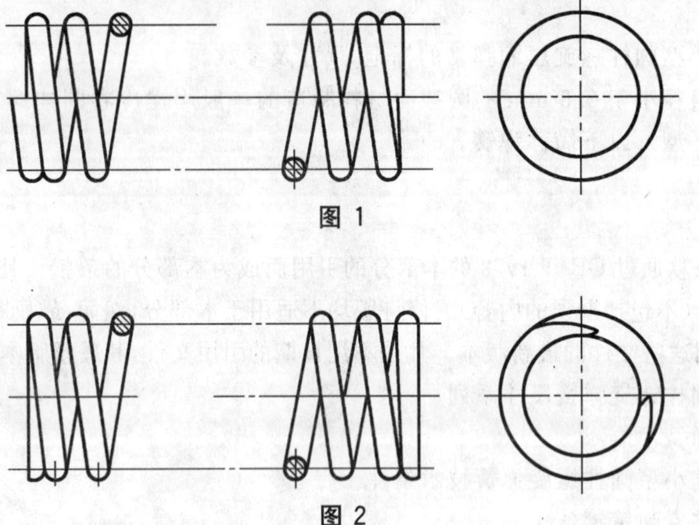

图 1

图 2

5 材料

弹簧材料直径小于 0.5 mm,并规定使用 GB/T 4357 中 B 级钢丝或 YB(T)11 中 B 组钢丝。当采用 YB(T)11 中 B 组钢丝时,需在标记中注明代号“S”。若采用其他级(组)别的材料,由供需双方商定并在标记中注明。

6 芯轴或套筒尺寸

弹簧如需设置芯轴或套筒时,其尺寸按图 3 及表 1 规定。

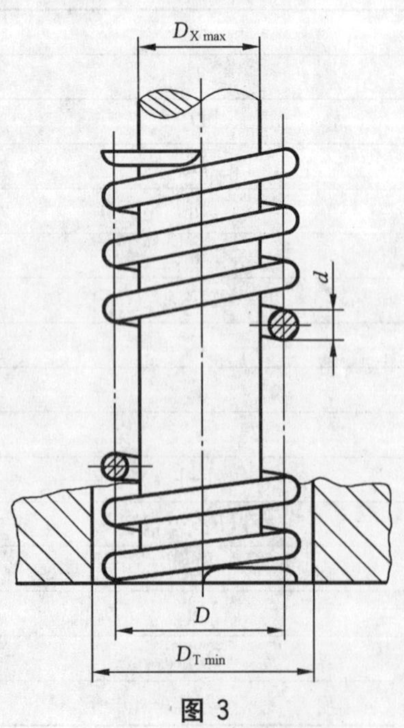

图 3

7 制造精度

弹簧的刚度、外径、自由高度按 GB/T 1973.1 规定的 3 级精度制造。如需按 2 级精度制造时，则加注符号“2”。但两端面对外廓素线的垂直度均按 3 级精度制造。

8 旋向

弹簧的旋向规定为右旋。当需要左旋时，应在标记中注明“左”。

9 表面处理

9.1 采用碳素弹簧钢丝制造的弹簧，表面一般进行氧化处理，但也可进行镀锌、镀镉、磷化等金属镀层及化学处理。其标记方法应按 GB/T 13911 的规定。

9.2 采用弹簧用不锈钢丝制造的弹簧，必要时可对表面进行清洗处理，不加任何标记。

10 标记

10.1 标记的组成

弹簧的标记由名称、型式、尺寸、标准编号、材料牌号以及表面处理组成。规定如下：

10.2 标记示例

YⅠ型弹簧，材料直径 0.20 mm，弹簧中径 2.50 mm，自由高度 6 mm，总圈数 5.5 圈，左旋，刚度、外径、自由高度精度为 2 级，材料为碳素弹簧钢丝 B 级，表面镀锌处理。

YⅠ　0.20×2.50×6×5.5-2 左　GB/T 1973.3-Ep·Zn

YⅡ型弹簧，材料直径 0.40 mm，弹簧中径 2.50 mm，自由高度 5 mm，总圈数 5.5 圈，右旋，刚度、外径、自由高度精度为 3 级，材料为弹簧用不锈钢丝 B 组。

YⅡ　0.40×2.50×5×5.5　GB/T 1973.3-S

11 弹簧的其他技术要求

弹簧的其他技术要求按 GB/T 1973.1 的规定。

12 基本尺寸及参数

采用碳素弹簧钢丝制造的弹簧的基本尺寸及参数见表2;采用弹簧用不锈钢丝制造的弹簧的基本尺寸及参数见表3。

表 2

材料直径 d/mm	弹簧中径 D/mm	试验负荷 F_s/N	最大芯轴直径 $D_{X\,max}$/mm	最小套筒直径 $D_{T\,min}$/mm	有效圈数 n/圈	自由高度 H_0/mm	节距 t/mm	弹簧刚度 F'/(N/mm)	试验负荷下变形量 f_s/mm	展开长度 L/mm	弹簧单件质量 m/mg
0.16	0.80	2.160	0.51	1.15	3.5	1.60	0.33	3.566	0.61	13.82	2.2
					5.5	2.50	0.33	2.269	0.95	18.85	3.0
					8.5	3.15	0.33	1.469	1.47	26.39	4.2
					12.5	5	0.33	0.998	2.16	36.44	5.8
					18.5	7	0.33	0.675	3.20	51.52	8.1
	1.00	1.728	0.67	1.39	3.5	2.00	0.43	1.826	0.95	17.28	2.7
					5.5	3.15	0.43	1.162	1.49	23.56	3.7
					8.5	4	0.43	0.752	2.30	32.99	5.2
					12.5	6	0.43	0.511	3.38	45.55	7.2
					18.5	8	0.43	0.345	5.00	64.40	10.2
	1.20	1.440	0.83	1.63	3.5	2.50	0.55	1.057	1.36	20.73	3.3
					5.5	3.55	0.55	0.672	2.14	28.27	4.5
					8.5	5	0.55	0.435	3.31	39.58	6.2
					12.5	7	0.55	0.296	4.86	54.66	8.6
					18.5	11	0.55	0.200	7.20	77.28	12.2
	1.60	1.080	1.15	2.11	3.5	4	0.85	0.446	2.42	27.65	4.4
					5.5	6	0.85	0.284	3.80	37.70	6.0
					8.5	8	0.85	0.184	5.90	52.78	8.3
					12.5	11	0.85	0.125	8.65	72.88	11.5
					18.5	16	0.85	0.084	12.81	103.04	16.3
	2.00	0.864	1.47	2.59	3.5	5	1.24	0.228	3.78	34.56	5.5
					5.5	8	1.24	0.145	5.95	47.12	7.4
					8.5	11	1.24	0.094	9.20	65.97	10.4
					12.5	16	1.24	0.064	13.52	91.11	14.4
					18.5	24	1.24	0.043	20.02	128.81	20.3
0.20	1.00	3.376	0.64	1.44	3.5	2.00	0.42	4.457	0.76	17.28	4.3
					5.5	3.15	0.42	2.836	1.19	23.56	5.8
					8.5	4	0.42	1.835	1.84	32.99	8.1
					12.5	6	0.42	1.248	2.70	45.55	11.2

表 2(续)

材料直径 d/mm	弹簧中径 D/mm	试验负荷 F_s/N	最大芯轴直径 $D_{X\max}$/mm	最小套筒直径 $D_{T\min}$/mm	有效圈数 n/圈	自由高度 H_0/mm	节距 t/mm	弹簧刚度 F'/(N/mm)	试验负荷下变形量 f_s/mm	展开长度 L/mm	弹簧单件质量 m/mg
0.20	1.00	3.376	0.64	1.44	18.5	8	0.42	0.843	4.00	64.40	15.9
	1.20	2.813	0.80	1.68	3.5	2.50	0.51	2.579	1.09	20.73	5.1
					5.5	3.55	0.51	1.641	1.71	28.27	7.0
					8.5	5	0.51	1.062	2.65	39.58	9.8
					12.5	7	0.51	0.722	3.90	54.66	13.5
					18.5	10	0.51	0.488	5.76	77.28	19.1
	1.60	2.110	1.12	2.16	3.5	3.55	0.75	1.088	1.94	27.65	6.8
					5.5	5	0.75	0.692	3.05	37.70	9.3
					8.5	7	0.75	0.448	4.71	52.78	13.0
					12.5	10	0.75	0.305	6.92	72.88	18.0
					18.5	14	0.75	0.206	10.25	103.04	25.4
	2.00	1.688	1.44	2.64	3.5	5	1.07	0.557	3.02	34.56	8.5
					5.5	7	1.07	0.355	4.76	47.12	11.6
					8.5	10	1.07	0.229	7.35	65.97	16.3
					12.5	14	1.07	0.156	10.82	91.11	22.5
					18.5	20	1.07	0.105	16.01	128.81	31.8
	2.50	1.350	1.84	3.24	3.5	6	1.55	0.285	4.73	43.20	10.7
					5.5	10	1.55	0.182	7.44	58.90	14.5
					8.5	14	1.55	0.117	11.50	82.47	20.3
					12.5	20	1.55	0.080	16.90	113.88	28.1
					18.5	30	1.55	0.054	25.02	161.01	39.7
0.25	1.20	5.263	0.75	1.75	3.5	2.50	0.49	6.297	0.84	20.73	7.9
					5.5	3.55	0.49	4.007	1.31	28.27	10.9
					8.5	5	0.49	2.593	2.03	39.58	15.2
					12.5	7	0.49	1.763	2.99	54.66	21.1
					18.5	10	0.49	1.191	4.42	77.28	29.8
	1.60	3.948	1.07	2.23	3.5	3.15	0.67	2.657	1.49	27.65	10.6
					5.5	5	0.67	1.691	2.34	37.70	14.5
					8.5	7	0.67	1.094	3.61	52.78	20.3
					12.5	9	0.67	0.744	5.31	72.88	28.1
					18.5	13	0.67	0.503	7.86	103.04	39.7
	2.00	3.158	1.39	2.71	3.5	4	0.90	1.360	2.32	34.56	13.3

表 2(续)

材料直径 d/mm	弹簧中径 D/mm	试验负荷 F_s/N	最大芯轴直径 $D_{X\max}$/mm	最小套筒直径 $D_{T\min}$/mm	有效圈数 n/圈	自由高度 H_0/mm	节距 t/mm	弹簧刚度 F'/(N/mm)	试验负荷下变形量 f_s/mm	展开长度 L/mm	弹簧单件质量 m/mg
0.25	2.00	3.158	1.39	2.71	5.5	6	0.90	0.866	3.65	47.12	18.1
					8.5	8	0.90	0.560	5.64	65.97	25.4
					12.5	12	0.90	0.381	8.29	91.11	35.1
					18.5	17	0.90	0.257	12.27	128.81	49.6
	2.50	2.527	1.79	3.31	3.5	6	1.29	0.696	3.63	43.20	16.6
					5.5	8	1.29	0.443	5.70	58.90	22.7
					8.5	12	1.29	0.287	8.82	82.47	31.8
					12.5	16	1.29	0.195	12.96	113.88	43.9
					18.5	24	1.29	0.132	19.19	161.01	62.0
	3.20	1.974	2.35	4.15	3.5	8	1.95	0.332	5.95	55.29	21.3
					5.5	12	1.95	0.211	9.35	75.40	29.0
					8.5	17	1.95	0.137	14.44	105.56	40.7
					12.5	26	1.95	0.093	21.24	145.77	56.1
					18.5	38	1.95	0.063	31.44	206.09	79.4
0.30	1.20	8.880	0.73	1.79	3.5	2.50	0.49	13.058	0.68	20.73	11.5
					5.5	3.55	0.49	8.310	1.07	28.27	15.7
					8.5	5	0.49	5.377	1.65	39.58	22.0
					12.5	7	0.49	3.656	2.43	54.66	30.3
					18.5	10	0.49	2.470	3.59	77.28	42.9
	1.60	6.660	1.05	2.27	3.5	3.15	0.65	5.509	1.21	27.65	15.3
					5.5	5	0.65	3.506	1.90	37.70	20.9
					8.5	6	0.65	2.268	2.94	52.78	29.3
					12.5	9	0.65	1.542	4.32	72.88	40.4
					18.5	12	0.65	1.042	6.39	103.04	57.1
	2.00	5.328	1.37	2.75	3.5	4	0.84	2.821	1.89	34.56	19.2
					5.5	6	0.84	1.795	2.97	47.12	26.1
					8.5	8	0.84	1.161	4.59	65.97	36.6
					12.5	11	0.84	0.790	6.75	91.11	50.5
					18.5	16	0.84	0.534	9.99	128.81	71.4
	2.50	4.262	1.77	3.35	3.5	5	1.14	1.444	2.95	43.20	24.0
					5.5	7	1.14	0.919	4.64	58.90	32.7
					8.5	11	1.14	0.595	7.17	82.47	45.7

表 2(续)

材料直径 d/mm	弹簧中径 D/mm	试验负荷 F_s/N	最大芯轴直径 $D_{X\,max}$/mm	最小套筒直径 $D_{T\,min}$/mm	有效圈数 n/圈	自由高度 H_0/mm	节距 t/mm	弹簧刚度 F'/(N/mm)	试验负荷下变形量 f_s/mm	展开长度 L/mm	弹簧单件质量 m/mg
0.30	2.50	4.262	1.77	3.35	12.5	15	1.14	0.404	10.54	113.88	63.2
					18.5	22	1.14	0.273	15.60	161.01	89.3
	3.20	3.330	2.33	4.19	3.5	7	1.68	0.689	4.84	55.29	30.7
					5.5	11	1.68	0.438	7.60	75.40	41.8
					8.5	16	1.68	0.284	11.74	105.56	58.5
					12.5	22	1.68	0.193	17.27	145.77	80.8
					18.5	32	1.68	0.130	25.56	206.09	114.3
0.32	1.60	7.878	1.02	2.30	3.5	3.15	0.64	7.131	1.11	27.65	17.5
					5.5	5	0.64	4.538	1.74	37.70	23.8
					8.5	6	0.64	2.936	2.68	52.78	33.3
					12.5	9	0.64	1.997	3.95	72.88	46.0
					18.5	12	0.64	1.349	5.84	103.04	65.1
	2.00	6.302	1.34	2.78	3.5	4	0.81	3.651	1.73	34.56	21.8
					5.5	6	0.81	2.324	2.71	47.12	29.8
					8.5	8	0.81	1.503	4.19	65.97	41.7
					12.5	11	0.81	1.022	6.16	91.11	57.5
					18.5	15	0.81	0.691	9.12	128.81	81.3
	2.50	5.042	1.74	3.38	3.5	5	1.09	1.869	2.70	43.20	27.3
					5.5	7	1.09	1.190	4.24	58.90	37.2
					8.5	10	1.09	0.770	6.55	82.47	52.1
					12.5	14	1.09	0.523	9.63	113.88	71.9
					18.5	22	1.09	0.354	14.25	161.01	101.6
	3.20	3.939	2.30	4.22	3.5	7	1.58	0.891	4.42	55.29	34.9
					5.5	10	1.58	0.567	6.94	75.40	47.6
					8.5	14	1.58	0.367	10.73	105.56	66.6
					12.5	22	1.58	0.250	15.78	145.77	92.0
					18.5	30	1.58	0.169	23.35	206.09	130.1
	4.00	3.151	2.94	5.18	3.5	9	2.29	0.456	6.90	69.11	43.6
					5.5	14	2.29	0.290	10.85	94.25	59.5
					8.5	22	2.29	0.188	16.78	131.95	83.3
					12.5	30	2.29	0.128	24.66	182.21	115.0
					18.5	45	2.29	0.086	36.49	257.61	162.6

表 2(续)

材料直径 d/mm	弹簧中径 D/mm	试验负荷 F_s/N	最大芯轴直径 $D_{X\,max}$/mm	最小套筒直径 $D_{T\,min}$/mm	有效圈数 n/圈	自由高度 H_0/mm	节距 t/mm	弹簧刚度 F'/(N/mm)	试验负荷下变形量 f_s/mm	展开长度 L/mm	弹簧单件质量 m/mg
0.35	1.60	10.307	1.00	2.34	3.5	3.15	0.64	10.206	1.01	27.65	20.9
					5.5	5	0.64	6.495	1.59	37.70	28.5
					8.5	7	0.64	4.202	2.45	52.78	39.9
					12.5	9	0.64	2.858	3.61	72.88	55.0
					18.5	12	0.64	1.931	5.34	103.04	77.8
	2.00	8.246	1.32	2.82	3.5	4	0.80	5.225	1.58	34.56	26.1
					5.5	6	0.80	3.325	2.48	47.12	35.6
					8.5	8	0.80	2.152	3.83	65.97	49.8
					12.5	11	0.80	1.463	5.64	91.11	68.8
					18.5	15	0.80	0.989	8.34	128.81	97.3
	2.50	6.597	1.72	3.42	3.5	5	1.05	2.675	2.47	43.20	32.6
					5.5	7	1.05	1.703	3.88	58.90	44.5
					8.5	10	1.05	1.102	5.99	82.47	62.3
					12.5	14	1.05	0.749	8.81	113.88	86.0
					18.5	20	1.05	0.506	13.03	161.01	121.6
	3.20	5.154	2.28	4.26	3.5	7	1.50	1.276	4.04	55.29	41.8
					5.5	9	1.50	0.812	6.35	75.40	56.9
					8.5	13	1.50	0.525	9.81	105.56	79.7
					12.5	20	1.50	0.357	14.43	145.77	110.1
					18.5	28	1.50	0.241	21.35	206.09	155.6
	4.00	4.123	2.92	5.22	3.5	9	2.15	0.653	6.31	69.11	52.2
					5.5	12	2.15	0.416	9.92	94.25	71.2
					8.5	20	2.15	0.269	15.33	131.95	99.7
					12.5	28	2.15	0.183	22.54	182.21	137.6
					18.5	42	2.15	0.124	33.37	257.61	194.6
0.40	2.00	11.995	1.28	2.88	3.5	4	0.78	8.914	1.35	34.56	34.1
					5.5	6	0.78	5.673	2.11	47.12	46.5
					8.5	8	0.78	3.671	3.27	65.97	65.1
					12.5	11	0.78	2.496	4.81	91.11	89.9
					18.5	15	0.78	1.686	7.11	128.81	127.1
	2.50	9.596	1.68	3.48	3.5	5	1.00	4.564	2.10	43.20	42.6
					5.5	7	1.00	2.904	3.30	58.90	58.1

表 2(续)

材料直径 d/mm	弹簧中径 D/mm	试验负荷 F_s/N	最大芯轴直径 $D_{X\max}$/mm	最小套筒直径 $D_{T\min}$/mm	有效圈数 n/圈	自由高度 H_0/mm	节距 t/mm	弹簧刚度 F'/(N/mm)	试验负荷下变形量 f_s/mm	展开长度 L/mm	弹簧单件质量 m/mg
0.40	2.50	9.596	1.68	3.48	8.5	10	1.00	1.879	5.11	82.47	81.4
					12.5	13	1.00	1.278	7.51	113.88	112.3
					18.5	19	1.00	0.863	11.11	161.01	158.8
	3.20	7.497	2.24	4.32	3.5	6	1.38	2.176	3.45	55.29	54.5
					5.5	9	1.38	1.385	5.41	75.40	74.4
					8.5	13	1.38	0.896	8.37	105.56	104.1
					12.5	18	1.38	0.609	12.30	145.77	143.8
					18.5	26	1.38	0.412	18.20	206.09	203.3
	4.00	5.997	2.88	5.28	3.5	8	1.94	1.114	5.38	69.11	68.2
					5.5	12	1.94	0.709	8.45	94.25	93.0
					8.5	18	1.94	0.459	13.07	131.95	130.2
					12.5	26	1.94	0.312	19.22	182.21	179.7
					18.5	38	1.94	0.211	28.45	257.61	254.1
	5.00	4.798	3.68	6.48	3.5	11	2.80	0.571	8.41	86.39	85.2
					5.5	17	2.80	0.363	13.22	117.81	116.2
					8.5	26	2.80	0.235	20.42	164.93	162.7
					12.5	38	2.80	0.160	30.04	227.77	224.7
					18.5	55	2.80	0.108	44.45	322.01	317.7
0.45	2.00	16.631	1.24	2.94	3.5	4	0.78	14.279	1.16	34.56	43.1
					5.5	6	0.78	9.087	1.83	47.12	58.8
					8.5	8	0.78	5.880	2.83	65.97	82.4
					12.5	11	0.78	3.998	4.16	91.11	113.7
					18.5	15	0.78	2.70	6.16	128.81	160.8
	2.50	13.305	1.64	3.54	3.5	5	0.97	7.31	1.82	43.20	53.9
					5.5	7	0.97	4.65	2.86	58.90	74.5
					8.5	9	0.97	3.01	4.42	82.47	103.0
					12.5	13	0.97	2.05	6.50	113.88	142.2
					18.5	18	0.97	1.38	9.62	161.01	201.0
	3.20	10.395	2.20	4.38	3.5	6	1.30	3.49	2.98	55.29	69.0
					5.5	9	1.30	2.22	4.68	75.40	94.1
					8.5	12	1.30	1.44	7.24	105.56	131.8
					12.5	17	1.30	0.98	10.65	145.77	182.0

表 2(续)

材料直径 d/mm	弹簧中径 D/mm	试验负荷 F_s/N	最大芯轴直径 $D_{X\max}$/mm	最小套筒直径 $D_{T\min}$/mm	有效圈数 n/圈	自由高度 H_0/mm	节距 t/mm	弹簧刚度 F'/(N/mm)	试验负荷下变形量 f_s/mm	展开长度 L/mm	弹簧单件质量 m/mg
0.45	3.20	10.395	2.20	4.38	18.5	26	1.30	0.66	15.76	206.09	257.3
	4.00	8.316	2.84	5.34	3.5	8	1.78	1.79	4.66	69.11	86.3
					5.5	11	1.78	1.14	7.32	94.25	117.7
					8.5	16	1.78	0.735	11.32	131.95	164.7
					12.5	24	1.78	0.500	16.64	182.21	227.5
					18.5	35	1.78	0.338	24.62	257.61	321.6
	5.00	6.653	3.64	6.54	3.5	11	2.53	0.914	7.28	86.39	107.9
					5.5	15	2.53	0.582	11.44	117.81	147.1
					8.5	24	2.53	0.376	17.68	164.93	205.9
					12.5	35	2.53	0.256	26.00	227.77	284.4
					18.5	48	2.53	0.173	38.48	322.01	402.0

表 3

材料直径 d/mm	弹簧中径 D/mm	试验负荷 F_s/N	最大芯轴直径 $D_{X\max}$/mm	最小套筒直径 $D_{T\min}$/mm	有效圈数 n/圈	自由高度 H_0/mm	节距 t/mm	弹簧刚度 F'/(N/mm)	试验负荷下变形量 f_s/mm	展开长度 L/mm	弹簧单件质量 m/mg
0.16	0.80	1.951	0.51	1.15	3.5	1.60	0.34	3.154	0.62	13.82	2.2
					5.5	2.50	0.34	2.007	0.97	18.85	3.0
					8.5	3.15	0.34	1.299	1.50	26.39	4.2
					12.5	5	0.34	0.883	2.21	36.44	5.8
					18.5	7	0.34	0.597	3.27	51.52	8.1
	1.00	1.560	0.67	1.39	3.5	2.00	0.44	1.615	0.96	17.28	2.7
					5.5	3.15	0.44	1.028	1.52	23.56	3.7
					8.5	4	0.44	0.665	2.35	32.99	5.2
					12.5	6	0.44	0.452	3.45	45.55	7.2
					18.5	8	0.44	0.306	5.11	64.40	10.2
	1.20	1.300	0.83	1.63	3.5	2.50	0.56	0.935	1.39	20.73	3.3
					5.5	3.15	0.56	0.595	2.19	28.27	4.5
					8.5	5	0.56	0.385	3.38	39.58	6.2
					12.5	8	0.56	0.262	4.97	54.66	8.6
					18.5	11	0.56	0.177	7.36	77.28	12.2
	1.60	0.975	1.51	2.11	3.5	3.55	0.87	0.394	2.47	27.65	4.4

表 3(续)

材料直径 d/mm	弹簧中径 D/mm	试验负荷 F_s/N	最大芯轴直径 $D_{X\ max}$/mm	最小套筒直径 $D_{T\ min}$/mm	有效圈数 n/圈	自由高度 H_0/mm	节距 t/mm	弹簧刚度 F'/(N/mm)	试验负荷下变形量 f_s/mm	展开长度 L/mm	弹簧单件质量 m/mg
0.16	1.60	0.975	1.51	2.11	5.5	6	0.87	0.251	3.89	37.70	6.0
					8.5	8	0.87	0.162	6.01	52.78	8.3
					12.5	11	0.87	0.110	8.84	72.88	11.5
					18.5	17	0.87	0.075	13.08	103.04	16.3
	2.00	0.780	1.47	2.59	3.5	5	1.26	0.202	3.87	34.56	5.5
					5.5	8	1.26	0.128	6.07	47.12	7.4
					8.5	12	1.26	0.083	9.39	65.97	10.4
					12.5	17	1.26	0.057	13.80	91.11	14.4
					18.5	24	1.26	0.038	20.4	128.81	20.3
0.20	1.00	3.048	0.64	1.44	3.5	2.00	0.42	3.943	0.77	17.28	4.3
					5.5	3.13	0.42	2.509	1.22	23.56	5.8
					8.5	4	0.42	1.624	1.88	32.99	8.1
					12.5	6	0.42	1.104	2.76	45.55	11.2
					18.5	8	0.42	0.746	4.09	64.40	15.9
	1.20	2.540	0.80	1.68	3.5	2.50	0.52	2.282	1.11	20.73	5.1
					5.5	3.55	0.52	1.452	1.75	28.27	7.0
					8.5	5	0.52	0.940	2.70	39.58	9.8
					12.5	7	0.52	0.639	3.98	54.66	13.5
					18.5	10	0.52	0.432	5.88	77.28	19.1
	1.60	1.905	1.12	2.16	3.5	3.55	0.77	0.963	1.98	27.65	6.8
					5.5	5	0.77	0.613	3.11	37.70	9.3
					8.5	7	0.77	0.396	4.81	52.78	13.0
					12.5	10	0.77	0.270	7.07	72.88	18.0
					18.5	15	0.77	0.182	10.46	103.04	25.4
	2.00	1.524	1.44	2.64	3.5	5	1.08	0.493	3.09	34.56	8.5
					5.5	7	1.08	0.314	4.86	47.12	11.6
					8.5	10	1.08	0.203	7.51	65.97	16.3
					12.5	14	1.08	0.138	11.04	91.11	22.5
					18.5	22	1.08	0.093	16.34	128.81	31.8
	2.50	1.219	1.84	3.24	3.5	7	1.58	0.252	4.83	43.20	10.7
					5.5	10	1.58	0.161	7.59	58.90	14.5
					8.5	14	1.58	0.104	11.73	82.47	20.3

表 3(续)

材料直径 d/mm	弹簧中径 D/mm	试验负荷 F_s/N	最大芯轴直径 $D_{X\max}$/mm	最小套筒直径 $D_{T\min}$/mm	有效圈数 n/圈	自由高度 H_0/mm	节距 t/mm	弹簧刚度 F'/(N/mm)	试验负荷下变形量 f_s/mm	展开长度 L/mm	弹簧单件质量 m/mg
0.20	2.50	1.219	1.84	3.24	12.5	22	1.58	0.071	17.25	113.88	28.1
					18.5	30	1.58	0.048	25.54	161.01	39.7
0.25	1.20	4.738	0.75	1.75	3.5	2.50	0.49	5.571	0.85	20.73	7.9
					5.5	3.55	0.49	3.545	1.34	28.27	10.9
					8.5	5	0.49	2.294	2.07	39.58	15.2
					12.5	7	0.49	1.560	3.04	54.66	21.1
					18.5	10	0.49	1.054	4.50	77.28	29.8
	1.60	3.553	1.07	2.23	3.5	3.15	0.68	2.350	1.51	27.65	10.6
					5.5	5	0.68	1.496	2.38	37.70	14.5
					8.5	7	0.68	0.968	3.67	52.78	20.3
					12.5	9	0.68	0.658	5.40	72.88	28.1
					18.5	13	0.68	0.445	7.99	103.04	39.7
	2.00	2.843	1.39	2.71	3.5	4	0.92	1.203	2.36	34.56	13.3
					5.5	6	0.92	0.766	3.71	46.12	18.1
					8.5	9	0.92	0.495	5.74	65.97	25.4
					12.5	12	0.92	0.337	8.44	91.11	35.1
					18.5	17	0.92	0.228	12.49	128.81	49.6
	2.50	2.274	1.79	3.31	3.5	6	1.30	0.616	3.69	43.20	16.6
					5.5	18	1.30	0.392	5.80	58.90	22.7
					8.5	12	1.30	0.254	8.96	82.47	31.8
					12.5	17	1.30	0.173	13.18	113.88	43.9
					18.5	24	1.30	0.117	19.51	161.01	62.0
	3.20	1.777	2.35	4.15	3.5	8	1.98	0.294	6.05	55.29	21.3
					5.5	12	1.98	0.187	9.50	75.40	29.0
					8.5	11	1.98	0.121	14.69	105.56	40.7
					12.5	26	1.98	0.082	21.60	145.77	56.1
					18.5	38	1.98	0.056	31.97	206.69	79.4
0.30	1.20	8.187	0.73	1.79	3.5	3.15	0.50	11.55	0.71	20.73	11.5
					5.5	3.55	0.50	7.351	1.11	28.27	15.7
					8.5	5	0.50	4.756	1.72	39.58	22.0
					12.5	7	0.50	3.234	2.53	54.66	30.3
					18.5	10	0.50	2.185	3.75	77.28	42.9

表 3(续)

材料直径 d/mm	弹簧中径 D/mm	试验负荷 F_s/N	最大芯轴直径 $D_{X\max}$/mm	最小套筒直径 $D_{T\min}$/mm	有效圈数 n/圈	自由高度 H_0/mm	节距 t/mm	弹簧刚度 F'/(N/mm)	试验负荷下变形量 f_s/mm	展开长度 L/mm	弹簧单件质量 m/mg
0.30	1.60	6.140	1.05	2.27	3.5	3.15	0.66	4.873	1.26	27.65	15.3
					5.5	5	0.66	3.101	1.98	37.70	20.9
					8.5	7	0.66	2.007	3.06	52.78	29.3
					12.5	9	0.66	1.365	4.50	72.88	40.4
					18.5	13	0.66	0.922	6.66	103.04	57.1
	2.00	4.912	1.37	2.75	3.5	4	0.86	2.495	1.97	34.56	19.2
					5.5	6	0.86	1.588	3.09	47.12	26.1
					8.5	8	0.86	1.027	4.78	65.97	36.6
					12.5	12	0.86	0.699	7.03	91.11	50.5
					18.5	16	0.86	0.472	10.41	128.81	71.4
	2.50	3.930	1.77	3.35	3.5	5	1.18	1.277	3.08	43.20	24.0
					5.5	8	1.18	0.813	4.83	58.90	32.7
					8.5	11	1.18	0.526	7.47	82.47	45.7
					12.5	16	1.18	0.358	10.99	113.88	63.2
					18.5	24	1.18	0.242	16.26	161.01	89.3
	3.20	3.070	2.33	4.19	3.5	7	1.74	0.609	5.04	55.29	30.7
					5.5	11	1.74	0.388	7.92	75.40	41.8
					8.5	16	1.74	0.251	12.24	105.56	58.5
					12.5	24	1.74	0.171	18.00	145.77	80.8
					18.5	35	1.74	0.115	26.64	206.09	114.3
0.32	1.60	7.452	1.02	2.30	3.5	3.15	0.66	6.309	1.18	27.65	17.5
					5.5	5	0.66	4.015	1.86	37.70	23.8
					8.5	7	0.66	2.598	2.87	52.78	33.3
					12.5	9	0.66	1.766	4.22	72.88	46.0
					18.5	13	0.66	1.194	6.24	103.04	65.1
	2.00	5.961	1.34	2.78	3.5	4	0.85	3.230	1.85	34.56	21.8
					5.5	6	0.85	2.055	2.90	47.12	29.8
					8.5	8	0.85	1.330	4.48	65.97	41.7
					12.5	11	0.85	0.904	6.59	91.11	57.5
					18.5	16	0.85	0.611	9.76	128.81	81.3
	2.50	4.769	1.74	3.38	3.5	5	1.14	1.654	2.88	43.20	27.3
					5.5	7	1.14	1.052	4.53	58.90	37.2

表 3(续)

材料直径 d/mm	弹簧中径 D/mm	试验负荷 F_s/N	最大芯轴直径 $D_{X\,max}$/mm	最小套筒直径 $D_{T\,min}$/mm	有效圈数 n/圈	自由高度 H_0/mm	节距 t/mm	弹簧刚度 F'/(N/mm)	试验负荷下变形量 f_s/mm	展开长度 L/mm	弹簧单件质量 m/mg
0.32	2.50	4.769	1.74	3.38	8.5	11	1.14	0.681	7.00	82.47	52.1
					12.5	15	1.14	0.463	10.30	113.88	71.9
					18.5	21	1.14	0.313	15.24	161.01	101.6
	3.20	3.726	2.30	4.22	3.5	7	1.67	0.789	4.72	55.29	34.9
					5.5	10	1.67	0.502	7.42	75.40	47.6
					8.5	15	1.67	0.325	11.47	105.56	66.6
					12.5	22	1.67	0.221	16.87	145.77	92.0
					18.5	32	1.67	0.149	24.97	206.09	130.1
	4.00	2.980	2.94	5.18	3.5	10	2.43	0.404	7.38	69.11	43.6
					5.5	15	2.43	0.257	11.60	94.25	59.5
					8.5	22	2.43	0.166	17.93	131.95	83.3
					12.5	32	2.43	0.113	26.37	182.21	115.0
					18.5	48	2.43	0.076	39.02	257.61	162.6
0.35	1.60	9.750	1.00	2.34	3.5	3.55	0.66	9.028	1.08	27.65	20.9
					5.5	5	0.66	5.745	1.70	37.70	28.5
					8.5	7	0.66	3.718	2.62	52.78	39.9
					12.5	9	0.66	2.528	3.86	72.88	55.0
					18.5	13	0.66	1.708	5.71	103.04	77.8
	2.00	7.800	1.32	2.82	3.5	4	0.83	4.622	1.69	34.56	26.1
					5.5	6	0.83	2.942	2.65	47.12	35.6
					8.5	8	0.83	1.903	4.10	65.97	49.8
					12.5	11	0.83	1.294	6.03	91.11	68.8
					18.5	16	0.83	0.875	8.92	128.81	97.3
	2.50	6.240	1.72	3.42	3.5	5	1.10	2.367	2.64	43.20	32.6
					5.5	7	1.10	1.506	4.14	58.90	44.5
					8.5	10	1.10	0.975	6.40	82.47	62.3
					12.5	14	1.10	0.663	9.42	113.88	86.0
					18.5	21	1.10	0.448	13.94	161.01	121.6
	3.20	4.875	2.28	4.26	3.5	7	1.58	1.129	4.32	55.29	41.8
					5.5	10	1.58	0.718	6.79	75.40	56.9
					8.5	14	1.58	0.465	10.49	105.56	79.7
					12.5	22	1.58	0.316	15.43	145.77	110.1

表 3(续)

材料直径 d/mm	弹簧中径 D/mm	试验负荷 F_s/N	最大芯轴直径 $D_{X\max}$/mm	最小套筒直径 $D_{T\min}$/mm	有效圈数 n/圈	自由高度 H_0/mm	节距 t/mm	弹簧刚度 F'/(N/mm)	试验负荷下变形量 f_s/mm	展开长度 L/mm	弹簧单件质量 m/mg
0.35	3.20	4.875	2.28	4.26	18.5	30	1.58	0.214	22.83	206.09	155.6
	4.00	3.900	2.92	5.22	3.5	9	2.28	0.578	6.75	69.11	52.2
					5.5	14	2.28	0.368	10.61	94.25	71.2
					8.5	22	2.28	0.368	16.39	131.95	99.7
					12.5	30	2.28	0.162	24.11	182.21	137.6
					18.5	45	2.28	0.109	35.68	257.61	194.6
0.40	2.00	11.643	1.28	2.88	3.5	4	0.82	7.886	1.48	34.56	34.1
					5.5	6	0.82	5.018	2.32	47.12	46.5
					8.5	8	0.82	3.247	3.58	65.97	65.1
					12.5	11	0.82	2.208	5.27	91.11	89.9
					18.5	16	0.82	1.492	7.80	128.81	127.1
	2.50	9.315	1.68	3.48	3.5	5	1.06	4.037	2.31	43.20	42.6
					5.5	7	1.06	2.569	3.62	58.90	58.1
					8.5	10	1.06	1.662	5.60	82.47	81.4
					12.5	14	1.06	1.130	8.24	113.88	112.3
					18.5	20	1.06	0.764	12.19	161.01	158.8
	3.20	7.277	2.24	4.32	3.5	7	1.48	1.925	3.78	55.29	54.5
					5.5	9	1.48	1.225	5.94	75.40	74.4
					8.5	14	1.48	0.793	9.18	105.56	104.1
					12.5	19	1.48	0.539	13.50	145.99	143.8
					18.5	28	1.48	0.364	19.98	206.09	203.3
	4.00	5.822	2.88	5.28	3.5	9	2.09	0.986	5.90	69.11	68.2
					5.5	13	2.09	0.627	9.28	94.25	93.0
					8.5	19	2.09	0.406	14.34	131.95	130.2
					12.5	27	2.09	0.276	21.08	182.21	179.7
					18.5	40	2.09	0.186	31.20	257.61	254.1
	5.00	4.657	3.68	6.48	3.5	12	3.04	0.505	9.22	86.39	85.2
					5.5	18	3.04	0.321	14.50	117.81	116.2
					8.5	28	3.04	0.208	22.40	164.93	162.7
					12.5	40	3.04	0.141	32.96	227.77	224.7
					18.5	58	3.04	0.095	48.78	322.01	317.7
0.45	2.00	15.789	1.24	2.94	3.5	4	0.81	12.631	1.25	34.56	43.1

表 3(续)

材料直径 d/mm	弹簧中径 D/mm	试验负荷 F_s/N	最大芯轴直径 $D_{X\max}$/mm	最小套筒直径 $D_{T\min}$/mm	有效圈数 n/圈	自由高度 H_0/mm	节距 t/mm	弹簧刚度 F'/(N/mm)	试验负荷下变形量 f_s/mm	展开长度 L/mm	弹簧单件质量 m/mg
0.45	2.00	15.789	1.24	2.94	5.5	6	0.81	8.038	1.96	47.12	58.8
					8.5	8	0.81	5.201	3.04	65.97	82.4
					12.5	11	0.81	3.537	4.46	91.11	113.7
					18.5	16	0.81	2.390	6.60	128.81	160.8
	2.50	12.631	1.64	3.54	3.5	5	1.01	6.467	1.95	43.20	53.9
					5.5	7	1.01	4.116	3.07	58.90	73.5
					8.5	10	1.01	2.663	4.74	82.47	103.0
					12.5	13	1.01	1.811	6.98	113.88	142.2
					18.5	19	1.01	1.224	10.32	161.01	201.0
	3.20	9.868	2.20	4.38	3.5	6	1.36	3.084	3.20	55.29	69.0
					5.5	9	1.36	1.962	5.03	75.40	94.1
					8.5	13	1.36	1.270	7.77	105.56	131.8
					12.5	18	1.36	0.863	11.42	145.77	182.0
					18.5	26	1.36	0.583	16.91	206.09	257.3
	4.00	7.895	2.84	5.34	3.5	8	1.88	1.579	5.00	69.11	86.3
					5.5	12	1.88	1.005	7.85	94.25	117.7
					8.5	17	1.88	0.650	12.14	131.95	164.7
					12.5	24	1.88	0.442	17.85	182.21	227.5
					18.5	35	1.88	0.299	26.41	257.61	321.6
	5.00	6.316	3.64	6.54	3.5	11	2.68	0.808	7.81	86.39	107.9
					5.5	16	2.68	0.514	12.28	117.81	147.1
					8.5	24	2.68	0.333	18.96	164.93	205.9
					12.5	35	2.68	0.226	27.90	227.77	284.4
					18.5	50	2.68	0.153	41.29	322.01	402.0

附 录 A
（资料性附录）
计 算 说 明

A.1 范围

本附录适用于受变负荷作用次数在 10^3～10^5 次或冲击负荷的小型普通圆柱螺旋压缩弹簧。工作温度推荐为：当采用碳素弹簧钢丝时，一般在－40℃～＋120℃；当采用弹簧用不锈钢丝时，一般在－250℃～＋300℃ 。

A.2 计算公式

A.2.1 基本公式

A.2.1.1 有关术语、符号及单位符号按表1规定。

A.2.1.2 本部分的计算公式如下 ：

试验应力：

$$\tau_s = \frac{8F_sD}{\pi d^3} \quad (\mathrm{MPa}) \qquad \text{(A.1)}$$

试验负荷：

$$F_s = \frac{\pi d^3}{8D}\tau_s \quad (\mathrm{N}) \qquad \text{(A.2)}$$

试验负荷下变形量：

$$f_s = \frac{\pi D^2 n}{Gd}\tau_s \quad (\mathrm{mm}) \qquad \text{(A.3)}$$

弹簧刚度：

$$F' = \frac{F}{f} = \frac{Gd^4}{8D^3n} \quad (\mathrm{N/mm}) \qquad \text{(A.4)}$$

曲度系数：

$$K = \frac{4C-1}{4C-4} + \frac{0.615}{C} \qquad \text{(A.5)}$$

旋绕比：

$$C = \frac{D}{d} \qquad \text{(A.6)}$$

自由高度：

$$H_0 = H_b + 1.1F_s \quad (\mathrm{mm}) \qquad \text{(A.7)}$$

式中：

$$H_b = (n_1 + 1)d = (n + 3)d \quad (\mathrm{mm})$$

弹簧钢丝展开长度：

$$L \approx (n+2)\pi D \quad (\mathrm{mm}) \qquad \text{(A.8)}$$

弹簧单件质量：

$$m \approx \frac{\pi d^2}{4}L\rho \quad (\mathrm{mg}) \qquad \text{(A.9)}$$

式中：ρ 为弹簧材料密度，取 ρ=7.85 mg/mm^3。

最大芯轴直径：

$$D_{\mathrm{X\,max}} = 0.8D_1 = 0.8(D-d) \quad (\mathrm{mm}) \qquad \text{(A.10)}$$

最小套筒直径：

$$D_{\mathrm{T\,min}} = 1.2(D+d) \quad (\mathrm{mm}) \qquad \text{(A.11)}$$

A.2.2 计算

采用碳素弹簧钢丝时，用以上计算公式及表 A.1 和表 A.3（GB/T 4357 中 B 级材料抗拉强度下限值）即可算出碳钢弹簧的基本尺寸及参数。

采用弹簧用不锈钢丝时，用以上计算公式及表 A.2 和表 A.4[YB(T)11 中 B 组材料抗拉强度下限值]即可算出不锈钢弹簧的基本尺寸及参数。

A.3 自由高度 H_0 的计算值再按 GB/T 1358 推荐的尺寸系列向上限圆整，得到标准中的圆整值。应该特别指出，由于有了 0.1 f_s 的余量，且 H_0 又经圆整，故标准中的节距 t、试验负荷下变形量 f_s、展开长度 L、单件质量 m 均为近似值，不作为主要的技术参数，仅作参考。

表 A.1

推荐载荷类型	许用切应力 $[\tau]$/MPa	切变模量 G/MPa	试验切应力 τ_s/MPa	试验负荷 F_s/N	试验负荷下变形量 f_s/mm	节距 t/mm
10^3 次以下	$0.5\sigma_b$	78 000	$\tau_s \leqslant 1.12[\tau]$ 取 $\tau_s=[\tau]$	$\dfrac{\pi d^3 \times 0.5\sigma_b}{8D}$	$\dfrac{\pi D^2 n \times 0.5\sigma_b}{Gd}$	$\dfrac{f_s}{n}+d$
10^3～10^5 次及冲击载荷	$0.4\sigma_b$	78 000	$\tau_s \leqslant 1.25[\tau]$ 取 $\tau_s=1.25[\tau]$	$\dfrac{\pi d^3 \times 0.4\sigma_b}{8D}$	$\dfrac{\pi D^2 n \times 0.4\sigma_b}{Gd}$	$\dfrac{f_s}{n}+d$

表 A.2

推荐载荷类型	许用切应力 $[\tau]$/MPa	切变模量 G/MPa	试验切应力 τ_s/MPa	试验负荷 F_s/N	试验负荷下变形量 f_s/mm	节距 t/mm
10^3 次以下	$0.45\sigma_b$	69 000	$\tau_s \leqslant 1.12[\tau]$ 取 $\tau_s=[\tau]$	$\dfrac{\pi d^3 \times 0.45\sigma_b}{8D}$	$\dfrac{\pi D^2 n \times 0.45\sigma_b}{Gd}$	$\dfrac{f_s}{n}+d$
10^3～10^5 次及冲击载荷	$0.36\sigma_b$	69 000	$\tau_s \leqslant 1.25[\tau]$ 取 $\tau_s=1.25[\tau]$	$\dfrac{\pi d^3 \times 0.36\sigma_b}{8D}$	$\dfrac{\pi D^2 n \times 0.36\sigma_b}{Gd}$	$\dfrac{f_s}{n}+d$

表 A.3

d/mm	0.16	0.20	0.25	0.30	0.32	0.35	0.40	0.45
σ_b/MPa	2 150	2 150	2 060	2 010	1 960	1 960	1 910	1 860

表 A.4

d/mm	0.16	0.20	0.25	0.30	0.32	0.35	0.40	0.45
σ_b/MPa	2 157	2 157	2 059	2 059	2 059	2 059	2 059	1 961

ICS 29.020;01.070
K 04

中华人民共和国国家标准

GB/T 1980—2005
代替 GB/T 1980—1996

标 准 频 率

Standard frequencies

(IEC 60619:1965,MOD)

2005-07-29 发布　　　　2006-04-01 实施

中华人民共和国国家质量监督检验检疫总局
中 国 国 家 标 准 化 管 理 委 员 会　发 布

前　言

本标准修改采用 IEC 60196:1965(第 1 版)《IEC 标准频率》(英文版)。

本标准自实施之日起代替并废除 GB/T 1980—1996《标准频率》(第 2 版)。

考虑到我国的实际，本标准采用了 IEC 60196:1965 中的 50 Hz 系列频率等级，同时保留了我国船舶等专用设备或装置中使用的 60 Hz 这一标准频率值。与 IEC 60196:1965 相比，本标准规定的标准频率等级，没有按船舶、牵引、机床、纺织、航空用系统或设备加以分类。

本标准与 GB/T 1980—1996 的主要差异是以资料性附录 A 的方式给出了 IEC 的标准频率，以满足国际贸易和技术交流的需要。

本标准的附录 A 是资料性附录。

本标准由中国国家标准化管理委员会提出。

本标准由全国电压电流等级和频率标准化技术委员会归口。

本标准由机械科学研究院负责起草。

本标准的参加起草单位有机械科学研究院、中国航天科技集团总公司、中国电力科学研究院、西安领步电能质量研究所、上海电器科学研究所、中国航空综合技术研究所、铁道专业设计院、国家电力监管委员会。

本标准的主要起草人：李世林、张忠相、任丕德、刘军成、季慧玉、王宏霞、康文祥、李栋宝、刘亚芳。

本标准代替标准的历次版本发布情况：

——GB/T 1980—1980；

——GB/T 1980—1996。

标准频率

1 范围

本标准规定了 50 Hz～10 000 Hz 的标准频率值。

本标准适用于单相和三相交流系统、船舶装置、交流牵引系统、机床、纺织工业和航空器、电信及其他系统或装置用电工电子设备所采用的频率。

本标准不适用于一个机床或机床组中特定的独立控制回路部分。

2 标准频率值（单位：Hz）

50（60） 100 150 200 250 300 400 500 600 750 1 000 1 200 1 500 2 000 2 400 3 000 4 000 8 000 10 000

注 1：具有下划线的标准频率值作为优先推荐值。

注 2：加括号的标准频率数值仅限于专用（例如船舶用）系统或装置。

注 3：当频率由感应电动机驱动的旋转装置产生时，其实际频率会比上述值略低。

附　录　A
（资料性附录）
IEC 标准频率表

单位为 Hz

船舶系统和装置	牵引	机床(见注 3)		纺织工业		航空器
		系列 1 50 Hz(c/s)	系列 2 60 Hz(c/s)	系列 1 50 Hz(c/s)	系列 2 60 Hz(c/s)	
50	$16_{2/3}$	50	60			
60	50	100		100	120	
	60	150	180			
		200				
		250				
		300				
		400	400			400
		500				
			540			
		600	720			
		750				
		1000	1000			
		1200	1440			
		1500				
		2000				
			2160			
		2400	2880			
		3000				
			3420			
		4000				
		8000				
		10000				

注 1：当频率由感应电动机驱动的旋转装置产生时，其实际频率会比上述值略低。

注 2：在机床系列 1(50 Hz)中，具有下划线的数值作为优先推荐值。

注 3：本标准不适用于一个机床或机床组中特定的独立控制回路部分。

ICS 91.100.10
Q 11

中华人民共和国国家标准

GB/T 2015—2005
代替 GB/T 2015—1991

白色硅酸盐水泥

White portland cement

2005-01-19 发布 2005-08-01 实施

中华人民共和国国家质量监督检验检疫总局
中国国家标准化管理委员会 发布

前　言

本标准代替 GB/T 2015—1991《白色硅酸盐水泥》。

本标准与 GB/T 2015—1991 相比主要变化如下：

——白水泥标号改为强度等级(1991 版的 5.6，本版的第 5 章)；

——将白水泥的强度等级修改为 3 级(1991 版的 5.6，本版的第 5 章、6.6)；

——取消白水泥的白度等级确定白水泥最低白度值(1991 版的 5.7，本版的 6.5)；

——白水泥强度检验方法由 GB/T 17671—1999《水泥胶砂强度检验方法(ISO 法)》代替 GB/T 177—1985《水泥胶砂强度检验方法》(1991 版的 7.4，本版 7.6)；

——本标准采用 GB 3977 规定的国际照明委员会(CIE)1964 补充标准色度系统和标准照明体 D65，以色品指数和明度指数为基数采用亨特公式计算白度，代替原来的三色反射比白度(1991 版的 7.5，本版的 7.5)；

——将在粉磨水泥时，石灰石或窑灰允许加入量由 5%改为 0～10%(1991 版的第 3 章，本版的 4.3)；

——将熟料中氧化镁不超过 4.5%改为熟料中氧化镁不超过 5.0%(1991 版的 5.1，本版的 4.1)。

本标准自实施之日起过渡期半年，过渡期完后原标准 GB/T 2015—1991《白色硅酸盐水泥》废止，过渡期间以 GB/T 2015 —1991 为准。

本标准附录 A 是规范性附录。

本标准由中国建筑材料工业协会提出。

本标准由全国水泥标准化技术委员会(SAC/TC 184)归口。

本标准负责起草单位：中国建筑材料科学研究院、建材工业技术监督研究中心。

本标准参加起草单位：焦作市赛雪白水泥有限公司、内蒙古赤峰丹峰特种水泥有限责任公司、上海白水泥有限公司、安徽安庆仙鹿白水泥有限公司，河北天石双熊特种水泥有限公司，河南新乡华盛白水泥厂，北京辰泰克仪器技术有限公司。

本标准主要起草人：颜亨吉、江云安、赵鹰立、崔健、王桓、黄咏梅、金欣。

本标准所代替标准的历次版本发布情况：

——GB/T 2015—1991；

——GB 2015—1980、GB 2016—1980。

白色硅酸盐水泥

1 范围

本标准规定了白色硅酸盐水泥的术语与定义、材料要求、技术要求、试验方法、检验规则、包装、标志、贮存与运输等。

本标准适用于白色和彩色灰浆、砂浆及混凝土用白色硅酸盐水泥。

2 规范性引用文件

下列文件中的条款通过本标准的引用而成为本标准的条款。凡是注日期的引用文件，其随后所有的修改单(不包括勘误的内容)或修订版均不适用于本标准。然而，鼓励根据本标准达成协议的各方研究是否可使用这些文件的最新版本。凡是不注日期的引用文件，其最新版本适用于本标准。

GB/T 176 水泥化学分析方法(GB/T 176—1996,eqv ISO 680:1990)

GB/T 750 水泥压蒸安定性试验方法

GB/T 1345 水泥细度检验方法(80 μm 筛筛析法)

GB/T 1346 水泥标准稠度用水量、凝结时间、安定性检验方法(GB/T 134—2001,eqv ISO 9597:1989)

GB/T 5483 石膏和硬石膏

GB/T 5950 建筑材料与非金属矿产品白度测量方法(GB/T 5950—1996)

GB 8170 数值修约规则

GB 9774 水泥包装袋

GB 12573 水泥取样方法

GB/T 17671 水泥胶砂强度试验方法(ISO 法)(GB/T 17671—1999,idt ISO 679:1989)

GSB A 67001 氧化镁白度标准样品

GSB A 67002 陶瓷标准白板

JC/T 667 水泥助磨剂

JC/T 742 掺入水泥中的回转窑窑灰

3 术语与定义

本标准采用以下术语和定义。

白色硅酸盐水泥 white portland cement

由氧化铁含量少的硅酸盐水泥熟料、适量石膏及本标准规定的混合材料，磨细制成水硬性胶凝材料称为白色硅酸盐水泥(简称“白水泥”)。代号 P·W。

4 材料要求

4.1 白色硅酸盐水泥熟料

以适当成分的生料烧至部分熔融，所得以硅酸钙为主要成分，氧化铁含量少的熟料。

熟料中氧化镁的含量不宜超过 5.0%；如果水泥经压蒸安定性试验合格，则熟料中氧化镁的含量允许放宽到 6.0%。

4.2 石膏

天然石膏：符合 GB/T 5483 规定 G 类或 A 类二级(含)以上的石膏或硬石膏。

工业副产石膏:工业生产中以硫酸钙为主要成分的副产品。采用工业副产石膏时应经过试验证明对水泥性能无害。

4.3 混合材料

混合材料是指石灰石或窑灰。混合材料掺量为水泥质量的0～10%。

石灰石中的三氧化二铝含量应不超过2.5%。

窑灰应符合JC/T 742的规定。

4.4 助磨剂

水泥粉磨时允许加入助磨剂,加入量应不超过水泥质量的1%。助磨剂应符合JC/T 667的规定。

5 强度等级

白色硅酸盐水泥强度等级分为32.5、42.5、52.5。

6 技术要求

6.1 三氧化硫

水泥中的三氧化硫的含量应不超过3.5%。

6.2 细度

80 μm方孔筛筛余应不超过10%。

6.3 凝结时间

初凝应不早于45 min,终凝应不迟于10 h。

6.4 安定性

用沸煮法检验必须合格。

6.5 水泥白度

水泥白度值应不低于87。

6.6 强度

水泥强度等级按规定的抗压强度和抗折强度来划分,各强度等级的各龄期强度应不低于表1数值。

表1

单位为兆帕

强度等级	抗压强度		抗折强度	
	3 d	28 d	3 d	28 d
32.5	12.0	32.5	3.0	6.0
42.5	17.0	42.5	3.5	6.5
52.5	22.0	52.5	4.0	7.0

7 试验方法

7.1 氧化镁、三氧化硫

按GB/T 176进行。

7.2 细度

按GB 1345进行。

7.3 凝结时间和安定性

按GB/T 1346进行。

7.4 压蒸安定性

按GB/T 750进行。

7.5 白度

按本标准附录 A 进行。

7.6 强度

按 GB/T 17671 进行。

8 检验规则

8.1 编号及取样

水泥出厂前按同强度等级编号取样。每一编号为一取样单位。水泥编号按水泥厂年产量规定：

5 万吨以上，不超过 200 吨为一编号；

1 万吨～5 万吨，不超过 150 吨为一编号；

1 万吨以下，不超过 50 吨或不超过三天产量为一编号。

取样方法按 GB 12573 进行。

取样应有代表性，可连续取，亦可从 20 个以上不同部位取等量样品，总数至少 12 kg。所取样品按本标准第 7 章规定的方法进行出厂检验，检验项目包括需要对产品进行考核的全部技术要求。

8.2 出厂水泥

出厂水泥应保证强度等级。其余技术要求应符合第 6 章的规定。

8.3 废品与不合格品

8.3.1 废品

凡三氧化硫、初凝时间、安定性中任一项不符合本标准规定或强度低于最低等级的指标时为废品。

8.3.2 不合格品

凡细度、终凝时间、强度和白度任一项不符合本标准规定时为不合格品。水泥包装标志中水泥品种、生产者名称和出厂编号不全的也属于不合格品。

8.4 试验报告

试验报告内容应包括本标准各项技术要求及试验结果，助磨剂、工业副产石膏、外加物的名称及掺加量。当用户需要时水泥厂应在水泥发出日起 7 天内，寄发水泥品质报告。试验报告中应包括除 28 天强度以外各项试验结果。28 天强度数值应在水泥发出日起 32 天内补报。

8.5 交货与验收

8.5.1 交货时水泥的质量验收可抽取实物试样以其检验结果为依据，也可以水泥厂同编号的检验报告为依据。采取何种方法验收由买卖双方商定，并在合同或协议中注明。

8.5.2 以抽取实物试样的检验结果为验收依据时，买卖双方应在发货前或交货地共同取样和封存。取样方法按 GB 12573 进行，取样数量为 22 kg，缩分为二等份。一份由卖方保存 40 天，一份由买方按本标准规定的项目和方法进行检验。

在 40 天以内，买方检验认为质量不符合本标准要求，而卖方又有异议时双方应将卖方保存的另一份试样送省级或省级以上国家认可的水泥质量监督机构进行仲裁检验。

8.5.3 以水泥厂同编号水泥的检验报告为验收依据时，在发货前或交货时买方在同编号水泥中抽取试样，双方共同签封后保存三个月；或委托卖方在同编号水泥中抽取试样，签封后保存三个月。

在三个月内，买方对水泥质量有疑问时，则买卖双方应将签封的试样送省级或省级以上国家认可的水泥质量监督机构进行仲裁检验。

9 包装、标志、运输与贮存

9.1 包装

白水泥的包装可以袋装或散装，袋装水泥每袋净含量为 50 kg，且不得少于标志质量的 98%；随机抽取 20 袋总质量不得少于 1 000 kg。其他包装形式由供需双方协商确定，但有关袋装质量要求，必须符合上述原则规定。

水泥包装袋应符合 GB 9774 规定。

9.2 标志

包装袋上应清楚标明:产品名称、标准代号、净含量、强度等级、白度、生产者名称和地址、出厂编号、执行的标准号、包装年、月、日。包装袋两侧也应印有水泥名称、强度等级和白度。

9.3 运输与贮存

水泥在运输与贮存时,不得受潮和混入杂物,不同强度等级水泥应分别贮运,不得混杂。

附　录　A
（规范性附录）
白色硅酸盐水泥白度的测量

A.1　通则

白色硅酸盐水泥白度测量方法按 GB/T 5950 进行，结合白水泥产品的特点，作如下补充规定：

A.2　传递标准白板和工作标准白板

A.2.1　传递标准白板

应使用 GSB A 67001 氧化镁白度标准样品。

A.2.2　工作标准白板

使用 GSB A 67002 陶瓷标准白板或白色硅酸盐水泥白度系列国家标准样品。有矛盾时以 GSB A 67002 陶瓷标准白板为准。

A.3　仪器及仪器校正

A.3.1　仪器

采用光谱测色仪或光电积分类测色仪器测定白色硅酸盐水泥白度。对白色硅酸盐水泥白度系列国家标准样品测定的最大误差应不超过 0.5。

A.3.2　仪器校正

应选择与待测样品三刺激值相近的白色硅酸盐水泥白度系列国家标准样品或 GSB A 67002 陶瓷白板作为工作标准白板对仪器进行校正。

A.4　样品保存及制备

试验用试样应密封保存且质量应不少于 200 g。试验时取一定量的白水泥试样放入恒压粉体压样器中，压制成表面平整、无纹理、无疵点、无污点的试样板。每个白水泥样品需压制 3 件试样板。

A.5　结果计算和处理

A.5.1　计算

白色硅酸盐水泥的白度采用 GB/T 5950 中的亨特(hunter)白度公式。即：

$$W_H = 100 - [(100 - L)^2 + a^2 + b^2]^{1/2} \quad \cdots\cdots (A.1)$$

$$L = 10\,Y_{10}^{1/2} \quad \cdots\cdots (A.2)$$

$$a = 17.2(1.054\,7X_{10} - Y_{10})/Y_{10}^{1/2} \quad \cdots\cdots (A.3)$$

$$b = 6.7(Y_{10} - 0.931\,8Z_{10})/Y_{10}^{1/2} \quad \cdots\cdots (A.4)$$

式中：

W_H——试样的亨特(hunter)白度；

L——亨特(hunter)明度指数；

a，b——亨特(hunter)色品指数；

X_{10}、Y_{10}、Z_{10}——试样的三刺激值。

计算结果按 GB 8170 修约至小数点后一位。

A.5.2 结果处理

以三块试样板的白度平均值为试样的白度。当三块粉体试样板的白度值中有一个超过平均值的±0.5时，应予剔除，取其余两个测量值的平均值作为白度结果；如果两个超过平均值的±0.5 时，应重做测量。同一试验室偏差应不超过 0.5。

ICS 77.150.40
H 62

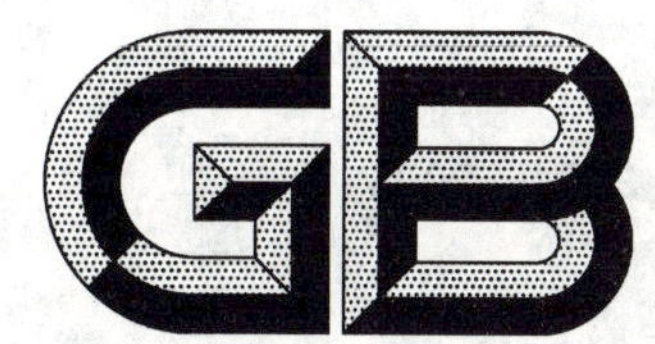

中华人民共和国国家标准

GB/T 2054—2005
代替 GB/T 2054—1980

镍及镍合金板

Nickel and nickel alloy sheets

2005-07-26 发布　　2006-01-01 实施

中华人民共和国国家质量监督检验检疫总局
中国国家标准化管理委员会　发布

前　言

本标准修订时参照了 ISO 6208—1992《镍及镍合金厚板、薄板和带材》、ASTM B162—99《镍厚板、薄板和带材》和 ASTM B127—98《镍铜合金厚板、薄板和带材》，力学性能等指标达到了 ISO 6208 的相应规定。

本标准是对 GB/T 2054—1980《镍及镍合金板》的修订，并合并了 GB/T 11088—1989《电真空器件用镍及镍合金板和带》中板材部分的内容。

本标准与 GB/T 2054—1980 和 GB/T 11088—1989 相比，主要有以下变动：

——根据市场需求，增加了纯镍牌号 N4。

——增加了 N5 和 N7 两个纯镍牌号及化学成分，并分别与 ISO 标准中的 NW2201，NW2200 和 ASTM 标准中的 UNS N02201 和 UNS N02200 牌号相对应。

——增加了 Ncu30 合金牌号，与 ISO 标准中 NW4400 和 ASTM 标准中 UNS N04400 牌号相同。

——板材厚度范围，从原标准的 0.5 mm～20 mm 扩大到 0.3 mm～50 mm。

——板材的长、宽尺寸进行了修改，热轧板从原标准的宽度 200 mm～1 000 mm 改为 300 mm～3 000 mm，长度 800 mm～1 500 mm 改为 500 mm～4 500 mm；冷轧板从原标准的宽度 100 mm～1 000 mm 改为 300 mm～1 000 mm，长度 800 mm～1 500 mm 改为 500 mm～4 000 mm。

——尺寸公差由单向偏差改为双向偏差，并采用了 ISO 6208:1992 的公差指标。

——热轧板的不平度等同采用了 ISO 6208:1992 的规定。

——冷轧板的不平度由原标准的 20 mm 和 30 mm 加严到 15 mm 和 25 mm。

——板材的力学性能指标进行了全面调整，并增加了 $R_{p0.2}$ 性能指标。

本标准由中国有色金属工业协会提出。

本标准由全国有色金属标准化技术委员会归口。

本标准由宝鸡有色金属加工厂和沈阳有色金属加工厂负责起草。

本标准主要起草人：王红武、黄永光、张平辉、刘关强、王丽、张海龙、杨丽娟。

本标准由全国有色金属标准化技术委员会负责解释。

本标准所代替的历次版本发布情况为：

——YB 709—1970、GB/T 2054—1980；

——YB 757—1970、GB/T 11088—1989 板材部分。

镍及镍合金板

1 范围

本标准规定了镍及镍合金板材的要求、试验方法、检验规则及标志、包装、运输、贮存。

本标准适用于仪表、电讯及其他工业部门用的镍及镍合金板。

2 规范性引用文件

下列文件中的条款通过本标准的引用而成为本标准的条款。凡是注日期的引用文件，其随后所有的修改单(不包括勘误的内容)或修订版均不适用于本标准，然而，鼓励根据本标准达成协议的各方研究是否可使用这些文件的最新版本。凡是不注日期的引用文件，其最新版本适用于本标准。

GB/T 228—2002 金属材料 室温拉伸试验方法

GB/T 230 金属洛氏硬度试验方法

GB/T 4340.1 金属维氏硬度试验 第一部分：试验方法

GB/T 5235 加工镍及镍合金 化学成分和产品形状

GB/T 8647(所有部分) 镍化学分析方法

GB/T 8888 重有色金属加工产品包装、标志、运输和贮存

YS/T 325 镍铜合金(NCu28-2.5-1.5)化学分析方法

3 要求

3.1 产品分类

3.1.1 牌号、状态、规格及制造方法

产品牌号、状态、规格及制造方法见表1。

表1 牌号、状态、规格及制造方法

牌号	制造方法	状态	规格(厚度×宽度×长度)/mm
N4、N5(NW2201,UNS N02201) N6、N7(NW2200,UNS N02200) NSi0.19、NMg0.1、NW4-0.15 NW4-0.1、NW4-0.07、DN NCu28-2.5-1.5 NCu30(NW4400,UNS N04400)	热轧	热加工态(R) 软态(M)	(4.1～50.0)×(300～3 000)×(500～4 500)
	冷轧	冷加工(硬)态(Y) 半硬状态(Y_2) 软状态(M)	(0.3～4.0)×(300～1 000)×(500～4 000)
注：需要其它牌号、状态、规格的产品时，由供需双方协商。			

3.1.2 标记示例

产品标记按产品名称、牌号、供应状态、规格和标准编号的顺序表示。标记示例如下：

用N6制成的厚度为3.0 mm、宽度500 mm、长度2 000 mm的软态板材，标记为：

板 N6M 3.0×500×2 000 GB/T 2054—2005

3.2 化学成分

N5、N7、NCu30的化学成分应符合表2的规定。其他牌号的化学成分应符合GB/T 5235的规定。

表 2 N5、N7、NCu30 的化学成分

牌号	化学成分/%							
	Ni+Co	Mn	Cu	Fe	C	Si	Cr	S
N5 (NW2201，UNS N02201)	≥99.0	≤0.35	≤0.25	≤0.30	≤0.02	≤0.30	≤0.2	≤0.01
N7 (NW2200，UNS N02200)	≥99.0	≤0.35	≤0.25	≤0.30	≤0.15	≤0.30	≤0.2	≤0.01
NCu30 (NW4400，UNS N04400)	≥63.0	≤2.0	28.0 ~34.0	≤2.5	≤0.30	≤0.5	—	≤0.024

3.3 尺寸及其允许偏差

3.3.1 热轧板的尺寸及其允许偏差应符合表 3 的规定。

表 3 热轧板的尺寸及其允许偏差

单位为毫米

厚度	宽度		宽度允许偏差	长度允许偏差
	300~1 000	>1 000~3 000		
	厚度允许偏差			
>4.0~6.0	±0.35	±0.40	+5 −10	+5 −15
>6.0~8.0	±0.40	±0.50		
>8.0~10.0	±0.50	±0.60		
>10.0~15.0	±0.60	±0.70		
>15.0~20.0	±0.70	±0.90	0 −15	0 −20
>20.0~30.0	±0.90	±1.10		
>30.0~40.0	±1.10	±1.30		
>40.0~50.0	±1.20	±1.50		

3.3.2 冷轧板的尺寸及其允许偏差应符合表 4 的规定。

表 4 冷轧板的尺寸及其允许偏差

单位为毫米

厚度	宽度		宽度允许偏差	长度允许偏差
	300~600	>600~1 000		
	厚度允许偏差			
0.3~0.5	±0.04	±0.05	+5 −10	+5 −15
>0.5~0.7	±0.05	±0.07		
>0.7~1.0	±0.07	±0.09		
>1.0~1.5	±0.09	±0.11		
>1.5~2.5	±0.11	±0.13		
>2.5~4.0	±0.13	±0.15		
注：对于电真空器件用板材，尺寸及尺寸允许偏差可由供需双方协商确定。				

3.3.3 板材应平直，允许有轻微的波浪。热轧板材的不平度应符合表 5 的规定。对于厚度大于 1.0 mm的冷轧板材，其长度方向上的不平度每米不超过 15 mm，厚度等于和小于 1.0 mm 的冷轧板材，其长度方向上的不平度每米不超过 25 mm。

表 5 热轧板材的不平度

单位为毫米

厚度	宽度		
	≤1 000	>1 000～1 500	>1 500～3 000
	不平度，不大于		
>4～7	20	27	32
>7～10	18	20	24
>10～15	13	15	18
>15～20	13	15	16
>20～25	13	15	16
>25～50	13	15	15
注：表中不平度适用于长度 3 500 mm 范围内的板材，或长度大于 3 500 mm 板材的任意 3 500 mm 长度。			

3.3.4 板材边部应切齐，无裂口、卷边。板材各角应切成直角，偏差应不大于±2°。

3.4 力学性能

厚度不大于 15 mm 的镍及镍合金板材横向室温力学性能应符合表 6 规定。

表 6 板材的力学性能

牌号	交货状态	厚度/mm	室温力学性能，不小于			硬度	
			抗拉强度，R_m/(MPa)	规定非比例延伸强度[1)]，$R_{p0.2}$/(MPa)	断后伸长率，A_{50mm} 或 $A_{11.3}$/(%)	HV	HRB
N4、N5 NW4-0.15 NW4-0.1 NW4-0.07	M	≤1.5[2)]	350	85	35	—	—
		>1.5	350	85	40	—	—
	R[3)]	>4	350	85	30	—	—
	Y	≤2.5	490	—	2	—	—
N6、N7、DN NSi0.19、 NMg0.1	M	≤1.5[2)]	380	105	35	—	—
		>1.5	380	105	40	—	—
	R	>4	380	130	30	—	—
	Y[4)]	>1.5	620	480	2	188～215	90～95
		≤1.5[2)]	540	—	2	—	—
	Y_2[4)]	>1.5	490	290	20	147～170	79～85
NCu28-2.5-1.5	M	—	440	160	25	—	—
	R[3)]	>4	440	—	25	—	—
	Y_2[4)]	—	570	—	6.5	157～188	82～90
NCu30	M	—	480	195	30	—	—
	R[3)]	>4	510	275	25	—	—
	Y_2[4)]	—	550	300	25	157～188	82～90

表 6(续)

<table>
<tr><td rowspan="2">牌号</td><td rowspan="2">交货状态</td><td rowspan="2">厚度/mm</td><td colspan="3">室温力学性能,不小于</td><td colspan="2">硬度</td></tr>
<tr><td>抗拉强度,R_m/(MPa)</td><td>规定非比例延伸强度[1],$R_{p0.2}$/(MPa)</td><td>断后伸长率,A_{50mm}或$A_{11.3}$/(%)</td><td>HV</td><td>HRB</td></tr>
<tr><td colspan="8">1) 厚度≤0.5 mm 的板材不提供规定非比例延伸强度。
2) 厚度<1.0 mm 用于成型换热器的 N4 和 N6 薄板力学性能报实测数据。
3) 热轧板材可在最终热轧前做一次热处理。
4) 硬态及半硬态供货的板材性能,以硬度作为验收依据,需方要求时,可提供拉伸性能。提供拉伸性能时,不再进行硬度测试。
5) 仅适用于电真空器件用板。</td></tr>
</table>

3.5 外观质量

3.5.1 热轧板的外观质量

3.5.1.1 热轧板的表面应清洁,不应有裂纹、起皮、压折和夹杂。

3.5.1.2 板材不应有分层。

3.5.1.3 允许有轻微的、局部的、不使板材厚度超出其允许偏差的斑点、凹坑、压入物、皱纹、粗糙的辊印等缺陷。对局部不超过允许偏差的缺陷可采用修磨的方式去除。

3.5.2 冷轧板的外观质量

3.5.2.1 冷轧板的表面应光滑、清洁,不应有裂纹、起皮、气泡、压折和夹杂。

3.5.2.2 板材不应有分层。

3.5.2.3 允许有轻微的、局部的、不使板材厚度超出其允许偏差的划伤、斑点、凹坑、压入物和辊印等缺陷。

3.5.2.4 板材表面允许有轻微的氧化色、发红、发暗和轻微的局部油迹、水迹。

3.5.3 厚度不小于 1.5 mm 的板材应经酸洗或表面抛光、喷砂后交货,厚度小于 1.5 mm 的板材退火后不进行表面处理交货。

4 试验方法

4.1 化学成分的分析方法

镍铜合金(NCu28-2.5-1.5)的化学成分仲裁分析方法按 YS/T 325 规定的方法进行;

其他镍及镍合金的化学成分仲裁分析方法按 GB/T 8647 规定的方法进行,GB/T 8647 分析方法测定范围之外的化学成分,其分析方法由供需双方协商。

4.2 尺寸测量方法

4.2.1 板材的尺寸用相应精度的量具测量,板材厚度在距顶角不小于 100 mm 和距边部不小于 10 mm 处测量,测量范围以外的厚度超差不做报废依据。

4.3 室温力学性能检验方法

镍及镍合金板材的室温拉伸试验按 GB/T 228 进行。板材的洛氏硬度试验按 GB/T 231 进行;板材的维氏硬度试验按 GB/T 4340.1 进行。

4.4 外观质量检验方法

板材的外观质量检验用目视法进行。

5 检验规则

5.1 检查和验收

5.1.1 板材应由供方技术监督部门进行检验，保证产品质量符合本标准的规定，并填写质量证明书。

5.1.2 需方应对收到的产品按本标准的规定进行复验。复验结果与本标准及订货合同的规定不符时，应以书面形式向供方提出，由供需双方协商解决。属于表面质量及尺寸偏差的异议，应在收到产品之日起一个月内提出，属于其他的异议，应在收到产品之日起三个月内提出。如需仲裁，仲裁取样应由供需双方共同进行。

5.2 组批

板材应成批提交验收，每批应由同一牌号(炉批)、状态和规格组成。对于多炉熔炼组批的板材，批重应不超过 3 000 kg。

5.3 检验项目

每批板材应进行化学成分、外形尺寸偏差、力学性能和外观质量的检验。

5.4 取样

板材取样应符合表 7 的规定。化学成分供方以铸锭的分析结果报出，需方复验在成品上取样。

表 7 板材取样

检验项目	取样规定	要求的章条号	试验方法的章条号
化学成分	每炉 1 份	3.2	4.1
尺寸偏差	逐张检查	3.3	4.2
力学性能和硬度	按 GB/T 228，每批任取 2 张，每张各取 1 个横向试样，厚度<3 mm 取 P_5，厚度≥3～6 mm 取 P_{12}，厚度>6 mm 取 R_{07}。	3.4	4.3
外观质量	逐张检查	3.5	4.4

5.5 检验结果的判定

5.5.1 化学成分不合格时，判该批产品不合格。

5.5.2 产品外形尺寸偏差、外观质量不合格时，判该张板材不合格。

5.5.3 当力学性能试验结果中有试样不合格时，应从该批产品中取双倍数量的试样进行重复试验。重复试验结果全部合格，则判整批产品合格。若重复试验结果仍有试样不合格，则判该批产品不合格。允许供方逐张检验，合格者交货。

6 标志、包装、运输和贮存

6.1 标志

在已检验的板材上应打上如下标记(或贴标签)：

a) 供方质量监督部门的检印；

b) 牌号；

c) 供应状态；

d) 批号。

6.2 包装、运输和贮存

产品的包装、运输和贮存应符合 GB/T 8888 的规定。

6.3 质量证明书

每批板材应附有质量证明书，注明：

a) 供方名称；
b) 产品名称；
c) 产品牌号、规格和状态；
d) 熔炼炉号、批号、批重和件数；
e) 所规定的各项分析检验结果及质量检验部门印记；
f) 本标准号；
g) 包装日期。

7 订货单(或合同)内容

订购本标准所列材料的订货单(或合同)内应包括下列内容：
a) 产品名称；
b) 牌号；
c) 状态；
d) 尺寸规格；
e) 重量或张数；
f) 本标准编号；
g) 其他。

ICS 77.120.99
H 62

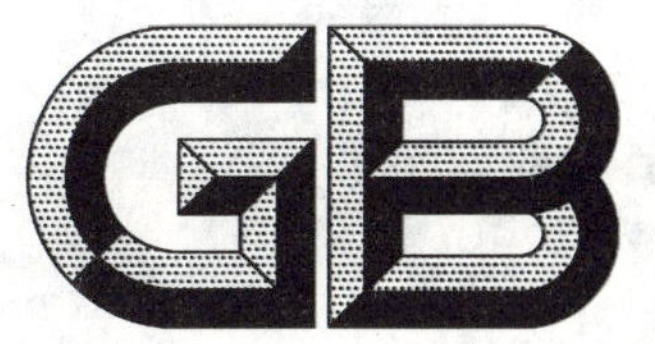

中华人民共和国国家标准

GB/T 2056—2005
代替 GB/T 2055—1989、GB/T 2056—1980、
GB/T 2057—1989、GB/T 2058—1989、
GB/T 2528—1989

电镀用铜、锌、镉、镍、锡阳极板

Copper、zinc、cadmium、nickel、tin anode sheets for electric plating

2005-07-26 发布　　2006-01-01 实施

中华人民共和国国家质量监督检验检疫总局
中国国家标准化管理委员会　发布

前言

本标准代替 GB/T 2055—1989《镉阳极板》、GB/T 2056—1980《铜阳极板》、GB/T 2057—1989《镍阳极板》、GB/T 2058—1989《锌阳极板》、GB/T 2528—1989《锡阳极板》。

本标准与 GB/T 2055—1989、GB/T 2056—1980、GB/T 2057—1989、GB/T 2058—1989、GB/T 2528—1989相比，主要有以下变动：

——热轧板材最大厚度从原标准的 12 mm、15 mm 增加到 20 mm。

——板材的长、宽尺寸进行了修改，对于锡、镉、镍、锌阳极板的宽度范围统一为 100 mm～500 mm；铜阳极板宽度没有改变；长度则各种阳极板统一为 300 mm～2 000 mm。

——尺寸公差、不平度比相应原标准的阳极板都有所提高。

本标准由中国有色金属工业协会提出。

本标准由全国有色金属标准化技术委员会归口。

本标准由沈阳有色金属加工厂和西北铜加工有限公司负责起草。

本标准主要起草人：刘关强、王丽、吕德贵、于鑫

本标准由全国有色金属标准化技术委员会负责解释。

本标准所代替的历次版本发布情况为：

——GB/T 2056—1980

——GB/T 2058—1989、GB/T 2058—1980

——GB/T 2055—1989、GB/T 2055—1980

——GB/T 2057—1989、GB/T 2057—1980

——GB/T 2528—1989、GB/T 2528—1980

电镀用铜、锌、镉、镍、锡阳极板

1 范围

本标准规定了电镀用铜、锌、镉、镍和锡轧制阳极板材的要求、试验方法、检验规则及标志、包装、运输、储存。

本标准适用于电镀用的铜、锌、镉、镍和锡阳极板。

2 规范性引用文件

下列文件中的条款通过本标准的引用而成为本标准的条款。凡是注日期的引用文件，其随后所有的修改单(不包括勘误的内容)或修订版均不适用于本标准，然而，鼓励根据本标准达成协议的各方研究是否可使用这些文件的最新版本。凡是不注日期的引用文件，其最新版本适用于本标准。

GB/T 470　锌锭

GB/T 3260(所有部分)　锡化学分析方法

GB/T 5121(所有部分)　铜及铜合金化学分析方法

GB/T 5123　镍的光谱分析方法

GB/T 5231　加工铜及铜合金化学成分和产品形状

GB/T 5235　加工镍及镍合金—化学成分和产品形状

GB/T 8647(所有部分)　镍化学分析方法

GB/T 8888　重有色金属加工产品包装、标志、运输和贮存

GB/T 12689(所有部分)　锌及锌合金化学分析方法

YS/T 74　镉化学分析方法

3 要求

3.1 产品分类

3.1.1 牌号、状态和规格

产品牌号、状态和规格见表1。

表1 牌号、状态和规格

牌号	状态	规格/mm		
		厚度	宽度	长度
T2、T3	冷轧(Y)	2.0～15.0	100～1 000	300～2 000
	热轧(R)	6.0～20.0		
Zn1(Zn99.99) Zn2(Zn99.95)	热轧(R)	6.0～20.0	100～500	
Sn2、Sn3、Cd2、Cd3	冷轧(Y)	0.5～15.0		
NY1	热轧(R)	6～20		
NY2	热轧后淬火(C)			
NY3	软态(M)	4～20		

3.1.2 标记示例

产品标记按产品名称、牌号、供应状态、规格和标准编号的顺序表示。标记示例如下：

用 T2 制成、厚度为 10.0 mm、宽度 800 mm、长度 2 000 mm 的热轧板材，标记为：

板 T2R 10.0×800×2 000 GB/T 2056—2005

3.2 化学成分

3.2.1 铜阳极板的化学成分应符合 GB/T 5231 的规定；锌阳极板的化学成分应符合 GB/T 470 的规定；镍阳极板的化学成分应符合 GB/T 5235 的规定。

3.2.2 锡阳极板的化学成分应符合表 2 的规定。

表 2 锡阳极板的化学成分

牌号	化学成分/%								
	主成分	杂质，不大于							
	Sn 不小于	As	Fe	Cu	Pb	Bi	Sb	S	杂质总和
Sn2	99.80	0.02	0.01	0.02	0.065	0.05	0.05	0.005	0.20
Sn3	99.50	0.02	0.02	0.03	0.35	0.05	0.08	0.01	0.50

3.2.3 镉阳极板的化学成分应符合表 3 的规定。

表 3 镉阳极板的化学成分

牌号	化学成分/%									
	主成分	杂质，不大于								
	Cd 不小于	Pb	Zn	Fe	Cu	Tl	As	Sb	Sn	杂质总和
Cd2	99.95	0.02	0.005	0.003	0.01	0.003	0.002	0.002	0.002	0.050
Cd3	99.90	0.05	0.02	0.004	0.02	0.004	0.002	0.002	0.002	0.10

3.3 尺寸及允许偏差

3.3.1 铜、镍、锡、镉和锌阳极板的尺寸及其允许偏差应符合表 4 的规定。

表 4 阳极板的尺寸及其允许偏差

<table>
<tr><th colspan="2">牌号、状态</th><th>厚度/mm</th><th>厚度允许偏差/mm
(±)</th><th>宽度
允许偏差/mm</th><th>长度
允许偏差/mm</th></tr>
<tr><td rowspan="6">qw</td><td rowspan="3">热轧(R)</td><td>6.0～10.0</td><td>0.3</td><td rowspan="8">±8</td><td rowspan="8">±15</td></tr>
<tr><td>>10.0～15.0</td><td>0.4</td></tr>
<tr><td>>15.0～20.0</td><td>0.5</td></tr>
<tr><td rowspan="3">冷轧(Y)</td><td>2.0～5.0</td><td>0.2</td></tr>
<tr><td>>5.0～10.0</td><td>0.25</td></tr>
<tr><td>>10.0～15.0</td><td>0.3</td></tr>
<tr><td colspan="2" rowspan="3">NY1 热轧(R)
NY3 软态(M)
NY2 热轧后淬火(C)</td><td>4.0～10.0</td><td>0.4</td></tr>
<tr><td>>10.0～14.0</td><td>0.5</td></tr>
<tr><td>>14.0～20.0</td><td>0.7</td><td>不切边供应，NY2 宽度允许偏差为±10</td><td>不切头供应，NY2 长度允许偏差为±30</td></tr>
</table>

表 4(续)

牌号、状态		厚度/mm	厚度允许偏差/mm (±)	宽度允许偏差/mm	长度允许偏差/mm
Zn1(Zn99.99) Zn2(Zn99.95)	热轧(R)	>6～10	0.2	±5	±8
		>10～15	0.35		
		>15～20	0.4		
Sn2 Sn3 Cd2 Cd3	冷轧(Y)	>0.5～2.0	0.06		
		>2.0～5.0	0.15		
		>5.0～10.0	0.3		
		>10.0～15.0	0.4		

3.3.2 不平度

板材应平直，允许有轻微的波浪和毛刺。

板材的不平度应符合表 5 的规定。

表 5 板材的不平度

阳极板种类	状态	厚度/mm	不平度/(mm/M) 不大于
铜、镉、锡、锌	热轧(R)	所有厚度	20
	冷轧(Y)	<10	20
		≥10	25
镍	所有状态	所有厚度	40

3.3.3 板材切斜不应使板材的宽度和长度超出其允许偏差。板材的对角线偏差不大于 15 mm。

3.4 表面质量

3.4.1 热轧板的表面质量

板材长、宽边部应切齐，无裂边和卷边。

板材表面应清洁，不应有裂缝、起皮、分层、夹杂、氧化物、绿锈和严重鳞印，但允许修理，修理后不应使板材厚度超出其允许偏差。

板材表面允许有轻微的、局部的、不使板材厚度超出其允许偏差的划伤、斑点、凹坑、皱纹、氧化物、压入物和辊印等缺陷。

注 1：铜阳极板的热轧板应经酸洗供应。

注 2：NY1 和 NY3 板的表面不允许有裂纹，但其切口处允许有剪切时产生的轻微的分层现象。

注 3：NY2 板的表面允许有轻微的，不使板材厚度超出其允许偏差的小裂纹；边部允许有裂口。

3.4.2 冷轧板的表面质量

板材不应有分层。

板材表面应光滑、清洁，不应有裂缝、起皮、气泡、压折、夹杂、氧化物和绿锈。

许可有轻微的、局部的、不使板材厚度超出其允许偏差的划伤、斑点、凹坑、压入物和修理痕迹等缺陷。

轻微的氧化色、发暗、辊印和轻微的、局部的油迹、水迹不作报废依据。

4 试验方法

4.1 化学成分的分析方法

铜、镍、锡、镉和锌阳极板化学成分的仲裁分析方法分别按 GB/T 5121、GB/T 3260、GB/T 8647、GB/T 12689 和 YS/T 74 进行。

4.2 尺寸测量方法

用相应精度的量具逐张测量板材的厚度、长度和不平度。

板材厚度在距顶角不小于 100 mm 和距边部不小于 10 mm 处测量，测量范围以外的厚度超差不作报废依据。

4.3 表面质量检验方法

每张板材应进行表面质量检验，检验方法为目视检查外观。

5 检验规则

5.1 检查和验收

5.1.1 板材应由供方技术监督部门进行检验，保证产品质量符合本标准的规定，并填写质量证明书。

5.1.2 需方应对收到的产品按本标准的规定进行复验。复验结果与本标准及订货合同的规定不符时，应以书面形式向供方提出，由供需双方协商解决。属于表面质量及尺寸偏差的异议，应在收到产品之日起一个月内提出，属于其他方面的异议，应在收到产品之日起三个月内提出。如需仲裁，仲裁取样应由供需双方共同进行。

5.2 组批

板材应成批提交验收，每批应由同一牌号、状态和规格组成。每批重量应不大于 5 000 kg。

5.3 检验项目

每批板材应进行化学成分、外形尺寸偏差、表面质量的检验。

5.4 取样

产品取样应符合表 6 的规定。

表 6

检验项目	取样规定	要求的章条号	试验方法的章条号
化学成分	供方每炉、需方每批一个	3.2	4.1
尺寸偏差	逐张检查	3.3	4.2
表面质量	逐张检查	3.4	4.3

5.5 检验结果的判定

5.5.1 化学成分不合格时，判该批产品不合格。

5.5.2 产品外形尺寸偏差、表面质量不合格时，判该张板材不合格。

6 标志、包装、运输、贮存和质量证明书

6.1 标志

在检验合格的板材上应打上如下标记(或贴标签)：

a) 供方质量监督部门的检印；

b) 牌号；

c) 供应状态；

d) 批号。

6.2 包装、运输、贮存和质量证明书

产品的包装、运输、贮存和质量证明书应符合 GB/T 8888 的规定。

7 订货单(或合同)内容

订购本标准所列材料的订货单(或合同)内应包括下列内容：

a) 产品名称；

b) 牌号；

c) 状态；

d) 尺寸规格；

e) 重量或张数：

f) 本标准编号；

g) 其他。

ICS 23.100.30
J 20

中华人民共和国国家标准

GB/T 2351—2005/ISO 4397:1993
代替 GB/T 2351—1993

液压气动系统用硬管外径和软管内径

Fluid power systems and components—Connectors and associated components—Nominal outside diameters of tubes and nominal inside diameters of hoses

(ISO 4397:1993,IDT)

2005-07-11 发布　　2006-01-01 实施

中华人民共和国国家质量监督检验检疫总局
中国国家标准化管理委员会　发布

前　言

本标准等同采用 ISO 4397:1993《流体传动系统和元件　管接头及其相关元件　标称的硬管外径和软管内径》(英文版)。

本标准等同翻译 ISO 4397:1993。

为了便于使用,本标准做了下列编辑性修改:

——标准名称仍沿用原国家标准名称;

——"本国际标准"一词改为"本标准";

——用小数点"."代替国际标准中作为小数点的逗号",";

——删除国际标准的前言;

——"规范性引用文件"中以相应的国家标准代替原国际标准。

本标准代替 GB/T 2351—1993《液压气动系统用硬管外径和软管内径》。

本标准与 GB/T 2351—1993 相比主要变化如下:

——硬管外径增加 15 mm、30 mm、35 mm 的尺寸;

——取消硬管外径中优先选用规定;

——删除软管内径 2.5 mm、(22 mm)的尺寸。

本标准由中国机械工业联合会提出。

本标准由全国液压气动标准化技术委员会(SAC/TC3)归口。

本标准起草单位:北京机械工业自动化研究所、哈尔滨工业大学。

本标准主要起草人:赵曼琳、刘新德、姜继海。

本标准所代替标准的历次版本发布情况为:

——GB/T 2351—1993。

引　言

在流体传动系统中，功率是通过在密闭回路内的受压流体（液体或气体）传递和控制的。元件是通过它们的油（气）口及管道、管接头、阀块等相互连接在一起的。硬管是刚性或半刚性连接；软管是柔性连接。

液压气动系统用硬管外径和软管内径

1 范围

本标准规定了在液压气动系统中使用的管接头及其相关元件的两个直径系列：

a) 在液压气动系统中使用的刚性或半刚性硬管的公称外径系列，不考虑材料成分；

b) 在液压气动系统中使用的橡胶或塑料软管的公称内径系列。

2 规范性引用文件

下列文件中的条款通过本标准的引用而成为本标准的条款。凡是注日期的引用文件，其随后所有的修改单(不包括勘误的内容)或修订版均不适用于本标准，然而，鼓励根据本标准达成协议的各方研究是否可使用这些文件的最新版本。凡是不注日期的引用文件，其最新版本适用于本标准。

GB/T 17446 流体传动系统及元件 术语(GB/T 17446—1998,idt ISO 5598:1985)

3 术语和定义

GB/T 17446 确定的术语和定义适用于本标准。GB/T 17446 中的相关术语和定义列于此。

3.1

硬管 rigid tubes；半硬管 semi-rigid tubes

用于联结固定液压气动装置的金属管或塑料管。

3.2

软管 flexible hose

通常用金属丝增强的橡胶或塑料柔性管。

4 尺寸

硬管公称外径和软管公称内径从表1中选择。

表1 硬管公称外径和软管公称内径系列

单位为毫米

硬管外径	软管内径	硬管外径	软管内径
4	3.2	22	38[b]
5	5	25	40
6	6.3	28	50
8	8	30	51[b]
10	10	32	
12	12.5	34[a]	
14[a]	16	35	
15	19[b]	38	
16	20	40[a]	
18	25	42	
20	31.5	50	

a 不适用于新设计；

b 仅用于液压系统。

5 标注说明(引用本标准)

当选择遵守本标准时,建议制造商在试验报告、产品目录和产品销售文件中采用以下说明:

"硬管外径和软管内径符合GB/T 2351—2005/ISO 4397:1993《液压气动系统用硬管外径和软管内径》"。

ICS 23.100.10
J 20

中华人民共和国国家标准

GB/T 2353—2005
代替 GB 2353.1—1994，GB/T 2353.2—1993

液压泵及马达的安装法兰和轴伸的尺寸系列及标注代号

Dimension series and identification code for mounting flanges and shaft ends of hydraulic pumps and motors

(ISO 3019-2：2001，Hydraulic fluid power—Dimensions and identification codes for mounting flanges and shaft end of displacement pumps and motors—Part 2：Metric series，MOD)

2005-09-19 发布　　2006-04-01 实施

中华人民共和国国家质量监督检验检疫总局
中国国家标准化管理委员会　发布

前　言

本标准修改采用国际标准 ISO 3019-2:2001《液压传动　容积式泵和马达的安装法兰和轴伸的尺寸及标注代号　第 2 部分:米制系列》。

本标准代替 GB/T 2353.2—1993《液压泵和马达　安装法兰与轴伸的尺寸系列和标记(二)多边形法兰(包括圆形法兰)》及 GB/T 2353.1—1994《液压泵和马达安装法兰和轴伸的尺寸系列及标记　第 1 部分:二孔和四孔法兰和轴伸》。

本标准根据 ISO 3019-2:2001 重新起草。本标准与 ISO 3019-2:2001 的主要技术性差异为:

——“1 范围”中,增加“注 2”;

——“2 规范性引用文件”中,以相应的国家标准代替国际标准。增加“GB/T 1095《平键　键槽的剖面尺寸》”;

——“5.1”的“f)”中,增加“3)螺纹孔:T。”;

——“4.2.3.4”中,第一行的“L_L、L_S和 L_{ST}”改为“L_S、L_{CT}和 L_{ST}”,第三行的“L_L、L_S和 L_{ST}”改为“L_L、L_{CT}和 L_{ST}”。

本标准与 GB/T 2353.2—1993 及 GB/T 2353.1—1994 相比主要变化如下:

——取消了原标准中四孔矩形安装法兰及二孔菱形和四孔方形两用安装法兰的相关内容;

——取消了原标准中矩形花键轴伸的相关内容;

——规定渐开线花键应符合 DIN 5480[1]……[8]的要求,而原标准规定渐开线花键应符合 GB/T 3478.1的要求;

——增加了“法兰与轴伸的同轴度和垂直度”一章。

本标准附录 A 为资料性附录。

本标准由中国机械工业联合会提出。

本标准由全国液压气动标准化技术委员会(CSBTS/TC 3)归口。

本标准起草单位:煤炭科学研究总院上海分院。

本标准起草人:胡大邦、冯晓迪。

本标准所替代标准的历次版本发布情况为:

——GB 2353.1—1980、GB/T 2353.1—1994;

——GB/T 2353.2—1993。

引　言

在液压传动系统中，功率是通过回路中的受压液体来传递和控制的。泵是将机械功率转换成液压功率的元件，而马达是将液压功率转换成机械功率的元件。本标准涉及到液压泵、马达以下几方面的技术内容：

——能够满足现在和将来需要的，最少数量的安装法兰和轴伸系列(包括短止口和长止口)；

——法兰和轴伸安装的尺寸互换性；

——当法兰和安装箱体之间需要密封时(见附录A)，推荐的密封装置的法兰和止口尺寸；

——可分开或组合使用的法兰和轴伸标注代号。

液压泵及马达的安装法兰和轴伸的尺寸系列及标注代号

1 范围

本标准规定了容积式旋转液压泵、马达的安装法兰和轴伸的尺寸系列，二螺栓、四螺栓及多边形(包括圆形)安装法兰的标注代号，圆柱形键联接轴伸、带外螺纹的圆锥形键联接轴伸及渐开线花键轴伸的标注代号。

注1：渐开线花键符合 DIN 5480[1]……[8][1)] 的要求。

注2：在本标准实施前已正式生产的产品，其花键轴伸仍可按 GB/T 2353.1—1994 的规定。

2 规范性引用文件

下列文件中的条款通过本标准的引用而成为本标准的条款。凡是注日期的引用文件，其随后所有的修改单(不包括勘误的内容)或修订版均不适用于本标准，然而，鼓励根据本标准达成协议的各方研究是否可使用这些文件的最新版本。凡是不注日期的引用文件，其最新版本适用于本标准。

GB/T 1095—2003　平键　键槽的剖面尺寸(GB/T 1095—2003)

GB/T 1098—2003　半圆键　键槽的剖面尺寸(GB/T 1098—2003)

GB/T 1182　形状和位置公差　通则、定义、符号和图样表示方法(GB/T 1182—1996，eqv ISO 1101:1996)

GB/T 1800.4　极限与配合　标准公差等级和孔、轴的极限偏差表(GB/T 1800.4—1999，eqv ISO 286-2:1988)

GB/T 17446　流体传动系统和元件　术语(GB/T 17446—1998，idt ISO 5598:1985)

ISO 261　ISO 普通米制螺纹　总方案(ISO 261:1998)

3 术语和定义

GB/T 17446 确立的术语和定义适用于本标准。

4 尺寸

4.1 公差

未标注公差的尺寸为名义尺寸。

形状和位置公差按 GB/T 1182 表示。

4.2 安装法兰和轴伸的选择

4.2.1 总则

按本标准制造的泵和马达，应按表1～表6和图1～图6的要求选择安装法兰(4.2.2)和轴伸(4.2.3)的尺寸。

对不带内螺纹的圆柱形轴伸，带外螺纹的圆锥形轴伸及渐开线花键轴伸，它们的尺寸见表7、表8和表9及图4、图5和图6。

4.2.2 安装法兰

按下述方法选择安装法兰：

1) 德国标准。

——对二螺栓安装法兰，见图1，从表4中选取。

——对四螺栓安装法兰，见图2，从表5中选取。

——对多边形安装法兰(包括圆形的)，见图3，从表6中选取。

——无论何时，都尽可能避免选取在表1、表4和表5中标出的非优选系列的二螺栓及四螺栓安装法兰。

4.2.3 轴伸

4.2.3.1 与法兰止口尺寸 A 有关的轴伸名义尺寸 D(见图4和图5)，应依据安装法兰的型式从表1或表2中选取。

表1 二螺栓和四螺栓安装法兰的轴伸系列

单位为毫米

法兰止口 A	轴伸 D		
	第1选择	第2选择	非优先选择
32	10	—	—
40	12	—	—
50	12	16	10
63	16	20	12
80	20	25	16
100	25	32	20
125	32	40	25
140[a]	32	40	25
160	40	50	32
180[a]	40	50	32
200	50	63/60[b]	40
224[a]	50	63/60[b]	40
250	63/60[b]	80	50

注：对于大扭矩或大侧向载荷的应用场合，可以选用其他轴伸尺寸。

a 非优先选择的法兰止口尺寸。

b 花键轴参考直径。

表2 多边形安装法兰的轴伸系列

单位为毫米

法兰止口 A	轴伸 D		
	第1选择	第2选择	非优先选择
80	20	25	16
100	25	32	20
125	32	40	25
160	40	50	32
180	40	50	32
200	50	63	40
224	50	63	40
250	63	70	50
280	63	80	—
315	70	80	—
355	70	80	—

表 2（续）

单位为毫米

法兰止口 A	轴伸 D		
	第 1 选择	第 2 选择	非优先选择
400	80	90	—
450	90	110	—
500	90	110	—
560	110	125/120[a]	—
630	125/120[a]	140	—
710	140	160	—
800	160	180	—
900	160	180	—
1 000	180	200	—
注：对于大扭矩或大侧向载荷的应用场合，可以选用其他轴伸尺寸。			
[a] 花键轴参考尺寸。			

4.2.3.2 轴伸形状应是下列形式中的一种：

a) 圆柱形轴伸（见图 4）；

b) 带外螺纹的圆锥形轴伸（见图 5）；

c) 渐开线花键轴伸（见图 6）。

对名义轴伸尺寸 D，根据表 3 中的参考直径，选取花键轴伸的模数及相对应齿数。

轴伸 a）和 c）可以带有中心孔。

4.2.3.3 只应使用符合 GB/T 1095 的平键或 GB/T 1098 的半圆键。

4.2.3.4 对第一种和第二种选择，从短系列中选取轴伸长度 L_S、L_{CT} 和 L_{ST}。但轴伸名义尺寸为 10 和 12 的除外，对它们只有长系列的轴伸可供选择。

对非优先选择系列，从长系列中选取轴伸长度 L_L、L_{CT} 和 L_{ST}。

对圆锥形轴伸，圆锥面的长度可以朝着安装法兰方向超过 L_{ST}，规定的 D 定位于 L_{ST} 位置。

表 3 米制渐开线花键轴伸

轴伸参考直径 d_B/mm	模数					齿数		轴最小直径[a] U/mm	
	0.8	1.25	2	3	5	●	○	●	○
10	●					11	—	7.6	—
12	●					13	—	9.6	—
16		●				11	—	12.4	—
20		●				14	—	16.4	—
25		●				18	—	21.4	—
32			●			14	—	26.4	—
40			●	○		18	12	34.4	31.8
50			●	○		24	15	44.4	41.8
60			●	○		28	18	54.4	51.7
70				●		22	—	61.7	—
80				●		25	—	71.7	—
90				●	○	28	16	81.7	76.4
110				●	○	35	20	101.7	96.4
120				●	○	38	22	111.7	106.4

表 3（续）

轴伸参考直径 d_B/mm	模数					齿数		轴最小直径[a] U/mm	
	0.8	1.25	2	3	5	●	○	●	○
140				●	○	45	26	131.7	126.4
160					●	30	—	146.4	—
180					●	34	—	166.4	—
200					●	38	—	186.4	—
注：●表示优选模数系列，○表示非优选模数系列。									
[a] 见图 6。									

4.3 配合元件

配合元件的尺寸和相关公差应与本标准中规定的尺寸和公差相一致，以避免在轴上产生超过泵、马达制造商所允许的弯曲变形和横向载荷。

5 标注代号

5.1 安装法兰

当依据本标准对安装法兰进行标注时，应采用下列代号。

a) 使用术语“法兰”。

b) 提及本标准：GB/T 2353—2005。

c) 用标出止口尺寸(单位为 mm)来指明法兰的参照尺寸。

d) 指出法兰形状：

1) 二螺栓安装法兰：A；

2) 四螺栓安装法兰：B；

3) 多边形安装法兰(包括圆形法兰)：D。

e) 标出固定孔的数目：2～14。

f) 标出孔或槽的种类：

1) 螺栓孔(优先)：H；

2) 开口槽：S；

3) 螺纹孔：T。

g) 标出止口型式：

1) 短止口：W；

2) 长止口：L。

当法兰和轴伸共同标注代号时，标注宜采用省略形式，见 5.3 标注示例。

5.2 轴伸

当依据本标准对轴伸进行标注时，应采用下列代号。

a) 使用术语“轴伸”。

b) 提及本标准：GB/T 2353—2005。

c) 指出轴伸的形状：

1) 不带内螺纹的圆柱形轴伸：E；

2) 带外螺纹的圆锥形轴伸：F；

3) 带内螺纹的圆柱形轴伸(非优先)：G；

4) 根据表 3 参数组成的渐开线花键轴伸：P。

d) 用标出名义直径 D(单位为 mm)来指明轴的参考尺寸。

e) 标出轴伸长度类型：

1) 短轴伸：*N*；

2) 长轴伸：*M*。

见 5.3 标注示例。

5.3 标注示例

示例 1：止口直径为 100 mm，短止口，带螺栓孔的四螺栓法兰。

法兰 GB/T 2535—2005-100B4HW

示例 2：名义直径(*D*)为 32 mm，短系列，带外螺纹的圆锥形轴伸。

轴伸 GB/T 2353—2005-F32N

示例 3：示例 1 和示例 2 两者组合标注。

法兰和轴伸 GB/T 2353—2005-100B4HW-F32N

6 法兰和轴伸的同轴度和垂直度

法兰和轴伸的同轴度和垂直度应保持在图 1～图 3 和表 4～表 6 所限定的范围内。

注：对刚性联轴器可以要求精确程度较高的公差。

7 标注说明(引用本标准时)

当决定完全遵守本标准时，建议制造商在试验报告、产品样本和销售文件中采用以下说明：

“安装法兰和轴伸的尺寸及标注代号按 GB/T 2353—2005《液压泵及马达的安装法兰和轴伸的尺寸系列及标注代号》(ISO 3019-2:2001，MOD)。”

尺寸单位为毫米
表面粗糙度单位为微米

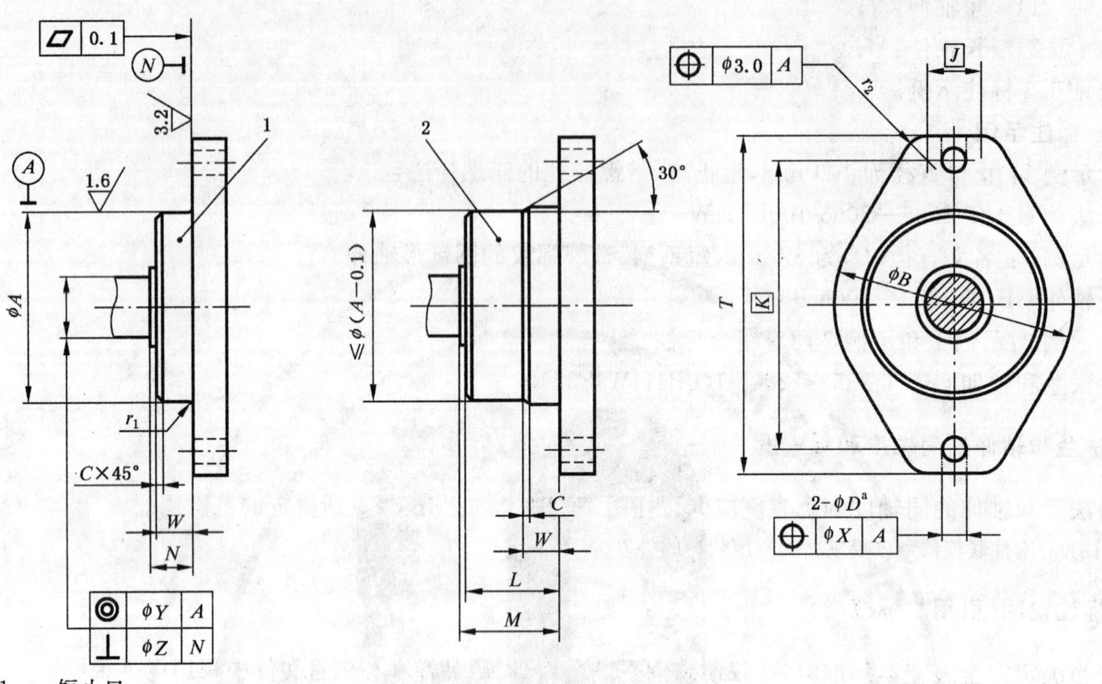

1——短止口；
2——长止口。
a 可以用开口槽或螺纹孔来替代通孔。

图 1 二螺栓安装法兰示意图

表 4 二螺栓安装法兰的尺寸 单位为毫米

前导尺寸									法兰尺寸									
A h8	W $^{+0.5}_{0}$	N 法兰止口（短）$^{+0.1}_{0}$	L max	M 法兰止口（长）	C max	r_1 max	Y[b]	Z[b] mm/mm	B	公差	J	K	D 螺纹孔	螺栓孔 H13	X	T	公差	r_2 max
32	7	8	15.5	16^{+1}_{0}	1.5	0.5	0.2	0.001 5	50	±0.5	8	56	M6	6.6	0.3	72	±0.5	8
40									56		10	63				79		
50			19.5	20^{+1}_{0}					65		12	80	M8	9	0.5	100		10
63									80		14	100				120		
80							0.25		100		18	109	M10	11		133		12
100	9	10	24.5	20^{+1}_{0}	2	1.6	0.3	0.002	125	±1.5	20	140	M12	13.5	0.75	168	±1.5	14
125			31.5	32^{+1}_{0}			0.35		150		24	180	M16	17.5		216		18
140[a]									170		34	200			1	236		
160			39.5	40^{+1}_{0}					200		42	224	M20	22		268		22
180[a]									212		52	250				294		
200			49.5	50^{+1}_{0}					236		56	280	M24	26		332		26

注：公差值见 GB/T 1800.4。

a 非优先选取尺寸。

b 无载荷情况下的公差（刚性联轴器可以要求精确程度较高的公差）。

尺寸单位为毫米
表面粗糙度单位为微米

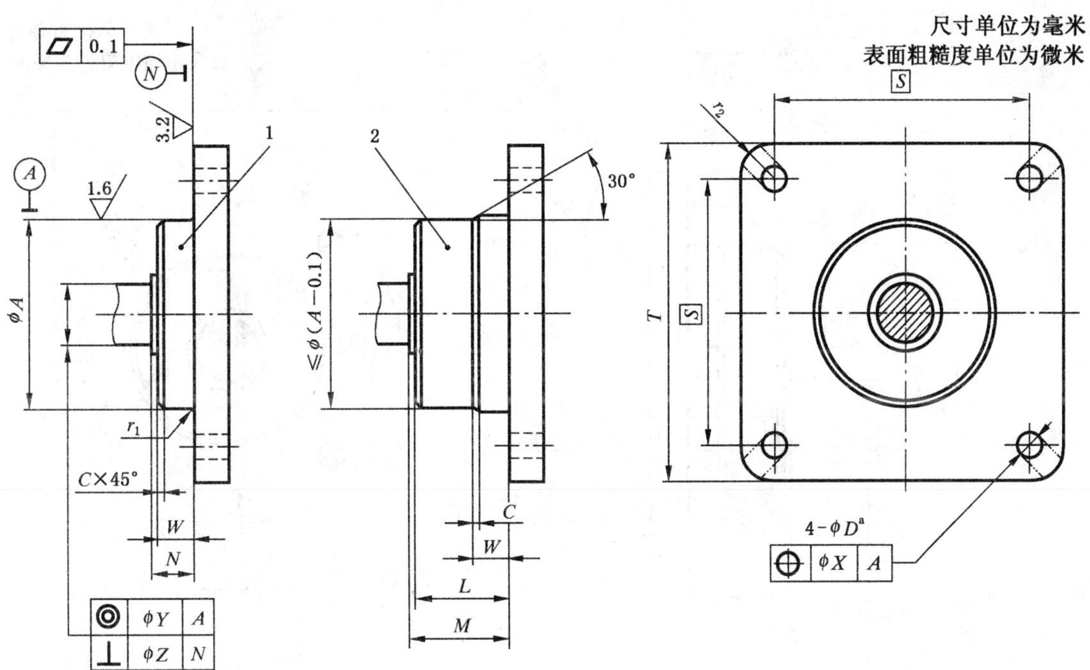

1——短止口；

2——长止口；

a 可以用开口槽或螺纹孔来替代通孔。

图 2 四螺栓安装法兰示意图

表 5 四螺栓安装法兰的尺寸

单位为毫米

前导尺寸									法兰尺寸					
A h8	W $+0.5$ 0	N 法兰止口（短） $+0.1$ 0	L max	M 法兰止口（长）	C max	r_1 max	Y[b]	Z[b] mm/mm	S	D 螺纹孔	D 螺栓孔 H13	X	T max	r_2
63	7	8	19.5	20^{+1}_{0}	1.5	0.5	0.2	0.001 5	60.1	M8	9	0.5	80	10
80							0.25		72.8				100	
100	9	10	24.5	25^{+1}_{0}	2	1.6	0.3		88.4	M10	11		125	16
125			31.5	32^{+1}_{0}			0.35	0.002	113.2	M12	13.5	0.75	150	18
140[a]									127.3				170	
160			39.5	40^{+1}_{0}					141.4	M16	17.5		190	22
180[a]									158.4			1	212 236	 24
200									176.8	M20	22		266	
224[a]			49.5	50^{+1}_{0}			0.4		198					
250									222.8	M24	26		301	2

注：公差值见 GB/T 1800.4。

a 非优先选取尺寸。

b 无载荷情况下的公差(刚性联轴器可以要求精确程度较高的公差)。

尺寸单位为毫米
表面粗糙度单位为微米

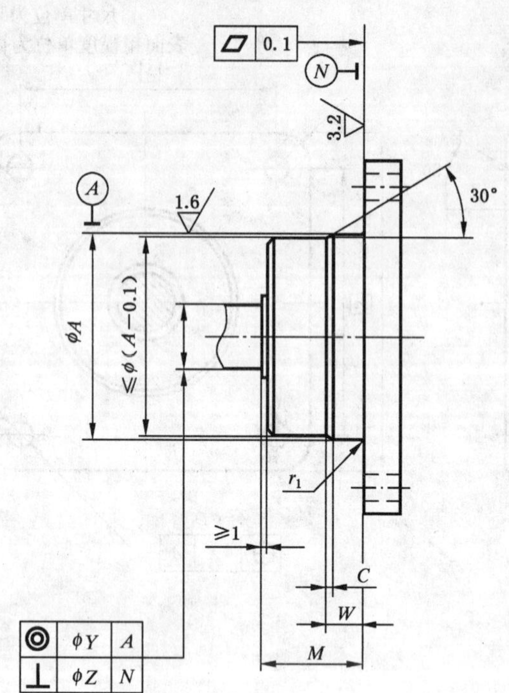

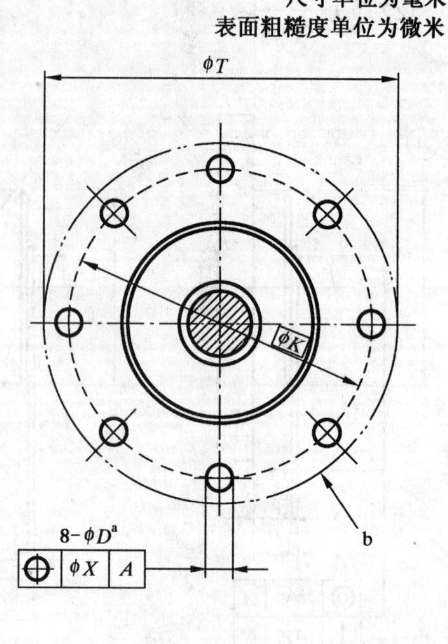

a 可以用开口槽或螺纹孔来替代通孔；

b 圆形法兰轮廓线。

图 3 多边形安装法兰示意图

表 6 多边形安装法兰的尺寸

单位为毫米

前导尺寸							法兰尺寸					
A h8	W	M	C max	r_1	Y[a]	Z[a] mm/mm	K	D 螺栓 数量	D 螺栓 螺纹	D 螺栓孔 H13	X	T max
80	$7^{+0.5}_{0}$	20±0.8	2	0.5	0.25	0.001 5	103	5,6,7或8	M8	9	0.5	125
100				1.6	0.3		125		M10	11		160
125	$9^{+0.5}_{0}$	25±0.8			0.35	0.002	160		M12	13.5		200
160							200		M16	17.5	1	250
180		40±0.8					224					280
200							250		M20	22		300
224							280					335
250	$16^{+0.5}_{0}$	50±1	3				300					355
280							320					375
315							360					425
355							400					465
400							450					515
450			5				510	5,7,8,10,12或14	M24	26		585
500	20^{+1}_{0}	60±1.5					560					635
560							630					710
630							710		M30	33	1.5	800
710							800					900
800							900					1 000
900							1 000					1 100
1 000							1 100					1 200

注：公差值见 GB/T 1800.4。

a 无载荷情况下的公差(刚性联轴器可以要求精确程度较高的公差)。

尺寸单位为毫米
表面粗糙度单位为微米

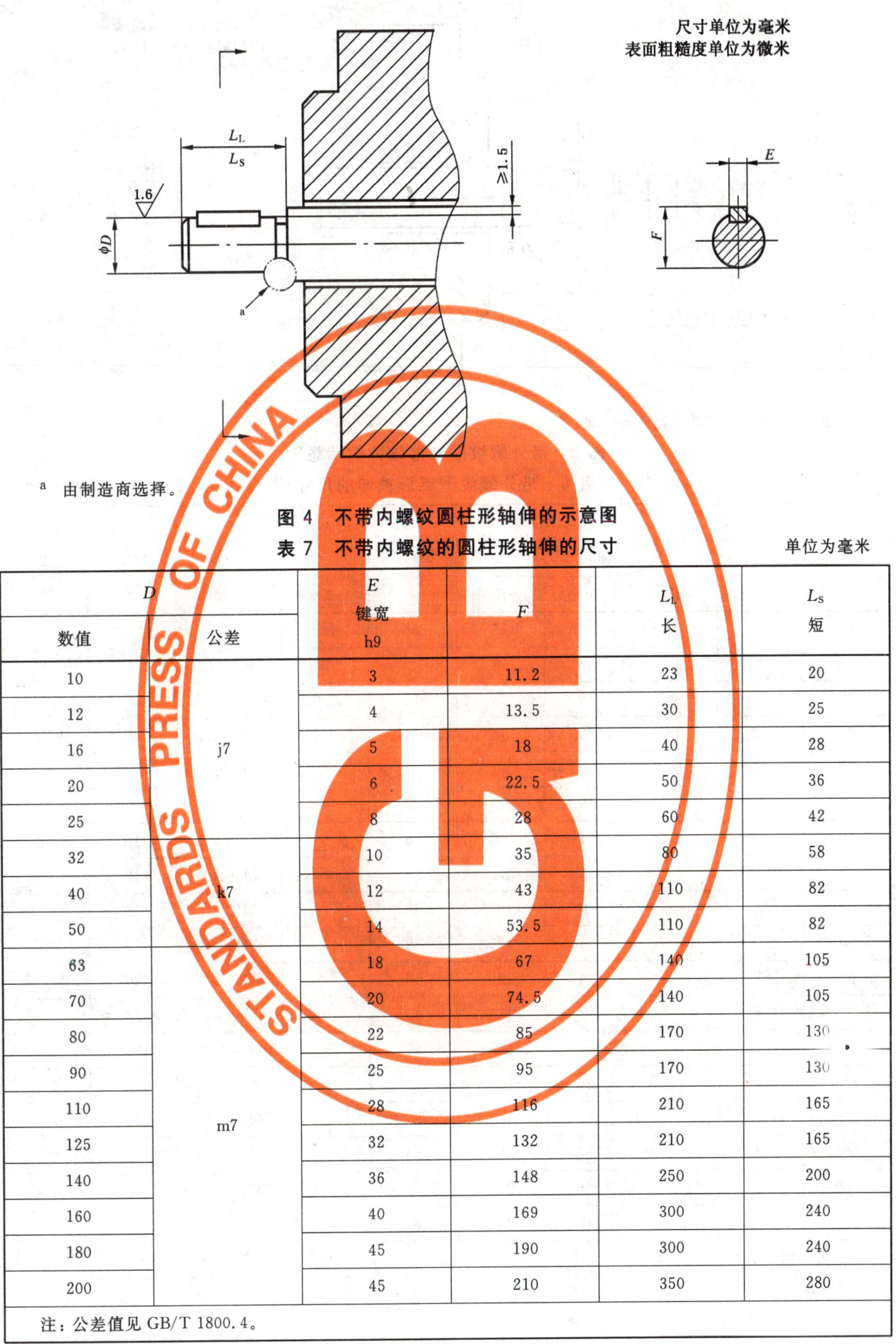

a 由制造商选择。

图 4 不带内螺纹圆柱形轴伸的示意图

表 7 不带内螺纹的圆柱形轴伸的尺寸

单位为毫米

D		E	F	L_L	L_S
数值	公差	键宽 h9		长	短
10		3	11.2	23	20
12		4	13.5	30	25
16	j7	5	18	40	28
20		6	22.5	50	36
25		8	28	60	42
32		10	35	80	58
40	k7	12	43	110	82
50		14	53.5	110	82
63		18	67	140	105
70		20	74.5	140	105
80		22	85	170	130
90		25	95	170	130
110	m7	28	116	210	165
125		32	132	210	165
140		36	148	250	200
160		40	169	300	240
180		45	190	300	240
200		45	210	350	280

注：公差值见 GB/T 1800.4。

尺寸单位为毫米
表面粗糙度单位为微米

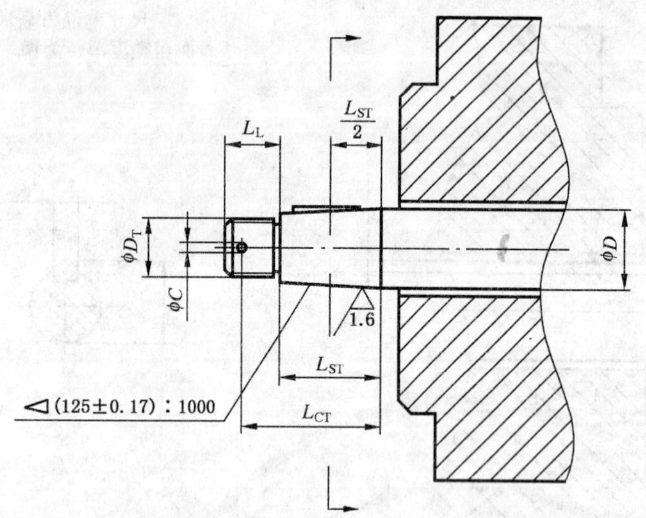

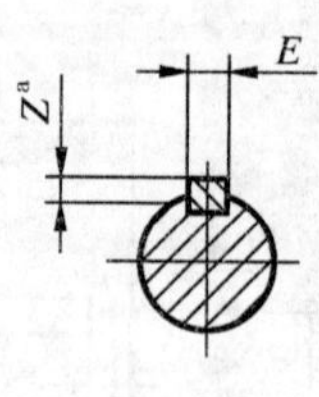

a　尺寸 Z 垂直于键并在锥面的大端。

图 5　带外螺纹圆锥形轴伸的示意图

表 8　带外螺纹圆锥形轴伸的尺寸

单位为毫米

	L_{CT}		L_{ST}		L_T	C	D_T^a	E	Z
	轴伸							键宽	
	短	长	短	长		$^{+0.13}_{-0.08}$		h9	
10	—	20	—	15	8[b]	1.6	M6[b]	—	—
12	—	24.5	—	18	12[b]	2	M8×1[b]	2	0.8^{+1}_{0}
16	24	36	16	28	12	2.5	M10×1.25	3	1.2^{+1}_{0}
20	32	46	22	36	14	3.2	M12×1.25	4	1.5^{+1}_{0}
25	37	55	24	42	18	4	M16×1.25	5	2^{+1}_{0}
32	52	74	36	58	22	4	M20×1.5	6	2.5^{+2}_{0}
40	73	101	54	82	28	5	M24×2	10	3^{+2}_{0}
50	—	—	54	82	28	—	M36×3	12	3^{+2}_{0}
63	—	—	70	105	35	—	M42×3	16	4^{+2}_{0}
70	—	—	70	105	35	—	M48×3	18	4^{+2}_{0}
80	—	—	90	130	40	—	M56×4	20	4.5^{+2}_{0}
90	—	—	90	130	40	—	M64×4	22	5^{+2}_{0}
110	—	—	120	165	45	—	M80×4	25	5^{+2}_{0}
125	—	—	120	165	45	—	M90×4	28	6^{+3}_{0}
140	—	—	150	200	50	—	M100×4	32	7^{+3}_{0}
160	—	—	180	240	60	—	M125×4	36	8^{+3}_{0}
180	—	—	180	240	60	—	M140×6	40	9^{+2}_{0}
200	—	—	210	280	70	—	M160×6	40	9^{+2}_{0}

注：公差值见 GB/T 1800.4。

a　螺纹按照 ISO 261。

b　只适用于长轴伸。

单位为毫米

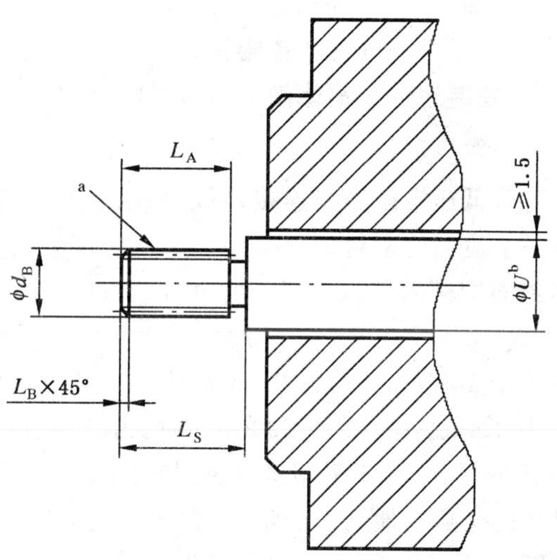

a 花键；

b 见表 3。

图 6 米制渐开线花键轴伸的示意图

表 9 米制渐开线花键轴伸的尺寸

单位为毫米

d_B	L_A (min)	L_B	L_S
10	5	1	18
12	6		20
16	8	1.5	25
20	10		28
25	12.5		32
32	16	2	36
40	20		45
50	25		55
60	30		70
70	35	3	80
80	40		90
90	45		105
110	55		125
120	60		135
140	70		155
160	80	5	175
180	90		195
200	100		215

附 录 A
（资料性附录）
安装法兰与箱体间密封方法的示例

为了在安装法兰与箱体间达到低压液压密封连接，可以采用下列方法之一。

a) 在法兰和箱体间加入一个适当的密封垫。

b) 在箱体止口孔中的密封圈沟槽内装入O形圈。止口长度最小应满足使用下列断面直径的O形圈：

1) 当止口直径小于等于100 mm时，为2.65 mm；

2) 当止口直径大于100 mm，小于等于200 mm时，为3.55 mm。

在止口直径A超过200 mm的场合，将不采用这种密封方式。

c) 在箱体安装面和止口孔的交角处加工出倒角，在由法兰、止口和倒角构成的三角形空间中放入O形圈。在这种情况下，O形圈的尺寸和其他细节由供应商和用户商定。

参 考 文 献

[1] DIN 5480-1:1991 渐开线花键连接 原理
[2] DIN 5480-2:1991 渐开线花键连接 30°压力角 测量
[3] DIN 5480-3:1991 渐开线花键连接 30°压力角 基本尺寸和对模数 0.5、0.6、0.75、0.8 和 1 的检验尺寸
[4] DIN 5480-4:1991 渐开线花键连接 30°压力角 基本尺寸和对模数 1.25 的检验尺寸
[5] DIN 5480-6:1991 渐开线花键连接 30°压力角 基本尺寸和对模数 2 的检验尺寸
[6] DIN 5480-8:1991 渐开线花键连接 30°压力角 基本尺寸和对模数 3 的检验尺寸
[7] DIN 5480-10:1991 渐开线花键连接 30°压力角 基本尺寸和对模数 5 的检验尺寸
[8] DIN 5480Berichtigung 1:1995 对 DIN 5480:1991 的第 3、4、5、7、10、11、12 和 13 部分的勘误表

ICS 91.100.10
Q 11

中华人民共和国国家标准

GB/T 2419—2005
代替 GB/T 2419—94

水泥胶砂流动度测定方法

Test method for fluidity of cement mortar

2005-01-19 发布　　　　2005-08-01 实施

中华人民共和国国家质量监督检验检疫总局
中国国家标准化管理委员会　发布

前　言

本次标准参考 EN 459-2:2001《建筑石灰》标准中 5.5.2.1.2 流动度跳桌的要求进行修订。

本标准代替 GB/T 2419—1994《水泥胶砂流动度测定方法》，与 GB/T 2419—1994 标准相比，主要变化如下：

——采用技术参数与 EN 459-2:2001 相同的水泥胶砂流动度跳桌，但跳动次数为 25 次（1994 年版的附录 A；本版的附录 A）；

——水泥胶砂流动度检验用胶砂组成按相应标准要求或试验设计确定（1994 年版的第 4 章；本版的第 5 章）。

本标准的附录 A 为规范性附录。

本标准由中国建筑材料工业协会提出。

本标准由全国水泥标准化技术委员会（SAC/TC 184）归口。

本标准负责起草单位：中国建筑材料科学研究院。

本标准参加起草单位：无锡建仪仪器机械有限公司、北京市水泥质量监督检验站、云南省建筑材料产品质量监督检验站。

本标准主要起草人：刘晨、颜碧兰、江丽珍、肖忠明、白显明、张大同、宋立春、鲍煜曦。

本标准所代替标准的历次版本情况为：

——GB 2419—1981、GB/T 2419—1994。

水泥胶砂流动度测定方法

1 范围

本标准规定了水泥胶砂流动度测定方法的原理、仪器和设备、试验条件及材料、试验方法、结果与计算。

本标准适用于水泥胶砂流动度的测定。

2 规范性引用文件

下列文件中的条款通过本标准的引用而成为本标准的条款。凡是注日期的引用文件，其随后所有的修改单(不包括勘误的内容)或修订版均不适用于本标准，然而，鼓励根据本标准达成协议的各方研究是否可使用这些文件的最新版本。凡是不注日期的引用文件，其最新版本适用于本标准。

GB/T 17671—1999 水泥胶砂强度检验方法(ISO 法)(idt ISO 679:1989)

JC/T 681 行星式水泥胶砂搅拌机

JBW01-1-1 水泥胶砂流动度标准样

3 方法原理

通过测量一定配比的水泥胶砂在规定振动状态下的扩展范围来衡量其流动性。

4 仪器和设备

4.1 水泥胶砂流动度测定仪(简称跳桌)

技术要求及其安装方法见附录 A。

4.2 水泥胶砂搅拌机

符合 JC/T 681 的要求。

4.3 试模

由截锥圆模和模套组成。金属材料制成，内表面加工光滑。圆模尺寸为：

高度 60 mm±0.5 mm；

上口内径 70 mm±0.5 mm；

下口内径 100 mm±0.5 mm；

下口外径 120 mm；

模壁厚大于 5 mm。

4.4 捣棒

金属材料制成，直径为 20 mm±0.5 mm，长度约 200 mm。

捣棒底面与侧面成直角，其下部光滑，上部手柄滚花。

4.5 卡尺

量程不小于 300 mm，分度值不大于 0.5 mm。

4.6 小刀

刀口平直，长度大于 80 mm。

4.7 天平

量程不小于 1 000 g，分度值不大于 1 g。

5 试验条件及材料

5.1 试验室、设备、拌和水、样品

应符合 GB/T 17671—1999 中第 4 条试验室和设备的有关规定。

5.2 胶砂组成

胶砂材料用量按相应标准要求或试验设计确定。

6 试验方法

6.1 如跳桌在 24 h 内未被使用，先空跳一个周期 25 次。

6.2 胶砂制备按 GB/T 17671 有关规定进行。在制备胶砂的同时，用潮湿棉布擦拭跳桌台面、试模内壁、捣棒以及与胶砂接触的用具，将试模放在跳桌台面中央并用潮湿棉布覆盖。

6.3 将拌好的胶砂分两层迅速装入试模，第一层装至截锥圆模高度约三分之二处，用小刀在相互垂直两个方向各划 5 次，用捣棒由边缘至中心均匀捣压 15 次（图 1）；随后，装第二层胶砂，装至高出截锥圆模约 20 mm，用小刀在相互垂直两个方向各划 5 次，再用捣棒由边缘至中心均匀捣压 10 次（图 2）。捣压后胶砂应略高于试模。捣压深度，第一层捣至胶砂高度的二分之一，第二层捣实不超过已捣实底层表面。装胶砂和捣压时，用手扶稳试模，不要使其移动。

6.4 捣压完毕，取下模套，将小刀倾斜，从中间向边缘分两次以近水平的角度抹去高出截锥圆模的胶砂，并擦去落在桌面上的胶砂。将截锥圆模垂直向上轻轻提起。立刻开动跳桌，以每秒钟一次的频率，在 25 s±1 s 内完成 25 次跳动。

6.5 流动度试验，从胶砂加水开始到测量扩散直径结束，应在 6 min 内完成。

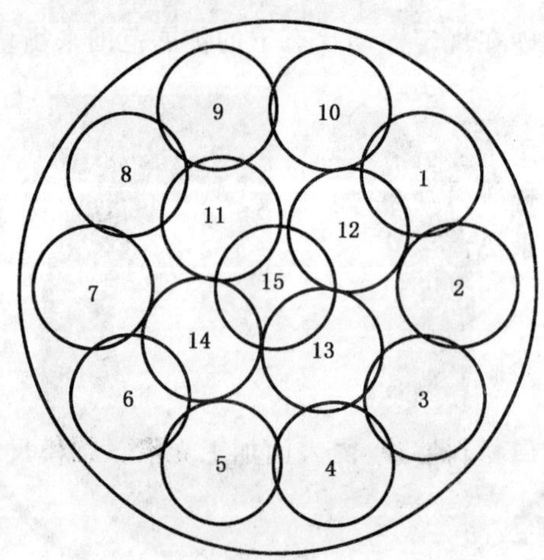

图 1 第一层捣压位置示意图

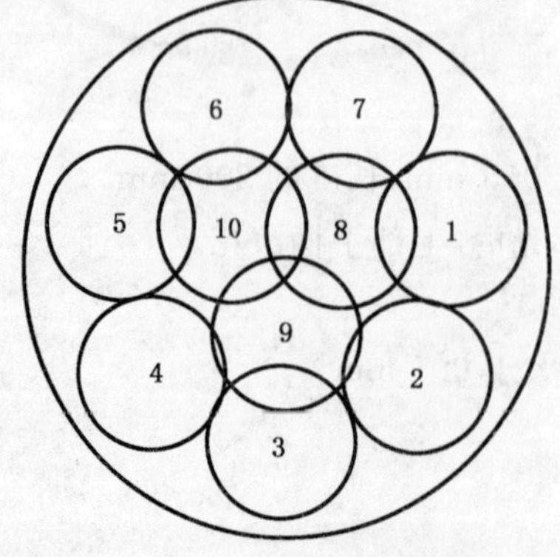

图 2 第二层捣压位置示意图

7 结果与计算

跳动完毕，用卡尺测量胶砂底面互相垂直的两个方向直径，计算平均值，取整数，单位为毫米。该平均值即为该水量的水泥胶砂流动度。

附 录 A
（规范性附录）
跳桌及其安装

A.1 范围

本附录规定了跳桌的技术要求、安装和润滑、检定。

A.2 技术要求

A.2.1 跳桌主要由铸铁机架和跳动部分组成(图 A.1)。

单位为毫米

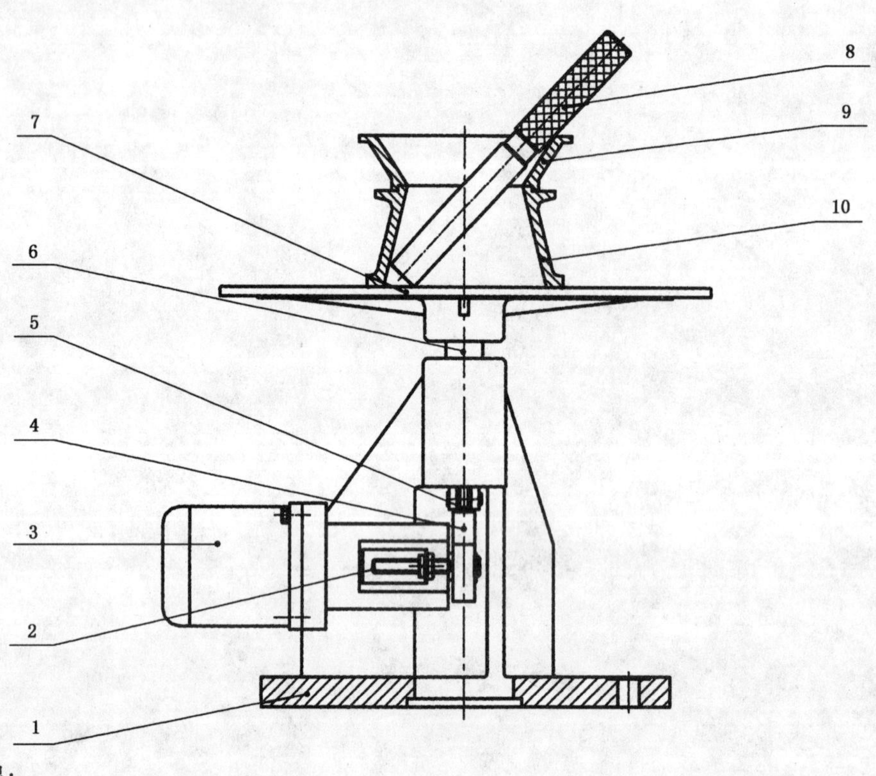

1——机架；
2——接近开关；
3——电机；
4——凸轮；
5——滑轮；
6——推杆；
7——圆盘桌面；
8——捣棒；
9——模套；
10——截锥圆模。

图 A.1 跳桌结构示意图

A.2.2 机架是铸铁铸造的坚固整体，有三根相隔120°分布的增强筋延伸整个机架高度。机架孔周围环状精磨。机架孔的轴线与圆盘上表面垂直。当圆盘下落和机架接触时，接触面保持光滑，并与圆盘上表面成平行状态，同时在360°范围内完全接触。

A.2.3 跳动部分主要由圆盘桌面和推杆组成，总质量为 4.35 kg±0.15 kg，且以推杆为中心均匀分布。圆盘桌面为布氏硬度不低于 200 HB 的铸钢，直径为 300 mm±1 mm，边缘约厚 5 mm。其上表面应光滑平整，并镀硬铬。表面粗糙度 R_a 在 0.8～1.6 之间。桌面中心有直径为 125 mm 的刻圆，用以确定锥形试模的位置。从圆盘外缘指向中心有 8 条线，相隔 45°分布。桌面下有 6 根辐射状筋，相隔 60°均匀分布。圆盘表面的平面度不超过 0.10 mm。跳动部分下落瞬间，托轮不应与凸轮接触。跳桌落距为 10.0 mm±0.2 mm。推杆与机架孔的公差间隙为 0.05 mm～0.10 mm。

A.2.4 凸轮(图 A.2)由钢制成，其外表面轮廓符合等速螺旋线，表面硬度不低于洛氏 55 HRC。当推杆和凸轮接触时不应察觉出有跳动，上升过程中保持圆盘桌面平稳，不抖动。

单位为毫米

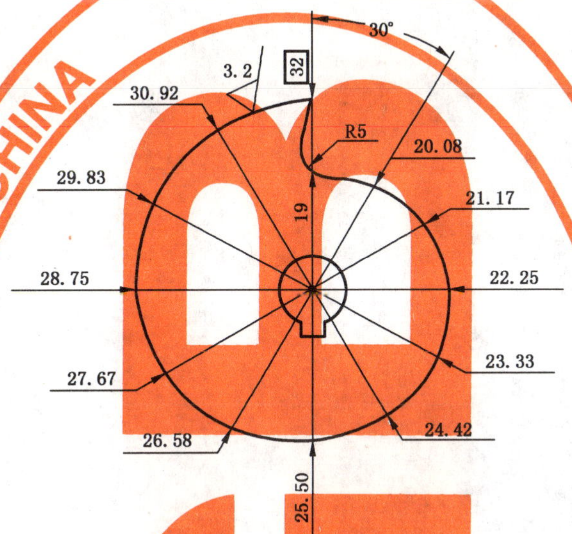

30°
3.2
32
30.92
R5
20.08
29.83
21.17
19
28.75
22.25
27.67
23.33
26.58
24.42
25.50

图 A.2 凸轮示意图

A.2.5 转动轴与转速为 60 r/min 的同步电机，其转动机构能保证胶砂流动度测定仪在(25±1) s 内完成 25 次跳动。

A.2.6 跳桌底座有 3 个直径为 12 mm 的孔，以便与混凝土基座连接，三个孔均匀分布在直径 200 mm 的圆上。

A.3 安装和润滑

A.3.1 跳桌宜通过膨胀螺栓安装在已硬化的水平混凝土基座上。基座由容重至少为 2 240 kg/m^3 的重混凝土浇筑而成，基部约为 400 mm×400 mm 见方，高约 690 mm。

A.3.2 跳桌推杆应保持清洁，并稍涂润滑油。圆盘与机架接触面不应该有油。凸轮表面上涂油可减少操作的摩擦。

A.4 检定

跳桌安装好后，采用流动度标准样(JB W01-1-1)进行检定，测得标样的流动度值如与给定的流动度值相差在规定范围内，则该跳桌的使用性能合格。

ICS 19.040
K 04

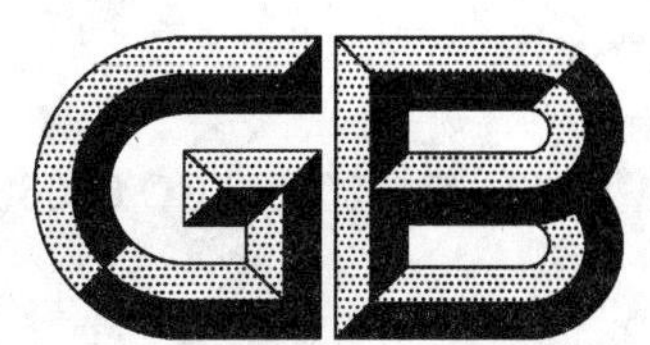

中华人民共和国国家标准

GB/T 2423.27—2005/IEC 60068-2-39:1976
代替 GB/T 2423.27—1981

电工电子产品环境试验 第2部分:试验方法 试验Z/AMD:低温/低气压/湿热连续综合试验

Environmental testing for electric and electronic products—Part 2:Tests methods—Test Z/AMD:Combined sequential cold, low air pressure and damp heat test

(IEC 60068-2-39:1976,Basic environmental testing procedures—Part 2:Tests—Test Z/AMD:Combined sequential cold, low air pressure and damp heat test,IDT)

2005-08-26 发布　　2006-04-01 实施

中华人民共和国国家质量监督检验检疫总局
中国国家标准化管理委员会　发布

前　言

本部分是 GB/T 2423《电工电子产品环境试验》的一部分。本部分等同采用 IEC 60068-2-39:1976《基本环境试验规程　第 2 部分:试验方法　试验 Z/AMD:寒冷、低气压和湿热连续综合试验》(英文版)。

本部分技术内容与 IEC 60068-2-39:1976《基本环境试验规程　第 2 部分:试验方法　试验 Z/AMD:寒冷、低气压和湿热连续综合试验》(英文版)相同,编写格式与表达方式符合 GB/T 1.1—2000 和 GB/T 20000.2—2001 的有关规定。

为便于使用,本部分对于 IEC 60068-2-39:1976 作了下列编辑性修改:

a) 为了 GB/T 2423《电工电子产品环境试验》各部分的名称协调一致,本部分未完全采用 IEC 60068-2-39:1976 的中文译名,而改为《电工电子产品环境试验　第 2 部分:试验方法　试验 Z/AMD:低温/低气压/湿热连续综合试验》;

b) 删除了 IEC 60068-2-39:1976 的前言。

本部分发布实施后代替 GB/T 2423.27—1981《电工电子产品基本环境试验规程　试验 Z/AMD:低温/低气压/湿热连续综合试验方法》。

本部分与 GB/T 2423.27—1981 相比主要变化如下:

a) 为了 GB/T 2423《电工电子产品环境试验》各部分的名称协调一致,本部分名称改为《电工电子产品环境试验　第 2 部分:试验方法　试验 Z/AMD:低温/低气压/湿热连续综合试验》;

b) 第 1 章"目的"和第 2 章"试验的一般说明"的文字叙述与原来有所不同。

本部分由中国电器工业协会提出。

本部分由全国电工电子产品环境技术标准化技术委员会归口。

本部分起草单位:信息产业部电子第五研究所。

本部分主要起草人:邱福来、张铮。

本部分所代替标准的历次版本发布情况为:

——GB/T 2423.27—1981。

电工电子产品环境试验
第2部分:试验方法　试验Z/AMD:
低温/低气压/湿热连续综合试验

1　目的

本部分提供了由低温、低气压和湿热组成的标准环境试验程序。首先低温和低气压结合在一起,其次升温,然后与湿热条件结合在一起。本试验应用了试验A和试验M。虽然未完全按照试验D引入湿度,但用"Z/AMD"来表示本试验最恰当和最具提示性。

本试验用于飞行器所使用的元器件和设备,特别是在非加热和非增压部位的元器件和设备。

2　试验的一般说明

本试验模拟飞行器升降期间,未增压和温度未控制的部位所遇到的环境条件。装有弹性密封的非散热元器件(例如带插头座的连接器)变冷时,会使密封件硬化和材料收缩,当周围气压降低时这种密封可能损坏,造成内压的损失。当飞行器降入潮湿大气时而气压再升高时,低温的元器件会遭受霜冻,潮湿大气本身或融霜形成的游离水由于压力差可进入元器件内,当密封件恢复正常弹性时,水分就留在元器件内。对于配有封盖而又不带排泄孔的非密封设备,同样也可能发生积水现象。

3　试验设备的说明

3.1　试验箱应能使试验样品同时经受试验A和试验M分别规定的严酷范围的低温和低气压,在1h内能从极冷条件升到30℃～35℃。在升温且同时保持相当恒定的低气压期间,试验箱在装有试验样品的工作空间应具有加湿或导入水汽的装置。

3.2　由于本试验有水气进入,并常导致绝缘电阻下降,因此试验样品的引线穿过试验箱壁时应无破损或交连,并气密密封。为此连接试验样品的引线本身应具有适当的尺寸和绝缘。

3.3　如果试验样品有运动的零部件,它们的运动可能会由于试验样品内部结冰而受到阻碍,那么试验箱应具有监测这种运动的电子或机械装置。

4　试验程序

4.1　试验样品的引线应和任何相连的密封装配在一起,并应按3.2的规定具有适当的尺寸和绝缘。试验样品应按相关规范的规定以正常的工作状态安装在箱内。

4.2　当试验样品是带插头座的连接器时,除非相关规范另有规定,它们应处于插接状态。此外相关规范还应说明多路连接器是全部还是部分通路需要接线。

4.3　如果相关规范要求试验样品在试验期间或试验结束时有功能显示,则这种显示装置应在准备试验时和试验样品一起安装在箱内。

4.4　除相关规范另有规定外,在升降温时试验样品应断电。

5　预处理

试验样品应按相关规范的规定进行预处理。

6　初始检测

试验样品应按相关规范的规定进行外观检查及电性能和机械性能检测。

7 条件试验

在试验室环境温度下，试验样品不包装、不通电，处于“准备工作”状态并按正常工作位置或相关规范的规定放入箱内。

7.1 试验箱内的温度应以不超过 1℃/min(5 min 的平均值)的速率降低到相关规范规定的低温值，这个值应是试验 A 中给出的数值之一。

当试验样品达到温度稳定时，应按照相关规范的规定进行功能检查或任何必要的检测。

7.2 温度维持在规定值，试验箱内的气压应以不超过 15 kPa/min 的速率降至相关规范规定的低压值；这个值应是试验 M 中给出的数值之一。应按相关规范进行功能检查或任何必要的检测。

7.3 气压维持在规定值，试验箱温度应以大致均匀的速率在 1 h 内升高到 30℃或室内温度(以高者为准)。同时试验箱内应产生或导入水汽，水汽的增加速率应足以使试验样品结霜。

7.4 当试验样品的温度上升到 0℃～5℃范围内，且试验样品的霜已经融解时，试验箱内的气压应以大致均匀的速率在 15 min～30 min 内恢复到室内气压值。

7.5 箱内温度达到 30℃或室内温度后(以高者为准)应保持 1h，但如果检测时间较长，则保温时间应足以完成检测。在此期间，湿度应保持大于 95%，箱内出现水滴。

7.6 应按相关规范的规定进行功能检查或任何必要的检测。

7.7 如果相关规范有要求，可按顺序重复 7.1 至 7.6 的试验步骤，重复次数按相关规范的规定，其间不得改变箱内试验样品的状态。

8 恢复

除非相关规范另有规定，试验样品应连同被连接的引线一起留在试验箱内，直到试验样品的温度达到检测的标准大气条件。

9 最后检测

试验样品应按相关规范的规定进行外观检查及电气和机械性能检测。

10 相关规范应作出的信息

当相关规范采用本试验时，应尽可能根据适用的程度作出以下详细规定：

a) 低温值和低气压值(从试验 A 和试验 M 中选取)；

b) 预处理程序；

c) 条件试验前应进行的电气和机械性能检测；

d) 试验箱中试验样品的安装方式和任何特殊的要求，例如带插头座连接器的插接和连线；

e) 低温、低气压条件下的电气和机械性能检测；

f) 高温、高湿条件下的电气和机械性能检测；

g) 低温/低气压/湿热的循环次数；

h) 恢复后电气和机械性能检测。

ICS 19.040
K 04

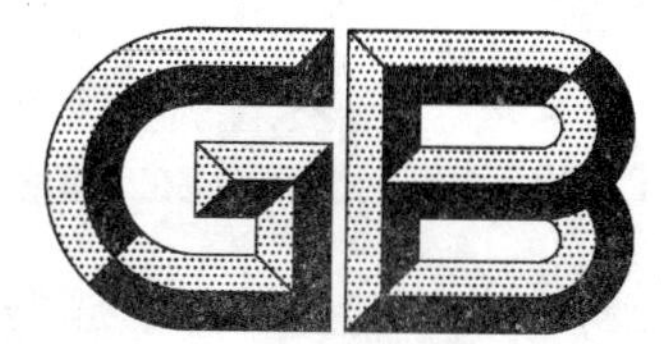

中华人民共和国国家标准

GB/T 2423.28—2005/IEC 60068-2-20:1979
代替 GB/T 2423.28—1982

电工电子产品环境试验
第2部分:试验方法　试验T:锡焊

**Environmental testing for electric and electronic products—
Part 2:Test methods—Test T:Soldering**

(IEC 60068-2-20:1979,Basic environmental testing procedures—
Part 2:Test—Test T:Soldering,IDT)

2005-08-26 发布　　2006-04-01 实施

中华人民共和国国家质量监督检验检疫总局
中国国家标准化管理委员会　发布

前　言

GB/T 2423 的本部分等同采用国际电工委员会 IEC 60068-2-20:1979《基本环境试验规程　第二部分　试验方法　试验 T:锡焊》及其修订 2:1987。

本部分是对 GB/T 2423.28—1982《电工电子产品基本环境试验规程　试验 T:锡焊试验方法》的修订,GB/T 2423.28—1982 等同采用 IEC 60068-2-20:1979。本部分与 GB/T 2423.28—1982 相比较,主要是等同采用 IEC 60068-2-20:1979 的修订 2:1987 对 GB/T 2423.28—1982 的 4.7.3、4.11、5.6.3、5.9 进行了修订,使标准更科学、更严格。

本部分引用的其他国家标准有:

GB/T 2423.2—2001　电工电子产品环境试验　第 2 部分:试验方法　试验 B:高温(idt IEC 60068-2-2:1974)

GB/T 2423.3—1993　电工电子产品基本环境试验规程　试验 Ca:恒定湿热试验方法(eqv IEC 60068-2-3:1969 及修订 1:1984)

GB/T 2421—1999　电工电子产品环境试验　第 1 部分:总则(idt IEC 60068-1:1988)

本部分对 IEC 60068-2-20:1979 的编辑性修改有:原文中"2-丙醇(异丙醇)"统一叫做"异丙醇"。附录中图形编号原文中与正文中图形一起连续编号,现改为根据所在附录编号。图 D.3 和图 E.1 原采用第三角投影画法,现改为用第一角投影画法。

本部分的附录 A、附录 B、附录 C、附录 D、附录 E 均为规范性附录。

本部分从实施之日起,同时代替 GB/T 2423.28—1982。

本部分由中国电器工业协会提出。

本部分由全国电工电子产品环境技术标准化技术委员会归口。

本部分由信息产业部电子第五研究所负责起草。

本部分主要起草人:陆劲、魏建中、罗雯、阳辉、张乐中、虞文英。

电工电子产品环境试验
第2部分:试验方法 试验T:锡焊

1 范围

GB/T 2423的本部分适用于可能受到下述试验情况的所有电气和电子元器件。

2 目的

确定元器件引出端和印制电路易于润湿的能力以及检查元器件本身在装配焊接过程中不致损伤的能力。

3 术语

3.1

松香 colophony

天然松香是从松树的含油脂中提出松节油以后的剩余物,主要由松香酸和同类的树脂酸组成,还包括少量树脂酸酯类。

3.2

接触角 contact angle

通常是指在液体和固体相交处液体表面的切面和液固界面两个平面之间的夹角(见图1)。这里特指液体焊料与固体金属表面接触时的接触角。

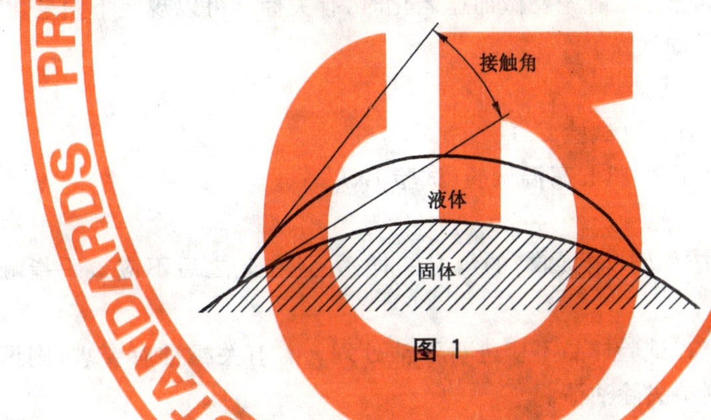

图1

3.3

润湿 wetting

焊料在表面上形成一个附着层,小的接触角表示润湿。

3.4

不润湿 non-wetting

焊料在表面上不能形成一个附着层,在此情况下接触角远大于90°。

3.5

弱润湿 De-wetting

熔融状态的焊料在开始曾润湿的固体表面区域又重新收缩回去,在某些情况下可能保留一层极薄的焊料膜,当焊料收缩时其接触角增大。

3.6

可焊性 solderability

表面易于被熔融焊料润湿的特性。

3.7

焊接时间　soldering time

在规定条件下润湿规定的表面区域所需要的时间。

3.8

耐焊接热　resistance to soldering heat

试验样品承受焊接产生的热应力的能力。

4　试验 Ta 导线和引出端的可焊性

4.1　目的

确定导线和引出端上需要被焊料润湿区域的润湿性。若有要求的话，还要确定弱润湿。

4.2　试验概述

试验 Ta 提供三种不同的试验方法，它们是：

方法 1：温度为 235℃的焊槽

方法 2：温度为 350℃的烙铁

方法 3：温度为 235℃的焊球

在时间和温度方面作适当改变以后用方法 1 可确定弱润湿情况。

应在有关规范中指明所要采用的试验方法。

焊槽法是一种最接近实际中常用的焊接程序的模拟试验方法，然而，尚不能定量地表达试验结果。

焊球法，一个圆导线引出端试验样品平分一个给定重量的熔融焊料小球。这一方法较易使用，它以焊接时间作为明确的检查标准。

在以上两个方法不能实行时，可以使用烙铁方法。

如果有关标准要求在试验进行之前先要做加速老化时，有关标准可以规定下列老化程序之一：

老化方法 1a：1 h 蒸汽老化试验

老化方法 1b：4 h 蒸汽老化试验

老化方法 2：10 d 恒定湿热试验（试验 Ca）

老化方法 3：在 155℃条件下做 16 h 高温试验（试验 Ba）

4.3　试验样品的准备

4.3.1　待测试验样品的表面应如同“刚接收”的情况一样，并且在此之后不应被手指触及或受到其他污染。

4.3.2　在进行可焊性试验之前，试验样品不应进行清洁处理。若有关标准有要求，则试验样品可浸渍在室温条件下的中性有机溶剂中去除油渍。

4.4　初始检测

必须对试验样品进行外观检查，若有关标准有要求时应进行电性能和机械性能检查。

4.5　加速老化

如果有关标准要求加速老化，应采用下列程序之一进行。

注：如果老化温度高于元器件最高工作温度或贮存温度，或者元器件在 100℃的蒸汽中很可能发生显著的劣化，而这种对可焊性的影响在自然老化中通常并不发生，此时允许把引出端拆下来进行试验。

4.5.1　老化方法 1

有关标准应明确规定是采用老化方法 1a（在蒸气中 1 h）或者是采用老化方法 1b（在蒸气中 4 h）。在这些老化程序中试验样品悬挂在沸腾的蒸馏水上面，引出端最好处于垂直状态，其被试验的区域距蒸馏水表面 25 mm～30 mm，此蒸馏水是盛在大小适当的（例如一只 2 L 的烧杯）硼硅玻璃或不锈钢容器中。引出端与容器壁之间的距离不应小于 10 mm。

容器必须加盖，盖是由一块或几块与容器用同样材料制成的板组成。它可以覆盖总敞开面积的7/8左右。应设计悬挂试验样品的适当方法，为此允许在盖上穿孔或开缝。试验样品的夹具应是非金属的。

用加进热蒸馏水的方法来保持水面位置一定，要少量地逐渐地添加，以便使水始终保持沸腾着。为减少水的蒸发，可以装置回流冷凝器(见附录A，图A1)。

4.5.2 老化方法2

按照GB/T 2423.3—1993《电工电子产品基本环境试验规程 试验Ca：恒定湿热试验方法》使试验样品经受10 d恒定湿热试验。

4.5.3 老化方法3

按照GB/T 2423.2—2001《电工电子产品环境试验 第2部分 试验B：高温》中的试验Ba，使试验样品在155℃条件下经受16 h的高温试验。

4.5.4 在老化试验结束时，试验样品应在正常大气条件下放置不少于2 h，不超过24 h。

4.6 试验方法1(温度为235℃的焊槽)

本条提供一个评定导线、引出端和不规则形状的引出端的可焊性的规程。

4.6.1 对焊槽的说明

焊槽的深度不应小于40 mm，其容积不应小于300 mL。焊槽中应盛有如附录B中所规定的焊料，在试验之前槽中焊料的温度为235℃±5℃。

4.6.2 焊剂

如在附录C中所规定，所用焊剂由按质量计25%的松香和75%的异丙醇或乙醇组成。当非活性焊剂不合用时，按相关规范的要求可以在上述焊剂中添加二乙基的氯化铵(分析纯)。使氯离子的含量上升到质量计0.5%(指以松香含量为基准的自由氯离子表示的量)。

4.6.3 程序

在每次试验之前应首先用一块适用的材料把熔融焊料的表面刮得清洁光亮，试验应在刮后立即进行。

在试验室温度下，首先将被试验的引出端浸渍到按4.6.2的规定的焊剂中，过多的焊剂可以用悬挂适当时间的方法滴干或者用可以产生同样效果的任何其他方法除去。在有争议的情况下，滴干时间应为60 s±5 s。

然后立即将引出端以纵轴线方向浸渍到焊槽中去，引出端的浸渍点与槽壁之间的距离不应小于10 mm。

浸渍速度应为25 mm/s±2.5 mm/s，引出端在槽内保持浸渍状态的时间应为2.0 s±0.5 s。而与此同时元器件的本体应与焊料保持按有关标准规定的距离。然后试验样品以25 mm/s±2.5 mm/s的速度取出。

对于具有大的热容量的元器件，有关标准可以规定5.0 s±0.5 s的浸渍时间。

若有关规范有要求时，可使用一厚度为1.5 mm±0.5 mm的绝热材料做的挡板放在元器件本体和熔融焊料之间，在挡板上开着与引出端尺寸相适应的孔隙。

任何焊剂残余物应使用异丙醇或乙醇除去。

4.6.4 要求

应进行外观检查，这可以在合适的光线下用肉眼观察或借助于4倍～10倍的放大镜来检查。

浸渍过的表面上必须覆盖上一层光滑明亮的焊料层，只允许有少量分散的诸如针孔不润湿或弱润湿区域之类的缺陷，且这些缺陷不应集中在一块。

4.7 试验方法2(温度为350℃的烙铁)

在焊槽或焊球方法不能使用的地方，可用本试验方法来评定引出端的可焊性。

4.7.1 烙铁的说明

A号

烙铁头温度:350℃±10℃(在试验开始时)

烙铁头直径:8 mm

露出部分长度:32 mm,楔形长度约占 10 mm

B号

烙铁头温度:350℃±10℃(在试验开始时)

烙铁头直径:3 mm

露出部分长度:12 mm,楔形长度约占 5 mm。

烙铁头必须用铜制造(最好镀上铁)或按照通常的使用实践用抗腐蚀铜合金制造,并在试验表面镀上锡。

4.7.2 焊料和焊剂

应使用松香芯焊丝,它是由如附录B中所规定的焊料及带有如附录C中规定的包括2.5%到3.5%松香的单芯或多芯组成。在试验过程中应进行外观检查以便确定是否存在焊剂。

4.7.3 程序

按有关标准规定,根据元器件类型选用 A 号或 B 号烙铁,所用焊丝的标称直径对 A 号烙铁是1.2 mm,对B号烙铁是0.8 mm。

引出端应这样放置使烙铁用于试验的表面处于水平位置,如图2所示。

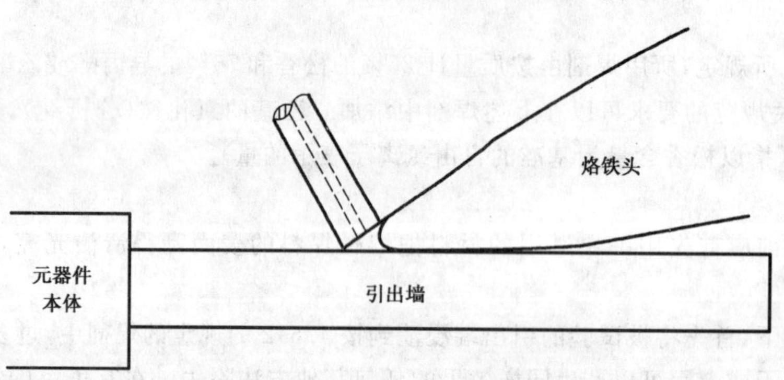

焊丝:足以覆盖试验表面

图2

进行试验时若要对引出端进行机械支撑,这支撑应由绝热材料制成。

当试验热敏感元器件时,有关标准应规定试验区域与元器件本体之间的距离或使用特定的散热器。

由于引出端的几何形状关系使得不可能按上述程序进行试验时,有关标准可以规定不同的试验条件。

应去除由于先前的试验在烙铁表面上遗留下来的多余焊料。

除非另有规定,在有关标准规定的引出端位置上使用烙铁和焊料的时间应为2 s~3 s。在此期间内烙铁应保持不动。

若有关规定要求元器件的几个引出端都要进行可焊性试验,为了防止元器件过热,不同引出端间的可焊性试验应间隔5 s~10 s。

任何焊剂残余物应使用异丙醇或乙醇除去。

4.7.4 要求

应进行外观检查,这可以在合适的光线下用肉眼观察或借助于4倍~10倍的放大镜来检查。焊料应润湿试验表面区域,并不应有小滴。

4.8 试验方法3(温度为235℃的焊球)

这里提供一个测量圆导线引出端焊接时间的规程。

4.8.1 方法

设计了如附录D中所描述的装置以使导线将熔融的焊球平分成两半，测量从导线切开焊球到焊料流至导线四周并把导线覆盖住所经过的时间，这时间就指示了导线的可焊性。

4.8.2 试验条件

4.8.2.1 焊料

如附录B所示，焊球与导线直径的关系如下：

导线标称直径(mm)	小球标称质量(mg)
1.2～0.75	200
0.74～0.55	125
0.54～0.25	75
≤0.24	50

注：标称质量的允许偏差见附录B的B.3章。

4.8.2.2 加热头的温度

装置应该这样调节，使当用附录D图D.1和图D.2中所示的方法测量温度时，温度应保持在235℃±2℃。

4.8.2.3 焊剂

如在附录C中所规定的那样，所用焊剂按质量计应由25%的松香和75%的异丙醇或乙醇组成。

当非活性焊剂不合用时，按有关标准的要求可以在上述焊剂中添加二乙基的氯化铵(分析纯)，使氯离子的含量上升到质量计0.5%(指以松香含量为基准的自由氯离子表示的量)。

4.8.3 程序

试验用线应基本上是直的，如果必要或方便的话，它们可以是在一个准备进行试验的样品上拆下来。

在进行可焊性试验之前，线不应进行清洁处理，若有关标准有要求时，可以将线在室温条件下的中性有机溶剂中浸渍以除去油污。

在按照4.8.2.1选择的新的焊球放置在焊接装置中加热头上之前，应先将前次试验遗留在加热头上的焊料擦干净。

通过将线浸渍在焊剂中或将焊剂刷在已放置在试验装置中合适位置的线上的办法使用焊剂。对熔融的焊球亦可应用少量焊剂以保证其清洁和不被氧化并能完全润湿加热头。

然后将被试验的线放到球中以使线接触加热头表面。

4.8.4 要求

测量从线切开焊料接触加热头到焊料流至线的周围并把线覆盖住所经过的时间，这就是焊接时间。在有关标准中应规定焊接时间的最大值。

4.9 弱润湿

注：有关标准应规定是否要求进行本试验。

4.9.1 焊槽的说明

焊槽的深度不应小于40 mm，其容积不得小于300 mL，焊槽中应盛有如附录B中所规定的焊料。在试验之前槽中焊料的温度应在260℃±5℃。

4.9.2 程序

在试验室温度下，在每次试验之前应首先用一块适用的材料把熔融焊料的表面刮得清洁光亮，试验应在刮后立即进行。

首先将被试验的引出端浸渍到按4.6.2中规定的焊剂中，过多的焊剂可以用悬挂适当时间的方法滴干或者用可以产生同样效果的任何其他方法除去，在有争议的情况下，滴干时间应为60 s±5 s。

然后立即将引出端以纵轴线方向浸渍到焊槽中去，引出端的浸渍点与槽壁之间的距离不应小于

10 mm。

浸渍速度应为 5 mm/s±2 mm/s,引出端在槽中保持浸渍状态的时间应为 5.0 s±0.5 s。与此同时元器件的本体应与焊料保持按有关标准规定的距离。然后按同一速度取出试验样品。

从焊槽中取出时,应保持引出端的试验表面垂直,直到焊料凝固。

任何焊剂残余物应使用异丙醇或乙醇除去。

4.9.3 要求

应进行外观检查,这可以在合适的光线下用肉眼观察或借助于 4 倍～10 倍的放大镜来检查。

浸渍过的表面上必须覆盖上一层光滑明亮的焊料层,只允许有少量分散的诸如针孔、不润湿或弱润湿区域之类的缺陷,且这些缺陷不应集中在一块。

4.9.4 重复试验

因为弱润湿可能发生得很慢故总共要求浸渍 10 s,这浸渍可以分为两个 5 s 的周期以使任何快速的弱润湿不致被任何相继发生的再润湿所掩盖。

4.10 最后检测

对试验样品应进行外观检查。若有关标准有要求时应进行电性能和机械性能检查。

4.11 有关标准应作出的规定

当有关规范包括本试验时,应对下列细节作出具体规定:

a) 是否要求去油渍 (见 4.3.2,4.8.3)

b) 初始检测 (见 4.4)

c) 老化方法(若有要求的话) (见 4.5)

d) 试验方法 (见 4.6,4.7 或 4.8)

e) 是否使用活性焊剂 (见 4.6.2,4.8.2.3)

f) 浸渍深度和时间(如果不是 2 s) (见 4.6.3,4.9.2)

g) 是否使用热挡板 (见 4.6.3)

h) 烙铁号码(A 号或 B 号) (见 4.7.3)

i) 试验区域离开元器件本体的距离或所用的散热器 (见 4.7.3)

j) 由于引出端的几何形状关系所要求的不同试验条件 (见 4.7.3)

k) 烙铁的位置 (见 4.7.3)

l) 使用烙铁的时间(若不是 2 s～3 s) (见 4.7.3)

m) 元器件引出端试验数量 (见 4.7.3)

n) 焊接时间 (见 4.8.4)

o) 是否要求做弱润湿试验 (见 4.9)

p) 浸渍深度 (见 4.9.2)

q) 最后检测 (见 4.10)

5 试验 Tb 元器件耐焊接热的能力

5.1 目的

确定试验样品承受由焊接产生的热应力的能力。

5.2 试验概述

这里提出三种不同的试验方法,它们是:

试验方法 1A:温度为 260℃的焊槽

试验方法 1B:温度为 350℃的焊槽

试验方法 2:温度为 350℃的烙铁

方法 1A 和 1B 与试验 Ta 方法 1 相同,不过使用了不同的浸渍时间和温度。

方法 2 与试验 Ta 方法 2 相同，不过在试验表面使用烙铁的时间是 10 s。

5.3 初始检测

按有关标准的规定，应对试验样品进行外观检查，电性能与机械性能检查。

5.4 试验方法 1A(温度为 260℃的焊槽)

5.4.1 焊槽

焊槽的深度不得小于 40 mm，其容积不得小于 300 mL，焊槽中应盛有如附录 B 中所规定的焊料，在进行试验之前槽中焊料的温度应为 260℃±5℃。

5.4.2 焊剂

5.4.2.1 所用焊剂应由按质量计 25%的松香和 75%的异丙醇或乙醇组成，并附加二乙基的氯化铵(分析纯)使氯离子的含量上升到质量计 0.5%(指以松香含量为基准的自由氯离子表示的量)。

5.4.2.2 当试验是整个试验系列的一部分而且在湿热试验之前进行时，应使用按质量计 25%的松香和 75%的异丙醇或乙醇组成的非活性焊剂。在此情况下，试验应在下列试验样品上进行，此试验样品在此之前 72 h 内已经通过了试验 Ta 方法 1 的可焊性试验。

5.4.3 程序

在每次试验之前应首先用一块适用的材料把熔融焊料的表面刮得清洁光亮，试验应在刮后立即进行。

被试验的引出端应首先在试验室温度下浸渍到按 5.4.2 中规定的焊剂之中，然后再以纵轴方向浸渍到焊槽中去，引出端的浸渍点应至少离开槽壁 10 mm。

除非有关标准另有规定。引出端应在不超过 1 秒的时间内浸渍到离元器件或安装面 2.0 mm～2.5 mm的地方。引出端应在规定深度浸渍保持按有关标准规定的下列持续时间之一：

a) 5 s±1 s;

b) 10 s±1 s。

注：5 s 的较短的浸渍时间主要用于安装在印制电路板上的热敏感元器件。应注意这类元器件必须在 4 s 钟之内焊接到印制电路板上去。

除非有关规范另有规定，应使用一厚度为 1.5 mm±0.5 mm 的绝热材料做的挡板放在元器件本体和熔融焊料之间，在挡板上开着与引出端尺寸相适应的孔隙。

当有关标准规定在试验过程中使用散热器时，应给出所用热分流器的尺寸和类型的细节，而所有这些细节应与产品焊接所用的方法相关。

5.5 试验方法 1B(温度为 350℃的焊槽)

5.5.1 焊槽

焊槽与 5.4.1 中规定的相同，但其温度为 350℃±10℃。

5.5.2 程序

程序应与 5.4.3 中规定的相同，但浸渍时间为 3.5 s±0.5 s，整个的浸渍过程，包括在槽中停留和取出应在不少于 3.5 s 不大于 5 s 的时间内完成。

5.6 试验方法 2(温度为 350℃的烙铁)

5.6.1 对烙铁的说明

如同 4.7.1 条中的规定。

有关标准应规定是采用 A 号烙铁还是 B 号烙铁。

5.6.2 焊料和焊剂

如同 4.7.2 条中的规定。

5.6.3 程序

按试验 Ta4.7 方法 2 烙铁中的规定。但在引出端的试验表面上使用烙铁的时间由相关标准从以下两种条件中选取。

a) 5 s±1 s

b) 10 s±1 s

如果相关的标准没有明确规定，则选用条件 b)10 s±1 s。

注：在对某些机电元器件及热敏元器件进行耐焊接热试验时，增加热应力会导致不能恢复的损坏，进行烙铁耐焊接热试验时，通常试验时间为 1 s～2 s；在确定试验时间时，应考虑到这些机电元器件及热敏元器件的热应力，附加措施(例如自动断开热源)也许是必要的。

如果相关规定需在元器件的几个引出端上进行试验，为了避免元器件过热，每个引出端的试验时间要相隔 5 s～10 s。

对于热敏感元器件，有关标准应规定试验区域与元器件本体之间的距离，或者使用特定的散热器。

5.7 恢复

在国家标准 GB/T 2421—1999《电工电子产品环境试验　第 1 部分：总则》中规定了试验的标准大气条件。试验样品应在试验的标准大气条件下恢复 30 min 或者直到热稳定。

注：对于某些元器件，如半导体器件和电容器，必须在达到热稳定之后数小时其电性能才能达到稳定。

5.8 最后检测

按有关标准的规定，试验样品应进行外观检查、电性能和机械性能检查。

5.9 有关标准应作出的规定

当有关规范包括本试验时，应对下列细节作出具体规定：

a) 初始检测　(见 5.3)

b) 所用的试验方法　(见 5.4、5.5 或 5.6)

c) 浸渍深度，如果离开元器件本体距离不同于 2.0 mm～2.5 mm 时　(见 5.4.3)

d) 浸渍时间　(见 5.4.3)

e) 是否不用热挡板，如果有要求时规定散热器的细节　(见 5.4.3)

f) 烙铁的号码(A 号或 B 号)　(见 5.6.1)

g) 元器件本体与试验区域之间的距离或者使用特定的散热器　(见 5.6.3)

h) 元器件引出端试验数量　(见 5.6.3)

i) 最后检测　(见 5.8)

6 试验 Tc 印制板和覆铜箔层压板的可焊性

6.1 目的

确定在下列物品上要求可焊的区域的可焊性，并包括弱润湿试验程序。

a) 单面或双面覆铜箔层压板；

b) 带或不带金属化孔的单面或双面印制电路板；

c) 多层印制电路板。

注：双面板的每一面应分别进行试验。

6.2 试验概述

印制电路板组件的成批焊接是在整个工业中广泛应用的制造工序，方法之一是使用射流焊接或波峰焊，其做法是将印制板固定在移动的传送带上，以便使它通过一个熔融焊料的驻波，下面描述的试验程序提供一个在任何特定的覆铜箔板上获得好的焊接表面的难易程度的可再现的评定方法。

先在从覆铜箔层压板或从单面或双面印制电路板上切割下来的矩形试验样品上先涂上焊剂然后在围绕水平轴线的循环式的传送带上以恒定速度传送，以使被试表面与熔融焊料相接触，试验样品与焊料接触的时间用一个定时装置来控制。试验样品的润湿或弱润湿特性按有关专业标准的规定来评定。

6.3 试验样品

试验样品应为宽 30 mm±1 mm，长度符合 6.4.3 要求的矩形，并应切割自：

a） 单面或双面覆铜箔层压板：应使用尚未蚀刻过的样品。

b） 有或没有金属化孔的单面或双面印制电路板：一合适的典型试验图形的部分在有关专业标准中给出。

c） 多层印制电路板：待定。

试验样品 b 和 c 应与印制电路板的批量产品同时并在相同的条件下制造出来。

当试验样品 b 和 c 不是从任何标准的试验图形上切割下来时，应考虑到导体的宽度、绝缘间隙、焊盘、孔洞和热分流效应。试验样品不应包括可能影响对可焊性评价的导体结构等等。我们并不打算要证明一个特殊设计的板是否好焊，而是要选择样品以试验铜或覆金属层的可焊性。

6.4 试验设备

6.4.1 焊槽

应采用一个深度不小于 40 mm 的合适焊槽，若焊槽是圆的其直径不应小于 120 mm，若焊槽是矩形的，则不应小于 100 mm×75 mm。

6.4.2 试验样品的传送

一个机械装置在一个循环通道上围绕水平轴线以恒定速度传送试验样品，以使试验表面与熔融的焊料相接触。当与焊料接触期间不作任何停留，旋转半径应垂直地通过试验样品表面的中心。试验表面与旋转轴之间的距离应为 100 mm±5 mm（附录 E 的略图表示所建议的试验样品夹具和计时针的安排）。

旋转速度范围应能调节，使试验样品和焊料接触的时间（如同在 6.4.4 中规定的那样）在 1 s 到 8 s 范围内。

当印制板处于水平位置时，试验表面在熔融的焊料中的浸渍深度不应超过板的厚度，重要的是，应保证焊料不在试验样品的上表面上流淌。因此允许使用装有框架的样品夹具来避免这一现象的发生（见 6.4.3）。

6.4.3 试验样品夹具

不论是哪种式样的样品夹具均可使用，只要它能像上面规定的那样去固定试验样品（亦可看附录 E）并能满足下列要求：

a） 试验样品的试验表面在运动方向上的暴露长度 25 mm±1 mm。

b） 与试验样品或焊料接触的样品夹具的那些部分（如果装上扣紧弹簧片的话，也包括在内）应具有低的热容量和低的导热率。

c） 样品夹具不应以任何方式妨碍暴露表面的润湿。

6.4.4 定时装置

试验样品的试验表面与熔融焊料之间的接触时间将由记时器来确定，记时器是计时针与熔融焊料的电接触来触发的。针尖的放置应靠近试验样品，而且针与试验样品的试验表面的中心具有相同的旋转轴和旋转半径，针尖应与携带它的试验样品夹具绝缘（见附录 E）并应在试验期间保持清洁。

由于针的尺寸能影响所记录的时间，每一设备均应在校正后再安排使用。

6.4.5 焊料的清洁

为了在放进试验样品之前从焊料表面清除掉氧化物或焊剂残余物，在试验循环过程中一条 50 mm 宽的合适材料制成的窄带将被固定在试验样品之前的试验装置上，此窄带在试验样品之前的距离最大不超过 10 mm。

6.5 焊料

在焊槽中应盛有化学成分和熔化温度范围符合附录 B 所规定的焊料。按有关标准规定，在试验即将开始前槽内焊料的温度由有关产品标准规定。

6.6 焊剂

有关标准应在下列三种焊剂中指定一种焊剂，焊剂的成分如下：

6.6.1 按质量计25%的松香和75%的异丙醇或乙醇(如附录C中所规定)。

6.6.2 在6.6.1条所述焊剂中添加二乙基的氯化铵(分析纯)使氯离子的含量达到质量计0.2%(指以松香含量为基准的自由氯离子表示的量)。

6.6.3 如6.6.2款所规定的焊剂,但氯离子的含量为质量计0.5%。

6.7 加速老化

在可焊性试验之前若要求进行加速老化,所用程序应在有关标准中规定。

6.8 试验程序

6.8.1 一般要求

在进行可焊性试验之前应按有关标准规定的程序对试验样品进行清洁处理。

浸渍深度和操作速度应分别调节到6.4.2和6.8.2所规定的条件。

试验样品应按照6.3和6.8.1进行准备,并浸渍到按6.6规定的焊剂之一中去涂上焊剂。

试验样品应垂直地浸渍到焊剂中去,并应晃动,以使焊剂顺利地流到孔眼中去,在最大深度下的保持时间应为3 s。然后试验样品应以大约5 mm/s的速率垂直取出,仍灌满焊剂的孔眼应重新疏通(可以用轻敲试验样品的方法),多余的焊剂可以将试验样品垂直放置5 min以滴干直到焊剂变粘为止。将试验样品固定在试验装置上,开始进行焊接试验。

6.8.2 可焊性——与焊料接触的时间

a) 润湿——试验样品应与熔融焊料接触保持按有关产品标准规定的合适时间。

b) 弱润湿——试验样品与熔融焊料接触保持按有关产品标准规定的合适时间。

6.9 可焊性与弱润湿的评定

在试验完成之后多余的焊剂应用诸如异丙醇或乙醇之类合适的溶剂除去。

可以在合格的光线下借助于8倍~12倍的放大镜进行检验。

注:可焊性和弱润湿的要求和适用的抽样方案在有关产品标准中规定。

6.10 有关标准应作出的规定

a)	焊槽中焊料的温度	(见6.5)
b)	焊剂的类型	(见6.6)
c)	若有要求,规定加速老化方法	(见6.7)
d)	试验样品的清洁程序	(见6.8.1)

附 录 A
（规范性附录）
加速蒸气老化装置实例

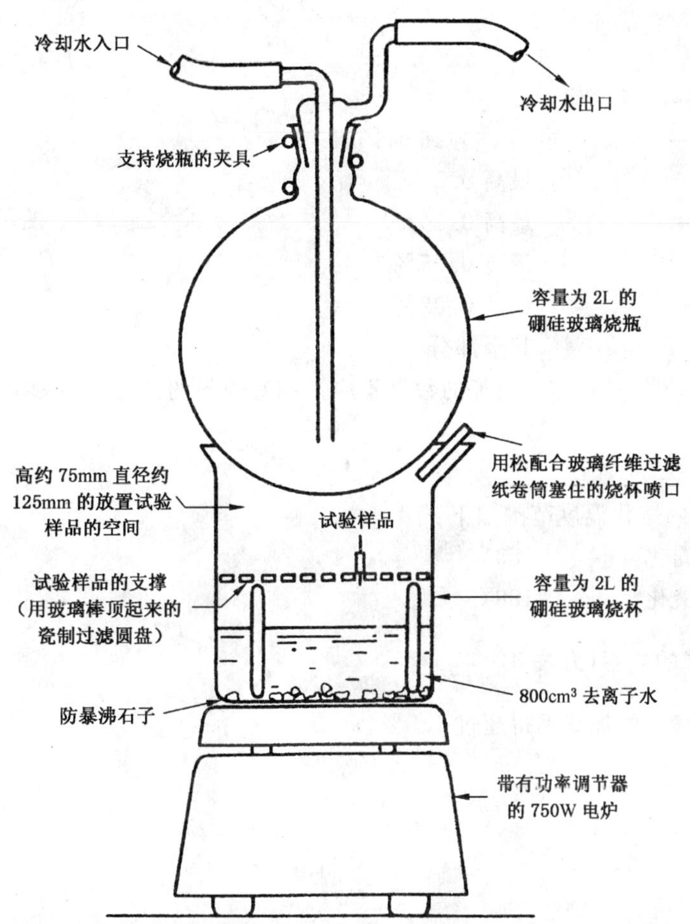

注：由于滴水的原因试验样品不应放在冷却烧瓶的最低部位。

图 A.1

附　录　B
（规范性附录）
焊料规格

所用焊料应符合下列要求：

B.1　化学成分

按质量百分比计算的成分如下：

锡	从59％到61％
锑	最高0.5％
铜	最高0.1％
砷	最高0.05％
铁	最高0.02％
铅	其余部分

焊料中包含的杂质例如铝、锌或镉等的数量不应达到对焊料的性能有害影响的程度。

B.2　熔化温度范围

含60％锡的焊料的熔化温度范围如下：

全固化	183℃
全液化	188℃

B.3　焊球试验时焊球的质量(方法3)

超出标称质量±10％的焊球不得超过1.5％。

附 录 C
（规范性附录）
焊剂成分规格

C.1 松香

颜色	标准松香色（WW 级）或淡黄色
酸值（mgKOH/克松香）	最小 155
软化点（环球法）	最小 70℃
流点（厄布洛德）	最小 76℃
灰分	最大 0.05%
溶解度	将松香放入等重量的异丙醇中时溶液应清澈，在室温下放置一星期之后不应有任何沉淀现象。

C.2 异丙醇

纯度	按质量计至少应含有 99.5%的 2-丙醇（异丙醇）
醋酸酸度（二氧化碳除外）	按质量计最大为 0.002%
非挥发性成分	每 100 mL 最多 2 mg

C.3 乙醇

纯度	按重量计至少应含有 96.2%的乙醇
游离酸（二氧化碳除外）	最大为 4 mg/L

注：当需要使用活性焊剂时，可以很方便地按如下配方制作：

松香	25 g	0.5%的氯化物
异丙醇	75 g	
二乙基的氯化铵	0.39 g	

附　录　D
（规范性附录）
焊球装置规格

D.1　主体（图D3，明细图a）应由非热处理铝棒制成。这种铝棒的抗拉强度不应小于170 N/mm^2，并具有下列化学成分：

镁	从1.7%到2.8%
铜	最多0.1%
硅	最多0.6%
铁	最多0.5%
锰	最多0.5%
铬	最多0.25%
锌	最多0.2%
钛或其他细晶化元素	最多0.15%
铝	其余部分

D.2　加热头（图D3，明细图b）应该用具有下列化学成分的纯铁制成：

碳	最多0.05%
氧	最多0.02%
氮	最多0.02%
其他杂质	15×10^{-6}
铁	其余部分

D.3　主体应用一个缠绕在16 mm直径上的电加热器加热。具有此直径的截面的长度可变以适应于所用的加热器，但此长度不应超过60 mm。

D.4　主体可以打孔，如图D.1，以调节温度自动调节器或用其他方法控制加热器以使当用下面D.5的方法测量温度时，保证温度为235℃±2℃。

D.5　可以用在所提供的孔眼中插入任何合适的传感器的方法（例如热电偶、热敏电阻或铂电阻丝等）来测量温度（见图D.3）。

D.6　可以用任何简便的装置来将试验样品放入焊球，但是应推荐使用绝热的试验样品夹具（见图D.2）。

D.7　加热头的顶端表面必须镀锡，在完成试验之后，热模应与一个放在工作位置的焊球一起冷却以防止加热头氧化和相继发生的弱润湿。

D.8　可以使用不完全按照本部分做的其他试验机，但要以满足下列要求为条件：

D.8.1　加热头的温度应保持在235℃±2℃。

D.8.2　在下列试验中，焊料的温度可以用体积不大于0.2 mm^3 的热电偶放在焊球中来测量（例如镍铬-镍或铬镍-铝镍热电偶）。

一根标称直径为0.8 mm和长为50 mm±2 mm的刚镀锡的铜线固定在夹具中，夹具的做法应使试验样品热传导最小，然后将此铜线插入焊球中。

此时应符合下列条件：

a)　在7次重复试验中至少有5次，在3 s以后温度不应低于222℃；

b)　在整个试验期间的任何时候温度不应低于210℃。

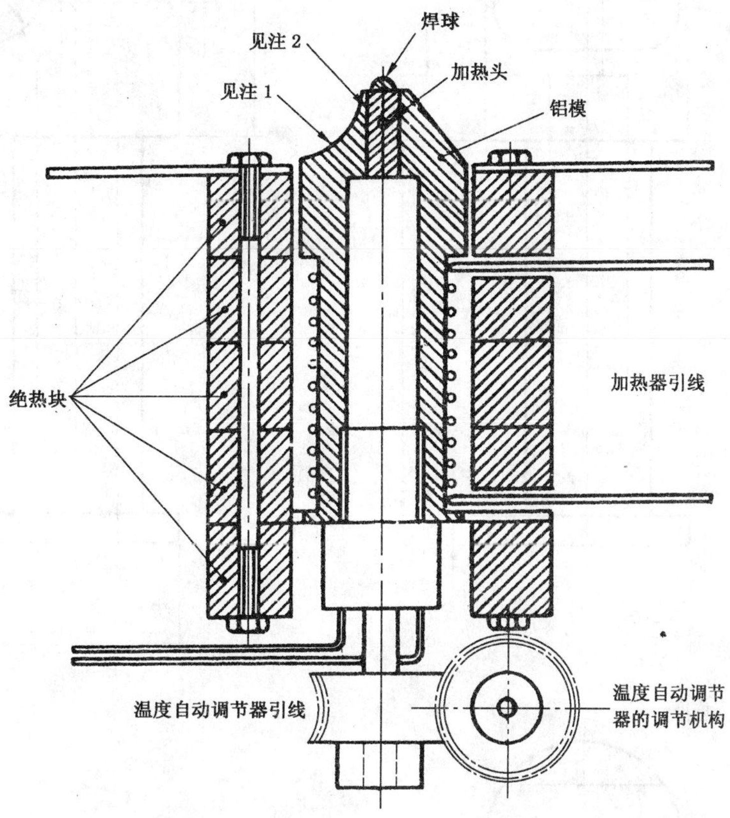

注 1：为放置元器件本体而割去一部分。

注 2：在模上的孔的中心位置针对着加热头的圆周表面以便使热电偶可以插入到加热头的圆柱表面上。

图 D.1 焊球可焊性试验装置

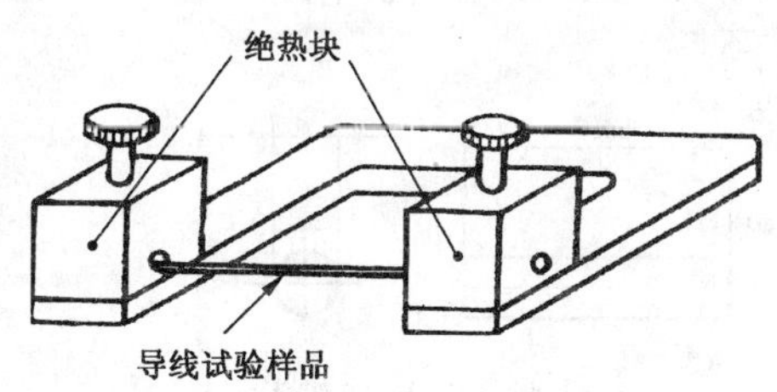

试验样品夹具可以是任何适用的式样，如有必要，可加以修改以适应试验样品的本体。

图 D.2 引出端的夹具

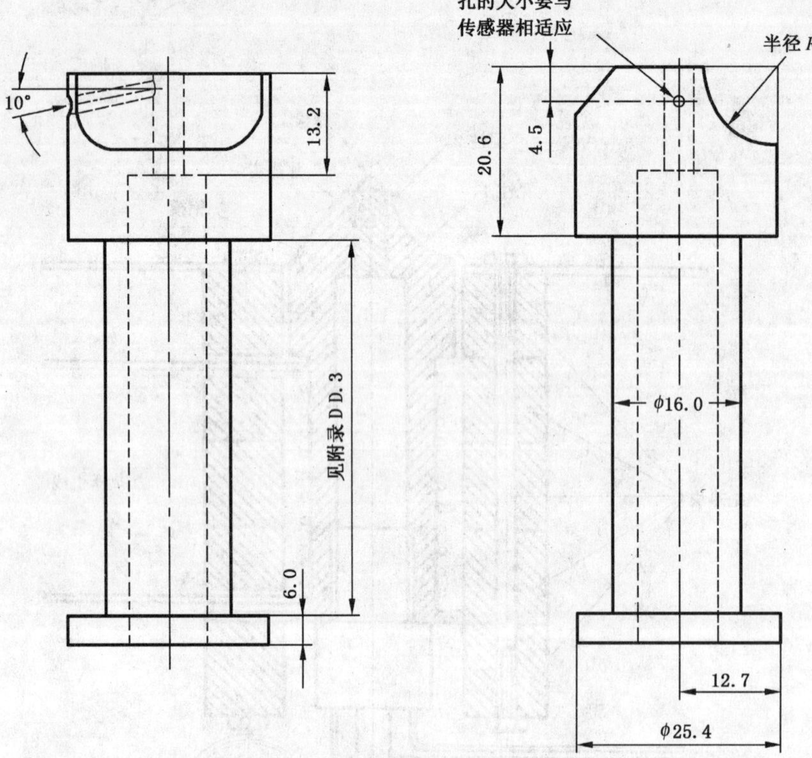

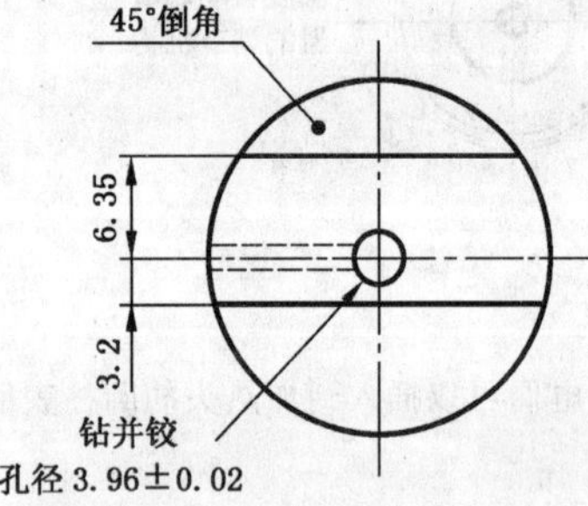

注：尺寸以毫米计，除非另有规定。误差为±0.1 mm。

明细图 a)主体

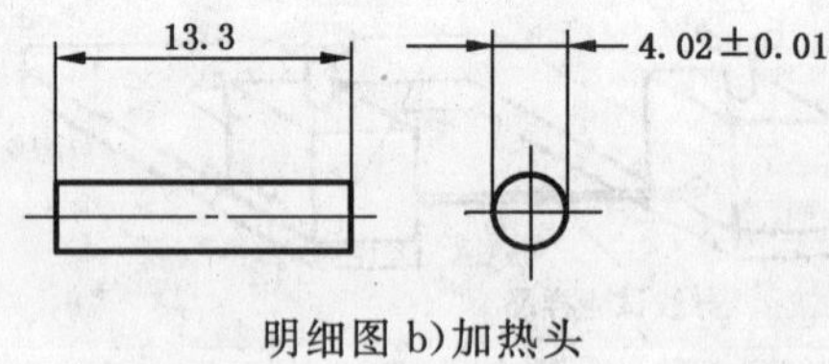

明细图 b)加热头

装配：1. 将主体加热到约 500℃，然后将加热头打入铰孔内。

2. 在插入加热头以后，其端面和半径为 R 的面必须抛光。

图 D.3

附　录　E
（规范性附录）
试验样品夹具和计时针的安排

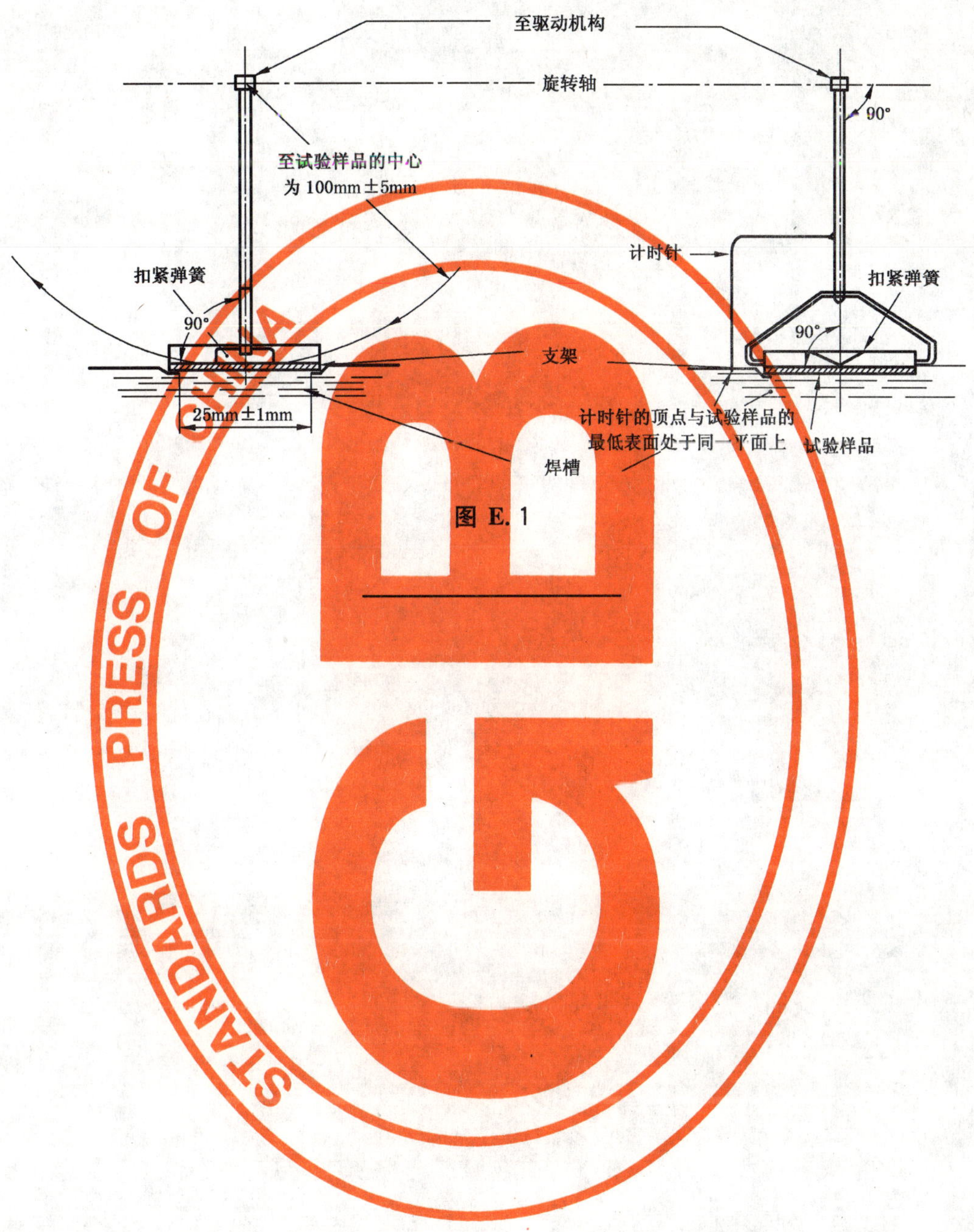

图 E.1

ICS 19.040
K 04

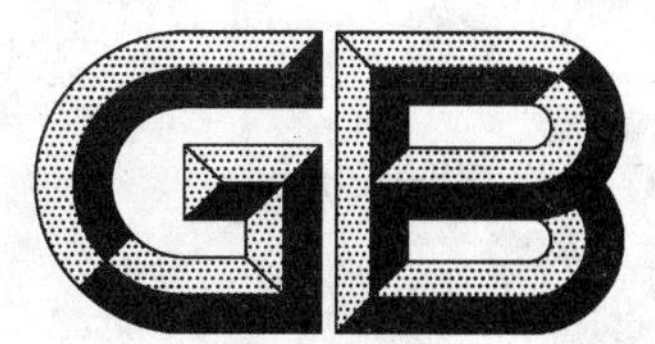

中华人民共和国国家标准

GB/T 2423.33—2005
代替 GB/T 2423.33—1989

电工电子产品环境试验 第2部分:试验方法 试验Kca:高浓度二氧化硫试验

Environmental testing for electric and electronic products—Part 2: Test method —Test Kca: High concentration sulfur dioxide

(DIN 50018:1997, Sulfur dioxide corrosion testing in a saturated atmosphere, MOD)

2005-03-03 发布　　　　2005-08-01 实施

中华人民共和国国家质量监督检验检疫总局
中国国家标准化管理委员会　发布

前言

GB/T 2423.33—2005 为 GB/T 2423《电工电子产品环境试验》系列标准的第 33 部分，该标准的其他部分见附录 A。

本部分修改采用 DIN 50018:1997-06《饱和空气中的二氧化硫腐蚀试验》(英文版)。

本部分根据 DIN 50018:1997-06《饱和空气中的二氧化硫腐蚀试验》重新起草，在附录 B 中列出了本部分章条编号与 DIN 50018:1997-06 章条编号的对照一览表。

考虑到我国国情，在采用 DIN 50018:1997-06 时，本部分做了一些修改。有关技术性、编辑性差异已编入正文中并在它们所涉及的条款的页边空白处用垂直单线标识。在附录 C 中给出了这些技术性和编辑性差异及其原因的一览表以供参考。

本部分自实施之日起代替 GB/T 2423.33—1989《电工电子产品环境试验规程　试验 Kca:高浓度二氧化硫试验方法》。

本部分与 GB/T 2423.33—1989 的主要区别如下：

——与 DIN 50018 一致性程度不同(1989 版为参照采用，本版为修改采用)；

——严格限定了试验条件(见表 1)；

——对试验箱的要求更加具体(见 3)；

——对样品的要求更加具体(见 4.1)；

——对样品暴露方式提出了更加具体的要求(见 4.3)；

——增加资料性附录 A(本版附录 A)；

——增加资料性附录 B(本版附录 B)；

——增加资料性附录 C(本版附录 C)；

——增加规范性附录 D(1989 年版为补充件)。

本部分的附录 A、附录 B、附录 C 为资料性附录，附录 D 为规范性附录。

本部分由中国电器工业协会提出。

本部分由全国电工电子产品环境条件与环境试验标准化技术委员会归口。

本部分起草单位：广州电器科学研究院、上海工业自动化仪表研究所。

本部分的主要起草人：王玲、谢建华、王捷。

本部分于 1989 年首次发布。本次修订是第一次修订。

电工电子产品环境试验　第2部分：试验方法 试验 Kca：高浓度二氧化硫试验

1　范围

GB/T 2423 的第 33 部分规定了电工电子产品环境试验　Kca——高浓度二氧化硫试验的试验方法。

本部分适用于确定电工电子产品及其使用材料在化学腐蚀环境条件下使用的适应性。

2　规范性引用文件

下列文件中的条款通过 GB/T 2423 的本部分的引用而成为本部分的条款。凡是注日期的引用文件，其随后所有的修改单(不包括勘误的内容)或修订版均不适用于本部分，然而，鼓励根据本部分达成协议的各方研究是否可使用这些文件的最新版本。凡是不注日期的引用文件，其最新版本适用于本部分。

GB/T 2421—1999　电工电子产品环境试验　第 1 部分　总则(idt IEC 60068-1:1988)

GB/T 9789—1988　金属和其他非有机覆盖层　通常凝露条件下的二氧化硫试验(eqv DIN EN ISO6988:1985)

3　试验设备及器材

见 GB/T 9789—1988 的第 3 章。

试验箱的腐蚀效应检验应符合本部分附录 D 的规定。

4　试验程序

4.1　试验样品及预处理

见 GB/T 9789—1988 的第 4 章及相关规范的要求进行。

4.2　初始检测

应按相关规范的要求进行外观检查和(或)电气、机械性能的检测。

4.3　样品暴露方式

样品的暴露见 GB/T 9789—1988 的第 5 章及相关规范。

4.4　试验条件

试验样品应在不包装、不通电、"准备使用"状态或按有关标准规定的状态放入试验箱中。

试验条件见表 1，表 1 所列出的试验条件与 GB/T 9789 有部分不同。但在进行试验时，仍要考虑 GB/T 9789—1988 中的 6.1、6.2 以及 6.4。

注：第一试验开始时，加入的二氧化硫气体，大部分迅速地溶入到试验箱底部的水中。因此，试验箱内二氧化硫的有效浓度大约为理论浓度的 1/7；而且，在第一试验阶段期间，这一起始浓度并不是保持不变的，而是首先急剧地，然后缓慢地降低。

试验的第二阶段开始时，应停止加热，并打开试验箱或对其进行通风，在经过约 1.5 h 后，须满足表 1 所给出的暴露条件。

4.5　试验周期

除非另有规定，否则试验周期应从下列周期中优先选用：1、2、5、10、15、20 周期，一周期为 24 h。如果试验过程中已发生腐蚀破坏达到不可接受程度，即试验样品的外观或功能已经损坏，即可终止试验。

通常在每一周期结束时应更换试验系统中的水及二氧化硫气体，更换时尽量不要干扰试验样品。

表 1 试验条件

<table>
<tr><td colspan="3" rowspan="2">试验参数</td><td colspan="2">每一试验周期试验开始时的 SO_2 理论浓度，以体积百分比表示</td></tr>
<tr><td>0.33[a]</td><td>0.67[b]</td></tr>
<tr><td colspan="3">试验名称</td><td>DIN 50018-KFW 1,0S</td><td>DIN 50018-KFW 2,0S</td></tr>
<tr><td rowspan="3">试验周期</td><td colspan="2">第一阶段</td><td colspan="2">8 h，包括预热</td></tr>
<tr><td colspan="2">第二阶段</td><td colspan="2">16 h，包括打开试验箱或通风阀进行降温</td></tr>
<tr><td colspan="2">总体</td><td colspan="2">24 h</td></tr>
<tr><td rowspan="4">暴露条件</td><td rowspan="2">第一阶段</td><td>温度</td><td colspan="2">(40±3)℃；</td></tr>
<tr><td>相对湿度</td><td colspan="2">约 100%（在样品上产生凝结水）</td></tr>
<tr><td rowspan="2">第二阶段</td><td>温度</td><td colspan="2">18℃～28℃</td></tr>
<tr><td>相对湿度</td><td colspan="2">最大为 75%</td></tr>
<tr><td colspan="3">试验箱底部水量（体积百分比）</td><td colspan="2">最大 0.67%[c]</td></tr>
<tr><td colspan="5">a 在容积为 300 L 的试验箱中，每试验周期加入 1 L SO_2 气体时，箱内的 SO_2 理论浓度。
b 在容积为 300 L 的试验箱中，每试验周期加入 2 L SO_2 气体时，箱内的 SO_2 理论浓度。
c 在容积为 300 L 的试验箱中，箱底部体积为 2 L 的水，占试验箱的体积百分比。</td></tr>
</table>

5 中间检测

试验样品如需在试验期间内进行性能检测时，可在每一周期结束前 3 h 内进行，性能检测过程中，允许打开试验箱取放试验样品，开箱时间尽可能短，且应在升温前 0.5 h 结束。

6 最后检测

6.1 电气性能检测

如无其他规定，试验样品的电气性能检测可在试验箱内的试验最后一周期结束前 3 h 内进行。

6.2 外观检查和其他性能检测

试验样品的外观检查和其他性能检测可在试验结束后，按 GB/T 2421—1999 的 5.3 规定的正常试验大气条件下恢复 1 h～2 h 后进行。

7 引用本部分时应给出的细则

有关标准采用本部分时，应对下列项目作出具体规定：

a) 试验中所采用的二氧化硫气体浓度数值（见本部分表 1）；

b) 试验前样品的暴露方式（见本部分 4.3）；

c) 中间检测的项目及条件（见本部分第 5 章）；

d) 试验周期（见本部分 4.5）；

e) 最后检测的项目及条件（见本部分第 6 章）。

附　录　A
（资料性附录）
GB/T 2423《电工电子产品环境试验》系列标准的构成

GB/T 2423《电工电子产品环境试验》系列标准的其他部分如下：

GB/T 2423.1—2001　电工电子产品环境试验　第2部分：试验方法　试验A：低温（idt IEC 60068-2-1：1990）

GB/T 2423.2—2001　电工电子产品环境试验　第2部分：试验方法　试验B：高温（idt IEC 60068-2-2：1974）

GB/T 2423.3—1993　电工电子产品基本环境试验规程　试验Ca：恒定湿热试验方法（eqv IEC 60068-2-3：1984）

GB/T 2423.4—1993　电工电子产品基本环境试验规程　试验Db：交变湿热试验方法（eqv IEC 60068-2-30：1980）

GB/T 2423.5—1995　电工电子产品环境试验　第2部分：试验方法　试验Ea和导则：冲击（idt IEC 60068-2-27：1987）

GB/T 2423.6—1995　电工电子产品环境试验　第2部分：试验方法　试验Eb和导则：碰撞（idt IEC 60068-2-29：1987）

GB/T 2423.7—1995　电工电子产品环境试验　第2部分：试验方法　试验Ec和导则：倾跌与翻倒（主要用于设备型样品型）（idt IEC 60068-2-31：1982）

GB/T 2423.8—1995　电工电子产品环境试验　第2部分：试验方法　试验Ed：自由跌落（idt IEC 60068-2-32：1990）

GB/T 2423.9—2001　电工电子产品环境试验　第2部分：试验方法　试验Cb：设备用恒定湿热（eqv IEC 60068-2-56：1988）

GB/T 2423.10—1995　电工电子产品环境试验　第2部分：试验方法　试验Fc和导则：振动（正弦）（idt IEC 60068-2-6：1982）

GB/T 2423.11—1997　电工电子产品环境试验　第2部分：试验方法　试验Fd：宽频带随机振动一般要求（idt IEC 60068-2-34：1973）

GB/T 2423.12—1997　电工电子产品环境试验　第2部分：试验方法　试验Fda：宽频带随机振动——高再现性（idt IEC 60068-2-35：1973）

GB/T 2423.13—1997　电工电子产品环境试验　第2部分：试验方法　试验Fdb：宽频带随机振动——中再现性（idt IEC 60068-2-36：1973）

GB/T 2423.14—1997　电工电子产品环境试验　第2部分：试验方法　试验Fdc：宽频带随机振动——低再现性（idt IEC 60068-2-37：1973）

GB/T 2423.15—1995　电工电子产品环境试验　第2部分：试验方法　试验Ga和导则：稳态加速度（idt IEC 60068-2-7：1986）

GB/T 2423.16—1999　电工电子产品环境试验　第2部分：试验方法　试验J和导则：长霉（idt IEC 60068-2-10：1988）

GB/T 2423.17—1993　电工电子产品基本环境试验规程　试验Ka：盐雾试验方法（eqv IEC 60068-2-11：1981）

GB/T 2423.18—2000　电工电子产品环境试验　第2部分：试验　试验Kb：盐雾，交变（氯化钠溶液）（idt IEC 60068-2-1：1996）

GB/T 2423.19—1981　电工电子产品基本环境试验规程　试验Kc：接触点和连接件的二氧化硫

试验方法(idt IEC 60068-2-42:1976)

GB/T 2423.20—1981 电工电子产品基本环境试验规程 试验 Kd:接触点和连接件的硫化氢试验方法(idt IEC 60068-2-43:1976)

GB/T 2423.21—1991 电工电子产品基本环境试验规程 试验 M:低气压试验方法(neq IEC 60068-2-13:1983)

GB/T 2423.22—2002 电工电子产品基本环境试验规程 试验 N:温度变化试验方法(IEC 60068-2-14:1984,IDT)

GB/T 2423.23—1995 电工电子产品环境试验 试验 Q:密封

GB/T 2423.24—1995 电工电子产品环境试验 第2部分:试验方法 试验 Sa:模拟地面上的太阳辐射(idt IEC 60068-2-5:1975)

GB/T 2423.25—1992 电工电子产品基本环境试验规程 试验 Z/AM:低温/低气压综合试验(neq IEC 60068-2-40:1976)

GB/T 2423.26—1992 电工电子产品基本环境试验规程 试验 Z/BM:高温/低气压综合试验(neq IEC 60068-2-41:1976)

GB/T 2423.27—1981 电工电子产品基本环境试验规程 试验 Z/AMD:低温/低气压/湿热连续综合试验方法(idt IEC 60068-2-39:1976)

GB/T 2423.28—1982 电工电子产品基本环境试验规程 试验 T:锡焊试验方法(eqv IEC 60068-2-20:1979)

GB/T 2423.29—1999 电工电子产品环境试验 第2部分:试验方法 试验 U:引出端及整体安装件强度(idt IEC 60068-2-21:1992)

GB/T 2423.30—1999 电工电子产品环境试验 第2部分:试验方法 试验 XA 和导则:在清洗剂中浸渍(idt IEC 60068-2-45:1993)

GB/T 2423.31—1985 电工电子产品基本环境试验规程 倾斜和摇摆试验方法

GB/T 2423.32—1985 电工电子产品基本环境试验规程 润湿称量法可焊性试验方法

GB/T 2423.33—2005 电工电子产品基本环境试验规程 试验 Kca:高浓度二氧化硫试验方法(DIN 50018:1997-06,MOD)

GB/T 2423.34—1986 电工电子产品基本环境试验规程 试验 Z/AD:温度/湿度组合循环试验方法(idt IEC 60068-2-38:1974)

GB/T 2423.35—1986 电工电子产品基本环境试验规程 试验 Z/Afc:散热和非散热试验样品的低温/振动(正弦)综合试验方法(idt IEC 60068-2-50:1983)

GB/T 2423.36—1986 电工电子产品基本环境试验规程 试验 Z/BFc:散热和非散热样品的高温/振动(正弦)综合试验方法(idt IEC 60068-2-51:1983)

GB/T 2423.37—1989 电工电子产品基本环境试验规程 试验 L:砂尘试验方法(neq DIN 40046:1978)

GB/T 2423.38—1990 电工电子产品基本环境试验规程 试验 R:水试验方法

GB/T 2423.39—1990 电工电子产品基本环境试验规程 试验 Ee:弹跳试验方法

GB/T 2423.40—1997 电工电子产品环境试验 第2部分:试验方法 试验 Cx:未饱和高压蒸汽恒湿热(idt IEC 60068-2-66:1994)

GB/T 2423.41—1994 电工电子产品基本环境试验规程 环境风压试验方法

GB/T 2423.42—1995 电工电子产品环境试验低温/低气压/振动(正弦)综合试验方法

GB/T 2423.43—1995 电工电子产品环境试验 第2部分:试验方法 元件、设备和其他产品在冲击(Ea)、碰撞(Eb)、振动(Fc 和 Fd)和稳态加速度(Ga)等动力学试验中的安装要求和导则

GB/T 2423.44—1995 电工电子产品环境试验 第2部分:试验方法 试验 Eg:撞击 弹簧锤

(idt IEC 60068-2-63:1991)

GB/T 2423.45—1997　电工电子产品环境试验　第2部分:试验方法　试验Z/ABDM:气候顺序(idt IEC 60068-2-61:1991)

GB/T 2423.46—1997　电工电子产品环境试验　第2部分:试验方法　试验Ef:撞击　摆锤(idt IEC 60068-2-62:1993)

GB/T 2423.47—1997　电工电子产品环境试验　第2部分:试验方法　试验Fg:声振(idt IEC 60068-2-65:1993)

GB/T 2423.48—1997　电工电子产品环境试验　第2部分:试验方法　试验Ff:振动——时间历程法(idt IEC 60068-2-57:1989)

GB/T 2423.49—1997　电工电子产品环境试验　第2部分:试验方法　试验Fe:振动——正弦拍频法(idt IEC 60068-2-59:1990)

GB/T 2423.50—1999　电工电子产品环境试验　第2部分:试验方法　试验CY:恒定湿热主要用于元件的加速试验(idt IEC 60068-2-67:1995)

GB/T 2423.51—2000　电工电子产品环境试验　第2部分:试验方法　试验Ke:流动混合气体腐蚀试验(idt IEC 60068-2-60:1995)

附　录　B
（资料性附录）
本部分章条编号与 DIN 50018:1997-06 章条编号对照一览表

表 B.1 给出了本部分章条编号与 DIN 50018:1997-06 章条编号对照一览表。

表 B.1　本部分章条编号与 DIN 50018:1997-06 章条编号对照表

本部分章条编号	DIN 50018:1997-06 标准章条编号
1	1
2	2
—	3
3	4
4	5
5	—
5.1	6
5.2	—
5.3	7
5.4	8 中的第 1～2 段(包括第 1 段后的注)
5.5	8 中的第 3～4 段
6	—
7	—
8	—
附录 A	—
附录 B	—
附录 C	—
附录 D	9
附录 D.1	9.1
附录 D.1.1	9.1.1
附录 D.1.2	9.1.2
附录 D.2	9.2
附录 D.3	9.3
附录 D.4	9.4
附录 D.5	9.5
附录 D.6	9.6
表 1	表 1
—	10

附 录 C
（资料性附录）
本部分章条编号与 DIN 50018：1997-06 技术性差异和编辑性差异及其原因

本部分与 DIN 50018：1997-06 技术性差异及其原因见表 C.1。

表 C.1 本部分与 DIN 50018：1997-06 技术性差异和编辑性差异及其原因

本部分的章条编号	技术性差异和编辑性差异	原 因
1	增加了本部分的适用范围	根据我国实际使用条件而定
3	将原标准的第 9 章作为附录 D 增加到本部分的第 3 章	基于标准整体结构进行编辑
表 1	将注 1)改为 a)、b)；注 2)改为 c)	使用方便
4	增加了本章标题	根据 GB/T 2423 系列标准格式而定
4.2	增加了对试验样品试验前性能的检测	根据 GB/T 2423 系列标准格式而定
5	增加了对中间检测的规定	根据 GB/T 2423 系列标准格式而定
6	增加了对最后检测的规定	根据 GB/T 2423 系列标准格式而定
7	增加对引用本部分时应给出的细节的规定	根据 GB/T 2423 系列标准格式而定
D.1.1、D.1.2	用 A3 钢板代替 FeP04B	国内没有该型号的钢板，故沿用原版标准中使用 A3 钢板的规定

附 录 D
（规范性附录）
试验箱的腐蚀效应检验

为了确保在一台或几台同类试验设备所得试验结果的可再现性及可重复性，应进行性能检验。D.1～D.6 中的规定适用于容量为 300 L 的试验箱。

D.1 试验样品

D.1.1 选用 5 件试验样品，每件试验样品的尺寸为 50 mm 宽、100 mm 长、0.6 mm～1.5 mm 厚，材料为 A3 钢板，表面用 0 号砂纸磨光。

注：牌号 A3 钢板相当于国外的牌号 RRSt1405。

D.1.2 为了增加总的试验样品表面积，选用两件试验样品，每件试验样品的尺寸 200 mm 宽、400 mm 长、1 mm 厚，材料为 A3 钢板，作为空白试验样品放在上述样品的左右两边。

D.2 试验样品的准备

在进行性能检验之前，应以石油溶剂或其他合适的溶剂，用不含纤维的软布或毛刷对 D.1 规定的样品进行除油处理，接着用天平对 D.1.1 规定的样品进行称重，精确到 1 mg。如果在除油处理后不能立即进行称重，则应将试验样品放在干燥器内直至可以称重为止。

D.3 试验程序

将 5 件试验样品垂直地挂在试验箱中，同时将 2 件空白试验样品也挂在试验样品两旁，按照 GB/T 9789—1988 规定的试验条件进行 5 周期试验。

D.4 腐蚀产物的清除

在要求的 5 周期试验结束之后，可以用加有 3.5 g/L 具有缓蚀作用的六亚甲基四胺、比重为 1.10 g/mL的盐酸（比重为 1.19 g/mL 的化学纯盐酸 500 mL 加 1 L 去离子水配制成），在 18℃～28℃ 温度下除掉试验样品上的腐蚀产物。

除掉腐蚀产物后，将试验样品在蒸馏水和去离子水中进行彻底漂洗，然后干燥，接着放在 18℃～28℃室温下的干燥器中至称重为止。

D.5 试验样品的称重

对试验样品进行称重，准确到 1mg。

D.6 检验结果的评定

试验样品的质量损失换算成 g/m^2，如果所求得的平均值在 100 g/m^2～150 g/m^2 之间，且单项值与平均值的偏差不超过 20%，则检验结果被认为符合要求。

ICS 19.040
K 04

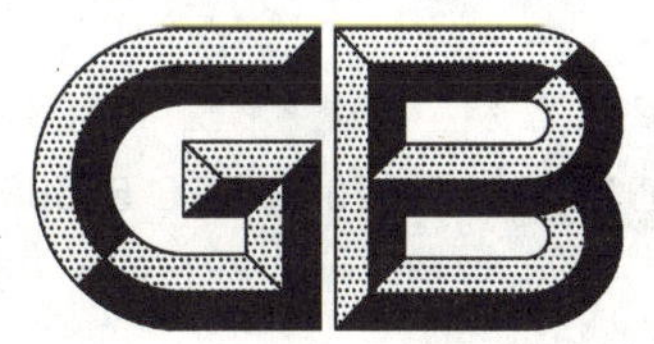

中华人民共和国国家标准

GB/T 2423.34—2005/IEC 60068-2-38:1974
代替 GB/T 2423.34—1986

电工电子产品环境试验 第2部分:试验方法 试验Z/AD:温度/湿度组合循环试验

Environmental testing for electric and electronic products—Part 2:Test methods—Test Z/AD:Composite temeperature/humidity cyclic test

(IEC 60068-2-38:1974,Basic environmental testing procedures—Part 2:Test—Test Z/AD:Comosite temperature/humidity cyclic test,IDT)

2005-08-26 发布　　2006-04-01 实施

中华人民共和国国家质量监督检验检疫总局
中国国家标准化管理委员会　发布

前 言

本部分是 GB/T 2423《电工电子产品环境试验》的一部分。本部分等同采用 IEC 60068-2-38:1974《基本环境试验规程　第 2 部分:试验方法　试验 Z/AD:温度/湿度组合循环试验》(英文版)。

本部分技术内容与 IEC 60068-2-38:1974《基本环境试验规程　第 2 部分:试验方法　试验 Z/AD:温度/湿度组合循环试验》(英文版)相同,编写格式与表达方式符合 GB/T 1.1—2000 和 GB/T 20000.2—2001 的有关规定。

为便于使用,本部分对于 IEC 60068-2-38:1974 作了下列编辑性修改:

a) 为了 GB/T 2423《电工电子产品环境试验》各部分的名称协调一致,本部分未完全采用 IEC 60068-2-38:1974 的中文译名,而改为《电工电子产品环境试验　第 2 部分:试验方法　试验 Z/AD:温度/湿度组合循环试验》;

b) 删除了 IEC 60068-2-38:1974 的前言。

本部分发布实施后代替 GB/T 2423.34—1986《电工电子产品基本环境试验规程　试验 Z/AD:温度/湿度组合循环试验方法》。

本部分与 GB/T 2423.34—1986 相比主要变化如下:

a) 为了 GB/T 2423《电工电子产品环境试验》各部分的名称协调一致,本部分名称改为《电工电子产品环境试验　第 2 部分:试验方法　试验 Z/AD:温度/湿度组合循环试验》;

b) 第 1 章“引言”改为“导则”,并且文字叙述与原来有所不同;

c) 增加了“目的”和“试验的一般说明”这两章,并分别作为本部分的第 2 章、第 3 章,其余章节的序号依次顺延。

本部分由中国电器工业协会提出。

本部分由全国电工电子产品环境技术标准化技术委员会归口。

本部分起草单位:信息产业部电子第五研究所。

本部分主要起草人:邱福来、张铮。

本部分所代替标准的历次版本发布情况为:GB/T 2423.34—1986。

电工电子产品环境试验
第2部分:试验方法　试验Z/AD:
温度/湿度组合循环试验

1 导则

试验Z/AD是温度/湿度组合的循环试验,用来揭示试验样品由不同于吸湿的“呼吸”作用导致的缺陷。

本试验与其他湿热循环试验不同,由于下列原因提高了本试验的严酷等级:

a) 在给定的时间内有更多次数的温度变化或“呼吸”作用;

b) 温度循环变化范围更大;

c) 温度循环变化的速率更高;

d) 包含多次0℃以下的温度变化。

加速的“呼吸”以及吸附在试验样品缝隙中水分的结冰效应是本试验的基本特点。

但要强调的是,只有缝隙足够大以致附着的水分能够渗入时,结冰效应才会出现,这种情形通常发生在金属组件密封处或引线端的密封处。

冷凝的程度主要取决于试验样品表面的热时间常数。对于很小的试验样品冷凝可忽略不计,但对于大试验样品则是显著的。

同样,具有较大带空气或气体空隙的试验样品,其“呼吸”作用将更明显,但同时试验的严酷程度一定程度上也取决于试验样品的热特性。

本试验的用途:

由于上述原因,建议本试验方法只限于样品结构会产生湿热试验的“呼吸”和结冰效应,并且其热特性与本试验温度变化速率相适应的元器件类试验样品。

对于存在细小裂纹或含有多孔材料的固体试验样品,例如塑料封装的试验样品,水汽的吸收或扩散起主导作用,最好采用恒定湿热试验,如试验C进行试验。

对于较大的试验样品,例如设备,或在循环的各阶段应确保热稳定的元器件,尽管交变湿热试验Db在给定时间内循环次数少了以致加速程度没那么高,也应采用试验Db。在这种情况下,试验Db通常构成GB/T 2421—1999第7章规定的试验顺序的一部分。

与其他湿热试验一样,本试验对试验样品可施加极化电压或电负载。在施加电负载时,不能因试验样品的温度升高而影响试验箱的条件。

综上所述,本试验显然不能和恒定湿热试验或交变湿热试验进行互换,也不能代替它们。试验程序的选择宜适当考虑试验样品的物理性能、热特性以及每一种特定情形下的主要失效机理类型。

2 目的

提供一种组合试验方法,主要用于元器件类试验样品,以加速方式来确定试验样品在高温、高湿和低温条件劣化作用下的耐受性能。

3 试验的一般说明

本试验采用了高相对湿度下的温度循环,并产生水汽进入部分密封试验样品的“呼吸”作用。

本试验还包括低温暴露,以测定周期性结冰对试验样品的影响。

4 试验设备的说明

试验样品暴露于湿热后，接着暴露于低温，两种暴露可在一个试验箱或在两个试验箱内进行。

4.1 潮湿试验箱应满足下列规定：

a) 在1.5 h～2.5 h内，温度可在(25±2)℃～(65±2)℃之间上升或下降。

b) 在恒温或升温期间，相对湿度能保持为(93±3)%，在降温期间能保持为80%～96%。

c) 应注意确保工作空间内各点的温湿度均匀，并且应尽可能与适当安置的温湿度传感器紧邻处的条件相同。试验箱内的空气应按一定的速率不断流动，以保持规定的温湿度条件。

d) 试验样品在试验过程中不应受到试验箱内条件控制产生的热辐射影响。

e) 用于产生箱内湿度的水，其电阻率不应小于500 Ω·m。冷凝水应不断从箱内排出，未经净化不得再用。应采取措施确保箱壁和箱顶上的冷凝水不滴落在试验样品上。

4.2 低温试验箱应满足下列规定：

a) 温度能保持在(−10±2)℃。

b) 应注意确保工作空间内各点的温度均匀，并且应尽可能与适当安置的温度传感器紧邻处的条件相同。试验箱内的空气应按一定的速率不断流动，以保持规定的温度条件。应注意试验样品的热容量不能明显影响箱内条件。

4.3 用潮湿试验箱做低温试验，潮湿试验箱应满足4.1的要求，且还应满足下列规定：

a) 在不超过30 min内，温度能从(25±2)℃降至(−10±2)℃。

b) 试验样品的温度在(−10±2)℃能保持3 h。

c) 在不超过90 min内，温度能从(−10±2)℃升至(25±2)℃。

5 严酷等级

除非另有规定，24 h循环的次数应为10次。如果不是10次，相关规范应明确循环次数以及低温循环在试验循环中的顺序位置。

6 试验程序

6.1 预处理(见图1)

除非另有规定，在湿热试验的第一次循环前，试验样品应处于不包装、不通电、准备使用状态，在GB/T 2421—1999的5.5规定的“标准的干燥条件”下(温度55℃±2℃、相对湿度不超过20%)放置24 h。在初始检测前试验样品应在标准大气条件或相关规范规定的条件下达到温度稳定。

6.2 初始检测

按相关规范的规定对试验样品进行外观检查和电与机械性能检测。

6.3 条件试验

试验样品应处于不包装、不通电、准备使用状态，并按已知的正常形态或相关规范的规定安放于湿热箱内，进行10次温度/湿度循环，每次循环为24 h。

在前9次循环中的某5次循环期间，做完湿热分循环(见图2a)的a～f)后，试验样品应进行低温循环。

本试验可在一个试验箱或两个试验箱内进行。如果本试验的高温/高湿、低温分循环分别在不同的试验箱内进行，则试验样品不应受到热冲击的影响，除非已知试验样品对这种程度的热冲击不敏感。

如果一批试验样品由于使用两箱法受到热冲击影响并出现明显失效，则应改用温度渐变的方法重新试验另一批试验样品，如果在这种条件下没有出现失效，这批试验样品应视为顺利通过试验。

前9次循环中的其余4次循环不应包括低温暴露(见6.3.1.4和图2b))。

在所有情形下规定的湿热循环都相同。

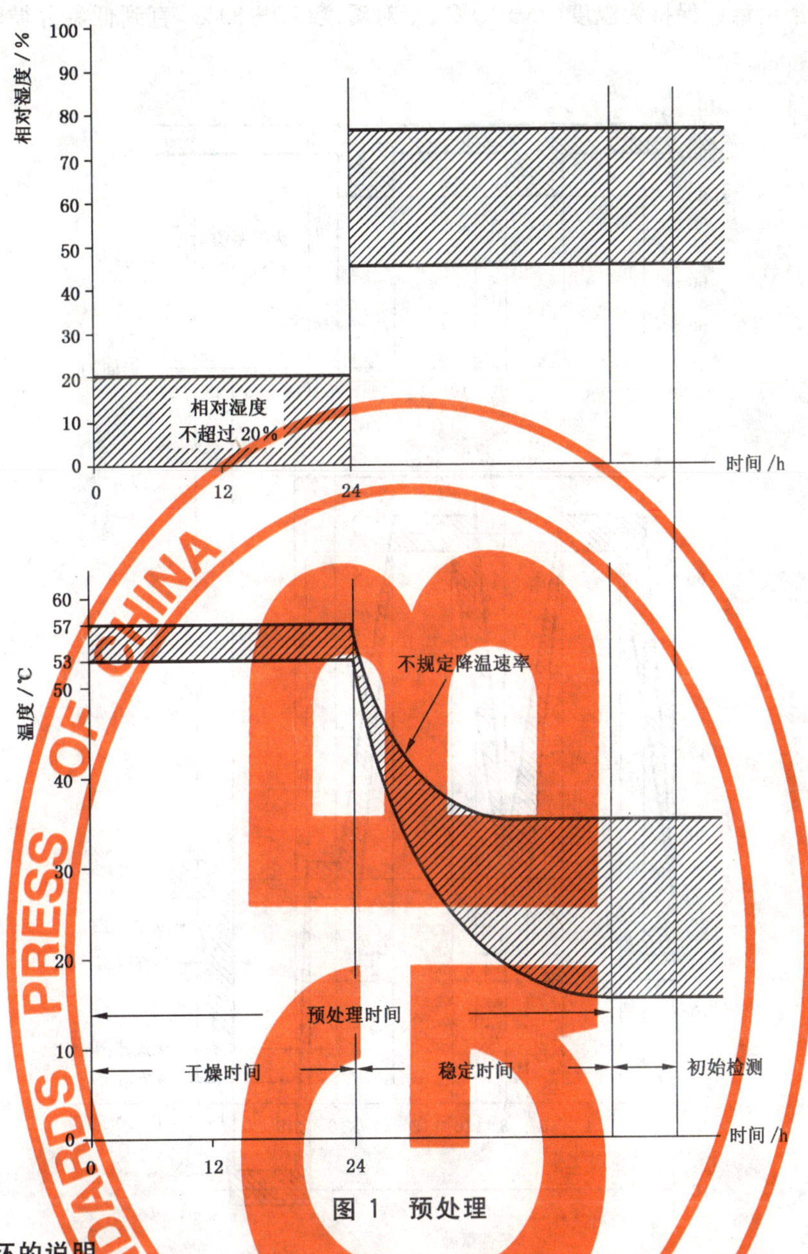

图 1 预处理

6.3.1 24 h 循环的说明

6.3.1.1 温度/湿度分循环的说明(适用于所有循环,见图 2a)和图 2b))。

在每个 24 h 循环开始时,试验箱的温度应控制为(25±2)℃,相对湿度为(93±3)%。

a) 试验箱的温度在 1.5 h~2.5 h 内,应连续升到(65±2)℃。在此期间相对湿度应保持在(93±3)%。

b) 试验箱的温度和相对湿度分别保持为(65±2)℃和(93±3)%,直到循环试验开始后 5.5 h 止。

c) 试验箱的温度在 1.5 h~2.5 h 内降至(25±2)℃。在此期间相对湿度应保持在 80%~96%范围内。

d) 自循环开始后 8 h 起,试验箱的温度应在 1.5 h~2.5 h 内应再连续升到(65±2)℃。在此期间相对湿度应保持为(93±3)%。

e) 试验箱的温度和相对湿度分别保持为(65±2)℃和(93±3)%,直到循环试验开始后13.5 h止。

f) 试验箱的温度在 1.5 h~2.5h 内降至(25±2)℃。在此期间相对湿度应保持在 80%~96%范围内。

g) 试验箱继续稳定保持为温度(25±2)℃、相对湿度(93±3)%,直到低温分循环开始或 24 h 循环结束。

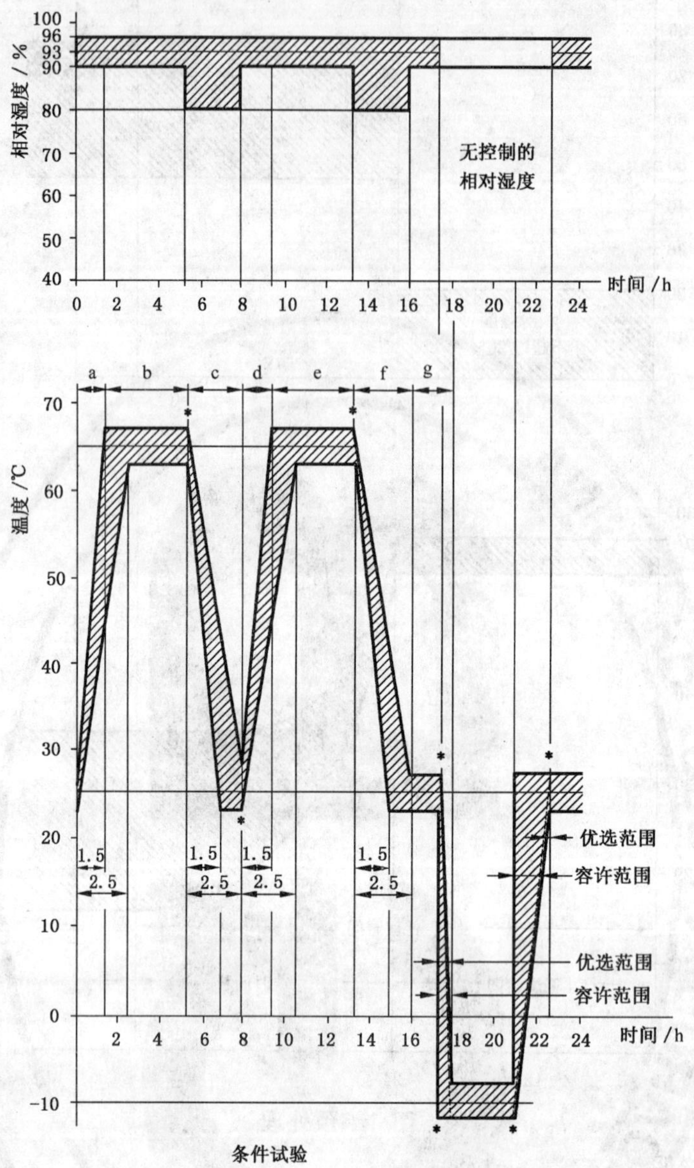

* 此点的时间容许误差为±5 min。

图 2a) 暴露于湿热接着暴露于低温

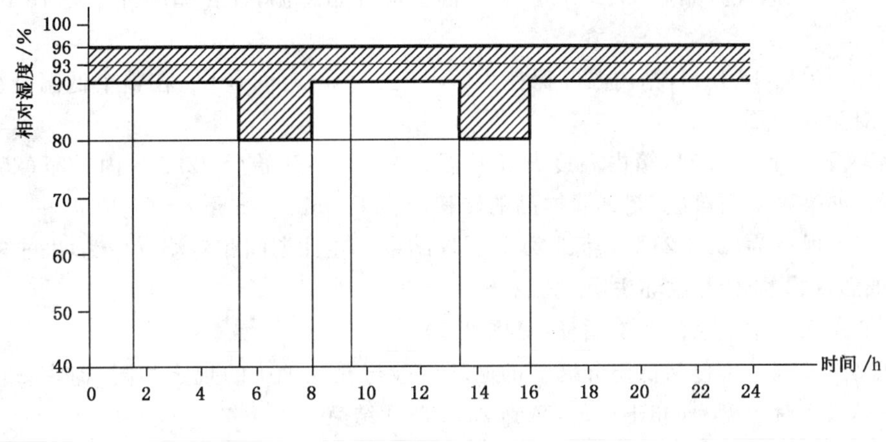

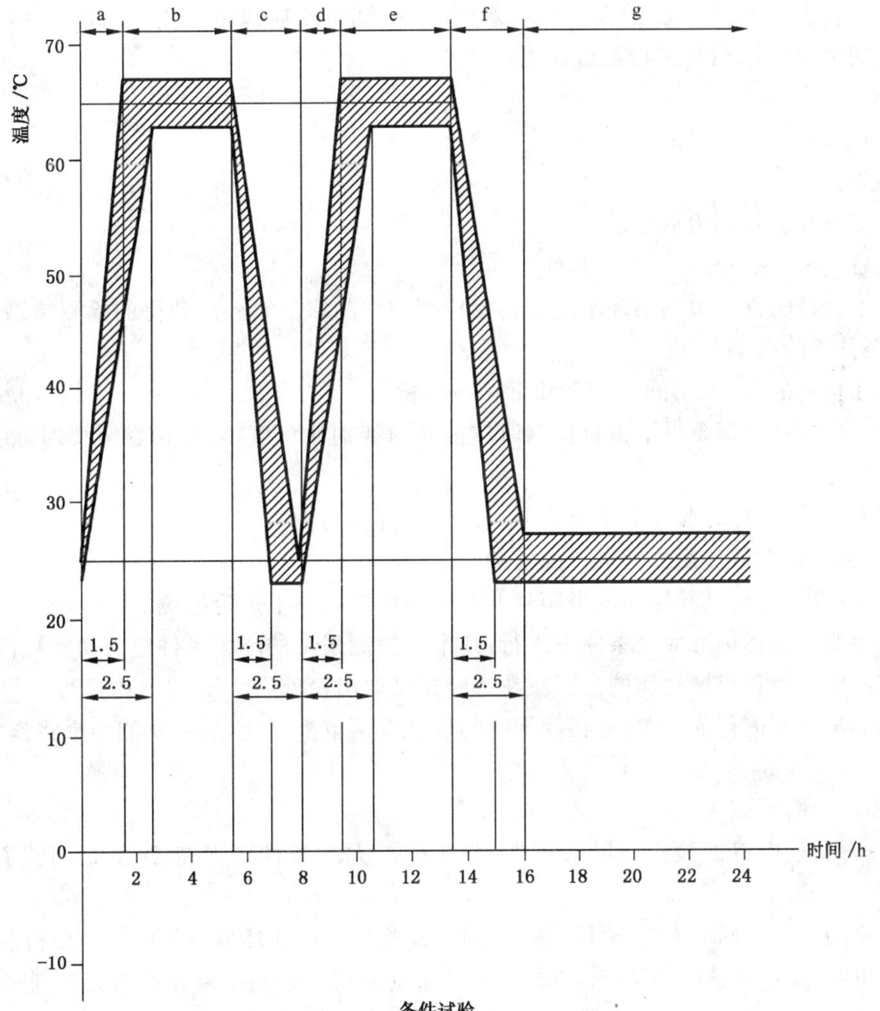

图 2b) 暴露于湿热后未暴露于低温

6.3.1.2 低温分循环的说明

适用于前 9 次循环的某 5 次循环(见图 2a))。

a) 在完成温度/湿度分循环(图 2a)的 a)～f)后,试验箱应保持为温度(25±2)℃、相对湿度(93±3)%,时间至少 1 h,最多不超过 2 h。

b) 然后降低箱温或将试验样品转移至另一低温试验箱内。如果采用两箱法,则转移时间应在

5 min内。从循环开始后 17.5 h 起,箱内温度应开始降温,并在循环开始后 18 h 内降到(−10±2)℃。

c) 从循环开始后 18 h 起,箱内温度保持为(−10±2)℃,时间 3 h。在整个低温分循环期间不规定相对湿度的要求。

d) 从循环开始后 21 h 起,箱内温度开始升温,并在循环开始后 22.5 h 内升至(25±2)℃(见图 2a))。如果采用两箱法,则试验样品的转移应在 10 min～15 min 内完成。

e) 箱内温度保持为(25±2)℃,直到 24 h 循环结束。在此期间相对湿度应为(93±3)%。

6.3.1.3 无低温暴露的 24 h 循环说明

适用于前 9 次循环中其余的 4 次循环(见图 2b))。

温度/湿度分循环后,不包括低温分循环的循环试验与 6.3.1.1 的规定相同,但在 g 段时箱内温度保持为(25±2)℃、相对湿度为(93±3)%,直到 24 h 循环结束。

6.3.1.4 最后循环的说明

在温度和湿度分循环结束后进入最后一次循环时,试验箱应保持温度为(25±2)℃、相对湿度为(93±3)%、时间为 3.5 h,然后进行最后检测。

6.4 最后检测

按照相关规范的规定可在下列条件下进行最后检测:

a) 高湿时;

b) 紧接试验样品从箱内取出后;

c) 干燥后。

高湿条件下获得的许多检测结果不能和初始检测或样品取出箱外后获得的检测结果做直接比较。

6.4.1 高湿条件下的检测

在 6.3.1.4 描述的 3.5 h 期间的最后 2 h 内进行检测。

相关规范应规定在高湿条件下进行检测时应遵守的特别注意事项,包括在需要时除去试验样品表面水滴所采取的方法。

所有检测完成后,应将试验样品取出箱外。

6.4.2 试验样品从箱内取出后立即进行的检测

最后循环一结束,应将试验样品取出箱外并在标准大气条件下进行检测。

如果初始检测不是在标准大气条件下进行,则本次检测采用的环境条件应与初始检测的相同。

已做规定的电性能和机械性能的检测应在试验样品取出箱外后 1 h～2 h 内进行。

在此期间的早期所进行的检测,可在此期间的后期仅再重复 1 次,后期所测结果将作为失效判定的依据。

6.4.3 干燥恢复后的检测

最后循环一结束,应将试验样品取出箱外,并在标准大气条件下保持 24 h 后再进行规定的最后检测。

如果初始检测不是在标准大气条件下进行,则本次检测采用的环境条件应与初始检测的相同。

最后检测可在 24 h 内进行,但只有在 24 h 快结束前获得的检测结果才作为失效判定的依据。

7 相关规范应作出的信息

当相关规范采用本试验时,应尽可能根据适用的程度作出以下详细规定:

a) 条件试验期间试验样品的状态(例如电或机械负载,或极化电压);

b) 不同于“标准的干燥条件”的预处理程序;

c) 不同于标准大气条件的初始检测环境条件;

d) 条件试验前进行的电性能和机械性能检测;

e) 若有需要在条件试验期间进行的电性能和机械性能检测，以及在哪个时间段进行；

f) 条件试验后进行的电性能和机械性能检测，首先检测的参数，以及有别于标准的完成参数检测的时间。

ICS 19.040
K 04

中华人民共和国国家标准

GB/T 2423.35—2005/IEC 60068-2-50:1983
代替 GB/T 2423.35—1986

电工电子产品环境试验　第2部分:试验方法　试验Z/AFc:散热和非散热试验样品的低温/振动(正弦)综合试验

Environmental testing for electric and electronic products—Part 2: Test Methods—Test Z/AFc: Combined cold/vibration (sinusoidal) tests for both heat-dissipating and non-heat-dissipating specimens

(IEC 60068-2-50:1983, Basic environmental testing procedures—Part 2: Tests—Test Z/AFc: Combined cold/vibration (sinusoidal) tests for both heat-dissipating and non-heat-dissipating specimens, IDT)

2005-08-26 发布　　2006-04-01 实施

中华人民共和国国家质量监督检验检疫总局
中国国家标准化管理委员会　发布

前　　言

本部分等同采用 IEC 60068-2-50:1983《基本环境试验规程　第 2 部分:试验 Z/AFc:散热和非散热试验样品的低温/振动(正弦)综合试验》(英文版)。

为便于使用,本部分删除了国际标准的前言。

本部分代替 GB/T 2423.35—1986《电工电子产品基本环境试验规程　试验 Z/AFc:散热和非散热试验样品的低温/振动(正弦)综合试验方法》,本次修订根据 GB/T 1.1—2000《标准化工作导则　第 1 部分:标准的结构和编写规则》和 GB/T 20000.2—2001《标准化工作指南　第 2 部分:采用国际标准的规则》,对标准进行格式编排。

本部分与 GB/T 2423.35—1986 的主要有下列差异:

a) 本部分的技术内容、编写格式及表达方法与 IEC 60068-2-50:1983 相一致。而 GB/T 2423.35—1986的编写格式与 IEC 60068-2-50:1983 有差异。

b) 本部分在规范性引用文件中,恢复了国际标准 IEC 60068-2-50:1983 中未被 GB/T 2423.35—1986 引用的有关标准和内容,如 GB/T 2423.43《电工电子产品环境试验　第 2 部分:试验方法　元件、设备和其他产品在冲击(Ea)、碰撞(Eb)、振动(Fc 和 Fd)和稳态加速度(Ga)等动力学试验中的安装要求和导则》,删除了 GB/T 2423.35—1986 增加而国际标准 IEC 60068-2-50:1983 中没有引用的有关标准和内容,如 GB/T 2424.22《电工电子产品环境试验规程　温度(低温、高温)/振动(正弦)综合试验导则》。

本部分由中国电器工业协会提出。

本部分由全国电工电子产品环境条件与环境试验标准化技术委员会归口。

本部分起草单位:信息产业部电子第五研究所。

本部分主要起草人:陈瑜红、纪春阳。

本部分于 1986 年首次发布。

引　言

0.1 概述

本部分适用于散热和非散热试验样品的低温/振动(正弦)综合试验,基本上是试验 Fc:振动(正弦)和试验 A:低温的综合。

本试验方法只适用于试验样品暴露在低温条件下达到温度稳定的情况。

注:散热试验样品的试验程序不包括样品稳定在试验温度时的通电情况。对于非散热试验样品的试验程序,当在振动综合的条件下要求低温通电时,可在整个试验期间进行指定的或连续的功能测试。

0.2 振动

振动试验基本上等同于试验 Fc;可以采用试验 Fc 的一个或多个耐久试验程序,但此综合试验中不包括耐久条件试验之后的振动响应检查。

0.3 温度

测试散热试验样品的温度条件是以与自由空气条件相同的方式使试验样品经受温度应力。

由于在带振动台的试验箱中模拟自由空气条件的影响有困难,所以本试验通常使用强迫空气循环,试验样品表面最热点作为温度的监测点,试验前,在规定环境温度的自由空气条件下,确定试验样品的监测点和监测温度。

0.4 规范性引用文件

下列文件中的条款,通过在 GB/T 2423 的本部分的引用而成为本部分的条款。凡是注日期的引用文件,其随后所有的修改单(不包括勘误的内容)或修订版不适用于本部分,然而,鼓励根据本部分达成协议的各方研究是否可使用这些文件的最新版本。凡是不注日期的引用文件,其最新版本适用于本部分。

GB/T 2421—1999　电工电子产品环境试验　第1部分:总则(idt IEC 60068-1:1988)

GB/T 2422—1995　电工电子产品环境试验　术语(eqv IEC 60068-5-2:1990)

GB/T 2423.1—2001　电工电子产品环境试验　第2部分:试验方法　试验 A:低温(idt IEC 60068-2-1:1990)

GB/T 2423.10　电工电子产品环境试验　第2部分:试验方法　试验 Fc 和导则:振动(正弦)(GB/T 2423.10—1995,idt IEC 60068-2-6:1982)

GB 2423.22　电工电子产品环境试验　第2部分:试验方法　试验 N:温度变化(GB/T 2423.22—2002,IEC 60068-2-14:1984,IDT)

GB/T 2423.43　电工电子产品环境试验　第2部分:试验方法　元件、设备和其他产品在冲击(Ea)、碰撞(Eb)、振动(Fc 和 Fd)和稳态加速度(Ga)等动力学试验中的安装要求和导则(GB/T 2423.43—1995,idt IEC 60068-2-47:1982)

GB/T 2424.1　电工电子产品环境试验　高温低温试验导则(GB/T 2424.1—1989,eqv IEC 60068-3-1)

电工电子产品环境试验　第2部分:试验方法　试验Z/AFc:散热和非散热试验样品的低温/振动(正弦)综合试验

1　目的

提供一个标准的试验程序以确定散热和非散热元器件、设备或其他产品在低温与振动综合条件下使用、贮存和运输的适应性。

2　一般说明

本试验是试验A:低温和试验Fc:振动(正弦)的综合试验。

注:试验Ab和Ad要求在条件试验的升温和降温过程中温度变化速率不超过1 K/min(5 min平均)。对于经受热冲击的试验样品(通常是指经受试验Aa的、并能经受试验Na和Nc快速温度变化的试验样品),不受最大温度变化速率1 K/min的限制,对于这些试验样品,可以使用能满足试验Aa(温度突变)条件的试验箱。

试验样品除非已进行过试验A和Fc(并记录其试验结果),否则应首先在试验室温度条件下进行振动试验,然后经受低温试验,达到温度稳定后,试验样品再经受振动和低温的综合试验。试验剖面见图1和图2。

振动环境可以是以下一种或几种:

a)　耐久扫频试验;

b)　振动响应检查,以及由振动响应检查得出频率上的耐久试验;

c)　预定频率上的耐久试验。

3　试验设备

3.1　试验箱的要求

3.1.1　非散热试验样品的试验

这类试验箱应满足试验Aa或Ab中给出的要求(见第2章注)。

3.1.2　散热试验样品的试验

温度监测点的选择和监测温度的确定,可在满足下述条件a)或者b)的试验箱(或室)中进行。

a)　通常提供强迫空气循环的试验箱,能在低温条件下模拟"自由空气"条件的影响,并满足试验A中试验Ad的"试验设备"中给出的要求。

b)　能保护试验样品不受太阳辐照及通风干扰的试验箱(或室)(见5.1.2)。

这种试验使用的试验箱,通常应有强迫空气循环。应满足试验Ad GB/T 2423.1—2001中的25.1和试验Ab GB/T 2423.1—2001中的第14章所给出的要求(见第2章注)。

3.2　振动系统的要求

3.2.1　安装

应满足试验Fc中给出的安装要求。然而,如果振动台台面温度因试验样品散热而与试验箱的环境温度不同,则振动台上试验样品的安装件应具有低的热传导性,最好是绝热的。

注1:参照试验Fc中安装在绝热体上的试验样品的安装要求及安装指南;

注2:加上绝热装置时应注意,在所采用的试验频率范围内不要使试验样品和试验样品安装件的动力学特性有显著的变化。

3.2.2 振动系统

振动系统应满足试验 Fc 中给出的要求。

4 严酷等级

振动幅值、频率范围和持续时间的严酷等级，应从试验 Fc 所给出的优选数值中选取，温度应从试验 A 中所给出的优选数值中选取。

试验样品达到温度稳定时就开始耐久试验。

5 温度监测点的选择和监测温度的确定（仅适用于散热试验样品）

5.1 无人工冷却的试验样品

5.1.1 使用在低温条件下能模拟“自由空气条件”影响的试验箱。

5.1.1.1 将试验样品放进满足 3.1.2 规定的试验箱内并通电。

5.1.1.2 然后将试验箱内的温度调节到相应的试验严酷等级上，并使试验样品达到温度稳定。

注 1：环境温度的定义见 GB/T 2422—1995 中的 4.4；

注 2：温度稳定的定义见 GB/T 2422—1995 中的 4.8。

5.1.1.3 只要有可能就应按有关标准的规定测定试验样品暴露于周围空气中的最热点，并把它选作温度监测点，记录这一点的温度，并确定监测温度。

注 1：如果试验样品有多种工作方式，可以引起不同的表面温度，通常根据在工作状态下的最高温度来确定监测点和监测温度。

注 2：确定温度监测点的费用会很高，如具有复杂结构的大型试验样品，费用就更昂贵，对于这种情况，推荐采用有关标准中规定的温度监测点。

5.1.2 使用仅在试验室温度下才能模拟“自由空气条件”影响的试验箱（室）。

如果试验箱在低温时不能模拟“自由空气条件”的影响，则可以在试验室温度下使用下述程序选择温度监测点和确定监测温度。

5.1.2.1 试验样品应该放进满足 3.1.2b）规定的试验箱内，并通电。

5.1.2.2 要保证试验样品达到温度稳定。然后确定样品暴露到周围空气中的最热点，并作为温度监测点。

测量该点的温度和试验箱（室）的环境温度。

5.1.2.3 用 GB/T 2423.1—2001 附录 A 的“环境温度校正计算图”确定试验的监测温度。

5.2 人工冷却的试验样品

5.2.1 一般防护措施、术语等见试验 Ad 的对应条款。

5.2.2 冷却系统与试验箱分开

按 5.1.1 确定温度监测点和监测温度，在此情况下不能用 5.1.2 中的备选方法。

5.2.3 冷却系统与试验箱不分开

应按 5.2.2 选择温度监测点和确定监测温度，所不同的是从试验箱进入试验样品的空气进气点应是温度监测点，而该点测得的温度应是监测温度。

6 预处理

有关标准可以要求预处理。

7 初始检测

有关标准要求时，试验样品应进行目检以及电气与机械性能检测。

8 条件试验

有关标准应规定在试验样品的一个轴向或几个轴向上进行振动。当在整个条件试验过程中规定在几个轴向上振动时，应在每一规定轴向重复整个试验程序。

如果试验样品有冷却系统，当试验样品在条件试验期间的任一阶段上加电时，同时要用上冷却系统。

如果没有进行试验 A 和试验 Fc，或没有记录其试验结果，则应遵循 8.1 和 8.2 给出的程序。

8.1 在试验室温度下进行振动试验

试验样品安装到振动台上，若有关标准要求时，则对试验样品通电。

达到温度稳定以后，试验样品加上规定量值的振动。若有关标准要求时，则对试验样品进行性能检测。

进行规定的耐久扫频试验，在规定的频率范围内进行一次扫频循环。

在振动响应检查所得频率上进行规定的耐久试验，应在振动响应检查期间，进行规定频率范围的一次扫频循环，其振幅应由振动响应检查所得频率上的耐久试验来确定。

注：为了简化低温时的振动响应检查，则可在试验室温度下研究与扫频试验有关的振动响应。

在预定频率上进行规定的耐久试验时，应在预定的频率上保持规定的振幅，但持续时间要比规定的试验持续时间短。

8.2 无振动的低温试验

8.2.1 非散热试验样品的试验

试验箱的温度要调整到规定的值，并使试验样品达到温度稳定。

8.2.2 散热试验样品的试验

试验样品通电，试验箱的温度调整到使监测点温度达到第 5 章所确定的监测温度±2℃内。

8.2.3 如有关标准要求，可在达到温度稳定后进行性能检测。

注：如果试验样品有多种工作方式，可引起不同的表面温度，则功能检测应在引起监测点最高温度的工作状态下进行。

8.3 温度/振动综合试验

8.3.1 按 8.2 试验样品达到温度稳定以后，按规定量级和持续时间进行振动，有关标准应规定在本试验期间，试验样品是否通电工作。

8.3.2 有关标准应规定必须采用试验 Fc 的试验程序。

a) 耐久扫频试验；

b) 由振动响应检查所得到的频率上的耐久试验，这就要求在耐久条件试验之前，必须进行振动响应检查；在条件试验结束时不要求做振动响应检查，但可以推荐做此试验。在此情况下，试验样品的有关标准应说明这一点。在耐久条件试验期间，激励频率必须调整，以保证得到最大的响应；

c) 预定频率上的耐久试验。

注：如果有关标准要求试验样品进行不同工作方式的运行，这些运行会引起不同的表面温度，则环境温度应保持在 8.2 所叙述的试验部分所达到的等级上。

8.3.3 然后停止振动，如试验样品在条件试验期间是通电工作的，此时应切断电源。试验样品应保留在试验箱里，温度升高到试验用标准大气条件的温度。最后，试验样品应在试验箱内或按有关标准的规定经受恢复程序。

9 中间检测

见试验 A。

10 恢复

见试验 A。

11 最后检测

按有关标准的要求，对试验样品进行目检和电气、机械性能检测。

12 失效判据

失效判据应由有关标准规定。

13 有关标准应具有的内容

当有关标准采用本试验时，必须给出试验 A 和试验 Fc 所要求的以下细节：

a) 温度变化速率：突变(试验 Aa)或渐变(试验 Ab 或 Ad)，见第 2 章。

b) 安装和支撑的细节，见 3.2.1。

c) 严酷等级：温度、振幅、试验持续时间和频率范围或预定频率，见第 4 章。

d) 预处理，见第 6 章。

e) 初始检测，见第 7 章。

f) 振动的轴向，见第 8 章。

g) 条件试验期间试验样品的状态，见第 8 章；8.1 和 8.3.1。

h) 性能检测，见 8.1 和 8.3.1。

i) 振动试验程序(耐久扫频试验，在响应频率上的耐久试验，在预定频率上的耐久试验)，见 8.3.2。

注：见 8.3.2b)所允许的选择方案。

j) 非标准的恢复，见第 10 章。

k) 条件试验期间的检测和负荷，见第 9 章。

l) 最后检测，见第 11 章。

m) 失效判据，见第 12 章。

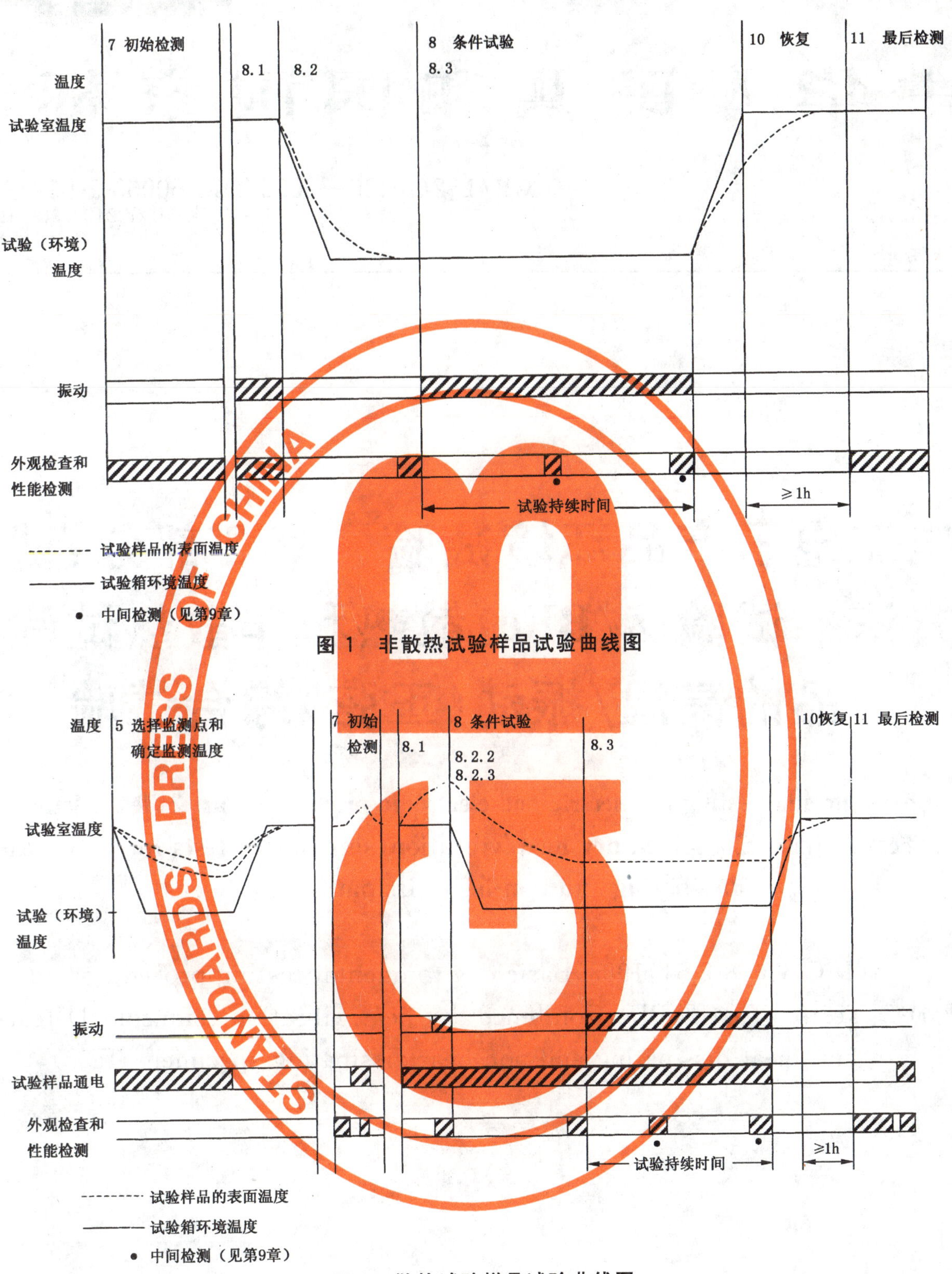

图 1 非散热试验样品试验曲线图

图 2 散热试验样品试验曲线图

ICS 19.040
K 04

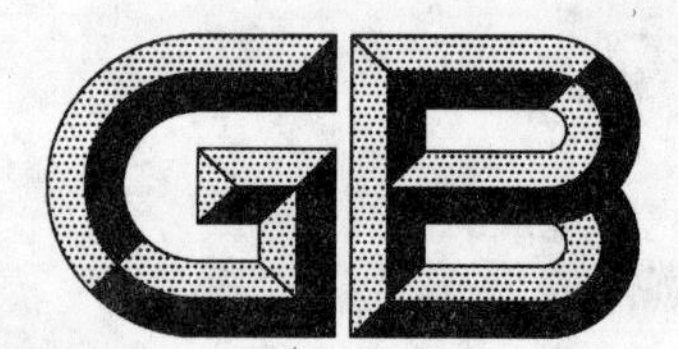

中华人民共和国国家标准

GB/T 2423.36—2005/IEC 60068-2-51:1983
代替 GB/T 2423.36—1986

电工电子产品环境试验　第2部分:试验方法　试验Z/BFc:散热和非散热试验样品的高温/振动(正弦)综合试验

Environmental testing for electric and electronic products—Part 2:Test Methods—Test Z/BFc: Combined dry heat/vibration(sinusoidal) tests for both heat-dissipating and non-heat-dissipating specimens

(IEC 60068-2-51:1983,Basic environmental testing procedures—Part 2:Tests—Test Z/BFc:Combined dry heat/vibration (sinusoidal) tests for both heat-dissipating and non-heat-dissipating specimens,IDT)

2005-08-26 发布　　2006-04-01 实施

中华人民共和国国家质量监督检验检疫总局
中国国家标准化管理委员会　发布

前　言

本部分等同采用IEC 60068-2-51:1983《基本环境试验规程　第2部分:试验Z/BFc:散热和非散热试验样品的高温/振动(正弦)综合试验》(英文版)。

为便于使用,本部分删除了国际标准的前言。

本部分代替GB/T 2423.36—1986《电工电子产品基本环境试验规程　试验Z/BFc:散热和非散热试验样品的高温/振动(正弦)综合试验方法》。本次修订根据GB/T 1.1—2000《标准化工作导则　第1部分:标准的结构和编写规则》和GB/T 20000.2—2001《标准化工作指南　第2部分:采用国际标准的规则》,对标准进行格式编排。

本部分与GB/T 2423.36—1986主要有下列差异:

a) 本部分的技术内容、编写格式及表达方法与IEC 60068-2-51:1983相一致。而GB/T 2423.36—1986的编写格式与IEC 60068-2-51:1983有差异。

b) 本部分在规范性引用文件中,恢复了国际标准IEC 60068-2-51:1983中未被GB/T 2423.36—1986引用的有关标准和内容,如GB/T 2423.43《电工电子产品环境试验　第2部分:试验方法　元件、设备和其他产品在冲击(Ea)、碰撞(Eb)、振动(Fc和Fd)和稳态加速度(Ga)等动力学试验中的安装要求和导则》,删除了GB/T 2423.36—1986增加而国际标准IEC 60068-2-51:1983中没有引用的有关标准和内容,如GB/T 2424.22《电工电子产品环境试验规程　温度(低温、高温)/振动(正弦)综合试验导则》。

本部分由中国电器工业协会提出。

本部分由中国电工电子产品环境技术标准化技术委员会归口。

本部分起草单位:信息产业部电子第五研究所。

本部分主要起草人:纪春阳、罗志勇。

本部分于1986年首次发布。

引　言

0.1　概述

GB/T 2423 的本部分适用于散热和非散热试验样品的高温振动(正弦)综合试验,基本上是试验 Fc:振动(正弦)和试验 B:高温的综合。

本试验方法只限于试验样品暴露在高温条件下达到温度稳定的情况。

0.2　振动

振动试验基本上等同于试验 Fc;可以采用试验 Fc 的一个或多个耐久试验程序,但此综合试验中不包括耐久条件试验之后的振动响应检查。

0.3　温度

测试散热试验样品的温度条件是以与自由空气条件相同的方式使试验样品经受热应力。

由于在带振动台的试验箱中模拟自由空气条件的影响困难,所以本试验通常使用强迫空气循环,试验样品表面最热点作为温度的监测点,试验前,在规定环境温度的自由空气条件下,确定试验样品的监测点和监测温度。

0.4　规范性引用文件

下列文件中的条款通过 GB/T 2423 的本部分的引用而成为本部分的条款。凡是注日期的引用文件,其随后所有的修改单(不包括勘误的内容)或修订版不适用于本部分,然而,鼓励根据本部分达成协议的各方研究是否可使用这些文件的最新版本。凡是不注日期的引用文件,其最新版本适用于本部分。

GB/T 2421—1999　电工电子产品环境试验　第 1 部分:总则(idt IEC 60068-1:1988)

GB/T 2422—1995　电工电子产品环境试验　术语(eqv IEC 60068-5-2:1990)

GB/T 2423.2—2001　电工电子产品环境试验　第 2 部分:试验方法　试验 B:高温(idt IEC 60068-2-2:1974)

GB/T 2423.10　电工电子产品环境试验　第 2 部分:试验方法　试验 Fc 和导则:振动(正弦)(GB/T 2423.10—1995,idt IEC 60068-2-6:1982)

GB/T 2423.22　电工电子产品环境试验　第 2 部分:试验方法　试验 N:温度变化(GB/T 2423.22—2002,IEC 60068-2-14:1984,IDT)

GB/T 2423.43　电工电子产品环境试验　第 2 部分:试验方法　元件、设备和其他产品在冲击(Ea)、碰撞(Eb)、振动(Fc 和 Fd)和稳态加速度(Ga)等动力学试验中的安装要求和导则(GB/T 2423.43—1995,idt IEC 60068-2-47:1982)

GB/T 2424.1　电工电子产品环境试验　高温低温试验导则(GB/T 2424.1—1989,eqv IEC 60068-3-1)

电工电子产品环境试验 第2部分:试验方法 试验Z/BFc:散热和非散热试验样品的高温/振动(正弦)综合试验

1 目的

提供一个标准的试验程序以确定散热和非散热元器件、设备或其他产品在高温与振动综合条件下使用、贮存和运输的适应性。

2 一般说明

本试验是试验B:高温和试验Fc:振动(正弦)的综合试验。

注:试验Bb和Bd要求在条件试验的升温和降温过程中温度变化速率不超过1 K/min(5 min平均),对于经受热冲击的试验样品(通常是指能经受试验Ba的、并能经受试验Na和Nc快速温度变化的试验样品),不受最大温度变化速率1 K/min的限制,对于这些试验样品,可以使用能满足试验Ba或Bc(温度突变)条件的试验箱。

试验样品除非已进行过试验B和Fc(并记录其试验结果),否则应首先在试验室温度条件下进行振动试验,然后经受高温试验,达到温度稳定后,试验样品再经受振动和高温的综合试验。试验剖面见图1和图2。

振动环境可以是以下一种或几种:

a) 耐久扫频试验;

b) 振动响应调查,以及振动响应检查得出频率上的耐久试验;

c) 预定频率上的耐久试验。

3 试验设备

3.1 试验箱的要求

3.1.1 非散热试验样品的试验

这类试验箱应满足试验Ba或Bb中给出的要求(见第2章注)。

3.1.2 散热试验样品的试验

温度监测点的选择和监测温度的确定,可在满足下述条件a)或者b)的试验箱(或室)中进行。

a) 在高温条件下,提供强迫空气循环的试验箱,能模拟"自由空气"条件的影响,并满足GB/T 2423.2—2001中试验Bd第10.3的要求。

b) 试验箱(或室)能保护试验样品不受太阳辐照及通风的干扰(见5.1.2)。

这种试验使用的试验箱,通常应有强迫空气循环。应满足GB/T 2423.2—2001中试验Bc和试验Bd所给出的要求(见第2章注)。

3.2 振动系统的要求

3.2.1 安装

应满足试验Fc中给出的安装要求。然而,如果振动台台面温度因试验样品散热而与试验箱的环境温度不同,则振动台上试验样品的安装件应具有低的热传导性,最好是绝热的。

注1:试验Fc参照了GB/T 2423.43的安装要求,包括了安装在绝热体上的试验样品的指南;

注2:在安装绝热组件时应注意,在试验的频率范围内不要使试验样品及其安装件的动力学特性有显著的变化。

3.2.2 振动系统

振动系统应满足试验Fc中给出的要求。

4 严酷等级

振动幅值、频率范围和持续时间的严酷等级，应从试验 Fc 所给出的优选数值中选取，温度应从试验 B 中所给出的优选数值中选取。

试验样品达到温度稳定时就开始耐久试验。

5 温度监测点的选择和监测温度的确定（仅适用于散热试验样品）

5.1 无人工冷却的试验样品

5.1.1 使用在高温条件下能模拟"自由空气条件"影响的试验箱。

5.1.1.1 将试验样品放进满足 3.1.2 a)规定的试验箱内并通电。

5.1.1.2 然后将试验箱内的温度调节到相应的试验严酷等级上，并使试验样品达到温度稳定。

注 1：环境温度的定义见 GB/T 2422—1995 4.4；

注 2：温度稳定的定义见 GB/T 2422—1995 4.8。

5.1.1.3 只要有可能就应按有关标准的规定测定试验样品暴露于周围空气中的最热点，并把它选作温度监测点，记录这一点的温度，并确定监测温度。

注 1：如果试验样品有多种工作方式，可以引起不同的表面温度，监测点和监测温度通常根据产生最高温度的工作状态来确定。

注 2：确定温度监测点的费用会很高，例如具有复杂结构的大型试验样品就是如此，对于这种情况，推荐采用有关标准中规定的温度监测点。

5.1.2 使用仅在试验室温度下才能模拟"自由空气条件"影响的试验箱（室）。

如果试验箱在高温时不能模拟"自由空气条件" 的影响，则可以在试验室温度下使用下述程序选择温度监测点和确定监测温度。

5.1.2.1 试验样品应该放进满足 5.1.2 b)规定的试验箱（室）内，并通电。

5.1.2.2 要保证试验样品达到温度稳定。然后确定样品暴露到周围空气中的最热点，并作为温度监测点。

测量该点的温度和试验箱（室）的温度。

5.1.2.3 用 GB/T 2423.2—2001 附录 B 的"环境温度校正计算图"确定试验的监测温度。

5.2 人工冷却的试验样品

5.2.1 一般防护措施、术语等见试验 Bd 的对应章条。

5.2.2 冷却系统与试验箱分开：温度监测点和监测温度按 5.1.1 确定，在此情况下不能用 5.1.2 中的备选方法。

5.2.3 冷却系统与试验箱不分开：应按 5.2.2 选择温度监测点和确定监测温度，所不同的是从试验箱进入试验样品的空气进气点应是温度监测点，而该点测得的温度应是监测温度。

6 预处理

有关标准可以要求预处理。

7 初始检测

有关标准要求时，试验样品应进行目检以及电气与机械性能检测。

8 条件试验

有关标准应规定在试验样品的一个轴向或几个轴向上进行振动。当在整个条件试验过程中规定在几个轴向上振动时，应在每一规定轴向重复整个试验程序。

如果试验样品装有冷却系统，当试验样品在条件试验期间的任一阶段上加电时，要用上冷却系统。

如果没有进行试验 B 和试验 Fc，或没有记录其试验结果，则应遵循 8.1 和 8.2 给出的程序。

8.1 在试验室温度下进行振动试验

试验样品安装到振动台上，若有关标准要求时，则对试验样品通电。

达到温度稳定以后，试验样品加上规定量值的振动。若有关标准要求时，则对试验样品进行性能检测。

进行规定的耐久扫频试验，在规定的频率范围内进行一次扫频循环。

在振动响应检查所得频率上进行规定的耐久试验，应在振动响应检查期间，进行规定频率范围的一次扫频循环，其振幅应由振动响应检查所得频率上的耐久试验来确定。

注：为了简化高温时的振动响应检查，则可在试验室温度下研究与扫频试验有关的振动响应。

在预定频率上进行规定的耐久试验时，应在预定的频率上保持规定的振幅，但持续时间要比规定的试验持续时间短。

8.2 无振动的高温试验

8.2.1 非散热试验样品的试验：试验箱的温度要升高到规定的值，其持续时间要使试验样品达到温度稳定。

8.2.2 散热试验样品的试验：试验样品通电，试验箱的温度升高到使监测点温度达到第 5 章所确定的监测温度±2℃内。

8.2.3 如有关标准要求，可在达到温度稳定后进行性能检测。

注：如果试验样品有多种工作方式，可引起不同的表面温度，则功能检测应在引起监测点最高温度的工作方式下进行。

8.3 温度/振动综合试验

8.3.1 按 8.2 试验样品达到温度稳定以后，按规定量级和持续时间进行振动，有关标准应规定在本试验期间，试验样品是否通电和工作。

8.3.2 有关标准应规定必须采用试验 Fc 的试验程序。

a) 耐久扫频试验；

b) 由振动响应检查所得到的频率上的耐久试验，这就要求在耐久条件试验之前，必须进行振动响应检查：在条件试验结束时不要求做振动响应检查，但可以推荐做此试验。在此情况下，试验样品的有关标准应说明这一点。在耐久条件试验期间，激励频率必须调整，以保证得到最大的响应；

c) 预定频率上的耐久试验。

注：如果有关标准要求试验样品进行一系列不同工作方式的运行，这些运行会引起不同的表面温度，则环境温度应保持在 8.2 所叙述的试验部分所达到的等级上。

8.3.3 然后停止振动，如试验样品在条件试验期间是通电工作的，此时应切断电源。试验样品应保留在试验箱里，温度应缓慢降低到试验用标准大气条件温度范围内的某个值。最后，试验样品应在试验箱内或按有关标准的规定经受恢复程序。

9 中间检测

见试验 B。

10 恢复

见试验 B。

11 最后检测

按有关标准的要求，对试验样品进行目检和电气、机械性能检测。

12 失效判据

失效判据应由有关标准规定。

13 有关标准应具有的内容

当有关标准包括本试验时，必须给出试验B和试验Fc所要求的以下细节：

a) 温度变化速率：突变(试验Ba或Bc)或渐变(试验Bb或Bd)，见第2章。

b) 安装和支撑的细节，见3.2.1。

c) 严酷等级：温度、振幅、试验持续时间和频率范围或预定频率，见第4章。

d) 预处理，见第6章。

e) 初始检测，见第7章。

f) 振动的轴向，见第8章。

g) 条件试验期间试验样品的状态，见第8章；8.1和8.3.1。

h) 性能检测，见8.1和8.3.1。

i) 振动试验程序(耐久扫频试验，在响应频率上的耐久试验，在预定频率上的耐久试验)，见8.3.2。

注：见8.3.2b)所允许的选择方案。

j) 非标准的恢复，见第10章。

k) 条件试验期间的检测和负荷，见第9章。

l) 最后检测，见第11章。

m) 失效判据，见第12章。

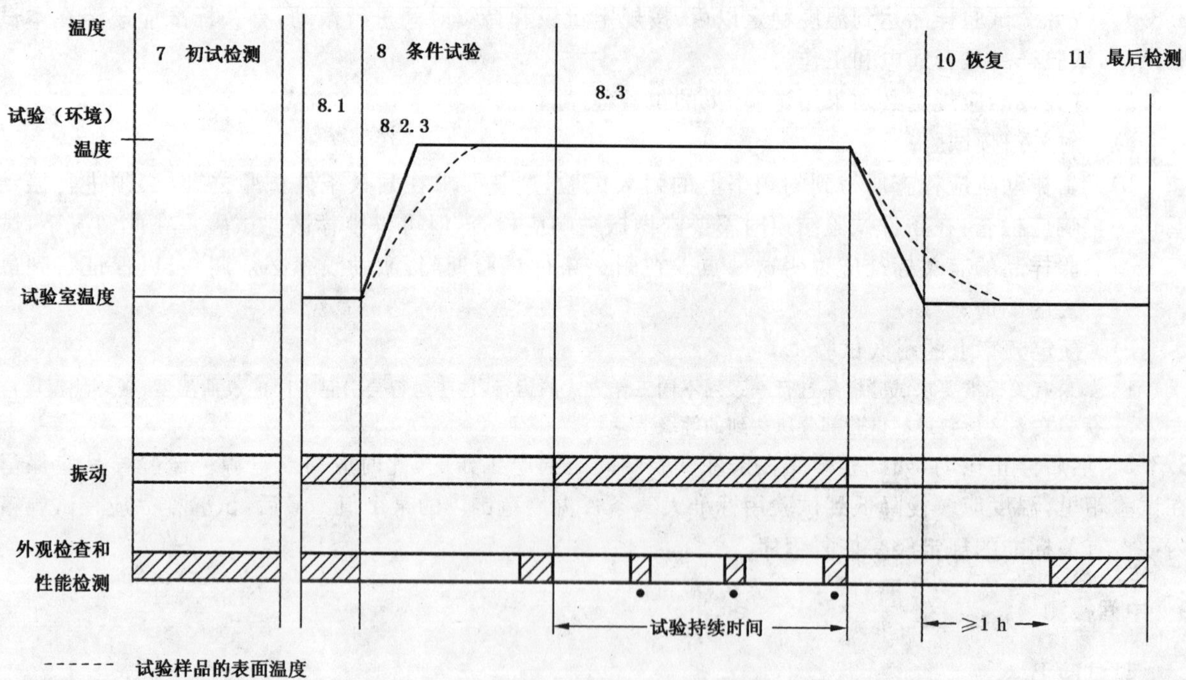

图1 非散热试验样品试验曲线图

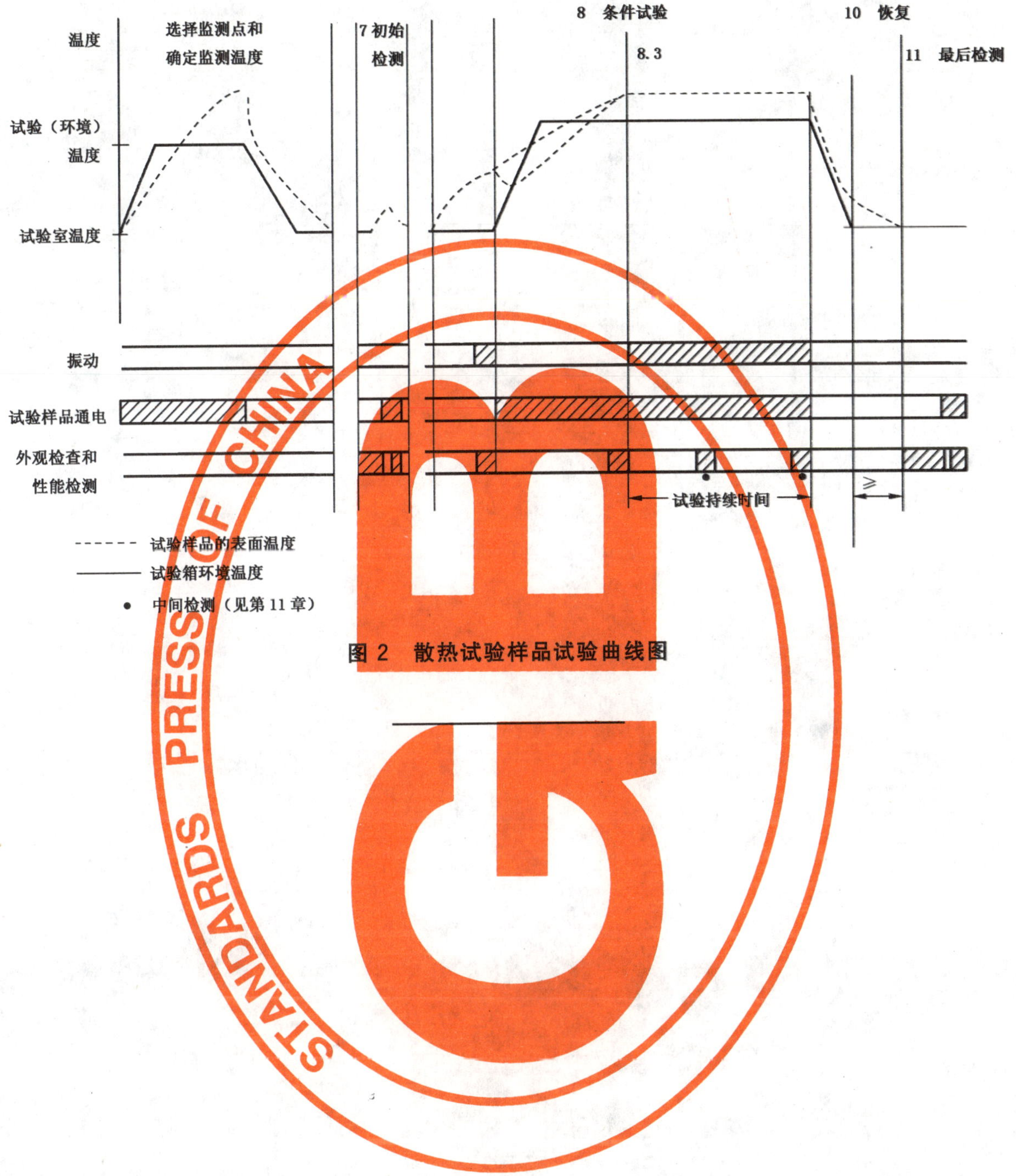

图 2 散热试验样品试验曲线图

ICS 19.080
K 04

中华人民共和国国家标准

GB/T 2423.38—2005/IEC 60068-2-18:2000
代替 GB/T 2423.38—1990
GB/T 2424.23—1990

电工电子产品环境试验　第2部分：试验方法　试验R：水试验方法和导则

Environmental testing for electric and electronic products—Part 2:Test methods—Test R:Water test method and guidance

(IEC 60068-2-18:2000,Environmental testing—Part 2-18:Tests—Test R and guidance:Water,IDT)

2005-08-26 发布　　2006-04-01 实施

中华人民共和国国家质量监督检验检疫总局
中国国家标准化管理委员会　发布

前 言

本部分等同采用 IEC 60068-2-18:2000《环境试验　第 2-18 部分　试验 R:水试验方法和导则》。

本部分删除了 IEC 60068.8-2-18:2000 中的“前言”和“引言”的内容。

本部分是对 GB/T 2423.38—1990《电工电子产品基本环境试验规程　试验 R:水试验方法》和 GB/T 2424.23—1990《电工电子产品基本环境试验规程　水试验导则》的修订,主要变动如下:

a) 本部分将 GB/T 2423.38—1990《电工电子产品基本环境试验规程　试验 R:水试验方法》和 GB/T 2424.23—1990《电工电子产品基本环境试验规程:水试验导则》这两项标准合并为本部分 GB/T 2423.38—2005《电工电子产品环境试验　第 2 部分:试验方法　试验 R:水试验方法和导则》;

b) 方法 Ra2:滴水箱法的降雨强度由 250 mm/h 改为 60^{+30}_{0} mm/h 和 180^{+30}_{0} mm/h;

c) 删除了 GB/T 2423.38—1990 中方法 Rb1:高强度滴水场法。

本部分的附录 A～附录 E 都是资料性附录。

本部分从实施之日起同时代替 GB/T 2423.38—1990 和 GB/T 2424.23—1990。

本部分由中国电器工业协会提出。

本部分由全国电工电子产品环境标准化技术委员会归口。

本部分起草单位:中国船舶重工集团公司标准化研究中心。

本部分主要起草人:贾学懋。

本部分委托全国电工电子产品环境标准化技术委员会负责解释。

电工电子产品环境试验　第2部分：试验方法　试验R:水试验方法和导则

1　范围

GB/T 2423 的本部分规定了适用于在运输、贮存或使用期间可能遭受滴水、冲水或浸水的电工电子产品的试验方法，是考核电工电子产品的外壳和遮盖物等密封件在水试验后或在试验期间能否保证设备和元件良好的工作性能。

本部分所规定的试验方法不适用于腐蚀试验。

本部分不模拟水和试件之间的大温差作用，例如由于压力变化和热冲击而引起的进水增多。

本部分包括了以自然条件为基础的人工淋雨试验，但通常情况下不考虑有强风速的自然降雨。

本部分对所选择的试验和严酷等级的应用给出了导则。

本部分可作为产品技术标准的引用依据。

2　规范性引用文件

下列文件中的条款通过 GB/T 2423 的本部分的引用而成为本部分的条款。凡是注日期的引用文件，其随后所有的修改单(不包括勘误的内容)或修订版均不适用于本部分，然而，鼓励根据本部分达成协议的各方研究是否可使用这些文件的最新版本。凡是不注日期的引用文件，其最新版本适用于本部分。

GB 4208　外壳防护等级(IP 代号)(GB 4208—1993,eqv IEC 529:1989)

IEC 60529:1989　外壳防护等级(IP 代号)

3　术语和定义

下列术语和定义适用于 GB/T 2423 的本部分。

3.1

雨　rain

以水滴形式的降水，水滴的降落量和实际的降落运动两者通称为降雨。

3.2

细雨　drizzle

以可随气流漂浮的大量细小均匀散布的水滴形式的降水。

3.3

雨滴　raindrop

通过大气降落的直径大于 0.5 mm 的水滴。

3.4

细雨滴　drizzledrop

通过大气降落的直径为 0.2 mm～0.5 mm 的水滴。

3.5

降雨强度　rainfall or drizzle intensity

R

单位时间内的降雨量。以毫米每小时(mm/h)为单位，1 $dm^3/m^2 \cdot h$ 等于 1 mm/h。

3.6

中值体积直径　median volume diameter

D_{50}

指某一特定水滴的直径，在降至地面的水量中有50%水滴的直径小于(或大于)此水滴直径。

$$D_{50} = 1.21R^{0.19}\text{(mm)}$$

式中：

R——降雨强度。

4　水试验概况

4.1　概述

本概况叙述了标准中所包括的各种试验的一般结构。

在图1中规定了不同试验的构成。

4.2　水试验R的说明

水试验由三组构成：

——试验Ra：滴水——用人工降雨和模拟由冷凝或泄漏形成降水的方法进行。

——试验Rb：冲水——以一定的压力将水流冲击试件，并可以假定从任何角度冲向试件。

——试验Rc：浸水——将试件浸入到规定深度或相应压力的水中。

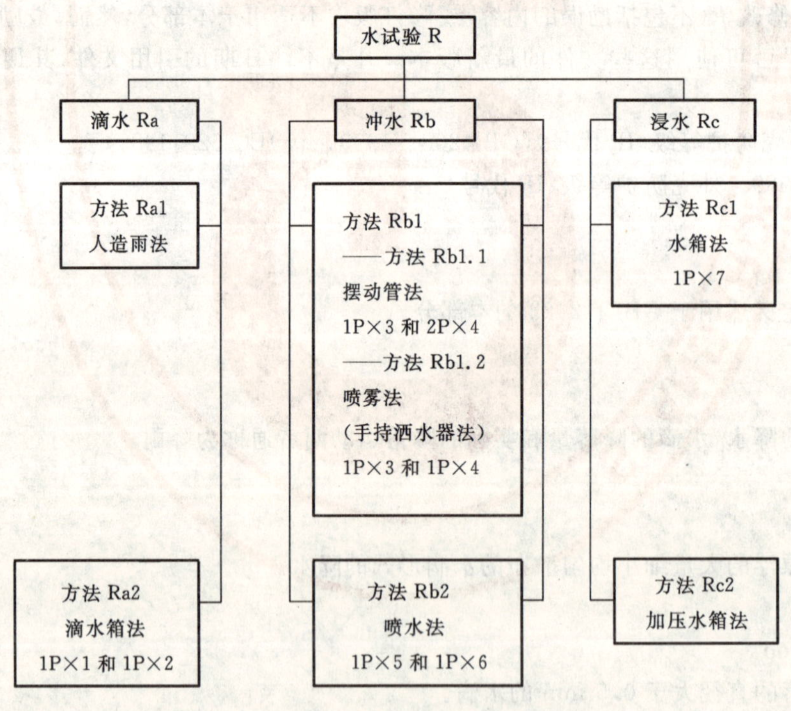

图1　水试验方法的构成

5　试验Ra：滴水

5.1　目的

本试验适用于在运输、贮存或使用期间可能遭受垂直降水的电工电子产品，这些降水来源于如自然降雨、渗漏或冷凝水。有关规范中应详细说明电工电子产品是否必须在试验期间正常工作还是仅能经受降雨条件而保持完好。在上述任何一种情况下,有关规范都应说明允许的性能容差。

5.2 方法 Ra1:人造雨法

5.2.1 试验的一般说明

试件应安装在一个合适的固定装置或支撑架上,然后让试件承受模拟自然降雨的降水。

试验设备的基本要求:

——人造雨法的滴水试验设备是由产生水滴的一个或多个喷嘴组成(见 C.2.1 和图 C.1)。

——试件的固定装置:固定装置应尽可能地模拟试件在使用中的安装状态,例如:对于安装在墙上的试验设备,则固定装置应模拟一堵墙。

——试件的支架:支架的底座面积应小于试件的底座面积,支架座是一个有 1 r/min 旋转速度和约 100 mm 偏心度的转动台(旋转台轴线和试件轴线之间的距离),也可以是一个不转动的台子。支架应能在任何试验位置上夹住试件,并能根据需要从垂直面倾斜最大至 90°。

——供水控制:试验用水应是清洁优质的自来水,为避免喷嘴堵塞,水应经过滤并软化。水的详细特性按附录 A 的规定。试验期间,水与试验情况下试件的温差不应超过 5 K,如果水温低于试件温度 5 K 以上,则应对试件进行压力平衡。

5.2.2 严酷等级

由降雨强度(并结合水滴尺寸分布)、持续时间和试件的倾斜角度表示的严酷等级应由有关规范规定,其值应从表 1 给出的数值中选择。由于风速不是本试验的参数,所以本试验不模拟风吹雨。

——降雨强度,mm/h(结合水滴尺寸分布,mm)

$10\pm5(D_{50}=1.9\pm0.2)$;$100\pm20(D_{50}=2.9\pm0.3)$;$400\pm50(D_{50}=3.8\pm0.4)$。

——持续时间,min

10,30,60,120。

注:有关规范可以规定更长的持续时间。

——倾斜角 α,度(°)

0,15,30,60,90。

5.2.3 预处理

如有关规范中有规定,则应对试件和密封进行预处理。

5.2.4 初始检测

应按有关规范规定,对试件进行外观检查、尺寸检查和功能检测。可能影响试验结果的试件的所有性能,例如表面处理,外壳、盖或密封都应检查以保证符合有关规范的规定。

5.2.5 条件试验

试件应按以下两种方法中的任一种方法固定在支架上:

——按有关规范规定,按其正常的工作位置;

——从正常的工作位置倾斜并使试件在垂直于倾斜轴线的平面内转动。旋转可通过转动支撑台或通过试验期间以有规律的间隔时间复位试件来达到。除此之外,为避免需要滑环接触,试件能通过 270°的圆弧摆动。

有关规范应规定一个或多个倾斜角度。暴露于滴水场的一个或多个表面和每一面暴露的持续时间,或试件是否应连续地转动或是否摆动通过 270°,见图 2。

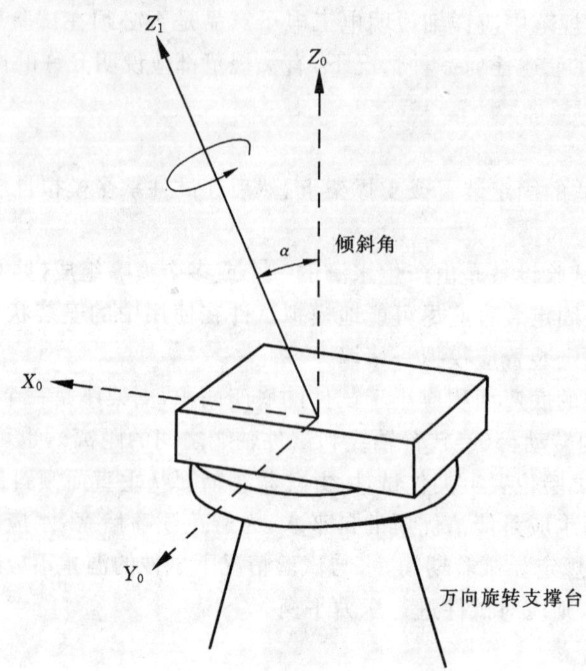

图 2 试验 Ra,倾斜角和轴系的定义

试件应承受从 5.2.3 中选择的和按有关规范规定的严酷等级的人工降雨。

有关规范应说明试件在条件试验期间是否工作和是否应进行中间检测。

在通电情况下对试件进行试验时应采取适当的安全预防措施。

5.2.6 恢复

除非在有关规范中另有规定外,应采用擦拭或在室温下采用低速强制气流对试件彻底地进行干燥处理。

5.2.7 最后检测

应检查试件进水的情况,并按有关规范的规定进行外观检查、尺寸检查和功能检测,宜测定进水量,并记录。

5.2.8 引用本部分时应规定的细则

有关规范中包含本试验时,应就其应用规定以下细则,并按以下所列条款的要求提供资料,特别应注意带有星号(*)标记的项目,因为这些资料始终是需要的。

	条款号
a) 严酷等级*	5.2.2
b) 预处理	5.2.3
c) 初始检测*	5.2.4
d) 试件的安装*	5.2.5
e) 条件试验期间试件的位置*	5.2.5
f) 试验期间试件的状态*	5.2.5
g) 中间检测	5.2.5
h) 恢复	5.2.6
i) 最后检测*	5.2.7

5.3 方法 Ra2:滴水箱法

5.3.1 试验的一般说明

试件安装在滴水箱下方的一个合适的固定装置上。试件应承受模拟因冷凝或渗漏而形成降雨的滴水试验。

试验设备的基本要求：

——滴水箱：滴水箱通常应有一个大于试件投影面积的底面积。如果滴水箱的底面积小于试验情况下试件的底面积，则可将试件分成几个部分，每个部分的面积的大小足以被滴水覆盖。试验连续进行直至在规定的时间内试件的全部面积被淋到。滴水箱应能提供一个具有规定强度的降雨量的均匀滴水场。

以方格网状排列的滴嘴间距应当是 20 mm 或 25 mm，滴水箱底部至试件最高点的距离应能调节到 0.2 m 或 2 m。一个合适的滴水箱的配置按 C.2.2 和图 C.2 中的规定。

——试件的固定装置：试件的固定装置应尽可能地模拟试件在使用时的安装状态；例如，设备安装在墙上，则固定装置应模拟一堵墙。

——试件的支撑架：试件的支撑架的底面积应小于试件的底面积。支撑架可以是一个有 1 r/min 转动速度和约 100 mm 的偏心度（旋转台轴线和试件轴线之间的距离）的旋转台，也可以是一个不转动的台子。支撑架应能在任何试验位置上夹住试件，并可从垂直平面倾斜最大至 45°。

——供水控制：试验用水应是清洁优质的自来水，为避免滴嘴堵塞，水应当经过滤并软化，水的详细特性按附录 A 的规定。试验期间，水与试验情况下试件的温差应超过 5 K。如果水温低于试件 5 K 以上，则应对试件进行压力平衡。

5.3.2 严酷等级

由降雨高度、试件倾斜角度、持续时间和降雨强度表示的严酷等级应由有关规范规定。其值从以下给出的数值中选取。

——降雨高度 h，m：0.2，2

——倾斜角度 α，度：0，15，30，45

——持续时间，min：3，10，30，60

注：3 min 的持续时间仅在规定倾斜角是 0°时应用。

——降雨强度，mm/h：60^{+30}_{0}，180^{+30}_{0}。

5.3.3 预处理

按 5.2.3 规定。

5.3.4 初始检测

按 5.2.4 规定。

5.3.5 条件试验

试件应按其正常的工作位置安装在滴水箱下方的支撑架上。然后，支撑架应转动，或按四种倾斜位置之一倾斜至规定的角度。这些位置在两个相互垂直的竖直面的任一侧。如果要求特别的安装条件（例如，墙或天花板），应由有关规范规定。

在两种情况下，本试验应按 5.3.1 中规定的条件进行，其严酷等级应 5.3.2 中选取。

在支撑架倾斜的情况下，持续时间应在四种位置之间平等地划分。

有关规范应说明试件在条件试验期间是否工作以及是否进行中间检测。试件在通电情况下进行试验时，应采取适当的安全预防措施。

5.3.6 恢复

除非在有关规范中另有规定外，应对试件采用擦拭和在室温下采用低速强制气流彻底地进行干燥处理。

5.3.7 最后检测

应检查试件进水的情况，并按有关规范的规定进行外观检查、尺寸检查和功能检测。

如果可能则应测定进水量，并记录。

5.3.8 引用本部分时应规定的细则

在有关规范中包含本试验时，应就其应用规定下列细则。有关规范应按以下所列条款中的要求提供资料，特别应注意带有星号(*)标记的项目，因为这些资料始终是需要的。

	条款号
a) 严酷等级*	5.3.2
b) 预处理	5.3.3
c) 初始检测*	5.3.4
d) 试件的安装*	5.3.5
e) 条件试验期间试件的位置*	5.3.5
f) 试验期间试件的状态*	5.3.5
g) 中间检测	5.3.5
h) 恢复	5.3.6
i) 最后检测*	5.3.7

6 试验 Rb：冲水

6.1 目的

本试验适用于在运输、贮存或使用期间可能遭受冲水的电工电子产品。这些水来源于大暴雨、风吹大雨、洒水系统、车轮溅水、冲水或猛烈海浪。有关规范应详细说明电工电子产品是否必须在试验期间正常工作，还是仅能经受冲水条件而保持完好。在上述任何一种情况下，有关规范始终应规定可接受的性能容差。

6.2 方法 Rb1：摆动管法和喷雾法

6.2.1 试验的一般说明

本试验是模拟喷雾或溅水，例如，洒水系统作用结果。附录 D 给出了本试验的导则。本试验应根据有关规范的规定采用图 D.1 或图 D.3 规定的试验装置。试件安装在一个合适的固定装置上，并承受从半圆型管子中或滴嘴中产生的水的冲击。

6.2.2 方法 Rb1.1：摆动管法

6.2.2.1 试验设备要求

试验设备的基本要求：

——摆动管

三种类型的管子可以使用，类型 1 和类型 2 的管子带有 0.4 mm 直径的滴嘴，类型 3 的管子带有 0.8 mm 直径的滴嘴，滴嘴中心间距为 50 mm，类型 1 管子滴嘴分布在垂直面两侧的 60°圆弧上，类型 2 和类型 3 滴嘴分布在垂直面两侧的 90°圆弧上。类型 1 管子应能向垂直面的任何一侧摆动 60°角，类型 2 和类型 3 管子应能向垂直面的任何一侧摆动 180°角。

类型 1 和类型 2 摆动管的最大适用半径是 1 600 mm。类型 3 摆动管的半径应不超过 800 mm、半径的选择方法应是试件与管子内侧之间的间隙不超过 200 mm。

每个具有 0.07 L/min 或 0.6 L/min 平均流速的滴嘴的数目与总流速之间的关系由表 4 给出。

合适的试验设备如图 D.1 所示。

——试件的固定装置

固定装置应尽可能地模拟电工电子产品在实际使用中的安装结构，例如，安装在墙上的设备，则固定装置应模拟一堵墙。

——试件的支撑架

对类型 1 管子，试件的支撑架不应钻孔。对类型 2 和类型 3 管子，试件的支撑架应适当地钻孔。

——供水控制

本试验用水应是清洁优质的自来水。为避免滴嘴堵塞，水应当经过过滤并软化。水的详细特性按附录 A 的规定。试验期间,水与试验情况下试件的温差应超过 5 K。如果水温低于试件温度 5 K 以上,则应对试件进行压力平衡。

6.2.2.2 **严酷等级**

由滴嘴角度、每个孔中的水流速度、管子的摆动角度和持续时间表示的严酷等级应由有关规范规定,其值应从以下给出的数值中选择。

水试验严酷等级的任何组合能单独地选择,在这种情况下,这样地一种组合应在有关规范中说明。

类型 1 管

——滴嘴角度 α,度　±60

——每个孔中水的流速,L/min　0.07±5%

——管子的摆动角度 β,度　±60

——持续时间,min　2×5

类型 2 管

——滴嘴角度 α,度　±90

——每个孔中水的流速,L/min　0.07±5%

——管子的摆动角度 β,度　±180(近似)

——持续时间,min　10,30,60

类型 3 管

——滴嘴角度 α,度　±90

——每个孔中水的流速,L/min　0.6±0.03

——管子的摆动角度 β,度　±180(近似)

——持续时间,min　2×5

注:某些情况下,有关规范可以规定较长的持续时间。

6.2.2.3 **预处理**

如果在有关规范中有规定,则试件和密封应进行预处理。

6.2.2.4 **初始检测**

应按有关规范规定,对试件进行外观检查、尺寸检查和功能检测。可能影响试验结果的试件的所有性能,例如表面处理,外壳、盖和密封都应检查以保证符合有关规范的规定。

6.2.2.5 **条件试验**

规定了三种类型的试验:

类型 1:

试件应系紧在一个固定装置上,如有规定,则应按其正常的工作状态安装在支撑架上。对本试验,支撑架不应钻孔。图 D.1 所示的在垂直面的任一侧 60°弧度上带有滴嘴的摆动管半径的选择应满足试件的尺寸要求。最大半径是 1 600 mm。如果试件太大,则应用喷雾法进行试验,应使管子向垂直面的任一侧产生摆动至 60°角。对一次完整的摆动+60°~-60°~+60°需要的时间应是 4 s。

应按表 2 中规定的流速调整水流。

试验持续时间应是 5 min。

试件应水平转动 90°角,再继续进行 5 min。

如果不能淋湿试件的所有部分,则支撑架应上下移动或应采用喷雾法试验。

有关规范应说明试验期间试件是否工作和是否应进行中间检测。

当试验在通电情况下进行时,应采取适当的安全预防措施。

表 2 摆动管——喷嘴数和总的水流速度与管子半径的关系

管子半径 R/mm	管子类型					
	类型 1		类型 2		类型 3	
	打开的滴嘴数 N^{a}	总的水流速度/(L/min)	打开的滴嘴数 N^{a}	总的水流速度/(L/min)	打开的滴嘴数 N^{a}	总的水流速度/(L/min)
200	8	0.56	12	0.84	12	7.2
400	16	1.1	25	1.8	25	15
600	25	1.8	37	2.6	37	22.2
800	33	2.3	50	3.5	50	30
1 000	41	2.9	62	4.3		
1 200	50	3.5	75	5.3		
1 400	58	4.1	87	6.1		
1 600	67	4.7	100	7		

a 根据滴嘴中心按规定距离实际排列，打开的滴嘴数 N 可以增加 1。

类型 2：

试验与类型 1 基本相同，只有以下差异：

——除非有关规范中另有规定，支撑架应被钻孔；

——摆动管在垂直面任一侧 90°弧度上应有滴嘴；

——管子摆动应通过 360°，向垂直面的每一侧摆动 180°的角；

——一次完整的摆动，+180°～180°～+180°所需时间大约应是 12 s；

——试验持续时间应从 6.2.2.2 中选取；

——试件不需水平转动 90°，也不需继续进行。

注：如果试件的安装方向影响了试验的严酷等级，有关规范应对其加以说明。

有关规范应说明试验期间试件是否应工作以及是否应进行中间检测。

在通电情况下进行试验时，应采取适当的安全预防措施。

类型 3：

本试验与类型 2 基本相同，只有以下差异：

——本试验持续时间是 2×5 min，即试验 5 min 后，试件水平转动 90°，试验继续进行 5 min。

有关规范应说明在试验期间试件是否工作和是否应进行中间检测。

在通电情况下进行试验时，应采取适当的安全预防措施。

6.2.2.6 恢复

除非在有关规范中另有规定外，应对试件采用擦拭和在室温下采用低速强制气流彻底地进行干燥处理。

6.2.2.7 最后检测

应检查试件进水的情况，并按有关规范的规定进行外观检查、尺寸检查和功能检测。宜测定进水量，并记录。

6.2.2.8 **引用本部分时应规定的细则**

在有关规范中包含本试验时，应就其应用规定以下细则。有关规范应按以下所列条款的要求提供资料，特别应注意带有星号(*)标记的项目，因为这些资料始终是需要的。

	条款号
a) 严酷等级*	6.2.2.2
b) 预处理	6.2.2.3
c) 初始检测*	6.2.2.4
d) 试件的安装*	6.2.2.5
e) 条件试验期间试件的位置*	6.2.2.5
f) 试验期间试件的状态*	6.2.2.5
g) 中间检测	6.2.2.5
h) 恢复	6.2.2.6
i) 最后检测*	6.2.2.7

6.2.3 **方法 Rb1.2 喷雾法**

6.2.3.1 **试验设备**

试验设备的基本要求：

滴嘴(也称手持洒水器)

——手持洒水器是由一个具有78°喷雾锥体的滴嘴和一个能限制喷射锥体上部与水平或30°角的活动档板组成。档板可按规定转动，手持洒水器应有10×(1±5%)L/min的喷水量，其水压力必须达到50 kPa～150 kPa(0.5 bar～1.5 bar)。

——试件的固定装置

固定装置应尽可能地模拟电工电子产品在实际使用中所采用的安装结构，例如：设备安装在墙上，则固定装置应模拟一堵墙。

——试件的支撑架

支撑架应有一个比试件底面积小的底面积或适当地钻孔。

——供水控制

供水应能以稳定的流量供给至少10 L/min的水量。试验用水应是清洁、优质的自来水，为了避免孔的堵塞，水应经过滤并可软化，水的详细特性由附录A给出。试验期间，水与试验情况下试件的温差不应超过5 K，如果水温低于试件温度5 K以上，则应对试件进行压力平衡。

6.2.3.2 **严酷等级**

如果不需对试件的每个表面都喷雾，则应规定需喷雾的表面。由是否使用档板和持续时间表示的严酷等级应从以下规定的数值中选取。

——移动挡板：使用；移去

——试验持续时间，(min/m^2)试验表面，用±10%的容差计算(承受的最短持续时间，min)

1(5)，3(15)，6(30)

注：在某些情况下，有关规范可以规定较长的持续时间。

6.2.3.3 **预处理**

如有关规范中有规定，则应对试件和密封进行预处理。

6.2.3.4 **初始检测**

应按有关规范规定对试件进行外观检查、尺寸检查和功能检测。可能影响试验结果的试件的所有性能，例如表面处理、外壳、盖或密封都应检查以保证符合有关规范的规定。

6.2.3.5 条件试验

试件应按摆动管法试验程序(6.2.2.5 类型 1 或类型 2)的规定安装。水压应调节到能提供 10×(1±5%)L/min的流量。并应在整个试验过程中保持稳定。应按规定的持续时间,以(0.4±0.1)m 的距离对规定的表面喷雾,当采用喷雾嘴取代类型 2 摆动管时,移去活动档板,并从垂直方向±180°的方向喷雾。

有关规范应说明在条件试验期间试件是否工作和是否应进行中间检测。

在通电条件下进行试验时,应采取适当的安全预防措施。

6.2.3.6 恢复

除非在有关规范中另有规定外,应对试件采用擦拭和在室温下采用低速强制气流彻底地进行干燥处理。

6.2.3.7 最后检测

应检查试件进水的情况,并按有关规范的规定进行外观检查、尺寸检查和功能检测。宜测定进水量,并记录。

6.2.3.8 引用本标准时应规定的细则

在有关规范中包含本试验时,应就其应用规定以下细则,有关规范应按以下所列条款提供需要的资料,特别应注意带有星号(*)标记的项目,因为这些资料始终是需要的。

	条款号
a) 严酷等级*	6.2.3.2
b) 预处理	6.2.3.3
c) 初始检测*	6.2.3.4
d) 试件的安装*	6.2.3.5
e) 条件试验期间试件的位置*	6.2.3.5
f) 试验期间试件的状态*	6.2.3.5
g) 中间检测	6.2.3.5
h) 恢复	6.2.3.6
i) 最后检测*	6.2.3.7

6.3 方法 Rb2:喷水法

6.3.1 试验的一般说明

试件应安装在一个固定装置上,承受模拟车轮溅水或猛烈海浪的喷水。标准试验喷嘴按 D.2.2 和图 D.4 中的规定。

试验设备的基本要求:

——软管滴嘴

软管滴嘴应能喷出一股紧密的水柱,小滴嘴口径为 6.3 mm,大滴嘴口径为 12.5 mm(见图 D.4)。

——试件的固定装置

固定装置应尽可能地模拟电工电子产品在实际使用中所采用的安装结构,例如设备安装在墙上,则固定装置应模拟一堵墙。

固定装置的底面积应小于试件的底面积或应被适当地钻孔。

固定装置必须有足够的强度和稳性,能承受喷水的水动力。

——供水控制

供水应是清洁优质的自来水,并能以至少 1 001/min 的流量输送,水压在这个流量下,水压力至少应为 100 kPa,即在使用小滴嘴时,水压可达 1 000 kPa,试验期间,水与试验中试件的温差不应大于 5 K,如果水温低于试件温度 5 K 以上,则应对试件进行压力平衡。

6.3.2 严酷等级

由选择的软管滴嘴尺寸,流速和试验持续时间表示的严酷等级应按有关规范的规定,其值从以下给出的数值中选取。

6.3 mm 滴嘴

——水流速度,L/min(和相当的水流压力近似值,kPa)

75(1±5%)

——持续时间,min/m^2 试验表面,用±10%的容差计算(承受的最短持续时间,min)

0.3 (1)

6.3 mm 滴嘴

——水流速度,L/min(和相当的水流压力近似值,kPa)

12.5(1±5%)

——持续时间,min/m^2 试验表面,用±10%的容差计算(承受的最短持续时间,min)

1(3),3(10)

12.5 mm 滴嘴

——水流速度,L/min(和相当的水流压力近似值,kPa)

100(1±5%)

——持续时间,min/m^2 试验表面,用±10%的容差计算(承受的最短持续时间,min)

1(3),3(10),10(30)

6.3.3 预处理

如有关规范中有规定,则应对试件和密封进行预处理。

6.3.4 初始检测

应按有关规范规定对试件进行外观检查、尺寸检查和功能检测。可能影响试验结果的试件的所有性能,例如表面处理、外壳、盖或密封都应检查以保证符合有关规范的规定。

6.3.5 条件试验

试件应按其正常的工作状态安装在固定装置上。

滴嘴至试件的距离应是 2.5 m±0.5 m,当向上喷洒时,如果必须保证适当的潮湿,这个距离可以减少,在离滴嘴 2.5 m 的情况下,喷水的实体部分对 6.3 mm 滴嘴应在 40 mm 的圆周内,对 12.5 mm 的滴嘴应在 120 mm 的圆周内。

除非在有关规范中另有规定,应采用从图 D.4 所示的标准试验喷嘴中喷出的水流从所有实际使用中可能的方向上向上冲洗。

滴嘴大小、流速和试验持续时间应按有关规范规定,从 6.3.2 中选取。

有关规范应说明试件在条件试验期间是否工作以及是否应进行中间检测。

在通电情况下试验时,应采取适当的安全预防措施。

6.3.6 恢复

除非在有关规范中另有规定外,应对试件采用擦拭和在室温下采用低速强制气流彻底地进行干燥处理。

6.3.7 最后检测

应检查试件进水的情况,并按有关规范的规定进行外观检查、尺寸检查和功能检测。宜测定进水量,并记录。

6.3.8 引用本部分时应规定的细则

在有关规范中包含本试验时，就其应用规定以下细则，有关规范应按以下所列条款的要求提供资料，特别应注意带有星号(*)标记的项目，因为这些资料始终是需要的。

	条款号
a) 严酷等级*	6.3.2
b) 预处理	6.3.3
c) 初始检测*	6.3.4
d) 试件的安装*	6.3.5
e) 条件试验期间试件的位置*	6.3.5
f) 试验期间试件的状态*	6.3.5
g) 中间检测	6.3.5
h) 恢复	6.3.6
i) 最后检测*	6.3.7

7 试验 Rc:浸水

7.1 目的

本试验适用于防水并在运输或使用期间可能遭受浸水的电工电子产品。有关规范应详细说明电工电子产品在条件试验期间是否必须正常运行或仅需承受浸水条件而保持完好。在任何情况下有关规范都应规定允许的性能容差。

通常情况下，应使用清洁的自来水，如果用海水进行试验，则应在有关规范中说明，并同时说明所用海水的特性。

有关规范可要求对电阻率和 pH 值进行测量。

7.2 方法 Rc1:水箱法

7.2.1 一般说明

试件浸入到规定深度的水箱中承受规定的压力，条件试验后应检查水进入的情况并检测性能的可能变化。

7.2.2 严酷等级

由浸水深度和持续时间表示的严酷等级应在有关规范中规定，其值应从以下给出的数值中选取：

——深水深度，m

0.15,0.4,1,2,5

浸渍深度系指从水面至试件最高点的距离。

注：在 IEC 60529 中的 IP 代码对浸水深度有不同的定义。

——持续时间，h

0.5,2,24

7.2.3 预处理

如有关规范中有规定，则应对试件和密封进行预处理。

7.2.4 初始检测

应按有关规范规定对试件进行外观检查、尺寸检查和功能检测。可能影响试验结果的试件的所有性能，例如表面处理、外壳、盖或密封都应检查以保证符合有关规范的规定。

7.2.5 条件试验

试件应固定在按有关规范中规定的位置上，并应完全浸入到水箱中，为了便于发现泄漏，在水中可加入水溶性染料,如荧光素。

试件应按有关规范的规定承受从7.2.2中选取的浸水深度和持续时间。

初始水温应在试件温度和低于其5 K之间,水温不应超过35℃。

有关规范应说明试件在试验期间是否工作和是否应进行中间检测。

试件在通电情况下试验时应采取适当的安全预防措施。

7.2.6 恢复

除非在有关规范中另有规定外,应对试件采用擦拭和在室温下采用低速强制气流彻底地进行干燥处理。

7.2.7 最后检测

应检查试件进水的情况,并按有关规范的规定进行外观检查、尺寸检查和功能检测。宜测定进水量,并记录。

7.2.8 引用本部分时应规定的细则

在有关规范中包含本试验时,应就其应用规定以下细则。有关规范应按以下条款的要求提供资料,特别应注意带有星号(*)标记的项目,因为这些资料始终是需要的。

	条款号
a) 如规定采用海水时应说明海水的成份	7.1
b) 水(试验设备)的电阻率和pH值	7.1 E.1
c) 严酷等级*	7.2.2
d) 预处理	7.2.3
e) 初始检测*	7.2.4
f) 试件的安装*	7.2.5
g) 试验期间试件的状态*	7.2.5
h) 中间检测	7.2.5
i) 恢复	7.2.6
j) 最后检测*	7.2.7

7.3 方法Rc2:加压水箱法

7.3.1 试验的一般说明

试件应完全浸入到加压水箱中承受规定的压力。试验后,试件应检查水进入的情况及其性能的可能变化。

7.3.2 严酷等级

由水箱压力和持续时间表示的严酷等级应在有关规范中规定,其值应从以下给出的数值中选取。

——高压,kPa(等效浸水深度,m)

20(2),50(5),100(10),200(20),500(50),1000(100),2000(200),5000(500),10000(1000)

——持续时间,h

2,24,168

7.3.3 预处理

如有关规范中有规定,则应对试件和密封进行预处理。

7.3.4 初始检测

应按有关规范规定对试件进行外观检查、尺寸检查和功能检测。可能影响试验结果的试件的所有性能,例如表面处理、外壳、盖或密封都应检查以保证符合有关规范的规定。

7.3.5 条件试验

试件应放置在有关规范规定的位置上，并应完全地浸入到加压水箱中。为了便于发现泄漏，可在水中加入水溶性的染料，如荧光素。

试件应按有关规范的规定承受从7.3.2中选取的压力值和持续时间。

试验期间，水与试验情况下试件的温差不应超过5 K。水温不应超过35℃。

有关规范应说明在试验期间，试件是否应当工作和是否应进行中间检测。

试件在通电情况下试验时，应采取适当的安全预防措施。

7.3.6 恢复

除非在有关规范中另有规定外，应对试件采用擦拭和在室温下采用低速强制气流彻底地进行干燥处理。

7.3.7 最后检测

应检查试件进水的情况，并按有关规范的规定进行外观检查、尺寸检查和功能检测。宜测定进水量，并记录。

7.3.8 应用本部分时应规定的细则

在有关规范中包含本试验时，应就其应用规定以下细则。有关规范应按以下所列条款的要求提供资料，特别应注意带有星号(*)标记的项目，因为这些资料始终是需要的。

	条款号
a) 如规定采用海水时，应说明海水的成分	7.1
b) 水(试验设备)的电阻率和pH值	7.1 E.3
c) 严酷等级*	7.3.2
d) 预处理	7.3.3
e) 初始检测*	7.3.4
f) 试件的安装*	7.3.5
g) 试验期间试件的状态*	7.3.5
h) 中间检测	7.3.5
i) 恢复	7.3.6
j) 最后检测*	7.3.7

附 录 A
（资料性附录）
试验用水

A.1 概述

标准中试验用水的某些特性在本试验方法中有规定，例如，水滴大小、降雨强度、水滴速度和对试件的喷洒角度。此外，试验用水的其他特性可能影响试验设备的正常功能或对试件产生某些直接或间接的影响。

大多数水试验用水可能来自当地的供水，因而，这样的供水可能在压力、温度和纯度方面差别很大。因此，必须考虑与本试验有关的这些特性，例如水进入试件或表面特性的变化。并需评价供水的适用性，如供水不适用，则需对水作进一步处理，如果这不可行，则应提供替换的水源。

A.2 水的纯度

总管供水通常含有各种可能来自于水源的杂质，例如，在它通过河流期间矿物质的吸收或在用氯气消毒时，可能通过化学处理过程被作为消毒剂而加入。

A.2.1 对试件的影响

某种试件的水试验可能要求对试件在试验期间或紧接着在喷雾后进行电气测量。电气测量可以包括直接暴露于水的外表面或那些被经过通风孔或缝隙进入的水而弄湿的内表面，在这些情况下，必须保证来自试验设备的水是不导电的，这意味着需要蒸馏水或去离子水。

需要考虑的水的另一个特性是水对试件的腐蚀。本部分中的试验的意图是不产生腐蚀的，但可能在某些条件下一不注意就发生了。如果要避免腐蚀，可以适当地使用去离子水或蒸馏水；然而，也应注意纯净水最终可能被空气中或试件表面的污染物质所污染。

不论怎样，在化学作用或电化学作用产生时，试件在水试验后一段时间比在试验期间更可能出现腐蚀。

A.2.2 对试验设备的影响

对试验设备所供的水中的杂质可能会导致水流量的降低或不稳定，当试验设备在较低水压下运行时，这种影响的严酷程度变得更为重要。试验 Ra（滴水法）对滴水口的阻塞问题特别敏感。这需对供水进行过滤或软化处理。

A.2.3 试件内的进水

在水试验 R 的方法中，射向试件的水的某些性能影响了水的进入，例如：温度、水滴大小、水流速度和入射角度等。但是水的成分也影响水进入试件的任何孔或缝隙。如在孔口处有水，流过该孔的水的流量与该孔两端的压力差（通常是由较凉的水引起的温差造成的）成正比而与水的粘度成反比。水的表面张力通过降低压差抵抗水的流动并防止水流过很小的孔。

表 A.1 中给出了水的这些特性的近似值。

A.3 试验 R 的水质

A.3.1 试验 Ra:滴水

试验用水应是清洁优质的自来水,为了避免滴嘴堵塞,水应经过滤或软化处理。

经软化或蒸馏的水应有 6.5～7.2 的 pH 值和不低于 500 Ωm 的电阻率。

A.3.2 试验 Rb:冲水

试验用水应是清洁优质的自来水,为了避免喷嘴的堵塞,水应经过滤并可作软化处理。

A.3.3 试验 Rc:浸水

试验用水通常是清洁的自来水,但也能用海水,水温应是 25℃±10℃。为了便于发现泄漏,可在水中加入水溶性染料,如荧光素。

表 A.1 水的典型特性的近似值

相对介电常数	纯水	80,在 25℃时
电阻率	很纯的水	200 000 Ωm
	去离子水	500 Ωm～5 000 Ωm
	总管供水	2.5 Ωm
表面张力　在 20℃时		73×10^{-5} N/cm
表面张力　在 20℃时	具有 0.1 g/L 润湿剂	43×10^{-5} N/cm
表面张力　在 20℃时	具有 0.5 g/L 润湿剂	30×10^{-5} N/cm

附 录 B
（资料性附录）
一般导则

B.1 概述

本部分中的水试验方法，既可作为空气中滴水场的水试验（试验 Ra 和 Rb），也可作为产品在大量均匀液体中的水试验（试验 Rc），可用于确定其对电工电子产品的影响。这些试验包括了所有各种以液态水作为电工电子产品周围微气候一部分的情况，例如，雨、喷水、浇水、浸水，但不包括由高速降雨引起的浸蚀。

进行水试验主要考虑的是水进入产品外壳或对产品表面特性的变化所造成的影响，例如，电气绝缘体瞬间过电压的降低。一般情况下，产品在水试验期间或水试验后是否合格的判据将根据产品本身的特性确定，必须在有关规范中规定。对某些电工电子产品，决不允许有一点水浸入它的防护外壳内，而另一些电工电子产品，可能允许有些水渗入。尽管外壳可能有除防水以外的多种作用，但在产品设计时，外壳要求的防护等级可能取决于密封部分对水的敏感度。

试件在通电情况下试验时，应采取适当的安全预防措施。

B.2 影响试验严酷等级的因素

a） 雨或降水场的降水强度；

b） 水滴速度；

c） 降水场对试件的倾斜角度；

d） 水压（试验 Rc）；

e） 水和试件之间的温差；

f） 水质。

附 录 C
（资料性附录）
试验 Ra 导则

C.1 概述

试验 Ra:滴水,包括两种试验方法。

方法 Ra1:人造雨法,适用于放置在户外,对自然降雨无防护的电工电子产品。

方法 Ra2:滴水箱法,适用于通常对自然降雨有防护,但可能暴露于因上表面冷凝或泄漏所造成的滴水。

在决定应采用的试验方法前,必须对试验方法和试验条件的合适性进行评价,而且选择的试验方法和严酷等级代表了预期用广泛试验项目的正常使用中最严酷的暴露条件。

C.2 试验设备的实例

C.2.1 方法 Ra1 人造雨法

人造雨法的试验设备是调整一个或多个“实性锥体”型滴嘴,使其滴水能达到规定的强度(见图 C.1)。“实性锥体”型滴嘴在其整个锥体区域内有十分均匀的强度分布。这是它与喷洒形状为空芯锥体的普适滴嘴的区别。

C.2.2 方法 Ra2 滴水箱法

滴水箱法的试验设备是一个有足够大平面尺度的贮水容器,其底部有许多按方格网状排列的滴嘴,间距为 20 mm 或 25 mm,能让水按规定强度从每个小孔中自由地滴落。容器的尺寸取决于试件的平均面积,如果有关规范允许的话可将容器的尺寸限制为能复盖大型试件上所选择的关键性面积。图 C.2 给出了广泛用于本试验的试验设备的详细资料。

这种试验设备能产生直径为 3 mm～5 mm 的水滴。

C.3 试验设备的校验

C.3.1 降雨强度

测量人造雨法和滴水箱法的降雨温度可用若干排成一列的杯子,该杯子应配备可转动的盖子(见图 C.1)任何一个杯子处的降雨强度是:

$$R = \frac{V \times 6}{A \times t}$$

式中:

R——降雨强度,单位为毫米每小时(mm/h);

V——取样杯中水的体积,单位为立方厘米(cm^3);

A——杯子底面积,单位为立方分米(dm^2);

t——测量时间,单位为分钟(min)。

C.3.2 水滴大小

从一张对一通过滴水场的薄截片拍摄的照片,可以确定水滴的大小。为了清晰地显现水滴,可使用短时电子闪光灯和一个菲涅耳透镜(见图 C.1)。适合的闪光时间应不超过 10 μs,例如,可采用振动试验中使用的优质闪光测频仪类型的单闪触发装置在整个试验期间是相当稳定的。

在首次认可后,试验设备仅在如由于杂质堵塞了滴嘴并经修复后才需重新校验。

C.3.3 电阻率和 pH 值

见 A.3.1。

单位为毫米

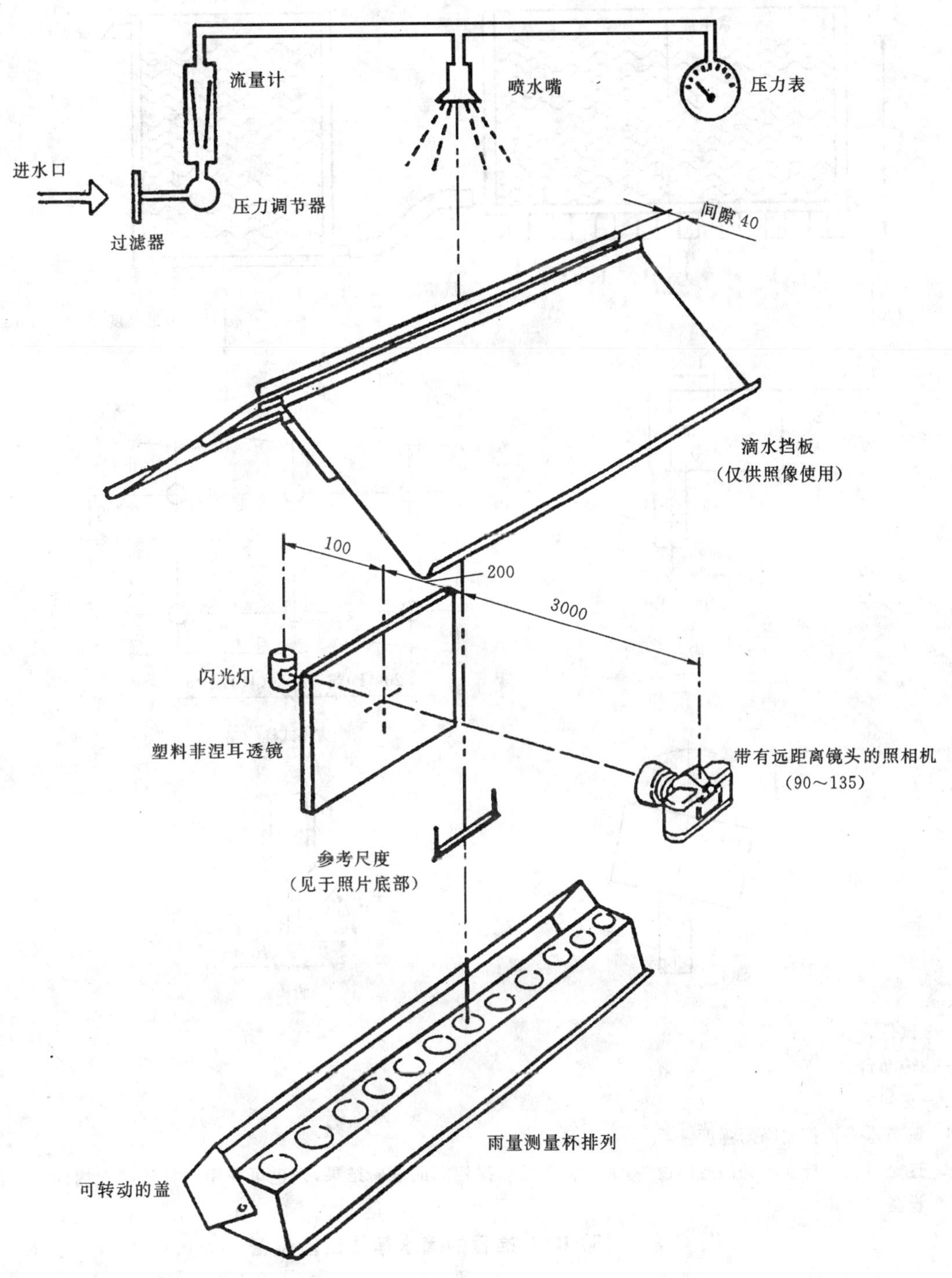

注 1：喷水嘴和杯子表面之间的距离约为 2 500 mm。

注 2：图中所示的装置是一种认可的装置。

图 C.1　试验 Ra1，人造雨法的试验设备及水滴直径和降雨强度测量装置

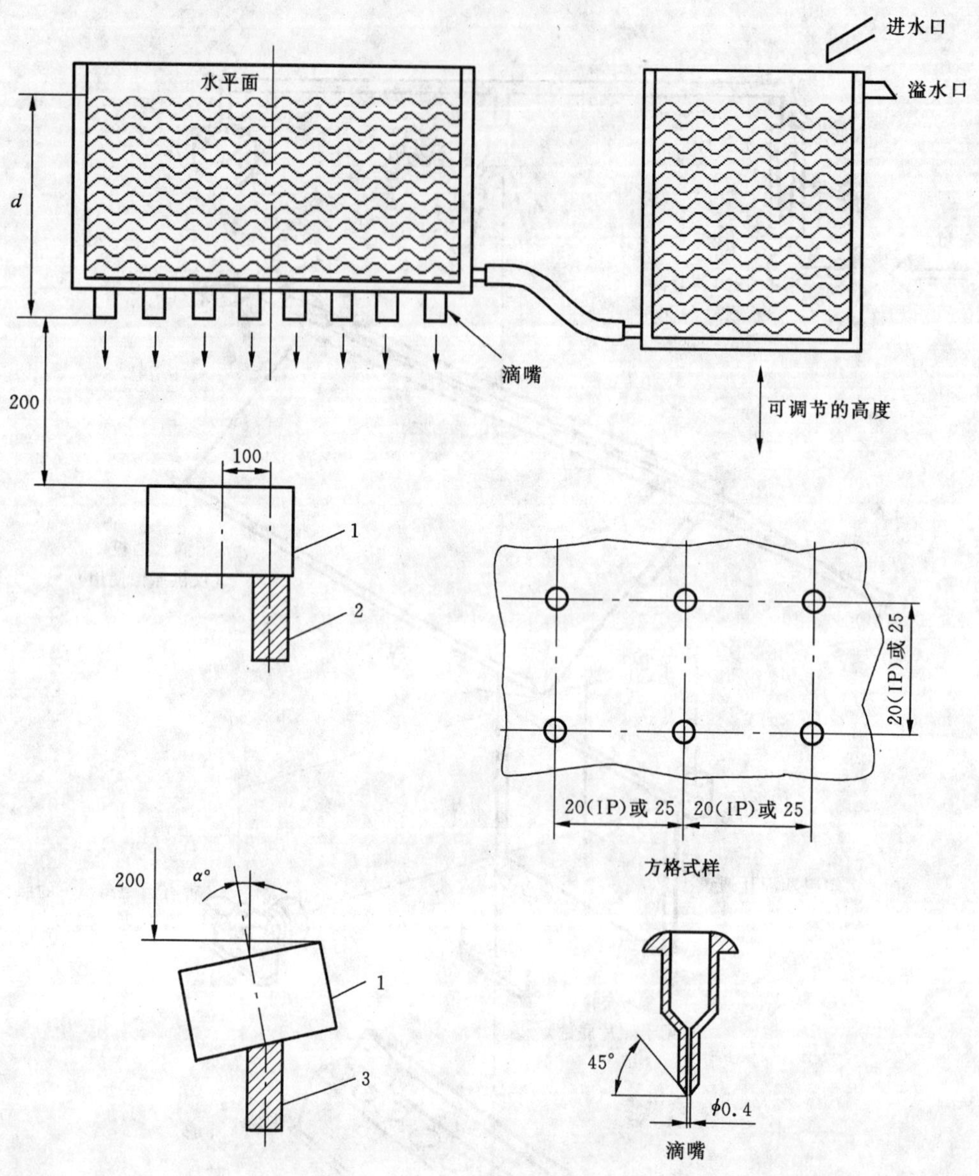

1——试件；

2——转动台；

3——支架。

注 1：调节水平面控制降雨强度。

注 2：这是可在市场上买到的通用设备，如能证明可获得相同的试验结果，则也可采用包括滴嘴在内的不同的试验设备。

图 C.2　试验 Ra2，推荐的滴水箱法试验设备

附 录 D
（资料性附录）
试验 Rb 导则

D.1 概述

试验 Rb：冲水，包括两种试验方法

方法 Rb1：摆动管法和喷雾法是用于可能暴露在由洒水系统或车轮溅水产生的水中的电工电子产品。

方法 Rb2：喷水法是用于可能暴露在冲洗、泄水或海水撞击中的电工电子产品。

选择的试验方法和严酷等级应代表由于该试验项目的正常使用中最严酷的暴露条件。应对试件的固定和安装采取措施，例如，采用人造顶、天花板或墙，也应对排水孔和通风孔采取措施。

如果选择方法 Rb1，只要试件的尺寸和形状满足半径不能超过 1.6 m 的条件，就应选择摆动管法作为试验方法。如不满足，则应采用喷雾法。

D.2 试验设备的实例

D.2.1 方法 Rb1：摆动管法和喷雾法

D.2.1.1 方法 Rb1.1：摆动管法

取决于选择的严酷等级和摆动管的类型

——摆动管应具有直径为 0.4 mm 或 0.8 mm，中心间距为 50 mm 的滴嘴。

这些滴嘴应分布在摆动管中心点两侧 60°或 90°(α)范围内。通过每个滴嘴的平均流速为 0.07 L/min 或 0.6 L/min。

——摆动管应以 30°/s 的速度向垂直中心平面的两侧摆动 60°或 180°(β)（近似）。

——支架应放置在摆动管半圆的圆心，并应能上下移动以便在试验期间，能淋湿到试件的有关部件。

——支架应能锁定在一个规定的位置上，或可调节使其在转过 90°水平角的两个位置上。

——支架不应穿孔（例如，IP×3 试验）或应适当地钻孔（例如 IP×4 试验）。

——试件安装在大约位于摆动管半圆圆心的支架上。

图 D.1 所示为适用于 Rb1.1 的试验设备的原理设计。

注：当进行 IP×3 或 IP×4 试验时，试件放置在一个规定的位置上，同时摆动管在规定的角度内摆动，只有对 IP×3 试验，试件试验 5 min 后转动一次经－90°水平角至第二个固定位置，然后继续试验剩下的 5 min 试验持续时间。

对于一组规定的测量条件，图 D.2 给出了在一特定的试验空间（摆动管的半径：1 000 mm）内可预期的降雨强度分布值。

D.2.1.2 方法 Rb1.2：喷雾法

较大型的试件试验时应使用喷雾法。试验期间活动挡板可按规定位置放置或移去。在必须对试件的所有方向上进行喷雾时，挡板应从滴嘴处移开（见图 D.3）。

D.2.2 方法 Rb2:喷水法

喷水法是用从标准试验滴嘴中喷出的水流从规定的方向喷向试件。试件应安装在一个钻孔的固定装置上并应能更好地转动。

本试验有内径为 6.3 mm 和 12.5 mm 两种尺寸的喷嘴可供使用。小型滴嘴的供水速率应当是 12.5 (1±5%)L/min,这要求大约 30 kPa(0.3 bar)的压力,或 75(1±5%)L/min,这要求大约 1 000 kPa (10 bar)的压力。大型滴嘴应有 100 (1±5%)L/min 的供水速率,这要求大约 100 kPa(1 bar)的压力(见图D.4)。

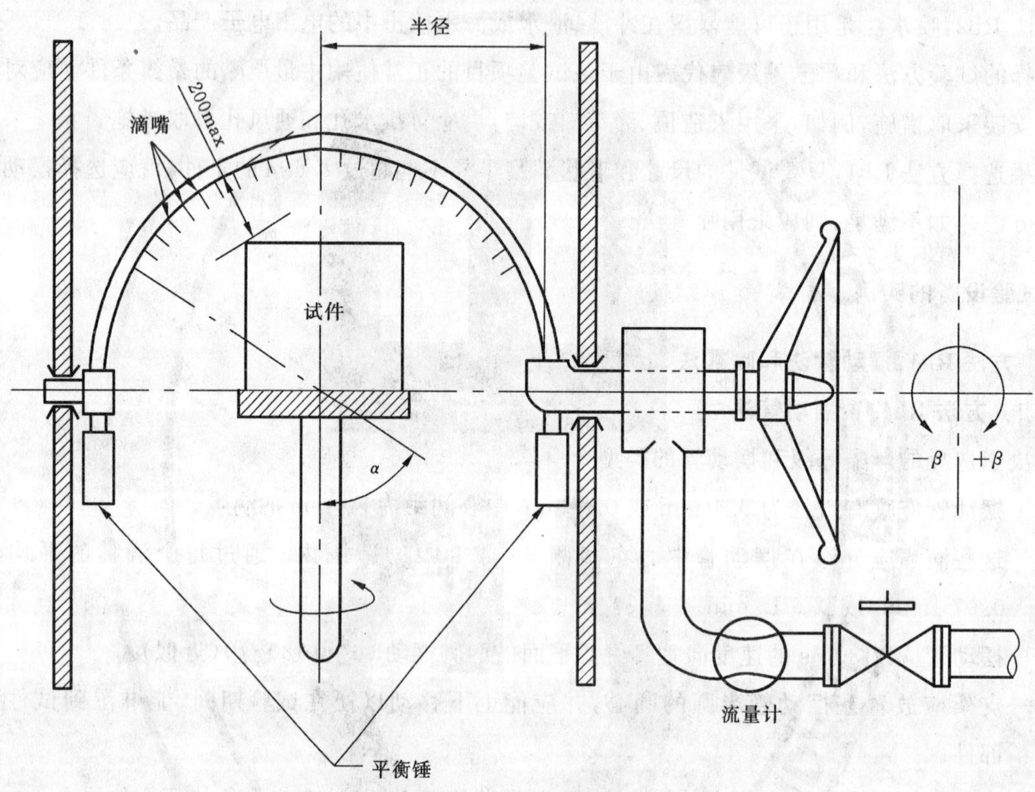

注 1:滴嘴中心至中心的距离是 50 mm。

注 2:当喷水管的弯管半径超过 1 600 mm 时,此法试验效果不佳。

注 3:α 是摆动管在垂直面两侧带有滴嘴部分圆弧的角度。β 是摆动管从垂直面向两侧转动的角度。

注 4:这是可在市场上买到的通用设备,如能证明可获得相同的试验结果,则也可采用包括滴嘴在内的不同的试验设备。

图 D.1 试验 Rb1.1,推荐的摆动管法试验设备

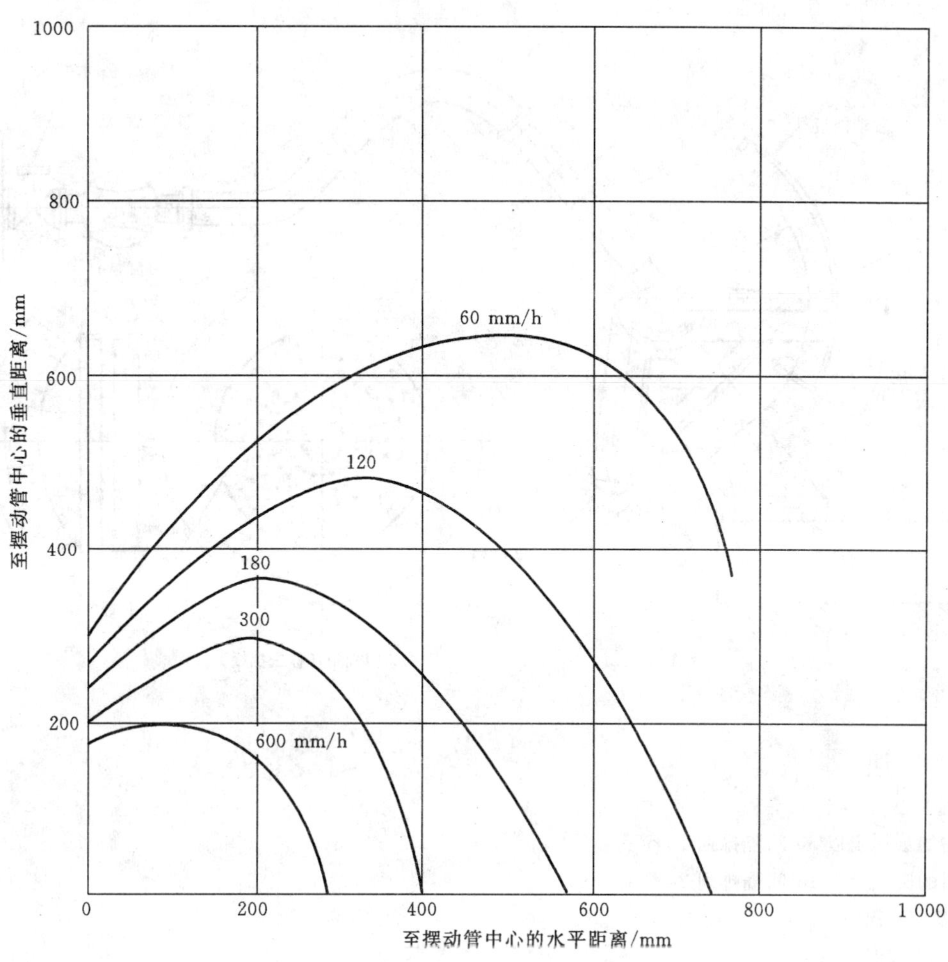

测量条件

喷嘴直径： 0.4 mm

摆动管半径： 1 000 mm

进水口水压： 80 kPa，相当于每个喷嘴约 0.1 L/min 的水流量

滴嘴角度： $\alpha=60°$

管子摆动角度：$\beta=60°$

测量时间： 20 min

图 D.2 在上述规定测量条件下，在摆动管范围内的降雨强度平均值分布曲线

单位为毫米

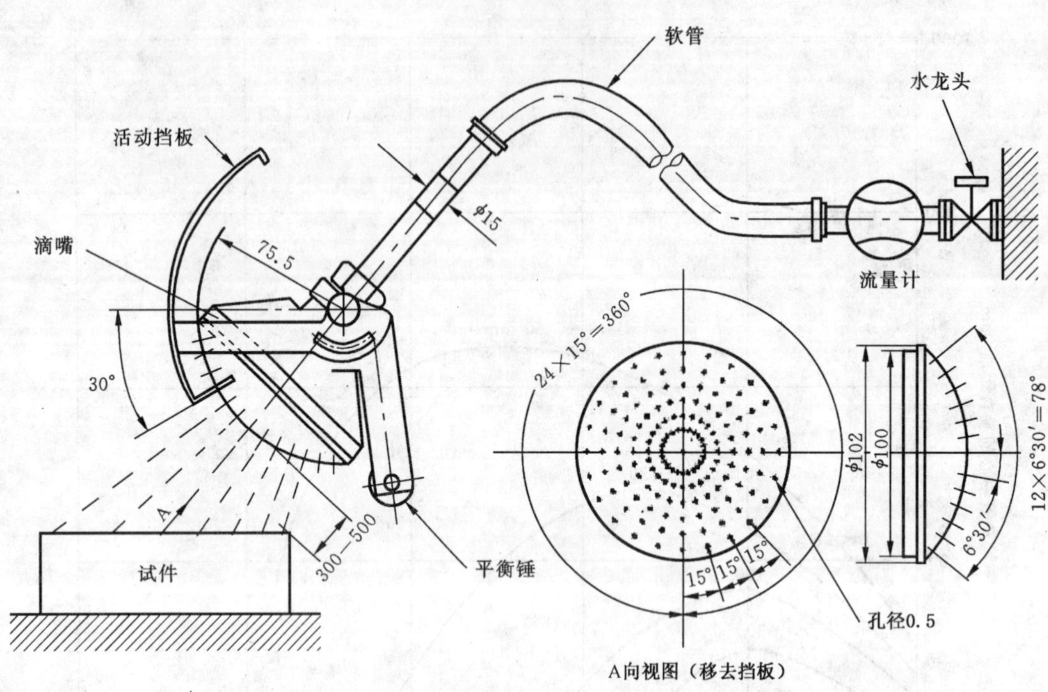

121 个 φ0.5 的孔

1 个孔在中心

2 个内圆的圆周上以 30°间隔排列 12 个孔

4 个外圆的圆周上以 15°间隔排列 24 个孔

活动挡板——铝

滴嘴——黄铜

注：这是可在市场上买到的通用设备，但如能证明可获得相同的试验结果，则也可采用不同的试验设备。

图 D.3 试验 Rb1.2，推荐的喷雾法试验设备

单位为毫米

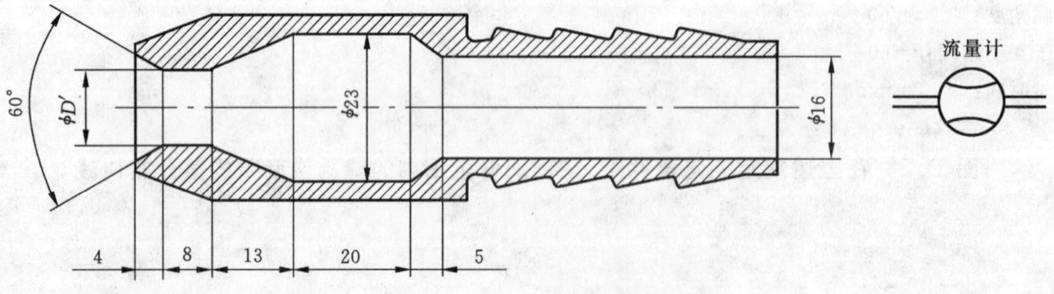

图 D.4 标准的喷水法（软管法）试验滴嘴

附　录　E
（资料性附录）
试验 Rc 导则

E.1　概述

试验 Rc:浸水试验包括两种试验方法:

试验 Rc1:水箱法和方法 Rc2:加压水箱法,适用于在运输或使用中可能遭受浸水的电工电子产品。

E.2　试验设备的实例

E.2.1　方法 Rc1:水箱法

要求的试验设备应包括一个贮水容器,该贮水容器中的水应能达到在试件最高点上方 1 m(或其他要求的深度)的复盖深度并将试件保持在这个深度。

在水中可加入水溶性的染料如荧光素,这有助于确定水泄漏的部位和对泄漏的分析,应遵照制造厂商的指示。

E.2.2　方法 Rc2:加压水箱法

要求的试验设备是一个正压力容器,它包括一个能固定试件并将其复盖在水中的水箱。

在水中可加入水溶性染料如荧光素,有助于确定水泄漏的部位和对泄漏的分析。应遵照制造厂商的指示。

E.3　试验设备的校验

试验 Rc1 试验设备的校验可通过测量浸水的深度来进行,试验 Rc2 试验设备的校验可通过测量水压来进行。如果有关规范有要求,应测量电阻率和 pH 值。

ICS 19.040
K 04

中华人民共和国国家标准

GB/T 2423.53—2005/IEC 60068-2-70:1995

电工电子产品环境试验 第2部分:试验方法 试验Xb:由手的摩擦造成标记和印刷文字的磨损

Environmental testing for electric and electronic products—Part 2:Test methods—Test Xb:Abrasion of markings and letterings caused by rubbing of fingers and hands

(IEC 60068-2-70:1995,Environmental testing—Part 2:Tests—Test Xb:Abrasion of markings and letterings caused by rubbing of fingers and hands,IDT)

2005-01-18 发布 2005-06-01 实施

中华人民共和国国家质量监督检验检疫总局
中国国家标准化管理委员会 发布

前　言

本部分是GB/T 2423《电工电子产品环境试验》的一部分。本部分等同采用IEC 60068-2-70:1995《环境试验　第2部分:试验　试验Xb:由手的摩擦造成标记和印刷文字的磨损》(英文版)。

本部分技术内容与IEC 60068-2-70:1995《环境试验　第2部分:试验　试验Xb:由手的摩擦造成标记和印刷文字的磨损》(英文版)相同,编写格式与表达方式符合GB/T 1.1—2000和GB/T 20000.2—2001的有关规定。

为便于使用,对于IEC 60068-2-70:1995本部分作了下列编辑性修改:

a) 为了与GB/T 2423标准名称协调一致,本部分未完全采用IEC 60068-2-70:1995的中文译名,而改为《电工电子产品环境试验　第2部分:试验方法　试验Xb:由手的摩擦造成标记和印刷文字的磨损》;

b) 删除了IEC 60068-2-70:1995的前言。

本部分的附录A为资料性附录。

本部分由中华人民共和国信息产业部提出。

本部分由全国电工电子产品环境技术标准化技术委员会归口。

本部分起草单位:信息产业部电子第五研究所。

本部分主要起草人:王忠、张铮、张永彬。

引　言

GB/T 2423 的本部分规定了评定电工电子产品在使用时某些部位(如开关、插拔件、操作柄或按钮等)的标记和印刷文字经受手指或手的其他部位造成的摩擦影响的试验方法。本部分也可用于其他工业产品。

当上述产品在正常使用时经受的摩擦力很大,或者由于安全或其他原因标记的清晰度很重要时,相关规范宜采用本试验。

电工电子产品环境试验 第2部分:试验方法 试验Xb:由手的摩擦造成标记和印刷文字的磨损

1 范围

GB/T 2423的本部分规定了测定平面或曲面上的标记和印刷文字耐磨损能力的试验方法,需要用手工操作的促动器和键盘就可能发生这种磨损现象。本试验也可用于测定在正常使用情况下可能受到流体污染影响的标记和印刷文字的耐磨损能力。

2 规范性引用文件

下列文件中的条款通过GB/T 2423的本部分的引用而成为本部分的条款。凡是注日期的引用文件,其随后所有的修改单(不包括勘误的内容)或修订版均不适用于本部分,然而,鼓励根据本部分达成协议的各方研究是否可使用这些文件的最新版本。凡是不注日期的引用文件,其最新版本适用于本部分。

GB/T 2421—1999 电工电子产品环境试验 第1部分:总则(IEC 60068-1:1988,Environmental testing—Part 1:General and guidance,IDT)

3 概述

被检测表面应重复受到试验活塞摩擦运动所产生的应力。活塞末端具有弹性,通过变形可与被检测表面贴合。活塞的材料、硬度、形状、运动和运动角度的选择应模拟人的手指施加压力和摩擦的情形。

为了获得可再现性的摩擦条件,在活塞和被检测表面之间放置一片织物(覆盖在活塞上或作为帘布挂在活塞和被检测表面之间)。织物可以是干的(干试验),或为了考虑在正常使用情况下可能受到流体污染影响而用指定的试验液体浸泡织物(湿试验),这由相关规范来确定。

4 试验装置

4.1 试验设备

试验设备的示意图参见附录A。

试验设备通过连杆使活塞的运动方向与被检测表面角度呈45°±5°,作用力F(相关规范给出)使试验活塞产生弹性变形,并使其在被检测表面产生摩擦运动,摩擦运动的位移s应为1 mm至4 mm。

相关规范应规定挤压循环的次数。

对于非刚性试验样品(如键盘),相关规范应规定其附加要求(如固定)。

试验活塞带有与试验液体不发生反应的弹性材料,其A型邵氏硬度应为47 HA±5 HA(如合成橡胶)。

试验活塞的大小可根据试验样品的形状和尺寸以及印刷文字的类别从表1中选定。

相关规范应说明试验活塞的大小,若有需要也可选择更适合试验样品的其他尺寸的活塞,相关规范对此应作规定。

试验过程中产生的磨损微粒不应影响试验结果,因此应不断地从活塞和试验样品间清除这些微粒。

注:将被检测表面竖直放置(微粒会落下),或在室温下用无油、干净的压缩空气吹拂均可避免磨损微粒的累积。

表 1 活塞类别与尺寸

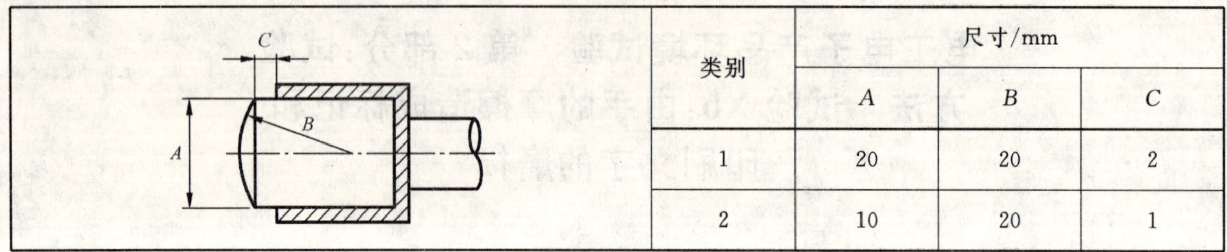

类别	尺寸/mm		
	A	B	C
1	20	20	2
2	10	20	1

4.2 试验织物

在活塞和试验样品间应放置一片容易拆换的织物，也可将织物覆盖在活塞上。

试验织物[1)]规定如下：

材料：羊毛；

经线：175 线/dm±10 线/dm；

纬线：135 线/dm±8 线/dm；

单位面积质量：≥195 g/m^2。

“干试验”时，为了避免织物磨破，在最多 10 000 次循环后应更换新的织物，或移动织物使其未用部分与试验样品接触。

“湿试验”时(见 4.3)，每 10 次循环后就应重复浸泡织物一次，或移动织物使其未用部分移入活塞和试验样品之间。进行浸泡时可将织物浸入试验液体中或定期在织物上滴加试验液体。每次新的试验开始时和最多 10 000 次循环后都应更新织物以避免因织物的结垢和破损而导致结果的偏离。

4.3 试验液体

相关规范要求进行“湿试验”时，应指定试验液体。

试验液体包括：

——人工合成汗液；

——润滑油；

——液压油；

——其他有关液体。

若指定了不止一种试验液体，则对于每一种流体都应使用不同的试验样品，除非相关规范另有规定。

5 严酷等级

严酷等级由活塞作用在试验样品上力的大小和循环的次数给出，可从下列数值中选择。相关规范应明确所选的数值。

力的大小：1 N±0.2 N；5 N±1 N；10 N±2 N；50 N±10 N；100 N±20 N。

循环次数：10^1；10^2；10^3；10^4；10^5；10^6；10^7。

6 预处理

被检测表面应处于经正常生产后可以交货的状态。相关规范可规定预处理的方法(如老化、除尘、清洁等)。

7 初始检测

试验样品应进行外观检查，若相关规范有规定则还要进行尺寸和功能方面的检测。

1) 根据 ISO/CD 12947-1，纺织品——织物耐磨性测定——Matindale 方法——第 1 部分：Matindale 磨蚀测试机。

8 条件试验

除非相关规范另有规定,应在GB/T 2421规定的标准大气条件下进行“干试验”。试验样品按选定的严酷等级在试验设备(见4.1)的作用下进行试验。

试验活塞应以60 mm/s的速度移向被检测表面,并以选定的力作用在被检测表面上。应选择试验条件以使“活塞摩擦被检测表面”的时间与“活塞提起”的时间大致相同,力作用的时间不应小于0.2 s。循环的频率为(2±0.5)次/秒。相关规范可使用其他频率。

注:较高的频率可能会导致试验样品产生不可接受的温升。

9 中间检测

相关规范可要求进行中间检测。

10 恢复

相关规范可要求有恢复。

11 最后检测

试验样品应进行外观检查,若相关规范有规定则还要进行尺寸和功能方面的检测。相关规范应提供试验样品接收或拒收判据。

12 相关规范应作出的规定

当相关规范采用本试验时,应尽可能作出下列规定,这些规定的要求见下列相对应的章条。特别要注意标有星号的条款,因为一般总是需要对其加以明确规定。

	章或条
a) 试验活塞的尺寸*	4.1
b) 非刚性试验样品的附加要求*	4.1
c) 是否做湿试验*	4.2
d) 做湿试验时的试验液体*	4.3
e) 不止一种试验液体时样品的数量和分配	4.3
f) 严酷等级(力的大小和循环次数)*	5
g) 预处理	6
h) 初始检测*	7
i) 非标准大气下的试验条件	8
j) 不是2次/秒时的循环频率*	8
k) 中间检测*	9
l) 试验后恢复	10
m) 最后检测*	11

附 录 A
（资料性附录）
试验 Xb 所用试验设备示意图

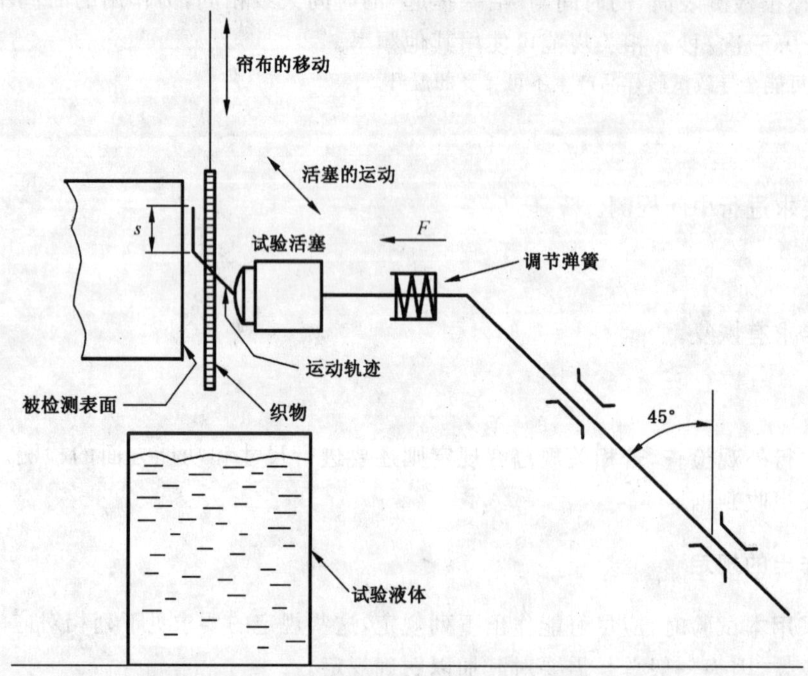

图 A.1 试验设备示意图(见 4.1)

ICS 19.040
K 04

中华人民共和国国家标准

GB/T 2423.54—2005/IEC 60068-2-74:1999

电工电子产品环境试验
第2部分:试验方法 试验Xc:流体污染

Environmental testing for electric and electronic products—
Part 2:Test methods—Test Xc:Fluid contamination

(IEC 60068-2-74:1999,Environmental testing—
Part 2:Tests—Test Xc:Fluid contamination,IDT)

2005-01-18发布 2005-06-01实施

中华人民共和国国家质量监督检验检疫总局
中国国家标准化管理委员会 发布

前　言

本部分是 GB/T 2423《电工电子产品环境试验》的一部分。本部分等同采用 IEC 60068-2-74:1999《环境试验　第 2 部分:试验　试验 Xc:流体污染》(英文版)。

本部分技术内容与 IEC 60068-2-74:1999《环境试验　第 2 部分:试验　试验 Xc:流体污染》(英文版)相同,编写格式与表达方式符合 GB/T 1.1—2000 和GB/T 20000.2—2001 的有关规定。

为便于使用,对于 IEC 60068-2-74:1999 本部分作了下列编辑性修改:

a) 为了与 GB/T 2423 标准名称协调一致,本部分未完全采用 IEC 60068-2-74:1999 的中文译名,而改为《电工电子产品环境试验　第 2 部分:试验方法　试验 Xc:流体污染》;

b) 删除了 IEC 60068-2-74:1999 的前言。

本部分的附录 A 为资料性附录。

本部分由中华人民共和国信息产业部提出。

本部分由全国电工电子产品环境技术标准化技术委员会归口。

本部分起草单位:信息产业部电子第五研究所。

本部分主要起草人:王忠、王晓晗、李彰陪。

电工电子产品环境试验
第2部分:试验方法　试验Xc:流体污染

1　范围

GB/T 2423的本部分规定了评定零部件、设备或其组成材料(以下指试验样品)经受流体意外接触影响的试验方法。

本部分所列流体代表了在使用过程中经常能遇到的流体。试验样品不必暴露在所列的所有或部分流体中,所列流体也不完全。试验所用流体若非本部分所列,相关规范应将其列出。附录A对试验流体、试验样品和严酷等级的选择提供了指导信息。

本试验不适用于验证与流体持续接触的零部件或设备的工作适应性,例如浸渍的燃料泵,也不适用于验证耐电解腐蚀的能力。

2　规范性引用文件

下列文件中的条款通过GB/T 2423的本部分的引用而成为本部分的条款。凡是注日期的引用文件,其随后所有的修改单(不包括勘误的内容)或修订版均不适用于本部分,然而,鼓励根据本部分达成协议的各方研究是否可使用这些文件的最新版本。凡是不注日期的引用文件,其最新版本适用于本部分。

ISO 1817:1985　硫化橡胶——流体影响的测定

3　试验流体

3.1　试验流体的规定

相关规范(见第12章)应规定所需的试验流体。试验流体尽可能从表1中选择,每种流体都特定地代表了某一类流体。(参见第A.2章)

当试验添加了表1未列流体时,相关规范也应加以明确。

3.2　注意事项

由于某些流体的闪点在试验温度范围内,所以应确保采取足够的安全措施以减少火灾或爆炸的可能性。某些流体本身或与其他流体或试验样品混合后变得有毒,在开始试验前应适当考虑这种可能性。极力建议咨询有关健康和安全的专家。

表1　主要污染流体种类和试验流体

污染流体种类		试验流体参照号	试验流体[a]	试验温度[b]/℃(允差±2℃)
燃料	煤油(涡轮机用)	(a)	ISO 1817试验流体F	70[c]
	汽油(活塞发动机用)	(b)	ISO 1817试验流体B	40[c]
液压油	矿物油基型	(c)	NATO H-520;(OM18)[d]	70
	磷酸酯基型(合成的)	(d)	ISO 1817试验流体103	70
	硅酮基型	(e)	二甲基硅酮(ZX42;NATO S1714),25℃时运动粘度为10 mm^2/s	70

表 1(续)

污染流体种类		试验流体参照号	试验流体[a]	试验温度[b]/℃ (允差±2℃)
润滑油	矿物基型	(f)	NATO 0-1176(OMD 80)	70
	酯基型(合成的)	(g)	ISO 1817 试验流体 101	150
溶剂和清洁剂		(h)	2-丙醇(异丙醇)	50[c]
		(I)	改性乙醇	23
		(j)	洗涤剂	23
除冰抗冻剂		(k)	80%乙二醇的缓蚀水溶液(体积比)	23
		(l)	50%乙二醇的缓蚀水溶液(体积比)	23
跑道除冰剂		(m)	25%尿素与 25%乙二醇的混合水溶液[d]	23
		(n)	50%乙酸钾缓蚀水溶液[d]	23
杀虫剂		(o)	敌敌畏除虫菊基型,在煤油中浓度为 2%	23
		(p)	D-phenothrin,在煤油中浓度为 2%	23
绝缘冷却剂(参见 A.2.9)		(q)	Coolanol 25R	70
灭火剂		(r)	氟化物泡沫(快速作用型)	23
		(s)	氟蛋白泡沫	23

a 尽可能按照国际标准或其化学组成列出试验流体。在某些情况下 NATO 标号排在商品标号前。查阅有关商业文献能找到 NATO 标号对应的商用流体。

b 见第 8 章、第 9 章、第 10 章和第 A.7 章。

c 该温度超过临界闪点温度,试验时宜咨询专家的意见。

d 若需要可用 NATO H-515 代替。

4 试验样品

4.1 试验样品应为以下其中之一:

a) 设备;

b) 零部件。

注 1:当由于设备的尺寸或可用性的原因不允许进行完整的试验时,可专门选定有代表性的材料、表面处理层和零部件作为试验样品。

注 2:作为试验样品的材料或表面处理层的面积尽可能最小为 20 cm^2。

4.2 相关规范应规定试验样品的数量和类型。(参见第 A.4 章)

5 清洗

5.1 初始清洗

除非相关规范另有规定,试验样品应彻底清洗以去除非代表性的覆盖层,如防腐剂、油脂或污染物。(参见第 A.5 章)

5.2 中间清洗

若需要按顺序使用试验流体进行序列试验,相关规范应规定清洗方法。

注:选择的清洗方法和清洗剂不应影响试验样品。

5.3 最后清洗

相关规范应规定最后检查前所用的清洗方法。(参见第 A.5 章)

6 初始检测

6.1 初始清洗后应对试验样品进行外观检查,并记录其状态(若需要)。

6.2 相关规范应规定所需的测量或检测。(参见第A.6章)

7 条件试验

7.1 第8章到第10章给出了三种试验程序。相关规范应规定所用的试验程序以及若需要序列试验时试验流体的使用顺序。(参见第A.7章)

注:若规定进行序列试验,宜注意不产生协同效应。

7.2 相关规范应规定试验样品是否进行电气或机械连接,是否在试验前、试验中或试验后工作,并相应规定工作参数。若规定了初始工作检测,则应在初始检查后进行。

8 偶然性污染(A类)

8.1 按正常工作状态安装试验样品,保持于室温下,或按照相关规范的规定进行。

8.2 用从表1选取的或相关规范规定的保持为试验温度的流体浸渍、刷涂或喷洒试验样品,确保试验样品的整个表面完全湿润。让试验样品自然沥干5 min~10 min,不允许晃动或擦拭试验样品。

8.3 将试验样品移入适合的试验箱内,若重要则按正常工作状态进行安装。按相关规范规定的时间保持试验温度。若无规定,试验参数应为:温度70℃±2℃,时间93 h±3 h。

8.4 试验结束时让试验样品冷却至室温,然后进行最后检查。

8.5 若相关规范有要求,则重复本试验程序。

9 间断性污染(B类)

9.1 按正常工作状态安装试验样品,保持于室温下,或按照相关规范的规定进行。

9.2 用从表1选取的或相关规范规定的保持为试验温度的流体浸渍、喷洒或刷涂试验样品,确保试验样品的整个表面湿润。若需要则重复该步骤一次或多次,以在相关规范规定的时段内使试验样品的所有表面处于湿润状态。

若没有规定时段,则应有三次循环,每循环为24 h±1 h。每循环的前8 h±0.5 h试验样品为完全湿润状态;后16 h±0.5 h是试验样品在环境温度下的自然沥干期,在此期间不应有额外的湿润。

9.3 将试验样品移入适合的试验箱内,按相关规范规定的时间保持试验温度。若无规定,试验参数应为:温度70℃±2℃,时间93 h±3 h。

9.4 试验结束时让试验样品冷却至室温,然后进行最后检查。

10 持续性污染(C类)

注:本试验程序不用于验证正常浸没在流体中设备的工作适应性。

10.1 将试验样品完全浸没在规定的试验流体中,试验流体的温度和浸没时间按照相关规范的规定。如果温度和(或)时间未作规定,则温度应按表1确定,时间应为24 h±1 h。

10.2 将试验样品移入适合的试验箱内,按相关规范规定的时间保持试验温度。若无规定,试验参数应为:温度70℃±2℃,时间93 h±3 h。在此期间应允许流体从试验样品上流走,并应考虑可能的安全预防措施。

10.3 试验结束时让试验样品冷却至室温,然后进行最后检查。

11 最后检测

11.1 应按5.3的要求清洗试验样品。

11.2 对试验样品进行外观检查,并记录与初始检查不同的任何变化。

11.3 相关规范应规定所需的测量或检测。(参见第 A.6 章)

12 相关规范应作出的规定

当相关规范采用本试验时,应尽可能根据适用的程度作出以下详细规定:

	章或条
a) 使用的试验流体	3
b) 试验样品的详细情况	4
c) 清洗程序(若需要)	5
d) 初始检测	6
e) 采用的试验程序	7.1
f) 序列试验时使用试验流体的顺序(若适用)	7.1
g) 试验过程中试验样品的连接和工作(若需要)	7.2
h) 试验样品的安装状态和初始温度(若非室温下正常工作状态)	8.1,9.1
i) 试验流体的温度(若不按表 1)	8,9,10
j) 用试验流体处理试验样品的时间和贮存温度	8,9,10
k) 用试验流体处理后试验样品在试验箱内的贮存温度和/或时间	8,9,10
l) 最后检测	11

附 录 A
（资料性附录）
试验流体和试验样品的选择指南

A.1 概述

本试验用于确定流体污染对设备的影响效应。由可能出现的污染和产生的影响效应而定，可用设备本身、分系统、零部件或材料进行单次试验或序列试验。试验流体、试验程序和试验条件的选择宜尽可能代表设备寿命期典型的最严酷情况。

A.2 污染流体及其影响

A.2.1 概述

A.2.1.1 在正常工作或发生意外溢出或渗漏的情况下，例如管道或管道连接处存在缺陷，设备和零部件都可能遭受流体的污染。

A.2.1.2 污染流体不一定处于较高温度，但零部件或设备被污染时本身可能处于较高的工作温度，或被污染后处于较高的温度。流体污染的影响取决于污染流体在较高温度下的特性，例如挥发性的流体可很快消失，非挥发性的流体可能缓慢氧化，留下硬的残余物。

A.2.1.3 流体污染的影响包括包装失效、塑料和橡胶的龟裂和膨胀、抗氧化剂和其他可溶物的析出、密封失效、粘合失效、漆层或标志的去除和腐蚀。

A.2.1.4 有些标准尽管未被本部分作为规范性引用文件而被引用，但它们仍可能作为资料性引用文件被相关规范的编制者引用。（见第 A.10 章）

A.2.2 燃料

在大多数情况下燃料为汽油和煤油。汽油挥发较快，很少有持久的有害影响；煤油则相对更易留存，对很多合成橡胶造成损害，特别在温度较高时。涂料和大多数塑料一般不受燃料影响，但长期接触燃料后硅树脂胶粘板可能脱层。

有些燃料可能含有防冻结或防静电的添加剂，当有理由认为这些添加剂可提高本试验的严酷程度时，试验流体宜包含它们。

A.2.3 液压油

常用的液压油是矿物油或酯基型合成油。前者的影响效应见 A.2.4；后者对大多数合成橡胶和塑料有害，磷酸酯基型特别对合成橡胶、塑料和漆层有害。

A.2.4 润滑油

润滑油可为矿物基型或合成油，在工作条件下两者的温度都较高。矿物基型对天然橡胶有害，但对合成物如氯丁橡胶、氯硫化聚乙烯和硅橡胶的损害较轻。矿物基型对塑料可能有一些不良影响。合成润滑油对塑料如聚氯乙烯以及很多合成橡胶极为有害。

A.2.5 溶剂和清洁剂

飞机或其他交通工具在开始使用前，很多部位特别是发动机及其紧接的周围需要清除污物和油脂，表 1 给出了代表目前所用溶剂和清洁剂的试验流体。

A.2.6 除冰抗冻剂

这类流体经常在较高温度和一定压力下使用，它们可渗透而污染零部件和设备。这类流体一般以缓蚀乙二醇为主要成分。

A.2.7 跑道除冰剂

这类流体用于跑道和其他地方以降低水的冰点，以喷洒或细雾的方式渗入靠近跑道的交通工具和机场设备内。

A.2.8 杀虫剂

飞机在热带地区飞行或飞越热带地区时，可能喷洒杀虫剂作为例行的预防措施，虽然不可能对零部件或设备造成直接的不良影响，但可能有必要使用专门的杀虫剂进行探查试验。

A.2.9 绝缘冷却剂

这类流体作为热传导流体用于冷却某些设备，通常以硅酸酯材料为主要成分。尽管它对材料的影响不太严重，但与磷酸酯类液压油的影响相似。

A.2.10 灭火剂

有两类灭火材料：一类用于飞机上，另一类则在地面上使用。飞机上使用的灭火剂很可能是氟氯溴代碳氢化合物或氟氯代碳氢化合物；地面使用的灭火剂是由氟化物或氟蛋白制成的水性泡沫。它们的影响主要来自水和残留物的积累。采用这类流体进行试验的必要性是基于在使用灭火剂后确保设备仍能维持正常工作的需要。

A.3 试验流体的选择

A.3.1 标准试验流体

A.3.1.1 在相当长的时间内不同数据来源的试验结果已清楚地表明，在很多情况下采用实际所用流体进行试验会得到离散性很大的结果。根据性能指标而不是根据成分来划分流体的做法意味着使用不同制造商、甚至同一制造商不同批次的流体都会导致试验结果的离散。

A.3.1.2 因此本部分建议尽可能使用按成分来划分的、含有常用流体中化学物质的“标准试验流体”。试验流体的化学成分认为是最有可能影响试验样品的性能，并且认为是每类试验流体中最严酷情形的范例。

A.3.2 非标准试验流体

A.3.2.1 表1对常用流体进行了分类，并推荐了每类流体的代表性试验流体。当设备遭遇的流体未包括在表1中时，或需要考虑使用特殊的试验流体时，相关规范宜指明所要求的特殊流体。

A.3.2.2 由于各种原因很多流体都包含了添加剂，所有这些变更不可能在试验方案中得到实际体现，这些物质的可能影响宜予以适当考虑。

A.3.3 流体的变更

A.3.3.1 随着新配方的研制和设备要求的不断发展，流体的质量级别也在不断变化或改进。有些流体可能由于环境、健康、安全的原因而不适用，因此表1将来有必要作改动。

A.3.3.2 相关规范的编制者宜努力尝试应用本部分的基本原则从表1中确定有代表性的试验流体，调查实际使用流体所属质量级别的化学组成，选择被认为对产品影响最大的流体。

A.4 试验样品

A.4.1 试验样品的选择由多种因素决定。在设计的早期阶段更适宜对还没有获得试验流体影响结果的材料、有代表性的零部件或表面处理层进行试验，在设备的合格鉴定阶段则更适宜对设备或有代表性的装配件进行试验。宜注意当材料、表面处理层、零部件或污染流体的环境发生变化时，部分或所有试验可能需要重做。当对零部件和材料进行试验时，对于每一种规定的试验流体更适宜使用不同的试验样品。

A.4.2 当对设备进行试验时，鉴于试验样品的费用、可用性等现实考虑，可能要求试验流体按一定顺序(见A.5.2)施加在试验样品上。

A.5 试验与清洗的顺序

A.5.1 当规定每件试验样品对应使用一种试验流体时，若规定要清洗，则仅进行初始清洗(见5.1)。

A.5.2 当要用多种试验流体施加在一件试验样品上时，相关规范的编制者宜考虑：

a) 评估每种试验流体影响效应的需要；

b) 按顺序施加试验流体产生协同效应的可能性；

c) 若已知设备寿命期内遭遇流体的顺序，或已知这种遭遇顺序认为具有协同效应并可能在寿命期内发生，则宜指定这种施加顺序；

d) 在进行序列试验时每两个试验之间或整个序列试验结束后试验样品是否要清洗。

注：选择清洁剂时宜很清楚不会导致进一步的污染。某些规定的试验流体可用作清洁剂（如航空燃料、溶剂、清洗液等），否则宜使用符合正规清洁规程的清洁剂。

A.6 检查

有必要对所有试验样品都进行外观检查。为了确定是否需要对试验样品进行测量以及在试验过程中什么时候进行测量，了解试验样品及其用途是必要的。

A.7 试验严酷等级

A.7.1 在第8章至第10章中规定了3种试验程序，每种试验程序的名称用来帮助选择最合适的试验。

作为指导，3种试验程序用于以下情况：

——“偶然性污染”指在异常或罕见情况下预期发生的污染，如一年发生1次～2次的污染。

——“间断性污染”指在正常工作情况下预期比“偶然性污染”更频繁发生的污染，如在油箱与储油罐加油口附近或定期用清洁剂清洁的物件上发生的污染。

——“持续性污染”指物件意外地与流体长期遭遇而发生的污染。

不同的试验流体适用于不同的试验程序，这取决于工作或维护的实际情况（若已知）。

A.7.2 大多数情况下，宜选取污染很可能发生时的最高温度作为试验温度，除非设计评定表明污染（如密封不够）更可能在零度以下发生。确定试验温度时也宜考虑污染流体的液相温度范围，以及高温下蒸气的毒害性。如果不清楚污染的实际最高温度，宜使用表1给出的温度。

A.7.3 如果可行，试验的持续时间宜与污染的实际时间相同；若不可行，宜采用第8章至第10章给出的试验持续时间。

A.8 应用方法

采用本试验时宜选择能代表对材料影响最严酷的方式进行试验。

A.9 性能评价

若有要求，试验样品可在试验期间工作。然而，很多例子可接受的做法是在试验结束后或序列试验时每部分试验结束后试验样品才工作。

A.10 参考文献

ISO 175:1981 塑料——液态化学物质（包括水）的影响测定

ISO 6072:1986 液压油——弹性材料和流体的兼容性

ISO 6743（所有部分） 润滑油、工业油和相关产品（L类）——分级

ISO/TR 7620:1986 橡胶材料——化学耐受性

ISO 8174:1986 工业用乙烯和丙稀——丙酮、乙腈、异丙醇、甲醇的测定——气相色谱法

ICS 19.040
K 04

中华人民共和国国家标准

GB/T 2424.1—2005/IEC 60068-3-1:1974
代替 GB/T 2424.1—1989

电工电子产品环境试验
高温低温试验导则

**Environmental testing for electric and electronic products—
Guidance for high temperature and low temperature tests**

(IEC 60068-3-1:1974, Basic environmental testing procedures—
Part 3: Background information—Section 1: Cold and dry heat tests and
IEC 60068-3-1A:1978, First supplement to publication 60068-3-1, IDT)

2005-03-03 发布　　2005-08-01 实施

中华人民共和国国家质量监督检验检疫总局
中国国家标准化管理委员会　发布

前 言

本部分是 GB/T 2424《电工电子产品环境试验》系列标准之一，下面列出这些国家标准的预计结构以及对应的国际标准。

GB/T 2424 由以下环境试验导则组成：

GB/T 2424.1—2005 电工电子产品基本环境试验规程 高温低温试验导则(IEC 60068-3-1:1974,IDT)

GB/T 2424.2—1993 电工电子产品基本环境试验规程 湿热试验导则(eqv IEC 60068-2-28:1990)

GB/T 2424.10—1993 电工电子产品基本环境试验规程 大气腐蚀加速试验的通用导则(eqv IEC 60355:1971)

GB/T 2424.11—1982 电工电子产品基本环境试验规程 接触点和连接件的二氧化硫试验导则

GB/T 2424.12—1982 电工电子产品基本环境试验规程 接触点和连接件的硫化氢试验导则

GB/T 2424.13—2002 电工电子产品环境试验 第 2 部分：试验方法 温度变化试验导则(IEC 60068-2-33:1971,IDT)

GB/T 2424.14—1995 电工电子产品环境试验 第 2 部分：试验方法 太阳辐射试验导则(idt IEC 60068-2-9:1975)

GB/T 2424.15—1992 电工电子产品基本环境试验规程 温度/低气压综合试验导则(eqv IEC 60068-3-2:1976)

GB/T 2424.17—1995 电工电子产品环境试验 锡焊试验导则

GB/T 2424.19—2005 电工电子产品基本环境试验规程 模拟贮存影响的环境试验导则(IEC 60068-2-48:1982,IDT)

GB/T 2424.20—1985 电工电子产品基本环境试验规程 倾斜和摇摆试验导则

GB/T 2424.21—1985 电工电子产品基本环境试验规程 润湿称量法可焊性试验导则

GB/T 2424.22—1986 电工电子产品基本环境试验规程 温度(低温、高温)和振动(正弦)综合试验导则(eqv IEC 60068-2-53:1984)

GB/T 2424.23—1990 电工电子产品基本环境试验规程 水试验导则

GB/T 2424.24—1995 电工电子产品环境试验 温度(低温、高温)/低气压/振动(正弦)综合试验导则

GB/T 2424.25—2000 电工电子产品环境试验 第 3 部分：试验导则 地震试验方法(idt IEC 60068-3-3:1991)

本部分为 GB/T 2424 的第 1 部分，本部分等同采用 IEC 60068-3-1:1974《基本环境试验规程 第 3 部分：背景材料 第 1 节：寒冷和干热试验》(英文版)及其第一次补充文件 IEC 60068-3-1A:1978(英文版)。

本部分代替 GB/T 2424.1—1989《电工电子产品基本环境试验规程 高温低温试验导则》。自本部分实施之日起，GB/T 2424.1—1989 废止。

本部分与 GB/T 2424.1—1989 相比，主要有以下差异：

——一致性程度不同(1989 年版本为等效采用，本版为等同采用)；

——“本标准”改为本部分；

——1984 年版的 1.1 不再单独列出，其内容改为本部分的附录 J；

——删去1989年版1.7～1.9内容；

——第二章中条款编号均下调一级，如2.1改为2.1.1，2.4改为2.1.4等；

——3.1内容不变，但取消1989年版中3.1.1和3.1.2的条款编号；

——1989年版的3.3和3.4在本部分中为3.2.3和3.2.4；

——增加了相应IEC标准第一次补充文件的内容；

——附录B较1989年版中增加图B.3；

——附录C较1989年版中内容减少，只保留原图C.1，所减少的“传热计算及列线图”等内容改为本部分的附录E；

——附录D较1989年版中内容减少，只保留原图D.1，所减少的“普通材料的热导率及元件线端”内容改为本部分的附录F；

——附录E改为“传热计算及列线图”；

——附录F改为“普通材料的热导率及元件线端”；

——附录G代替1989年版中附录E；

——附录H代替1989年版中附录F；

——附录I代替1989年版中附录G，并将名称改为“辐射系数的测量”。

——增加附录J。

本部分的附录A、附录B、附录C、附录D、附录E、附录F、附录G、附录H、附录I、附件J均为资料性附录。

本部分由中国电器工业协会提出。

本部分由全国电工电子产品环境技术标准化委员会归口。

本部分由广州电器科学研究院负责起草。

本部分主要起草人：祁黎、谢建华。

本部分于1989年首次发布，本次修订为第1次修订。

电工电子产品环境试验
高温低温试验导则

1 引言

产品及部件的性能一般受其内部温度的影响与制约，而内部温度则决定于其自身所产生的热量和周围的环境条件。

不论何时，当产品及其周围环境形成的系统中存在温度梯度时，则其间就存在热传输过程。

本部分包括低温和高温试验，带温度突变试验和温度渐变试验，散热试验样品和非散热试验样品(后者有无人工冷却均可适用)。

试验设备(箱或室)可用有强迫空气循环的和无强迫空气循环的。总规程图见附录J。

1.1 基准环境条件

产品将来工作的实际环境条件往往是不能准确地预知，也不能准确地规定的。所以，在设计、制造或试验时一般不可能用实际环境条件作为依据。

因此，有必要考虑下列诸因素并规定一些常用的基准环境条件。

1.2 非散热的产品

若环境温度均匀不变、产品内又不产生热时，则热流方向是：环境温度较高时，热由周围空气传入该产品；反之，若产品温度较高，则热由产品传入周围空气。这种热传输过程将不断进行，直到产品所有各部分的温度均达到周围空气温度时止。此后，除非环境温度有所改变，热的传输过程将停止。这种情况下，确定基准环境温度是简单的，唯一的条件是它应当均匀分布而且恒定。但当产品达不到周围空气温度时，基准环境温度的确定就较为复杂，这时应考虑采用1.3的结论。

1.3 散热的产品

如产品内有热产生，但没有热传输到周围空气中，则产品温度将不断上升。实际上，产品所产生的热是不断向周围环境空气发散的，最后，产品所产生的热与耗散在周围冷却空气中的热相平衡，使产品温度达到稳定。只有当环境温度上升(或下降)时，产品内部的温度才会随着进一步的上升(或下降)，直至达到新的平衡为止。

对于这种情形，基准环境温度应这样来确定，使能得到简单而又重现得好的热传输条件。由于热传输是由对流、辐射和传导三种不同方式来进行的，所以必须对每一种方式分别而又同时获得明确的规定条件。

若是多个试验样品在同一试验箱进行高温试验时，就应保证所有试验样品都处在同一环境温度下，并具有相同的安装条件。但在进行低温试验时，则没有必要区分单个试验样品和多个试验样品时的情况。

1.4 环境温度

通常产品使用者要求了解产品工作时所允许的环境温度的最大值和最小值，而且为了试验目的，对此也应作出规定。

由于热传输是和温度梯度相关联的，故产品周围介质的温度必然时刻在变化，这给确定“环境温度”带来一定困难。因此对“环境温度”应专门予以定义。

1.5 表面温度

对产品性能起主要影响的是其本身的温度。所以参照试验样品表面上甚至其内部一些关键点的温度来进行监控和调节试验设备是适宜的。

2 不同试验规程的依据

2.1 传热原理

2.1.1 热对流

2.1.1.1 在试验箱内进行试验时,对流散热在散热试验样品热交换中占有极重要的部分。

热从试验样品表面传递到周围空气中去的传热系数,受周围空气速度的影响。空气速度愈高,则热交换的效率也愈高。因此,在环境温度相同时,空气速度愈高,试验样品表面温度就愈低。图 B.1 和图 B.2显示出这个结果。

气流除影响任一位置上试验样品的表面温度外,还影响试验样品表面上的温度分布。图 B.3 显示出这个结果。

2.1.1.2 附录 B 明显表明,对不同的气流速度和气流方向来说,在试验样品表面温度及温度分布之间不存在任何简单关系。同样明显的是,如果要使试验符合实际条件,试验时就要对试验箱规定某一特定的气流速度和气流方向,这将涉及到试验箱设计方面的许多问题。

为了便于把试验结果与实际的环境条件比较,有必要规定一个清晰的、能重现的试验条件,这就导致“自由空气条件”的使用。

2.1.1.3 “自由空气条件”使用无限空间内的空气条件。此时,在该空间内空气运动仅受散热试验样品本身的影响,由试验样品辐射的能量在该空间内吸收。因此,试图在试验箱中重现自由空气条件的试验是不切实际的(见第 3 章)。

附录 A 说明,采用自由空气条件,通常并不导致使用价格高昂或者不切实际的大型试验室。既然自由空气条件有某些技术上的优点,而且比规定的强迫空气条件易于做到,所以用作散热试验样品进行低温和高温试验时的优选方法。

根据本部分第 3 章给出的理由,在有些情况下,采用无强迫空气循环方法进行试验可能产生一些困难。

因而,在允许采用低速空气进行强迫空气循环的场合给出了两种供选用的方法:第一种方法,适用于试验箱的尺寸大得足以满足附录 A 的要求,但试验箱的升温或降温需要采用强迫空气循环的场合。

第二种方法,适用于试验箱太小、不能满足附录 A 的要求,或由于别的原因,不能使用第一种方法的场合。

2.1.2 热辐射

2.1.2.1 附录 C 显示出当讨论试验散热试验样品用的试验箱条件时,不能忽视辐射传热,在试验样品和试验箱箱壁是热黑的情况下(辐射系数约为 1),从试验样品到试验箱壁的传热,约有一半是以热辐射方式传递的。如果散热试验样品在箱壁为热白的或箱壁为热黑的试验箱内经受某温度试验时,试验样品的表面温度将会显著地不同,所以,若想得到可重现的试验结果,有关规范宜对试验箱箱壁的辐射系数和温度应加以限定。

2.1.2.2 在试验样品和箱壁之间,若有其他试验样品、加热或冷却组件、安装架等遮挡时,则试验样品和箱壁之间的热辐射将受到影响。试验箱壁的热颜色和温度将不符合要求,试验样品上某特定点所能“看到”箱壁部分的百分数确定该点的视角因数。试验样品每一点的“视角因数”都不宜受某些不符合对箱壁热颜色和温度要求的装置所干扰。

2.1.2.3 理想“自由空气”条件下,试验样品向周围空气传输出来的热完全为周围空气所吸收,这是由于自由对流和辐射交换的热完全被吸收而出现的。

通常大多数装置(包括设备和组件)是在十分近似热黑而不是热白的环境中运行的。

将试验箱内壁做成近似于热黑的要比做成为热白的容易些。因为大多数涂料和(未抛光)的材料是更接近热黑的而不是热白的(见附录 I)。同时,由于材料随时间的老化效应,要长时间地保持箱(室)壁为热白的将特别困难。

如果箱壁温度变化是在所规定试验温度(按开尔文温度计算)的 3%之内,且箱壁的辐射系数是在0.7 到 1 之间变化,则试验样品表面温度的变化通常小于 3K。因为辐射换热是与试验样品表面温度四次方和箱壁温度四次方之差成正比,低温时的辐射传热与高温时比较不那么显著,故在低温试验时对箱壁颜色和温度的要求也就并不怎么严格。

2.1.2.4 通过热辐射进行的热交换主要取决于试验箱壁的温度,这种依赖关系就是为什么当试验样品表面温度和周围空气温度之间的差值很大时,不按照附录 E 对试验样品温度进行修正就不能用强迫空气循环来进行试验的主要原因。

2.1.3 热传导

2.1.3.1 热传导的散热取决于安装连接架及其他连接件的热特性。

2.1.3.2 有许多散热设备和组件,规定安装在吸热的或其他导热良好的装置上。因而,有一定数量的热会通过热传导有效地散发出去。

故有关标准应对安装架的热特性作出规定,而且在进行试验时最好再现安装架的这些热特性。

2.1.3.3 如果设备或组件采用不止一种具有不同导热值的方法安装,则在试验时应考虑最坏情况。应用情况不同,产生的最坏情况也不相同,如:

a) 散热试验样品的高温试验。因试验时热的传输方向是由试验样品到安装架,所以,安装架的热传输量最小时,即安装架的导热系数最小(绝热)时的传输方向是最坏情况。

b) 非散热试验样品的高温试验。只要试验样品尚未达到热稳定,热就由箱壁经安装架传到试验样品。那么,最坏情况是安装架的导热率大的场合,为了避免安装支架的加热时间太长,从而延滞由箱壁到试验样品的热传输,安装架的热容量宜小。

c) 散热试验样品和非散热试验样品的低温试验。由于试验时热是由试验样品经安装架传输到箱壁的,因而最坏情况(试验样品温度最低)是在热传输效率最高时,即在安装架的导热系数高时。

2.1.4 强迫空气循环

2.1.4.1 试验箱的容积大得能完全满足附录 A 的要求,但试验箱的升温和降温可能需要采用强迫空气循环。

这种情况下,试验样品应先放在具有室温的试验箱内,进行检查,使试验样品表面上诸代表点温度不会过分受到箱内强迫空气循环的影响。如果试验样品上任一点的表面温度,不因试验箱内有强迫空气循环降低 5℃以上,像在无强迫空气循环试验箱内进行的试验一样,则强迫空气循环的冷却效应就可以认为相当小,可忽略不计。

2.1.4.2 如果试验箱太小,不能满足附录 A 的试验要求,或按本部分 2.1.4.1 测得之表面温度差超过5℃时,则宜在试验箱外进行探索性试验:

先将试验样品置于放置该试验箱的试验室内,施加有关标准为试验温度所规定的负载条件,测量试验样品表面上若干有代表性的点的温度,以给出计算规定试验条件下表面温度的基准点。

对环境温度和表面温度之间的小温差 ΔT_1 来说,只要环境温度的变化 ΔT_2 小时,就可假定温差 ΔT_1 在不同环境温度时是一样的。如果是 $\Delta T_1<25$℃、且 $\Delta T_2<30$℃,则其误差在 3℃以内。

不同环境温度时,试验样品表面温度之间的关系见附录 E。如已知某环境温度时的表面温度,使用附录 E 的计算图,就可计算任何环境温度时的表面温度,这样,当试验样品在室温时的表面温度已知时,通过附录 E 计算图的运用,就可扩展计算出在规定试验条件时的表面温度范围。附录 E 的计算图至少可以用到 $T_1=80$℃和 $T_2=65$℃时。

2.1.4.3 当采用本部分中第一种和第二种方法的任一方法时被检查的有代表性的点的选择,宜详细了解试验样品的情况(如温度分布、热极限点等),由于这一点的选择主要是一项训练判断问题。所以建议优先选用无强迫空气循环的试验方法。

对探索性试验来说,可能需要检验试验箱的性能,以便能进行一系列类似试验(如类似元件的试验),而对另一些情况(如对不同的产品),在每次试验前都需要对试验箱进行评价。

3 试验箱

3.1 一般要求

试验时，要在试验箱中再现自由空气条件是不切实际的，但模拟自由空气条件的效应还是可能的。

即使在很大的试验箱中，空气循环和试验样品周围的温度分布与实际自由空气条件时的情况还是不等同的。

尽管如此，实验结果和试验经验表明，一个相当大的无强迫空气循环的试验箱，对试验样品温度影响的情况与自由空气条件的影响情况大致相同。

在需要模拟自由空气条件效应时、试验样品大小和散热情况与试验箱大小的关系，见附录A。

在试验箱内下部，那里的空气不大受由试验样品引起的热对流的影响，因此在该处监测环境温度，上述一些要求是能成立的。

但在某些情况下，采用无强迫空气循环来进行试验时会出现一些困难。在现有多数试验箱中，不用强迫空气循环就不能升温或降温，特别是对大试验样品进行试验，或是在同一试验箱中同时试验许多产品时更是如此。

对散热试验样品的试验结果有重大影响的试验箱的一些参数如表1。

表1 对散热试验样品的试验结果有重大影响的试验箱的一些参数

热传输机理	对流		辐射	传导
	自由空气	强迫空气循环		
试验箱参数	尺寸；空气温度	空气速度；空气温度	箱壁温度；箱壁辐射系数；视野因数	安装架的热特性

3.2 试验箱达到要求试验条件的途径

3.2.1 模拟自由空气条件效应的试验箱的设计

加热和冷却箱体的器件不应放在工作空间中，因为箱内温度的控制就是依赖这些组件的温度变化来达到的。箱壁温度亦应避免发生大的波动，以使辐射影响问题缩减到最低程度。

为得到最佳结果，试验箱体所有箱壁均应加热或冷却。采用液体循环来加热或冷却所有的箱壁，是使箱壁温度避免产生大波动的一种合适方法，箱壁的辐射系数应该满足试验的要求。

对依靠空气循环来保持试验温度的试验箱，试验时可把试验样品置放在盒子内，然后再把这个盒子放入试验箱内来进行试验。此时，盒子的容积应该满足试验的尺寸要求，且盒壁应满足辐射系数的要求。

3.2.2 有强迫空气循环的试验箱的设计

对由于尺寸大或高散热而不能使用自由空气条件试验箱试验的试验样品，应使用带空气流动（有强迫空气循环）的试验箱。除有关试验箱尺寸以外，对自由空气试验箱的其他所有要求，有强迫空气循环试验箱的设计均适用。

气流速度应符合这样的要求：不应太小，以保证试验样品在试验时不致过热，又不应太大，以致试验样品在试验时出现过冷。气流的效应在附录B中作了较详细的说明。但是，尽管顺畅地变动气流的速度是有利的，然而在实践中业已发现，采用0.5 m/s的风速是一种较好的折衷方案。

气流宜尽可能均匀一致，气流方向宜垂直向上，以将由上面对流所引起的气流变化缩减到最低限度。如果风扇在前箱产生正压，然后使空气从前箱经过过滤器（如玻璃纤维栅网）逸出，则可得到均匀的气流。在前箱还可装设几个控制该试验箱温度的加热器。或者，利用把加热器和过滤器的作用结合在一起的网状加热器。

3.2.3 箱壁的辐射系数

如果要模拟无限空间的自由空气条件，则箱壁应该是热黑的。附录I的表I.2指出的：0.7的辐射系数是易于得到的。对于中等温度下运行的试验箱壁的处理，大多数无光涂料完全能满足要求。

3.2.4 安装架的热特性

对安装架热特性的要求可参阅本部分的2.1.3及附录D,附录D列出一些线端的热特性值。各种材料的导热系数可见附录F。如果安装架或连接线(如引线)的热传导率对试验的结果有重大影响,则在所有试验中引出线的长度应是恒定的。

4 测量

4.1 温度

对在非自由空气条件下的散热试验样品试验来说,必须对试验样品上(或试验样品内)不同点温度进行测量。

附录G给出了测量温度的若干建议。

4.2 空气速度

了解试验箱内空气的速度,对试验规范虽然不是主要的,但还是很有用的。例如,在有强迫空气循环的同试验箱中试验多个试验样品的情况下,要保证试验箱内条件的均匀性就得要有一定的空气速度。

附录H给出若干有关风速的测量方法。

4.3 辐射系数

由于辐射传热在试验散热试验样品时很重要,所以应对该试验箱各壁的辐射系数予以测量并定期检查。

对于这类测量的建议见附录I。

对 IEC 60068-3-1:1974《基本环境试验规程 第3部分:背景材料 第1节:寒冷和干热试验》的第一次补充文件

1 一般要求

某些设备在高温或低温条件下使用或储存的时间比达到温度稳定的时间为短,若用温度达到稳定后来计算持续时间(试验A和试验B)进行试验,则可能给试验设备带来过分的应力。

要避免这种过分应力,可按第2章用试验A和试验B定义的规程进行试验,但应有不同及要有预防措施。

例如某种飞行器和导弹设备。

虽然具有大的热时间常数的设备可比作日温度变化的情况,通常按样品温度可达稳定的试验A和试验B进行试验。但若要求准确模拟实际环境的情况,则可采用试验样品未达温度稳定的试验。

对试验时间比温度达到稳定所需时间为短的试验,例如对某些大设备(如具有大的热时间常数值的电源变压器和电机)要求在短时间内获得高温或低温的情况。这时可选用比设备预期使用的环境温度较高些或较低些的试验温度,以此来加快试验样品温度的变化,缩短试验的时间。

2 试验预防措施

2.1 一般要求

为了获得再现性,温度试验必须这样设计:使试验样品某点上所达到的最高(或最低)温度是一样的,与进行试验的试验室无关。对具有相对于试验样品达到温度稳定所需时间比较为短的持续时间的试验设计,要考虑下列的预防措施。

2.2 试验样品周围的空气速度

试验箱中空气和试验样品间的热交换效率取决于空气速度。

在高(低)温试验中,期望能准确模拟实际环境中的空气速度,但由于所掌握的实际环境知识有限以及难于确定试验箱中的空气速度(包括端流度等),这种模拟通常是做不到的。因此,一般必须按"最坏情况"来进行试验,以包罗各种可能性。

试验非散热试验样品时,较高空气速度导致较高的(对低温试验为较低的)试验样品温度,因此,进行这种试验的试验箱推荐使用高空气速度(在空载时测量最好不低于2 m/s)。

试验散热试验样品时,如果试验样品最热点的温度高于周围空气温度,则较高空气速度将降低该点的温度,故在大多数情况下,只要可能,这种试验就应在无强迫空气循环(即自由空气条件)试验箱中进行。当试验箱的加热(或冷却)只能靠空气循环来实现的场合,可使用有强迫空气循环的方法作为代替的方法,即在试验Bd(Ad)中用方法A作为代替方法。

2.3 条件

为了得到再现性,在整个条件试验期间必须很好地规定试验箱空气的温度—时间过程。在准确模拟实际环境做得到的情况下,就可为模拟这种情况来专门设计温度—时间过程。

在一般试验情况下,推荐采用下列温度—时间过程(见图1)。

应当说明,该温度—时间过程图在下列细节方面和试验A与试验B不同:

a) 开始时温度范围较窄(25℃±3℃);

b) 建立试验温度期间试验箱空气温度变化的速率;

c) 试验持续时间是从试验箱空气温度达到规定值时算起。

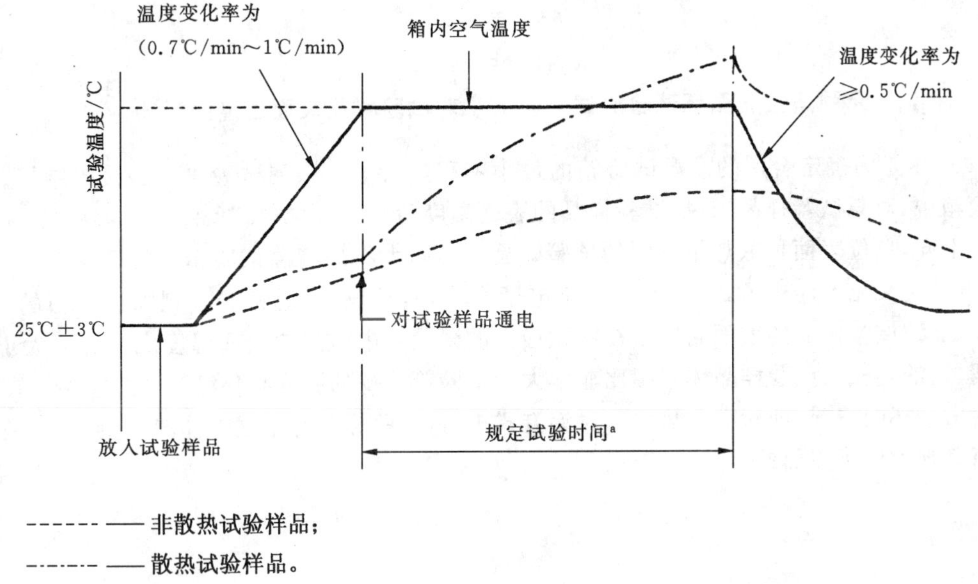

------ —— 非散热试验样品；

-·-·-·- —— 散热试验样品。

a 规定的试验持续时间从试验箱内空气温度开始到达与规定试验温差在3℃以内时算起。

图 1

附 录 A
（资料性附录）
无强迫空气循环试验时试验箱大小对试验样品表面温度的影响

图 A.1 所示是为确定合用的高温试验箱的最小容积进行了一系列试验得出的试验结果。在这样大小的试验箱中，对某试验样品来说，试验样品的表面温度与在“自由空气”条件下大约相同。

将大小不同，单位表面积散热量不同的试验样品在不同大小的高温试验箱中经受＋70℃的环境温度（环境温度的定义见 GB/T 2421—1999《电工电子产品环境试验　总则》）。判断试验箱的大小是否合用的标准是：该试验样品的表面温度与在容积最大的试验箱中达到的表面温度之差应不大于 5℃，这就是说，试验箱的容积与试验样品体积相比非常大。试验箱箱壁的温度与环境温度之差保持在 5℃内。

为了给出最坏的情况，即所有散热均以对流方式进行，试验样品都是立方体的，而且几乎是热白的。试验箱的箱壁则近似于热黑的。

⊙——试验数据；

d——试验样品表面和箱壁间的距离，单位为米(m)。

图 A.1 在大型试验箱与小型试验箱内试验，试验样品在表面温度之间的差值达 5℃时单位表面积的散热量

附 录 B
(资料性附录)
气流对试验箱条件和试验样品表面温度的影响

B.1 气流对试验样品温度及试验箱内温度梯度影响的计算

v——气流速度,单位为米每秒($m \cdot s^{-1}$);
$\lambda(v)$——传热系数,单位为瓦每平方米每开尔文($W \cdot m^{-2} \cdot K^{-1}$);
P——单位时间内的传热量,单位为瓦(W);
F——散热表面有效面积,单位为平方米(m^2);
t——时间,单位为秒(s);
G——单位时间内进入空气或逸出空气的质量,单位为千克每秒($kg \cdot s^{-1}$);
C_P——恒定压力时空气的比热($1\,000\ J \cdot kg^{-1} \cdot K^{-1}$);
γ——空气密度($1.29\ kg \cdot m^{-3}$);
S——试验箱的横截面积,单位为平方米(m^2);
T——温度,单位为开尔文(K)。

B.1.1 样品温度

$$T = \frac{1}{\lambda(v)} \cdot \frac{P}{F} \qquad \cdots\cdots\cdots\cdots (B.1)$$

式中:

$\lambda(v) = a + bv$

$a \cong 10$

$v < \frac{a}{b} < 3\ m \cdot s^{-1}$

试验结果表明在气流速度低时,$b \cong 3$;b 值随气流速度的增加而增加,当气流速度为 $3\ m \cdot s^{-1}$ 时,$b \cong 8$。

当 $v = 0.3\ m \cdot s^{-1}$ 时,温度 T 的误差≤10%。

不同方向的气流和气流速度对样品的温度及样品周围温度的影响见图 B.1、图 B.2 和图 B.3。

B.1.2 进气和出气之间的温度差

$$\Delta T_{空气} = \frac{P}{C_P G} = \frac{P}{C_P S v \gamma} \qquad \cdots\cdots\cdots\cdots (B.2)$$

对于气流速度为 $0.3\ m \cdot s^{-1}$、箱内散热功率为 100 W、内边长为 0.5 m 的立方型试验箱,代入上式:

$S = 0.25\ m^2$

$$\Delta T_{空气} = \frac{100}{1.29 \times 1\,000 \times 0.25 \times 0.3} \cong 1℃ \qquad \cdots\cdots\cdots\cdots (B.3)$$

对于不超过 100 W 的散热量,基本无问题。等于 1 kW 时,要用较大的试验箱(例如每边长约 1.5 的立方箱)来进行试验。否则,要保持允许的温度差,就得采用较高的气流速度。

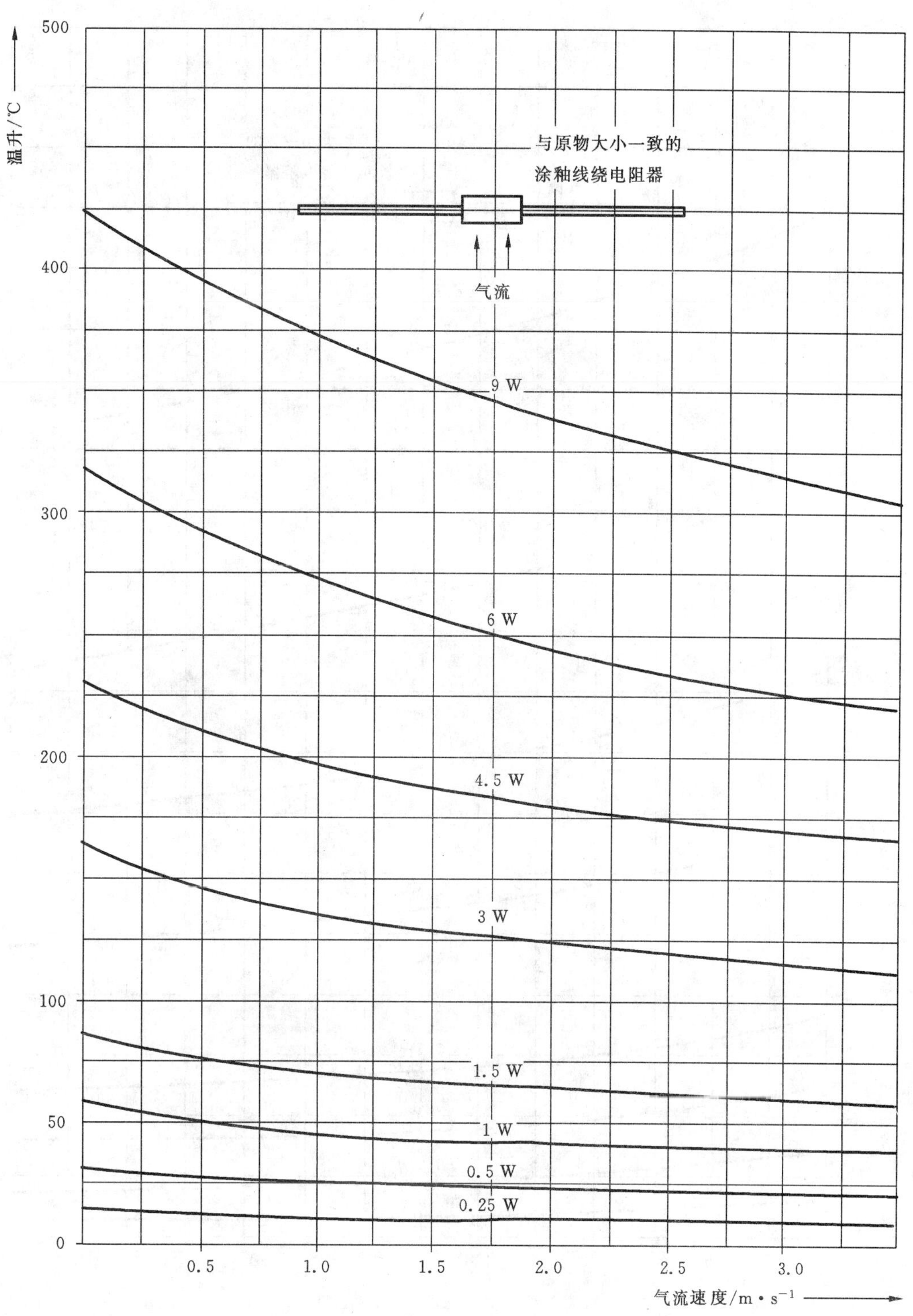

图 B.1 气流速度对线绕电阻器表面温度影响的实测数据——径向气流

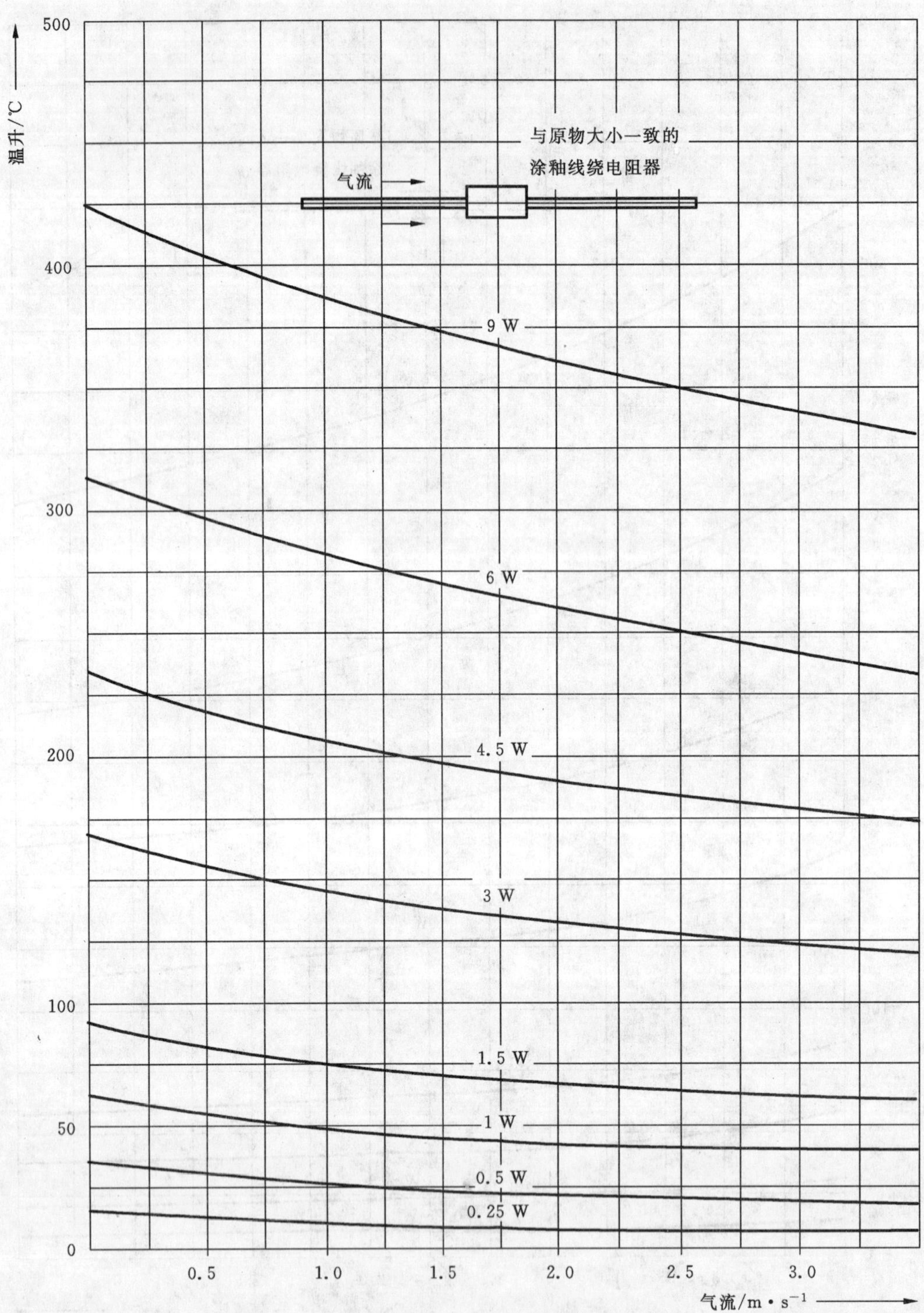

图 B.2 气流速度对线绕电阻器表面温度影响的实测数据——轴向气流

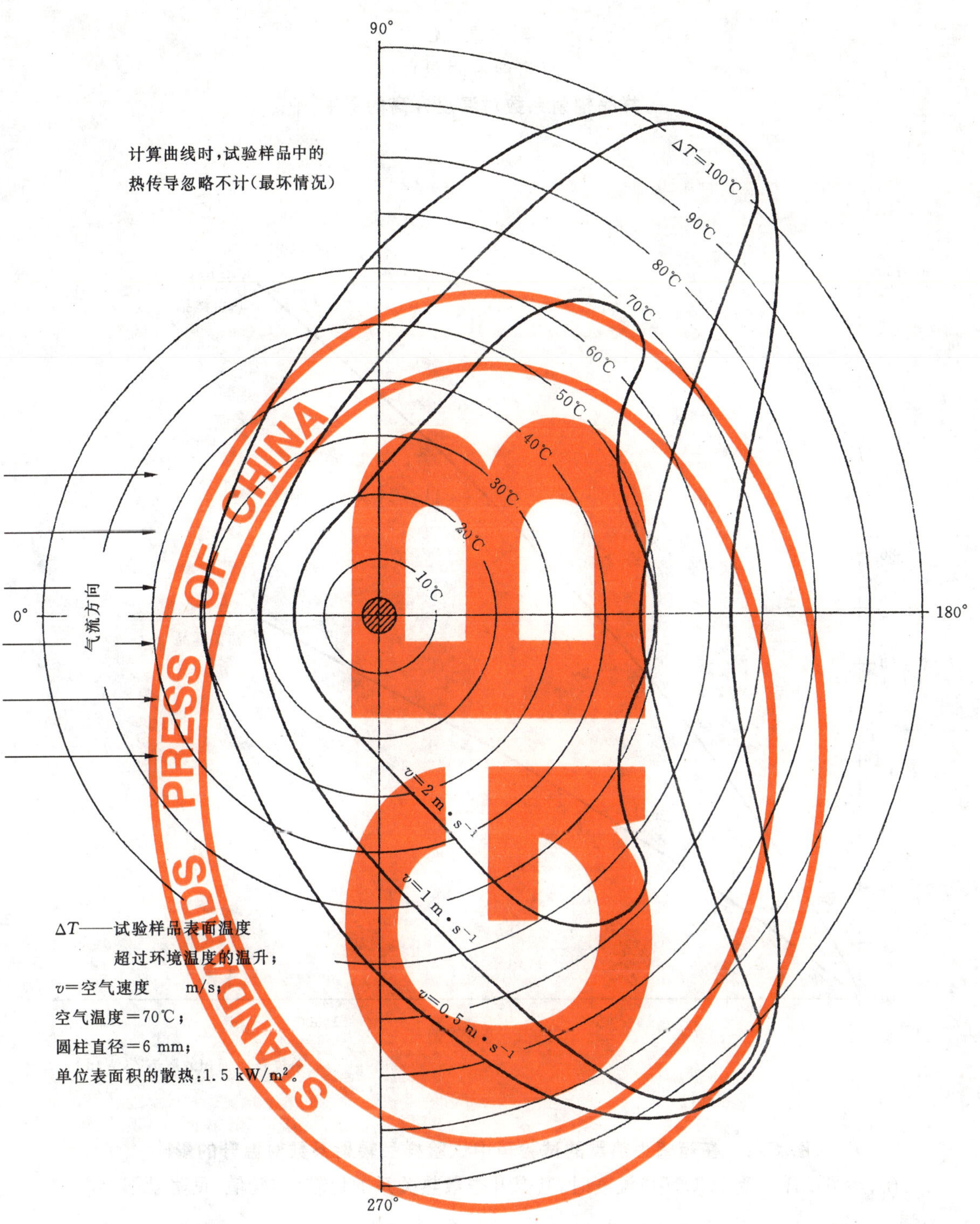

图 B.3 在速度为 0.5 m·s^{-1}、1 m·s^{-1}和 2 m·s^{-1}的气流中稳定发热圆柱体周围的温度分布

附 录 C
（资料性附录）
样品辐射系数对温度升高的影响

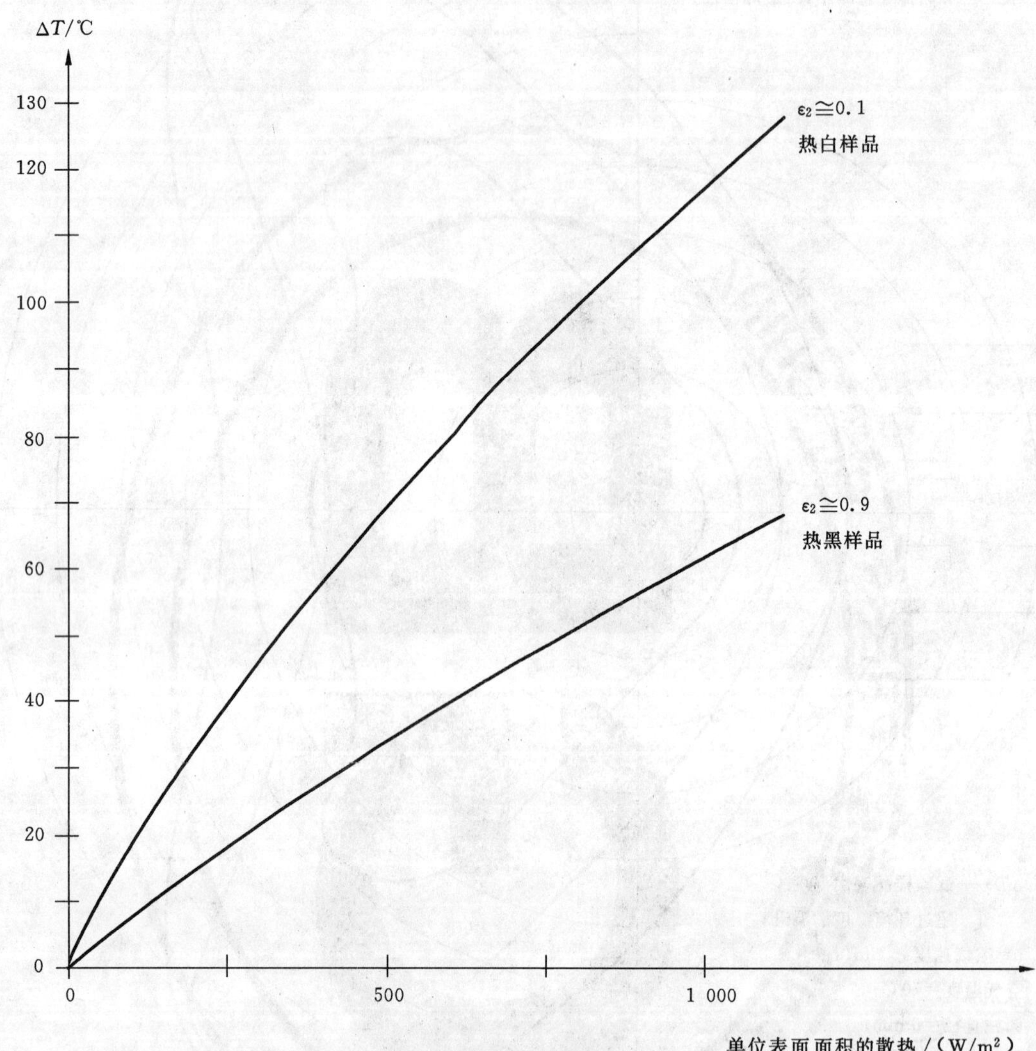

图 C.1 在箱壁为热黑的试验箱中试验样品辐射系数对温升的影响

热白和热黑试样经受 70℃环境温度时，其温升跟散热关系的比较（实验值）见附录 E。

附 录 D
（资料性附录）
组件线端尺寸和材料对其表面温度的影响

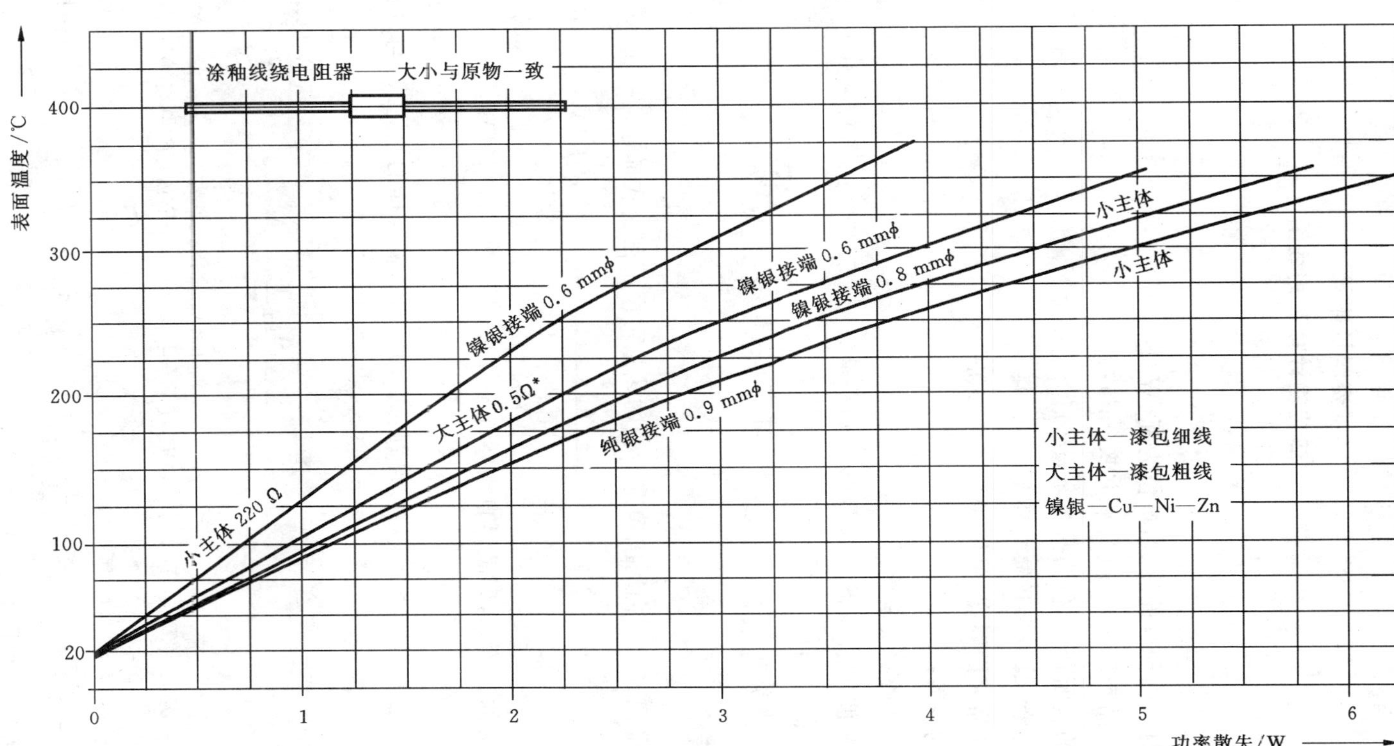

* 电阻圈使用粗导线有助于使热从“热点”快速传走。

图 D.1 组件线端尺寸和材料对其表面温度的影响

附 录 E
（资料性附录）
热传输计算及列线图

E.1 符号说明

P——单位时间内传输的热量，单位为瓦(W)；

A_2——试验样品表面积，单位为平方米(m^2)；

A_1——箱壁的表面积，单位为平方米(m^2)；

T_a——箱壁温度，单位为开尔文(K)；

T_s——试验样品表面温度，单位为开尔文(K)；

ε_1——箱壁的辐射系数；

ε_2——试验样品的辐射系数；

σ——斯蒂芬-波尔兹曼(Stefan-Boltzmann)常数：$\sigma=5.67\times10^{-8}\ W\cdot m^{-2}\cdot K^{-4}$；

a——试验样品平均尺寸，单位为米(m)；

α——对流散热系数 $W\cdot m^{-2}\cdot K^{-1}$。其值取决于$(T_s-T_a)$和 a。

E.2 辐射的热传输

箱内试验样品只经辐射向周围箱壁传输的热量可用下列公式描述：

$$P=\frac{\sigma}{\frac{1}{\varepsilon_2}+\frac{A_2}{A_1}\left(\frac{1}{\varepsilon_1}-1\right)}\cdot A_2(T_s^4-T_a^4) \qquad (E.1)$$

对空间无限大的试验箱，即满足自由空气条件时，$A_1>>A_2$，则得到：

$$P=\varepsilon_2\sigma\cdot A_2(T_s^4-T_a^4) \qquad (E.2)$$

对热辐射为黑色的箱壁($\varepsilon_1=1$)，可得到与自由空气条件同样的表达式，与试验箱的大小无关。

化简得到：

$$F=\frac{1}{\frac{1}{\varepsilon_2}+\frac{A_2}{A_1}\left(\frac{1}{\varepsilon_1}-1\right)} \qquad (E.3)$$

则通式改写为：

$$P=\sigma FA_2(T_s-T_a)(T_s+T_a)(T_s^2+T_a^2)=\sigma FA_2(T_s-T_a)\cdot f(T_a,T_s) \qquad (E.4)$$

或者：

$$\frac{P}{FA_2(T_s-T_a)}=\sigma f(T_a,T_s) \qquad (E.5)$$

这个关系式在附录 C 图 C.1 中表示出来。

在周围温度 T_a 下，试验样品的表面温度 T_s 与单位时间散热量的关系见图 E.1。

E.3 辐射和对流的热传输

E.3.1 热传输

假定箱壁与环境空气有同样的温度，那么：

$$\frac{P}{A_2}=\frac{\sigma}{\frac{1}{\varepsilon_2}+\frac{A_2}{A_1}\left(\frac{1}{\varepsilon_1}-1\right)}(T_s^4-T_a^4)+\alpha(T_s-T_a) \qquad (E.6)$$

在自由空气条件下或热黑箱壁的情况下，上式化简为：

$$\frac{P}{A_2}=\varepsilon_2\sigma(T_s^4-T_a^4)+\alpha(T_s-T_a) \quad \cdots\cdots(E.7)$$

可进一步改写成：

$$\frac{1}{\alpha}\frac{P}{A_2}=\left(T_s+\frac{\varepsilon_2\sigma}{\alpha}T_s^4\right)-\left(T_a+\frac{\varepsilon_2\sigma}{\alpha}T_a^4\right) \quad \cdots\cdots(E.8)$$

引入新变量：

$$x_s=T_s+\frac{\varepsilon_2\sigma}{\alpha}\cdot T_s^4;\qquad x_a=T_a+\frac{\varepsilon_2\sigma}{\alpha}\cdot T_a^4$$

得到：

$$\frac{P}{A_2}=\alpha(x_s-x_a) \quad \cdots\cdots(E.9)$$

这种关系可以用列线图来表示，该图举出两例以示说明(为了使用方便，列线图中温度单位为℃)。

E.3.2 列线图

前述 α 取决于(T_s-T_a)及平均试验样品尺寸 a。根据 α 的两个不同值，对 $\varepsilon_2=0.7$ 的列线图列出图 E.2、图 E.3 两个示例。

制图所用的几个特征值是：

表 E.1 绘制列线图所用的特征值

项目	图 E.2	图 E.3
平均试验样品尺寸	$a=0.2$ m	$a=0.05$ m
平均温升	$T_s-T_a=35$℃	$T_s-T_a=100$℃
与上述试验样品尺寸及温升相对应的对流散热系数	$\alpha=5$ W·m^{-2}·K^{-1} $\frac{\varepsilon_2\sigma}{\alpha}=0.8\times10^{-8}$K^{-3}	$\alpha=8$ W·m^{-2}·K^{-1} $\frac{\varepsilon_2\sigma}{\alpha}=0.5\times10^{-8}$K^{-3}

使用该图的示例如下：

问：在 20℃自由空气中散热试验样品表面温度达到 70℃，在 55℃自由空气中耗散同样多的热量时，其表面温度是多少?

答：因为 $T_s-T_a=50$℃，图 E.2 列线图中所用 α 值最接近于实际值。

求法：在图 E.2 中，从标尺 T_a 上的+20℃点画一直线到标尺 T_s 上的 70℃点；记下与枢轴线的交点。再从标尺 T_a 上的 55℃经枢轴线上该交点画一直线，并延伸到与 T_s 相交，得到+98℃这一交点，该交点就是所求试验样品在+55℃耗散出同样热量时的表面温度。

注：温升对试验样品辐射系数 ε_2 的依赖关系如图 E.4 所示。其中 $a=0.1$ m，$\varepsilon_1=1.0$ 时，周围试验室温度 $T_{a0}=20$℃。

E.4 试验 A 和试验 B 用的相互关系列线图

比较图 E.2 和图 E.3 可看到，所得的温升随 α 值只略有变化，因此在试验 A 和试验 B 中仅给出一个以 $\alpha=5$ W·m^{-2}·K^{-1}为依据的列线图。

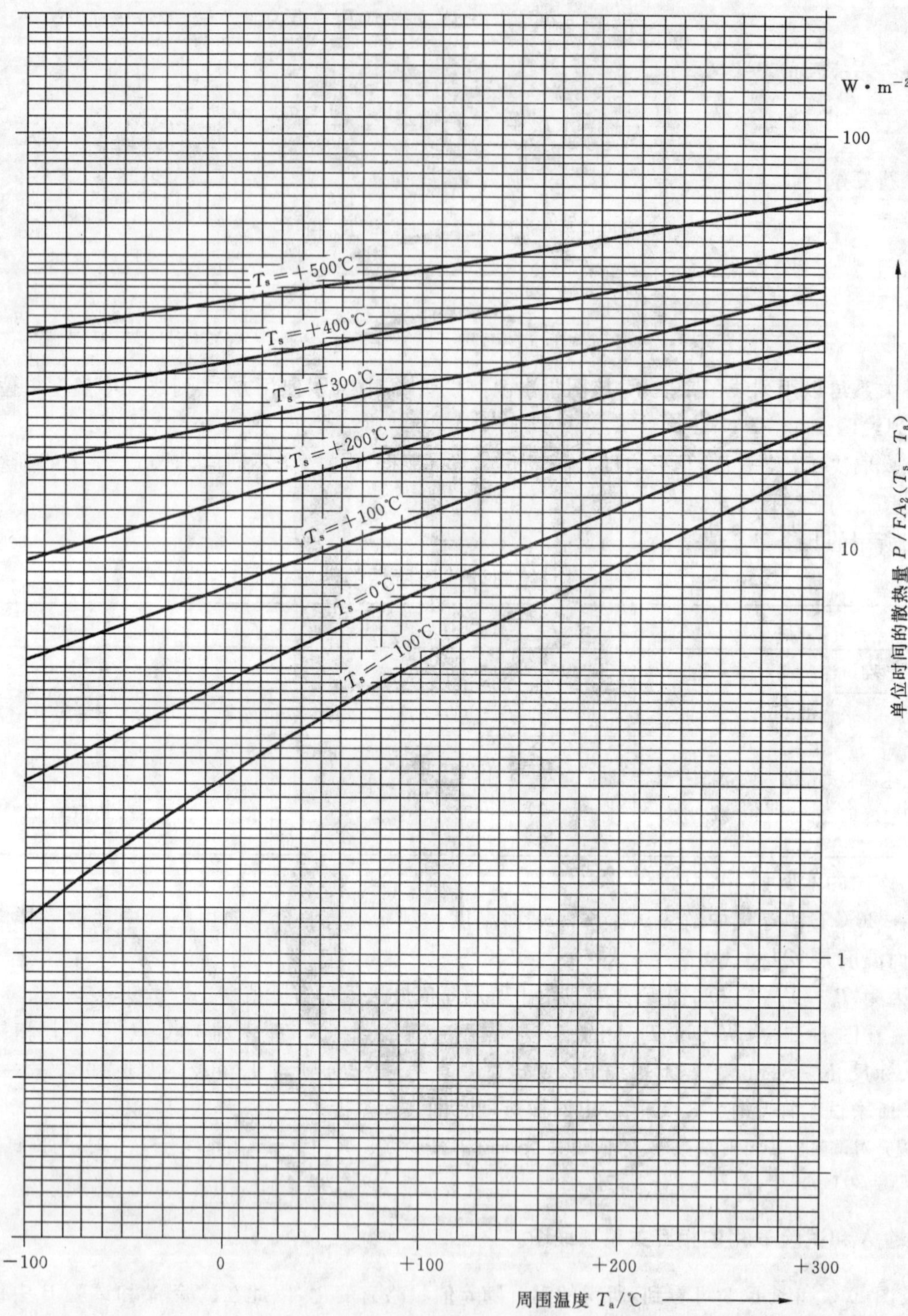

图 E.1 在周围温度 T_a 下，试验样品的表面温度 T_s 与单位时间散热量的关系

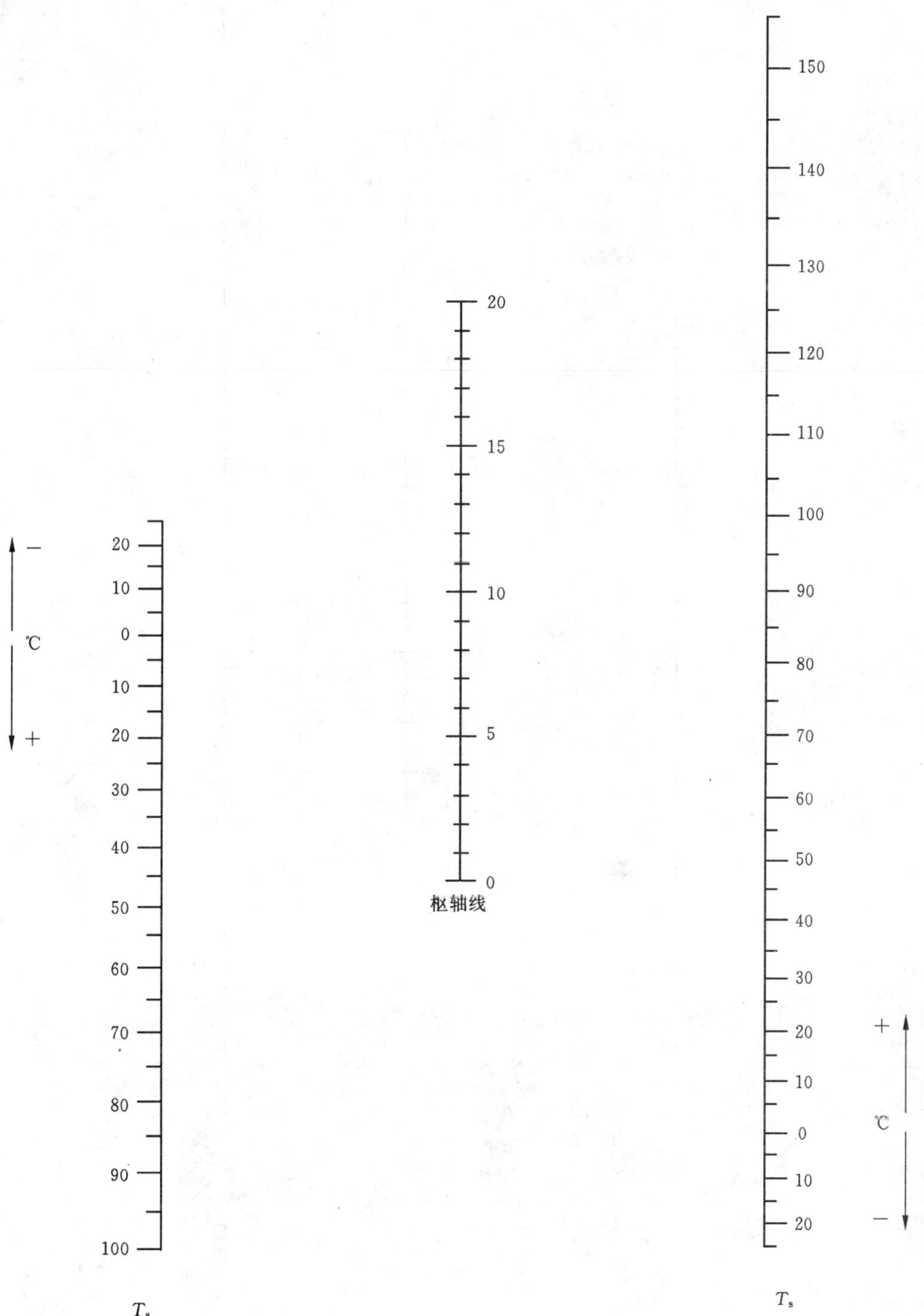

试验样品平均尺寸 $a=0.2$ m,试验样品辐射系数 $\varepsilon_2=0.7$。

图 E.2 估计在不同环境温度 T_a 时试验样品表面温度 T_s 值的列线图

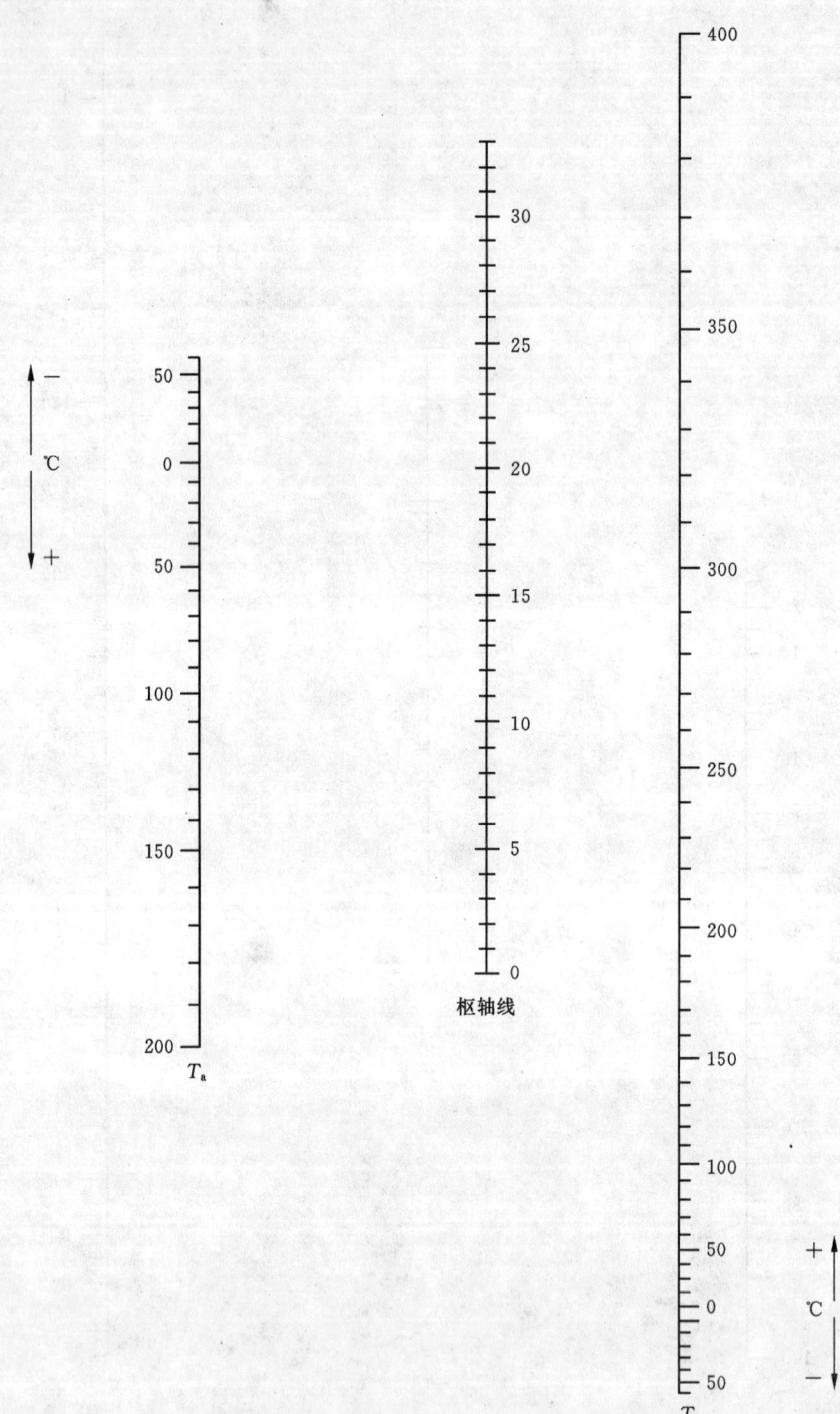

试验样品平均尺寸 $a=0.05$ m,试验样品辐射系数 $\varepsilon_2=0.7$。

图 E.3 估计在不同环境温度 T_a 时试验样品表面温度 T_s 的列线图

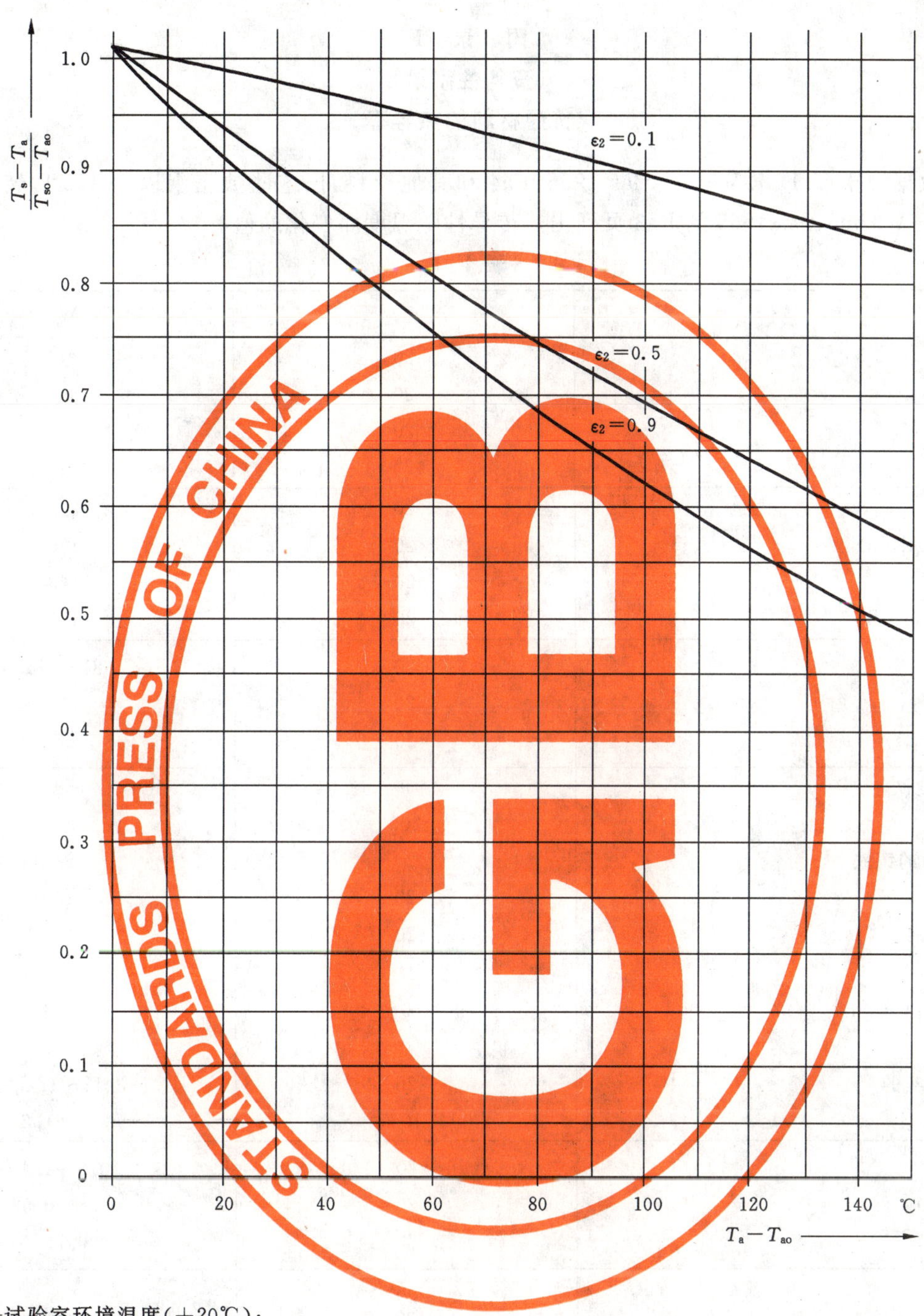

T_{ao}——试验室环境温度(+20℃);

T_{so}——在"自由空气"条件下经受试验室环境温度时试验样品的表面温度;

平均试验样品尺寸 $a=0.1$ m。

图 E.4 试验样品的过热温度与辐射系数 ε 之间的关系

附 录 F
（资料性附录）
普通材料的热导率

下列数据源于 V.D.I. Wärmeatlas 1965、Ea4 和其他资料，把这些数据乘以 1.163 后转为国际单位。V.D.I. Wärmeatlas 1965 的 Ea3 页列出热传导性随温度而变化的值。

表 F.1

材　　料	温度 t/℃	热导率/[W/(m·K)]
银	20	411
纯　铜	20	395
商品铜	20	372
纯　金	20	311
铝	20	229
杜拉铝(Al-Cu)	20	165
纯　镁	20	143
Elektron(Ni-St)	20	116
黄　铜	20	81～116
锌	20	113
锡	20	66
锻造的纯铁	0	59
铁	200	52
含碳 3%的铸铁	20	58
铁-铬钢	20	40
铁-镍铬钢	20	14.5
镍	18	59.5
镍-银(Ni-Cu-Zn)	0	29.3
纯　铅	0	35.1
石墨(压实的)	20	12～174
耐　火　土	100	0.5～1.2
混凝土	20	0.8～1.4
砖(干的)	20	0.38～0.52
平板玻璃	20	0.76
大理石	20	2.8
电木	20	0.233
橡胶	20	0.13～0.23
高温玻璃	20	0.184
赛　璐　珞	20	0.215
山毛榉木(顺纹理)	20	0.35
橡树(横纹理)	20	0.17～0.21
橡树(顺纹理)	—	0.37
松木(横纹理)	20	0.14
松木(顺纹理)	—	0.26

附 录 G
（资料性附录）
温度的测量

G.1 一般说明

描述常用于测量空气和液体温度的仪器(例如汞温度计或酒精温度计)不是本附录的目的。这些温度测量仪器的描述及使用时的注意事项已经众所周知,并在有关的技术文献中有所描述。

对固体材料温度的测量,常应用电阻方法(特别是铂电阻温度计)、热敏电阻和热电偶,也要考虑这些仪器的使用方法及注意事项。测量仪器的热容量要小于试验样品的热容量,此外,测量装置和试验样品间的热阻要小,且连接线传导的热量应保持在最小值;供给传感器的热功率应尽量低,足以避免传感器自身过热或是加热试样。

当散热试验样品和试验箱壁之间有热交换时,参与热交换材料的表面温度是很重要的。表面温度的测量有两种方法:一种是测量器件跟等待测温度表面相接触;另一种是它们之间不相接触。

应注意在跟表面有接触的场合里,表面可能污染成一层难以去除的物质。因此,在某些情况下,例如在对空间运载器进行试验时不允许使用这些方法。

G.2 使用变色或熔融效应法

一些材料的颜色能随温度变化,其颜色在一定温度范围内有规则地变化,例如液态晶体,它所达到的温度通过跟有关色谱相比较而得出。另一些材料,当温度增加到一定值时其颜色突然改变,但当温度下降时却没有相反的颜色变化。这些材料作为色笔或特种漆使用时,可将它薄薄地涂在待测温度的试验样品表面。还有些自粘胶带也可用来作温度指示器。当温度上升超过预定值时,自粘胶带就改变颜色。在其他情况下,也可用某些材料的熔点来测量温度。

在上述各种例子中,具有颜色突然改变的场合,仅能用来确定已超过出现颜色(或状态)改变的温度;可是,也可用许多温度范围不同的温度敏感材料小样来估计试样所达到的温度。

一般说来,应用上述各种温度指示器所能达到的准确度决定于下述诸因素:

G.2.1 用在预定温度时指示器(或材料)状态改变作为温度指示的情况下,通常需用一系列敏感温度不同的温度指示器。当指示器系列中的一个发生变化、而紧接其上的一个没有变化时,则表面温度就在这两个指示器的敏感温度之间。如果预定敏感温度不受其他因素影响,则测量的最大误差等于这两个敏感温度之差。

G.2.2 颜色变化指示器还会由于材料老化而带来测量误差。当所用材料在稍低于标称敏感温度下长期使用时,就有在比指示温度为低的温度下发生颜色变化的危险。

G.2.3 温度敏感材料也可能由于存在液体、蒸汽或气体而受影响。

G.2.4 如果试样表面受到热辐射,则应采取某些预防措施。

G.2.4.1 当指示器覆盖在受辐射表面的一小部分时,要注意保证指示器不受到辐射加热,可使用反射材料把指示器遮盖住就可以了。

G.2.4.2 当指示器覆盖着受辐射表面相当大的一小部分时,指示器的吸收系数应和被覆盖表面的吸收系数相同,否则指示器的存在将影响表面温度。

G.2.5 在温度变化条件下使用上述方法时,应注意指示值可能比实际温度变化速度为慢,这将导致低估温度变化期间的实际温度。

G.3 红外线传感器法

红外线辐射的要点说明参见附录I。

在测量温度时,必须知道辐射表面的辐射系数。扫描所得的红外线图像,事实上是辐射分布的图像,而不是温度分布的图像,通过对其中一个覆盖有辐射系数为已知材料的两个小块面积在同一温度下进行比较的方法,可得到较好的测量结果。

传感器所覆盖的面积要小于待测温度的表面。因此,当待测试验样品太小而不能用一般的辐射检测器时,就需要采用红外线显微镜。为了获得温度测量的高准确度,所用仪器最好是能测定从试验样品小面积上发射出辐射的仪表。

注意使所选区域应是十分平滑的,以避免受到传感器方向以外的显著辐射的影响。此外还应注意保证使外源辐射不要直接达到传感器,或直接经测量的小面积反射到传感器。

附　录　H
（资料性附录）
风速的测量

风速的测量有几种方法，其中包括：

1）　最古老的仪器是用风杯风速计，大都用在气象领域里。风杯的交叉臂，在不同风速的吹动下快慢不同地转动，从而确定风速大小。风杯风速计的可用范围很广，现有许多尺寸的风杯风速计。利用小风速计，可在试验箱之类的小体积里测量空气速度。

2）　卡他(Cata)温度计是一种特殊类型的玻璃温度计，是根据对流冷却效应设计的。测量原理是根据把先加热的卡他(Cata)温度计冷却到一定温度时(例如从 38℃冷却到 35℃)所需的时间来确定该点风速的大小。但由于温度计在每次测量后再进行测量时必须重新加温，因此这种方法比较麻烦。

热线风速计和热球风速计的测量原理也是根据对流冷却效应设计的。这两种风速计在测量时给测量组件定量的电功率，使测量组件达到预定的标准温度，当空气流过组件时，组件的温度下降，根据组件下降的幅度可以确定空气的速度。热线测量组件是由铂丝绕制成的，而热球风速计的测量组件在许多情况下是负温度系数的电阻。由于目前已有小尺寸和小热容量的组件，故测量组件的热时间常数可以取得很小；同时，可以测量很小截面积上的气流速度。这对低风速的情况特别有用，目前已应用的温度测量范围在－30℃到 100℃之间。在热线风速计中，热线组件的冷却效应取决于线轴和气流方向之间的角度，当气流平行于热线方向，冷却效应最差。通过转动热线风速计测量组件，可以准确地确定气流流向。

风杯风速计和卡他温度计只可用于大室(如人可以进入)。热线风速计和热球风速计则可用于小型试验箱。

适用于气候试验箱中风速的其他测量方法，有关标准可参考有关文献。

附 录 I
(资料性附录)
辐射系数的测量

I.1 引言

如附录 G 所述,表面温度不同的两个物体(例如,试验样品和试验箱壁)之间,由辐射产生的热交换决定于它们的辐射系数。因此,必须知道进行热辐射交换表面的辐射系数,以便能根据试验结果来评定工作条件下试验样品的特性。这种方法特别适用于散热试验样品。

本附录主要论述辐射系数的测量方法应具有足够的准确度和适合用于实际环境试验,且只需较少的仪器和时间。辐射系数的精密测量以及外层空间模拟试验箱内的辐射系数测量,往往要采用费用很高的方法,包括太阳辐射时,必须考虑不同光谱范围的入射辐射和反射辐射,且其中还要考虑辐射的吸收程度。对这种测量方法必须参考有关文献。

I.2 辐射理论

下述的辐射理论与本附录第 4 章的测量方法有关。

从某一温度实体的单位表面射入半球的辐射功率 M 和同一温度的黑体的相应辐射功率 M_s 的关系如下式:

$$M = \varepsilon \cdot M_s$$

式中:

M_s——由斯蒂芬-波尔兹曼(Stefan-Boltzmann)定律给出:

$$M_s = \sigma \cdot T^4 \qquad \text{(I.1)}$$

式中:

T 用 K 氏温标表示温度,σ 是斯蒂芬-波尔兹曼常数。

$$\sigma = 5.67 \cdot 10^{-8}\,\mathrm{W} \cdot \mathrm{m}^{-2} \cdot \mathrm{K}^{-4}$$

而 ε 称为"半球总辐射系数"。在温度 T 下的黑体辐射频谱分布由普朗克(Plank)辐射定律给出,而辐射强度最大值的波长 λ_{max} 由维恩(Wien)定律给出:

$$\lambda_{max} \cdot T = 2.89 \times 10^{-3}\ \mathrm{m} \cdot \mathrm{K} \qquad \text{(I.2)}$$

实践中,式(I.1)通常用下列形式:

$$M_s = C_s \cdot \left(\frac{T}{100}\right)^4$$

式中:

$$C_s = 5.67\ \mathrm{W} \cdot \mathrm{m}^{-2} \cdot \mathrm{K}^{-4} = 20.4\ \mathrm{kJ} \cdot \mathrm{m}^{-2} \cdot \mathrm{h}^{-1} \cdot \mathrm{K}^{-4}$$

因此,对实体有下列关系式:

$$M = C\left(\frac{T}{100}\right)^4 = \varepsilon \cdot C_s \cdot \left(\frac{\mathrm{T}}{100}\right)^4 \qquad \text{(I.3)}$$

对温度各为 T_1 和 T_2 的两个物体间的辐射换热,单位表面的热通量 Q_{12} 为:

$$Q_{12} = \varepsilon_{12} \cdot C_s \cdot \left\{\left(\frac{T_1}{100}\right)^4 - \left(\frac{T_2}{100}\right)^4\right\} \qquad \text{(I.4)}$$

辐射换热系数值 ε_{12} 取决于有关参与辐射表面的几何形状和辐射系数 ε_2(试验样品的)及 ε_1(箱壁的)。

对于在密闭试验箱中的三维试验样品(在环境试验中是经常碰到的情况),如果针对两个同心球或

无限长的圆筒(一个包围着另一个)的辐射换热公式,假定为温反射,根据朗伯(Lambert)定律,我们可得出:

$$\varepsilon_{12}=\frac{\varepsilon_2}{1+\frac{A_2}{A_1}\left(\frac{\varepsilon_2}{\varepsilon_1}-\varepsilon_2\right)} \qquad \cdots\cdots(\text{I}.5)$$

式中:

A_1 和 A_2——有关的表面面积。

实际上,当表面 A_2(试验样品)相对于表面 A_1(箱壁)愈小,则箱壁的辐射系数 ε_1 对辐射换热系数 ε_{12} 值的影响也就愈小。

I.3 辐射理论的实际应用

I.3.1 误差大小

对式(I.3)进行对数微分得:

$$\frac{dM}{M}=\frac{d\varepsilon}{\varepsilon}+4\frac{dT}{T} \qquad \cdots\cdots(\text{I}.6)$$

如果确定 ε 值,其可达到的准确度则取决于 T 和 M 的测量误差,采用通常的试验方法(外层空间的模拟除外),试验温度 T 的范围约在 200 K 和 400 K 之间。如在 200 K 时,温度测量误差为 0.25 K,这导致总误差为 0.5%。采用辐射换热方式时,两个温度的测量误差是十分重要的,即温差 $|T_1-T_2|$ 和两个温度之一的 T_1 或 T_2 的准确测量是不可缺少的。

M 和 Q 两者都包括散热试验样品所耗散并通过其表面放出的电功率,该功率只是在对流换热变为零(仅当气压低于 0.01 N/m² 左右且没有热通过安装架传导时)才等于所放射出的辐射功率。

I.3.2 温度辐射的波长范围和能量分布

图 I.1 示出了不同温度(开尔文温度)的波长 λ_{max}。这里,按维恩代换定律(式 I.2)温度辐射强度成为最大,对于环境试验中所特别关心的温度范围内的 λ_{max} 大多落在远红外线区域内。

当简化形式的普朗克定律从 0 到 λ 积分,并把量 $M_{0\cdots\lambda}$ 跟相同温度 T 时的总辐射 M_s 相联系,分别按 λT 和 λ/λ_{max} 的关系导出图 I.2 的结果。

显然,从 0 到 λ_{max} 的辐射部分只占总辐射的 25%,因为从 0 到 $2\lambda_{max}$ 范围发射了 72%,从 0 到 $3\lambda_{max}$ 范围发射了总辐射的 88%。因此,在上述温度范围内的辐射测量,需采用在远红外线中较灵敏的辐射检测仪器,对这种装置的光学系统有用的材料是一种波长极限约为 45 μm 左右的材料,例如牌号 KRS 5 [44%T1Br(溴化铊)和 56%T11(碘化铊)]的材料。

I.3.3 总辐射

用斯蒂芬-波尔兹曼(Stefan-Boltzmann)定律(式 I.1)对若干温度 T 计算出来的总辐射强度列在表 I.1中。用目前的检测器能测量到的最小辐射功率是($10^{-10}\sim10^{-8}$)W 范围。对所检测的辐射功率应用表 I.1 的值来比较时,必须注意使被检测辐射表面对着检测仪器(只代表半球很小的一部分)所处的空间角,用这种方式能够测出垂直于表面辐射的辐射系数 ε_n。

表 I.1 各种不同温度的半球总辐射

T/K	M_s/W·m^{-2}	T/K	M_s/W·m^{-2}
4	1.45×10^{-5}	300	459
10	5.67×10^{-4}	400	1 450
50	3.54×10^{-1}	500	3 540
100	5.67	1 000	56 700
200	96.7	2 000	907 000

I.4 辐射系数的测量方法

I.4.1 一般说明

下列各条是测量试验箱壁辐射系数较通用的方法，适用于试验 A 和试验 B。

值得注意的是，对于某些材料和工艺措施，其辐射系数将随温度而有很大变化。所以，测量辐射系数时必须在适合的温度范围内进行。

I.4.2 辐射系数值的测量

在真空中与周围箱壁进行辐射换热的、散热为已知的试验样品表面温度的测量。

I.4.2.1 若采用一个表面辐射系数已知和尺寸大小接近于待试试验样品的标准试验样品，则这种方法在试验箱内模拟环境时基本上能最好地再现实际环境条件。因此，箱壁的有效辐射系数就能按测量数据计算出来。本方法只在诸箱壁的温差范围较窄(即高温试验规定温度范围内)时才可使用。

I.4.2.2 辐射系数未知表面发出来的辐射，跟同一温度辐射系数已知表面辐射的比较测量。

按照辐射系数 ε 调校、标定过的用于比较测量的辐射检测器，可优先应用于本方法的测量。

为了标定，在紧接待测辐射系数的表面近旁部分要局部涂上辐射系数为已知的漆膜，在所选定的两个区域之间的热阻尽量低，以使两个表面具有相同的温度。

首先测量辐射系数已知区域的辐射温度，方法是将辐射系数标度尺调到已知值上，然后，将检测仪器对准待测试的表面，并调整辐射系数标度尺，直至得到相同辐射温度的读数为止。这时，由辐射系数标度尺读出的 ε 值是一个平均值，它高于真实值。仪表检测出来的是反射和发射两种辐射，前者辐射量随表面与检测仪器的距离而变化。因 ε 的平均值包括了两种辐射，而 ε 的真实值仅跟发射辐射有关，结果 ε 的平均值高于真实值。但是，对多数实际应用来说，这种方法的准确度已足够。

如果需要更准确的测量，可使用已知辐射系数的对照标准件，将其与从试验箱壁取出的试片相比较。这种方法需要有专门的设备并要由专业人员来进行。

I.4.3 为使辐射系数控制在最小值而进行的检查

试验 A 和试验 B 对箱壁辐射系数的要求是按最小值给出的。因此，在许多情况下，只要箱壁辐射系数在某值之上就够了。这可以用一块辐射系数等于所规定最小值的平板装在箱壁上来实现，然后用辐射检测仪器扫描箱壁和平板，只要检查平板比箱壁较白还是较黑。

I.5 辐射系数值

表 I.2 及有关文献中列出不同材料有不同的辐射系数值。

I.6 提高试验箱壁辐射系数的方法

I.6.1 涂覆和其他表面处理

为了得到辐射系数大于试验 A 和试验 B 所规定的最小值，可采用合适的漆和其他表面处理(例如喷砂，化学发黑)方法来达到。

应该注意，热黑并不一定意味着试验箱壁的光学颜色应是黑的；已发现甚至用合适的无光白漆涂层也是合格的。

I.6.2 机械结构

在箱壁上安装蜂窝状结构可以大大地提高辐射系数，该方法主要用于外层空间的模拟箱。对于带潮湿空气运行的试验箱来说，因为对箱壁的清洁工作不易进行，所以这种方法是不适用的。

辐射系数值

为了选用材料，表 I.2 给出半球总辐射系数 ε 和垂直表面的(法向)辐射系数 ε_n。

一般来说，对平面金属表面，其平均值 $\varepsilon/\varepsilon_n=1.2$；对平滑表面的其他物体，$\varepsilon/\varepsilon_n=0.95$；对表面较粗糙的物体，$\varepsilon/\varepsilon_n=0.98$。

对金属来说,其辐射系数随温度上升而增大,但对非金属材料和金属氧化物来说,温度上升时辐射系数就下降。

表 I.2 温度 t℃时的辐射系数

表面	t/℃	ε_n	ε
抛光金	130	0.018	
	400	0.022	
银	20	0.020	
抛光银	20	0.030	
抛光、微暗的铜	20	0.037	
杂铜	20	0.070	
黑色氧化铜	20	0.78	
氧化铜	130	0.76	0.725
轧制的光亮铝	170	0.039	0.049
	500	0.050	
涂青铜色涂料的铝	100	0.20～0.40	
抛光含硅铸铝	150	0.186	
清洁无光泽的镍	100	0.041	0.046
抛光镍	100	0.045	0.053
轧制的光亮锰	118	0.048	0.057
抛光铬	150	0.058	0.071
清洁的酸洗过的铁	150	0.128	0.158
清洁的金刚砂打光铁	20	0.24	
生红锈的铁	20	0.61	
轧制铁	20	0.77	
	130	0.60	
铸铁	100	0.80	
严重生锈的铁	20	0.85	
氧化铁	80	0.613	
	200	0.639	
不锈钢(X5CrNi 189)			
——抛光的	50	0.11	0.11
	115	0.12	0.13
	180	0.13	0.14
——喷砂的	−70	0.44	0.43
粗糙度(算术平均偏差)	+40	0.46	0.45
R_a=2.1 μm(ISO R 468)	+150	0.48	0.47
灰色氧化锌	20	0.23～0.28	
灰色氧化铅	20	0.28	
清洁铋	80	0.340	0.366
大颗粒金刚砂	80	0.855	0.84
粘土(烘干)	70	0.91	0.86

表 I.2(续)

表面	t/℃	ε_n	ε
散热器漆	100	0.925	
红丹漆	100	0.93	
瓷漆	20	0.85～0.95	
黑色无光漆	80	0.970	
电木漆	80	0.935	
砖、砂浆、灰浆	20	0.93	
玻璃	90	0.940	0.876
冰片、水	0	0.966	0.918
冰(粗糙的)	0	0.985	
水玻璃、炭黑漆	20	0.96	
纸	95	0.92	0.89
山毛榉木	70	0.935	0.91
屋顶毛毡	20	0.93	

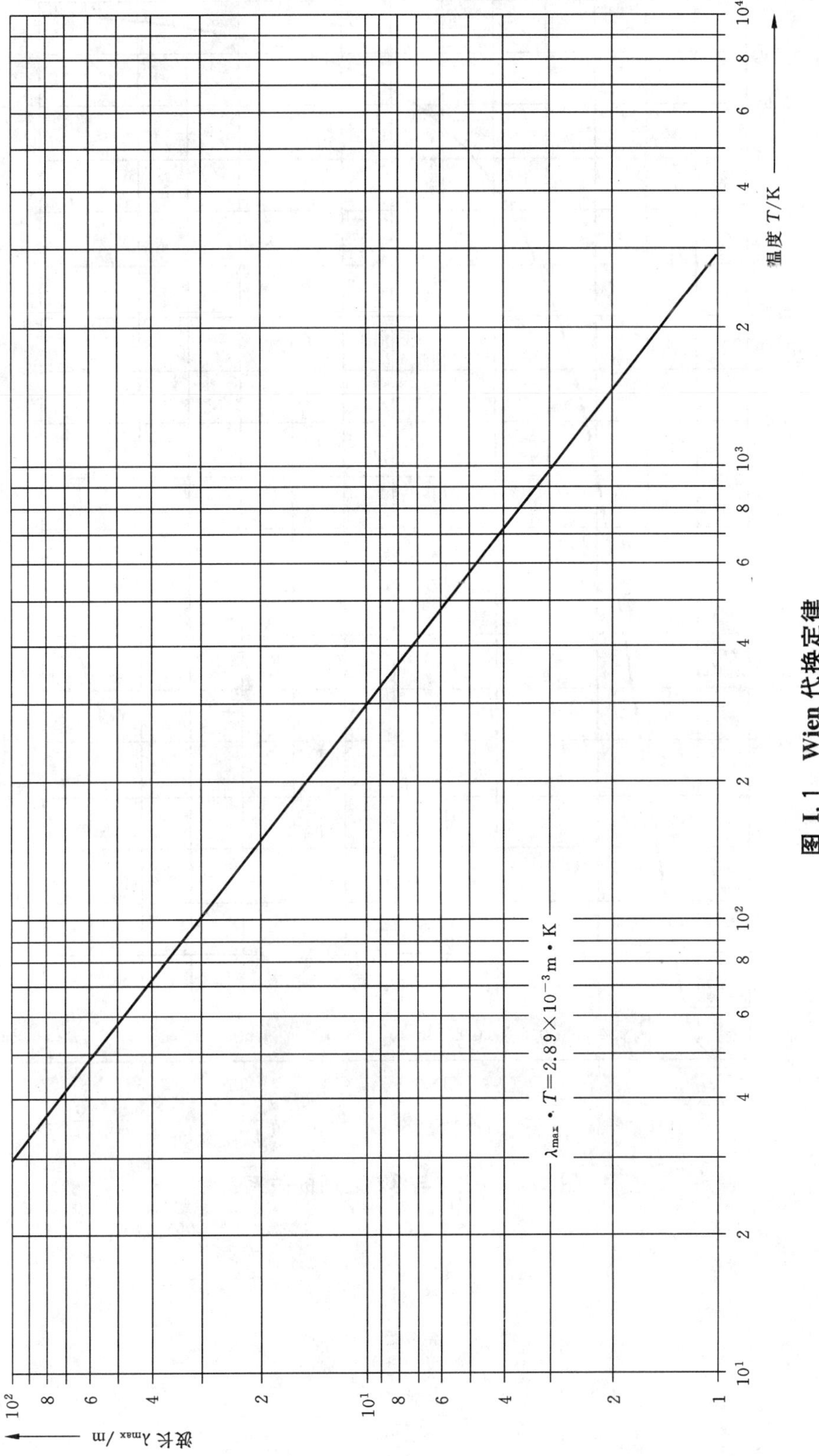

图 I.1 Wien 代换定律

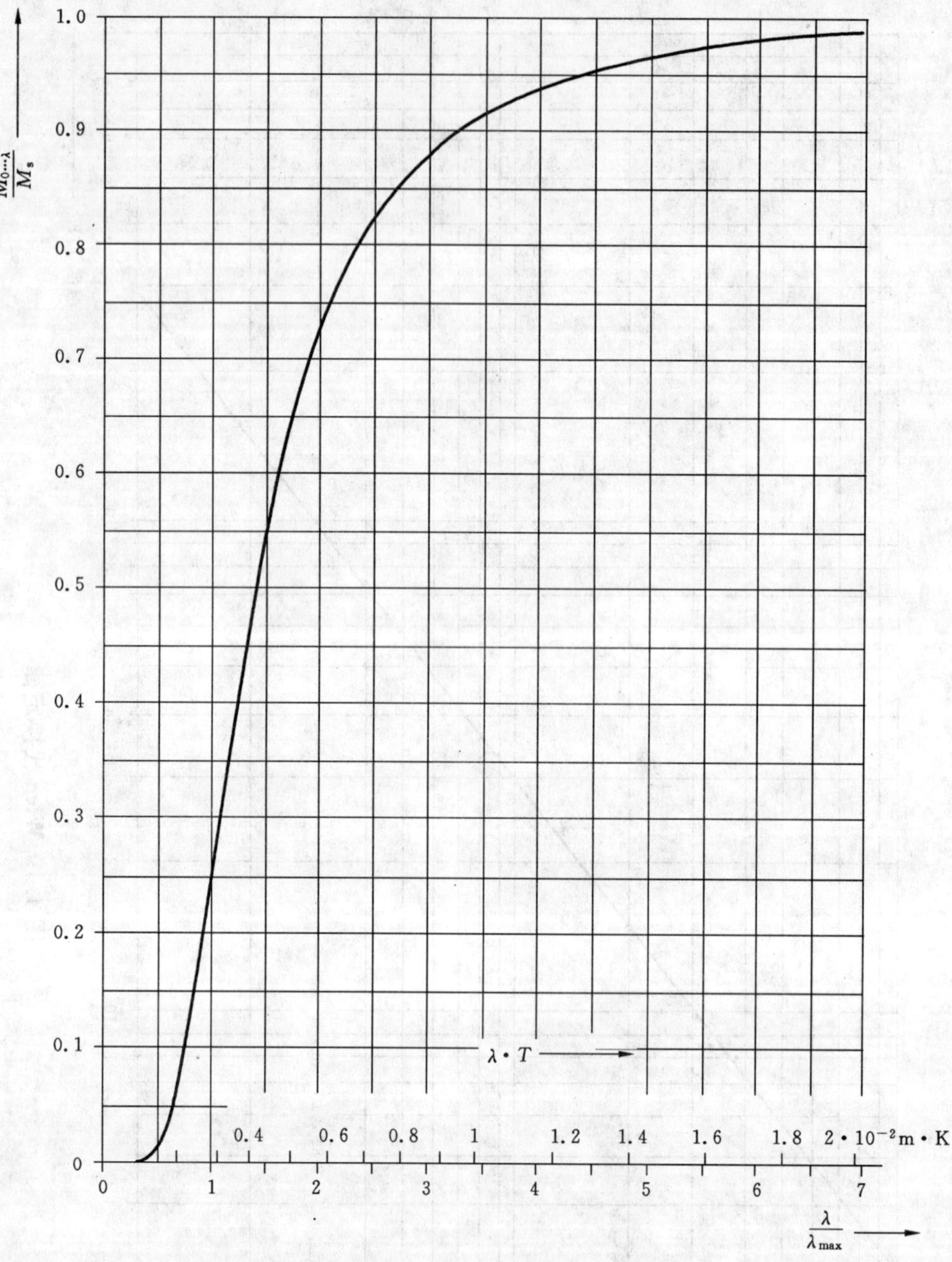

图 I.2 $\frac{M_{0\cdots\lambda}}{M_s}$与 λT 之间的关系

附 录 J
（资料性附录）
低温和高温试验方法分类总方框图

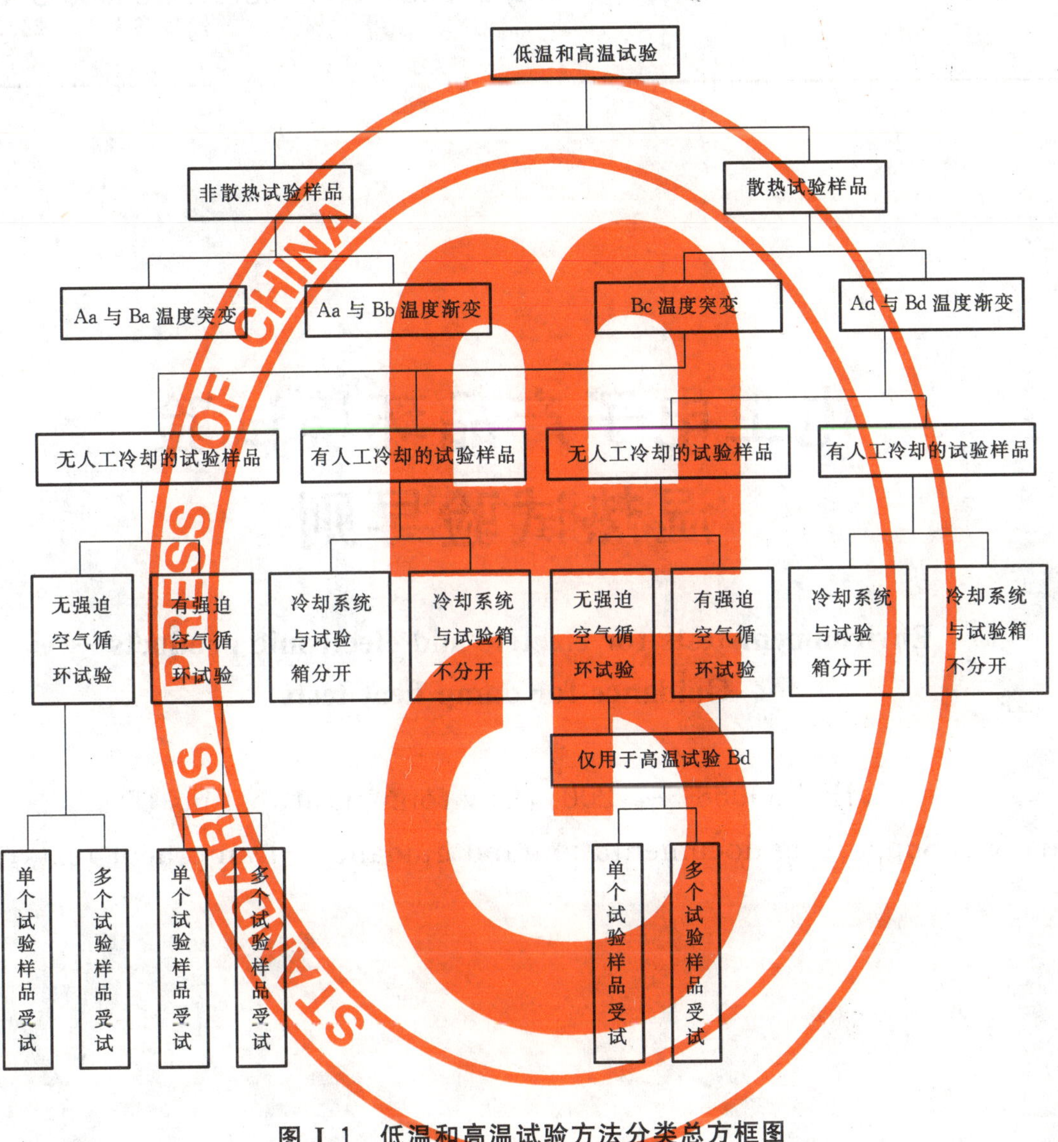

图 J.1 低温和高温试验方法分类总方框图

ICS 19.040
K 04

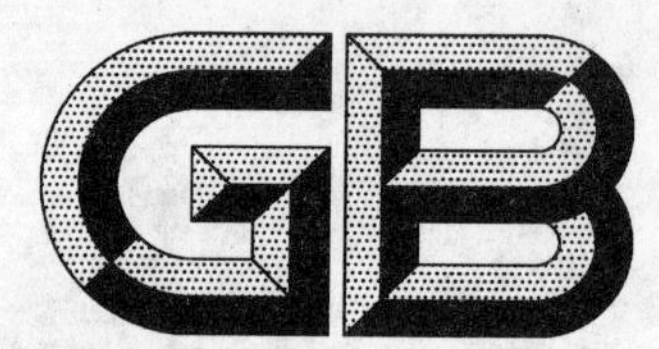

中华人民共和国国家标准

GB/T 2424.2—2005/IEC 60068-3-4:2001
代替 GB/T 2424.2—1993

电工电子产品环境试验
湿热试验导则

Environment tests for electric and electronic products—
Guidance for damp heat tests

(IEC 60068-3-4:2001, Environmental testing—
Part 3-4: Supporting documentation and guidance—Damp heat tests, IDT)

2005-09-19 发布　　　　2006-06-01 实施

中华人民共和国国家质量监督检验检疫总局
中国国家标准化管理委员会　发布

前　言

GB/T 2424.2 是 GB/T 2424《电工电子产品环境试验》的第 2 部分，下面列出 GB/T 2424 标准的组成部分及其对应的 IEC 标准：

——GB/T 2424.1—2005　电工电子产品环境试验　高温低温试验导则(IEC 60068-3-1:1978, IDT)

——GB/T 2424.2—2005　电工电子产品环境试验　湿热试验导则(IEC 60068-3-4:2001,IDT)

——GB/T 2424.10—1993　电工电子产品基本环境试验规程　大气腐蚀加速试验的通用导则(eqv IEC 60355:1971)

——GB/T 2424.11—1982　电工电子产品基本环境试验规程　接触点和连接件的二氧化硫试验导则

——GB/T 2424.12—1982　电工电子产品基本环境试验规程　接触点和连接件的硫化氢试验导则

——GB/T 2424.13—2002　电工电子产品环境试验　第 2 部分:试验方法　温度变化试验导则(IEC 60068-2-33:1971,IDT)

——GB/T 2424.14—1995　电工电子产品环境试验　第二部分:试验方法　太阳辐射试验导则(idt IEC 60068-2-9:1975)

——GB/T 2424.15—1992　电工电子产品基本环境试验规程　温度/低气压综合试验导则(eqv IEC 60068-3-2:1976)

——GB/T 2424.17—1995　电工电子产品环境试验　锡焊试验导则

——GB/T 2424.19—2005　电工电子产品环境试验　模拟贮存影响的环境试验导则(IEC 60068-2-48:1982,IDT)

——GB/T 2424.20—1985　电工电子产品基本环境试验规程　倾斜和摇摆试验导则

——GB/T 2424.21—1985　电工电子产品基本环境试验规程　润湿称量法可焊性试验导则

——GB/T 2424.22—1986　电工电子产品基本环境试验规程　温度(低温、高温)和振动(正弦)综合试验导则(eqv IEC 60068-2-53:1984)

——GB/T 2424.23—1990　电工电子产品基本环境试验规程　水试验导则

——GB/T 2424.24—1995　电工电子产品环境试验　温度(低温、高温)/低气压/振动(正弦)综合试验导则

——GB/T 2424.25—2000　电工电子产品环境试验　第 3 部分:试验导则　地震试验方法(idt IEC 60068-3-3:1991)

本部分等同采用 IEC 60068-3-4:2001《环境试验　第 3-4 部分:支持文件及导则——湿热试验》(英文版)。

为便于使用，本部分做了下列编辑性修改：

a)　“本导则”一词改为“本部分”；

b)　删除 IEC 前言；

c)　原文 A.2.3 中有误，“见第 8 章”应为“见第 7 章”，本部分予以更正。

本部分代替 GB/T 2424.2—1993《电工电子产品基本环境试验规程　湿热试验导则》。

本部分与 GB/T 2424.2—1993 相比主要变化如下：

a)　删除了 1993 年版 5.1 中的相对湿度的计算公式；

b) 删除了1993年版的第3章,在本部分中作为引言出现;

c) 将1993年版本中的Ca、Cb试验改为Cab试验;

d) 删除了1993年版的附录B,增加了参考文献。

本部分的附录A为资料性附录。

本部分由中国电器工业协会提出。

本部分由全国电工电子产品环境技术标准化技术委员会归口。

本部分由广州电器科学研究院负责起草。

本部分主要起草人:王俊、王玲。

本部分所代替标准的历次版本发布情况为:

——GB/T 2424.2—1993。

电工电子产品环境试验
湿热试验导则

1 范围

本部分供制定电工电子产品或设备标准时，对产品以及特殊场合选用适当的试验方法和严酷等级之用。

湿热试验主要用于确定电工电子产品对高湿度环境的适应能力（不论是否出现凝露），特别是产品的电气性能和机械性能的变化，也可用于检查试验样品耐受某些腐蚀的能力。

2 术语

本部分特应用了以下术语及定义。

2.1

凝露 condensation

试验样品的表面温度低于周围空气的露点温度时，水蒸汽在该表面上析出的现象，即水由气态转变为聚集的液态。

2.2

吸附 adsorption

试验样品的表面温度高于周围空气的露点温度时，水汽分子附着在试验样品表面的现象。

2.3

吸收 absorption

水分子在材料内的聚集。

2.4

扩散 diffusion

由分压力差引起的水分子穿过材料迁移的现象。

注：扩散导致分压力平衡，流动（如水分子穿过足够大缝隙时形成的粘滞流或层流）最终导致总压力平衡。

2.5

呼吸 breathing

由温度变化引起的空腔内的空气与空腔外的空气之间的交换现象。

3 湿度条件的产生和控制过程

3.1 概述

现有的湿热试验箱（室）有许多类型，装备有不同的湿度发生和控制系统。

应使用去离子水或蒸馏水，水的 pH 值应在 6.0～7.2 之间，并且最小电阻率为 0.05 MΩ · cm。

试验箱（室）中的所有部件均应保持清洁。

各种加湿的原理及方法如下：

3.2 喷雾加湿

把去离子水或蒸馏水雾化成极细的微粒。

将水雾喷入进入工作空间前的空气内使其潮湿。在进入工作空间之前，较大的水滴将蒸发，而较小的水滴则保留在空气中。

应避免直接把水雾喷入工作空间内。

该系统简单、加湿迅速、维修量小。

3.3 蒸汽加湿

把水蒸汽喷入试验箱(室)的工作空间内。

该系统加湿迅速并且易于维修。但是,输入蒸汽的同时也输入了热量,而采取的冷却措施却产生了减湿效应。

3.4 气泡挥发法

使空气在通过盛水容器时变成气泡,逐渐被水蒸汽饱和。

在气流不变时,可通过改变水温的方法来控制湿度。但用提高水温的方法加湿有可能使工作空间的温度升高;由于水的热容量大,改变湿度时可能产生时间滞后;而采取的冷却措施却产生了减湿效应。

假如气泡破裂,有可能产生少量的气溶胶。

3.5 表面蒸发法

使空气掠过大面积的水面而使空气加湿。表面蒸发加湿有几种不同的方法,例如,使空气反复掠过静止的水面,或将水喷射到垂直表面上与空气逆向流动。

这种方法产生的气溶胶极少;利用改变水温的方法易于控制湿度。但由于水的热容量较大,改变湿度时可能存在时间滞后现象。

3.6 水溶液加湿

在恒定温度下,在小型的密封试验箱中标准盐水溶液的上空能形成规定的相对湿度。此种方法不适用于散热试验样品和吸湿量大的样品。

在设计不良的试验箱中,盐粒可能淀积在试验样品表面上;在某些情况下,例如在用铵盐时,铵盐微粒对健康有害,并引起一些材料的应力腐蚀。

3.7 去湿

为了控制湿度,可应用不同的去湿方法,包括冷却表面、喷射干空气、使用干燥剂等。

3.8 湿度控制

试验箱(室)尺寸、温度调节器、温度/湿度传感器的响应时间是影响湿度控制系统不确定度的主要因素。**使用后的试验箱(室)的性能指标会发生某些变化,试验箱的维修质量也会影响试验箱湿度控制系统的不确定度。**

4 湿度的物理现象

4.1 凝露

露点温度取决于空气中水汽的含量。露点温度、绝对湿度和水汽压力三者之间存在着直接关系。

当把试验样品放进试验箱(室)中时,如果试验样品的表面温度低于试验箱(室)中空气的露点温度,样品表面上就会出现凝露,因此,如欲避免凝露,必须对试验样品进行预热。

在条件试验期间,如要求试验样品表面产生凝露,就必须迅速提高空气中水分的含量和空气温度,使空气露点温度和试验样品表面温度之间达到某一差值。

如果试验样品的热时间常数比较小,则只有在升温速率极快或相对湿度接近100%时才会出现凝露。对于很小的试验样品,即使满足试验Db所规定的升温速率,也可能不会出现凝露。

在温度下降到周围温度后,壳体内表面上可能会有少量凝露。

通常,凝露的情况可以用肉眼观察的方法来检查,但不一定十分有效,对表面粗糙的小试验样品尤其是这样。

4.2 吸附

吸附在试验样品表面上的水汽分子的量取决于材料的类型、材料的表面结构和水汽压力的大小。由于吸附和吸收同时发生,而吸收效应通常更明显。因此,不容易单独评定吸附量的大小。

4.3 吸收

材料吸收潮气的量在很大程度上取决于周围空气的含湿量、吸收过程在达到平衡前始终稳定地进行着。水分子渗入的速度一般随温度升高而增大。

4.4 扩散

在电子元器件中经常出现的扩散实例就是水蒸汽透过有机密封材料进入壳体内部，例如进入电容器或半导体器件内部。

5 加速

5.1 概述

一般试验的目的是为了求得与在正常使用环境中会发生的相同的特性变化。加速试验在于大大缩短试验时间并获得与正常使用条件相类似的效果。但是必须强调指出，加速试验时，试验样品在严酷条件下的失效机理与正常使用条件下的失效机理是不同的。

选取试验严酷等级时应考虑产品的设计使用极限条件和设计贮存极限条件。

吸收和扩散过程可能需要相当长的时间(几千小时)才能达到平衡状态，而凝露和吸附过程所需要的时间一般则相当短。

当渗透速率和吸附过程的相互关系是已知的，那么可用提高温度的方法来实现湿热试验的加速作用。

应用偏置电压可产生额外的加速作用(见 Cx 和 Cy 试验)。

通常，应用于 Db 试验的温度循环对吸收、扩散过程没有加速作用。必须看到的事实是，水蒸汽的渗透速度随着温度的升高而加快。如果这两种温度水平的有效平均值低于 C 试验的试验温度，那么 Db 试验中的吸收过程将进行得更缓慢。

5.2 加速因子

目前湿热试验还不可能给出一个通用而有效的加速因子。如果迫切希望得到加速因子，对每一特定产品只能通过经验来获得。

对于比较试验，如果不同试验样品的失效机理相同，则允许使用高加速试验。

6 恒定湿热试验和交变湿热试验的比较

6.1 试验 C:恒定湿热试验

恒定湿热试验始终应在吸收、吸附或扩散起主要作用的场合下使用。当有扩散但不包括呼吸作用时，应依靠样品和其应用情况来决定是否采用恒定湿热或交变湿热。

在许多场合，试验 Cab 用来确定材料在潮湿空气中保持电气性能的能力，或评价封装元件和组件防止水汽扩散的能力。

可将试验 Cx 或 Cy 作为一种选择性试验来测定扩散作用的影响。

对于某些样品，恒定湿热试验所产生的应力同其在交变试验中产生的相似。在这种情况下，时间的限制就决定了试验种类的选择。

6.2 试验 Db:交变湿热试验

试验 Db 适用于以产生凝露或由于呼吸作用使水汽侵入并形成液态水为重要特征的各种场合。通过合理的选取交变湿热试验参数，试验 Db 便可适用于所有各种类型的试验样品。

变化 1 适用于以吸收或呼吸效应为重要特征的所有场合。

变化 2 所使用的试验设备比较简单，适用于吸收或呼吸效应不太显著的场合。

“试验 Q:密封试验方法”可快速检测出能引起呼吸作用的缝隙，但不能重现湿热试验的各种效应。

6.3 试验顺序与组合试验

确定接缝的紧密性或检查裂纹的可靠方法是对试验样品施加一个或多个温度循环。在大多数情况下，不必把温度变化与潮湿空气综合在一起，即不必同时产生两种试验条件。

如在做完温变试验（试验 N）之后接着选做试验 C 或试验 Db，就可得到预期的更严酷的效果。如湿热试验之后接着做低温试验（试验 A），就会增强试验效果。这是因为温变试验的高温变速率与大温差相结合所产生的热应力要比温度变化速率相当小的试验 Db 大得多。

当试验样品是由不同材料构成且有接缝时，特别是含有粘接玻璃时，推荐采用由几个湿热循环和一个低温循环组成的组合试验方法。这种组合试验方法，例如试验 Z/AD 与其他交变湿热试验方法的区别在于它在给定的时间内有更高的上限温度和多次达到零下温度，从而能获得其他湿热试验所没有的附加效应，即在裂缝或接缝中凝露水的冻结效应和加速呼吸效应。

在湿度循环之间加入低温循环的目的在于使任何缺陷中含有的水结冰，借助于结冰的膨胀作用使这些缺陷比在正常寿命期更快地变为故障。

应强调指出的是，这种冻结效应只有在缝隙的大小足以允许渗入若干液态水的情况下才会发生，如金属组件与垫圈之间或焊锡与导线接头之间的缝隙等。

细微的发状裂纹或多孔材料，如塑料封装元器件的缝隙以吸收效应为主，应优先选用恒定湿热试验来考虑这些效应。

7 试验环境对试验样品的影响

7.1 物理性能的变化

潮湿大气可能会改变材料的机械性能和光学性能，例如由膨胀引起的尺寸变化、磨擦系数等表面性能的变化和强度的变化等等。

上述性能的改变取决于是采用恒定湿热试验还是交变湿热试验，或是否需要凝露。

7.2 电气性能的变化

7.2.1 表面受潮

如果绝缘材料的表面有凝露或吸附了一定量的潮气，某些电气特性可能会变化，如表面电阻降低、损耗角增大，甚至会产生泄漏电流。

一般来说，上述情况应选用试验 Db，而假如无凝露产生，则应选用试验 Cab。

在某些情况下，在条件试验期间，有些样品需要接通、负载或进行测量。

一般来说，由表面受潮而引起的电气性能的变化在几分钟之后就很明显显示出来了。

7.2.2 体积吸潮

绝缘材料的吸潮能使其许多电气性能发生变化，如电介质强度降低、绝缘电阻下降、损耗角增大、电容量增大等。

由于吸收和扩散过程需要一段很长的时间，要经过几百甚至几千小时后才能达到平稳状态，因此应选取较长的试验时间。只有知道潮气渗入量与时间的依从关系才能推算出试验结果。例如，塑料封装件在经过 56 天 Cab 恒定湿热试验后，看来还良好的，但在更长阶段之后，由于吸收和扩散作用，大量水汽渗入材料内部，该塑料封装件的性能恶化。

在对封装件中的主要零件另加防潮处理后，如半导体的钝化处理、封入干燥剂等，评价吸潮对电气性能的影响可能变得很困难。

7.3 腐蚀

有很多种腐蚀只有在湿度相当大时才能发生。温度和湿度越高，腐蚀速度越快。一般来说，当存在反复蒸发、多次凝露时腐蚀最严重。

湿热试验通常不用于确定腐蚀效果，但当有杂质附着于金属表面时，如残留的焊剂、其他加工过程的残余物、灰尘、指纹等时，潮湿环境可能会诱发腐蚀或加速腐蚀过程。

在相对湿度很高或存在凝露时，不同金属之间或金属与非金属材料的连接处也会是一种腐蚀源。

当使用偏置电压时，腐蚀有可能加剧（见试验 Cx 和试验 Cy）。

附 录 A
（资料性附录）
湿热效应图

A.1 概述

图 A.1 给出了有关湿热试验的基本物理过程以及这些过程之间的联系，说明了湿热试验对试验样品和材料性能的影响及效果。

下面列出了湿热试验的各项试验参数及其代号，这些代号已恰当地插在图 A.1 中的各类方框中：

时间（条件试验总持续时间）	t
温度	θ
温差	$\Delta\theta$
温度变化速率	$\mathrm{d}\theta/\mathrm{d}t$
相对湿度	RH
相对湿度差	Δ(RH)
绝对湿度	AH
试验大气的污染程度	Pu

A.2 注释

A.2.1 水渗入

水渗入固体材料内部与通过缝隙进入封闭空腔中的作用机理是不同的，区别如下：

——水渗入固体材料是由于“体积扩散”的结果，体积扩散就是一个个单体水分子通过固体材料的分子空隙的运动。该机理导致“吸收”现象。体积扩散可使水分子到达塑料封装器件内部的灵敏部分，如到达封装塑料外壳薄膜电阻器中的电阻膜。按相同的过程，水分子也能到达封闭物的内部空腔，在这种情况下，解吸就是潮气进入内腔这一过程的结束。

——穿过缝隙的渗入是由于水汽在充满空气的泄漏通道或封闭物中运动的结果，这可分为三种作用机理说明：

- 扩散：水分子沿缝隙中气体的浓度梯度而运动。扩散不依赖空气的宏观流动。
- 流动：水分子通过缝隙被空气流吸入。
- 呼吸：由于空气压力与水汽分压力之差随缝隙的深度而变化，使水汽沿缝隙而流动，即由于温度变化而使水汽流动。

注：辨别缝隙的渗透机理具有某种随意性，事实上扩散和流动是一个连续转变的过程，流动也可能是呼吸作用的结果。

A.2.2 物理过程

见第 5 章。

A.2.3 效应

见第 7 章。

A.2.4 效应示例

图 A.1 中最后一行列举了湿热效应的典型实例，但必须指出，这些实例不一定是这些物理过程引起的唯一示例。

同时，由于各种效应之间可能存在相互作用，因此不能认为这一行中每个方框是完全独立的。例如，水汽和材料之间的化学反应可能导致体积电阻和损耗角的变化等，这在左起第 4 个方框已经标明，当然,无疑还有许多其他相互作用的例子。

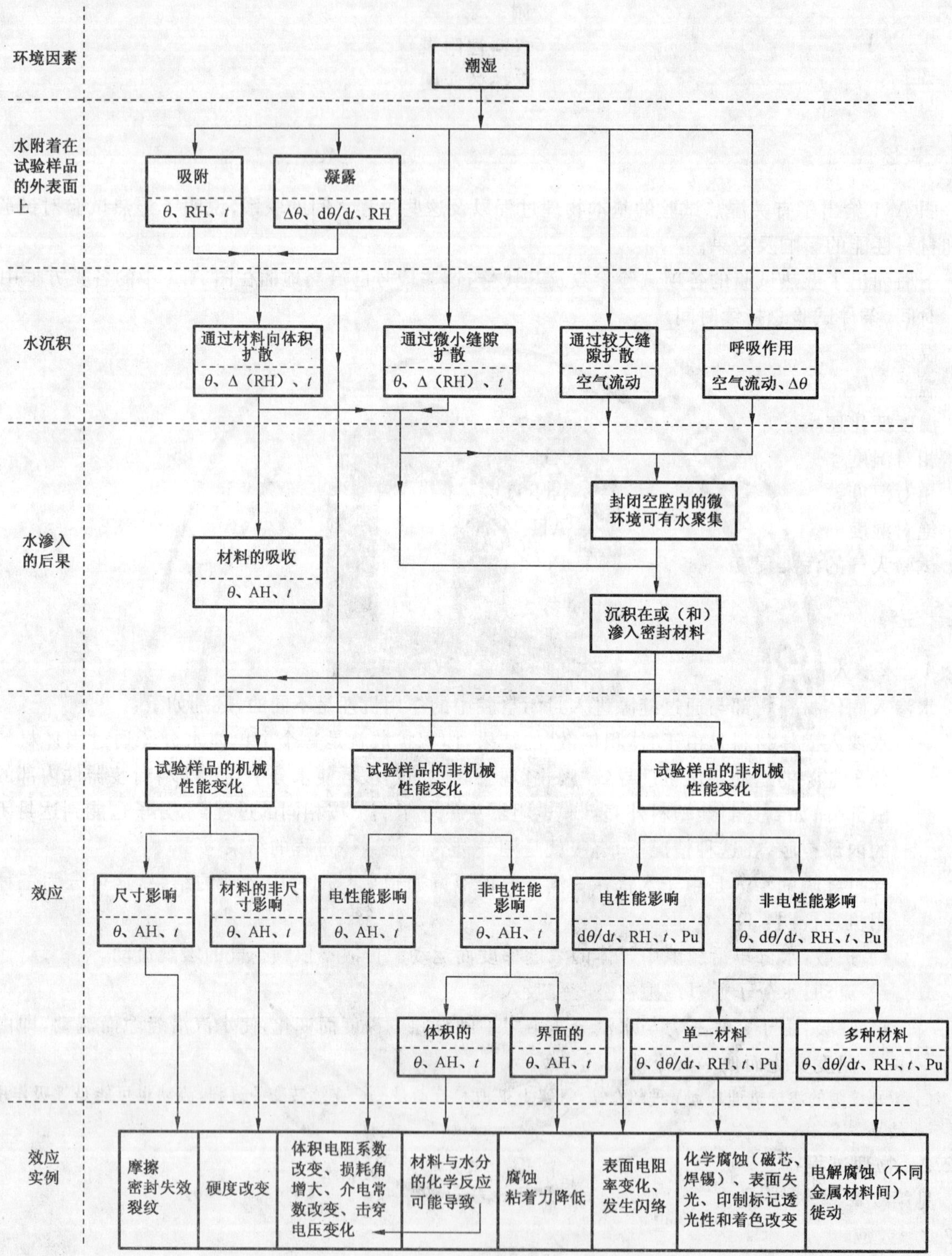

图 A.1 湿度试验的物理过程

参 考 文 献

[1] GB/T 2421 电工电子产品环境试验 第1部分:总则(GB/T 2421—1999,idt IEC 60068-1:1988)

[2] GB/T 2423.1 电工电子产品环境试验 第2部分:试验方法 试验A:低温(GB/T 2423.1—2001,idt IEC 60068-2-1:1990)

[3] GB/T 2423.16 电工电子产品环境试验 第2部分:试验方法 试验J和导则:长霉(GB/T 2423.16—1999,idt IEC 60068-2-10:1988)

[4] GB/T 2423.23 电工电子产品环境试验 试验Q:密封

[5] GB/T 2423.4 电工电子产品基本环境试验规程 试验Db:交变湿热试验方法(eqv IEC 60068-2-30)

[6] GB/T 2423.34 电工电子产品环境试验 第2部分:试验方法 试验Z/AD:温度/湿度组合循环试验(GB/T 2423.34—2005,IEC 60068-2-38:1978,IDT)

[7] GB/T 2423.27 电工电子产品环境试验 第2部分:试验方法 试验Z/AMD:低温/低气压/湿热连续综合试验(GB/T 2423.27—2005,IEC 60068-2-39:1976,IDT)

[8] GB/T 2423.45 电工电子产品环境试验 第2部分:试验方法 试验Z/ABDM:气候顺序(GB/T 2423.45—1997,idt IEC 60068-2-61:1991)

[9] GB/T 2423.40 电工电子产品环境试验 第2部分:试验方法 试验Cx:未饱和高压蒸气恒定湿热(GB/T 2423.40—1997,idt IEC 60068-2-66:1994)

[10] GB/T 2423.50 电工电子产品环境试验 第2部分:试验方法 试验Cy:恒定湿热 主要用于元件的加速试验(GB/T 2423.50—1999,idt IEC 60068-2-67:1995)

[11] IEC 60068-2-78 环境试验 第2部分:试验 试验Cab:恒定湿热

[12] GB/T 2424.10 电工电子产品基本环境试验规程 大气腐蚀加速试验通用导则(GB 2424.10—1993,eqv IEC 60355:1971)

ICS 19.040
K 04

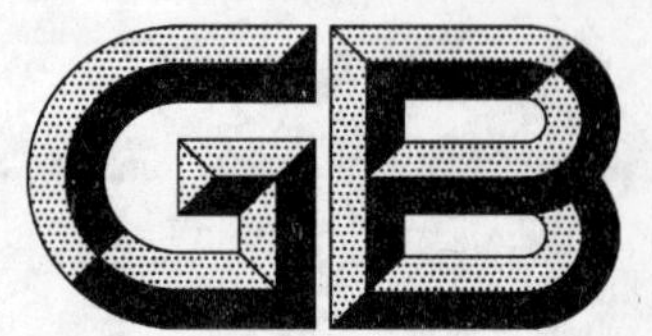

中华人民共和国国家标准

GB/T 2424.19—2005/IEC 60068-2-48:1982
代替 GB/T 2424.19—1984

电工电子产品环境试验
模拟贮存影响的环境试验导则

Environment tests for electric and electronic products—Guidance on the application of the environmental test to simulate the effects of storage

(IEC 60068-2-48:1982,Basic environmental testing procedures—Part 2:Tests guidance on the application of the tests of IEC publication 68 to simulate the effects of storage,IDT)

2005-03-03 发布　　2005-08-01 实施

中华人民共和国国家质量监督检验检疫总局
中国国家标准化管理委员会　发布

前言

GB/T 2424.19 是 GB/T 2424《电工电子产品环境试验》的第 19 部分，下面列出 GB/T 2424 标准的组成部分及其对应的 IEC 标准：

——GB/T 2424.1—2005 电工电子产品基本环境试验规程 高温低温试验导则（IEC 60068-3-1:1974,IDT）

——GB/T 2424.2—1993 电工电子产品基本环境试验规程 湿热试验导则（eqv IEC 60068-2-28:1990）

——GB/T 2424.10—1993 电工电子产品基本环境试验规程 大气腐蚀加速试验的通用导则（eqv IEC 60355:1971）

——GB/T 2424.11—1982 电工电子产品基本环境试验规程 接触点和连接件的二氧化硫试验导则

——GB/T 2424.12—1982 电工电子产品基本环境试验规程 接触点和连接件的硫化氢试验导则

——GB/T 2424.13—2002 电工电子产品环境试验 第 2 部分：试验方法 温度变化试验导则（IEC 60068-2-33:1971,IDT）

——GB/T 2424.14—1995 电工电子产品环境试验 第 2 部分：试验方法 太阳辐射试验导则（idt IEC 60068-2-9:1975）

——GB/T 2424.15—1992 电工电子产品基本环境试验规程 温度/低气压综合试验导则（eqv IEC 60068-3-2:1976）

——GB/T 2424.17—1995 电工电子产品环境试验 锡焊试验导则

——GB/T 2424.19—2005 电工电子产品环境试验 模拟贮存影响的环境试验导则（IEC 60068-2-48:1982,IDT）

——GB/T 2424.20—1985 电工电子产品基本环境试验规程 倾斜和摇摆试验导则

——GB/T 2424.21—1985 电工电子产品基本环境试验规程 润湿称量法可焊性试验导则

——GB/T 2424.22—1986 电工电子产品基本环境试验规程 温度（低温、高温）和振动（正弦）综合试验导则（eqv IEC 60068-2-53:1984）

——GB/T 2424.23—1990 电工电子产品基本环境试验规程 水试验导则

——GB/T 2424.24—1995 电工电子产品环境试验 温度（低温、高温）/低气压/振动（正弦）综合试验导则

——GB/T 2424.25—2000 电工电子产品环境试验 第 3 部分：试验导则 地震试验方法（idt IEC 60068-3-3:1991）

本部分等同采用 IEC 60068-2-48:1982《基本环境试验规程 第 2 部分：试验 IEC 68 中的模拟贮存影响试验的应用导则》（英文版）。

本部分代替 GB/T 2424.19—1984《电工电子产品基本环境试验规程 模拟贮存影响的环境试验导则》。

本部分等同采用 IEC 60068-2-48:1982。

IEC 原文 3.2.2 中有误，“……低于 80%……”应为“……高于 80%……”，本部分予以更正。

同时,为便于使用,本部分做了下列编辑性修改:

a) “本导则”一词改为“本部分”;

b) 删除 IEC 前言。

本部分由中国电器工业协会提出。

本部分由全国电工电子产品环境技术标准化技术委员会归口。

本部分由广州电器科学研究院负责起草。

本部分主要起草人:张志勇。

本部分所代替标准的历次版本发布情况为:

——GB/T 2424.19—1984。

电工电子产品环境试验
模拟贮存影响的环境试验导则

1 贮存的定义

本部分中,术语"贮存"是指将元件、设备或其他产品在非工作状态下保存较长一段时间(从几星期至若干年),处于下述一种条件下:

a) 工业仓库、零售商店等典型环境条件下;

b) 备用、应急装置或设备,例如:火灾报警器、辅助电动机、备用发动机等,由于周围设备的运行,它们可能经受特别严酷的环境应力;

c) 在需要长时间才能完成的安装中,设备安装时的初始环境可能比其运行环境严酷得多,例如:大型电话交换机房、大型计算机房、电站等。

注:应参考与这些条件有关的环境数据的专业标准。

2 贮存试验的定义和目的

贮存试验是指在产品的正常贮存期内,模拟一种或多种环境应力对产品的影响。当疲劳积累可能存在时,贮存试验可以用来确定:

a) 贮存是否影响产品在其预定应用中的使用,例如,元件引线或印刷电路板的可焊性变坏,电气参数的漂移超差,已引起开路或短路;

b) 在贮存后使用时,产品的主要性能或可靠性是否降低,或两者都降低;

c) 对于应急设备,在长期未使用后,其正确可靠运行的能力是否受到破坏。

注:对于比较新的产品或那些长期贮存后的产品的可靠性的确定,以及贮存后运行可靠性的确定,宜参考有关可靠性和维修性的国家标准。

3 在贮存条件下的劣化机理和失效类型举例

下面是由于贮存引起失效的机理和失效类型的典型例子:

3.1 氧化或基体材料与镀层之间的扩散过程,能降低元件引线和印刷电路板的可焊性。热能会加速这些过程,结果使表面的可焊性大为降低。潮湿腐蚀也会降低可焊性,大气中的污染物质或许会加速这种腐蚀。

3.2 湿度变化引起失效的其他例子:

3.2.1 极低湿度的长期作用,甚至在较低的温度下,能使塑料变得相当干燥。这些塑料的电气性能和机械性能可能会降低,导致在贮存后的运行中破坏或失效。

3.2.2 由于缺少自热效应,贮存期间的高湿度比运行期间的高湿度更危险。在相对湿度高于80%的条件下长期贮存,还会对贮存产品的功能特性及可靠性产生不利影响。

3.2.3 密封不良的容器贮存在反复出现高峰值的高相对湿度条件下,或者在温度周期性变化、中等高湿的条件下,其内部的湿度会渐渐增大。因此,长期贮存之后,由于温度在一定限度内突然降低,容器内部会产生凝露。

3.2.4 贮存在高温高湿条件下的产品,特别是存在有机材料时,会受到霉菌生长的影响。高温高湿还会加速诸如盐雾和工业气体等引起的化学作用的影响。

3.3 其他失效机理举例:

3.3.1 长期暴露在高温环境下能够引起电解电容器和电池的干涸、热塑性塑料刚性的丧失、防护化合物及浸渍蜡的软化和蠕变。一般来说,在这种条件下,材料的老化会加速。

3.3.2 长期暴露在低温环境下会使橡胶、塑料甚至金属部件变脆、产生裂缝和断裂。有些密封件会由于收缩和开裂而损坏。

3.4 高温氧化或潮湿腐蚀引起的机械部件的堵塞(卡住)。

3.5 产品的功能参数可能漂移到规定限度之外。可能出现开路或短路。

4 选择合适的试验

由于不同参数产生不同的应力,从而引起不同的破坏类型或失效模式,很显然不可能明确规定一种单一的贮存试验。

GB/T 2423《电工电子产品环境试验》所述的标准试验,可以方便地用来模拟特定的贮存条件,通常,贮存试验是以下列试验为基础:试验 A:低温;试验 B:干热;以及试验 Ca:恒定湿热。试验持续时间一般较长,可能长达几个月(试验 Ca 的最长时间为 2 个月)。对于某些情况(例如盐雾、工业大气),其他试验可能更加重要,在制定详细贮存规范时宜考虑这些试验。

众所周知,标准试验并非用来模拟实际条件,在某些情况下有必要做一些特殊试验。尽管如此,从技术及经济上考虑,建议只要有可能,就宜采用标准试验。

在选择合适的试验时,相关规范的编制者宜考虑:

a) 试验的目的:见第 2 章;

b) 预期的劣化机理和失效模式:这些可以从经验或对产品特性和贮存条件的分析中得知,并且和环境与材料之间的相互作用有关,见第 3 章;

c) 涉及的主要环境应力以及它们能否看作是单独作用、综合作用或依次作用;

d) 在失效模式无本质性改变以及不引起新的失效模式的情况下,加速劣化进程的可能性。

4.1 参考 GB/T 2423 中试验方法相应的导则,考虑到贮存试验的目的,本部分给出了关于选择试验严酷程度等级应遵循的特殊规定的一些考虑。

4.2 试验的加速(有效地用来减少试验持续时间),不能总是通过增大应力来获得,因为这样可能引起劣化机理的重大改变,从而获得的试验结果没有任何实用性。例如:

a) 潮湿腐蚀现象,无论有无大气污染物的作用:增大相对湿度所产生的腐蚀产物,会在形态上完全不同于在自然条件下形成的腐蚀产物;

b) 绝缘材料吸收水蒸气的结果,尤其是那些与由于结构改变而产生不可逆影响有关的结果:湿度条件不如 GB/T 2423.3 试验 Ca:恒定湿热中规定的严酷,采用较低的温度和相对湿度或两者之一可能更合适,特别是分析对防护不良的产品的影响时尤其如此。

c) 有些材料的缓慢变形现象,对电子元件的参数漂移相当重要:在自然条件下,这些现象常与那些在大幅度温度突变条件下所产生的大不相同。

4.3 在某些情况下,贮存试验可能会持续一段长的时间,那么,试验的有效性不在于缩短获得试验结果所需的时间,而在于在控制的和可再现的条件下所发生的现象。

一般来说,对于这些在有限应力作用下,持续时间长的试验,与高加速的试验相比,可以容许试验条件的较大变化。因而试验设备的控制和调节可以简化。

4.4 在另一些情况下,试验可以通过增大应力而不在本质上改变劣化机理获得加速,例如:

a) 提高温度能加速干燥过程,例如电解电容器和电池的干涸。一般来说,提高温度能加速材料暴露于干热条件下的老化过程;

b) 橡胶、塑料以及一些金属零件由于低温引起的脆化、开裂及断裂,可以通过暴露于适当低于它们的实际贮存条件的温度而得到加速。

5 试验程序的细节

贮存试验与用于其他目的(性能测定、鉴定等)的试验相比,在安全上没有更多要求,进行试验时采取的正常保护措施，特别是那些与试验设备及相关仪器控制有关的保护措施都适用于贮存试验。

应特别注意功能参数的测量，尤其是在持续时间很长的试验期间和试验之后进行时。试验之后的恢复条件通常是很重要的，例如，脱水的材料可能开始吸潮，已吸收或吸附了水分的材料开始干燥。

在这些情况下，应明确规定并精确控制恢复条件，参见 GB/T 2423《电工电子产品环境试验》中所述的试验。

注：GB/T 2421—1999《电工电子产品环境试验　总则》中 5.4.1 规定了“控制的恢复条件”。

ICS 47.020.30
U 55

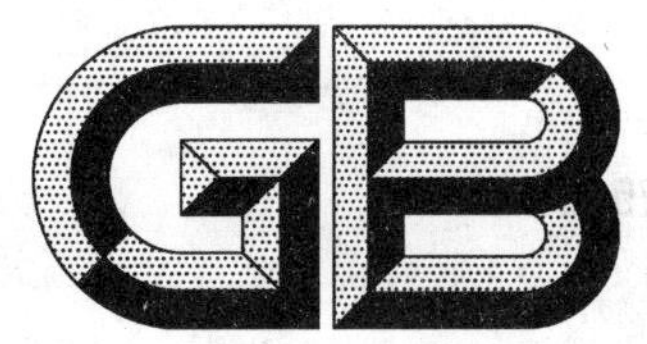

中华人民共和国国家标准

GB/T 2506—2005
代替 GB/T 2506—1989

船用搭焊钢法兰

Marine steel pipe flanges of fillet weld-on

(ISO 7005-1:1992,Metallic flanges—Part 1:Steel flanges,NEQ)

2005-06-10 发布 2005-11-01 实施

中华人民共和国国家质量监督检验检疫总局
中国国家标准化管理委员会 发布

前言

本标准与 ISO 7005-1:1992《金属法兰　第 1 部分　钢法兰》的一致性程度为非等效。

本标准代替 GB/T 2506—1989《船用搭焊钢法兰(四进位)》。

本标准与 GB/T 2506—1989 相比进行了如下修改:

——取消了法兰的焊接坡口;

——焊缝高度由给定数值改为大于或等于管子壁厚;

——法兰厚度、密封面尺寸和法兰的代号按 ISO 7005-1:1992 做了修改。

本标准由中国船舶工业集团公司提出。

本标准由中国船舶工业综合技术经济研究院归口。

本标准起草单位:沪东中华造船(集团)有限公司。

本标准主要起草人:俞伟海、耿海平、李富昌、贺慧琼。

本标准有统一施工图样提供。

本标准于 1989 年 3 月首次发布。

船用搭焊钢法兰

1 范围

本标准规定了船用搭焊钢法兰(以下简称法兰)的分类、要求、检验方法、检验规则、产品标志和包装。

本标准适用于公称压力不大于1.6 MPa,工作温度不高于300℃法兰的制造和验收。

2 规范性引用文件

下列文件中的条款通过本标准的引用而成为本标准的条款。凡是注日期的引用文件,其随后所有的修改单(不包括勘误的内容)或修订版均不适用于本标准,然而,鼓励根据本标准达成协议的各方研究是否可使用这些文件的最新版本。凡是不注日期的引用文件,其最新版本适用于本标准。

GB/T 600—1991 船舶管路阀件通用技术条件(neq ISO 5208:1982)

GB/T 700—1988 碳素结构钢

GB 712—2000 船体用结构钢

GB/T 1958 产品几何量技术规范(GPS) 形状和位置公差 检测规定

GB/T 2501 船用法兰连接尺寸和密封面(四进位)(GB/T 2501—1989,neq ISO 2084:1974)

3 分类

3.1 基本参数

法兰的基本参数见表1。

表1 法兰的基本参数

公称压力 PN/MPa	工作温度 t/℃			公称通径 DN/mm
	t≤200	200<t≤250	250<t≤300	
	最大工作压力 P/MPa			
0.25	0.25	0.20	0.18	10~2 000
0.6	0.60	0.56	0.50	10~1 800
1.0	1.00	0.90	0.80	10~600
1.6	1.60	1.40	1.25	10~600

3.2 结构和尺寸

法兰的结构和基本尺寸见图1和表2。

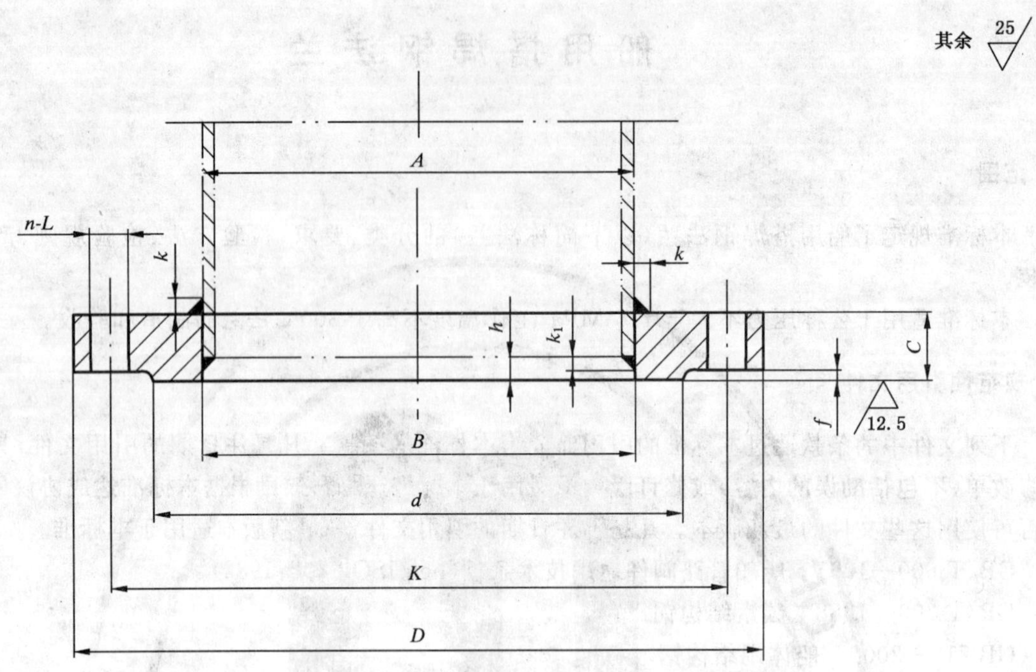

$k \geq T$　　$k_1 = T$　　T—管子壁厚

图 1　法兰

表 2　法兰的基本尺寸

单位为毫米

<table>
<tr><th rowspan="2">公称压力 PN/MPa</th><th rowspan="2">公称通径 DN</th><th colspan="2">钢管外径 A</th><th colspan="3">连接尺寸</th><th colspan="3">密封面</th><th rowspan="2">端距 h</th><th colspan="3">螺栓螺纹及通孔</th><th rowspan="2">质量/kg</th></tr>
<tr><th>第一系列</th><th>第二系列</th><th>D</th><th>K</th><th>B</th><th>C</th><th>d</th><th>f</th><th>Th.</th><th>L</th><th>n</th></tr>
<tr><td rowspan="15">0.25
0.6</td><td>10</td><td>17.2</td><td>17</td><td>75</td><td>50</td><td>18</td><td rowspan="2">12</td><td>33</td><td rowspan="15">2</td><td rowspan="4">4</td><td rowspan="4">M10</td><td rowspan="4">11</td><td rowspan="10">4</td><td>0.31</td></tr>
<tr><td>15</td><td>21.3</td><td>22</td><td>80</td><td>55</td><td>23</td><td>38</td><td>0.35</td></tr>
<tr><td>20</td><td>26.9</td><td>27</td><td>90</td><td>65</td><td>28</td><td rowspan="2">14</td><td>48</td><td>0.53</td></tr>
<tr><td>25</td><td>33.7</td><td>34</td><td>100</td><td>75</td><td>35</td><td>58</td><td>0.64</td></tr>
<tr><td>32</td><td>42.4</td><td>42</td><td>120</td><td>90</td><td>43</td><td rowspan="4">16</td><td>69</td><td rowspan="7">5</td><td rowspan="4">M12</td><td rowspan="4">14</td><td>1.08</td></tr>
<tr><td>40</td><td>48.3</td><td>48</td><td>130</td><td>100</td><td>49</td><td>78</td><td>1.19</td></tr>
<tr><td>50</td><td>60.3</td><td>60</td><td>140</td><td>110</td><td>61</td><td>88</td><td>1.31</td></tr>
<tr><td>65</td><td>76.1</td><td>76</td><td>160</td><td>130</td><td>77.5</td><td>108</td><td>1.64</td></tr>
<tr><td>80</td><td>88.9</td><td>89</td><td>190</td><td>150</td><td>90.5</td><td rowspan="2">18</td><td>124</td><td rowspan="7">M16</td><td rowspan="7">18</td><td>2.53</td></tr>
<tr><td>100</td><td>114.3</td><td>114</td><td>210</td><td>170</td><td>116</td><td>144</td><td>3.71</td></tr>
<tr><td>125</td><td>139.7</td><td>140</td><td>240</td><td>200</td><td>142</td><td rowspan="2">20</td><td>174</td><td rowspan="5">8</td><td>3.90</td></tr>
<tr><td>150</td><td>168.3</td><td>168</td><td>265</td><td>225</td><td>170</td><td>199</td><td rowspan="4">6</td><td>4.32</td></tr>
<tr><td>175</td><td>193.7</td><td>194</td><td>295</td><td>255</td><td>196</td><td rowspan="3">22</td><td>232</td><td>5.82</td></tr>
<tr><td>200</td><td>219.1</td><td>219</td><td>320</td><td>280</td><td>221.5</td><td>254</td><td>6.31</td></tr>
<tr><td>225</td><td>—</td><td>245</td><td>345</td><td>305</td><td>248</td><td>282</td><td>6.85</td></tr>
</table>

表 2(续)

单位为毫米

公称压力 PN/MPa	公称通径 DN	钢管外径 A 第一系列	钢管外径 A 第二系列	连接尺寸 D	连接尺寸 K	连接尺寸 B		连接尺寸 C	密封面 d	密封面 f	端距 h	螺栓螺纹及通孔 Th.	螺栓螺纹及通孔 L	螺栓螺纹及通孔 n	质量/kg	
0.25 0.6	250	273		375	335	276.5		24	309	2	6	M16	18	12	8.43	
	300	323.9	325	440	395	328.5			363			M20	22		10.60	
	350	355.6	377	490	445	360	381	26	413						15.99	13.50
	400	406.4	426	540	495	410	430	28	463					16	19.13	16.22
	450	457	480	595	550	462	485	30	518		7				23.61	19.58
	500	508	530	645	600	513	535	32	568					20	27.21	22.67
	600	610	630	755	705	615	635	36	667		9	M24	26		38.19	32.64
0.25	700	711	720	860	810	715	724	36	772	5	9	M24	26	24	43.16	40.28
	800	813	820	975	920	817	824	38	878		10	M27	30		56.40	53.71
	900	914	920	1 075	1 020	918	924	40	978						66.36	63.64
	1 000	1 016	1 020	1 175	1 120	1 020	1 024	42	1 078		11			28	75.61	73.49
	1 200	1 220		1 375	1 320	1 224		44	1 295					32	92.95	
	1 400	1 420		1 575	1 520	1 424		48	1 510		12			36	119.2	
	1 600	1 620		1 790	1 730	1 624		51	1 710					40	159.3	
	1 800	1 820		1 990	1 930	1 824		54	1 918		13			44	190.1	
	2 000	2 020		2 190	2 130	2 024		58	2 125					48	227.3	
0.6	700	711	720	860	810	715	724	40	772	5	9	M24	26	24	48.39	45.20
	800	813	820	975	920	817	824	44	878		10	M27	30		66.07	62.95
	900	914	920	1 075	1 020	918	924	48	978						80.73	77.46
	1 000	1 016	1 020	1 175	1 120	1 020	1 024	52	1 078		11			28	95.03	92.41
	1 200	1 220		1 405	1 340	1 224		60	1 295			M30	33	32	155.1	
	1 400	1 420		1 630	1 560	1 424		68	1 510		12	M33	36	36	234.0	
	1 600	1 620		1 830	1 760	1 624		76	1 710					40	297.6	
	1 800	1 820		2 045	1 970	1 824		84	1 918		13	M36	39	44	394.7	
1.0 1.6	10	17.2	17	90	60	18		14	41	2	4	M12	14	4	0.53	
	15	21.3	22	95	65	23			46						0.59	
	20	26.9	27	105	75	28		16	56						0.84	
	25	33.7	34	115	85	35			65						1.09	
	32	42.4	42	140	100	43		18	76		5	M16	18		1.81	
	40	48.3	48	150	110	49			84						2.05	
	50	60.3	60	165	125	61		20	99						2.53	
	65	76.1	76	185	145	77.5			118		6				2.96	
	80	88.9	89	200	160	90.5			132					8	3.36	
	100	114.3	114	220	180	116		22	156						4.12	
	125	139.7	140	250	210	142			184						5.09	
	150	168.3	168	285	240	170		24	211			M20	22		6.74	
	175	193.7	194	315	270	196			242		7				7.72	

表 2(续)

单位为毫米

公称压力 *PN*/MPa	公称通径 *DN*	钢管外径 *A*		连接尺寸					密封面		端距 *h*	螺栓螺纹及通孔			质量/kg	
		第一系列	第二系列	*D*	*K*	*B*		*C*	*d*	*f*		Th.	*L*	*n*		
1.0	200	219.1	219	340	295	221.5		24	266	2	6	M20	22	8	8.53	
	225	—	245	370	325	248			295						9.73	
	250	273		395	350	276.5		26	319					12	10.94	
	300	323.9	325	445	400	328.5		28	370		7				13.26	
	350	355.6	377	505	460	360	381	30	429					16	20.98	18.11
	400	406.5	426	565	515	410	430	32	480		8	M24	26		26.72	23.40
	450	457	480	615	565	462	485	35	530					20	31.61	26.91
	500	508	530	670	620	513	535	38	582		9				39.15	33.75
	600	610	630	780	725	615	635	42	682			M27	30		53.39	46.92
1.6	200	219.1	219	340	295	221.5		26	266	2	7	M20	22	12	9.25	
	225	—	245	370	325	248		27	295						11.04	
	250	273		405	355	276.5		28	319		8	M24	26		13.05	
	300	323.9	325	460	410	328.5		32	370						18.03	
	350	355.6	377	520	470	360	381	35	429		9			16	27.12	23.76
	400	406.4	426	580	525	410	430	38	480		10	M27	30		34.93	30.99
	450	457	480	640	585	462	485	42	548					20	45.01	39.37
	500	508	530	715	650	513	535	46	609		11	M30	33		62.71	56.17
	600	610	630	840	770	615	635	52	720			M33	36		94.65	86.64

注 1：第一系列的管子外径尺寸为国际通用尺寸；第二系列的管子外径尺寸为我国通用尺寸。

注 2：k_1 大于等于 h 时，h 值取 k_1+1。

3.3 标记示例

公称压力为 0.6 MPa，公称通径为 50 mm 船用搭焊钢法兰的标记为：

法兰　GB/T 2506—2005　6050

公称压力为 1.6 MPa，公称通径为 400 mm 船用搭焊钢法兰的标记为：

法兰　GB/T 2506—2005　16400

公称压力为 0.6 MPa，公称通径为 1200 mm 船用搭焊钢法兰的标记为：

法兰　GB/T 2506—2005　61200

公称压力为 0.25 MPa，公称通径为 800 mm 船用搭焊钢法兰的标记为：

法兰　GB/T 2506—2005　2800

4 要求

4.1 法兰的材料按表 3。

4.2 法兰的表面应光滑，不应有降低强度和影响密封性的缺陷。

4.3 法兰的端面应与其轴线垂直，偏差不大于 30′。

4.4 法兰厚度的允许偏差按表 4。

4.5 法兰的密封面应符合 GB/T 2501 的要求。

表 3 法兰的材料

零件名称	材料		
	名称	牌号	标准号
法兰	碳素结构钢	Q235-A	GB/T 700—1988
法兰材料允许采用 GB 712—2000 A 级钢。			

表 4 法兰厚度的允许偏差

单位为毫米

尺寸范围	允许偏差
C≤18	$^{+2}_{0}$
18<C≤50	$^{+3}_{0}$
C>50	$^{+4}_{0}$

5 检验方法

5.1 法兰材料化学成分和力学性能的试验按 GB/T 700—1988 规定的方法进行。结果应符合 4.1 的要求。

5.2 法兰的外观用目测方法检查。结果应符合 4.2 的要求。

5.3 法兰的形位公差检验按 GB/T 1958 规定的方法进行。结果应符合 4.3 的要求。

5.4 法兰的线性尺寸和公差用相应等级的量具进行检查。结果应符合 3.2 和 4.4 的要求。

6 检验规则

6.1 检验分类

法兰的检验分型式检验和出厂检验。

6.2 型式检验

6.2.1 检验项目和顺序

法兰型式检验项目和顺序按表 5 的规定。

表 5 法兰型式检验和出厂检验的项目

序号	检验项目	要求的章、条号	检验方法的章、条号	型式检验	出厂检验
1	材料	4.1	5.1	√	√
2	外观	4.2	5.2	√	√
3	形位公差	4.3	5.3	√	—
4	尺寸公差	3.2 4.4	5.4	√	—

6.2.2　**检验样品数量**

法兰型式检验的样品为3个。

6.2.3　**判定规则**

法兰所有样品全部检验项目符合要求，判为型式检验合格；若有不符合要求的项目，允许加倍取样复验。若仍有不符合要求的项目，则判为型式检验不合格。

6.3　出厂检验

6.3.1　**检验项目和顺序**

法兰出厂检验项目和顺序按表5的规定。

6.3.2　**检验样品数量**

法兰出厂检验应逐个产品进行。

6.3.3　**判定规则**

全部检验项目符合要求的法兰判定出厂检验合格；材料检验不符合要求的法兰，则判为出厂检验不合格；外观检验不符合要求的法兰，允许返修后进行复验。若复验仍不符合要求，则判该法兰不合格。

7　产品标志和包装

7.1　法兰的外圆柱表面上，应打出下列标志：

a)　制造厂标志；

b)　规格和标准编号；

c)　生产批号；

d)　检查合格印章。

7.2　法兰加工表面包装前应涂工业凡士林。

7.3　法兰的包装应按GB/T 600—1991中6.4的规定。

ICS 77.150.30
H 62

中华人民共和国国家标准

GB/T 2529—2005
代替 GB/T 2529—1989

导电用铜板和条

Copper sheets and bars for electrical conduction purpose

2005-07-04 发布　　2005-12-01 实施

中华人民共和国国家质量监督检验检疫总局
中国国家标准化管理委员会　发布

前　言

本标准是对 GB/T 2529—1989《铜导电板》的修订。本标准中板材的部分技术指标以及条材的主要技术指标修改采用 ASTM B 187M—97《母线用铜条材、棒材和型材》。

本标准与 GB/T 2529—1989 相比，主要有如下变动：

——原标准名称更改为“导电用铜板和条”；

——增加了导电用铜条的相关技术内容；

——板材状态增加了 1/8 硬和 1/2 硬；

——板材最大厚度由原来的 20.0 mm 增加到 100 mm，最大宽度由原来的 400 mm 增加到 650 mm，最大长度由原来的 1 000 mm 增加到 8 000 mm；

——对板材部分的尺寸偏差参照 GB/T 17793 进行了修订，宽度允许偏差按剪切和锯切分级，尺寸精度略有提高；

——原板材的侧边弯曲度与条材统一，改用纵边直度，尺寸精度有所提高；

——在外形尺寸偏差部分增加了棱边外形的内容；

——力学性能、弯曲性能、电性能采用 ASTM B 187M 标准进行了修改。

本标准代替 GB/T 2529—1989。

本标准由中国有色金属工业协会提出。

本标准由全国有色金属标准化技术委员会归口。

本标准由白银有色金属公司西北铜加工厂、洛阳铜加工集团有限责任公司负责起草。

本标准主要起草人：文继有、张鸿生、赵丽、孟惠娟、陈汉文、李宇圣。

本标准由全国有色金属标准化技术委员会负责解释。

本标准的历次版本发布情况为：

——GB/T 2529—81、GB/T 2529—1989。

导电用铜板和条

1 范围

本标准规定了导电用铜板和条的要求、试验方法、检验规则和标志、包装、运输、贮存及合同内容等。

本标准适用于冶炼、电力化工、电镀等工业部门导电用铜板和条。

2 规范性引用文件

下列文件中的条款通过本标准的引用而成为本标准的条款。凡是注日期的引用文件，其随后所有的修改单(不包括勘误的内容)或修订版均不适用于本标准，然而，鼓励根据本标准达成协议的各方研究是否可使用这些文件的最新版本。凡是不注日期的引用文件，其最新版本适用于本标准。

GB/T 228　金属材料　室温拉伸试验方法

GB/T 230　金属洛氏硬度试验方法

GB/T 232　金属材料　弯曲试验方法

GB/T 351　金属材料电阻系数测量方法

GB/T 4340.1　金属维氏硬度试验　第1部分:试验方法

GB/T 5121　铜及铜合金化学分析方法

GB/T 5231　加工铜及铜合金化学成分和产品形状

GB/T 8888　重有色金属加工产品的包装、标志、运输和贮存

3 术语和定义

下列术语和定义适用于本标准。

3.1

纵边直度　straightness of longitudinal edge

任意纵向表面或棱边之绝对直度的偏差，包括侧边弯曲度和表面瓢曲度两层含义。

4 要求

4.1 产品分类

4.1.1 牌号、状态、规格

4.1.1.1 板材的牌号、状态、规格应符合表1的规定。

表1　板材的牌号、状态、规格

<table>
<tr><th rowspan="2">牌　号</th><th rowspan="2">状　态</th><th colspan="3">规格/mm</th></tr>
<tr><th>厚　度</th><th>宽　度</th><th>长　度</th></tr>
<tr><td rowspan="5">T2</td><td>热轧(R)</td><td>4～100</td><td rowspan="5">50～650</td><td rowspan="5">≤8 000</td></tr>
<tr><td>软(M)</td><td rowspan="4">4～20</td></tr>
<tr><td>1/8硬(Y8)</td></tr>
<tr><td>1/2硬(Y2)</td></tr>
<tr><td>硬(Y)</td></tr>
<tr><td colspan="5">注：经供需双方协商，可供应其他牌号、状态和规格的板材。</td></tr>
</table>

4.1.1.2　条材的牌号、状态、规格应符合表 2 的规定。

表 2　条材的牌号、状态、规格

牌　号	状　态	规格/mm		
		厚　度	宽　度	长　度
T2	热轧(R)	10～60	10～400	≤8 000
	软(M)	3～30		
	1/8 硬(Y8)			
	1/2 硬(Y2)			
	硬(Y)			
注：经供需双方协商，可供应其他牌号、状态和规格的条材。				

4.1.2　标记示例

产品标记按产品名称、牌号、状态、规格和标准编号的顺序表示。标记示例如下：

示例 1

用 T2 制造的，供应状态为 Y，尺寸精度为较高级，厚度为 10 mm，宽度为 200 mm，长度为 6 000 mm 的铜导电板，标记为：

铜板 T2 Y 较高级　10×200×6 000　GB/T 2529—2005。

示例 2

用 T2 制造的，供应状态为 M，厚度为 10 mm，宽度为 200 mm，长度为 4 000 mm 的铜条标记为：

铜条 T2 M　10×200×4 000　GB/T 2529—2005。

4.2　化学成分

板、条材的化学成分应符合 GB/T 5231 中相应牌号的规定。

4.3　外形尺寸及允许偏差

4.3.1　厚度及其允许偏差

4.3.1.1　热轧板的厚度及其允许偏差应符合表 3 的规定。

4.3.1.2　冷轧板的厚度及其允许偏差应符合表 4 的规定。

4.3.1.3　条材的厚度及其允许偏差应符合表 5 的规定。

表 3　热轧板的厚度及其允许偏差　　单位为毫米(mm)

厚　度	宽　度			
	≤100	>100～400	>400～500	>500～650
	厚度允许偏差/±			
4.0～6.0	0.18	0.20	0.20	0.22
>6.0～8.0	0.20	0.23	0.25	0.30
>8.0～12.0	0.25	0.30	0.35	0.40
>12.0～16.0	0.30	0.35	0.40	0.45
>16.0～20.0	0.35	0.40	0.45	0.50
>20.0～25.0	0.40	0.45	0.50	0.55
>25.0～30.0	0.50	0.55	0.60	0.65

表 3（续）

单位为毫米(mm)

<table>
<tr><td rowspan="3">厚　　度</td><td colspan="4">宽　　度</td></tr>
<tr><td>≤100</td><td>>100～400</td><td>>400～500</td><td>>500～650</td></tr>
<tr><td colspan="4">厚度允许偏差/±</td></tr>
<tr><td>>30.0～40.0</td><td>0.65</td><td>0.70</td><td>0.75</td><td>0.85</td></tr>
<tr><td>>40.0～50.0</td><td>0.85</td><td>0.85</td><td>0.90</td><td>1.10</td></tr>
<tr><td>>50.0～60.0</td><td>1.00</td><td>1.05</td><td>1.10</td><td>1.30</td></tr>
<tr><td>>60.0～80.0</td><td>1.20</td><td>1.25</td><td>1.30</td><td>1.50</td></tr>
<tr><td>>80.0～100.0</td><td>1.40</td><td>1.45</td><td>1.50</td><td>1.70</td></tr>
<tr><td colspan="5">注：需方只要求单向偏差时，其值为表中数值的 2 倍。</td></tr>
</table>

表 4　冷轧板的厚度及其允许偏差

单位为毫米(mm)

<table>
<tr><td rowspan="4">厚　　度</td><td colspan="8">宽　　度</td></tr>
<tr><td colspan="2">≤100</td><td colspan="2">>100～200</td><td colspan="2">>200～400</td><td colspan="2">>400～650</td></tr>
<tr><td colspan="8">厚度允许偏差/±</td></tr>
<tr><td>普通级</td><td>较高级</td><td>普通级</td><td>较高级</td><td>普通级</td><td>较高级</td><td>普通级</td><td>较高级</td></tr>
<tr><td>4.0～5.0</td><td>0.08</td><td>—</td><td>0.10</td><td>0.08</td><td>—</td><td>—</td><td>—</td><td>—</td></tr>
<tr><td>>5.0～8.0</td><td>0.10</td><td>0.08</td><td>0.12</td><td>0.10</td><td>0.13</td><td>0.10</td><td>—</td><td>—</td></tr>
<tr><td>>8.0～12.0</td><td>0.15</td><td>0.12</td><td>0.18</td><td>0.15</td><td>0.18</td><td>0.15</td><td>0.25</td><td>0.20</td></tr>
<tr><td>>12.0～16.0</td><td>0.22</td><td>0.28</td><td>0.25</td><td>0.20</td><td>0.30</td><td>0.25</td><td>0.40</td><td>0.30</td></tr>
<tr><td>>16.0～20.0</td><td>0.28</td><td>0.25</td><td>0.35</td><td>0.30</td><td>0.45</td><td>0.35</td><td>0.55</td><td>0.45</td></tr>
<tr><td colspan="9">注：需方只要求单向偏差时，其值为表中数值的 2 倍。</td></tr>
</table>

表 5　条材的厚度及其允许偏差

单位为毫米(mm)

<table>
<tr><td rowspan="3">厚　　度</td><td colspan="5">宽　　度</td></tr>
<tr><td>≤50</td><td>>50～100</td><td>>100～200</td><td>>200～300</td><td>>300～400</td></tr>
<tr><td colspan="5">厚度允许偏差/±</td></tr>
<tr><td>3.0～60</td><td>0.06</td><td>0.08</td><td>0.10</td><td>0.15</td><td>0.20</td></tr>
<tr><td>>6.0～10.0</td><td>0.08</td><td>0.10</td><td>0.15</td><td>0.20</td><td>0.30</td></tr>
<tr><td>>10.0～13.0</td><td>0.09</td><td>0.15</td><td>0.20</td><td>0.25</td><td>0.40</td></tr>
<tr><td>>13.0～19.0</td><td>0.15</td><td>0.20</td><td>0.25</td><td>0.30</td><td>0.45</td></tr>
<tr><td>>19.0～25.0</td><td>0.20</td><td>0.25</td><td>0.35</td><td>0.40</td><td>0.55</td></tr>
<tr><td>>25.0～38.0</td><td>0.35</td><td>0.40</td><td>0.45</td><td>0.60</td><td>0.75</td></tr>
<tr><td>>38.0～50.0</td><td>0.50</td><td>0.60</td><td>0.65</td><td>0.75</td><td>0.95</td></tr>
<tr><td>>50.0～60.0</td><td>0.65</td><td>0.75</td><td>0.80</td><td>1.00</td><td>1.20</td></tr>
<tr><td colspan="6">注：需方只要求单向偏差时，其值为表中数值的 2 倍。</td></tr>
</table>

4.3.2　宽度及其允许偏差

4.3.2.1　板材的宽度及其允许偏差应符合表 6 的规定。

4.3.2.2　条材的宽度及其允许偏差应符合表 7 的规定。

表 6　板材的宽度及其允许偏差

单位为毫米(mm)

厚　度	宽度允许偏差/±	
	剪　切	锯　切
≤20.0	5	2.0
＞20.0	—	2.5
注：1. 需方只要求单向偏差时，其值为表中数值的 2 倍。 2. 厚度＞20 mm 的热轧板可不切边交货。		

表 7　条材的宽度及其允许偏差

单位为毫米(mm)

厚　度	宽　度			
	≤100	＞100～200	＞200～300	＞300～400
	宽度允许偏差/±			
≤13.0	0.20	0.30	0.40	0.50
＞13.0	0.50	1.00	1.50	2.00
注：需方只要求单向偏差时，其值为表中数值的 2 倍。				

4.3.3　长度及其允许偏差

4.3.3.1　板材的长度及其允许偏差应符合表 8 的规定。

4.3.3.2　条材的长度及其允许偏差应符合表 9 的规定。

表 8　板材的长度及其允许偏差

单位为毫米(mm)

厚　度	冷轧板长度				热轧板
	≤3 500	＞3 500～5 000	＞5 000～6 000	＞6 000～8 000	
	长度允许偏差/＋				
4.0～20.0	15	20	25	30	25
＞20.0					30

表 9　条材的长度及其允许偏差

单位为毫米(mm)

长　度	长度允许偏差/＋
≤2 000	7
＞2 000～4 500	10
＞4 500～8 000	13

4.3.4　纵边直度

板材应平直，允许有轻微的波浪，其板、条材的纵边直度应符合表 10 的规定。

表 10　板、条材的纵边直度

类　别	纵边直度，不大于
轧制板、条材	4 mm/m
硬拉条材	3 mm/m

4.3.5　棱边外形

4.3.5.1　直角

条材应最终加工成直角，其最大允许倒角半径应符合表 11 的规定。

表 11　条材的直角倒角半径　　单位为毫米(mm)

厚　　度	直角的倒角半径,不大于
≤6	0.4
>6~25	0.8
>25	2.0

4.3.5.2　圆角

当用户有要求时,板、条材可以最终加工成如图 1 所示的圆角,其圆角半径应符合表 12 的规定。产品应符合工业生产要求,不应有锐角、毛刺或凸边。

表 12　板、条材的圆角半径　　单位为毫米(mm)

厚　　度	圆角半径	半径允许偏差/±
≤6	0.80	0.20
>6~25	2.00	0.50
>25	3.00	0.75

4.3.5.3　圆边

当用户有要求时,板、条材可以最终加工成如图 2 所示的圆边,其圆边半径应符合表 13 的规定。产品不应有毛刺或凸边。

表 13　板、条材的圆边半径　　单位为毫米(mm)

厚　　度	圆边半径	半径允许偏差/±
≤6	$1\frac{1}{4}$×厚度	1/2×厚度
>6~25	$1\frac{1}{4}$×厚度	1/4×厚度

4.3.5.4　全圆边

当用户有要求时,板、条材可以最终加工成如图 3 所示的均匀的全圆边,其全圆边半径约为产品厚度的一半,半径允许偏差不应超出产品厚度一半的 25%。产品应符合工业生产要求,不应有锐角、毛刺或凸边。

图 1　圆角

注:圆弧不一定要与 A 点相切。

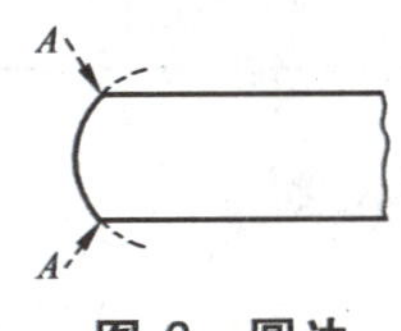

图 2　圆边

注:圆弧应基本上与产品轴线对称,角 A 通常是尖的。

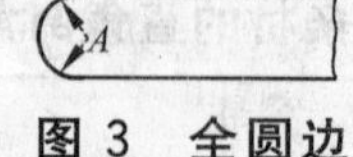

图 3 全圆边

注：圆弧不一定在 A 点相切，但应基本上与产品轴线相切。

4.3.5.5 用户对板、条材的棱边外形有要求时，应在合同中注明相应的棱边外形的具体形状，如未注明者，板材则应按剪切或锯切边供货；条材按直角边供货。

4.3.6 其他要求

4.3.6.1 板材的边部应切齐，无裂边和塌边，剪切板材的切斜不应使宽度和长度超出其允许偏差。

4.3.6.2 条材的边部应无裂边、皱折

4.4 力学性能

厚度不大于 10 mm 的产品，应进行室温拉伸试验，厚度大于 10 mm 的产品，应进行维氏或洛氏硬度试验，试验结果应符合表 14 的规定。

表 14 板、条材的力学性能

牌　　号	供应状态	拉伸试验结果		硬度试验结果	
		抗拉强度 R_m/MPa	伸长率 $A_{11.3}$/%	维氏硬度 HV	洛氏硬度 HRF
T2	热轧(R)	≥195	≥30	—	—
	软(M)	≥195	≥35	—	—
	1/8 硬(Y8)	215～275	≥25	—	≥50
	1/2 硬(Y2)	245～335	≥10	75～120	≥80
	硬(Y)	≥295	≥3	≥80	≥65
注：厚度超出规定范围的板、条材，其主要性能由供需双方商定。					

4.5 弯曲试验

厚度不大于 10 mm 的板、条材的弯曲性能应符合表 15 的规定。

表 15 板、条材的弯曲性能

牌　　号	状　　态	厚度/mm	弯曲试验		
			弯曲角度(°)	弯芯半径	弯曲结果
T2	热轧(R)软(M) 1/8 硬(Y8)	≤5 >5～10	180 180	0.5 倍板厚[a] 0.5 倍板厚[b]	弯曲上侧不应有肉眼可见的裂纹，内侧不应有皱折
	1/2 硬(Y2) 硬(Y)	≤10	90	1.0 倍板厚	
注：(a) 弯曲至两面接触；(b) 弯曲至两面平行。					

4.6 电性能

板、条材的导电率应符合表 16 的规定。

4.7 表面质量

4.7.1 板、条材的表面应清洁，不应有裂缝、起皮、夹杂、气泡和压折。板、条材断口不应有分层、气孔，允许有局部的不使板、条材厚度超出允许偏差的划伤、斑点、凹坑、皱纹、氧化铜、压入物和辊印等缺陷。

4.7.2 热轧板、条材应经酸洗后供应，但长度大于 3 000 mm 者可不酸洗供货。

表 16 板、条材的电性能

牌　　号	状　　态	20℃时的导电率 IACS/%,不小于
T2	热轧(R)软(M)	100
	1/8 硬(Y8)	99
	1/2 硬(Y2)	97
	硬(Y)	96

5 试验方法

5.1 化学成分的仲裁分析方法

板、条材的化学成分的仲裁分析方法按 GB/T 5121 的规定进行。

5.2 外形尺寸测量方法

板、条材的外形尺寸应用相应精度的测量工具进行测量。

5.3 室温力学性能检验方法

板、条材的室温拉伸试验按 GB/T 228 的规定执行,试样按 GB/T 228 附录 A 表 A1 中的 P04 和附录 B 表 B2 中 P01 的规定。硬度试验按 GB/T 230、GB/T 4340.1 的规定执行。

5.4 弯曲性能检验方法

板、条材的弯曲性能按 GB/T 232 的规定执行。

5.5 电性能检验方法

板、条材的导电率试验按 GB/T 351 的规定执行。

5.6 表面质量检查方法

板、条材的表面质量应用目视进行检查。

6 检验规则

6.1 检查和验收

6.1.1 板、条材应由供方技术监督部门进行检验,保证产品质量符合本标准的规定,并填写质量证明书。

6.1.2 需方应对收到的产品按本标准的规定进行复验。复验结果与本标准及订货单(或合同)的规定不符时,应以书面形式向供方提出,由供需双方协商解决。属于表面质量及尺寸偏差的异议,应在收到产品之日起一个月内提出,属于其他性能的异议,应在收到产品之日起三个月内提出。如需仲裁,仲裁取样应由供需双方共同进行。

6.2 组批

板、条材应成批提交验收,每批应由同一状态和规格组成。板材每批重量应不大于 8 000 kg;条材每批重量应不大于 5 000 kg。

6.3 检验项目

每批产品出厂前应进行化学成分、外形尺寸偏差、力学性能、弯曲性能、电性能、表面质量的检验。

6.4 取样

产品取样应符合表 17 的规定。

6.5 检验结果的判定

6.5.1 化学成分不合格时,判该批产品不合格。

6.5.2 产品外形尺寸偏差、表面质量不合格时,判该件产品不合格。

6.5.3 当力学性能、弯曲试验、电性能试验结果中有试样不合格时,应从该批产品(包括原检验不合格的那件产品或该不合格试样代表的那件产品上)中另取双倍数量的试样进行重复试验,重复试验结果全部合格，则判整批产品合格。若重复试验结果仍有试样不合格，则判该批产品不合格，或由供方逐件检验，合格者交货。

6.5.4 当出现其他缺陷时，该批产品由供需双方协商处理。

表 17 板、条材的检验取样规则

检验项目	取样规定(包括取样位置取样数量制样方法)	要求的章条号	试验方法章条号
化学成份	按 GB/T 5121 的规定制取试样，供方每炉(需方每批)取一个试样	4.2	5.1
外形尺寸偏差及表面质量	逐件检查	4.3,4.7	5.2,5.6
拉伸性能	板材任取 2 张/批，沿垂直于轧制方向(宽度不足时，也可沿轧制方向)任取 1 个试样/张；条材任取 2 件/批，沿轧制方向任取 1 个试样/件	4.4	5.3
硬度	任取 2 张/批，1 个试样/张	4.4	5.3
弯曲性能	按 GB/T 232 的规定制取弯曲试样，每批取二件，每件沿轧制方向取一个试样	4.5	5.4
电性能	按 GB/T 351 的规定制取电性能试样，每批取二件，每件任取一个试样	4.6	5.5

7 标志、包装、运输、贮存

产品标志、包装、运输、贮存应符合 GB/T 8888 的规定。

8 订货单(或合同)内容

订购本标准所列材料的订货单(或合同)内应包括下列内容：

a) 产品名称；

b) 牌号；

c) 状态；

d) 尺寸规格；

e) 重量或张数(根数)；

f) 本标准要求的尺寸偏差、棱边外形、厚度超出规定范围的力学性能及弯曲性能等事项应在合同中注明；

g) 本标准编号；

h) 增加本标准以外内容时的协商结果。

ICS 77.150.30
H 62

中华人民共和国国家标准

GB/T 2532—2005
代替 GB/T 2532—1997

散热器水室和主片用黄铜带

Brass strip for heat-exchanger water tank and header

2005-07-04 发布　　2005-12-01 实施

中华人民共和国国家质量监督检验检疫总局
中国国家标准化管理委员会　发布

前　言

本标准是对 GB/T 2532—1997《水箱水室用黄铜板带》的修订。本标准是参考 JIS H 3100:2000《铜及铜合金板带箔材》标准编制的。

本标准与 GB/T 2532—1997 相比，主要有如下变动：

——对标准名称进行了修改；

——删除了板材的相关内容；

——增加一个 H70 合金牌号；

——扩大了产品厚度及宽度规格范围，删除了长度规定；

——厚度及宽度允许偏差由负偏差改为正负偏差；

——侧边弯曲度检验增加了按宽度范围进行分段的规定；

——取消了杯突深度试验，增加了室温力学性能的规定；

——对晶粒度指标进行了规范并适当加严。

本标准代替 GB/T 2532—1997。

本标准由中国有色金属工业协会提出。

本标准由全国有色金属标准化技术委员会归口。

本标准由菏泽广源铜带有限责任公司负责起草。

本标准由沈阳有色金属加工厂参加起草。

本标准主要起草人：刘洪勤、彭作华、孟祥东、韩淑敏、常保平、王永生、王丽。

本标准由全国有色金属标准化技术委员会负责解释。

本标准所代替标准的历次版本发布情况为：

——GB/T 2532—1981、GB/T 2532—1997。

散热器水室和主片用黄铜带

1 范围

本标准规定了散热器水室和主片用黄铜带的要求、试验方法、检验规则和标志、包装、运输、贮存及订货单(或合同)内容等。

本标准适用于农业机械和汽车制造等行业制造散热器水室和主片用黄铜带。

2 规范性引用文件

下列文件中的条款通过本标准的引用而成为本标准的条款。凡是注日期的引用文件,其随后所有的修改单(不包括勘误的内容)或修订版均不适用于本标准,然而,鼓励根据本标准达成协议的各方研究是否可使用这些文件的最新版本。凡是不注日期的引用文件,其最新版本适用于本标准。

GB/T 228 金属材料 室温拉伸试验方法

GB/T 4340.1 金属维氏硬度试验 第1部分:试验方法

GB/T 5121 铜及铜合金化学分析方法

GB/T 5231 加工铜及铜合金化学成分和产品形状

GB/T 8888 重有色金属加工产品的包装、标志、运输和贮存

YS/T 347 铜及铜合金平均晶粒度测定方法

3 要求

3.1 产品分类

3.1.1 牌号、状态、规格

带材的牌号、状态、规格应符合表1的规定。

表 1

牌 号	供应状态	规格/mm	
		厚 度	宽 度
H70 H68	M(软)	0.5～1.2	50～600
	TM(特软)		
注:经供需双方协议,可供应其他牌号或规格的带材。			

3.1.2 标记示例

产品标记示例按带材名称、牌号、状态、规格和标准编号的顺序表示。标记示例为:

用 H68 制造的、供应状态为 TM、厚度为 0.8 mm、宽度为 192 mm 的带材,标记为:

带 H68TM 0.8×192 GB/T 2532—2005

3.2 化学成分

带材的化学成分应符合 GB/T 5231 中相应牌号的规定。

3.3 外形尺寸及尺寸允许偏差

3.3.1 带材的厚度允许偏差应符合表2的规定。

表 2

mm

厚 度	宽 度		
	50～200	>200～400	>400～600
	厚度允许偏差		
0.5～0.8	±0.025	±0.03	±0.035
>0.8～1.2	±0.035	±0.04	±0.045
注：需方只要求正偏差或负偏差时，其值应为表中数值的二倍，并在合同中注明。			

3.3.2 带材的宽度允许偏差应符合表3的规定。

表 3

mm

宽 度	50～200	>200～300	>300～600
宽度允许偏差	±0.3	±0.4	±0.6
注：需方只要求正偏差或负偏差时，其值应为表中数值的二倍，并在合同中注明。			

3.3.3 带材的侧边弯曲度应符合表4的规定。

表 4

宽度/mm	侧边弯曲度/(mm/m) 不大于
50～100	4
>100～600	3

3.3.4 带材两边应切齐、无裂边。带材应成卷供应。

3.4 力学性能

带材的室温拉伸试验及维氏硬度试验结果应符合表5的规定。

表 5

牌 号	状 态	拉伸试验		维氏硬度 HV，不大于
		抗拉强度 $R\mathrm{m}$/MPa	断后伸长率 $A_{11.3}$/%，不小于	
H70 H68	M	310～380	45	85
	TM	295～365	50	75
注：经供需双方协议，可供应其他性能的带材。				

3.5 显微组织

带材的晶粒度应符合表6的规定。

表 6

状 态	晶粒度/mm		
	公称值	最小值	最大值
M	0.035	0.025	0.050
TM	0.050	0.035	0.070

3.6 表面质量

3.6.1 带材表面应光滑、清洁，不应有分层、裂纹、起皮、气泡、压折、夹杂和绿锈等缺陷。

3.6.2 带材表面允许有轻微的、局部的、不使带材厚度超出其允许偏差的划伤、斑点、凹坑、压入物、辊印、水迹、油迹和修磨痕迹等缺陷。

3.6.3 带材表面轻微的氧化色、发红、发暗不作为不合格判定依据。

4 试验方法

4.1 化学成分的仲裁分析方法

带材的化学成分仲裁分析按 GB/T 5121 规定的方法进行。

4.2 外形尺寸测量方法

带材的外形尺寸应使用相应精度的测量工具进行测量。

4.3 室温力学性能检验方法

带材的室温拉伸试验按 GB/T 228 的规定执行。维氏硬度试验按 GB/T 4340.1 的规定执行。

4.4 显微组织检验方法

带材的晶粒度检验按 YS/T 347 的规定执行。

4.5 表面质量检查方法

带材的表面质量用目视进行检查。

5 检验规则

5.1 检查和验收

5.1.1 带材应由供方技术监督部门进行检验,保证产品质量符合本标准(或订货合同)的规定,并填写质量证明书。

5.1.2 需方应对收到的产品按本标准的规定进行复验。复验结果与本标准及订货合同的规定不符时,应以书面形式向供方提出,由供需双方协商解决。属于表面质量及尺寸偏差的异议,应在收到产品之日起一个月内提出;属于其他性能的异议,应在收到产品之日起三个月内提出。如需仲裁,仲裁取样应由供需双方共同进行。

5.2 组批

带材应成批提交验收,每批应由同一牌号、状态和规格组成。每批重量应不大于 3 000 kg。

5.3 检验项目

每批产品出厂前应进行化学成分、外形尺寸偏差、力学性能、晶粒度、表面质量的检验。如有要求,也应进行硬度检验。

5.4 取样

产品取样应符合表 7 的规定。

表 7

检验项目	取样规定	要求的章条号	试验方法的章条号
化学成分	供方在熔铸过程中每炉取一个试样。需方在每批中任取一个试样	3.2	4.1
外形尺寸偏差	逐件检查	3.3	4.2
表面质量	逐件检查	3.6	4.5
拉伸试验	每批取二件,每件沿轧制方向取一个试样,按 GB/T 228 附录 A 表 A1 中 P04 的规定制取试样	3.4	4.3
维氏硬度	每批取二件,每件取一个试样,按 GB/T 4340.1 的规定制取试样	3.4	4.3
晶粒度	每批取二件,每件取一个试样,按 YS/T 347 的规定制取试样	3.5	4.4

5.5 检验结果的判定

5.5.1 化学成分不合格时，判该批产品不合格。

5.5.2 产品的外形尺寸偏差、表面质量不合格时，判该件产品不合格。

5.5.3 当力学性能、晶粒度试验结果中有试样不合格时，应从该批产品中另取双倍数量的试样进行重复试验。重复试验结果全部合格，则判整批产品（不合格试样代表的那件产品除外）合格。若重复试验仍有试样不合格，则判该批产品不合格，或由供方逐件检验，合格者交货。

6 标志、包装、运输、贮存和质量证明书

产品的标志、包装、运输、贮存和质量证明书应符合 GB/T 8888 的规定。经供需双方协议，可采用其他方法进行包装。

7 订货单（或合同）内容

订购本标准所列产品的订货单（或合同）内应包括下列内容：

a） 产品名称；

b） 合金牌号；

c） 供应状态；

d） 尺寸规格；

e） 重量；

f） 硬度试验要求；

g） 本标准编号；

h） 增加本标准以外内容时的协商结果。

ICS 73.040
D 21

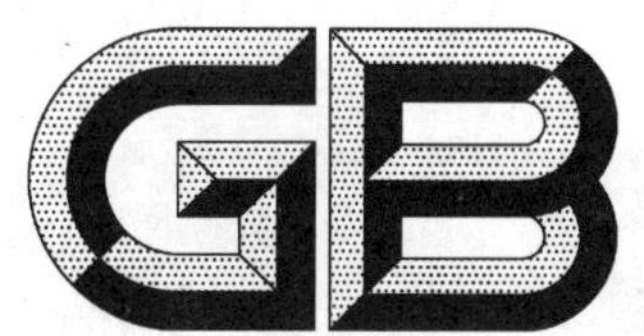

中华人民共和国国家标准

GB/T 2559—2005
代替 GB/T 2559～2564—1981,GB/T 3812～3816—1983

褐煤蜡测定方法

Analysis of lignite wax

2005-09-28 发布　　2006-04-01 实施

中华人民共和国国家质量监督检验检疫总局
中国国家标准化管理委员会　发布

前言

本标准代替以下11项标准：GB/T 2559—1981《褐煤蜡熔点测定方法》、GB/T 2560—1981《褐煤蜡滴点测定方法》、GB/T 2561—1981《褐煤蜡中溶于丙酮物质(树脂物质)测定方法》、GB/T 2562—1981《褐煤蜡中苯不溶物测定方法》、GB/T 2563—1981《褐煤蜡灰分测定方法》、GB/T 2564—1981《褐煤蜡酸值和皂化值测定方法》、GB/T 3812—1983《褐煤蜡试样的采取和缩制方法》、GB/T 3813—1983《褐煤蜡密度测定方法》、GB/T 3814—1983《褐煤蜡黏度测定方法》、GB/T 3815—1983《褐煤蜡加热损失量测定方法》、GB/T 3816—1983《褐煤蜡中地沥青含量测定方法》。

本标准与GB/T 2559—1981等11个标准相比，主要变化如下：

——《褐煤蜡试样的采取和缩制方法》(GB/T 3812)：修改了原标准的名称，增加了采制样工具(本标准3.1)、采样基本原则(本标准3.2.1)和小于1 mm褐煤蜡样的制备方法(本标准3.3.3)；

——《褐煤蜡熔点测定方法》(GB/T 2559)：对原标准中的图和有关名称做了修改(原标准一中1.(1)；本标准4.2.1)，增加了褐煤蜡样的称样粒度(本标准4.3.1)；

——《褐煤蜡滴点测定方法》(GB/T 2560)：对原标准中的仪器和材料做了修改(原标准一中1和2；本标准5.2)，增加了褐煤蜡样的称样粒度(本标准5.3.1)；

——《褐煤蜡中溶于丙酮物质(树脂物质)测定方法》(GB/T 2561)：改正了原标准计算公式中有误的地方(原标准三中9；本标准6.5.1)，增加了小于0.1 mm褐煤蜡样的制备方法(本标准6.3)；

——《褐煤蜡中苯不溶物测定方法》(GB/T 2562)：对原标准中的图和有关名称做了修改(原标准一中1.(1)；本标准7.2.1)，删去了原标准中的附录，将其中实质性的内容移至正文中有关章节中(本标准7.2.1.3)；

——《褐煤蜡灰分测定方法》(GB/T 2563)：将原标准中"高温炉"改为"马弗炉"(原标准中一中1.(3)；本标准8.2.3)，并修改了马弗炉的温控精度(原标准中二中2；本标准8.3.1)，增加了在低温炭化时如发生着火试验作废的规定(本标准8.3.3)；

——《褐煤蜡酸值和皂化值测定方法》(GB/T 2564)：将原标准中的仪器做了修改(原标准中一中1；本标准9.2)，对原标准中部分试剂的引用标准进行了修改(原标准中一中2；本标准9.2)，删除了原标准中的附录，将其中实质性的内容移至正文有关章节中(本标准9.2.16和9.2.17)，改正了计算公式中有误的地方(原标准中四中8和9；本标准9.5.1和9.5.2)；

——《褐煤蜡密度测定方法》(GB/T 3813)：对原标准中的仪器、材料和试剂做了修改(原标准中1；本标准10.2)，增加了褐煤蜡样的称样粒度(本标准10.3.3)；

——《褐煤蜡黏度测定方法》(GB/T 3814)：对原标准中的仪器、材料和测定步骤做了修改(原标准中1和3，本标准11.2和11.5)，修改了原标准中褐煤蜡90℃黏度的计算公式(原标准中4，本标准11.6.1)；

——《褐煤蜡加热损失量测定方法》(GB/T 3815)：修改了原标准中部分仪器的名称(原标准中1；本标准12.2)；

——《褐煤蜡中地沥青含量测定方法》(GB/T 3816)：删除了原标准中的附录，将其中实质性内容移至正文中有关章节(本标准13.3.1.3)，删除了原标准中用海拔高度计算褐煤蜡中地沥青含量的公式(原标准中3.1)。

本标准由中国煤炭工业协会提出。

本标准由全国煤炭标准化技术委员会归口。

本标准起草单位：煤炭科学研究总院北京煤化工研究分院。

本标准主要起草人：罗陨飞、刘淑云、吴宽鸿、姜英、陈亚飞。

本标准所代替标准的历次版本发布情况为：

——GB/T 2559—1981；

——GB/T 2560—1981；

——GB/T 2561—1981；

——GB/T 2562—1981；

——GB/T 2563—1981；

——GB/T 2564—1981；

——GB/T 3812—1983；

——GB/T 3813—1983；

——GB/T 3814—1983；

——GB/T 3815—1983；

——GB/T 3816—1983。

褐煤蜡测定方法

1 范围

本标准规定了褐煤蜡样的采取和制备、褐煤蜡熔点、褐煤蜡滴点、褐煤蜡中溶于丙酮物质(树脂物质)、褐煤蜡中苯不溶物、褐煤蜡灰分、褐煤蜡酸值和皂化值、褐煤蜡密度、褐煤蜡黏度、褐煤蜡加热损失量、褐煤蜡中地沥青含量试验方法。

本标准适用于褐煤蜡。

2 规范性引用文件

下列文件中的条款通过本标准的引用而成为本标准的条款。凡是注日期的引用文件,其随后所有的修改单(不包括勘误的内容)或修订版均不适用于本标准,然而,鼓励根据本标准达成协议的各方研究是否可使用这些文件的最新版本。凡是不注日期的引用文件,其最新版本适用于本标准。

GB/T 514 石油产品试验用玻璃液体温度计 技术条件

JJG 214 滚动落球黏度计

3 褐煤蜡样的采取和制备

3.1 采、制样工具

3.1.1 铲子;

3.1.2 小锤;

3.1.3 带盖铁盒;

3.1.4 镀锌铁盘或搪瓷盘;

3.1.5 标准筛:5 mm 圆孔筛,1 mm 网筛;

3.1.6 镀锌铁板:1 m×1 m;

3.1.7 研钵;

3.1.8 杵状硬质木棒:长 250 mm~300 mm;

3.1.9 二分器或十字分样板;

3.1.10 簸箕;

3.1.11 磨口玻璃瓶。

3.2 试样的采取

3.2.1 采样基本原则

3.2.1.1 采样单元:整批袋装褐煤蜡产品的总袋数为一个采样单元。

3.2.1.2 子样数目:总袋数大于或等于 50 袋时,最少子样数目为总袋数的 10%;总袋数少于 50 袋时,最少子样数目为 5 个。

3.2.1.3 子样点布置:以一袋褐煤蜡产品为一个子样点,子样点的确定应遵循“均匀分布,使每一个子样点都有机会被选出”的原则。

3.2.1.4 子样量和总样量:子样量不得少于 20 g,总样量不得少于 1 000 g。

3.2.2 采样方法

3.2.2.1 片状或粒状的产品,应离表面 1/3 处用铲子取出一个子样,各袋中所取试样量应大约相等,试样装入铁盒中,盒内外各附一张标签,密封保存。

3.2.2.2 模铸块状的产品,每个采样袋中取出 2 块,用小锤在每块试样上从 3 处取大小近似相等的小块,试样装入铁盒中,盒内外各附一张标签,密封保存。

3.3 试样的制备

3.3.1 将采取的褐煤蜡样用研钵、研棒捣碎成粒度不大于 5 mm 的颗粒,并全部过 5 mm 圆孔筛。

3.3.2 用堆锥四分法或二分器缩分褐煤蜡样,直至缩分成 2 个 500 g 的褐煤蜡样,其中一个 500 g 褐煤蜡样装入清洁干燥磨口玻璃瓶中,贴上标签,密封保存,供仲裁之用。

3.3.3 用堆锥四分法或二分器从另一个 500 g 褐煤蜡样中缩分出 100 g,并用研棒捣碎成粒度不大于 1 mm的颗粒,全部过 1 mm 网筛;将 400 g 小于 5 mm 的褐煤蜡样和 100 g 小于 1 mm 的褐煤蜡样分装于 2 个清洁干燥带磨口塞的玻璃瓶中,贴上标签,送化验室分析检验。

3.3.4 堆锥四分法缩分褐煤蜡样:把已破碎过筛的褐煤蜡样用铲子铲起堆成圆锥体,再交互地从褐煤蜡样堆两边对角贴底逐铲铲起堆成另一个圆锥。每铲铲起的褐煤蜡样不应过多,并分两三次撒落在新锥顶端,使之均匀地落在新锥的四周。如此反复堆掺三次,再由褐煤蜡样堆顶端从中心向周围均匀地将褐煤蜡样压平成厚度适当的扁平体。将十字分样板放在扁平体的正中,向下压至底部,褐煤蜡样被分成四个相等的扇形体,将相对的两个扇形体去掉,留下的两个扇形体再混合,按上述步骤直至缩分出合适质量的褐煤蜡样。

二分器缩分褐煤蜡样:入料时,簸箕应向一侧倾斜,并要沿二分器的整个长度往复摆动,以使褐煤蜡样比较均匀地通过二分器。缩分后任取一边的褐煤蜡样。

3.3.5 标签上应注明:生产厂名称、产品名称、等级、批号、采样日期、制样人和检测项目。

4 褐煤蜡熔点的测定方法

4.1 方法要点

将装有褐煤蜡样的开口毛细管浸入熔点测定管水浴中,以一定升温速度加热,当蜡柱刚刚开始上升时的温度作为蜡样的熔点。

4.2 仪器、设备

4.2.1 熔点测定装置(如图 1 所示);

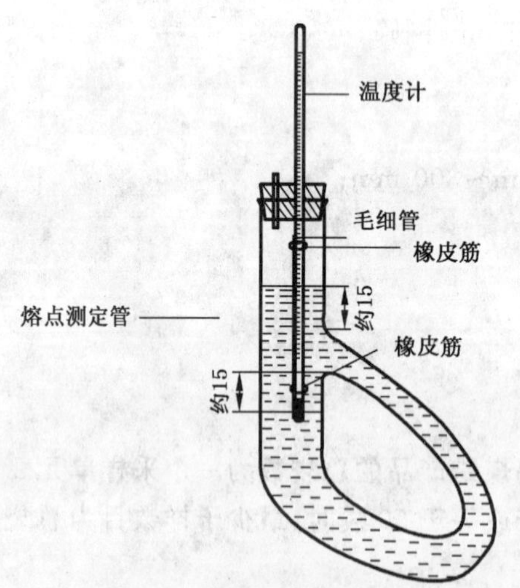

图 1 熔点测定装置

4.2.1.1 熔点测定管;

4.2.1.2 温度计:50℃～100℃,分度为 0.1℃;

4.2.1.3 毛细管:内径 0.8 mm～1.2 mm,长约 70 mm,管壁厚度为 0.2 mm～0.3 mm,两头开口;

4.2.1.4 可调电炉:500 W(或小本生灯);

4.2.2 瓷坩埚:50 mL;

4.2.3 鼓风干燥箱:能在 100℃～110℃恒温;

4.2.4 天平：感量1 g；

4.2.5 支架；

4.2.6 带孔橡皮塞；

4.2.7 刀片。

4.3 测定步骤

4.3.1 称取粒度小于5 mm的褐煤蜡样20 g±1 g放入瓷坩埚中，再将坩埚放到已加热到102℃～105℃的鼓风干燥箱中，待蜡样熔化后不时搅拌并保温1 h，然后在该温度下静置至少30 min。

4.3.2 将洗净干燥的毛细管一端，垂直浸入熔化的蜡样中约10 mm深，在毛细管中形成蜡柱后取出（蜡柱内不应有气泡存在），待凝固后用刀片将粘附在毛细管外的蜡刮掉。管口蜡柱应削平，在常温下放置12 h以上或在冰水(0℃)中冷却10 min后即可进行测定。

4.3.3 把煮沸过并冷却到室温的蒸馏水倒入熔点测定管中，使液面高出支管口上15 mm，然后把熔点测定管固定在支架上。

4.3.4 将装有蜡样的毛细管上部用橡皮筋缚于水银温度计上，使毛细管内蜡柱的一端紧贴在温度计水银球的侧面，并用一细橡皮筋缚在蜡柱的上平面上，以便易于观察蜡柱的上升。

4.3.5 用带孔的橡皮塞将温度计固定在熔点测定管中，温度计的水银球要位于熔点测定管支管口下15 mm处(如图1)。

4.3.6 用电炉或小本生灯加热熔点测定管，当距预测熔点10℃时，控制升温速度为(1℃±0.1℃)/min，观测蜡柱刚刚开始上升时的温度，即为蜡样的熔点。读数取小数点后两位。

4.3.7 取重复测定结果的算术平均值作为测定结果，结果取到小数点后一位。

4.4 方法精密度

熔点测定的重复性限和再现性临界差如表1规定。

表1 熔点测定的重复性限和再现性临界差

	重复性限	再现性临界差
褐煤蜡的熔点/℃	0.5	1.5

5 褐煤蜡滴点的测定方法

5.1 方法要点

褐煤蜡样装入滴点计的脂杯中，在规定的加热条件下，记录褐煤蜡样从脂杯中滴出第一滴褐煤蜡液或流出25 mm长褐煤蜡液时的温度，即为滴点。

5.2 仪器和材料

5.2.1 滴点计(GB/T 514)：由温度计、金属套管和玻璃脂杯组成，脂杯细口的边缘是磨平的；

5.2.2 玻璃试管：直径40 mm～50 mm，长180 mm～200 mm；

5.2.3 高型烧杯：1 000 mL～2 000 mL；

5.2.4 搅拌器：金属或玻璃制；

5.2.5 砂浴电炉：温度可调节；

5.2.6 瓷坩埚：50 mL；

5.2.7 玻璃板；

5.2.8 鼓风干燥箱：能在100℃～110℃恒温；

5.2.9 天平：感量1 g；

5.2.10 支架；

5.2.11 液体石蜡或甘油等加热介质；

5.2.12 橡皮塞：中心开孔，侧面开切口。

5.3 测定步骤

5.3.1 称取粒度小于 5 mm 的褐煤蜡样 20 g±1 g 放入瓷坩埚中，再将坩埚放到 102℃～105℃的干燥箱中，待蜡样熔化后不时搅拌并保温 1 h，然后在该温度下静置至少 30 min。

5.3.2 将干燥的脂杯细口平放在一块玻璃板上，然后将准备好的蜡样从干燥箱中取出并立即小心地倒入脂杯中至接近宽口表面（蜡样不能带有气泡）。当脂杯边缘的蜡刚凝固时，将干燥的装上金属套管的温度计垂直插入脂杯中，使脂杯宽口的边缘与套管内部凸出边缘紧密贴合。注意金属套管上的侧孔不要被蜡堵塞。待温度计的指示温度降到 25℃以下时再进行滴点的测定。

5.3.3 在清洁干燥的玻璃试管底部放一张圆形白纸，紧贴管底。

5.3.4 将带有脂杯和蜡样的温度计用一个中心开孔，侧面开切口的橡皮塞固定在玻璃试管当中，使温度计和玻璃试管的轴心线互相重合，并使脂杯细口边缘与玻璃试管底部的白纸相距 25 mm，用支架上的夹子将玻璃试管固定在高型烧杯中，使其成垂直状态，并使其底部与烧杯底相距 10 mm～20 mm。然后向烧杯中加入加热介质，玻璃试管在加热介质中要浸入 120 mm～150 mm。

5.3.5 烧杯中的加热介质要在不断搅拌下用砂浴电炉加热。当滴点计的温度达到预测滴点前 10℃时，控制升温速度为 1 ℃/min～2 ℃/min。

5.3.6 从脂杯中滴出第一滴蜡液时或从脂杯中流出的蜡接触到白纸时立即读出温度，作为此蜡样的滴点。读取小数点后一位。

5.3.7 取重复试验结果的算术平均值作为试验结果，结果取整数。

5.4 方法精密度

滴点测定的重复性限和再现性临界差如表 2 规定：

表 2 滴点测定的重复性限和再现性临界差

褐煤蜡的滴点/℃	重复性限	再现性临界差
	2	3

6 褐煤蜡中溶于丙酮物质(树脂物质)的测定方法

6.1 方法要点

褐煤蜡样用丙酮在 18℃～22℃下萃取。可溶部分经离心分离后蒸除溶剂，干燥至恒重。用恒重的残渣质量计算出溶于丙酮物质(树脂物质)的质量分数。

6.2 仪器和试剂

6.2.1 离心机：转速 3 000 r/min；

6.2.2 玻璃锥形离心管：容量 10 mL，配 1 号橡皮塞；

6.2.3 蒸发皿：高 20 mm，口径 60 mm；

6.2.4 量筒：10 mL(或 10 mL 移液管)；

6.2.5 锡箔或铝箔；

6.2.6 恒温水浴；

6.2.7 鼓风干燥箱：能在 100℃～110℃恒温；

6.2.8 干燥器；

6.2.9 分析天平：感量 0.000 2 g；

6.2.10 水银温度计：0℃～100℃，分度为 0.1℃；

6.2.11 研钵；

6.2.12 标准筛：0.1 mm 网筛；

6.2.13 磨口玻璃瓶；

6.2.14 丙酮(GB/T 686)。

6.3 0.1 mm 褐煤蜡样的制备

6.3.1 将粒度小于 1 mm 的褐煤蜡试样用四分法缩分出一份质量 10 g 左右的蜡样。

6.3.2 把缩分出的蜡样用研钵研碎,直至全部通过 0.1 mm 网筛为止;把褐煤蜡样搅拌均匀后装入清洁干燥的磨口玻璃瓶中待用。

6.4 测定步骤

6.4.1 称取粒度小于 0.1 mm 的褐煤蜡样 0.5 g(称准至 0.000 2 g),放入离心管中。记下开始操作时的室温(读至 0.1℃)。

6.4.2 向离心管中加入 7 mL 丙酮,同时测出丙酮的温度(读至 0.1℃),用外包铝箔的橡皮塞将离心管口塞紧。将离心管上端边缘握在食指和中指之间,大拇指压紧橡皮塞(必须带乳胶手套),用手剧烈摇动 2 min。手的振动频率约 90 次/min,试管底部样品必须与丙酮充分混合。

6.4.3 打开橡皮塞,将粘附在塞子和离心管壁上的褐煤蜡样用 1 mL 的丙酮冲洗入离心管内。然后把离心管放入离心机中离心 2 min~3 min,此时管内溶液应澄清,如浑浊,应再离心一次。

6.4.4 将离心管内澄清的溶液倾析到已在 105℃下干燥并已称量的蒸发皿中,再将蒸发皿放在蒸馏水水浴上(或用红外灯)缓慢蒸干溶剂。

6.4.5 向离心管内再加入 7 mL 丙酮,沉淀物先用玻璃棒搅松,用少量丙酮把残留在玻璃棒上的沉淀物洗入离心管内,重复 6.4.2~6.4.4 步骤的操作 4 次以上,直至萃取液无色为止。记下操作完时的室温(读至 0.1℃)。

测定过程中需要严格控制温度,测定开始和终了时的室温温差不应超过 0.5℃,实验室的温度应控制在 18℃~22℃范围内。

6.4.6 将蒸除溶剂后的蒸发皿放在 100℃~105℃的鼓风干燥箱中干燥 1 h~2 h,取出蒸发皿放入干燥器中冷却 30 min,进行称量(称准至 0.000 2 g)。进行检查性干燥,每次 30 min,直至连续两次干燥后的质量变化不超过 0.000 4 g。

6.5 结果计算

6.5.1 褐煤蜡样中溶于丙酮物质(树脂物质)的质量分数按式(1)计算:

$$A_{C20} = \frac{K \times (m_2 - m_1)}{m} \quad \cdots\cdots(1)$$

式中:

A_{C20}——20℃时褐煤蜡中溶于丙酮物质(树脂物质)的质量分数,单位为百分数(%);

m——褐煤蜡样的质量,单位为克(g);

m_1——蒸发皿的质量,单位为克(g);

m_2——蒸发皿与溶于丙酮物质的质量之和,单位为克(g)。

$K = 100 + 2.5(20 - t)$

其中:

$t = (t_1 + t_2 + t_3)/3$

t_1——萃取时所用丙酮的温度,单位为摄氏度(℃);

t_2——测定开始时的室温,单位为摄氏度(℃);

t_3——测定结束时的室温,单位为摄氏度(℃)。

6.5.2 取重复测定结果的算术平均值作为测定结果,结果取小数点后一位。

6.6 方法精密度

溶于丙酮物质(树脂物质)测定的重复性限和再现性临界差如表 3 规定。

表 3 溶于丙酮物质(树脂物质)测定的重复性限和再现性临界差

丙酮可溶物的质量分数/%	重复性限	再现性临界差
<20	0.3%(绝对值)	0.5%(绝对值)
20～30	0.4%(绝对值)	0.7%(绝对值)
>30～50	0.5%(绝对值)	0.9%(绝对值)
>50	1.0%(相对值)	1.8%(相对值)

7 褐煤蜡中苯不溶物的测定方法

7.1 方法要点

将褐煤蜡样放入滤纸筒内,然后将滤纸筒放入萃取装置中,用苯在水浴上加热回流萃取,取出滤纸筒,烘干至恒重,由滤纸筒中残渣的质量计算出苯不溶物的质量分数。

7.2 仪器和试剂

7.2.1 苯不溶物萃取装置(见图2所示);

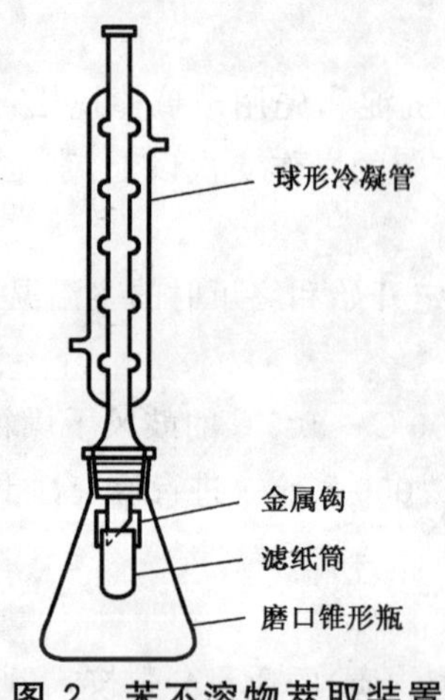

图 2 苯不溶物萃取装置

7.2.1.1 磨口锥形瓶:500 mL;

7.2.1.2 球形冷凝管:末端磨口与锥形瓶配合,冷凝管下口有2个对称小孔作挂钩用;

7.2.1.3 滤纸筒:直径20 mm,高80 mm。将大张中速定性滤纸(GB/T 1914)裁成75 mm×75 mm的正方形和50 mm×50 mm的正方形,用蒸馏水浸湿,贴在干净玻璃板上,用手指轻轻搓去四边的滤纸毛。先将大正方形的滤纸裹在直径16 mm的玻璃管外壁上,后将小正方形的滤纸裹在玻璃管底部(管底部带有一个小孔)。这样两者交替相裹,管壁、管底各3层。然后将其取下放在105℃干燥箱内烘干。

7.2.1.4 金属钩。

7.2.2 恒温水浴:恒温范围37℃～100℃;

7.2.3 鼓风干燥箱:能在100℃～110℃恒温;

7.2.4 红外灯;

7.2.5 干燥器;

7.2.6 带磨口的高型称量瓶:直径28 mm,高95 mm;

7.2.7 分析天平:感量0.000 2 g;

7.2.8 苯(GB/T 690)。

7.3 测定步骤

7.3.1 将滤纸筒放入高型称量瓶中。打开称量瓶盖,放入预先鼓风并已加热到102℃～105℃干燥箱中干燥 1 h,取出称量瓶,立即盖上盖,放入干燥器中,冷却 30 min 后称量(称准至 0.000 2 g)。进行检查性干燥,每次 30 min,直至连续两次干燥后的质量变化不超过 0.000 5 g 为止。

7.3.2 称取粒度小于 1 mm 的褐煤蜡样 5 g±0.1 g(称准至 0.000 2 g),放入已质量恒定的滤纸筒内。在萃取装置的磨口锥形瓶中加入 100 mL 苯,按图 2 所示接好萃取装置,滤纸筒不能与锥形瓶中的苯液相接触。在 90℃水浴中萃取 2 h 以上,直至滤纸筒中滴出无色苯液为止。

7.3.3 待滤纸筒内残留苯沥干后,取出滤纸筒放到原称量瓶中。打开称量瓶盖,先在红外灯下预干燥,再放入鼓风干燥箱中,重复 7.3.1 的操作。

7.4 结果计算

7.4.1 褐煤蜡中苯不溶物的质量分数按式(2)计算:

$$w(\text{苯不溶物}) = \frac{m_2 - m_1}{m} \times 100 \qquad \cdots\cdots(2)$$

式中:

w(苯不溶物)——苯不溶物的质量分数,单位为百分数(%);

m——褐煤蜡样质量,单位为克(g);

m_1——高型称量瓶与滤纸筒质量之和,单位为克(g);

m_2——高型称量瓶、滤纸筒和不溶物质量之和,单位为克(g)。

7.4.2 取重复测定结果的算术平均值作为测定结果,结果取小数点后两位。

7.5 方法精密度

苯不溶物测定的重复性限和再现性临界差如表 4 规定。

表 4 苯不溶物测定的重复性限和再现性临界差

	重复性限	再现性临界差
褐煤蜡中苯不溶物	0.10%	0.15%

8 褐煤蜡灰分的测定方法

8.1 方法要点

称取一定量的褐煤蜡样,经高温灼烧后,以残留物的质量占褐煤蜡样质量的百分数作为褐煤蜡样的灰分。

8.2 仪器和设备

8.2.1 瓷坩埚:50 mL,带有坩埚盖(只在样品着火时灭火用);

8.2.2 可调电炉:1 000 W;

8.2.3 马弗炉:能升温到 850℃,可调节温度,通风良好;

8.2.4 坩埚钳:长把、短把各一个;

8.2.5 干燥器;

8.2.6 分析天平:感量 0.000 2 g。

8.3 测定步骤

8.3.1 将坩埚洗净、干燥,然后放入马弗炉内,在 800℃±10℃温度下灼烧 1 h,取出坩埚放在空气中冷却 3 min,再移入干燥器中冷却 30 min 后,进行称量(称准至 0.000 2 g)。进行检查性灼烧,每次 30 min,直至连续两次灼烧后的质量变化不超过 0.000 4 g 为止。

8.3.2 称取粒度小于 1 mm 的褐煤蜡样 5 g±0.1 g(称准至 0.000 2 g),放入已称量的坩埚(8.3.1)中,将装有褐煤蜡样的坩埚放在通风橱内的电炉上缓慢加热炭化。控制加热温度,避免褐煤蜡样自坩埚内溢出或挥发物着火。如发生着火,应立即用坩埚盖将坩埚盖上,使火熄灭,试验作废。

8.3.3 当坩埚中仅剩下炭状残留物时，将其移入温度不高于100℃的马弗炉内，炉门开启10 mm～15 mm的缝隙，然后缓慢升温到800℃±10℃（如着火试验作废），关闭炉门在此温度下灼烧1 h。

8.3.4 取出坩埚放在空气中冷却3 min，再移入干燥器中冷却30 min后进行称量（称准至0.000 2 g）。进行检查性灼烧，每次30 min，直至连续两次灼烧后的质量变化不超过0.000 4 g为止。

8.4 结果计算

8.4.1 褐煤蜡样的灰分按式(3)计算：

$$A=\frac{m_2-m_1}{m}\times 100 \qquad \cdots\cdots(3)$$

式中：

A——褐煤蜡的灰分，单位为百分数（%）；

m——褐煤蜡样的质量，单位为克(g)；

m_1——坩埚质量，单位为克(g)；

m_2——盛有灰的坩埚质量，单位为克(g)。

8.4.2 取重复测定结果的算术平均值作为测定结果，结果取小数点后两位。

8.5 方法精密度

灰分测定的重复性限和再现性临界差如表5规定。

表5 灰分测定的重复性限和再现性临界差

褐煤蜡灰分	重复性限	再现性临界差
	0.02%	0.03%

9 褐煤蜡酸值和皂化值的测定方法

9.1 方法要点

褐煤蜡用热的乙醇和二甲苯混合溶剂溶解，然后用氢氧化钾乙醇标准溶液进行滴定，算出酸值。接着再加氢氧化钾乙醇标准溶液，包括测定酸值所用的量在内共加20 mL，在水浴上加热回流。然后用盐酸标准溶液进行反滴定，算出皂化值。

9.2 仪器和试剂

9.2.1 酸值和皂化值的萃取装置，如图3所示；

9.2.1.1 磨口锥形瓶：300 mL；

9.2.1.2 球形冷凝管：末端磨口与锥瓶配合，水套长度约300 mm；

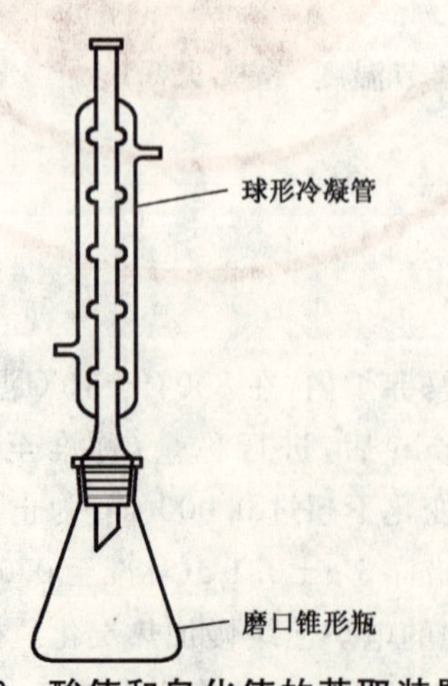

图3 酸值和皂化值的萃取装置

9.2.2 酸滴定管:25 mL,分度 0.1 mL;

9.2.3 碱滴定管:25 mL,分度 0.1 mL;

9.2.4 恒温水浴:恒温范围 37℃～100℃,恒温控制精确到±2℃;

9.2.5 荧光滴定台;

9.2.6 量筒:100 mL 和 5 mL;

9.2.7 移液管:20 mL,10 mL(直形);

9.2.8 容量瓶:1 000 mL;

9.2.9 滴瓶:25 mL;

9.2.10 分析天平:感量 0.000 2 g;

9.2.11 鼓风干燥箱:能在 100℃～150℃恒温;

9.2.12 干燥器;

9.2.13 混合溶剂:95%乙醇(GB/T 679)和二甲苯(GB/T 16494)1+1 混合;

9.2.14 溴百里香酚蓝指示剂:称取 0.1 g 溴百里香酚蓝(GB/T 15352),称准至 0.01 g,溶于 100 mL 95%乙醇中。每两周配制一次;

9.2.15 酚酞指示剂:称取 1 g 酚酞(GB/T 10729),称准至 0.01 g,溶于 100 mL 95%乙醇中;

9.2.16 0.1 mol/L 氢氧化钾乙醇标准溶液

9.2.16.1 配制方法:称取氢氧化钾(GB/T 2306)6.9 g,用 150 mL 蒸馏水溶解后,倒入 1 000 mL 容量瓶中,再用 95%乙醇(GB/T 679)稀释至 1 000 mL,摇匀。

9.2.16.2 标定:将邻苯二甲酸氢钾(GB/T 1291)放在称量瓶中,打开盖放在 120℃干燥箱烘干 2 h,盖上盖取出,放在干燥器中冷却至室温。然后称取 0.3 g～0.4 g(称准至 0.000 2 g)置于 250 mL 烧杯中,加蒸馏水 100 mL,温热使其溶解,加 1%酚酞指示剂(2～3)滴,用上述配好的氢氧化钾乙醇溶液滴定至淡红色即为终点。至少需做 4 次重复标定,取极差不大于 0.001 0 mol/L 的四次标定结果的算术平均值作为结果。

9.2.16.3 计算:

$$M = \frac{G}{V \times 0.2042} \qquad \cdots\cdots(4)$$

式中:

M——氢氧化钾乙醇标准溶液的摩尔浓度,单位为摩尔每升(mol/L);

V——滴定所消耗氢氧化钾乙醇溶液的体积,单位为毫升(mL);

G——邻苯二甲酸氢钾的质量,单位为克(g);

0.204 2——邻苯二甲酸氢钾的毫摩尔质量,单位为克每毫摩尔(g/mmol)。

9.2.17 0.1 mol/L 盐酸标准溶液

9.2.17.1 配制方法:用移液管吸取盐酸(GB/T 622,相对密度 1.19)8.3 mL,放入内装少量蒸馏水的 300 mL 烧杯中,搅匀冷却后转移到 1 000 mL 的容量瓶中,用蒸馏水稀释至刻度,摇匀。

9.2.17.2 标定:用移液管吸取已标定过的氢氧化钾乙醇标准溶液 20 mL,加入(2～3)滴 1%酚酞指示剂,用刚配好的盐酸溶液滴定到由红色变为无色即为终点。至少需做 4 次重复标定,取极差不大于 0.001 0 mol/L的四次标定结果的算术平均值作为结果。

9.2.17.3 计算:

$$M_1 = \frac{M \times V_1}{V_2} \qquad \cdots\cdots(5)$$

式中:

M——氢氧化钾乙醇标准溶液的浓度,单位为摩尔每升(mol/L);

V_1——所取氢氧化钾乙醇标准溶液的体积,单位为毫升(mL);

V_2——标定时所消耗的盐酸溶液的体积,单位为毫升(mL);

M_1——盐酸标准溶液的浓度,单位为摩尔每升(mol/L)。

9.3 酸值测定步骤

9.3.1 准确称取粒度小于 1 mm 的褐煤蜡样 0.3 g(称准至 0.000 2 g),放入干燥的 300 mL 磨口锥形瓶中,用量筒加入 60 mL 混合溶剂(9.2.13),按图 3 接上球形冷凝管,在 86℃～90℃的恒温水浴上加热回流 15 min(时间从第一滴溶剂由球形冷凝管末端滴下时算起),并不时振荡瓶内容物。

9.3.2 取出锥形瓶,立即加入 1.5 mL 溴百里香酚蓝指示剂,在荧光滴定台上趁热用 0.1 mol/L 氢氧化钾乙醇标准溶液滴定到蓝色不变为止,记下氢氧化钾乙醇溶液用量。在每次滴定过程中,从锥形瓶停止加热到滴定完毕所经过时间不应超过 4 min。

9.3.3 测定时需同时做空白试验。

9.4 皂化值测定步骤

9.4.1 测定酸值后的溶液再加 0.1 mol/L 氢氧化钾乙醇溶液,包括测定酸值所用的量在内共加 20 mL。

9.4.2 在 86℃～90℃的恒温水浴上加热回流 105 min,然后从冷凝管开口处用量筒加入 50 mL 95%乙醇,再回流 15 min。

9.4.3 取出锥形瓶,立即加入 1 mL 溴百里香酚蓝指示剂,在荧光滴定台上趁热用 0.1 mol/L 盐酸溶液滴定到溶液由蓝色变为黄色,稍停如又出现蓝丝,再继续滴定到蓝丝消失。如此反复多次,直至不再出现蓝丝即为终点。

9.5 结果计算

9.5.1 褐煤蜡的酸值按式(6)计算:

$$\text{酸值} = \frac{M \times (V_3 - V_4) \times 56.11}{m} \qquad \cdots\cdots(6)$$

式中:

酸值——褐煤蜡的酸值,以 KOH 计,以 mg/g 表示;

M——氢氧化钾乙醇标准溶液的浓度,单位为摩尔每升(mol/L);

V_3——测定蜡样时滴定所消耗氢氧化钾乙醇溶液的体积,单位为毫升(mL);

V_4——空白试验时滴定所消耗氢氧化钾乙醇溶液的体积,单位为毫升(mL);

m——蜡样质量,单位为克(g);

56.11——氢氧化钾的摩尔质量,单位为克每摩尔(g/mol)。

9.5.2 褐煤蜡的皂化值按式(7)计算:

$$\text{皂化值} = \frac{M_1 \times (V_6 - V_5) \times 56.11}{m} \qquad \cdots\cdots(7)$$

式中:

皂化值——褐煤蜡的皂化值,以 KOH 计,以 mg/g 表示;

M_1——盐酸标准溶液的摩尔浓度,单位为摩尔每升(mol/L);

V_5——测定褐煤蜡样时滴定所消耗盐酸溶液的体积,单位为毫升(mL);

V_6——空白试验时滴定所消耗盐酸溶液的体积,单位为毫升(mL);

m——褐煤蜡样质量,单位为克(g)。

9.5.3 取重复测定结果的算术平均值作为测定结果,结果取整数。

9.6 方法精密度

酸值和皂化值测定的重复性限和再现性临界差如表 6 规定。

表 6　酸值和皂化值测定的重复性限和再现性临界差

	重复性限	再现性临界差
酸值/(mg/g)	4	5
皂化值/(mg/g)	6	10

10　褐煤蜡密度的测定方法

10.1　方法要点

用广口密度瓶测出 20℃下褐煤蜡样的体积，根据同温度下蜡样的质量和体积计算出蜡样的密度。

10.2　仪器、材料和试剂

10.2.1　广口密度瓶：瓶身高 70 mm，外径 25 mm，带有一直径 1.6 mm 小孔的磨口玻璃塞，见图 4 所示。

图 4　广口密度瓶

10.2.2　恒温水浴：能保持 20℃±0.5℃恒温；

10.2.3　分析天平：感量 0.000 2 g；

10.2.4　托盘天平：感量 0.5 g；

10.2.5　鼓风干燥箱：能在 100℃～110℃恒温；

10.2.6　干燥器；

10.2.7　水银温度计：0℃～30℃，分度为 0.2℃；

10.2.8　移液管：1 mL；

10.2.9　有柄瓷蒸发皿：100 mL；

10.2.10　脱脂棉；

10.2.11　定性滤纸；

10.2.12　50%乙醇水溶液：用 95%乙醇(GB/T 679)配制。

10.3　测定步骤

10.3.1　称量已恒重的密度瓶的质量(a)(称准至 0.000 2 g，下同)。

10.3.2　用移液管沿瓶壁向密度瓶加入 1 mL 50%乙醇水溶液，再把新煮沸过并冷却到 20℃左右的蒸馏水倒入密度瓶中，然后放在20℃±0.5℃的恒温水浴中恒温30 min。恒温水浴中水面应低于密度瓶口10 mm。

在恒温水浴中小心地塞上瓶塞，过剩的水即由塞上的毛细管中溢出，此时应注意小孔中不应有气泡存在。用一小条滤纸吸去瓶塞上小孔口的水至齐口，取出密度瓶，擦净密度瓶外壁附着的水，立即称其质量(b)，此值每月至少检查一次。

10.3.3 称取40 g粒度小于5 mm的褐煤蜡样，放入有柄瓷蒸发皿中，再将瓷蒸发皿放到102℃～105℃的干燥箱中，在褐煤蜡样熔化后应不时搅拌，保温1 h，然后在该温度下静置30 min。

10.3.4 在干燥、预先温热的空密度瓶中用熔化的褐煤蜡样装至约2/3高度，然后在102℃～105℃的干燥箱中放置1 h，以便使可能包含的气体逸出(可轻敲或轻摇密度瓶以促使空气除去，必要时也可用温热的细玻璃棒搅拌褐煤蜡样)。

10.3.5 将装有褐煤蜡样的密度瓶冷却至室温后称其质量(c)。然后沿密度瓶壁加入1 mL 50%乙醇水溶液，使其充满褐煤蜡样与瓶之间的空隙，用新煮沸过的并冷却到20℃左右的蒸馏水将其充满，再放入20℃±0.5℃的恒温水浴中恒温1 h。

10.3.6 在恒温水浴中，小心地塞上瓶塞，过剩的水溢出后，小孔中不应留有气泡。用一小条滤纸吸去瓶塞上小孔口的水至齐口。取出密度瓶仔细擦干后立即称其质量(d)。

10.4 结果计算

10.4.1 褐煤蜡密度按式(8)计算：

$$\rho_{20}=\frac{c-a}{(b+c)-(a+d)}\times 0.998\,2 \qquad \cdots\cdots(8)$$

式中：

ρ_{20}——褐煤蜡在20℃时的密度，单位为克每立方厘米(g/cm^3)；

a——空密度瓶的质量，单位为克(g)；

b——装满水的密度瓶质量，单位为克(g)；

c——装有部分褐煤蜡的密度瓶质量，单位为克(g)；

d——用褐煤蜡和水装满密度瓶质量，单位为克(g)；

0.998 2——水在20℃时的密度，单位为克每立方厘米(g/cm^3)。

10.4.2 取重复测定结果的算术平均值作为测定结果，结果取小数点后4位有效数字。

10.5 方法精密度

密度测定的重复性限和再现性临界差如表7规定。

表7 密度测定的重复性限和再现性临界差

褐煤蜡密度 $\rho_{20}/(g/cm^3)$	重复性限	再现性临界差
	0.010 0	0.020 0

11 褐煤蜡黏度测定方法

11.1 方法要点

在规定温度下，测定测定球在充满褐煤蜡试液的倾斜试管中落下的时间，计算出液态褐煤蜡黏度。

11.2 仪器、材料和试剂

11.2.1 滚动落球黏度计(JJG 214)，仪器结构见图5；

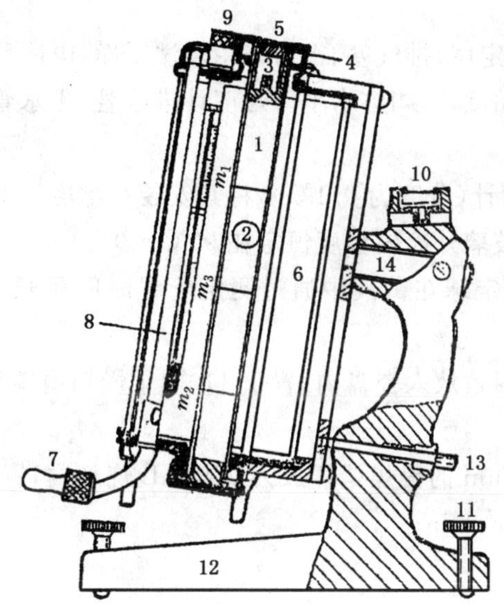

1——试料管；

2——测定球；

3——排气塞；

4——密封盖；

5——螺帽；

6——玻璃外筒；

7——进水管；

8——出水管；

9——温度计；

10——水准泡；

11——水平螺钉；

12——支架；

13——定位销钉；

14——转轴；

m_1、m_2、m_3——试料管环形标记线。

图 5 滚动落球黏度计

11.2.2 恒温槽：恒温控制 90℃±0.1℃，装有恒温液体输出循环泵；

11.2.3 秒表：分度为 0.2 s；

11.2.4 日光灯：40 W；

11.2.5 干燥箱：能控制 110℃±2℃；

11.2.6 电吹风机；

11.2.7 瓷盘；

11.2.8 镊子；

11.2.9 烧杯：250 mL；

11.2.10 耐热橡胶管(硅橡胶管)；

11.2.11 脱脂棉；

11.2.12 玻璃棒；

11.2.13 苯(GB/T 690)。

11.3 仪器准备

11.3.1 将黏度计的试料管、测定球、排气塞、密封盖用苯洗干净，电吹风机吹干。

11.3.2 在操作平台上安装好黏度计，调整水平。黏度计进水管、出水管和恒温槽供液管用耐热橡胶管连接。

11.3.3 选用80℃～100℃温度计(分度为0.1℃)，将其安装在黏度计的玻璃外筒内，接通恒温槽，使恒温液循环，调节恒温液温度，使玻璃外筒内温度恒定在90℃±0.1℃。

11.3.4 选择测定球，以保证测定球在试液中通过测定管线时间稍长于30 s。对于褐煤蜡90℃时黏度，选用2号或3号测定球。

11.3.5 将测定球、排气塞、密封盖放入瓷盘内，置于110℃干燥箱内预热10 min。

11.4 试样准备

取60 g～70 g粒度小于5 mm的褐煤蜡样放入250 mL烧杯内，置于已恒温110℃±2℃的干燥箱内熔融。熔融和静止沉降共需30 min。

11.5 测定步骤

11.5.1 拧开黏度计试料管管盖，迅速将已熔化的褐煤蜡试液沿试料管内壁注入，直到离试料管顶端约15 mm。用镊子将预热的测定球轻轻放入试料管中，放上排气塞。待褐煤蜡试液中气泡消失后，盖上密封盖，旋紧螺帽。至少放置30 min以后开始测定。

11.5.2 测定球下落时间的测定：使黏度计处于工作位置，开启日光灯，待测定球的下缘下降到与试料管的上环形标记线 m_1 相切时，开始计时，当测定球的下缘下降到与试料管的下环形标记线 m_2 相切时，停止计时，记录测定球下落时间。然后再使黏度计处于工作位置，进行第二次测定。连续测定5次，取后3次测定值的算术平均值作为落球时间。各次测定结果的极差，不应超过其算术平均值的1%。

11.5.3 按上述步骤进行重复测定。

11.5.4 测定结束后，拧开螺帽，取出密封盖、排气塞，然后将黏度计机身倒转，使试料管中褐煤蜡试液及测定球流入烧杯中，立即用镊子取出测定球，用脱脂棉擦去测定球上褐煤蜡试液后放入有苯的烧杯中，洗涤、擦干。试料管壁上的褐煤蜡试液用脱脂棉擦去并用苯洗涤干净。旋转黏度计机身，将洗涤苯放出。关闭恒温槽，放出玻璃外筒内恒温液体。

11.6 结果计算

11.6.1 褐煤蜡的黏度按式(9)计算：

$$\eta = K(\rho - \rho_{90})t \qquad \cdots\cdots(9)$$

式中：

η ——90℃时褐煤蜡的黏度，单位为毫帕斯卡·秒(mPa·s)；

K ——试球常数；

ρ ——试球密度，单位为克每立方厘米(g/cm^3)；

ρ_{90} ——褐煤蜡试液在90℃时的密度，单位为克每立方厘米(g/cm^3)；

t ——试球下落平均时间，单位为秒(s)。

ρ_{90}按式(10)计算：

$$\rho_{90} = \rho_{20} \times \frac{0.965\ 3}{0.998\ 2} = \rho_{20} \times 0.967\ 0 \qquad \cdots\cdots(10)$$

式中：

ρ_{20} ——褐煤蜡在20℃时的密度，单位为克每立方厘米(g/cm^3)，按褐煤蜡密度测定方法进行测定；

0.965 3——水在90℃时的密度，单位为克每立方厘米(g/cm^3)；

0.998 2——水在20℃时的密度，单位为克每立方厘米(g/cm^3)。

11.6.2 取重复测定结果的算术平均值作为测定结果，结果取小数点后一位，并注明试球号数。

11.7 **方法精密度**

黏度测定的重复性限和再现性临界差如表8规定。

表8 黏度测定的重复性限和再现性临界差

		重复性限	再现性临界差
黏度 η/(mPa·s)	≤100	4.0	6.0
	>100	6.0	10.0

12 褐煤蜡加热损失量的测定方法

12.1 **方法要点**

褐煤蜡样在105℃±2℃下加热2 h,以加热前后蜡样质量的差值占蜡样的百分数作为加热损失量。

12.2 **仪器**

12.2.1 瓷坩埚:50 mL(高45 mm,上口外径52 mm,下底外径30 mm,壁厚1.5 mm),见图6所示;

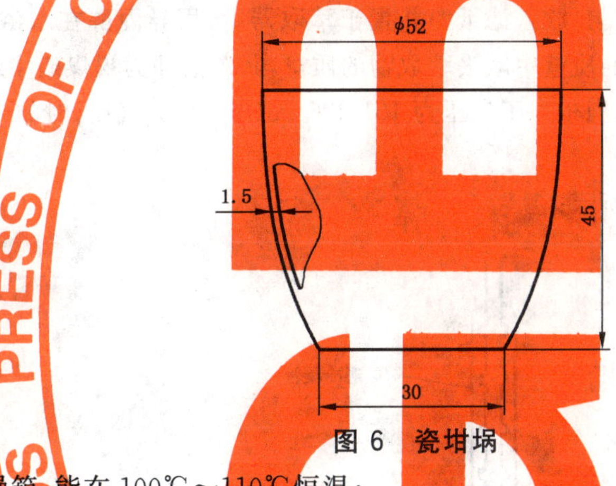

图6 瓷坩埚

12.2.2 鼓风干燥箱:能在100℃～110℃恒温;

12.2.3 分析天平:感量0.000 2 g;

12.2.4 干燥器。

12.3 **测定步骤**

12.3.1 称取粒度小于1 mm的褐煤蜡样5 g±0.1 g(称准至0.000 2 g)。放入预先恒重过的坩埚中。轻轻振荡坩埚,使褐煤蜡样表面平整。

12.3.2 将盛有褐煤蜡样的坩埚放入105℃±2℃的干燥箱内上层水银温度计附近,一次放入干燥箱中的坩埚不得多于8个。在105℃±2℃下恒温2 h,然后取出坩埚,在干燥器中冷却至室温,再进行称量(称准至0.000 2 g)。进行检查性干燥,每次30 min,直至连续两次干燥后的质量变化不超过0.001 0 g。

12.4 **结果计算**

12.4.1 褐煤蜡样的加热损失量按式(11)计算:

$$L_W = \frac{m_2 - m_3}{m_2 - m_1} \times 100 \qquad \cdots\cdots(11)$$

式中:

L_W——褐煤蜡的加热损失量,单位为百分数(%);

m_2——加热前褐煤蜡样和坩埚质量,单位为克(g);

m_3——加热后褐煤蜡样和坩埚质量,单位为克(g);

m_1——坩埚质量,单位为克(g)。

12.4.2 取重复测定结果的算术平均值作为测定结果,结果取小数点后两位。

12.5 方法精密度

加热损失量测定的重复性限和再现性临界差如表 9 规定。

表 9 加热损失量测定的重复性限和再现性临界差

	重复性限	再现性临界差
褐煤蜡加热损失量 L_W/%	0.03	0.06

13 褐煤蜡中地沥青含量的测定方法

13.1 定义

褐煤蜡中地沥青 asphalt in montan wax

用异丙醇溶剂在 101 325 Pa(1 标准大气压)下沸腾状态萃取褐煤蜡时，不溶于异丙醇的那部分物质。

13.2 方法要点

将褐煤蜡试样和石英砂混合均匀，放入滤纸筒并置于萃取器中，用异丙醇在水浴上加热回流萃取，然后除去溶剂，烘干恒重。从试样的质量中减去萃取物的质量，其差值即为褐煤蜡中地沥青含量的测定值。然后根据测定地点的气压换算到相当于气压为 101 325 Pa(1 标准大气压)时的含量。

13.3 仪器、材料和试剂

13.3.1 地沥青萃取装置，见图 7 所示；

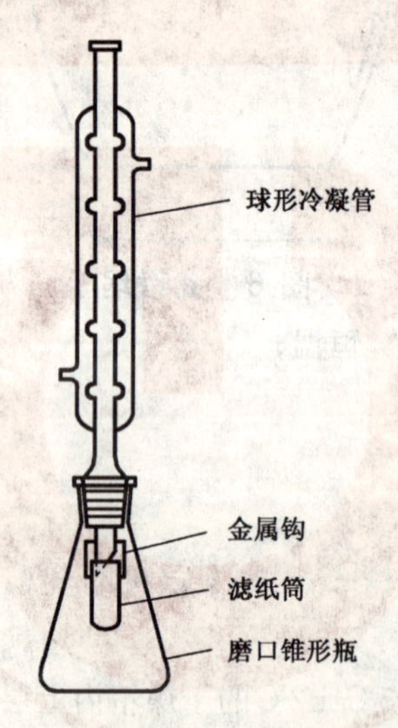

图 7 地沥青萃取装置

13.3.1.1 磨口锥形瓶：500 mL；

13.3.1.2 球形冷凝管：末端磨口，与锥形瓶配合，冷凝管下口有 2 个对称小孔作挂钩用；

13.3.1.3 滤纸筒：直径 20 mm，高 80 mm。将大张中速定性滤纸(GB/T 1914)裁成 75 mm×75 mm 的正方形和 50 mm×50 mm 的正方形，用蒸馏水浸湿，贴在干净玻璃板上，用手指轻轻搓去四边的滤纸毛。先将大正方形的滤纸裹在外径 20 mm 的玻璃管外壁上，后将小正方形的滤纸裹在玻璃管底部(管底部带有一个小孔)。这样两者交替相裹，管壁、管底各 3 层。然后将其取下放在 105℃ 干燥箱内烘干。

13.3.1.4 镍铬丝金属钩；

13.3.2 恒温水浴：恒温范围 37℃～100℃；

13.3.3 鼓风干燥箱：能在 105℃～110℃ 恒温；

13.3.4 蒸馏装置，见图 8 所示；

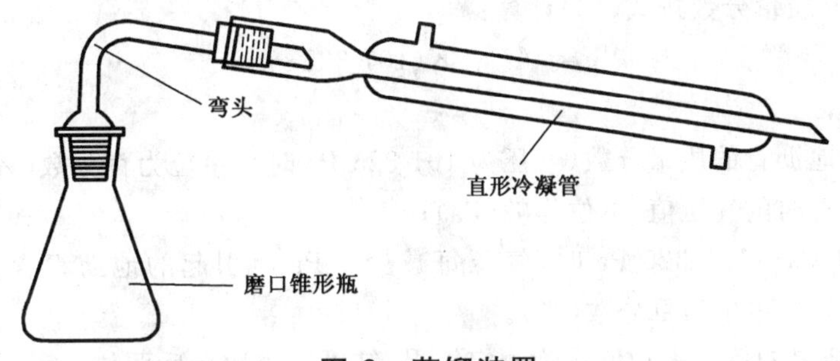

图 8 蒸馏装置

13.3.4.1 磨口锥形瓶:150 mL;

13.3.4.2 直形冷凝管;

13.3.4.3 弯头:带磨口塞,与磨口锥形瓶配合;

13.3.4.4 烧杯;300 mL;

13.3.5 量筒:100 mL;

13.3.6 可调电炉:1 000 W;

13.3.7 干燥器;

13.3.8 分析天平:感量 0.000 2 g;

13.3.9 托盘天平:感量 0.1 g;

13.3.10 气压计;

13.3.11 石英砂:化学纯,粒度 0.45 mm～0.20 mm;

13.3.12 异丙醇(HG/T 2892)。

13.4 测定步骤

13.4.1 称取 1 g±0.1 g 粒度小于 1 mm 的褐煤蜡样(称准至 0.000 2 g),放入已盛有 10 g 石英砂的滤纸筒内,用玻璃棒充分搅拌均匀。

13.4.2 在 500 mL 磨口锥形瓶内倒入 100 mL 异丙醇,按图 7 接好萃取装置。

13.4.3 将整个萃取装置放在水浴中,加热回流萃取,直至从滤纸筒中滴出无色溶剂为止(一般需 2 h 以上)。

13.4.4 萃取完毕后,将 500 mL 磨口锥形瓶内萃取液倒入已称量的 150 mL 磨口锥形瓶内。将 20 mL 异丙醇倒入 500 mL 磨口锥形瓶中,在电炉上加热,待异丙醇液沸腾后取下,振荡多次充分洗涤瓶壁粘附物,重复加热、振荡(2～3)次之后,将此液倒入 150 mL 磨口锥形瓶中。再用 20 mL 异丙醇液重复上述操作。按图 8 接好蒸馏装置,在水浴中加热蒸除溶剂。

13.4.5 将蒸除溶剂后的磨口锥形瓶置于干燥箱中,在 102℃～105℃干燥 2 h,取出,放入干燥器中,冷却 30 min 后称量(称准至 0.000 2 g)。进行检查性干燥,每次 30 min,直至连续两次干燥后的质量变化不超过 0.001 0 g。

13.5 结果计算

13.5.1 褐煤蜡中地沥青质量分数的实测值按式(12)计算:

$$A_{sp}^{a}=\frac{m-(m_2-m_1)}{m}\times 100 \qquad \cdots\cdots(12)$$

式中:

A_{sp}^{a}——气压为 a(Pa)时地沥青质量分数的实测值,单位为百分数(%);

m_1——空三角瓶质量,单位为克(g);

m_2——空三角瓶和溶于异丙醇物的质量,单位为克(g);

m——褐煤蜡样质量,单位为克(g)。

褐煤蜡中地沥青的质量分数按式(13)计算：

$$A_{sp}^{0} = A_{sp}^{a} - K(101\ 325 - a) \qquad \cdots\cdots(13)$$

式中：

A_{sp}^{0}——褐煤蜡中地沥青的质量分数(气压为 101 325 Pa 时)，单位为百分数(%)；

a——测定地沥青时的气压值，单位为帕(Pa)；

K——在 79 993 Pa～101 325 Pa 时，气压每减少 1 Pa 所引起的地沥青含量的增加量，其值为 3.770×10^{-4}，单位为百分数(%)。

13.5.2 取重复测定结果的算术平均值作为测定结果，结果取小数点后两位。

13.6 方法精密度

地沥青含量测定的重复性限和再现性临界差如表 10 规定。

表 10 地沥青含量测定的重复性限和再现性临界差

褐煤蜡中地沥青质量分数 A_{sp}^{0}/%	重复性限	再现性临界差
	1.00	2.00

ICS 83.120
Q 23

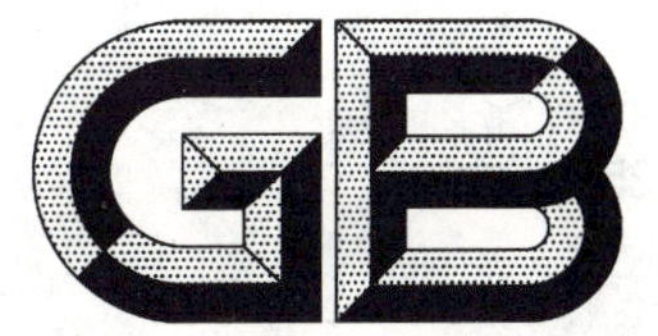

中华人民共和国国家标准

GB/T 2572—2005
代替 GB/T 2572—1981

纤维增强塑料平均线膨胀系数试验方法

Fiber-reiforced plastics composites—Determination for mean coefficient of linear expansion

2005-05-18 发布　　2005-12-01 实施

中华人民共和国国家质量监督检验检疫总局
中国国家标准化管理委员会　发布

前　言

本标准代替 GB/T 2572—1981《玻璃钢平均线膨胀系数试验方法》。

本标准与 GB/T 2572—1981 相比主要变化如下：

——增加规范性引用文件一章(见第 2 章)；

——增加术语和定义一章(见第 3 章)；

——增加方法原理一章(见第 4 章)；

——将试样温度测量装置精度应达到 0.5℃改为应达到 0.1℃(1981 年版 3.6,本版的 6.4)；

——将试样长度测量精度为 0.05 mm 改为 0.01 mm(1981 年版 4.11,本版的 7.3)。

本标准由中国建筑材料工业协会提出。

本标准由全国纤维增强塑料标准化技术委员会归口。

本标准起草单位:北京玻璃钢研究设计院。

本标准起草人：张力平、赵广福、李建成、张海雁、雷国栋、施自强。

本标准于 1981 年 10 月首次发布,2005 年 5 月第一次修订。

纤维增强塑料平均线膨胀系数试验方法

1 范围

本标准规定了顶杆示差法测定纤维增强塑料平均线膨胀系数的试样、仪器设备、试验步骤、计算和试验报告。

本标准适用于用示差法测定纤维增强塑料的平均线膨胀系数。

2 规范性引用文件

下列文件中的条款通过本方法的引用而成为本方法的条款。凡是注明日期的引用文件,其随后所有的修改单(不包括勘误的内容)或修订版均不适用于本方法;然而,鼓励根据本方法达成协议的各方研究是否可使用这些文件的最新版本。凡是不注明日期的使用文件,其最新版本适用于本方法。

GB/T 1446—2005 纤维增强塑料性能试验方法总则

3 术语和定义

下列术语和定义适用于本标准。

3.1

平均线膨胀系数 mean coefficient of linear thermal expansion

在温度 t_1 和 t_2 间,与温度变化 1℃相应的试样长度相对变化的平均值。

4 方法原理

本方法是用顶杆示差法的线膨胀系数试验仪对试样进行均匀加热,并控制试样温度上升速率,测定试样温度及其相应的试样长度变化量,计算所需温度范围内的平均线膨胀系数。

5 试样

5.1 试样为圆柱形,直径为 6 mm～10 mm,试样端面也可以为正方形,端面边长为 5 mm～7 mm;试样长度为 50 mm、100 mm;试样长度也可以根据试验装置的具体要求确定。

5.2 试样端面必须平整,并且与试样长轴相垂直,两端面不平行度应小于 0.04 mm。

5.3 试样制备按 GB/T 1446—2005 中 4.1 的规定,每组试样不少于 3 个。

6 试验设备

6.1 线膨胀系数测试仪由加热系统、温度和变形测量系统组成。

6.2 能对试样均匀加热,加热炉均温区温度波动不大于±0.5℃;能获得恒定的升温速率,升温速率为(1±0.2)℃/min。

6.3 变形量测量精度不低于 0.001 mm。

6.4 温度测量精度不低于 0.1℃。

7 试验步骤

7.1 试样外观检查按 GB/T 1446—2005 中 4.2 的规定。

7.2 试样状态调节按 GB/T 1446—2005 中 4.4 的规定。

7.3 将试样编号。每个试样用测量装置测量长度三次,取算术平均值。测量精度不低于 0.01 mm。

7.4 安放试样,使试样的中心轴与线膨胀系数试验仪顶杆的轴线一致,并校准零点,使其稳定。

7.5 启动加热装置,以(1±0.2)℃/min 的升温速率对试样加热,记录温度 t 及与其相应的试样长度变化量 ΔL,直至所需试验温度。

8 计算

8.1 绘制膨胀-温度曲线。按要求计算温度间隔内的平均线膨胀系数。

8.2 平均线膨胀系数 α 按下式计算:

$$\alpha=\frac{(L_2-L_1)}{L_0(t_2-t_1)}+\alpha_1=\frac{\Delta L}{L_0\Delta t}+\alpha_1 \quad (t_1<t_2) \qquad \cdots\cdots(1)$$

式中:

α——平均线膨胀系数,单位为每摄氏度(/℃);

L_1——温度 t_1 时试样的长度,单位为毫米(mm);

L_2——温度 t_2 时试样的长度,单位为毫米(mm);

L_0——温度 t_0 时试样的长度,单位为毫米(mm),t_0 为基准温度,一般为试验室的温度,单位为摄氏度(℃);

ΔL——温度 t_1 和 t_2 间试样长度的变化量,单位为毫米(mm),t_1、t_2 为测量中选取的两个温度,($t_1<t_2$),单位为摄氏度(℃);

Δt——t_2 和 t_1 间的温度差 ($t_1<t_2$),单位为摄氏度(℃);

α_1——对应于试验温度(t_2-t_1)时顶杆及其载体(一般为石英材质)的平均线膨胀系数,一般为 0.51×10^{-6}/℃。

9 结果

计算三个试样的算术平均值,计算到2位有效数字。

10 试验报告

试验报告按 GB/T 1446—2005 第7章的规定。

ICS 83.120
Q 23

中华人民共和国国家标准

GB/T 2576—2005
代替 GB/T 2576—1989

纤维增强塑料树脂不可溶分含量试验方法

Test method for insoluble matter content of resin used in fiber reinforced plastics

(ISO 308:1994, Plastics—Phenolic moulding materials—Determination of acetone-soluble matter (apparent resin content of material in the unmoulded state), MOD)

2005-05-18 发布 2005-12-01 实施

中华人民共和国国家质量监督检验检疫总局
中国国家标准化管理委员会 发布

前 言

本标准修改采用ISO 308:1994《塑料—酚醛模塑料—丙酮可溶物(未模塑材料表观树脂含量)的测定》(英文版)。附录A中列出了本标准章条编号与ISO 308:1994章条编号的对照一览表。

本标准与ISO 308:1994的主要区别有:

——本标准适用于环氧、聚酯和酚醛树脂基体增强塑料;

——本标准对不同的树脂基体的萃取时间有不同的规定。

本标准代替GB/T 2576—1989《纤维增强塑料树脂不可溶分含量试验方法》。

本标准与GB/T 2576—1989相比主要变化如下:

——增加了"方法原理"一章(见第3章);

——试验方法中规定了酚醛树脂基体和仲裁试验的萃取时间。

本标准的附录A为资料性附录。

本标准由中国建筑材料工业协会提出。

本标准由全国纤维增强塑料标准化技术委员会归口。

本标准由哈尔滨玻璃钢研究院负责起草。

本标准主要起草人:郭淑齐、郑岩、侯涤洋、石建军、王荣秋、王辉。

本标准于1981年首次发布,1989年第一次修订,2005年为第二次修订。

纤维增强塑料树脂不可溶分含量试验方法

1 范围

本标准规定了用萃取法测定纤维增强塑料树脂不可溶分含量(又称固化度)试验的试样、仪器与试剂、试验步骤、结果计算及试验报告。

本标准适用于以玻璃纤维、碳纤维和芳纶为增强材料,以环氧、聚酯、酚醛类树脂为基体的纤维增强塑料。

2 规范性引用文件

下列文件中的条款通过本标准的引用而成为本标准的条款。凡是注日期的引用文件,其随后所有的修改单(不包括勘误的内容)或修订版均不适用于本标准,然而,鼓励根据本标准达成协议的各方研究是否可使用这些文件的最新版本。凡是不注日期的引用文件,其最新版本适用于本标准。

GB/T 2577　玻璃纤维增强塑料树脂含量试验方法(GB/T 2577—2005,ISO 1172:1996,MOD)

GB/T 3855　碳纤维增强塑料树脂含量试验方法(GB/T 3855—2005)

3 方法原理

用接近沸点温度的丙酮提取增强塑料树脂中可溶成分,不可溶分被认为是已固化的树脂。

4 试样

4.1 试样制备

4.1.1　所取试样要靠近测定树脂含量的部位。

4.1.2　试样用蘸有溶剂(对试样无腐蚀作用)的软布擦净。

4.1.3　用锉刀或其他合适工具将试样加工成粉末,注意不可引起树脂过热。

4.1.4　将粉碎后试样用 0.4 mm 标准筛过筛,筛上剩余物再行粉碎,直至全部过筛搅匀后备用。对于固化度太低,粉碎时感到粘滞或粉碎后纤维呈棉绒状的样品,可不必过筛。

4.2 试样预处理

试样可按下列方式之一或按产品要求进行预处理:

a)　玻璃纤维增强塑料
   1)　在干燥器中至少放置 24 h;
   2)　80℃±2℃烘箱中干燥 2 h,放入干燥器,冷却至室温。

b)　碳纤维及芳纶增强塑料
   1)　干燥器中放置至少 48 h;
   2)　80℃±2℃烘箱中干燥 3 h,放入干燥器,冷却至室温。

c)　对于常温固化产品,试样预处理不能采用上述方式中 2)。

4.3 取样

取 3 份试样为一组,每份试样为 1 g±0.2 g。

5 仪器与试剂

试验中所用仪器与试剂有:

a)　索氏萃取器(见图 1):规格 250 mL 或其他具有相同功能的合适仪器;

b) 电热恒温水浴:温度范围室温～100℃,控温精度±2℃;

c) 鼓风干燥烘箱:应具有适当的可控温度范围,控温精度为±2℃;

d) 分析天平:感量 0.1 mg;

e) 锉刀或其他合适的粉碎工具:如粉碎机等;

f) 定量滤纸:ϕ15 cm 或其他合适尺寸;

g) 标准筛:0.4 mm;

h) 适当大小的称量瓶;

i) 丙酮试剂:化学纯或工业级。

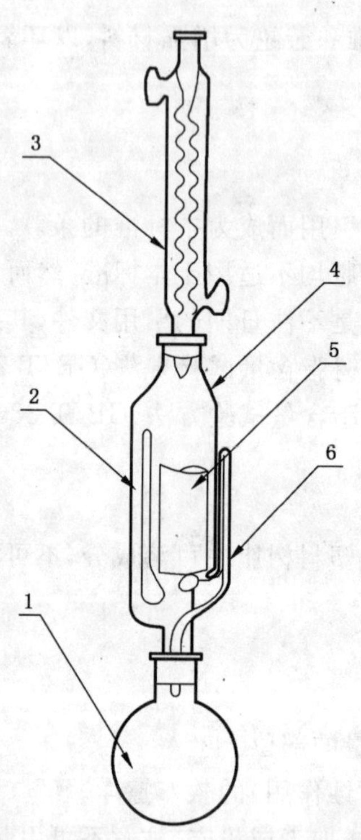

1——烧瓶;

2——蒸汽上升管;

3——冷凝器;

4——回流萃取器;

5——滤纸筒(内装试样);

6——回流虹吸管。

图 1 索氏回流萃取器示意图

6 试验步骤

6.1 用干燥的称量瓶在分析天平上称量滤纸筒(包括脱脂棉)或滤纸,精确至 0.1 mg。

6.2 将粉末试样放入称量瓶中滤纸筒(试样上面覆盖薄层脱脂棉)或滤纸包内,称量精确至 0.1 mg。

6.3 将装有试样和脱脂棉的滤纸筒或滤纸包放入萃取器内,滤纸筒或滤纸包要稍低于萃取器虹吸管(见图 1)。装上冷凝器、萃取器、烧瓶。注入烧瓶中 150 mL 丙酮。在 80℃±2℃恒温水浴上连续萃取 3 h。萃取液在虹吸管中每小时回流次数为(6～10)次。如果需要,可在一个萃取器内同时萃取几份试样,但萃取时间可适当延长(2 份试样萃取 4 h;3 份试样萃取 6 h)。

注:以酚醛树脂为基体的纤维增强塑料可采用乙醇。

6.4 酚醛树脂和仲裁试样萃取时间为 16 h。

6.5 取出萃取过的滤纸筒或滤纸包,沥干片刻,放入温度已恒至 105℃±2℃烘箱中,并放入适当大小,能容纳滤纸筒或滤纸包的空称量瓶一同干燥至恒重：

a) 玻璃纤维增强塑料一般选用105℃±2℃干燥2 h；

b) 碳纤维和芳纶增强塑料一般选用105℃±2℃干燥3 h。

6.6 将干燥至恒重的滤纸筒或滤纸包放入称量瓶中盖好，从烘箱中取出放入干燥器内，冷却至室温，称量，精确至0.1 mg。

6.7 取出瓶中滤纸筒或滤纸包，再称称量瓶质量，其称量结果之差，即为萃取后滤纸与剩余物总质量。

6.8 按上述同样条件做一空白试验，计算时用以校正装样滤纸筒或滤纸包。

6.9 测定纤维增强塑料树脂含量。

6.9.1 玻璃纤维增强塑料树脂含量测定按GB/T 2577规定。

6.9.2 碳纤维增强塑料树脂含量测定按GB/T 3855规定。

6.9.3 芳纶增强塑料树脂含量测定参照GB/T 3855规定。其中消化过程为：试样在50 mL二甲基亚砜中加热至130℃±5℃，恒温1 h，冷却至室温。加入浓硝酸，使混合液中硝酸占10%(体积分数)，加热混合液至130℃±5℃，恒温30 min。

7 结果计算

7.1 空白滤纸质量损失率按公式(1)计算：

$$C_0 = (m_4 - m_5)/m_4 \times 100 \qquad (1)$$

式中：

C_0——空白滤纸质量损失率，%；

m_4——空白滤纸萃取前(包括脱脂棉)质量，单位为毫克(mg)；

m_5——空白滤纸萃取后(包括脱脂棉)质量，单位为毫克(mg)。

7.2 萃取后质量按公式(2)计算：

$$m_2 = m_3 - m(1 - C_0) \qquad (2)$$

式中：

m_2——萃取后试样质量，单位为毫克(mg)；

m_3——萃取后滤纸筒或滤纸包与剩余物总质量，单位为毫克(mg)；

m——萃取前装样滤纸筒(包括脱脂棉)或滤纸包质量，单位为毫克(mg)；

C_0——空白滤纸质量损失率，%。

7.3 纤维增强塑料树脂不可溶分含量按式(3)计算：

$$C_r = \left(1 - \frac{m_1 - m_2}{m_1 \times M_r}\right) \times 100 \qquad (3)$$

式中：

C_r——纤维增强塑料树脂不可溶分含量，%；

m_1——萃取前试样质量，单位为毫克(mg)；

M_r——纤维增强塑料树脂含量，%；

m_2——萃取后试样质量，单位为毫克(mg)。

7.4 计算每组试样的算术平均值，取三位有效数字。

8 试验报告

试验报告包括下列全部或部分内容：

a) 本标准号；

b) 试验条件、项目和名称；

c) 试验用材料种类及来源；

d) 试样预处理条件及试样粉碎方式；

e) 试验过程中异常现象；

f) 试验结果，注明试样的单值；

g) 试验人员、日期及其他。

附　录　A
（资料性附录）
本标准与 ISO 308:1994 章条对照表

本标准章条编号	ISO 308:1994 章条编号
1. 范围	1. 范围
2. 规范性引用文件	2. 规范性引用文件
—	3. 定义
3. 方法原理	4. 原理
4. 试样	5. 试剂
5. 仪器与试剂	6. 仪器
6. 测试	7. 试样制备
—	8. 步骤
7. 结果计算	—
—	9. 结果表示
8. 试验报告	10. 试验报告

ICS 83.120
Q 23

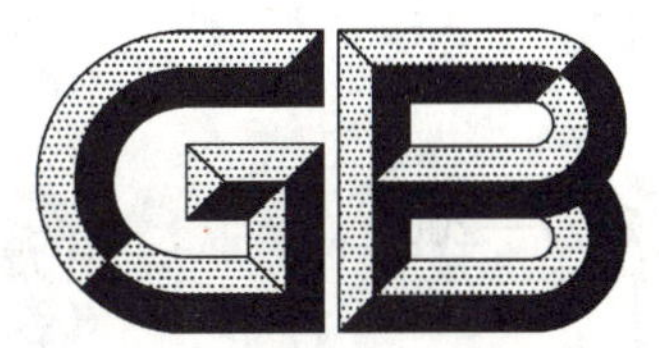

中华人民共和国国家标准

GB/T 2577—2005
代替 GB/T 2577—1989

玻璃纤维增强塑料树脂含量试验方法

Test method for resin content of glass fiber reinforced plastics

(ISO 1172:1996, Textile-glass-reinforced plastics—Prepregs, moulding compounds and laminates—Determination of the textile-glass and mineral-filler—Calcination methods, MOD)

2005-05-18 发布 2005-12-01 实施

中华人民共和国国家质量监督检验检疫总局
中国国家标准化管理委员会 发布

前　言

本标准修改采用ISO 1172:1996《玻璃纤维织物增强塑料—预浸料、模塑料和层压板—玻璃织物和矿物填料含量的测定—煅烧法》。附录C中列出了本标准章条编号与ISO 1172:1996章条编号的对照一览表。

本标准与ISO 1172:1996的主要区别有：

——本标准规定了试样的尺寸；

——本标准不包含不溶于盐酸的矿物填料的分离。

本标准代替GB/T 2577—1989《玻璃纤维增强塑料树脂含量试验方法》。

本标准与GB/T 2577—1989相比主要变化如下：

——增加了“方法原理”一章(见第3章)；

——增加纤维体积含量换算方法(见附录A)；

——增加矿物填料分离方法(见附录B)。

本标准的附录A和附录B为规范性附录；附录C为资料性附录。

本标准由中国建筑材料工业协会提出。

本标准由全国纤维增强塑料标准化技术委员会归口。

本标准由哈尔滨玻璃钢研究院负责起草。

本标准主要起草人：郭淑齐、郑岩、侯涤洋、石建军、王荣秋、王辉。

本标准于1981年首次发布，1989年第一次修订，本次为第二次修订。

玻璃纤维增强塑料树脂含量试验方法

1 范围

本标准规定了用烧失法测定玻璃纤维增强塑料树脂含量试验的试样、仪器与设备、试剂、试验步骤及试验报告等。

本标准适用于树脂基体能燃尽的玻璃纤维增强塑料。

本标准不适用于所含矿物填料在最低燃烧温度下分解或不溶于盐酸的增强塑料。

2 规范性引用文件

下列文件中的条款通过本标准的引用而成为本标准的条款。凡是注日期的引用文件,其随后所有的修改单(不包括勘误的内容)或修订版均不适用于本标准,然而,鼓励根据本标准达成协议的各方研究是否可使用这些文件的最新版本。凡是不注日期的引用文件,其最新版本适用于本标准。

GB/T 1446 纤维增强塑料性能试验方法总则

3 方法原理

试样称量,并在指定温度下烧失,然后试样再称量。试样烧失前后的质量差即为树脂含量,烧失取下列方法之一:

a) 如果试样中无填料,树脂含量直接由质量差值求得。玻璃纤维体积含量经换算取得;

b) 如果试样中含有玻璃纤维和填料,烧失后留下的玻璃纤维和填料由盐酸溶解填料。烧失前试样的质量和与盐酸反应后干燥物的质量用来计算玻璃纤维的含量。填料含量为烧失后试样的质量和盐酸反应后干燥物的差值。

试验方法要求重复烧失并干燥至恒量,这种情况下,不同的树脂基体有其试验规则,最少烧失和干燥时间经实验确定。

4 试样

4.1 试样质量

试样质量 2 g～5 g,其最大尺寸为 25 mm×25 mm×5 mm。

4.2 试样数量

试样数量,每组至少 3 个。

4.3 试样制备

4.3.1 试样的取位区,应距板材边缘(已切除工艺毛边)20 mm 以上。若取位区有气泡、分层、树脂淤积、皱褶等缺陷,则应避开。

4.3.2 若对取位区有特殊要求,需从产品中取样时,则按有关技术要求确定,并在试验报告中注明。

4.3.3 试样加工按 GB/T 1446 规定进行。

4.3.4 若试验材料的厚度大于 5 mm,取样时在厚度方向保持原尺寸,其他方向之一的尺寸不大于 5 mm。

4.3.5 对蜂窝夹层结构,先将面板与芯子分开,然后按 4.1 规定分别制备试样。

4.3.6 对多层结构,需要测定整体的树脂含量时,按 4.1 和 4.3.4 制备试样;需要测定各结构层的树脂含量时,用分层剥离法取样,剥离困难时,可锉成粉末状试样,避免层与层之间相混。

5 仪器与设备

a) 分析天平:感量 0.1 mg;

b) 马弗炉:在 450℃～650℃之间,控温精度为±20℃;

c) 瓷坩埚:不小于 30 mL;

d) 干燥器。

6 试剂

a) 盐酸:10% HCl 溶液;

b) 变性酒精。

7 试验步骤

7.1 试验前,试样需经外观检查,如有缺陷和不符合尺寸及制备要求者,应予作废。

7.2 试样用蘸有溶剂(对试样不起腐蚀作用)的软布擦净,并按下列方式之一或按产品要求进行预处理。

7.2.1 在干燥器内至少放置 24 h。

7.2.2 在 80℃下干燥 2 h 后,放入干燥器内冷却至室温。

7.3 在 625℃±20℃的马弗炉内加热坩埚 10 min～20 min,然后放在干燥器中,冷却至室温,称量,精确至 0.1 mg。如此重复操作直至连续两次称量结果相差不超过 1 mg。

7.4 把经预处理的试样置于坩埚内,称量,精确到 0.1 mg。

7.5 将盛有试样的坩埚放入马弗炉中,升温至 350℃～400℃;恒温 30 min,再升至 625℃±20℃或所选择的温度,恒温,直到全部碳消失为止。

7.6 把带有残余物的坩埚从马弗炉中取出,放入干燥器中,冷却至室温,称量,精确到 0.1 mg。

7.7 重复灼烧、恒温、冷却、称量,直至连续两次称量结果相差不超过 1 mg 为止。

8 计算

8.1 树脂含量按下公式(1)计算:

$$M_r = \frac{m_2 - m_3}{m_2 - m_1} \times 100 \qquad \cdots\cdots(1)$$

式中:

M_r——树脂含量,%;

m_2——坩埚和试样总质量,单位为毫克(mg);

m_3——灼烧后坩埚和残余物总质量,单位为毫克(mg);

m_1——坩埚质量,单位为毫克(mg)。

注:上式计算的树脂含量中有增强材料的浸润剂及小部分可烧掉的低分子物质,如有必要可用空白试验校正。

8.2 如果增强塑料中不含矿物填料,纤维体积含量计算见附录 A。

8.3 如果增强塑料中含有矿物填料,用附录 B 的方法分离后,计算纤维体积含量。

9 试验结果

计算每组试样的算术平均值,取三位有效数字。

10 试验报告

试验报告包括下列全部或部分内容：

a) 本标准号；

b) 试验条件、项目和名称；

c) 试验用材料种类及来源；

d) 试样预处理条件；

e) 矿物填料的分离情况；

f) 试验过程中异常现象；

g) 试验结果，注明试样的单值；

h) 试验人员、日期及其他。

附 录 A
（规范性附录）
玻璃纤维增强塑料纤维体积含量

玻璃纤维增强塑料纤维体积含量按公式(A.1)或公式(A.2)换算：

$$V_g = \left[\frac{m_3 - m_1}{m_2 - m_1} \times \frac{\rho_c}{\rho_f}\right] \times 100 \qquad \text{(A.1)}$$

$$\text{或：} V_g = \frac{M_g \times \rho_c}{\rho_f} \times 100 \qquad \text{(A.2)}$$

式中：

V_g——玻璃纤维增强塑料纤维体积含量，%；

ρ_c——玻璃纤维增强塑料试样密度，单位为克每立方厘米(g/cm^3)；

ρ_f——玻璃纤维密度，单位为克每立方厘米(g/cm^3)；

M_g——玻璃纤维增强塑料纤维质量含量，%。

其他符号同公式(1)。

附　录　B
（规范性附录）
含有矿物填料的玻璃纤维增强塑料纤维质量含量测试方法

B.1　试样烧失

按第6章规定的方法烧失试样。

B.2　矿物填料分离

B.2.1　在250 mL烧杯中，按每克烧失后的残余物加15 mL盐酸的量加入盐酸。

B.2.2　用玻璃棒将坩埚中的残余物加入到盛有盐酸的烧杯中。仔细搅拌，直到全部残余物与酸反应完全(当心酸与碳酸盐填料反应引起的泡沫溅出烧杯)。

B.2.3　当泡沫消失，在坩埚中加入四分之三的蒸馏水，并一起倒入250 mL烧杯中。反复冲洗，直至全部残余物都倒入烧杯中。

B.2.4　烧杯中加入50 mL蒸馏水。

B.2.5　将干燥至恒重的过滤器，安装在吸滤瓶上吸滤。

B.2.6　慢慢地将烧杯中的玻璃纤维和酸倒入过滤器中。用蒸馏水反复冲洗，至溶液呈中性。最后用变性酒精冲洗二、三次。

B.2.7　在烘箱中干燥过滤器至恒重，精确至0.1 mg。

B.3　计算

B.3.1　纤维含量计算：

$$M_g = \frac{m_4}{m_2 - m_1} \times 100 \qquad \cdots\cdots(B.1)$$

$$V_g = \frac{M_g \times \rho_c}{\rho_g} \times 100 \qquad \cdots\cdots(B.2)$$

式中：

m_4——酸洗后干燥物的质量，单位为毫克(mg)。

其他符号同公式(1)、公式(A.1)和公式(A.2)。

B.3.2　填料含量计算：

$$M_f = \frac{m_3 - m_4 - m_1}{m_2 - m_1} \times 100 \qquad \cdots\cdots(B.3)$$

式中：

M_f——填料质量含量，%。

其他符号同公式(1)、公式(A.1)、公式(A.2)和公式(B.1)。

附 录 C
（资料性附录）
本标准与 ISO 1172:1996 章条对照表

本标准章条编号	ISO 1172:1996 章条编号
1. 范围	1. 范围
2. 规范性引用文件	2. 规范性引用文件
—	3. 定义
3. 方法原理	4. 原理
4. 试样	5. 采样
5. 仪器与设备	6. 试样制备
6. 试剂	—
7. 测试	7. 测试
8. 计算	—
9. 试验结果	8. 精度
10. 试验报告	9. 试验报告

ICS 85.060
Y 30

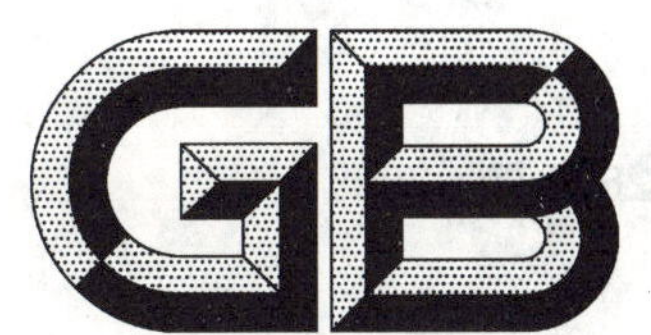

中华人民共和国国家标准

GB/T 2679.7—2005
代替 GB/T 2679.7—1981

纸板 戳穿强度的测定

Board—Determination of puncture resistance

(ISO 3036:1975,Reapproved 1987,MOD)

2005-09-26 发布 2006-04-01 实施

中华人民共和国国家质量监督检验检疫总局
中国国家标准化管理委员会 发布

前　言

GB/T 2679 的本部分修改采用国际标准 ISO 3036:1975(1987 年 6 月确认)《纸板——戳穿强度的测定》。

本部分与 ISO 3036:1975(1987-06 确认)的结构对比在附录 A 中列出。

本部分与 ISO 3036:1975(1987-06 确认)的技术性差异在附录 B 中列出。

本部分是对 GB/T 2679.7—1981《纸板戳穿强度的测定法》的修订。

本部分与 GB/T 2679.7—1981 相比主要变化如下:

——修改了原标准的适用范围,明确地将瓦楞纸板列入适用范围(见第 1 章);

——单位由原来过渡时期的 kg·cm(J),改为完全符合国际标准的 J(见 3.1);

——修改了原标准第 2 章“仪器”中的内容,增加了仪器类型(见第 1 章);

——修改了原标准 3.2“零点的调节”中的内容(见 5.2.2);

——修改了原标准 3.5“防摩擦环阻力的校准”中的内容(见 5.2.5);

——省略了原标准 3.6“摆体总力矩的校准”的内容;

——增加了对试样要求的内容(见 6.3);

——修改了原标准 4.1 中试验步骤的内容(见第 7 章);

——修改了原标准 4.1 中补偿试验结果的内容(见 8.1)。

本部分的附录 A、附录 B 均为资料性附录。

本部分自实施之日起代替 GB/T 2679.7—1981。

本部分由中国轻工业联合会提出。

本部分由全国造纸工业标准化技术委员会(SAC/TC 141)归口。

本部分由青岛出入境检验检疫局起草。

本部分主要起草人:玄龙德、邢力、王涛。

本部分所代替标准的历次版本发布情况为:

——GB/T 2679.7—1981。

本部分由全国造纸工业标准化技术委员会负责解释。

纸板　戳穿强度的测定

1　范围

GB/T 2679 的本部分规定了用指针式戳穿强度仪测定纸板戳穿强度的方法。而对于电子读数戳穿强度仪，除有关指针读数、调节和校准等方面的内容，其他也应符合本部分的规定。

本部分适用于各种纸板，包括瓦楞纸板。

2　规范性引用文件

下列文件中的条款通过 GB/T 2679 的本部分的引用而成为本部分的条款。凡是注日期的引用文件，其随后所有的修改单(不包括勘误的内容)或修订版均不适用于本部分，然而，鼓励根据本部分达成协议的各方研究是否可使用这些文件的最新版本。凡是不注日期的引用文件，其最新版本适用于本部分。

GB/T 450　纸和纸板试样的采取(GB/T 450—2002，eqv ISO 186:1994)

GB/T 10739　纸、纸板和纸浆试样处理和试验的标准大气条件(GB/T 10739—2002，eqv ISO 187:1990)

3　术语和定义

下列术语和定义适用于 GB/T 2679 的本部分。

3.1

戳穿强度　puncture resistance

在规定的试验条件下，用符合标准规定的戳穿头穿透纸板所消耗的能量，以焦耳(J)表示。

4　原理

在规定的试验条件下，将试样夹在戳穿强度仪上。用连在摆臂上的戳穿头戳穿试样，测定戳穿试样时所消耗的能量。

5　仪器

5.1　仪器结构

5.1.1　总体结构

指针式戳穿强度仪的总体结构如图 1 所示，戳穿头结构如图 2 所示。

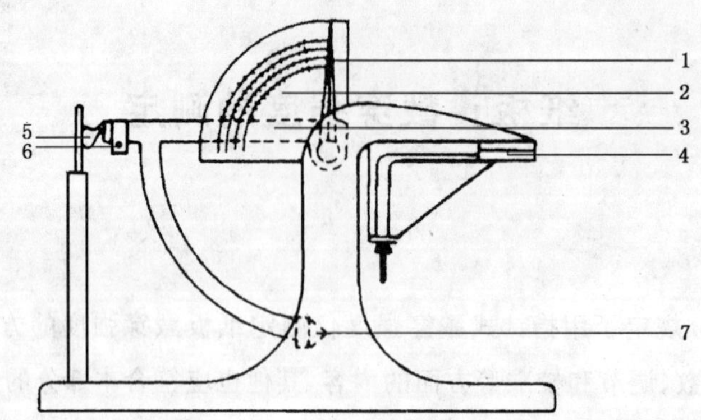

1——指针；
2——刻度盘；
3——摆臂；
4——上下夹板；
5——松释装置；
6——配重孔；
7——戳穿头。

图 1 指针式戳穿强度仪示意图

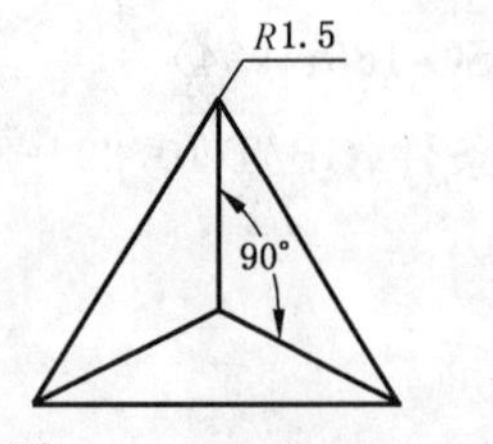

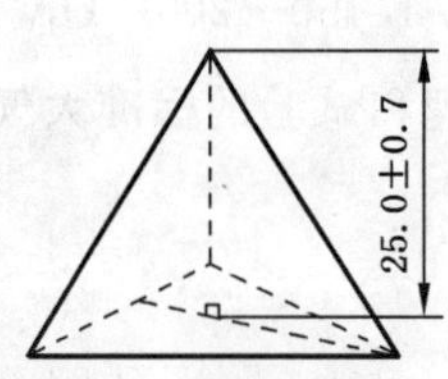

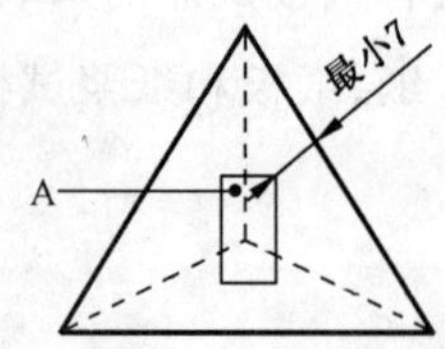

A——摆臂横断面。

图 2 戳穿头示意图

仪器的底板应牢固地连接到坚固的基础上，在试验过程中不应产生震动和移动，以免损耗能量，且应保持水平。

5.1.2 摆锤和戳穿头

摆锤上装有 90°圆弧的摆臂，摆臂应很坚固，足以使试验结果不受震动的影响。戳穿头接于摆臂的前端，是按照标准几何参数设计的正三角棱形角锥，其高度为 25 mm±0.7 mm，各面棱边圆角的半径为 1.0 mm～1.6 mm。戳穿头角锥的一个底边平行于摆轴，该底边的对角应指向摆轴。当角锥戳穿头通过摆轴水平面的一半时，通过戳穿头有效点的对称轴应垂直于水平面。

5.1.3 防摩擦套环

安装于戳穿头后部，在戳穿头穿过纸板时脱离戳穿头，留在试样上保持试样开孔，以避免弧形摆臂在穿过试样后受到摩擦而影响测试结果。当防摩擦套环脱离戳穿头时，由于摩擦作用而损耗的能量是可测的，且可以通过调整环的松紧来改变。

5.1.4 配重砝码

根据试样戳穿强度的大小，在摆臂上调整配重砝码，以改变摆锤的冲击力，便于选择合适的测量范围，使试验结果在相应刻度最大值的 20%～80%之间。

5.1.5 夹板

5.1.5.1 用于固定试样，配有 2 块水平夹板，分为上夹板和下夹板。上夹板是固定的，其下平面应处于摆轴的水平面上，或位于摆轴水平面上方不超过 7 mm 处；下夹板是活动的，用于夹紧试样，夹板的有效面积应不小于 175 mm×175 mm。

5.1.5.2 上、下夹板间各有一个等边三角形的孔，两个孔应相互重合。该三角形孔的边长为 100 mm±

2 mm，其中一边与摆轴平行，该底边的对角应指向摆轴。

5.1.5.3 上、下夹板应有足够的刚度，当试样受冲击时夹板不产生变形。上、下夹板的夹紧力应在250 N～1 000 N之间，并可调节。如果仪器没有测定夹紧力的装置，那么应保证在测定过程中试样不松动。

5.1.6 刻度盘及读数指针

刻度盘上刻有4组以焦耳(J)为单位的读数范围，分别为0 J～6 J、0 J～12 J、0 J～24 J、0 J～48 J四档。不同的读数范围采用不同的配重砝码，以读取负荷指针的所指数据作为测定结果。指针轴的摩擦力应刚好能使指针平缓地移动，且没有甩动。

注：有些仪器没有刻度盘，而是采用电子读数显示。

5.1.7 松释装置

松释装置包括固定装置、释放装置和保险装置。固定装置是将摆锤水平地吊挂在起始位置；释放装置应能平稳自由地释放摆锤，不应给摆锤施加任何初速度；保险装置应锁紧释放装置，使之不能随意操作，以防摆锤意外脱落。

5.2 仪器调节和校准

5.2.1 摆锤平衡

当摆锤的重心处于最低点时，戳穿头的尖端应在摆轴的水平面±5 mm内，否则用平衡砣调节。

5.2.2 指针零点

除去摆锤上的配重砝码，移开试样夹板后，将摆锤置于起始位置，并将指针拨至满刻度。释放摆锤，摆即摆动。这时指针应指向零点，否则应调节摆上的零点调节螺丝。如此反复数次，直至指针正好指向零点。更换不同的配重砝码时，无需重新校对零点。

5.2.3 指针摩擦阻力

零点调节后，保持指针零点不动，再次释放摆锤，摆锤带动指针转动。这时指针不得超出零点外3 mm，否则在指针的轴承上注润滑油或调节指针的弹簧压力。

5.2.4 摆轴摩擦阻力

5.2.4.1 在不加任何配重砝码时释放摆锤，使之自由摆动直至停止，其摆动次数应不少于100次，否则在摆轴的轴承上加润滑油。

5.2.4.2 在摆锤上加合适的配重砝码，将指针拨至满刻度，释放摆锤，摆即摆动。此时指针所指的数值就是该配重砝码对应的摆轴摩擦阻力。反复测定5次，取其算术平均值，该值应不超过该配重砝码所对应最大刻度的1%。

5.2.5 防摩擦套环摩擦阻力

在调节和校准完摆轴摩擦阻力后，卸下摆锤上的配重砝码，将上、下夹板恢复到正常工作状态。将一块中间带有边长61 mm等边三角形孔的铝板夹在上、下夹板之间，使铝板的三角形孔与压板的三角形孔对正。然后将防摩擦套环套在戳穿头的后部，并将指针拨至最大刻度，使摆锤置于起始位置。释放摆锤，摆即摆动，戳穿头穿过铝板的三角形孔，而防摩擦套环则留在铝板上。此时刻度盘上的指针读数就是防摩擦套环摩擦阻力。反复测定5次，取其算术平均值。该值应不大于0.25 J，否则应调节戳穿头上的三个顶球螺钉，以适当减小弹簧压力；若该值太小，防摩擦套环在戳穿头的后部套得太松，会影响测定结果，则应调节戳穿头上的三个顶球螺钉，以适当增加弹簧压力。

6 试样采取、处理和制备

6.1 试样采取

按GB/T 450进行。

6.2 试样处理

按GB/T 10739进行。

6.3 **试样制备**

从处理后的每张样品中，切取不小于 175 mm×175 mm 的试样 8 张。试样应平整，无机械加工痕迹和外力损伤。在任何情况下，戳穿试样应距样品边缘、折痕、划线或印刷部位不少于 60 mm。如果由于某种原因，用已印刷的纸板做试验，则应在试验报告中说明。

7 试验步骤

7.1 试验应在 GB/T 10739 规定的大气条件下进行。

7.2 定期进行摆锤平衡、指针零点、指针摩擦阻力、摆轴摩擦阻力、防摩擦套环阻力的调节及校准，并做好记录。

7.3 检查仪器是否水平，摆锤固定装置是否牢固，释放装置、保险装置是否正常，有无其他安全隐患。

7.4 选择合适的配重砝码，使测定结果在相应刻度最大值的 20%～80%之间。将配重砝码安装在摆臂上，并将摆锤吊挂在起始位置，然后关上释放保险装置。

7.5 将防摩擦套环套在戳穿头的后部，并将指针拨到最大刻度，然后将待测试样夹在上、下夹板之间。

7.6 打开释放保险，释放摆锤，摆即摆动，戳穿头穿过试样。当摆锤摆回来时，顺势用手接住摆臂或摆锤背部的把手，慢慢提起摆锤，使其吊挂在起始位置。

7.7 在刻度盘上配重砝码对应的刻度范围内，读取测定结果，应准确至最小分度值的一半。

7.8 重复 7.5～7.7 的各项步骤，直至全部试样测定完毕。

8 结果和计算

8.1 将一张试样的纵向正面、纵向反面、横向正面、横向反面各 2 个测定值进行算术平均，作为该试样的戳穿强度。若防摩擦套环阻力和摆轴摩擦阻力之和大于或等于测试值的 1%，则用测定值减去该阻力之和，作为该试样的戳穿强度。

8.2 若要测定一张试样的纵向戳穿强度，则应将其纵向正面、纵向反面的测定值进行算术平均；同样，若要测定一张试样的横向戳穿强度，则应将其横向正面、横向反面的测定值进行算术平均。

8.3 报告结果时，如果最终结果小于 12 J，则准确至 0.1 J；如果最终结果大于 12 J，则准确至 0.2 J。必要时，应报告最大值、最小值、标准偏差和变异系数。

9 试验报告

试验报告应包括以下项目：

a) GB/T 2679 的本部分编号；

b) 试样编号；

c) 试验的大气条件；

d) 试验所用的仪器型号；

e) 测定结果的平均值、最大值、最小值、标准偏差和变异系数；

f) 必要时，应报告纵、横向试验结果的算术平均值；

g) 试验日期和地点；

h) 任何不符合本部分规定的操作。

附　录　A
（资料性附录）
本部分与 ISO 3036：1975（1987-06 确认）章条编号对照

表 A.1 给出了本部分与 ISO 3036：1975（1987-06 确认）章条编号对照的一览表。

表 A.1　本部分与 ISO 3036：1975（1987-06 确认）章条编号对照

本部分章条编号	对应的国际标准章条编号
—	0
—	1
1	2
2	3
3	—
4	4
5	5
5.1	5.1
5.1.1	5.1
5.1.2	5.1.1
5.1.3	5.1.4
5.1.4	5.1.2
5.1.5	5.1.5
5.1.6	5.1.6
5.1.7	5.1.3
5.2	5.2、5.3
5.2.1	5.3
5.2.2	5.1.6
5.2.3	5.3
5.2.4	5.3
5.2.5	5.3
—	5.4
6	6、7
6.1	6
6.2	8
6.3	7
7	9
8	10
9	11
附录 A	—
附录 B	—
—	附录

附 录 B
（资料性附录）
本部分与ISO 3036:1975(1987-06确认)的技术性差异及其原因

表B.1给出了本部分与ISO 3036:1975(1987-06确认)的技术性差异及其原因。

表B.1 本部分与ISO 3036:1975(1987-06确认)的技术性差异及其原因

本部分章条编号	技术性差异	原 因
1	检测仪器中增加了电子读数戳穿强度仪	ISO 3036:1975(1987-06确认)中检测仪器是指指针式戳穿强度仪。目前国际上已经生产出电子读数戳穿强度仪,并在国内外实验室使用。所以在检测仪器中除了指针式戳穿强度仪以外,还增加了电子读数戳穿强度仪。
2	规范性引用文件由原来的国际标准改为国家标准	相关的测定人员对国家标准比较熟悉,便于掌握。事实上,本部分所引用的国家标准也都是修改采用对应的国际标准,与国际标准差别很小。
5.2.3	修改检查指针摩擦阻力的方法	1. ISO 3036:1975(1987-06确认)的5.3中只是指出指针摩擦阻力的计算方法,但没有给出指针摩擦阻力的上限,缺乏可操作性。 2. 先进行零点调节,再检查指针摩擦阻力很显然更科学、更合理。
5.2.4.1	增加检查摆轴摩擦阻力的方法	ISO 3036:1975(1987-06确认)中没有这方面的规定。在检查摆轴摩擦阻力方面,本部分要比国际标准更全面、更严格。但由于原国家标准也有这样的规定,国内仪器生产厂家和测定人员早已适应,故本次修订仍保留该规定。
6.3	修改试样数量	ISO 3036:1975(1987-06确认)第9章中规定的试样数量较多,工作量较大。原国家标准中试样数量是8张,本次修订对此未进行更改。
8.1	修改以摩擦作用补偿试验结果的内容	本部分所表达的意思与ISO 3036:1975(1987-06确认)基本一致。但本部分所表达的意思更明确,指出摩擦阻力为防摩擦套环阻力和摆轴摩擦阻力之和,明确了戳穿强度的计算方法,便于具体掌握使用。

ICS 67.040
C 53

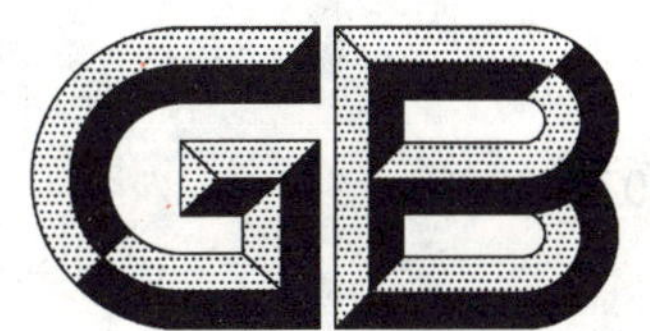

中华人民共和国国家标准

GB 2707—2005
代替 GB 2707～2708—1994

鲜(冻)畜肉卫生标准

Hygienic standard for fresh (frozen) meat of livestock

2005-01-25 发布　　2005-10-01 实施

中华人民共和国卫生部
中国国家标准化管理委员会　发布

前　言

本标准全文强制。

本标准代替并废止 GB 2707—1994《猪肉卫生标准》和 GB 2708—1994《牛肉、羊肉、兔肉卫生标准》。

本标准与 GB 2707—1994 和 GB 2708—1994 相比主要变化如下：

——按照 GB/T 1.1—2000 对标准文本的格式进行了修改；

——将 GB 2707—1994 和 GB 2708—1994 合并为本标准，并扩大标准的适用范围；

——对 GB 2707—1994 和 GB 2708—1994 的结构进行了修改，增加了原料、食品添加剂、生产加工以及包装、运输和贮存的卫生要求；

——增加了铅、无机砷、总汞、镉限量指标和农药残留要求；

——挥发性盐基氮的限量修改为≤15 mg/100 g。

本标准于 2005 年 10 月 1 日起实施，过渡期为一年。即 2005 年 10 月 1 日前生产并符合相应标准要求的产品，允许销售至 2006 年 9 月 30 日止。

本标准由中华人民共和国卫生部提出并归口。

本标准起草单位：江苏省疾病预防控制中心、上海市卫生监督所、杭州市卫生监督所、辽宁省卫生监督所、卫生部卫生监督中心、北京市疾病控制中心。

本标准主要起草人：袁宝君、顾振华、范葆荣、蔡延平、李江平、郑云雁、丁秀英。

本标准所代替标准的历次版本发布情况为：

——GB 2707—1981、GB 2707—1994；

——GB 2708—1981、GB 2708—1994。

鲜(冻)畜肉卫生标准

1 范围

本标准规定了鲜(冻)畜肉的卫生指标和检验方法以及生产加工过程、标识、包装、运输、贮存的卫生要求。

本标准适用于牲畜屠宰加工后,经兽医卫生检验合格的生鲜或冷冻畜肉。

2 规范性引用文件

下列文件中的条款通过本标准的引用而成为本标准的条款。凡是注日期的引用文件,其随后所有的修改单(不包括勘误的内容)或修订版均不适用于本标准,然而,鼓励根据本标准达成协议的各方研究是否可使用这些文件的最新版本。凡是不注日期的引用文件,其最新版本适用于本标准。

GB 2763 食品中农药最大残留限量

GB/T 5009.11 食品中总砷及无机砷的测定

GB/T 5009.12 食品中铅的测定

GB/T 5009.15 食品中镉的测定

GB/T 5009.17 食品中总汞及有机汞的测定

GB/T 5009.44 肉与肉制品卫生标准的分析方法

GB 7718 预包装食品标签通则

GB 12694 肉类加工厂卫生规范

3 指标要求

3.1 原料要求

牲畜应是来自非疫区的健康牲畜,并持有产地兽医检疫证明。

3.2 感官指标

无异味、无酸败味。

3.3 理化指标

理化指标应符合表1规定。

表1 理化指标

项目		指标
挥发性盐基氮/(mg/100 g)	≤	15
铅(Pb)/(mg/kg)	≤	0.2
无机砷/(mg/kg)	≤	0.05
镉(Cd)/(mg/kg)	≤	0.1
总汞(以Hg计)/(mg/kg)	≤	0.05

3.4 农药残留

农药残留按GB 2763执行。

3.5 兽药残留

兽药残留按有关国家标准及有关规定执行。

4 生产加工过程

鲜(冻)畜肉生产加工过程的卫生要求应符合 GB 12694 的规定。

5 包装

包装容器材料应符合相应的卫生标准和有关规定。

6 标识

定型包装的标识要求按 GB 7718 规定执行。

7 贮存及运输

7.1 贮存

产品应贮存在干燥、通风良好的场所。不得与有毒、有害、有异味、易挥发、易腐蚀的物品同处贮存。

7.2 运输

运输产品时应避免日晒、雨淋。不得与有毒、有害、有异味或影响产品质量的物品混装运输。

8 检验方法

8.1 感官指标

按 GB/T 5009.44 规定的方法检验。

8.2 理化指标

8.2.1 挥发性盐基氮:按 GB/T 5009.44 规定的方法测定。

8.2.2 铅:按 GB/T 5009.12 规定的方法测定。

8.2.3 无机砷:按 GB/T 5009.11 规定的方法测定。

8.2.4 镉:按 GB/T 5009.15 规定的方法测定。

8.2.5 总汞:按 GB/T 5009.17 规定的方法测定。

ICS 67.020
C 53

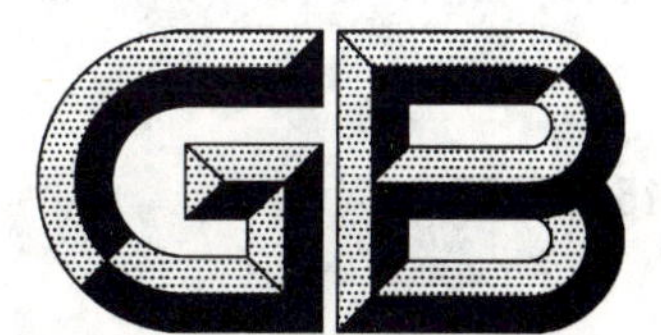

中华人民共和国国家标准

GB 2715—2005
代替 GB 2715—1981

粮食卫生标准

Hygienic standard for grains

2005-01-25 发布　　　　2005-10-01 实施

中华人民共和国卫生部
中国国家标准化管理委员会　发布

前言

本标准全文强制。

本标准代替并废止 GB 2715—1981《粮食卫生标准》。

本标准与 GB 2715—1981 相比主要变化如下：

——增加了标准的适用范围为“本标准适用于供人食用的原粮和成品粮，包括禾谷类、豆类、薯类等，不适用于加工食用油的原料”；

——增加了包装、标识、运输、贮存的卫生要求；

——增加了热损伤粒和霉变粒指标；

——增加了麦角、毒麦、曼陀罗籽及其他有毒植物的种子等指标的限量；

——增加了脱氧雪腐镰刀菌烯醇、玉米赤霉烯酮、赭曲霉毒素 A 的限量；

——增加了溴甲烷、马拉硫磷、甲基毒死蜱、甲基嘧啶磷、溴氰菊酯、林丹的最大残留限量，将总砷的指标改为无机砷的指标，删除了氰化物、二硫化碳的指标。

本标准于 2005 年 10 月 1 日起实施，过渡期为一年。即 2005 年 10 月 1 日前生产并符合相应标准要求的产品，允许销售至 2006 年 9 月 30 日止。

本标准的附录 A 是规范性附录。

本标准由中华人民共和国卫生部提出并归口。

本标准起草单位：江苏省疾病预防控制中心、卫生部卫生监督中心、国家粮食局标准质量中心、中国疾病预防控制中心营养与食品安全所、农业部谷物监测中心、中华人民共和国辽宁出入境检验检疫局、中华人民共和国上海出入境检验检疫局。

本标准主要起草人：袁宝君、郑云雁、谢华民、李霞辉、侯天亮、关裕亮、张莹、王绪卿。

本标准所代替标准历次版本发布情况为：

——GBn 1—1977、GB 2715—1981。

粮 食 卫 生 标 准

1 范围

本标准规定了粮食的卫生指标和检验方法以及包装、标识、运输及贮存的卫生要求。

本标准适用于供人食用的原粮和成品粮，包括禾谷类、豆类、薯类等，不适用于加工食用油的原料。

2 规范性引用文件

下列文件中的条款通过本标准的引用而成为本标准的条款。凡是注日期的引用文件，其随后所有的修改单（不包括勘误的内容）或修订版均不适用于本标准，然而，鼓励根据本标准达成协议的各方研究是否可使用这些文件的最新版本。凡是不注日期的引用文件，其最新版本适用于本标准。

GB 2760 食品添加剂使用卫生标准

GB 2763 食品中农药最大残留限量

GB/T 5009.11 食品中总砷及无机砷的测定

GB/T 5009.12 食品中铅的测定

GB/T 5009.15 食品中镉的测定

GB/T 5009.17 食品中总汞及有机汞的测定

GB/T 5009.19 食品中六六六、滴滴涕残留量的测定

GB/T 5009.20 食品中有机磷农药残留量的测定

GB/T 5009.22 食品中黄曲霉毒素 B_1 的测定

GB/T 5009.36 粮食卫生标准的分析方法

GB/T 5009.96 谷物和大豆中赭曲霉毒素 A 的测定

GB/T 5009.110 植物性食品中氯氰菊酯、氰戊菊酯和溴氰菊酯残留量的测定

GB/T 5009.111 谷物及其制品中脱氧雪腐镰刀菌烯醇的测定

GB/T 5009.145 植物性食品中有机磷和氨基甲酸酯类农药多种残留的测定

GB/T 5494 粮食、油料检验 杂质、不完善粒检验法

GB 7718 预包装食品标签通则

GB 13122 面粉厂卫生规范

SN 0649 出口粮谷中溴甲烷残留量检验方法

SN/T 0800.7 进出口粮食、饲料 不完善粒检验方法

3 术语和定义

下列术语和定义适用于本标准。

3.1

热损伤粒 heat damaged kernel

由于微生物或其他原因产热而改变了正常颜色的籽粒。

3.2

麦角 ergot

寄生在禾本科植物子房内的真菌形成的菌核。

3.3

毒麦 lolium temulentum

禾本科草本植物的颖果。

3.4

霉变粒 moldy kernl

粒面明显生霉并伤及胚和胚乳(或子叶)、无食用价值的颗粒。

4 指标要求

4.1 感官要求

应具有正常粮食的色泽、气味,清洁卫生,并应符合表1的规定。

表1 粮食的感官要求

项 目		指 标
热损伤粒/(%)		
小麦	≤	0.5
霉变粒/(%)	≤	2.0

4.2 有毒有害菌类、植物种子指标

应符合表2的规定。

表2 有毒有害菌类、植物种子指标

项 目		指 标
麦角/(%)		
大米、玉米、豆类	≤	不得检出
小麦、大麦	≤	0.01
毒麦/(粒/kg)		
小麦、大麦	≤	1
曼陀罗籽及其他有毒植物的种子(粒/kg)		
豆类	≤	1

4.3 理化指标

4.3.1 真菌毒素限量指标

应符合表3的规定。

表3 真菌毒素限量指标

项 目		限量/(μg/kg)
黄曲霉毒素 B_1		
玉米	≤	20
大米	≤	10
其他	≤	5
脱氧雪腐镰刀菌烯醇(DON)		
小麦、大麦、玉米及其成品粮	≤	1 000
玉米赤霉烯酮		
小麦、玉米	≤	60
赭曲霉毒素 A		
谷类、豆类	≤	5

4.3.2　**污染物限量指标**

应符合表 4 的规定。

表 4　污染物限量指标

项　　目		限量/(mg/kg)
铅(Pb)	≤	0.2
镉(Cd)		
稻谷(包括大米)、豆类	≤	0.2
麦类(包括小麦粉)、玉米及其他	≤	0.1
汞(Hg)	≤	0.02
无机砷(以 As 计)		
大米	≤	0.15
小麦粉	≤	0.1
其他	≤	0.2

4.3.3　**农药最大残留限量**

应符合表 5 的规定。

表 5　农药最大残留限量

项　　目		最大残留限量/(mg/kg)
磷化物(以 PH_3 计)	≤	0.05
溴甲烷	≤	5
马拉硫磷		
大米	≤	0.1
甲基毒死蜱	≤	5
甲基嘧啶磷		
小麦、稻谷	≤	5
溴氰菊酯	≤	0.5
六六六	≤	0.05
林丹		
小麦	≤	0.05
滴滴涕	≤	0.05
氯化苦(以原粮计)	≤	2
七氯	≤	0.02
艾氏剂	≤	0.02
狄氏剂	≤	0.02
其他农药		按 GB 2763 的规定执行

5　食品添加剂

5.1　食品添加剂质量应符合相应的标准和有关规定。

5.2　食品添加剂品种及其使用量应符合 GB 2760 的规定。

6 检验方法

6.1 感官检验

按 GB/T 5009.36 规定的方法测定。

6.2 热损伤粒

按 SN/T 0800.7 规定的方法测定。

6.3 霉变粒

按 GB/T 5494 规定的方法测定。

6.4 麦角、毒麦、曼陀罗籽及其他有毒植物的种子

按 GB/T 5009.36 规定方法测定。

6.5 黄曲霉毒素 B_1

按 GB/T 5009.22 规定的方法测定。

6.6 脱氧雪腐镰刀菌烯醇

按 GB/T 5009.111 规定的方法测定。

6.7 玉米赤霉烯酮

按附录 A 规定的方法测定。

6.8 赭曲霉毒素 A

按 GB/T 5009.96 规定的方法测定。

6.9 无机砷

按 GB/T 5009.11 规定的方法测定。

6.10 铅

按 GB/T 5009.12 规定的方法测定。

6.11 镉

按 GB/T 5009.15 规定的方法测定。

6.12 汞

按 GB/T 5009.17 规定的方法测定。

6.13 磷化物、七氯、艾氏剂、狄氏剂、氯化苦

按 GB/T 5009.36 规定的方法测定。

6.14 溴甲烷

按 SN 0649 规定的方法测定。

6.15 马拉硫磷

按 GB/T 5009.20 规定的方法测定。

6.16 甲基毒死蜱、甲基嘧啶磷

按 GB/T 5009.145 规定的方法测定。

6.17 溴氰菊酯

按 GB/T 5009.110 规定的方法测定。

6.18 六六六、滴滴涕、林丹

按 GB/T 5009.19 规定的方法测定。

7 成品粮生产加工过程

应符合 GB 13122 的规定。

8 包装

粮食的包装应使用符合卫生要求的包装材料或容器，包装应完整、无破损、无污染。

9 标识

定型包装粮食标识应符合 GB 7718 的规定。转基因的粮食按国家有关规定执行。

10 贮存及运输

粮食贮存应保持清洁、干燥、防雨、防潮、防污染，不得与有毒物、有害物、有异味或水分较高的物质混贮。

应使用符合卫生要求的工具、容器运送，运输中应注意防止雨淋、污染。

附 录 A
(规范性附录)
玉米赤霉烯酮的测定——薄层色谱法

A.1 范围

本标准规定了用薄层色谱法测定粮食中的玉米赤霉烯酮。

本标准适用于粮食中玉米赤霉烯酮的测定。

本标准检出限为 0.03 μg。

A.2 原理

试样中的玉米赤霉烯酮经提取、净化、浓缩和硅胶 G 薄层分离后,玉米赤霉烯酮在 254 nm 紫外光下产生蓝色荧光,根据其在薄层上显示荧光与标准比较定量。

A.3 试剂

除非另有说明,在分析中仅使用确定为分析纯的试剂和蒸馏水或相当纯度的水。

A.3.1 无水乙醇。

A.3.2 乙酸乙酯。

A.3.3 三氯甲烷。

A.3.4 1 mol/L 氢氧化钠。

A.3.5 磷酸。

A.3.6 丙酮。

A.3.7 硅胶 G。

A.3.8 无水硫酸钠。

A.3.9 玉米赤霉烯酮标准溶液。

玉米赤霉烯酮标准溶液的制备:精密称取 3 mg 玉米赤霉烯酮标准品,加无水乙醇溶解并转入 100 mL 容量瓶中,加无水乙醇至刻度,此标准溶液含玉米赤霉烯酮 0.03 g/L。吸取此标准溶液 1 mL,用无水乙醇稀释至10 mL,此标准溶液每毫升含玉米赤霉烯酮 3 μg。将此标准溶液置 4℃冰箱备用。

A.4 仪器

A.4.1 小型粉碎机。

A.4.2 电动震荡器。

A.4.3 紫外光灯。

A.4.4 玻璃板:5 cm×20 cm。

A.4.5 薄层板涂布器。

A.4.6 微量注射器。

A.5 分析步骤

A.5.1 提取及纯化

称取 20 g 粉碎的试样,置于 250 mL 具塞瓶中,加 6 mL 水和 100 mL 乙酸乙酯,震荡 1 h,用折叠式快速滤纸过滤,量取 25 mL 滤液于 75 mL 蒸发皿中,置水浴上将溶液浓缩至干,再用 25 mL 三氯甲烷分三次溶解残渣,并转移至 100 mL 分液漏斗中,在原蒸发皿中加入 10 mL 1 mol/L 氢氧化钠溶液,然后用滴管沿分液漏斗管壁离三氯甲烷层 1 cm～2 cm 处加入 1 mol/L 氢氧化钠溶液，并轻轻转五次，防止乳化，静止分层后，将三氯甲烷层转移至第二个 100 mL 分液漏斗中，再慢慢加入 10 mL 1 mol/L 氢氧化钠溶液，轻轻旋转五次，弃去三氯甲烷层，将第二个分液漏斗中的氢氧化钠溶液合并入第一个分液漏斗中，用少许蒸馏水淋洗第二个分液漏斗，洗液倒入第一个分液漏斗中，加入 5 mL 三氯甲烷，轻轻振摇，弃去三氯甲烷层，再用 5 mL 三氯甲烷重复振摇提取一次，弃去三氯甲烷层。在氢氧化钠溶液中加入 6 mL 1.33 mol/L 磷酸溶液后，再用 0.67 mol/L 磷酸调节 pH 至 9.5，于分液漏斗中加入 15 mL 三氯甲烷，振摇 20 次～30 次，将三氯甲烷层经盛有约 5 g 无水硫酸钠的定量慢速滤纸，滤于 75 mL 蒸发皿中，最后用少量三氯甲烷淋洗滤器，洗液合并于蒸发皿中，将蒸发皿置水浴上通风蒸干。待冷却后在冰浴上准确加入丙酮 1 mL，充分混合，用滴管将溶液转移至具塞小瓶中，供薄层点样用。

A.5.2 薄层层析

A.5.2.1 薄层板的制备：称取 3 g 硅胶 G，加 7 mL～8 mL 蒸馏水，研磨至糊状后，立即倒入涂布器内，推成 5 cm×20 cm 薄层板三块，置室温干燥后，在 105℃活化 1 h，取出放干燥器中备用。

A.5.2.2 展开剂：三氯甲烷-甲醇(95：5)15 mL 或甲苯-乙酸-甲酸(6：3：1)15 mL 任选一种。

A.5.2.3 点样：在距薄层板下端 2.5 cm 的基线上用 10 μg 微量注射器滴加试样液三点：滴 1 点为标准液 10 μL，滴 2 点为试样提取液 30 μL，滴 3 点为试样提取液 30 μL 加标准液 10 μL，滴加时可用吹风机冷风边吹边加，点 1 滴吹干后再继续滴加。

A.5.2.4 展开：在展开槽中倒入展开剂，将薄层板浸入溶剂中，展至 10 cm，取出挥干。

A.5.2.5 观察与评定：薄层板置短波紫外光(254 nm)下观察，样液点处于标准点相近位置上未出现蓝绿色荧光点，则试样中玉米赤霉烯酮的含量在方法灵敏度 50 μg/kg 以下；若出现荧光点的强度与标准点的最低检出量的荧光强度相等，而且此荧光点与加入内标的荧光点重叠，则试样中玉米赤霉烯酮的含量为 50 μg/kg；若出现荧光点的强度比标准点的最低检出量强，则根据其荧光强度估计减少滴加的微升数，或将样液稀释后再滴加不同的微升数，直至样液的荧光强度与最低检出量的荧光强度一致为止。

A.6 结果计算

结果计算见式(A.1)。

$$x = 0.03 \times \frac{V_1}{V_2} \times D \times \frac{100}{m} \qquad \cdots\cdots (A.1)$$

式中：

x——玉米赤霉烯酮含量，单位为微克每千克(μg/kg)；

0.03——玉米赤霉烯酮的最低检出限，单位为微克(μg)；

V_1——加入丙酮的体积，单位为毫升(mL)；

V_2——出现最低荧光点滴加样液的体积，单位为毫升(mL)；

D——样液的总稀释倍数；

m——加入丙酮溶解残渣时相当试样的质量，单位为克(g)。

ICS 67.040
C 53

中华人民共和国国家标准

GB 2716—2005
代替 GB 2716—1988,GB/T 13103—1991,GB 15197—1994

食用植物油卫生标准

Hygienic standard for edible vegetable oil

2005-01-25 发布　　　　2005-10-01 实施

中华人民共和国卫生部
中国国家标准化管理委员会　发布

前　言

本标准全文强制。

本标准代替并废止 GB 2716—1988《食用植物油卫生标准》、GB/T 13103—1991《色拉油卫生标准》和 GB 15197—1994《精炼食用植物油卫生标准》。

本标准修订时参考了国际食品法典委员会(CAC)的 Codex Stan 210—1999《Vedetable Oils》(以下简称 CAC 标准)，增加了植物原油的指标要求。

本标准与 GB 2716—1988、GB/T 13103—1991 和 GB 15197—1994 相比主要变化如下：

——按照 GB/T 1.1—2000 对标准文本的格式进行了修改；

——将 GB 2716—1988、GB/T 13103—1991 和 GB 15197—1994 合并为本标准；

——增加了植物原油分类，将产品分类修改为植物原油、食用植物油；

——取消了羰基价指标；

——增加了原料、辅料要求、食品添加剂、农药残留、生产加工过程、包装、标识、运输、贮存的卫生要求。

本标准于 2005 年 10 月 1 日起实施，过渡期为一年。即 2005 年 10 月 1 日前生产并符合相应标准要求的产品，允许销售至 2006 年 9 月 30 日止。

本标准由中华人民共和国卫生部提出并归口。

本标准起草单位：上海市卫生局卫生监督所、卫生部卫生监督中心、吉林疾病预防控制中心、上海疾病预防控制中心、广西疾病预防控制中心、国家粮食局科学研究院、中华人民共和国上海出入境检验检疫局、中华人民共和国广东出入境检验检疫局、中华人民共和国天津出入境检验检疫局、中华人民共和国宁波出入境检验检疫局、中国粮油食品进出口(集团)有限公司、农业部谷物及制品质检中心(哈尔滨)、中国食品土畜进出口商会、农业部油料及制品质检中心。

本标准主要起草人：须欣、郑云雁、刘建成、郝希成、郭利平、崔路、蔡秀成。

本标准所代替标准的历次版本发布情况为：

——GB 2716—1981、GB 2716—1985、GB 2716—1988；

——GB/T 13103—1991；

——GB 15197—1994。

食用植物油卫生标准

1 范围

本标准规定了植物原油、食用植物油的卫生指标和检验方法以及食品添加剂、包装、标识、贮存、运输的卫生要求。

本标准适用于植物原油、食用植物油，不适用于氢化油和人造奶油。

2 规范性引用文件

下列文件中的条款通过本标准的引用而成为本标准的条款。凡是注日期的引用文件，其随后所有的修改单（不包括勘误的内容）或修订版均不适用于本标准，然而，鼓励根据本标准达成协议的各方研究是否可使用这些文件的最新版本。凡是不注日期的引用文件，其最新版本适用于本标准。

GB 2760 食品添加剂使用卫生标准

GB 2763 食品中农药最大残留限量

GB/T 5009.11 食品中总砷及无机砷的测定

GB/T 5009.12 食品中铅的测定

GB/T 5009.22 食品中黄曲霉毒素 B_1 的测定

GB/T 5009.27 食品中苯并(a)芘的测定

GB/T 5009.37 食用植物油卫生标准的分析方法

GB 8955 食用植物油厂卫生规范

GB 16629 6号抽提溶剂油

GB/T 17374 食用植物油销售包装

GB 19641 植物油料卫生标准

3 术语和定义

下列术语和定义适用于本标准。

3.1

植物原油 virgin vegetable oil

以植物油料为原料制取的原料油。

3.2

食用植物油 edible vegetable oil

以植物油料或植物原油为原料制成的食用植物油脂。

4 指标要求

4.1 原料、辅料要求

4.1.1 原料应符合 GB 19641 的规定。

4.1.2 浸出使用的抽提溶剂应符合 GB 16629 的要求及其他规定。

4.2 感官要求

具有产品正常的色泽、透明度、气味和滋味，无焦臭、酸败及其他异味。

4.3 理化指标

理化指标应符合表1的规定。

表1 理化指标

项目		指标	
		植物原油	食用植物油
酸价*(KOH)/(mg/g)	≤	4	3
过氧化值*/(g/100 g)	≤	0.25	0.25
浸出油溶剂残留/(mg/kg)	≤	100	50
游离棉酚/(%) 棉籽油	≤	—	0.02
总砷(以 As 计)/(mg/kg)	≤	0.1	0.1
铅(Pb)/(mg/kg)	≤	0.1	0.1
黄曲霉毒素 B_1/(μg/kg) 花生油、玉米胚油 其他油	≤ ≤	20 10	20 10
苯并(a)芘/(μg/kg)	≤	10	10
农药残留		按 GB 2763 的规定执行	

* 栏内项目如具体产品的强制性国家标准中已作规定,按已规定的指标执行。

5 食品添加剂

5.1 食品添加剂质量应符合相应的标准和有关规定。

5.2 食品添加剂品种及其使用量应符合 GB 2760 的规定。

6 生产加工过程

应符合 GB 8955 及其他卫生要求的规定。

7 包装

7.1 应使用符合卫生要求的包装材料或容器,包装容器应清洁、干燥和密封。

7.2 销售包装应符合 GB/T 17374 的规定。

8 标识

8.1 销售包装标识要求应符合有关规定。

8.2 由转基因原料加工而成的产品,应符合国家有关规定。

9 贮存、运输

9.1 不得与非食用植物油混存,应有防雨、防晒、防污、防爆措施。

9.2 储油容器的内壁和阀不得使用铜质材料,大容量的包装应尽可能充入氮气或二氧化碳气体,不得通入空气搅拌。

9.3 贮存成品油的专用容器必须明确标记,定期清洗或清理,干燥后才能灌油。

9.4 运输时应有防污染措施，不得与有毒、有害物品混运。

10 检验方法

10.1 感官

按 GB/T 5009.37 规定的方法测定。

10.2 理化指标

10.2.1 酸价、过氧化值、浸出油溶剂残留、游离棉酚：按 GB/T 5009.37 规定的方法测定。

10.2.2 总砷：按 GB/T 5009.11 规定的方法测定。

10.2.3 铅：按 GB/T 5009.12 规定的方法测定。

10.2.4 黄曲霉毒素 B_1：按 GB/T 5009.22 规定的方法测定。

10.2.5 苯并(a)芘：按 GB/T 5009.27 规定的方法测定。

ICS 67.040
C 53

中华人民共和国国家标准

GB 2726—2005
代替 GB 2726—1996,GB 2725.1—1994 等

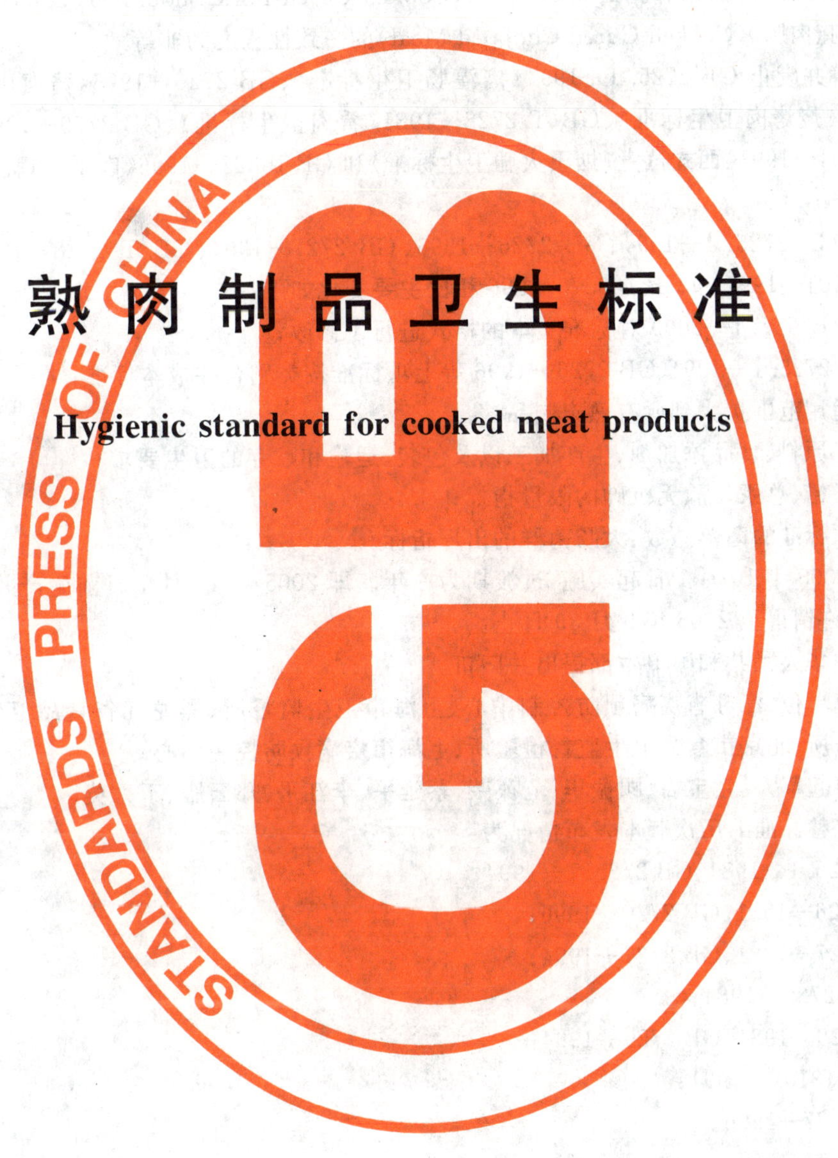

熟肉制品卫生标准

Hygienic standard for cooked meat products

2005-01-25 发布　　　　2005-10-01 实施

中华人民共和国卫生部
中国国家标准化管理委员会　发布

前　言

本标准全文强制。

本标准与国际食品法典委员会(CAC)标准 Codex Stan 89—1981(Rev. 1-1991)《午餐肉》(Luncheon Meat)、Codex Stan 96—1981(Rev. 1-1991)《熟制腌火腿(后腿)》(Cooked Cured Ham)、Codex Stan 97—1981(Rev. 1-1991)《熟制腌猪蹄膀(前腿)》(Cooked Cured Pork Shoulder)、Codex Stan 98—1981(Rev. 1-1991)《腌肉肠》(Cooked Cured Chopped Meat)的一致性程度为非等效。

本标准代替并废止 GB 2725.1—1994《肉灌肠卫生标准》、GB 2726—1996《酱卤肉类卫生标准》、GB 2727—1994《烧烤肉卫生标准》、GB/T 2728—1981《肴肉卫生标准》、GB 2729—1994《肉松卫生标准》、GB/T 13101—1991《西式蒸煮、烟熏火腿卫生标准》和 GB 16327—1996《肉干、肉脯卫生标准》七项标准。

本标准与 GB 2725.1—1994、GB 2726—1996、GB 2727—1994、GB/T 2728—1981、GB 2729—1994、GB/T 13101—1991 和 GB 16327—1996 相比主要变化如下:

——按照 GB/T 1.1—2000 对标准文本的格式进行了修改;

——将 GB 2725.1—1994、GB 2726—1996 等七项标准按类别合并成本标准;

——标准适用范围扩大到所有熟肉制品;

——增加了原料、食品添加剂、生产加工以及包装、运输和贮存的卫生要求;

——增加了铅、总汞、镉、无机砷的限量指标;

——取消原标准的菌落总数、大肠菌群的出厂指标。

本标准于 2005 年 10 月 1 日起实施,过渡期为一年。即 2005 年 10 月 1 日前生产并符合相应标准要求的产品,允许销售至 2006 年 9 月 30 日止。

本标准由中华人民共和国卫生部提出并归口。

本标准起草单位:江苏省疾病预防控制中心、上海市卫生监督所、黑龙江省食品卫生监督检验所、辽宁省卫生监督所、北京市食品卫生监督检验所、上海市疾病预防控制中心。

本标准主要起草人:袁宝君、顾振华、范葆荣、蔡延平、李江平、郑云雁、丁秀英。

本标准所代替标准的历次版本发布情况为:

——GB 2725.1—1981、GB 2725.1—1994;

——GB 2726—1981、GB 2726—1996;

——GB 2727—1981、GB 2727—1994;

——GB/T 2728—1981;

——GB 2729—1981、GB 2729—1994;

——GB/T 13101—1991;

——GB 16327—1996。

熟肉制品卫生标准

1 范围

本标准规定了熟肉制品的卫生指标要求和检验方法以及食品添加剂、生产加工过程、包装、标识、运输、贮存的卫生要求。

本标准适用于以鲜(冻)畜、禽肉为主要原料制成的熟肉制品,包括熟肉干制品。

2 规范性引用文件

下列文件中的条款通过本标准的引用而成为本标准的条款。凡是注日期的引用文件,其随后所有的修改单(不包括勘误的内容)或修订版均不适用于本标准,然而,鼓励根据本标准达成协议的各方研究是否可使用这些文件的最新版本。凡是不注日期的引用文件,其最新版本适用于本标准。

GB 2760 食品添加剂使用卫生标准

GB/T 4789.17 食品卫生微生物学检验 肉与肉制品检验

GB/T 5009.3 食品中水分的测定

GB/T 5009.11 食品中总砷及无机砷的测定

GB/T 5009.12 食品中铅的测定

GB/T 5009.15 食品中镉的测定

GB/T 5009.17 食品中总汞及有机汞的测定

GB/T 5009.27 食品中苯并(a)芘的测定

GB/T 5009.33 食品中亚硝酸盐与硝酸盐的测定

GB/T 5009.44 肉与肉制品卫生标准的分析方法

GB/T 5009.87 食品中磷的测定

GB 7718 预包装食品标签通则

GB 12694 肉类加工厂卫生规范

GB/T 19480 肉与肉制品术语

3 术语和定义

GB/T 19480 确立的术语和定义适用于本标准。

4 指标要求

4.1 原料要求

原辅料应符合相应标准和有关规定。

4.2 感官指标

无异味、无酸败味、无异物;熟肉干制品无焦斑和霉斑。

4.3 理化指标

理化指标应符合表 1 的规定。

4.4 微生物指标

微生物指标应符合表 2 的规定。

表 1 理化指标

项目		指标
水分/(g/100 g)		
肉干、肉松、其他熟肉干制品	≤	20.0
肉脯、肉糜脯	≤	16.0
油酥肉松、肉粉松	≤	4.0
复合磷酸盐[a](以 PO_4^{3-} 计)/(g/kg)		
熏煮火腿	≤	8.0
其他熟肉制品	≤	5.0
苯并(a)芘[b]/(μg/kg)	≤	5.0
铅(Pb)/(mg/kg)	≤	0.5
无机砷/(mg/kg)	≤	0.05
镉(Cd)/(mg/kg)	≤	0.1
总汞(以 Hg 计)/(mg/kg)	≤	0.05
亚硝酸盐		按 GB 2760 执行
a 复合磷酸盐残留量包括肉类本身所含磷及加入的磷酸盐,不包括干制品。		
b 限于烧烤和烟熏肉制品。		

表 2 微生物指标

项目		指标
菌落总数/(cfu/g)		
烧烤肉、肴肉、肉灌肠	≤	50 000
酱卤肉	≤	80 000
熏煮火腿、其他熟肉制品	≤	30 000
肉松、油酥肉松、肉粉松	≤	30 000
肉干、肉脯、肉糜脯、其他熟肉干制品	≤	10 000
大肠菌群/(MPN/100 g)		
肉灌肠	≤	30
烧烤肉、熏煮火腿、其他熟肉制品	≤	90
肴肉、酱卤肉	≤	150
肉松、油酥肉松、肉粉松	≤	40
肉干、肉脯、肉糜脯、其他熟肉干制品	≤	30
致病菌(沙门氏菌、金黄色葡萄球菌、志贺氏菌)		不得检出

5 食品添加剂

5.1 食品添加剂质量应符合相应的标准和有关规定。

5.2 食品添加剂品种及其使用量应符合 GB 2760 的规定。

6 生产加工过程

熟肉制品生产加工过程的卫生要求应符合 GB 12694 的规定。

7 包装

产品的包装容器与材料应符合相应的卫生标准和有关规定，防止有毒有害物的污染。

8 标识

定型包装熟肉制品的标识要求按 GB 7718 的规定执行。

9 贮存及运输

9.1 贮存

产品应贮存在干燥、通风良好的场所。不得与有毒、有害、有异味、易挥发、易腐蚀的物品混储。需要冷藏的产品应低温贮存。

9.2 运输

运输工具应清洁无污染，运输产品时应避免日晒、雨淋，需要冷藏的产品应冷藏运输。不得与有毒、有害、有异味或影响产品质量的物品混装运输。

10 检验方法

10.1 感官指标

按 GB/T 5009.44 规定的方法检验。

10.2 理化指标

10.2.1 水分：按 GB/T 5009.3 规定的方法测定。

10.2.2 复合磷酸盐：按 GB/T 5009.87 规定的方法测定。

10.2.3 铅：按 GB/T 5009.12 规定的方法测定。

10.2.4 无机砷：按 GB/T 5009.11 规定的方法测定。

10.2.5 镉：按 GB/T 5009.15 规定的方法测定。

10.2.6 总汞：按 GB/T 5009.17 规定的方法测定。

10.2.7 苯并(a)芘：按 GB/T 5009.27 规定的方法测定。

10.2.8 亚硝酸盐：按 GB/T 5009.33 规定的方法测定。

10.3 微生物指标

按 GB/T 4789.17 规定的方法检验。

GB 2726—2005《熟肉制品卫生标准》第 1 号修改单

本修改单业经国家标准化管理委员会于 2006 年 4 月 27 日以国标委农轻函[2006]11 号文批准，自批准之日起实施。

GB 2726—2005《熟肉制品卫生标准》国家标准修改内容如下：

“表 1 理化指标”中取消“复合磷酸盐[a](以 PO_4^{3-} 计)/(g/kg)”指标及该表的脚注“[a] 复合磷酸盐残留量包括肉类本身所含磷及加入的磷酸盐，不包括干制品。”

ICS 67.040
C 53

中华人民共和国国家标准

GB 2730—2005
代替 GB 2730—1981,GB 2731～2732—1988
GB 10147—1988,GBn137—1981

腌腊肉制品卫生标准

Hygienic standard for cured meat products

2005-01-25 发布　　2005-10-01 实施

中华人民共和国卫生部
中国国家标准化管理委员会　发布

前　言

本标准全文强制。

本标准代替并废止 GB 2730—1981《广式腊肉卫生标准》、GB 2731—1988《火腿卫生标准》、GB 2732—1988《板鸭(咸鸭)卫生标准》、GB 10147—1988《香肠(腊肠)、香肚卫生标准》和 GBn 137—1981《咸猪肉卫生标准》。

本标准与 GB 2730—1981，GB 2731—1988，GB 2732—1988，GB 10147—1988 和 GBn 137—1981 相比主要变化如下：

——按照 GB/T 1.1—2000 对标准文本的格式进行了修改；

——对原标准的结构和适用范围进行了修改，增加了原料、食品添加剂、生产加工、包装、运输和贮存的卫生要求；

——将原五个标准合并为本标准；

——火腿中三甲胺氮的限量修改为≤2.5 mg/100 g；

——增订了铅、无机砷、镉、总汞指标；

——取消了食盐指标。

本标准于 2005 年 10 月 1 日起实施，过渡期为一年。即 2005 年 10 月 1 日前生产并符合相应标准要求的产品，允许销售至 2006 年 9 月 30 日止。

本标准由中华人民共和国卫生部提出并归口。

本标准起草单位：江苏省疾病预防控制中心、上海市卫生监督所、卫生部卫生监督中心、黑龙江省卫生监督所、辽宁省卫生监督所、北京市疾病控制中心。

本标准主要起草人：袁宝君、顾振华、范葆荣、蔡延平、李江平、郑云雁、丁秀英。

本标准所代替标准的历次版本发布情况为：

——GB 2730—1981；

——GB 2731—1981、GB 2731—1988；

——GB 2732—1981、GB 2732—1988；

——GB 10147—1988；

——GBn 137—1981。

腌腊肉制品卫生标准

1 范围

本标准规定了腌腊肉制品的卫生指标和检验方法以及食品添加剂、生产加工过程、标识、包装、运输、贮存的卫生要求。

本标准适用于以鲜(冻)畜食肉为主要原料制成(未经熟制)的各类肉制品。

2 规范性引用文件

下列文件中的条款通过本标准的引用而成为本标准的条款。凡是注日期的引用文件,其随后所有的修改单(不包括勘误的内容)或修订版均不适用于本标准,然而,鼓励根据本标准达成协议的各方研究是否可使用这些文件的最新版本。凡是不注日期的引用文件,其最新版本适用于本标准。

GB 2760 食品添加剂使用卫生标准

GB/T 5009.11 食品中总砷及无机砷的测定

GB/T 5009.12 食品中铅的测定

GB/T 5009.15 食品中镉的测定

GB/T 5009.17 食品中总汞及有机汞的测定

GB/T 5009.27 食品中苯并(a)芘的测定

GB/T 5009.33 食品中亚硝酸盐和硝酸盐的测定

GB/T 5009.37 食用植物油卫生标准的分析方法

GB/T 5009.44 肉与肉制品卫生标准的分析方法

GB/T 5009.179 火腿中三甲胺氮的测定

GB 7718 预包装食品标签通则

GB 12694 肉类加工厂卫生规范

GB/T 19480 肉与肉制品术语

3 术语和定义

GB/T 19480 确立的术语和定义适用于本标准。

4 指标要求

4.1 原料要求

4.1.1 原料:应符合相应的国家标准和有关规定。

4.1.2 辅料:应符合相应的国家标准和有关规定。

4.2 感官要求

无粘液、无霉点、无异味、无酸败味。

4.3 理化指标

理化指标应符合表 1 的规定。

表 1 理化指标

项 目		指 标
过氧化值(以脂肪计)/(g/100 g)		
火腿	≤	0.25
腊肉、咸肉、灌肠制品	≤	0.50
非烟熏、烟熏板鸭	≤	2.50
酸价(以脂肪计)(KOH)/(mg/g)		
灌肠制品、腊肉、咸肉	≤	4.0
非烟熏、烟熏板鸭	≤	1.6
三甲胺氮/(mg/100 g)		
火腿	≤	2.5
苯并(a)芘[a]/(μg/kg)	≤	5
铅(Pb)/(mg/kg)	≤	0.2
无机砷/(mg/kg)	≤	0.05
镉(Cd)/(mg/kg)	≤	0.1
总汞(以 Hg 计)/(mg/kg)	≤	0.05
亚硝酸盐残留量		按 GB 2760 的规定执行
[a] 仅适用于经烟熏的腌腊肉制品。		

5 食品添加剂

5.1 食品添加剂质量应符合相应的标准和有关规定。

5.2 食品添加剂的品种和使用量应符合 GB 2760 的规定。

6 食品生产加工过程的卫生要求

腌腊肉制品生产加工过程的卫生要求应符合 GB 12694 的规定。

7 包装

包装容器与材料应符合相应卫生标准和有关规定。

8 标识

定型包装的标识要求按 GB 7718 的规定执行。

9 贮存与运输

9.1 贮存

产品应贮存在干燥、通风良好的场所。不得与有毒、有害、有异味、易挥发、易腐蚀的物品同处贮存。

9.2 运输

运输产品时应避免日晒、雨淋。不得与有毒、有害、有异味或影响产品质量的物品混装运输。

10 检验方法

10.1 感官要求

按 GB/T 5009.44 规定的方法检验。

10.2 理化指标

10.2.1 过氧化值:样品处理按 GB/T 5009.44 规定的方法操作,按 GB/T 5009.37 规定的方法测定。

10.2.2 酸价:按 GB/T 5009.44 中 14.3 规定的方法测定。

10.2.3 三甲胺氮:按 GB/T 5009.179 中规定的方法测定。

10.2.4 苯并(a)芘:按 GB/T 5009.27 规定的方法测定。

10.2.5 铅:按 GB/T 5009.12 规定的方法测定。

10.2.6 无机砷:按 GB/T 5009.11 规定的方法测定。

10.2.7 镉:按 GB/T 5009.15 规定的方法测定。

10.2.8 总汞:按 GB/T 5009.17 规定的方法测定。

10.2.9 亚硝酸盐:按 GB/T 5009.33 规定的方法测定。

ICS 67.040
C 53

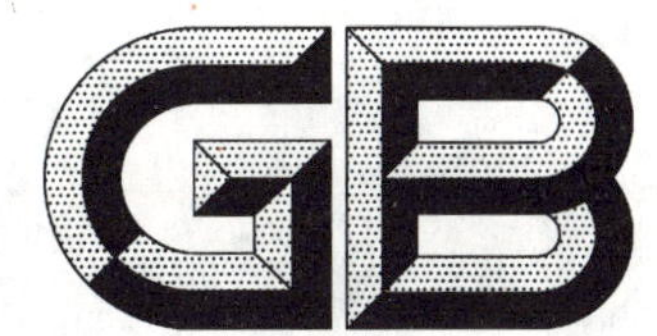

中华人民共和国国家标准

GB 2733—2005
代替 GB 2733—1994 等

鲜、冻动物性水产品卫生标准

Hygienic standard for fresh and frozen marine products of animal origin

2005-01-25 发布　　2005-10-01 实施

中华人民共和国卫生部
中国国家标准化管理委员会　发布

前言

本标准全文强制。

本标准代替并废止 GB 2733—1994《海水鱼类卫生标准》、GB 2735—1994《头足类海产品卫生标准》、GB 2736—1994《淡水鱼卫生标准》、GB/T 2739—1981《湟鱼卫生标准》、GB 2740—1994《河虾卫生标准》、GB 2741—1994《海虾卫生标谁》、GB 2742—1994《牡蛎卫生标准》、GB 2743—1994《海蟹卫生标准》、GB 2744—1996《海水贝类卫生标准》。

本标准与 GB 2733—1994、GB 2735—1994、GB 2736—1994、GB/T 2739—1981、GB 2740—1994、GB 2741—1994、GB 2742—1994、GB 2743—1994、GB 2744—1996 相比主要变化如下：

——按照 GB/T 1.1—2000 对标准文本的格式进行了修改；

——将 GB 2733—1994、GB 2735—1994 等原九项标准合并为本标准；

——将标准适用范围扩大为所有鲜、冻动物性水产品；

——增加了生产加工过程、标识、包装、运输和贮存的卫生要求；

——采用 CAC/GL 7—1991《鱼甲基汞指导值》(Guideline levels for methylmercury in fish)中甲基汞限量指标；

——增加了铅、镉、多氯联苯等指标；

——取消了总汞的指标。

本标准由中华人民共和国卫生部提出并归口。

本标准于 2005 年 10 月 1 日起实施，过渡期为一年。即 2005 年 10 月 1 日前生产并符合相应标准要求的产品，允许销售至 2006 年 9 月 30 日止。

本标准起草单位：辽宁省食品卫生监督检验所、上海市卫生监督所、大连市卫生防疫站、江苏省疾病预防控制中心。

本标准主要起草人：王正、刘军伟、张红、陈敏、丁元梅、袁宝君、蔡延平。

本标准所代替标准的历次版本发布情况为：

——GB 2733—1981、GB 2734—1981、GB 2737—1981、GB 2738—1981、GBn 139—1981、GBn 150—1981、GBn 151—1981、GB 2733—1994；

——GB 2735—1981、GB 2735—1994；

——GB 2736—1981、GB 2736—1994；

——GB 2739—1981；

——GB 2740—1981、GB 2740—1994；

——GB 2741—1981、GB 2741—1994；

——GB 2742—1981、GB 2742—1994；

——GB 2743—1994；

——GB 2745—1981、GB 2744—1996。

鲜、冻动物性水产品卫生标准

1 范围

本标准规定了鲜、冻动物性水产品的卫生指标和检验方法以及生产过程、包装、标识、贮存与运输的卫生要求。

本标准适用于鲜、冻动物性水产品。

2 规范性引用文件

下列文件中的条款通过本标准的引用而成为本标准的条款。凡是注日期的引用文件，其随后所有的修改单(不包括勘误的内容)或修订版均不适用于本标准，然而，鼓励根据本标准达成协议的各方研究是否可使用这些文件的最新版本。凡是不注日期的引用文件，其最新版本适用于本标准。

GB/T 5009.11 食品中总砷及无机砷的测定

GB/T 5009.12 食品中铅的测定

GB/T 5009.15 食品中镉的测定

GB/T 5009.17 食品中总汞及有机汞的测定

GB/T 5009.44 肉与肉制品卫生标准的分析方法

GB/T 5009.45 水产品卫生标准的分析方法

GB/T 5009.190 海产食品中多氯联苯的测定

GB 7718 预包装食品标签通则

GB 14881 食品企业通用卫生规范

SC 3001 水产及水产加工品分类与名称

3 分类

SC 3001 确立的分类适用于本标准。

4 指标要求

4.1 感官指标

泥螺、河蟹、螃蜞、河虾、淡水贝类必须鲜活。

4.2 理化指标

理化指标应符合表 1 的规定。

表 1 理化指标

项 目		指 标
挥发性盐基氮[a]/(mg/100 g)		
海水鱼、虾、头足类	≤	30
海蟹	≤	25
淡水鱼、虾	≤	20
海水贝类	≤	15
湟鱼、牡蛎	≤	10

表 1（续）

项　　目		指　　标
组胺[a]/(mg/100 g)		
鲐鱼	≤	100
其他鱼类	≤	30
铅(Pb)/(mg/kg)		
鱼类	≤	0.5
无机砷/(mg/kg)		
鱼类	≤	0.1
其他动物性水产品	≤	0.5
甲基汞/(mg/kg)		
食肉鱼(鲨鱼、旗鱼、金枪鱼、梭子鱼等)	≤	1.0
其他动物性水产品	≤	0.5
镉(Cd)/(mg/kg)		
鱼类	≤	0.1
多氯联苯[b]/(mg/kg)	≤	2.0
PCB 138/(mg/kg)	≤	0.5
PCB 153/(mg/kg)	≤	0.5
a 不适用于活的水产品。		
b 仅适用于海水产品，并以 PCB 28、PCB 52、PCB 101、PCB 118、PCB 138、PCB 153 和 PCB 180 总和计。		

4.3 农药残留量

农药残留量按国家有关标准及有关规定执行。

5 生产加工过程

生产加工过程的卫生要求应符合 GB 14881 规定。

6 标识

标识应符合 GB 7718 规定。

7 包装

包装容器与材料应符合相应的卫生标准和有关规定。

8 贮存与运输

8.1 贮存

冷冻产品应包装完好地贮存在－15℃～－18℃的冷库内。贮存期不超过 9 个月。禁止与有毒、有害、有异味物品同库贮存。

8.2 运输

冷冻产品应冷藏运输。运输工具应清洁卫生，禁止与有毒、有害、有异味物品混运。

9 检验方法

9.1 感官检验

取保证感官检验的样品量(冷冻品经解冻后),在自然光线下感官检查。

9.2 理化检验

9.2.1 挥发性盐基氮:按 GB/T 5009.44 规定的方法测定。

9.2.2 组胺:按 GB/T 5009.45 规定的方法测定。

9.2.3 无机砷:按 GB/T 5009.11 规定的方法测定。

9.2.4 铅:按 GB/T 5009.12 规定的方法测定。

9.2.5 镉:按 GB/T 5009.15 规定的方法测定。

9.2.6 甲基汞:按 GB/T 5009.17 规定的方法测定。

9.2.7 多氯联苯:按 GB/T 5009.190 规定的方法测定。

ICS 67.160.10
C 53

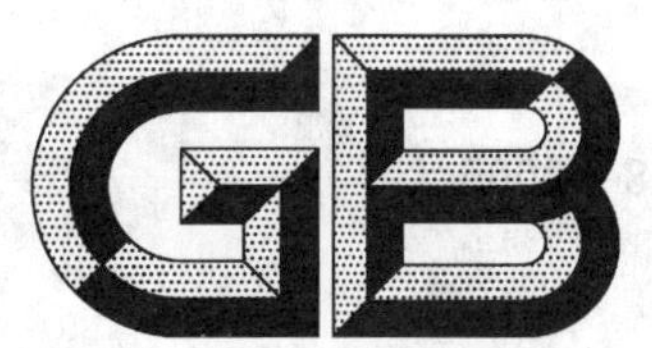

中华人民共和国国家标准

GB 2758—2005
代替 GB 2758—1981

发酵酒卫生标准

Hygienic standard for fermented alcoholic beverages

2005-01-25 发布　　2005-10-01 实施

中华人民共和国卫生部
中国国家标准化管理委员会　发布

前 言

本标准全文强制。

本标准代替并废止 GB 2758—1981《发酵酒卫生标准》。

本标准与 GB 2758—1981 相比主要变化如下：

——按照 GB 1.1—2000 对标准文本格式进行了修改；

——对 GB 2758—1981 的结构进行了修改，增加了原料卫生、食品添加剂、生产加工过程、包装、标识、运输及贮存的卫生要求；

——增加了展青霉素指标；

——增加了啤酒中甲醛的限量指标；

——将游离二氧化硫修改为“总二氧化硫”；

——增加了肠道致病菌(沙门氏菌、志贺氏菌和金黄色葡萄球菌)指标；

——取消了 GB 2758—1981 中黄曲霉毒素 B_1 和啤酒 N-二甲基亚硝胺指标。

本标准于 2005 年 10 月 1 日起实施，过渡期为一年。即 2005 年 10 月 1 日前生产并符合相应标准要求的产品，允许销售至 2006 年 9 月 30 日止。

本标准由中华人民共和国卫生部提出并归口。

本标准起草单位：山东省卫生防疫站、辽宁省卫生监督所、天津市卫生局公共卫生监督所、北京卫生防疫站。

本标准主要起草人：吕燕柏、迟玉聚、王旭太、崔春明、梁进、张正、王冶。

本标准所代替标准的历次版本发布情况为：

——GBn 48—1977、GB 2758—1981。

发 酵 酒 卫 生 标 准

1 范围

本标准规定了发酵酒的卫生指标要求和检验方法以及食品添加剂、生产加工过程、包装、标识、运输、贮存的卫生要求。

本标准适用于以粮谷、水果等为原料，主要经过酵母发酵等工艺制成的酒精含量小于24%(vol)的饮料酒。

2 规范性引用文件

下列文件中的条款通过本标准的引用而成为本标准的条款。凡是注日期的引用文件，其随后所有的修改单(不包括勘误的内容)或修订版均不适用于本标准，然而，鼓励根据本标准达成协议的各方研究是否可使用这些文件的最新版本。凡是不注日期的引用文件，其最新版本适用于本标准。

GB 2760 食品添加剂使用卫生标准

GB/T 4789.25 食品卫生微生物学检验 酒类检验

GB/T 5009.12 食品中铅的测定

GB/T 5009.34 食品中亚硫酸盐的测定

GB/T 5009.49 发酵酒卫生标准的分析方法

GB/T 5009.185 苹果和山楂制品中展青霉素的测定

GB 7718 预包装食品标签通则

GB 8952 啤酒厂卫生规范

GB 12696 葡萄酒厂卫生规范

GB 12697 果酒厂卫生规范

GB 12698 黄酒厂卫生规范

GB/T 17204 饮料酒的分类

3 术语和定义

GB/T 17204确立的术语和定义适用于本标准。

4 指标要求

4.1 原料要求

应符合相应的标准和有关规定。

4.2 感官要求

应符合相应产品标准的有关规定。

4.3 理化指标

理化指标应符合表1的规定。

4.4 微生物指标

应符合表2的规定。

表 1　理化指标

项　　目		指　　标		
		啤　酒	葡萄酒、果酒	黄　酒
总二氧化硫(SO_2)/(mg/L)	≤	—	250	—
甲醛/(mg/L)	≤	2.0	—	—
铅(Pb)/(mg/L)	≤	0.5	0.2	0.5
展青霉素[a]/(μg/L)	≤	—	50	—

[a] 仅限于果酒中的苹果酒、山楂酒。

表 2　微生物指标

项　　目		指　　标			
		鲜啤酒	生啤酒、熟啤酒	黄　酒	葡萄酒、果酒
菌落总数/(cfu/mL)	≤	—	50	50	50
大肠菌群/(MPN/100 mL)	≤	3	3	3	3
肠道致病菌(沙门氏菌、志贺氏菌、金黄色葡萄球菌)		不得检出			

5　食品添加剂

5.1　食品添加剂应符合相应的食品添加剂产品标准和有关规定。

5.2　食品添加剂品种及其使用量应符合 GB 2760 的规定。

6　生产加工过程

6.1　加工生产啤酒应符合 GB 8952 的规定。

6.2　加工生产葡萄酒应符合 GB 12696 的规定。

6.3　加工生产果酒应符合 GB 12697 的规定。

6.4　加工生产黄酒应符合 GB 12698 的规定。

7　包装

包装容器和材料应符合相应的卫生标准和有关规定。

8　标识

定型销售包装的标识要求按 GB 7718 规定执行。

9　运输与贮存

9.1　运输

产品运输时,应避免日晒、雨淋。不得与有毒、有害、有异味或影响产品质量的物品混装运输。

9.2　贮存

产品应贮存在干燥、通风良好的场所。不得与有毒、有害、有异味、易挥发、易腐蚀的物品同处贮存。

10　检验方法

10.1　理化指标

10.1.1　总二氧化硫:按 GB/T 5009.34 规定的方法测定。

10.1.2 甲醛：按 GB/T 5009.49 规定的方法测定。

10.1.3 铅：按 GB/T 5009.12 规定的方法测定。

10.1.4 展青霉毒素：按 GB/T 5009.185 中规定的方法测定。

10.2 菌落总数、大肠菌群、致病菌的微生物指标

按 GB/T 4789.25 规定的方法检验。

ICS 67.040
C 53

中华人民共和国国家标准

GB 2761—2005
代替 GB 2761—1981,GB 9676—2003
GB 14974—2003,GB 16329—1996

食品中真菌毒素限量

Maximum levels of mycotoxins in foods

2005-01-25 发布 2005-10-01 实施

中华人民共和国卫生部
中国国家标准化管理委员会 发布

前言

本标准全文强制。

本标准代替并废止 GB 2761—1981《食品中黄曲霉毒素 B_1 允许量标准》、GB 9676—2003《乳及乳制品中黄曲霉毒素 M_1 限量》、GB 14974—2003《苹果和山楂制品中展青霉素限量》、GB 16329—1996《小麦、面粉、玉米及玉米粉中脱氧雪腐镰刀菌烯醇限量标准》。

本标准与 GB 2761—1981、GB 9676—2003、GB 14974—2003 和 GB 16329—1996 相比主要变化如下：

——按照 GB/T 1.1—2000 对标准文本格式进行修改；

——对部分食品品种和限量做了相应修改；

——取消了面粉及玉米粉中脱氧雪腐镰刀菌烯醇的限量。

本标准于 2005 年 10 月 1 日起实施，过渡期为一年。即 2005 年 10 月 1 日前生产并符合相应标准要求的产品，允许销售至 2006 年 9 月 30 日止。

本标准由中华人民共和国卫生部提出并归口。

本标准起草单位：中国疾病预防控制中心营养与食品安全所、安徽医科大学、上海医科大学、江苏省卫生防疫站。

本标准主要起草人：罗雪云、李凤琴、刘秀梅、李玉伟、陆刚、郭红卫、曹玉洁、吴南、刘勇、刘兴玠。

本标准所代替标准的历次版本发布情况为：

——GBn 51—1977、GB 2761—1981；

——GB 9676—1988、GB 9676—2003；

——GB 14974—1994、GB 14974—2003；

——GB 16329—1996。

食品中真菌毒素限量

1 范围

本标准规定了食品中真菌毒素的限量。

本标准适用于各类食品。

2 规范性引用文件

下列文件中的条款通过本标准的引用而成为本标准的条款。凡是注日期的引用文件，其随后所有的修改单(不包括勘误的内容)或修订版均不适用于本标准，然而，鼓励根据本标准达成协议的各方研究是否可使用这些文件的最新版本。凡是不注日期的引用文件，其最新版本适用于本标准。

GB/T 5009.22 食品中黄曲霉毒素 B_1 的测定

GB/T 5009.24 食品中黄曲霉毒素 M_1 与 B_1 的测定

GB/T 5009.111 谷物及其制品中脱氧雪腐镰刀菌烯醇的测定

GB/T 5009.185 苹果和山楂制品中展青霉素的测定

3 术语和定义

下列术语和定义适用于本标准。

3.1

真菌毒素 mycotoxins in foods

某些真菌在生长繁殖过程中产生的次生有毒代谢产物。

3.2

限量 maximum levels, MLs

真菌毒素在食品中的允许最大浓度。

4 指标要求

4.1 黄曲霉毒素 B_1

4.1.1 黄曲霉毒素 B_1 限量指标见表 1。

表 1 黄曲霉毒素 B_1 限量指标

食　　品	限量(MLs)/(μg/kg)
玉米、花生及其制品	20
大米、植物油(除玉米油、花生油)	10
其他粮食、豆类、发酵食品	5
婴幼儿配方食品	5

4.1.2 检验方法：按 GB/T 5009.22 规定的方法测定。

4.2 黄曲霉毒素 M_1

4.2.1 黄曲霉毒素 M_1 限量指标见表 2。

表 2　黄曲霉毒素 M_1 限量指标

食　　品	限量(MLs)/(μg/kg)
鲜　乳	0.5
乳制品(折算为鲜乳计)	0.5

4.2.2　检验方法:按 GB/T 5009.24 规定的方法测定。

4.3　脱氧雪腐镰刀菌烯醇

4.3.1　脱氧雪腐镰刀菌烯醇限量指标见表 3。

表 3　脱氧雪腐镰刀菌烯醇限量指标

食　　品	限量(MLs)/(μg/kg)
小　麦	1 000
玉　米	1 000

4.3.2　检验方法:按 GB/T 5009.111 规定的方法测定。

4.4　展青霉素

4.4.1　展青霉素限量指标见表 4。

表 4　展青霉素限量指标

食　　品	限量(MLs)/(μg/kg)
苹果、山楂制品	50

4.4.2　检验方法:按 GB/T 5009.185 规定的方法测定。

ICS 67.040
C 53

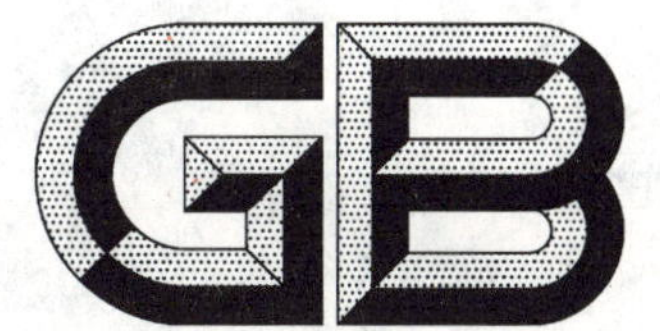

中华人民共和国国家标准

GB 2762—2005
代替 GB 2762—1994,GB 4809—1984 等

食品中污染物限量

Maximum levels of contaminants in foods

2005-01-25 发布　　　　2005-10-01 实施

中华人民共和国卫生部
中国国家标准化管理委员会　发布

前　言

本标准全文强制。

本标准代替并废止 GB 14935—1994《食品中铅限量卫生标准》、GB 15201—1994《食品中镉限量卫生标准》、GB 2762—1994《食品中汞限量卫生标准》、GB 4810—1994《食品中砷限量卫生标准》、GB 14961—1994《食品中铬限量卫生标准》、GB 15202—2003《面制食品中铝限量》、GB 13105—1991《食品中硒限量卫生标准》、GB 4809—1984《食品中氟允许量标准》、GB 7104—1994《食品中苯并(a)芘限量卫生标准》、GB 9677—1998《食品中 N-亚硝胺限量卫生标准》、GB 9674—1988《海产食品中多氯联苯限量标准》、GB 15198—1994《食品中亚硝酸盐限量卫生标准》、GB 13107—1991《植物性食品中稀土限量卫生标准》。

本标准与原单项的限量标准相比主要变化如下：

——按照 GB/T 1.1—2000 对标准文本格式进行修改；

——本标准将 GB 14935—1994、GB 15201—1994 等 13 项污染物限量标准合并为本标准；

——依据危险性评估，参照 CAC 标准，部分食品品种和限量指标做了相应修改；

——个别项目目标物改变，如 GB 9674—1988 中多氯联苯以 PCB1 和 PCB5 为目标物的限量指标，本标准以 PCB28、PCB52、PCB101、PCB118、PCB138、PCB153 和 PCB180 的总和计，并增加 PCB138、PCB153 两项限量指标；

——等效采用 CAC 标准，取消 GB 4810—1994 中总砷所涉及的部分食物品种，增设糖、食用油脂、果汁及果浆、可可制品等五个食品品种的限量指标。

本标准于 2005 年 10 月 1 日起实施，过渡期为一年。即 2005 年 10 月 1 日前生产并符合相应标准要求的产品，允许销售至 2006 年 9 月 30 日止。

本标准的附录 A 为资料性附录。

本标准由中华人民共和国卫生部提出并归口。

本标准起草单位：中国疾病预防控制中心营养与食品安全所、卫生部卫生监督中心。

本标准主要起草人：吴永宁、王绪卿、杨惠芬、赵丹宇。

本标准其他起草单位和起草人参见附录 A。

本标准所代替的标准的历次版本发布情况为：

——GBn 52—1977、GB 2762—1981、GB 2762—1994；

——GB 4809—1984；

——GB 4810—1984、GB 4810—1994；

——GB 7104—1986、GB 7104—1994；

——GB 9674—1988；

——GB 9677—1988、GB 9677—1998；

——GB 13105—1991；

——GB 13107—1991；

——GB 14935—1994；

——GB 14961—1994；

——GB 15198—1994；

——GBn 238—1984、GB 15201—1994；

——GB 15202—1994、GB 15202—2003。

食品中污染物限量

1 范围

本标准规定了食品中污染物的限量指标。

本标准适用于各类食品。

2 规范性引用文件

下列文件中的条款通过本标准的引用而成为本标准的条款。凡是注日期的引用文件,其随后所有的修改单(不包括勘误的内容)或修订版均不适用于本标准,然而,鼓励根据本标准达成协议的各方研究是否可使用这些文件的最新版本。凡是不注日期的引用文件,其最新版本适用于本标准。

GB/T 5009.11 食品中总砷及无机砷的测定

GB/T 5009.12 食品中铅的测定

GB/T 5009.15 食品中镉的测定

GB/T 5009.17 食品中总汞及有机汞的测定

GB/T 5009.18 食品中氟的测定

GB/T 5009.26 食品中 N-亚硝胺类的测定

GB/T 5009.27 食品中苯并(a)芘的测定

GB/T 5009.33 食品亚硝酸盐与硝酸盐的测定

GB/T 5009.93 食品中硒的测定

GB/T 5009.94 植物性食品中稀土的测定

GB/T 5009.123 食品中铬的测定

GB/T 5009.182 面制食品中铝的测定

GB/T 5009.190 海产食品中多氯联苯的测定

3 术语和定义

下列术语和定义适用于本标准。

3.1

污染物 contaminant

食品在生产(包括农作物种植、动物饲养和兽医用药)、加工、包装、贮存、运输、销售、直至食用过程或环境污染所导致产生的任何物质,这些非有意加入食品中的物质为污染物,包括除农药、兽药和真菌毒素以外的污染物。

3.2

限量 maximum levels,MLs

污染物在食品中的允许最大浓度。

4 指标要求

4.1 铅

4.1.1 食品中铅限量指标见表1。

表 1　食品中铅限量指标

食　　品	限量(MLs)/(mg/kg)
谷类	0.2
豆类	0.2
薯类	0.2
禽畜肉类	0.2
可食用禽畜下水	0.5
鱼类	0.5
水果	0.1
小水果、浆果、葡萄	0.2
蔬菜(球茎、叶菜、食用菌类除外)	0.1
球茎蔬菜	0.3
叶菜类	0.3
鲜乳	0.05
婴儿配方粉(乳为原料,以冲调后乳汁计)	0.02
鲜蛋	0.2
果酒	0.2
果汁	0.05
茶叶	5

4.1.2　检验方法:按 GB/T 5009.12 规定的方法测定。

4.2　镉

4.2.1　食品中镉限量指标见表 2。

表 2　食品中镉限量指标

食　　品	限量(MLs)/(mg/kg)
粮食	
大米、大豆	0.2
花生	0.5
面粉	0.1
杂粮(玉米、小米、高粱、薯类)	0.1
禽畜肉类	0.1
禽畜肝脏	0.5
禽畜肾脏	1.0
水果	0.05
根茎类蔬菜(芹菜除外)	0.1
叶菜、芹菜、食用菌类	0.2
其他蔬菜	0.05
鱼	0.1
鲜蛋	0.05

4.2.2　检验方法:按 GB/T 5009.15 规定的方法测定。

4.3 汞

4.3.1 食品中汞限量指标见表3。

表3 食品中汞限量指标

食品	限量(MLs)/(mg/kg)	
	总汞(以Hg计)	甲基汞
粮食(成品粮)	0.02	—
薯类(土豆、白薯)、蔬菜、水果	0.01	—
鲜乳	0.01	—
肉、蛋(去壳)	0.05	—
鱼(不包括食肉鱼类)及其他水产品	—	0.5
食肉鱼类(如鲨鱼、金枪鱼及其他)	—	1.0

4.3.2 检验方法:按GB/T 5009.17规定的方法测定。

4.4 砷

4.4.1 食品中砷限量指标见表4。

表4 食品中砷限量指标

食品	限量(MLs)/(mg/kg)	
	总砷	无机砷
粮食		
大米	—	0.15
面粉	—	0.1
杂粮	—	0.2
蔬菜	—	0.05
水果	—	0.05
畜禽肉类	—	0.05
蛋类	—	0.05
乳粉	—	0.25
鲜乳	—	0.05
豆类	—	0.1
酒类	—	0.05
鱼	—	0.1
藻类(干重计)	—	1.5
贝类及虾蟹类(以鲜重计)	—	0.5
贝类及虾蟹类(以干重计)	—	1.0
其他水产食品(以鲜重计)	—	0.5
食用油脂	0.1	—
果汁及果浆	0.2	—
可可脂及巧克力	0.5	—
其他可可制品	1.0	—
食糖	0.5	—

4.4.2 检验方法:按GB/T 5009.11规定的方法测定。

4.5 铬

4.5.1 食品中铬限量指标见表5。

表 5 食品中铬的限量指标

食　品	限量(MLs)/(mg/kg)
粮食	1.0
豆类	1.0
薯类	0.5
蔬菜	0.5
水果	0.5
肉类(包括肝、肾)	1.0
鱼贝类	2.0
蛋类	1.0
鲜乳	0.3
乳粉	2.0

4.5.2 检验方法:按 GB/T 5009.123 规定的方法测定。

4.6 铝

4.6.1 面制食品中铝限量指标见表 6。

表 6 面制食品中铝限量指标

食　品	限量(MLs)/(mg/kg)
面制食品(以质量计)	100

4.6.2 检验方法:按 GB/T 5009.182 规定的方法测定。

4.7 硒

4.7.1 食品中硒限量指标见表 7。

表 7 食品中硒限量指标

食　品	限量(MLs)/(mg/kg)
粮食(成品粮)	0.3
豆类及制品	0.3
蔬菜	0.1
水果	0.05
禽畜肉类	0.5
肾	3.0
鱼类	1.0
蛋类	0.5
鲜乳	0.03
乳粉	0.15

4.7.2 检验方法:按 GB/T 5009.93 规定的方法测定。

4.8 氟

4.8.1 食品中氟限量指标见表 8。

表 8 食品中氟限量指标

食　　品	限量 (MLs)/(mg/kg)
粮食	
大米、面粉	1.0
其他	1.5
豆类	1.0
蔬菜	1.0
水果	0.5
肉类	2.0
鱼类 (淡水)	2.0
蛋类	1.0

4.8.2 检验方法:按 GB/T 5009.18 规定的方法测定。

4.9 苯并(a)芘

4.9.1 食品中苯并(a)芘限量指标见表 9。

表 9 食品中苯并(a)芘限量指标

食　　品	限量 (MLs)/(μg/kg)
熏烤肉	5
植物油	10
粮食	5

4.9.2 检验方法:按 GB/T 5009.27 规定的方法测定。

4.10 N-亚硝胺

4.10.1 食品中 N-亚硝胺的限量指标见表 10。

表 10 食品中 N-亚硝胺的限量指标

食　　品	限量(MLs)/(μg/kg)	
	N-二甲基亚硝胺	N-二乙基亚硝胺
海产品	4	7
肉制品	3	5

4.10.2 检验方法:按 GB/T 5009.26 规定的方法测定。

4.11 多氯联苯

4.11.1 海产食品中多氯联苯限量指标见表 11。

表 11 海产食品中多氯联苯限量指标

食　　品	限量(MLs)/(mg/kg)		
	多氯联苯[a]	PCB138	PCB153
海产鱼、贝、虾以及藻类食品(可食部分)	2.0	0.5	0.5
[a] 以 PCB28、PCB52、PCB101、PCB118、PCB138、PCB153 和 PCB180 总和计。			

4.11.2 检验方法:按 GB/T 5009.190 规定的方法测定。

4.12 亚硝酸盐

4.12.1 食品中亚硝酸盐限量指标见表 12。

表 12　食品中亚硝酸盐限量指标

食　　品	限量(MLs)(以 $NaNO_2$ 计)/(mg/kg)
粮食(大米、面粉、玉米)	3
蔬菜	4
鱼类	3
肉类	3
蛋类	5
酱腌菜	20
乳粉	2
食盐(以 NaCl 计)	2

4.12.2　检验方法:按 GB/T 5009.33 规定的方法测定。

4.13　稀土

4.13.1　植物性食品中稀土限量指标见表 13。

表 13　植物性食品中稀土限量指标

食　　品	限量[a](MLs)/(mg/kg)
粮食	
稻谷、玉米、小麦	2.0
蔬菜(菠菜除外)	0.7
水果	0.7
花生仁	0.5
马铃薯	0.5
绿豆	1.0
茶叶	2.0

[a] 以稀土氧化物总量计。

4.13.2　检验方法:按 GB/T 5009.94 规定的方法测定。

附 录 A
（资料性附录）
本标准其他起草单位、起草人汇总表

表 A.1 本标准其他起草单位、起草人汇总表

序号	污染物	起 草 单 位	起 草 人
1	铅	上海市疾病预防控制中心、中国疾病预防控制中心营养与食品安全所、浙江省医学科学院	吴其乐、王淮洲、顾伟勤、胡欣、苏雁
2	镉	上海市疾病预防控制中心、中国疾病预防控制中心营养与食品安全所、华西医科大学	吴其乐、韩驰、杨慧芬、王淮洲、顾伟勤、田水碧
3	汞	中国疾病预防控制中心营养与食品安全所、上海市疾病预防控制中心、江苏省卫生防疫站、广东省疾病预防控制中心	杨慧芬、沈文、邹宗富、金传玉、梁春穗
4	砷	中国疾病预防控制中心营养与食品安全所、华西医科大学、山东省卫生防疫站、河北省卫生防疫站、广东省卫生防疫站、江苏省疾病预防控制中心、安徽省卫生防疫站、吉林省卫生防疫站、浙江宁波市卫生防疫站、湖北省十堰市卫生防疫站、辽宁省卫生监督所	杨慧芬、王淮洲、田水碧、陆冰贞、邢俊娥、梁春穗、仓公敖、施宏景、边疆、蒋丽、王耀成、王正
5	铬	青岛医学院、中国疾病预防控制中心营养与食品安全所	李珏声、张秀珍、王淮洲、高俊全、张欣棉
6	铝	中国疾病预防控制中心营养与食品安全所、上海市疾病预防控制中心、广东省疾病预防控制中心、湖南省疾病预防控制中心、华西医科大学、成都市卫生防疫站、天津市公共卫生监督所	苏德昭、王林、王永芳、王绪卿、杨惠芬、赵丹宇、王冶
7	硒	中国疾病预防控制中心营养与食品安全所	王淮洲、杨光圻、韩驰
8	氟	中国疾病预防控制中心营养与食品安全所	王淮洲
9	苯并(a)芘	广西壮族自治区卫生防疫站、中国疾病预防控制中心营养与食品安全所	池凤、王淮洲
10	N-亚硝胺	中国疾病预防控制中心营养与食品安全所、北京医科大学公共卫生学院、福建省卫生防疫站	高俊全、宋圃菊、王淮洲、林升清、蔡一新
11	多氯联苯	中国疾病预防控制中心营养与食品安全所	吴永宁
12	亚硝酸盐	中国疾病预防控制中心营养与食品安全所、河南省疾病预防控制中心、吉林省卫生防疫站、黑龙江省疾病预防控制中心、青岛医学院	杨慧芬、王淮洲、张秀珍、王金凤、罗雁飞
13	稀土	中国疾病预防控制中心营养与食品安全所、辽宁省疾病预防控制中心、湖南省卫生防疫站、上海市疾病预防控制中心、福州市卫生防疫站	苏德昭、翟永信、向良迪、沈文、孙秀钦

ICS 67.040
C 53

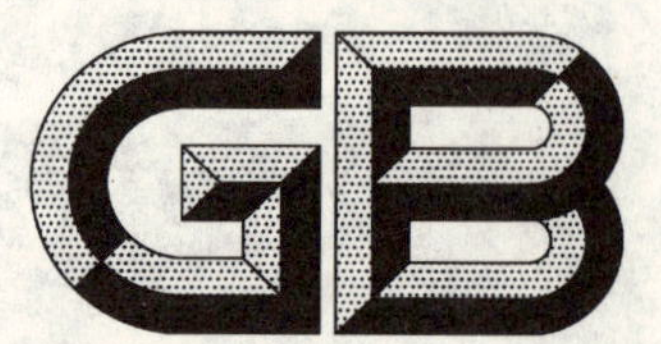

中华人民共和国国家标准

GB 2763—2005
代替 GB 2763—1981,GB 4788—1994 等

食品中农药最大残留限量

Maximum residue limits for pesticides in food

2005-01-25 发布　　2005-10-01 实施

中华人民共和国卫生部
中国国家标准化管理委员会　发布

前　言

本标准全文强制。

本标准与国际食品法典委员会(CAC)标准《食品中农药最大残留限量》(2001年)(Maximum residue limits for pesticides)的一致性程度为非等效。

本标准代替并废止GB 2763—1981《粮食、蔬菜等食品中六六六、滴滴涕残留量标准》、GB 4788—1994《食品中甲拌磷、杀螟硫磷、倍硫磷最大残留限量标准》、GB 5127—1998《食品中敌敌畏、乐果、马拉硫磷、对硫磷最大残留限量标准》、GB 14868—1994《食品中辛硫磷最大残留限量标准》、GB 14869—1994《食品中百菌清最大残留限量标准》、GB 14870—1994《食品中多菌灵最大残留限量标准》、GB 14871—1994《食品中二氯苯醚菊酯最大残留限量标准》、GB 14872—1994《食品中乙酰甲胺磷最大残留限量标准》、GB 14873—1994《稻谷中甲胺磷最大残留限量标准》、GB 14874—1994《稻谷和棉籽油中甲基对硫磷最大残留限量标准》、GB 14928.1—1994《食品中地亚农最大残留限量标准》、GB 14928.2—1994《食品中抗蚜威最大残留限量标准》、GB 14928.3—1994《食品中甲基嘧啶硫磷最大残留限量标准》、GB 14928.4—1994《食品中溴氰菊酯最大残留限量标准》、GB 14928.5—1994《食品中氰戊菊酯最大残留限量标准》、GB 14928.6—1994《花生仁、食用油(花生油、棉籽油)中涕灭威最大残留限量标准》、GB 14928.7—1994《稻谷中呋喃丹最大残留限量标准》、GB 14928.8—1994《稻谷、柑桔中水胺硫磷最大残留限量标准》、GB 14928.9—1994《稻谷中三环唑最大残留限量标准》、GB 14928.10—1994《大米、蔬菜、柑桔中喹硫磷最大残留限量标准》、GB 14928.11—1994《大米中杀虫环最大残留限量标准》、GB 14928.12—1994《大米中杀虫双最大残留限量标准》、GB 14968—1994《食品中草甘膦最大残留限量标准》、GB 14969—1994《甘蔗、柑桔中克线丹最大残留限量标准》、GB 14970—1994《食品中噻嗪酮最大残留限量标准》、GB 14971—1994《食品中西维因最大残留限量标准》、GB 14972—1994《食品中粉锈宁最大残留限量标准》、GB 15194—1994《食品中敌菌灵等农药最大残留限量标准》、GB 15195—1994《食品中灭幼脲最大残留限量标准》、GB 16319—1996《食品中敌百虫最大残留限量标准》、GB 16320—1996《食品中亚胺硫磷最大残留限量标准》、GB 16323—1996《食品中阿特拉津最大残留限量标准》、GB 16333—1996《双甲脒等农药在食品中的最大残留限量》、GBn 136—1981《肉、蛋等食品中六六六、滴滴涕残留限量标准》。

本标准与原单一农药品种的最大残留限量标准相比主要变化如下:

——根据农药最新登记情况,制定限量标准的食品品种有变化;

——食品品种更加细化;

—— 依据危险性评估,参照CAC标准,部分限量指标做了相应修改;

——为强调高毒农药在某些农作物上的禁用,原标准中的不得检出,更改为其方法的测定限(limit of determination)。

本标准于2005年10月1日起实施,过渡期为一年。即2005年10月1日前生产并符合相应标准要求的产品,允许销售至2006年9月30日止。

本标准的附录A、附录B为资料性附录。

本标准由中华人民共和国卫生部提出并归口。

本标准起草单位:中国疾病预防控制中心营养与食品安全所、农业部农药检定所、卫生部卫生监督中心等。

本标准主要起草人:张莹、王绪卿、赵丹宇、李本昌、田景华、蒋定国。

本标准其他起草单位和起草人参见附录B。

本标准所代替标准的历次版本发布情况为：

——GBn 53—1977、GB 2763—1981；

——GB 4788—1984、GB 4788—1994；

——GB 5127—1985、GB 5127—1998；

——GB 14868—1994；

——GB 14869—1994；

——GB 14870—1994；

——GB 14871—1994；

——GB 14872—1994；

——GB 14873—1994；

——GB 14874—1994；

——GB 14928.1—1994；

——GB 14928.2—1994；

——GB 14928.3—1994；

——GB 14928.4—1994；

——GB 14928.5—1994；

——GB 14928.6—1994；

——GB 14928.7—1994；

——GB 14928.8—1994；

——GB 14928.9—1994；

——GB 14928.10—1994；

——GB 14928.11—1994；

——GB 14928.12—1994；

——GB 14968—1994；

——GB 14969—1994；

——GB 14970—1994；

——GB 14971—1994；

——GB 14972—1994；

——GB 15194—1994；

——GB 15195—1994；

——GB 16319—1996；

——GB 16320—1996；

——GB 16323—1996；

——GB 16333—1996；

——GBn 136—1981。

食品中农药最大残留限量

1 范围

本标准规定了食品中农药最大残留限量。

本标准适用于各类食品。

2 规范性引用文件

下列文件中的条款通过本标准的引用而成为本标准的条款。凡是注日期的引用文件，其随后所有的修改单(不包括勘误的内容)或修订版均不适用于本标准，然而，鼓励根据本标准达成协议的各方研究是否可使用这些文件的最新版本。凡是不注日期的引用文件，其最新版本适用于本标准。

GB/T 5009.19 食品中六六六、滴滴涕残留量的测定
GB/T 5009.20 食品中有机磷农药残留量的测定
GB/T 5009.21 粮、油、菜中甲萘威残留量的测定
GB/T 5009.36 粮食卫生标准的分析方法
GB/T 5009.38 蔬菜、水果卫生标准的分析方法
GB/T 5009.103 植物性食品中甲胺磷和乙酰甲胺磷农药残留量的测定
GB/T 5009.104 植物性食品中氨基甲酸酯类农药残留量的测定
GB/T 5009.105 黄瓜中百菌清残留量的测定
GB/T 5009.106 植物性食品中二氯苯醚菊酯残留量的测定
GB/T 5009.107 植物性食品中二嗪磷残留量的测定
GB/T 5009.109 柑桔中水胺硫磷残留量的测定
GB/T 5009.110 植物性食品中氯氰菊酯、氰戊菊酯和溴氰菊酯残留量的测定
GB/T 5009.113 大米中杀虫环残留量的测定
GB/T 5009.114 大米中杀虫双残留量的测定
GB/T 5009.115 谷物中三环唑残留量的测定
GB/T 5009.126 植物性食品中三唑酮残留量的测定
GB/T 5009.130 大豆及谷物中氟磺胺草醚残留量的测定
GB/T 5009.131 植物性食品中亚胺硫磷残留量的测定
GB/T 5009.132 食品中莠去津残留量的测定
GB/T 5009.133 粮食中绿麦隆残留量的测定
GB/T 5009.134 大米中禾草敌残留量的测定
GB/T 5009.135 植物性食品中灭幼脲残留量的测定
GB/T 5009.136 植物性食品中五氯硝基苯残留量的测定
GB/T 5009.142 植物性食品中吡氟禾草灵、精吡氟禾草灵残留量的测定
GB/T 5009.143 蔬菜、水果、食用油中双甲脒残留量的测定
GB/T 5009.144 植物性食品中甲基异柳磷残留量的测定
GB/T 5009.145 植物性食品中有机磷和氨基甲酸酯类农药多种残留的测定
GB/T 5009.146 植物性食品中有机氯和拟除虫菊酯类农药多种残留的测定
GB/T 5009.147 植物性食品中除虫脲残留量的测定
GB/T 5009.155 大米中稻瘟灵残留量的测定

GB/T 5009.160　水果中单甲脒残留量的测定
GB/T 5009.164　大米中丁草胺残留量的测定
GB/T 5009.172　大豆、花生、豆油、花生油中的氟乐灵残留量的测定
GB/T 5009.173　梨果类、柑桔类水果中噻螨酮残留量的测定
GB/T 5009.174　花生、大豆中异丙甲草胺残留量的测定
GB/T 5009.175　粮食和蔬菜中 2,4-滴残留量的测定
GB/T 5009.176　茶叶、水果、食用植物油中三氯杀螨醇残留量的测定
GB/T 5009.177　大米中敌稗残留量的测定
GB/T 5009.180　稻谷、花生仁中恶草酮残留量的测定
GB/T 5009.184　粮食、蔬菜中噻嗪酮残留量的测定
GB/T 5009.200　小麦中野燕枯残留量的测定
GB/T 5009.201　梨中烯唑醇残留量的测定
GB/T 14929.2　花生仁、棉籽油、花生油中涕灭威残留量测定方法
SN 0137　出口粮谷中甲基嘧啶磷残留量检验方法
SN 0150　出口水果中三唑锡残留量检验方法
SN 0154　出口水果中甲基嘧啶磷残留量检验方法
SN 0157　出口水果中二硫代氨基甲酸酯残留量检验方法
SN 0192　出口水果中溴螨酯残留量检验方法
SN 0203　出口酒中腐霉利残留量检验方法
SN 0281　出口水果中甲霜灵残留量检验方法
SN 0292　出口粮谷中灭草松残留量检验方法
SN 0293　出口粮谷中敌草快、对草快残留量检验方法
SN 0519　出口粮谷中丙环唑残留量检验方法
SN 0582　出口粮谷及油籽中灭多威残留量检验方法
SN 0584　出口粮谷及油籽中烯菌酮残留量检验方法
SN 0592　出口粮谷及油籽中苯丁锡残留量检验方法
SN 0606　出口乳及乳制品中噻菌灵残留量检验方法　荧光分光光度法
SN 0607　出口肉及肉制品中噻苯哒唑残留量检验方法
SN 0649　出口粮谷中溴甲烷残留量检验方法
SN 0654　出口水果中克菌丹残留量检验方法
SN 0660　出口粮谷中克螨特残留量检验方法
SN 0701　出口粮谷中磷胺残留量检验方法
SN 0708　出口粮谷中异菌脲残留量检验方法
SN 0712　出口粮谷中戊草丹、二甲戊灵、丙草胺、氟酰胺、灭锈胺、苯噻酰草胺残留量检验方法

3　术语和定义

下列术语和定义适用于本标准。

3.1

残留物　pesticide residues

任何由于使用农药而在食品、农产品和动物饲料中出现的特定物质,包括被认为具有毒理学意义的农药衍生物,如农药转化物、代谢物、反应产物以及杂质。

3.2

最大残留限量　maximum residue limits,MRLs

在生产或保护商品过程中,按照农药使用的良好农业规范(GAP)使用农药后,允许农药在各种食品和动物饲料中或其表面残留的最大浓度。

3.3

再残留限量　extraneous maximum residue limits,EMRLs

一些残留持久性农药虽已禁用,但已造成对环境的污染,从而再次在食品中形成残留。为控制这类农药残留物对食品的污染而制定其在食品中的残留限量。

3.4

每日允许摄入量　acceptable daily intakes,ADI

人类每日摄入某物质直至终生,而不产生可检测到的对健康产生危害的量,以每千克体重可摄入的量(毫克)表示,单位为 mg/kg 体重。

注:本标准 ADI 数值后括号内所注是指由 FAO/WHO 农药残留专家联席会议(JMPR)或 FAO/WHO 食品添加剂联合专家委员会(JECFA)确定该农药 ADI 的最新年份。

3.5

急性参考剂量　acute reference dose,acute RfD

食品或饮水中某种物质,其在较短时间内(通常指一餐或一天内)被吸收后不致引起目前已知的任何可观察到的健康损害的剂量。

注:本标准 acute RfD 数值后括号内所注是指由 FAO/WHO 农药残留专家联席会议(JMPR)或 FAO/WHO 食品添加剂联合专家委员会(JECFA)确定该农药 acute RfD 的最新年份。

3.6

暂定日允许摄入量　temporary acceptable daily intakes,TADI

暂定在一定期限内所采用的每日允许摄入量。

3.7

暂定每日耐受摄入量　provisional tolerable daily intakes,PTDI

对制定再残留限量的持久性农药而确定的人每日可承受的量。

4　技术要求

每种农药的最大残留限量或再残留限量规定如下。

4.1　乙酰甲胺磷(acephate)

4.1.1　主要用途:杀虫剂。

4.1.2　ADI:0.03 mg/kg 体重(1990 年)。

4.1.3　残留物:乙酰甲胺磷(其代谢物 O,S-二甲胺基硫代磷酸酯即甲胺磷,甲胺磷以甲胺磷最大残留限量计)。

4.1.4　最大残留限量:应符合表 1 的规定。

表 1

食　物	最大残留限量/(mg/kg)
稻谷	0.2
小麦	0.2
玉米	0.2
蔬菜	1
水果	0.5
棉籽	2
茶叶	0.1

4.1.5 检验方法:按 GB/T 5009.103 规定的方法测定。

4.2 三氟羧草醚(acifluorfen)

4.2.1 主要用途:除草剂。

4.2.2 ADI:0.125 mg/kg 体重。

4.2.3 残留物:三氟羧草醚。

4.2.4 最大残留限量:应符合表 2 的规定。

表 2

食　　物	最大残留限量/(mg/kg)
大豆	0.1

4.3 甲草胺(alachlor)

4.3.1 主要用途:除草剂。

4.3.2 ADI:0.03 mg/kg 体重 。

4.3.3 残留物:甲草胺。

4.3.4 最大残留限量:应符合表 3 的规定。

表 3

食　　物	最大残留限量/(mg/kg)
玉米	0.02
大豆	0.2
花生	0.5

4.4 涕灭威(aldicarb)

4.4.1 主要用途:杀虫剂。

4.4.2 ADI:0.003 mg/kg 体重 (1992 年)。

4.4.3 acute RfD:0.003 mg/kg 体重 (1995 年)。

4.4.4 残留物:涕灭威及其亚砜、砜之和,以涕灭威表示。

4.4.5 最大残留限量:应符合表 4 的规定。

表 4

食　　物	最大残留限量/(mg/kg)
花生	0.02
食用花生油	0.01
棉籽	0.1
食用棉籽油	0.01

4.4.6 检验方法:按 GB/T 14929.2 规定的方法测定。

4.5 艾氏剂和狄氏剂(aldrin and dieldrin)

4.5.1 PTDI:0.000 1 mg/kg 体重 (1994 年)。

4.5.2 残留物:艾氏剂与狄氏剂之和(脂溶)。

4.5.3 再残留限量:应符合表 5 的规定。

表 5

食　　物	再残留限量/(mg/kg)
原粮	0.02

4.5.4　检验方法：按 GB/T 5009.36 规定的方法测定。

4.6　**磷化铝(aluminium phosphide)**

4.6.1　主要用途：杀虫剂。

4.6.2　残留物：磷化物。

4.6.3　最大残留限量：应符合表 6 的规定。

表 6

食　　物	最大残留限量/(mg/kg)
原粮	0.05

4.6.4　检验方法：按 GB/T 5009.36 规定的方法测定。

4.7　**双甲脒(amitraz)**

4.7.1　主要用途：杀虫剂。

4.7.2　ADI：0.01 mg/kg 体重（1998 年）。

4.7.3　acute RfD：0.01 mg/kg 体重（1998 年）。

4.7.4　残留物：双甲脒及 N-(2,4-二甲苯基)-N′-甲基甲脒之和，以 N-(2,4-二甲苯基)-N′-甲基甲脒计。

4.7.5　最大残留限量：应符合表 7 的规定。

表 7

食　　物	最大残留限量/(mg/kg)
果菜类蔬菜	0.5
梨果类水果	0.5
柑橘类水果	0.5
棉籽油	0.05

4.7.6　检验方法：按 GB/T 5009.143 规定的方法测定。

4.8　**敌菌灵(anilazine)**

4.8.1　主要用途：杀菌剂。

4.8.2　ADI：0.1 mg/kg 体重（1989 年）。

4.8.3　残留物：敌菌灵。

4.8.4　最大残留限量：应符合表 8 的规定。

表 8

食　　物	最大残留限量/(mg/kg)
稻谷	0.2
番茄	10
黄瓜	10

4.9　**莠去津(atrazine)**

4.9.1　主要用途：除草剂。

4.9.2　ADI：0.08 mg/kg 体重。

4.9.3 残留物:莠去津。

4.9.4 最大残留限量:应符合表 9 的规定。

表 9

食　物	最大残留限量/(mg/kg)
玉米	0.05
甘蔗	0.05

4.9.5 检验方法:按 GB/T 5009.132 规定的方法测定。

4.10 三唑锡(azocyclotin)

4.10.1 主要用途:杀螨剂。

4.10.2 ADI:0.007 mg/kg 体重(1994 年)。

4.10.3 残留物:三唑锡和三环锡之和,以三环锡表示。

4.10.4 最大残留限量:应符合表 10 的规定。

表 10

食　物	最大残留限量/(mg/kg)
梨果类水果	2
柑橘类水果	2

4.10.5 检验方法:按 SN 0150 规定的方法测定。

4.11 丙硫克百威(benfuracarb)

4.11.1 主要用途:杀虫剂。

4.11.2 ADI:0.01 mg/kg 体重。

4.11.3 残留物:丙硫克百威、3-羟基克百威和克百威之和,以克百威表示。

4.11.4 最大残留限量:应符合表 11 的规定。

表 11

食　物	最大残留限量/(mg/kg)
大米	0.2
棉籽油	0.05

4.11.5 检验方法:按 GB/T 5009.145 规定的方法测定。

4.12 苄嘧磺隆(bensulfuron-methyl)

4.12.1 主要用途:除草剂。

4.12.2 ADI:0.2 mg/kg 体重。

4.12.3 残留物:苄嘧磺隆。

4.12.4 最大残留限量:应符合表 12 的规定。

表 12

食　物	最大残留限量/(mg/kg)
大米	0.05

4.13 灭草松(bentazone)

4.13.1 主要用途:除草剂。

4.13.2 ADI:0.1 mg/kg 体重(1998 年)。

4.13.3 acute RfD:无需制定(1999 年)。

4.13.4 残留物:灭草松、6-羟基灭草松及 8-羟基灭草松之和,以灭草松表示。

4.13.5 最大残留限量:应符合表 13 的规定。

表 13

食　物	最大残留限量/(mg/kg)
稻谷	0.1
麦类	0.1
大豆	0.05

4.13.6 检验方法:按 SN 0292 规定的方法测定。

4.14 联苯菊酯(bifenthrin)

4.14.1 主要用途:杀虫剂、杀螨剂。

4.14.2 ADI:0.02 mg/kg 体重(1992 年)。

4.14.3 残留物:联苯菊酯(脂溶)。

4.14.4 最大残留限量:应符合表 14 的规定。

表 14

食　物	最大残留限量/(mg/kg)
番茄	0.5
梨果类水果	0.5
柑橘类水果	0.05
棉籽	0.5

4.14.5 检验方法:按 GB/T 5009.146 规定的方法测定。

4.15 杀虫双(bisultap)

4.15.1 主要用途:杀虫剂。

4.15.2 ADI:0.025 mg/kg 体重。

4.15.3 残留物:杀虫双。

4.15.4 最大残留限量:应符合表 15 的规定。

表 15

食　物	最大残留限量/(mg/kg)
大米	0.2

4.15.5 检验方法:按 GB/T 5009.114 规定的方法测定。

4.16 溴螨酯(bromopropylate)

4.16.1 主要用途:杀螨剂。

4.16.2 ADI:0.03 mg/kg 体重(1993 年)。

4.16.3 残留物:溴螨酯。

4.16.4 最大残留限量:应符合表 16 的规定。

表 16

食　物	最大残留限量/(mg/kg)
梨果类水果	2
柑橘类水果	2

4.16.5　检验方法:按 SN 0192 规定的方法测定。

4.17　噻嗪酮(buprofezin)

4.17.1　主要用途:杀虫剂。

4.17.2　ADI:0.01 mg/kg 体重(1991 年)。

4.17.3　acute RfD:无需制定 (1999 年)。

4.17.4　残留物:噻嗪酮(脂溶)。

4.17.5　最大残留限量:应符合表 17 的规定。

表 17

食　物	最大残留限量/(mg/kg)
稻谷	0.3
柑橘类水果	0.5

4.17.6　检验方法:按 GB/T 5009.184 规定的方法测定。

4.18　丁草胺(butachlor)

4.18.1　主要用途:除草剂。

4.18.2　ADI:0.1 mg/kg 体重。

4.18.3　残留物:丁草胺。

4.18.4　最大残留限量:应符合表 18 的规定。

表 18

食　物	最大残留限量/(mg/kg)
大米	0.5

4.18.5　检验方法:按 GB/T 5009.164 规定的方法测定。

4.19　硫线磷(cadusafos)

4.19.1　主要用途:杀虫剂。

4.19.2　ADI:0.000 3 mg/kg 体重(1991 年)。

4.19.3　残留物:硫线磷。

4.19.4　最大残留限量:应符合表 19 的规定。

表 19

食　物	最大残留限量/(mg/kg)
柑橘	0.005
甘蔗	0.005

4.19.5　检验方法:按 GB/T 5009.145 规定的方法测定。

4.20　克菌丹(captan)

4.20.1　主要用途:杀菌剂。

4.20.2　ADI:0.1 mg/kg 体重(1995 年)。

4.20.3　acute RfD:无需制定(2000 年)。

4.20.4 残留物:克菌丹。

4.20.5 最大残留限量:应符合表 20 的规定。

表 20

食　物	最大残留限量/(mg/kg)
梨果类水果	15

4.20.6 检验方法:按 SN 0654 规定的方法测定。

4.21 **甲萘威(carbaryl)**

4.21.1 主要用途:杀虫剂。

4.21.2 ADI:0.003 mg/kg 体重(2000 年)。

4.21.3 残留物:甲萘威。

4.21.4 最大残留限量:应符合表 21 的规定。

表 21

食　物	最大残留限量/(mg/kg)
稻谷	5
大豆	1
蔬菜	2
棉籽	1

4.21.5 检验方法:按 GB/T 5009.21 规定的方法测定。

4.22 **多菌灵(carbendazim)**

4.22.1 主要用途:杀菌剂。

4.22.2 ADI:0.03 mg/kg 体重(1995 年)。

4.22.3 残留物:多菌灵。

4.22.4 最大残留限量:应符合表 22 的规定。

表 22

食　物	最大残留限量/(mg/kg)
大米	2
小麦	0.05
玉米	0.5
大豆	0.2
花生	0.1
番茄	0.5
黄瓜	0.5
芦笋	0.1
辣椒	0.1
梨果类水果	3
葡萄	3
其他水果	0.5
油菜籽	0.1
甜菜	0.1

4.22.5 检验方法:按 GB/T 5009.38 规定的方法测定。

4.23 克百威(carbofuran)

4.23.1 主要用途:杀虫剂。

4.23.2 ADI:0.002 mg/kg 体重(1996 年)。

4.23.3 残留物:克百威及 3-羟基克百威之和,以克百威表示。

4.23.4 最大残留限量:应符合表 23 的规定。

表 23

食物	最大残留限量/(mg/kg)
大米	0.2
小麦	0.1
玉米	0.1
大豆	0.2
马铃薯	0.1
柑橘类水果	0.5
甜菜	0.1
甘蔗	0.1

4.23.5 检验方法:按 GB/T 5009.104 规定的方法测定。

4.24 丁硫克百威(carbosulfan)

4.24.1 主要用途:杀虫剂。

4.24.2 ADI:0.01 mg/kg 体重(1986 年)。

4.24.3 残留物:丁硫克百威。

4.24.4 最大残留限量:应符合表 24 的规定。

表 24

食物	最大残留限量/(mg/kg)
稻谷	0.5
柑橘类水果	0.1

4.24.5 检验方法:按 GB/T 5009.145 规定的方法测定。

4.25 杀螟丹(cartap)

4.25.1 主要用途:杀虫剂。

4.25.2 ADI:0.1 mg/kg 体重(1978 年制定,1995 年撤消)。

4.25.3 残留物:杀螟丹,以游离基表示。

4.25.4 最大残留限量:应符合表 25 的规定。

表 25

食物	最大残留限量/(mg/kg)
大米	0.1

4.25.5 检验方法:按 GB/T 5009.145 规定的方法测定。

4.26 灭幼脲(chlorbenzuron)

4.26.1 主要用途:杀虫剂。

4.26.2 ADI:1.25 mg/kg 体重。

4.26.3 残留物:灭幼脲。

4.26.4 最大残留限量:应符合表 26 的规定。

表 26

食　　物	最大残留限量/(mg/kg)
小麦	3
谷子	3
甘蓝类蔬菜	3

4.26.5 检验方法:按 GB/T 5009.135 规定的方法测定。

4.27 矮壮素(chlormequat)

4.27.1 主要用途:植物生长调节剂。

4.27.2 ADI:0.05 mg/kg 体重(1997 年)。

4.27.3 acute RfD:0.05 mg/kg 体重(1999 年)。

4.27.4 残留物:矮壮素阳离子,通常以氯化物表示。

4.27.5 最大残留限量:应符合表 27 的规定。

表 27

食　　物	最大残留限量/(mg/kg)
小麦	5
玉米	5
棉籽	0.5

4.28 氯化苦(chloropicrin)

4.28.1 主要用途:杀虫剂。

4.28.2 残留物:氯化苦。

4.28.3 最大残留限量:应符合表 28 的规定。

表 28

食　　物	最大残留限量/(mg/kg)
原粮	2

4.28.4 检验方法:按 GB/T 5009.36 规定的方法测定。

4.29 百菌清(chlorothalonil)

4.29.1 主要用途:杀菌剂。

4.29.2 ADI:0.03 mg/kg 体重(1992 年)。

4.29.3 残留物:百菌清。

4.29.4 最大残留限量:应符合表 29 的规定。

表 29

食　　物	最大残留限量/(mg/kg)
稻谷	0.2
小麦	0.1
豆类(干)	0.2
花生	0.05
叶菜类蔬菜	5
果菜类蔬菜	5

表 29（续）

食　　物	最大残留限量/(mg/kg)
瓜菜类蔬菜	5
梨果类水果	1
葡萄	0.5
柑橘	1

4.29.5　检验方法：按 GB/T 5009.105 规定的方法测定。

4.30　毒死蜱(chlorpyrifos)

4.30.1　主要用途：杀虫剂。

4.30.2　ADI：0.01 mg/kg 体重(1999 年)。

4.30.3　残留物：毒死蜱(脂溶)。

4.30.4　最大残留限量：应符合表 30 的规定。

表 30

食　　物	最大残留限量/(mg/kg)
稻谷	0.1
小麦	0.1
叶菜类蔬菜	0.1
甘蓝类蔬菜	1
番茄	0.5
茎类蔬菜	0.05
韭菜	0.1
梨果类水果	1
柑橘类水果	2
棉籽油	0.05

4.30.5　检验方法：按 GB/T 5009.145 规定的方法测定。

4.31　甲基毒死蜱(chlorpyrifos-methyl)

4.31.1　主要用途：杀虫剂。

4.31.2　ADI：0.01 mg/kg 体重 (1992 年)。

4.31.3　残留物：甲基毒死蜱(脂溶)。

4.31.4　最大残留限量：应符合表 31 的规定。

表 31

食　　物	最大残留限量/(mg/kg)
原粮	5

4.31.5　检验方法：按 GB/T 5009.145 规定的方法测定。

4.32　绿麦隆(chlortoluron)

4.32.1　主要用途：除草剂。

4.32.2　ADI：0.2 mg/kg 体重。

4.32.3　残留物：绿麦隆。

4.32.4　最大残留限量：应符合表 32 的规定。

表 32

食　　物	最大残留限量/(mg/kg)
麦类	0.1
玉米	0.1
大豆	0.1

4.32.5　检验方法:按 GB/T 5009.133 规定的方法测定。

4.33　四螨嗪(clofentezine)

4.33.1　主要用途:杀螨剂。

4.33.2　ADI:0.02 mg/kg 体重(1986 年)。

4.33.3　残留物:四螨嗪。

4.33.4　最大残留限量:应符合表 33 的规定。

表 33

食　　物	最大残留限量/(mg/kg)
梨果类水果	0.5
柑橘类水果	0.5
枣	1

4.34　氰化物(cyanide)

4.34.1　主要用途:杀虫剂。

4.34.2　残留物:氰化物。

4.34.3　最大残留限量:应符合表 34 的规定。

表 34

食　　物	最大残留限量/(mg/kg)
原粮	5

4.34.4　检验方法:按 GB/T 5009.36 规定的方法测定。

4.35　氟氯氰菊酯(cyfluthrin)

4.35.1　主要用途:杀虫剂。

4.35.2　ADI:0.02 mg/kg 体重(1997 年)。

4.35.3　残留物:氟氯氰菊酯(脂溶)。

4.35.4　最大残留限量:应符合表 35 的规定。

表 35

食　　物	最大残留限量/(mg/kg)
甘蓝类蔬菜	0.1
苹果	0.5
棉籽	0.05

4.35.5　检验方法:按 GB/T 5009.146 规定的方法测定。

4.36　氯氟氰菊酯(cyhalothrin)

4.36.1　主要用途:杀虫剂。

4.36.2　ADI:0.002 mg/kg 体重(2000 年)。

4.36.3　残留物:氯氟氰菊酯(所有异构体之总和)。

4.36.4 最大残留限量:应符合表 36 的规定。

表 36

食　物	最大残留限量/(mg/kg)
叶菜类蔬菜	0.2
果菜类蔬菜	0.2
梨果类水果	0.2
柑橘	0.2
棉籽油	0.02

4.36.5 检验方法:按 GB/T 5009.146 规定的方法测定。

4.37 氯氰菊酯(cypermethrin)

4.37.1 主要用途:杀虫剂。

4.37.2 ADI:0.05 mg/kg 体重(1996 年)。

4.37.3 残留物:氯氰菊酯(所有异构体之总和,脂溶)。

4.37.4 最大残留限量:应符合表 37 的规定。

表 37

食　物	最大残留限量/(mg/kg)
小麦	0.2
玉米	0.05
大豆	0.05
叶菜类蔬菜	2
果菜类蔬菜	0.5
黄瓜	0.2
豆类蔬菜	0.5
梨果类水果	2
柑橘类水果	2
棉籽	0.2
茶叶	20

4.37.5 检验方法:按 GB/T 5009.110 规定的方法测定。

4.38 灭蝇胺(cyromazine)

4.38.1 主要用途:杀虫剂。

4.38.2 ADI:0.02 mg/kg 体重(1990 年)。

4.38.3 残留物:灭蝇胺。

4.38.4 最大残留限量:应符合表 38 的规定。

表 38

食　物	最大残留限量/(mg/kg)
黄瓜	0.2

4.39 2,4-滴(2,4-D)

4.39.1 主要用途:除草剂。

4.39.2 ADI:0.01 mg/kg 体重(1996 年)。

4.39.3 残留物:2,4-滴。

4.39.4 最大残留限量:应符合表 39 的规定。

表 39

食　　物	最大残留限量/(mg/kg)
小麦	0.5
大白菜	0.2
果菜类蔬菜	0.1

4.39.5　检验方法：按 GB/T 5009.175 规定的方法测定。

4.40　滴滴涕(DDT)

4.40.1　PTDI：0.01 mg/kg 体重(2000 年)。

4.40.2　acute RfD：无需制定。

4.40.3　残留物：P，P′-DDT、O，P′-DDT、P，P′-DDE、P，P′-TDE(DDD) 之和(脂溶)。

4.40.4　再残留限量：应符合表 40 的规定。

表 40

食　　物	再残留限量/(mg/kg)
原粮	0.05
豆类	0.05
薯类	0.05
蔬菜	0.05
水果	0.05
茶叶	0.2
肉及其制品	
脂肪含量 10%以下(以原样计)	0.2
脂肪含量 10%及以上(以脂肪计)	2
水产品	0.5
蛋品	0.1
牛乳	0.02
乳制品	
脂肪含量 2%以下(以原样计)	0.01
脂肪含量 2%及以上(以脂肪计)	0.5

4.40.5　检验方法：按 GB/T 5009.19 规定的方法测定。

4.41　溴氰菊酯(deltamethrin)

4.41.1　主要用途：杀虫剂。

4.41.2　ADI：0.01 mg/kg 体重(1982 年)。

4.41.3　残留物：溴氰菊酯(脂溶)。

4.41.4　最大残留限量：应符合表 41 的规定。

表 41

食　　物	最大残留限量/(mg/kg)
原粮	0.5
小麦粉	0.2
叶菜类蔬菜	0.5

表 41（续）

食　物	最大残留限量/(mg/kg)
甘蓝类蔬菜	0.5
果菜类蔬菜	0.2
梨果类水果	0.1
柑橘类水果	0.05
热带及亚热带水果(皮不可食)	0.05
油菜籽	0.1
棉籽	0.1
茶叶	10

4.41.5　检验方法：按 GB/T 5009.110 规定的方法测定。

4.42　二嗪磷(diazinon)

4.42.1　主要用途：杀虫剂。

4.42.2　ADI：0.002 mg/kg 体重(1993 年)。

4.42.3　残留物：二嗪磷(脂溶)。

4.42.4　最大残留限量：应符合表 42 的规定。

表 42

食　物	最大残留限量/(mg/kg)
稻谷	0.1
小麦	0.1
棉籽	0.2

4.42.5　检验方法：按 GB/T 5009.107 规定的方法测定。

4.43　敌敌畏(dichlorvos)

4.43.1　主要用途：杀虫剂。

4.43.2　ADI：0.004 mg/kg 体重(1993 年)。

4.43.3　残留物：敌敌畏。

4.43.4　最大残留限量：应符合表 43 的规定。

表 43

食　物	最大残留限量/(mg/kg)
原粮	0.1
蔬菜	0.2
水果	0.2

4.43.5　检验方法：按 GB/T 5009.20 规定的方法测定。

4.44　三氯杀螨醇(dicofol)

4.44.1　主要用途：杀螨剂。

4.44.2　ADI：0.002 mg/kg 体重(1992 年)。

4.44.3　残留物：三氯杀螨醇(O,P′-异构体和 P,P′-异构体之和)(脂溶)。

4.44.4 最大残留限量:应符合表 44 的规定。

表 44

食 物	最大残留限量/(mg/kg)
梨果类水果	1
柑橘类水果	1
棉籽油	0.1

4.44.5 检验方法:按 GB/T 5009.176 规定的方法测定。

4.45 **野燕枯(difenzoquat)**

4.45.1 主要用途:除草剂。

4.45.2 ADI:0.25 mg/kg 体重。

4.45.3 残留物:野燕枯。

4.45.4 最大残留限量:应符合表 45 的规定。

表 45

食 物	最大残留限量/(mg/kg)
麦类	0.1

4.45.5 检验方法:按 GB/T 5009.200 规定的方法测定。

4.46 **除虫脲(diflubenzuron)**

4.46.1 主要用途:杀虫剂。

4.46.2 ADI:0.02 mg/kg 体重(1985 年)。

4.46.3 残留物:除虫脲。

4.46.4 最大残留限量:应符合表 46 的规定。

表 46

食 物	最大残留限量/(mg/kg)
小麦	0.2
玉米	0.2
叶菜类蔬菜	1
甘蓝类蔬菜	1
梨果类水果	1
柑橘类水果	1

4.46.5 检验方法:按 GB/T 5009.147 规定的方法测定。

4.47 **乐果(dimethoate)**

4.47.1 主要用途:杀虫剂。

4.47.2 ADI:0.002 mg/kg 体重(1996 年)。

4.47.3 残留物:乐果和氧乐果之和,以乐果表示。

4.47.4 最大残留限量:应符合表 47 的规定。

表 47

食　物	最大残留限量/(mg/kg)
稻谷	0.05
小麦	0.05
大豆	0.05
叶菜类蔬菜	1
甘蓝类蔬菜	1
果菜类蔬菜	0.5
豆类蔬菜	0.5
茎类蔬菜	0.5
鳞茎类蔬菜	0.2
块根类蔬菜	0.5
梨果类水果	1
核果类水果	2
柑橘类水果	2
食用植物油	0.05

4.47.5　检验方法:按 GB/T 5009.20 规定的方法测定。

4.48　烯唑醇(diniconazole)

4.48.1　主要用途:杀菌剂。

4.48.2　ADI:0.005 mg/kg 体重。

4.48.3　残留物:烯唑醇。

4.48.4　最大残留限量:应符合表 48 的规定。

表 48

食　物	最大残留限量/(mg/kg)
稻谷	0.05
小麦	0.05
杂谷类	0.05
梨果类水果	0.1

4.48.5　检验方法:按 GB/T 5009.201 规定的方法测定。

4.49　二苯胺(diphenylamine)

4.49.1　主要用途:杀菌剂。

4.49.2　ADI:0.08 mg/kg 体重(1998 年)。

4.49.3　acute RfD:无需制定 (1998 年)。

4.49.4　残留物:二苯胺。

4.49.5　最大残留限量:应符合表 49 的规定。

表 49

食　　物	最大残留限量/(mg/kg)
苹果	5

4.50　**敌草快(diquat)**

4.50.1　主要用途:除草剂。

4.50.2　ADI:0.002 mg/kg 体重(1993 年)。

4.50.3　残留物:敌草快阳离子(通常用二溴化合物)。

4.50.4　最大残留限量:应符合表 50 的规定。

表 50

食　　物	最大残留限量/(mg/kg)
小麦	2
小麦粉	0.5
全麦粉	2
油菜籽	2
食用植物油	0.05

4.51　**敌瘟磷(edifenphos)**

4.51.1　主要用途:杀菌剂。

4.51.2　ADI:0.003 mg/kg 体重(1981 年)。

4.51.3　残留物:敌瘟磷。

4.51.4　最大残留限量:应符合表 51 的规定。

表 51

食　　物	最大残留限量/(mg/kg)
大米	0.1

4.51.5　检验方法:按 GB/T 5009.145 规定的方法测定。

4.52　**硫丹(endosulfan)**

4.52.1　主要用途:杀虫剂。

4.52.2　ADI:0.006 mg/kg 体重(1998 年)。

4.52.3　acute RfD:0.02 mg/kg 体重(1998 年)。

4.52.4　残留物:α-硫丹和 β- 硫丹及硫酸硫丹之和(脂溶)。

4.52.5　最大残留限量:应符合表 52 的规定。

表 52

食　　物	最大残留限量/(mg/kg)
梨果类水果	1
甘蔗	0.5
棉籽	1

4.53 顺式氰戊菊酯(esfenvalerate)

4.53.1 主要用途:杀虫剂。

4.53.2 ADI:0.02 mg/kg 体重。

4.53.3 残留物:顺式氰戊菊酯。

4.53.4 最大残留限量:应符合表53的规定。

表 53

食　物	最大残留限量/(mg/kg)
叶菜类蔬菜	1
梨果类水果	1
柑橘	1
棉籽	0.02
茶叶	2

4.53.5 检验方法:按 GB/T 5009.110 规定的方法测定。

4.54 乙烯利(ethephon)

4.54.1 主要用途:植物生长调节剂。

4.54.2 ADI:0.05 mg/kg 体重(1997年)。

4.54.3 残留物:乙烯利。

4.54.4 最大残留限量:应符合表54的规定。

表 54

食　物	最大残留限量/(mg/kg)
番茄	2
热带及亚热带水果(皮不可食)	2
棉籽	2

4.55 乙硫磷(ethion)

4.55.1 主要用途:杀虫剂。

4.55.2 ADI:0.002 mg/kg 体重(1990年)。

4.55.3 残留物:乙硫磷(脂溶)。

4.55.4 最大残留限量:应符合表55的规定。

表 55

食　物	最大残留限量/(mg/kg)
稻谷	0.2
棉籽油	0.5

4.55.5 检验方法:按 GB/T 5009.20 规定的方法测定。

4.56 灭线磷(ethoprophos)

4.56.1 主要用途:杀虫剂。

4.56.2 ADI:0.000 4 mg/kg 体重(1999年)。

4.56.3 acute RfD:0.05 mg/kg 体重(1999年)。

4.56.4 残留物：灭线磷。

4.56.5 最大残留限量：应符合表56的规定。

表 56

食　物	最大残留限量/(mg/kg)
红薯	0.02
花生	0.02

4.56.6 检验方法：按 GB/T 5009.145 规定的方法测定。

4.57 苯线磷(fenamiphos)

4.57.1 主要用途：杀虫剂。

4.57.2 ADI：0.000 8 mg/kg 体重(1997年)。

4.57.3 acute RfD：0.000 8 mg/kg 体重(1997年)。

4.57.4 残留物：苯线磷及其亚砜和砜之和，以苯线磷表示。

4.57.5 最大残留限量：应符合表57的规定。

表 57

食　物	最大残留限量/(mg/kg)
花生	0.05
花生油	0.05

4.57.6 检验方法：按 GB/T 5009.145 规定的方法测定。

4.58 氯苯嘧啶醇(fenarimol)

4.58.1 主要用途：杀菌剂。

4.58.2 ADI：0.01 mg/kg 体重(1995年)。

4.58.3 残留物：氯苯嘧啶醇。

4.58.4 最大残留限量：应符合表58的规定。

表 58

食　物	最大残留限量/(mg/kg)
梨果类水果	0.3

4.59 腈苯唑(fenbuconazole)

4.59.1 主要用途：杀菌剂。

4.59.2 ADI：0.03 mg/kg 体重(1997年)。

4.59.3 残留物：腈苯唑(脂溶)。

4.59.4 最大残留限量：应符合表59的规定。

表 59

食　物	最大残留限量/(mg/kg)
桃	0.5
香蕉	0.05

4.60 苯丁锡(fenbutatin oxide)

4.60.1 主要用途：杀螨剂。

4.60.2 ADI：0.03 mg/kg 体重(1992年)。

4.60.3 残留物：苯丁锡。

4.60.4 最大残留限量：应符合表60的规定。

表 60

食　　物	最大残留限量/(mg/kg)
梨果类水果	5
柑橘类水果	5

4.60.5　检验方法：按 SN 0592 规定的方法测定。

4.61　杀螟硫磷(fenitrothion)

4.61.1　主要用途：杀虫剂。

4.61.2　ADI：0.005 mg/kg 体重(1988 年)。

4.61.3　acute RfD：0.04 mg/kg 体重(2000 年)。

4.61.4　残留物：杀螟硫磷(脂溶)。

4.61.5　最大残留限量：应符合表 61 的规定。

表 61

食　　物	最大残留限量/(mg/kg)
原粮	5
大米	1
小麦粉	2
全麦粉	5
蔬菜	0.5
水果	0.5
茶叶	0.5

4.61.6　检验方法：按 GB/T 5009.20 规定的方法测定。

4.62　仲丁威[(fenobucarb(BPMC)]

4.62.1　主要用途：杀虫剂。

4.62.2　ADI：0.06 mg/kg 体重。

4.62.3　残留物：仲丁威。

4.62.4　最大残留限量：应符合表 62 的规定。

表 62

食　　物	最大残留限量/(mg/kg)
稻谷	0.5

4.62.5　检验方法：按 GB/T 5009.145 规定的方法测定。

4.63　甲氰菊酯(fenpropathrin)

4.63.1　主要用途：杀虫剂、杀螨剂。

4.63.2　ADI：0.03 mg/kg 体重(1993 年)。

4.63.3　残留物：甲氰菊酯(脂溶)。

4.63.4　最大残留限量：应符合表 63 的规定。

表 63

食　　物	最大残留限量/(mg/kg)
叶菜类蔬菜	0.5
水果	5.0
棉籽	1

4.63.5　检验方法:按 GB/T 5009.146 规定的方法测定。

4.64　唑螨酯(fenpyroximate)

4.64.1　主要用途:杀螨剂。

4.64.2　ADI:0.01 mg/kg 体重。

4.64.3　残留物:唑螨酯。

4.64.4　最大残留限量:应符合表 64 的规定。

表 64

食　　物	最大残留限量/(mg/kg)
苹果	0.5
柑橘	0.5

4.65　倍硫磷(fenthion)

4.65.1　主要用途:杀虫剂。

4.65.2　ADI:0.007 mg/kg 体重(1995 年)。

4.65.3　acute RfD:0.01 mg/kg 体重(1997 年)。

4.65.4　残留物:倍硫磷、其氧类似物及其亚砜、砜化合物之和,以倍硫磷表示(脂溶)。

4.65.5　最大残留限量:应符合表 65 的规定。

表 65

食　　物	最大残留限量/(mg/kg)
稻谷	0.05
小麦	0.05
蔬菜	0.05
水果	0.05
食用植物油	0.01

4.65.6　检验方法:按 GB/T 5009.20 规定的方法测定。

4.66　氰戊菊酯(fenvalerate)

4.66.1　主要用途:杀虫剂。

4.66.2　ADI:0.02 mg/kg 体重(1986 年)。

4.66.3　残留物:氰戊菊酯(脂溶)。

4.66.4　最大残留限量:应符合表 66 的规定。

表 66

食　物	最大残留限量/(mg/kg)
小麦粉	0.2
全麦粉	2
大豆	0.1
花生	0.1
叶菜类蔬菜	0.5
甘蓝类蔬菜	0.5
果菜类蔬菜	0.2
瓜菜类蔬菜	0.2
块根类蔬菜	0.05
水果	0.2
棉籽油	0.1

4.66.5　检验方法：按 GB/T 5009.110 规定的方法测定。

4.67　吡氟禾草灵(fluazifop-butyl)

4.67.1　主要用途：除草剂。

4.67.2　ADI：0.01 mg/kg 体重。

4.67.3　残留物：吡氟禾草灵及其代谢产物吡氟禾草酸。

4.67.4　最大残留限量：应符合表 67 的规定。

表 67

食　物	最大残留限量/(mg/kg)
大豆	0.5
甜菜	0.5
棉籽	0.1

4.67.5　检验方法：按 GB/T 5009.142 规定的方法测定。

4.68　精吡氟禾草灵(fluazifop-P-butyl)

4.68.1　主要用途：除草剂。

4.68.2　ADI：0.25 mg/kg 体重。

4.68.3　残留物：吡氟禾草灵及其代谢产物吡氟禾草酸。

4.68.4　最大残留限量：应符合表 68 的规定。

表 68

食　物	最大残留限量/(mg/kg)
大豆	0.5
甜菜	0.5
棉籽	0.1

4.68.5 检验方法:按 GB/T 5009.142 规定的方法测定。

4.69 氟氰戊菊酯(flucythrinate)

4.69.1 主要用途:杀虫剂。

4.69.2 ADI:0.02 mg/kg 体重(1985 年)。

4.69.3 残留物:氟氰戊菊酯(脂溶)。

4.69.4 最大残留限量:应符合表 69 的规定。

表 69

食　　物	最大残留限量/(mg/kg)
豆类(干)	0.05
甘蓝类蔬菜	0.5
果菜类蔬菜	0.2
块根类蔬菜	0.05
梨果类水果	0.5
棉籽油	0.2
红茶、绿茶	20

4.69.5 检验方法:按 GB/T 5009.146 规定的方法测定。

4.70 氯氟吡氧乙酸(fluroxypyr)

4.70.1 主要用途:除草剂。

4.70.2 ADI:0.2 mg/kg 体重。

4.70.3 残留物:氯氟吡氧乙酸。

4.70.4 最大残留限量:应符合表 70 的规定。

表 70

食　　物	最大残留限量/(mg/kg)
稻谷	0.2
小麦	0.2

4.71 氟硅唑(flusilazole)

4.71.1 主要用途:杀菌剂。

4.71.2 ADI:0.001 mg/kg 体重(1995 年)。

4.71.3 残留物:氟硅唑。

4.71.4 最大残留限量:应符合表 71 的规定。

表 71

食　　物	最大残留限量/(mg/kg)
梨果类水果	0.2

4.72 氟胺氰菊酯(fluvalinate)

4.72.1 主要用途:杀虫剂。

4.72.2 ADI:0.01 mg/kg 体重。

4.72.3 残留物:氟胺氰菊酯。

4.72.4 最大残留限量:应符合表 72 的规定。

表 72

食　　物	最大残留限量/(mg/kg)
甘蓝类蔬菜	0.5
棉籽油	0.2

4.72.5　检验方法:按 GB/T 5009.146 规定的方法测定。

4.73　氟磺胺草醚(fomesafen)

4.73.1　主要用途:除草剂。

4.73.2　ADI:0.6 mg/kg 体重。

4.73.3　残留物:氟磺胺草醚。

4.73.4　最大残留限量:应符合表 73 的规定。

表 73

食　　物	最大残留限量/(mg/kg)
大豆	0.1

4.73.5　检验方法:按 GB/T 5009.130 规定的方法测定。

4.74　四氯苯酞(fthalide)

4.74.1　主要用途:杀菌剂。

4.74.2　ADI:0.15 mg/kg 体重。

4.74.3　残留物:四氯苯酞。

4.74.4　最大残留限量:应符合表 74 的规定。

表 74

食　　物	最大残留限量/(mg/kg)
稻谷	0.5

4.75　草甘膦(glyphosate)

4.75.1　主要用途:除草剂。

4.75.2　ADI:0.3 mg/kg 体重(1997 年)。

4.75.3　残留物:草甘膦。

4.75.4　最大残留限量:应符合表 75 的规定。

表 75

食　　物	最大残留限量/(mg/kg)
稻谷	0.1
小麦	5
小麦粉	0.5
全麦粉	5
玉米	1
水果	0.1
甘蔗	2
棉籽油	0.05

4.76 **吡氟甲禾灵(haloxyfop)**

4.76.1 主要用途:除草剂。

4.76.2 ADI:0.0003 mg/kg 体重(1995 年)。

4.76.3 残留物:吡氟甲禾灵酯、吡氟甲禾灵及其共轭物,以吡氟甲禾灵表示。

4.76.4 最大残留限量:应符合表 76 的规定。

表 76

食　　物	最大残留限量/(mg/kg)
花生	0.1
大豆	0.1
食用植物油	1
棉籽	0.2

4.77 **六六六(HCH)**

4.77.1 PTDI:0.002 mg/kg 体重。

4.77.2 残留物:α- HCH、β- HCH、γ- HCH、δ- HCH 之和(脂溶)。

4.77.3 再残留限量:应符合表 77 的规定。

表 77

食　　物	再残留限量/(mg/kg)
原粮	0.05
豆类	0.05
薯类	0.05
蔬菜	0.05
水果	0.05
茶叶	0.2
肉及其制品	
脂肪含量 10%以下(以原样计)	0.1
脂肪含量 10%及以上(以脂肪计)	1
水产品	0.1
蛋品	0.1
牛乳	0.02
乳制品	
脂肪含量 2%以下(以原样计)	0.01
脂肪含量 2%及以上(以脂肪计)	0.5

4.77.4 检验方法:按 GB/T 5009.19 规定的方法测定。

4.78 **七氯(heptachlor)**

4.78.1 PTDI:0.000 1 mg/kg 体重(1994 年)。

4.78.2 残留物:七氯、环氧七氯之和(脂溶)。

4.78.3 再残留限量:应符合表 78 的规定。

表 78

食　物	再残留限量/(mg/kg)
原粮	0.02

4.78.4 检验方法:按 GB/T 5009.36 规定的方法测定。

4.79 **噻螨酮(hexythiazox)**

4.79.1 主要用途:杀螨剂。

4.79.2 ADI:0.03 mg/kg 体重(1991 年)。

4.79.3 残留物:噻螨酮。

4.79.4 最大残留限量:应符合表 79 的规定。

表 79

食　物	最大残留限量/(mg/kg)
梨果类水果	0.5
柑橘类水果	0.5

4.79.5 检验方法:按 GB/T 5009.173 规定的方法测定。

4.80 **抑霉唑(imazalil)**

4.80.1 主要用途:杀菌剂。

4.80.2 ADI:0.03 mg/kg 体重(1991 年)。

4.80.3 acute RfD:无需制定(2000 年)。

4.80.4 残留物:抑霉唑。

4.80.5 最大残留限量:应符合表 80 的规定。

表 80

食　物	最大残留限量/(mg/kg)
柑橘类水果	5

4.81 **异菌脲(iprodione)**

4.81.1 主要用途:杀菌剂。

4.81.2 ADI:0.06 mg/kg 体重(1995 年)。

4.81.3 残留物:异菌脲。

4.81.4 最大残留限量:应符合表 81 的规定。

表 81

食　物	最大残留限量/(mg/kg)
番茄	5
黄瓜	2
梨果类水果	5

4.81.5 检验方法:按 SN 0708 规定的方法测定。

4.82 **水胺硫磷(isocarbophos)**

4.82.1 主要用途:杀虫剂。

4.82.2 ADI:0.003 mg/kg 体重。

4.82.3 残留物:水胺硫磷。

4.82.4 最大残留限量:应符合表 82 的规定。

表 82

食　　物	最大残留限量/(mg/kg)
稻谷	0.1
柑橘	0.02

4.82.5　检验方法:按 GB/T 5009.109 规定的方法测定。

4.83　**甲基异柳磷(isofenphos-methyl)**

4.83.1　主要用途:杀虫剂。

4.83.2　ADI:0.003 mg/kg 体重。

4.83.3　残留物:甲基异柳磷。

4.83.4　最大残留限量:应符合表 83 的规定。

表 83

食　　物	最大残留限量/(mg/kg)
原粮	0.02
甘薯	0.05
花生	0.05
甜菜	0.05
甘蔗	0.02

4.83.5　检验方法:按 GB/T 5009.144 规定的方法测定。

4.84　**异丙威(isoprocarb)**

4.84.1　主要用途:杀虫剂。

4.84.2　ADI:0.002 mg/kg 体重。

4.84.3　残留物:异丙威。

4.84.4　最大残留限量:应符合表 84 的规定。

表 84

食　　物	最大残留限量/(mg/kg)
大米	0.2

4.84.5　检验方法:按 GB/T 5009.104 规定的方法测定。

4.85　**稻瘟灵(isoprothiolane)**

4.85.1　主要用途:杀菌剂。

4.85.2　ADI:0.016 mg/kg 体重。

4.85.3　残留物:稻瘟灵。

4.85.4　最大残留限量:应符合表 85 的规定。

表 85

食　　物	最大残留限量/(mg/kg)
大米	1

4.85.5　检验方法:按 GB/T 5009.155 规定的方法测定。

4.86　**林丹(lindane)**

4.86.1　主要用途:杀虫剂。

4.86.2　TADI:0.001 mg/kg 体重(2001 年)。

4.86.3　残留物:γ-HCH (脂溶)。

4.86.4　最大残留限量:应符合表 86 的规定。

表 86

食　物	最大残留限量/(mg/kg)
小麦	0.05
肉	
脂肪含量 10%以下(以原样计)	0.1
脂肪含量 10%及以上(以脂肪计)	1
蛋品	0.1
牛乳	0.01

4.86.5 检验方法:按 GB/T 5009.19 规定的方法测定。

4.87 马拉硫磷(malathion)

4.87.1 主要用途:杀虫剂。

4.87.2 ADI:0.3 mg/kg 体重 (1997 年)。

4.87.3 残留物:马拉硫磷。

4.87.4 最大残留限量:应符合表 87 的规定。

表 87

食　物	最大残留限量/(mg/kg)
原粮	8
大豆	8
叶菜类蔬菜	8
甘蓝类蔬菜	0.5
果菜类蔬菜	0.5
豆类蔬菜	2
芹菜	1
块根类蔬菜	0.5
梨果类水果	2
核果类水果	6
草莓	1
葡萄	8
柑橘类水果	4

4.87.5 检验方法:按 GB/T 5009.20 规定的方法测定。

4.88 代森锰锌(mancozeb)

4.88.1 主要用途:杀菌剂。

4.88.2 ADI:0.03 mg/kg 体重 (1993 年)。

4.88.3 残留物:形成乙烯双二硫代氨基甲酸酯,以二硫化碳表示。

4.88.4 最大残留限量:应符合表 88 的规定。

表 88

食　物	最大残留限量/(mg/kg)
果菜类蔬菜	1
黄瓜	2
梨果类水果	5
西瓜	1
小粒水果	5
热带及亚热带水果(皮不可食)	2

4.88.5　检验方法:按 SN 0157 规定的方法测定。

4.89　**甲霜灵(metalaxyl)**

4.89.1　主要用途:杀菌剂。

4.89.2　ADI:0.03 mg/kg 体重 (1982 年)。

4.89.3　残留物:甲霜灵。

4.89.4　最大残留限量:应符合表 89 的规定。

表 89

食　物	最大残留限量/(mg/kg)
谷子	0.05
黄瓜	0.5
葡萄	1

4.89.5　检验方法:按 SN 0281 规定的方法测定。

4.90　**甲胺磷(methamidophos)**

4.90.1　主要用途:杀虫剂。

4.90.2　ADI:0.004 mg/kg 体重 (1990 年)。

4.90.3　残留物:甲胺磷。

4.90.4　最大残留限量:应符合表 90 的规定。

表 90

食　物	最大残留限量/(mg/kg)
稻谷	0.1
蔬菜	0.05[a]
棉籽	0.1
[a] 不得在该类食物中使用此种农药,该数值为检验方法的测定限。	

4.90.5　检验方法:按 GB/T 5009.103 规定的方法测定。

4.91　**杀扑磷(methidathion)**

4.91.1　主要用途:杀虫剂。

4.91.2　ADI:0.001 mg/kg 体重 (1997 年)。

4.91.3　acute RfD:0.01 mg/kg 体重(1997 年)。

4.91.4　残留物:杀扑磷。

4.91.5　最大残留限量:应符合表 91 的规定。

表 91

食　物	最大残留限量/(mg/kg)
柑橘	2

4.91.6　检验方法:按 GB/T 5009.145 规定的方法测定。

4.92　**灭多威(methomyl)**

4.92.1　主要用途:杀虫剂。

4.92.2　ADI:0.03 mg/kg 体重(1989 年)。

4.92.3　残留物:灭多威及羟基硫代乙酰亚胺甲酯(灭多威肟)之和,以灭多威计。

4.92.4　最大残留限量:应符合表 92 的规定。

表 92

食　物	最大残留限量/(mg/kg)
小麦	0.5
玉米	0.05
大豆	0.2
甘蓝类蔬菜	2
苹果	2
柑橘	1
棉籽	0.5

4.92.5　检验方法:按 SN 0582 规定的方法测定。

4.93　**溴甲烷(methyl bromide)**

4.93.1　主要用途:熏蒸剂。

4.93.2　残留物:溴甲烷。

4.93.3　最大残留限量:应符合表 93 的规定。

表 93

食　物	最大残留限量/(mg/kg)
原粮	5

4.93.4　检验方法:按 SN 0649 规定的方法测定。

4.94　**异丙甲草胺(metolachlor)**

4.94.1　主要用途:除草剂。

4.94.2　ADI:0.65 mg/kg 体重。

4.94.3　残留物:异丙甲草胺。

4.94.4　最大残留限量:应符合表 94 的规定。

表 94

食　物	最大残留限量/(mg/kg)
大豆	0.5
花生	0.5

4.94.5　检验方法:按 GB/T 5009.174 规定的方法测定。

4.95　**禾草敌(molinate)**

4.95.1　主要用途:除草剂。

4.95.2 ADI:0.006 mg/kg 体重。

4.95.3 残留物:禾草敌。

4.95.4 最大残留限量:应符合表95的规定。

表95

食物	最大残留限量/(mg/kg)
大米	0.1

4.95.5 检验方法:按GB/T 5009.134规定的方法测定。

4.96 **久效磷(monocrotophos)**

4.96.1 主要用途:杀虫剂。

4.96.2 ADI:0.000 6 mg/kg 体重(1993年)。

4.96.3 acute RfD:0.002 mg/kg 体重(1995年)。

4.96.4 残留物:久效磷。

4.96.5 最大残留限量:应符合表96的规定。

表96

食物	最大残留限量/(mg/kg)
稻谷	0.02
小麦	0.02
甘蔗	0.02
棉籽油	0.05

4.96.6 检验方法:按GB/T 5009.20规定的方法测定。

4.97 **恶草酮(oxadiazon)**

4.97.1 主要用途:除草剂。

4.97.2 ADI:0.25 mg/kg 体重。

4.97.3 残留物:恶草酮。

4.97.4 最大残留限量:应符合表97的规定。

表97

食物	最大残留限量/(mg/kg)
稻谷	0.05

4.97.5 检验方法:按GB/T 5009.180规定的方法测定。

4.98 **多效唑(paclobutrazol)**

4.98.1 主要用途:植物生长调节剂。

4.98.2 ADI:0.1 mg/kg 体重(1988年)。

4.98.3 残留物:多效唑。

4.98.4 最大残留限量:应符合表98的规定。

表98

食物	最大残留限量/(mg/kg)
稻谷	0.5
小麦	0.5
苹果	0.5
菜籽油	0.5

4.99 **百草枯(paraquat)**

4.99.1 主要用途:除草剂。

4.99.2 ADI:百草枯阳离子 0.004 mg/ kg 体重(1986 年)。

4.99.3 残留物:百草枯阳离子(通常采用二氯百草枯)。

4.99.4 最大残留限量:应符合表 99 的规定。

表 99

食　物	最大残留限量/(mg/kg)
小麦粉	0.5
玉米	0.1
蔬菜	0.05
柑橘	0.2
菜籽油	0.05

4.99.5 检验方法:按 SN 0293 规定的方法测定。

4.100 **对硫磷(parathion)**

4.100.1 主要用途:杀虫剂。

4.100.2 ADI:0.004 mg/kg 体重 (1995 年)。

4.100.3 acute RfD:0.01 mg/kg 体重(1995 年)。

4.100.4 残留物:对硫磷。

4.100.5 最大残留限量:应符合表 100 的规定。

表 100

食　物	最大残留限量/(mg/kg)
原粮	0.1
马铃薯	0.05
蔬菜	0.01[a]
水果	0.01[a]
棉籽油	0.1
[a] 不得在该类食物中使用此种农药,该数值为检验方法的测定限。	

4.100.6 检验方法:按 GB/T 5009.20 规定的方法测定。

4.101 **甲基对硫磷(parathion-methyl)**

4.101.1 主要用途:杀虫剂。

4.101.2 ADI:0.003 mg/kg 体重 (1995 年)。

4.101.3 acute RfD:0.03 mg/kg 体重(1995 年)。

4.101.4 残留物:甲基对硫磷。

4.101.5 最大残留限量:应符合表 101 的规定。

表 101

食　物	最大残留限量/(mg/kg)
稻谷	0.1
小麦	0.1
玉米	0.1
苹果	0.01[a]
棉籽油	0.1
[a] 不得在该类食物中使用此种农药,该数值为检验方法的测定限。	

4.101.6 检验方法:按 GB/T 5009.20 规定的方法测定。

4.102 二甲戊灵(pendimethalin)

4.102.1 主要用途:除草剂。

4.102.2 ADI:0.005 mg/kg 体重。

4.102.3 残留物:二甲戊灵。

4.102.4 最大残留限量:应符合表 102 的规定。

表 102

食　物	最大残留限量/(mg/kg)
叶菜类蔬菜	0.1

4.102.5 检验方法:按 SN 0712 规定的方法测定。

4.103 氯菊酯(permethrin)

4.103.1 主要用途:杀虫剂。

4.103.2 ADI:0.05 mg/kg 体重(1999 年)。

4.103.3 acute RfD:无需制定(1999 年)。

4.103.4 残留物:氯菊酯(异构体之和)(脂溶)。

4.103.5 最大残留限量:应符合表 103 的规定。

表 103

食　物	最大残留限量/(mg/kg)
原粮	2
小麦粉	0.5
蔬菜	1
水果	2
棉籽油	0.1
红茶、绿茶	20

4.103.6 检验方法:按 GB/T 5009.106 规定的方法测定。

4.104 稻丰散(phenthoate)

4.104.1 主要用途:杀虫剂。

4.104.2 ADI:0.003 mg/kg 体重(1984 年)。

4.104.3 残留物:稻丰散。

4.104.4 最大残留限量:应符合表 104 的规定。

表 104

食　物	最大残留限量/(mg/kg)
大米	0.05
柑橘	1

4.104.5 检验方法:按 GB/T 5009.20 规定的方法测定。

4.105 甲拌磷(phorate)

4.105.1 主要用途:杀虫剂。

4.105.2 ADI:0.000 5 mg/kg 体重(1996 年)。

4.105.3 残留物:以甲拌磷与其氧类似物及其亚砜和砜化物之和计,以甲拌磷表示。

4.105.4 最大残留限量:应符合表 105 的规定。

表 105

食　物	最大残留限量/(mg/kg)
小麦	0.02
高粱	0.02
花生	0.1
花生油	0.05
棉籽	0.05

4.105.5　检验方法：按 GB/T 5009.20 规定的方法测定。

4.106　**伏杀硫磷(phosalone)**

4.106.1　主要用途：杀虫剂。

4.106.2　ADI：0.02 mg/kg 体重 (1997 年)。

4.106.3　残留物：伏杀硫磷(脂溶)。

4.106.4　最大残留限量：应符合表 106 的规定。

表 106

食　物	最大残留限量/(mg/kg)
叶菜类蔬菜	1
棉籽油	0.1

4.106.5　检验方法：按 GB/T 5009.145 规定的方法测定。

4.107　**亚胺硫磷(phosmet)**

4.107.1　主要用途：杀虫剂。

4.107.2　ADI：0.01 mg/kg 体重 (1998 年)。

4.107.3　acute RfD：0.02 mg/kg 体重(1998 年)。

4.107.4　残留物：亚胺硫磷。

4.107.5　最大残留限量：应符合表 107 的规定。

表 107

食　物	最大残留限量/(mg/kg)
稻谷	0.5
玉米	0.05
大白菜	0.5
柑橘类水果	5
棉籽	0.05

4.107.6　检验方法：按 GB/T 5009.131 规定的方法测定。

4.108　**磷胺(phosphamidon)**

4.108.1　主要用途：杀虫剂。

4.108.2　ADI：0.000 5 mg/kg 体重 (1986 年)。

4.108.3　残留物：磷胺(E-异构体和 Z-异构体)和 N-去乙基磷胺(E-异构体和 Z-异构体)之和。

4.108.4　最大残留限量：应符合表 108 的规定。

表 108

食　　物	最大残留限量/(mg/kg)
稻谷	0.1

4.108.5　检验方法：按 SN 0701 规定的方法测定。

4.109　**辛硫磷(phoxim)**

4.109.1　主要用途：杀虫剂。

4.109.2　ADI：0.004 mg/kg 体重 (1999 年)。

4.109.3　残留物：辛硫磷。

4.109.4　最大残留限量：应符合表 109 的规定。

表 109

食　　物	最大残留限量/(mg/kg)
原粮	0.05
蔬菜	0.05
水果	0.05

4.109.5　检验方法：按 GB/T 5009.145 规定的方法测定。

4.110　**抗蚜威(pirimicarb)**

4.110.1　主要用途：杀虫剂。

4.110.2　ADI：0.02 mg/kg 体重 (1982 年)

4.110.3　残留物：抗蚜威、脱甲基抗蚜威和 N-甲酰-(甲氨基)类似物(二甲基-甲酰胺基-抗蚜威)之和。

4.110.4　最大残留限量：应符合表 110 的规定。

表 110

食　　物	最大残留限量/(mg/kg)
麦类	0.05
大豆	0.05
甘蓝类蔬菜	1
核果类水果	0.5
油菜籽	0.2

4.110.5　检验方法：按 GB/T 5009.104 规定的方法测定。

4.111　**甲基嘧啶磷(pirimiphos-methyl)**

4.111.1　主要用途：杀虫剂。

4.111.2　ADI：0.03 mg/kg 体重 (1992 年)。

4.111.3　残留物：甲基嘧啶磷(脂溶)。

4.111.4　最大残留限量：应符合表 111 的规定。

表 111

食　　物	最大残留限量/(mg/kg)
稻谷	5
小麦	5

表 111（续）

食　　物	最大残留限量/(mg/kg)
糙米	2
大米	1
全麦粉	5
小麦粉	2

4.111.5　检验方法：按 SN 0137、SN 0154 规定的方法测定。

4.112　丙草胺(pretilachlor)

4.112.1　主要用途：除草剂。

4.112.2　ADI：0.15 mg/kg 体重。

4.112.3　残留物：丙草胺。

4.112.4　最大残留限量：应符合表 112 的规定。

表 112

食　　物	最大残留限量/(mg/kg)
大米	0.1

4.112.5　检验方法：按 SN 0712 规定执行。

4.113　咪鲜胺(prochloraz)

4.113.1　主要用途：杀菌剂。

4.113.2　ADI：0.01 mg/kg 体重 (1983 年)。

4.113.3　残留物：咪鲜胺及其含有 2,4,6-三氯苯酚部分的代谢产物之和，以咪鲜胺表示。

4.113.4　最大残留限量：应符合表 113 的规定。

表 113

食　　物	最大残留限量/(mg/kg)
稻谷	0.5
蘑菇	2
柑橘	5
香蕉	5
芒果	2

4.114　腐霉利(procymidone)

4.114.1　主要用途：杀菌剂。

4.114.2　ADI：0.1 mg/kg 体重 (1989 年)。

4.114.3　残留物：腐霉利。

4.114.4　最大残留限量：应符合表 114 的规定。

表 114

食　　物	最大残留限量/(mg/kg)
果菜类蔬菜	5
黄瓜	2
韭菜	0.2

表 114（续）

食　　物	最大残留限量/(mg/kg)
葡萄	5
草莓	10
食用植物油	0.5

4.114.5　检验方法：按 SN 0203 规定执行。

4.115　**丙溴磷(profenofos)**

4.115.1　主要用途：杀虫剂。

4.115.2　ADI：0.01 mg/kg 体重（1990 年）。

4.115.3　残留物：丙溴磷。

4.115.4　最大残留限量：应符合表 115 的规定。

表 115

食　　物	最大残留限量/(mg/kg)
甘蓝	0.5
棉籽油	0.05

4.115.5　检验方法：按 GB/T 5009.145 规定的方法测定。

4.116　**敌稗(propanil)**

4.116.1　主要用途：除草剂。

4.116.2　ADI：0.2 mg/kg 体重。

4.116.3　残留物：敌稗。

4.116.4　最大残留限量：应符合表 116 的规定。

表 116

食　　物	最大残留限量/(mg/kg)
大米	2

4.116.5　检验方法：按 GB/T 5009.177 规定的方法测定。

4.117　**克螨特(propargite)**

4.117.1　主要用途：杀螨剂。

4.117.2　ADI：0.01 mg/kg 体重（1999 年）。

4.117.3　acute RfD：无需制定(1999 年)。

4.117.4　残留物：克螨特(脂溶)。

4.117.5　最大残留限量：应符合表 117 的规定。

表 117

食　　物	最大残留限量/(mg/kg)
叶菜类蔬菜	2
梨果类水果	5
柑橘类水果	5
棉籽油	0.1

4.117.6　检验方法：按 SN 0660 规定执行。

4.118 **丙环唑(propiconazole)**

4.118.1 主要用途:杀菌剂。

4.118.2 ADI:0.04 mg/kg 体重 (1987 年)。

4.118.3 残留物:丙环唑。

4.118.4 最大残留限量:应符合表 118 的规定。

表 118

食 物	最大残留限量/(mg/kg)
小麦	0.05
香蕉	0.1

4.118.5 检验方法:按 SN 0519 规定执行。

4.119 **喹硫磷(quinalphos)**

4.119.1 主要用途:杀虫剂。

4.119.2 残留物:喹硫鳞。

4.119.3 最大残留限量:应符合表 119 的规定。

表 119

食 物	最大残留限量/(mg/kg)
大米	0.2
柑橘	0.5

4.119.4 检验方法:按 GB/T 5009.20 规定的方法测定。

4.120 **五氯硝基苯(quintozene)**

4.120.1 主要用途:杀菌剂。

4.120.2 ADI:0.01 mg/kg 体重 (1995 年)。

4.120.3 残留物:五氯硝基苯。

4.120.4 最大残留限量:应符合表 120 的规定。

表 120

食 物	最大残留限量/(mg/kg)
小麦	0.01
大豆	0.01
马铃薯	0.2
果菜类蔬菜	0.1
棉籽油	0.01

4.120.5 检验方法:按 GB/T 5009.136 规定的方法测定。

4.121 **单甲脒(semiamitraz)**

4.121.1 主要用途:杀虫剂。

4.121.2 ADI:0.004 mg/kg 体重。

4.121.3 残留物:单甲脒。

4.121.4 最大残留限量:应符合表 121 的规定。

表 121

食　　物	最大残留限量/(mg/kg)
梨果类水果	0.5
柑橘	0.5

4.121.5　检验方法:按 GB/T 5009.160 规定的方法测定。

4.122　**稀禾定(sethoxydim)**

4.122.1　主要用途:除草剂。

4.122.2　ADI:0.14 mg/kg 体重。

4.122.3　残留物:稀禾定。

4.122.4　最大残留限量:应符合表 122 的规定。

表 122

食　　物	最大残留限量/(mg/kg)
大豆	2
花生	2

4.123　**戊唑醇(tebuconazole)**

4.123.1　主要用途:杀菌剂。

4.123.2　ADI:0.03 mg/kg 体重 (1994 年)。

4.123.3　残留物:戊唑醇。

4.123.4　最大残留限量:应符合表 123 的规定。

表 123

食　　物	最大残留限量/(mg/kg)
小麦	0.05
香蕉	0.05

4.124　**特丁磷(terbufos)**

4.124.1　主要用途:杀虫剂。

4.124.2　ADI:0.0002 mg/kg 体重 (1989 年)。

4.124.3　残留物:以特丁磷及其氧类似物和它们的亚砜化物、砜化物之和计,以特丁磷表示。

4.124.4　最大残留限量:应符合表 124 的规定。

表 124

食　　物	最大残留限量/(mg/kg)
花生	0.05

4.124.5　检验方法:按 GB/T 5009.145 规定的方法测定。

4.125　**噻菌灵(thiabendazole)**

4.125.1　主要用途:杀菌剂。

4.125.2　ADI:0.1 mg/kg 体重 (1997 年)。

4.125.3　残留物:噻菌灵。

4.125.4　最大残留限量:应符合表 125 的规定。

表 125

食　　物	最大残留限量/(mg/kg)
柑橘类水果	10
香蕉	5

4.125.5　检验方法:按 SN 0606、SN 0607 规定的方法测定。

4.126　**杀虫环(thiocyclam)**

4.126.1　主要用途:杀虫剂。

4.126.2　ADI:0.05 mg/kg 体重。

4.126.3　残留物:杀虫环。

4.126.4　最大残留限量:应符合表 126 的规定。

表 126

食　　物	最大残留限量/(mg/kg)
大米	0.2

4.126.5　检验方法:按 GB/T 5009.113 规定的方法测定。

4.127　**硫双威(thiodicarb)**

4.127.1　主要用途:杀虫剂。

4.127.2　ADI:0.03 mg/kg 体重 (1986 年)。

4.127.3　残留物:硫双威、灭多威和羟基硫代乙酰亚胺甲酯(灭多威肟)之和,以硫双威计。

4.127.4　最大残留限量:应符合表 127 的规定。

表 127

食　　物	最大残留限量/(mg/kg)
棉籽油	0.1

4.127.5　检验方法:按 GB/T 5009.104 规定的方法测定。

4.128　**三唑酮(triadimefon)**

4.128.1　主要用途:杀菌剂。

4.128.2　ADI:0.03 mg/kg 体重 (1985 年)。

4.128.3　残留物:三唑酮。

4.128.4　最大残留限量:应符合表 128 的规定。

表 128

食　　物	最大残留限量/(mg/kg)
稻谷	0.5
小麦	0.1
玉米	0.5
黄瓜	0.1
豌豆	0.05
梨果类水果	0.5
甜菜	0.1

4.128.5　检验方法:按 GB/T 5009.126 规定的方法测定。

4.129 **三唑醇(triadimenol)**

4.129.1 主要用途:杀菌剂。

4.129.2 ADI:0.05 mg/kg 体重(1989 年)。

4.129.3 残留物:三唑醇。

4.129.4 最大残留限量:应符合表 129 的规定。

表 129

食　　物	最大残留限量/(mg/kg)
小麦	0.1
玉米	0.1
高粱	0.1

4.129.5 检验方法:按 GB/T 5009.126 规定的方法测定。

4.130 **三唑磷(triazophos)**

4.130.1 主要用途:杀虫剂。

4.130.2 ADI:0.001 mg/kg 体重(1993 年)。

4.130.3 残留物:三唑磷。

4.130.4 最大残留限量:应符合表 130 的规定。

表 130

食　　物	最大残留限量/(mg/kg)
稻谷	0.05
棉籽	0.1

4.130.5 检验方法:按 GB/T 5009.145 规定的方法测定。

4.131 **敌百虫(trichlorfon)**

4.131.1 主要用途:杀虫剂。

4.131.2 ADI:0.01 mg/kg 体重(1978 年)。

4.131.3 残留物:敌百虫。

4.131.4 最大残留限量:应符合表 131 的规定。

表 131

食　　物	最大残留限量/(mg/kg)
稻谷	0.1
小麦	0.1
蔬菜	0.1
水果	0.1

4.131.5 检验方法:按 GB/T 5009.20 规定的方法测定。

4.132 **三环唑(tricyclazole)**

4.132.1 主要用途:杀菌剂。

4.132.2 ADI:0.04 mg/kg 体重。

4.132.3 残留物:三环唑。

4.132.4 最大残留限量:应符合表 132 的规定。

表 132

食　物	最大残留限量/(mg/kg)
稻谷	2

4.132.5　检验方法:按 GB/T 5009.115 规定的方法测定。

4.133　氟乐灵(trifluralin)

4.133.1　主要用途:除草剂。

4.133.2　ADI:0.025 mg/kg 体重。

4.133.3　残留物:氟乐灵。

4.133.4　最大残留限量:应符合表 133 的规定。

表 133

食　物	最大残留限量/(mg/kg)
大豆	0.05
豆油	0.05
花生	0.05
花生油	0.05

4.133.5　检验方法:按 GB/T 5009.172 规定的方法测定。

4.134　蚜灭磷(vamidothion)

4.134.1　主要用途:杀虫剂。

4.134.2　ADI:0.008 mg/kg 体重 (1988 年)。

4.134.3　残留物:蚜灭磷。

4.134.4　最大残留限量:应符合表 134 的规定。

表 134

食　物	最大残留限量/(mg/kg)
梨果类水果	1

4.134.5　检验方法:按 GB/T 5009.145 规定的方法测定。

4.135　乙烯菌核利(vinclozolin)

4.135.1　主要用途:杀菌剂。

4.135.2　ADI:0.01 mg/kg 体重 (1995 年)。

4.135.3　残留物:乙烯菌核利及其所有含 3,5-二氯苯胺部分的代谢产物,以乙烯菌核利计。

4.135.4　最大残留限量:应符合表 135 的规定。

表 135

食　物	最大残留限量/(mg/kg)
番茄	3
黄瓜	1

4.135.5　检验方法:按 SN 0584 规定的方法测定。

4.136　嘧啶氧磷(pirimioxyphos)

4.136.1　主要用途:杀虫剂。

4.136.2　ADI:0.01 mg/kg 体重。

4.136.3　残留物:嘧啶氧磷。

4.136.4　最大残留限量:应符合表 136 的规定。

表 136

食　　物	最大残留限量/(mg/kg)
稻谷	0.1
柑橘	0.1

4.136.5　检验方法：按 GB/T 5009.145 规定的方法测定。

附 录 A
（资料性附录）
食 品 分 类

依据农药在食品、农产品中形成残留的情况以及饮食习惯，将食品、农产品（限植物性）进行分类，见表 A.1。

表 A.1 食品分类

食品类别	食品品种	示 例
原粮	水稻	稻谷
	麦类	小麦、大麦、燕麦、黑麦
	杂谷类	玉米、高粱、谷子、糜子
	豆类	大豆、绿豆、红小豆
	薯类	甘薯、红薯、芋头
加工粮	粗磨（碾去外皮）	糙米、全麦粉
	精制	大米、面粉（如小麦粉）
产糖禾本类		甘蔗
蔬菜	叶菜类	白菜、菠菜、青菜、莴苣
	甘蓝类	花椰菜、甘蓝
	果菜类	番茄、茄子、辣椒、蘑菇、甜玉米
	瓜菜类	黄瓜、西葫芦、南瓜、甜瓜、丝瓜
	豆类	豌豆（肉质植物籽）、菜豆、蚕豆（未成熟籽）、扁豆、豇豆、荷兰豆
	茎类	芹菜、芦笋、朝鲜蓟
	鳞茎类	韭菜、洋葱、大葱、百合、大蒜
	块根类	萝卜、胡萝卜、山药、马铃薯、甜菜
水果	梨果类	苹果、梨
	核果类	桃、油桃、李、杏、樱桃、枣
	小粒水果	葡萄、草莓、黑莓、醋栗
	柑橘类	柑、橘、橙、柚、柠檬
	热带及亚热带水果（皮可食）	无花果、橄榄
	热带及亚热带水果（皮不可食）	香蕉、菠萝、猕猴桃、荔枝、芒果
油料作物	油料种子	花生仁、大豆、油菜籽、棉籽、葵花籽
	未精炼植物油	
	食用植物油	
茶叶		红茶、绿茶

附 录 B
（资料性附录）
本标准其他起草单位、起草人汇总表

表 B.1 本标准其他起草单位、起草人汇总表

序号	农药品种	起草单位	起草人
1	乙酰甲胺磷	中国疾病预防控制中心营养与食品安全所、广西农学院同位素研究室	张临夏、王永芳、黄光伟
2	三氟羧草醚	华西医科大学公共卫生学院	张立实、王瑞淑
3	甲草胺	中国疾病预防控制中心营养与食品安全所、农业部农药检定所	王永芳、李本昌、杨大进、高晓辉、张莹
4	涕灭威	中国疾病预防控制中心营养与食品安全所、中国农业科学院植保所、北京市卫生防疫站	张临夏、张萍、焦淑贞、姚建仁、孙淳
5	艾氏剂和狄氏剂	中国医学科学院卫生研究所	
6	磷化铝	中国医学科学院卫生研究所	
7	双甲脒	中国疾病预防控制中心营养与食品安全所、农业部农药检定所	张莹、李本昌、赵丹宇、高晓辉
8	敌菌灵	中国疾病预防控制中心营养与食品安全所	张莹、赵丹宇
9	莠去津	华西医科大学公共卫生学院	张立实、王瑞淑、黎源倩、吴紫华
10	三唑锡	中国疾病预防控制中心营养与食品安全所、农业部农药检定所	张莹、李本昌、赵丹宇、高晓辉
11	丙硫克百威	吉林省卫生防疫站、农业部农药检定所	孙文礼、李本昌、周文霞、高晓辉、张东昌
12	苄嘧磺隆	华西医科大学公共卫生学院	张立实、王瑞淑、吴紫华
13	灭草松	中国疾病预防控制中心营养与食品安全所、农业部农药检定所	张莹、李本昌、赵丹宇、高晓辉
14	联苯菊酯	中国疾病预防控制中心营养与食品安全所、农业部农药检定所	张莹、李本昌、杨大进、高晓辉、方从容
15	杀虫双	中国预防医学科学院营养与食品卫生研究所	王绪卿、林媛真、陈惠京
16	溴螨酯	中国疾病预防控制中心营养与食品安全所、农业部农药检定所	张莹、李本昌、赵丹宇、高晓辉
17	噻嗪酮	浙江省疾病预防控制中心、浙江省农科院植保所	吴蓉、胡莲英
18	丁草胺	浙江省医学科学院	袁学洪、乐俊义
19	硫线磷	中国疾病预防控制中心营养与食品安全所	张莹、杨大进
20	克菌丹	中国疾病预防控制中心营养与食品安全所	张莹、赵丹宇
21	甲萘威	中国疾病预防控制中心营养与食品安全所	张临夏、王永芳

表 B.1(续)

序号	农药品种	起草单位	起草人
22	多菌灵	中国疾病预防控制中心营养与食品安全所、江苏农学院、沈阳市卫生防疫站	张临夏、王永芳、黄光伟
23	克百威	中国疾病预防控制中心营养与食品安全所、浙江农业厅环保站、中国水稻研究所、广西农科院	张临夏、王永芳、陆贻通、梁天锡、卢植新
24	丁硫克百威	中国疾病预防控制中心营养与食品安全所、农业部农药检定所	张莹、李本昌、赵丹宇、高晓辉
25	杀螟丹	中国疾病预防控制中心营养与食品安全所、农业部农药检定所	张莹、李本昌、赵丹宇、高晓辉
26	灭幼脲	吉林省卫生防疫站、通化市化学工业研究所	孙文礼、李鸿俊、王殿祥、郭洵、周文霞
27	矮壮素	中国疾病预防控制中心营养与食品安全所	张莹、赵丹宇
28	氯化苦	中国医学科学院卫生研究所	
29	百菌清	中国疾病预防控制中心营养与食品安全所、浙江农业科学院、河北农业大学、云南省化工研究所、北京农林科学院、广西农业科学院植物保护研究所	张临夏、王永芳、黄光伟
30	毒死蜱	中国疾病预防控制中心营养与食品安全所、农业部农药检定所	张莹、李本昌、赵丹宇、高晓辉
31	甲基毒死蜱	成都粮食储藏科学研究所、四川省卫生防疫站	戴学敏、檀先昌、方亚群
32	绿麦隆	华西医科大学公共卫生学院	张立实、王瑞淑、黎源倩
33	四螨嗪	中国疾病预防控制中心营养与食品安全所	张莹、赵丹宇
34	氰化物	中国医学科学院卫生研究所	
35	氟氯氰菊酯	中国疾病预防控制中心营养与食品安全所、农业部农药检定所	张莹、李本昌、赵丹宇、高晓辉
36	氯氟氰菊酯	中国疾病预防控制中心营养与食品安全所、农业部农药检定所	张莹、李本昌、赵丹宇、高晓辉
37	氯氰菊酯	中国疾病预防控制中心营养与食品安全所、中国预防医学科学院营养与食品卫生研究所	张莹、王绪卿、赵丹宇
38	灭蝇胺	中国疾病预防控制中心营养与食品安全所、中国预防医学科学院营养与食品卫生研究所	张莹、王绪卿、赵丹宇
39	2,4-滴	中国疾病预防控制中心营养与食品安全所	张莹、赵丹宇
40	滴滴涕	中国医学科学院卫生研究所	
41	溴氰菊酯	北京市卫生防疫站、广东省卫生防疫站、浙江农业大学、中国疾病预防控制中心营养与食品安全所	徐继康、杜学勤、张临夏

表 B.1(续)

序号	农药品种	起草单位	起草人
42	二嗪磷	中国疾病预防控制中心营养与食品安全所、广东农科院	张临夏、王永芳、张友松
43	敌敌畏	中国疾病预防控制中心营养与食品安全所	张临夏、张萍
44	三氯杀螨醇	中国疾病预防控制中心营养与食品安全所、福建省卫生防疫站	张莹、林昇清、赵道辉、林国斌
45	野燕枯	中国疾病预防控制中心营养与食品安全所、农业部农药检定所	张莹、李本昌、杨大进、高晓辉、方从容
46	除虫脲	中国疾病预防控制中心营养与食品安全所、农业部农药检定所	张莹、李本昌、赵丹宇、高晓辉
47	乐果	中国疾病预防控制中心营养与食品安全所	张临夏、张萍
48	烯唑醇	北京卫生检疫局、北京进口食品卫生监督检验所、农业部农药检定所	贾磊、李本昌、刘建中、高晓辉、迟民利
49	二苯胺	中国疾病预防控制中心营养与食品安全所、中国预防医学科学院营养与食品卫生研究所	张莹、王绪卿、赵丹宇
50	敌草快	中国疾病预防控制中心营养与食品安全所、中国预防医学科学院营养与食品卫生研究所	张莹、王绪卿、赵丹宇
51	敌瘟磷	中国疾病预防控制中心营养与食品安全所、农业部农药检定所	张莹、李本昌、赵丹宇、高晓辉
52	硫丹	中国疾病预防控制中心营养与食品安全所	张莹、王绪卿、赵丹宇
53	顺式氰戊菊酯	吉林省卫生防疫站、北京卫生检疫局、农业部农药检定所	孙文礼、贾磊、李鸿俊、李本昌、高晓辉
54	乙烯利	中国疾病预防控制中心营养与食品安全所	张莹、王绪卿、赵丹宇
55	乙硫磷	中国疾病预防控制中心营养与食品安全所	张莹、赵丹宇
56	灭线磷	中国疾病预防控制中心营养与食品安全所	张莹、赵丹宇
57	苯线磷	黑龙江省卫生监督所	石华、博力雁、曹薇琳
58	氯苯嘧啶醇	中国疾病预防控制中心营养与食品安全所	张莹、王绪卿、赵丹宇
59	腈苯唑	中国疾病预防控制中心营养与食品安全所	张莹、王绪卿、赵丹宇
60	苯丁锡	中国疾病预防控制中心营养与食品安全所、农业部农药检定所	张莹、李本昌、赵丹宇、高晓辉
61	杀螟硫磷	中国疾病预防控制中心营养与食品安全所、浙江省粮食科学研究所、浙江医学科学院	张临夏、王永芳、黄光伟
62	仲丁威	中国疾病预防控制中心营养与食品安全所、农业部农药检定所	杨大进、李本昌、张莹、高晓辉、方从容
63	甲氰菊酯	中国疾病预防控制中心营养与食品安全所、农业部农药检定所	张莹、李本昌、杨大进、高晓辉、方从容

表 B.1（续）

序号	农药品种	起草单位	起草人
64	唑螨酯	北京卫生检疫局、北京进口食品卫生监督检验所	贾磊、刘建中、阎军、徐超一、杨光
65	倍硫磷	中国疾病预防控制中心营养与食品安全所、浙江省粮食科学研究所、浙江医学科学院	张临夏、王永芳、黄光伟
66	氰戊菊酯	北京市卫生防疫站、广东省卫生防疫站、中国疾病预防控制中心营养与食品安全所、河北省农林科学院、河北农业大学、山东农业大学、湖南农业学院、四川省农林科学院、上海农药研究所、浙江农业大学	杜学勤、徐继康、张临夏
67	吡氟禾草灵	哈尔滨医科大学营养与食品卫生教研室	崔鸿斌、赵秀娟、陈炳卿、孙智涌、于守洋
68	精吡氟禾草灵	哈尔滨医科大学营养与食品卫生教研室	崔鸿斌、赵秀娟、陈炳卿、孙智涌、于守洋
69	氟氰戊菊酯	中国疾病预防控制中心营养与食品安全所	张莹、赵丹宇
70	氯氟吡氧乙酸	中国疾病预防控制中心营养与食品安全所、农业部农药检定所	张莹、李本昌、杨大进、高晓辉、方从容
71	氟硅唑	中国疾病预防控制中心营养与食品安全所	张莹、王绪卿、赵丹宇
72	氟胺氰菊酯	吉林省卫生防疫站、农业部农药检定所	孙文礼、李本昌、王殿祥、高晓辉、马沈英
73	氟磺胺草醚	中国疾病预防控制中心营养与食品安全所、农业部农药检定所	张莹、李本昌、杨大进、高晓辉、方从容
74	四氯苯酞	中国疾病预防控制中心营养与食品安全所、农业部农药检定所	张莹、李本昌、杨大进、高晓辉、方从容
75	草甘膦	中国疾病预防控制中心营养与食品安全所	张莹、赵丹宇
76	吡氟甲禾灵	中国疾病预防控制中心营养与食品安全所、农业部农药检定所	张莹、李本昌、杨大进、高晓辉、方从容
77	六六六	中国医学科学院卫生研究所	
78	七氯	中国医学科学院卫生研究所	
79	噻螨酮	中国疾病预防控制中心营养与食品安全所、农业部农药检定所	张莹、李本昌、赵丹宇、高晓辉
80	抑霉唑	中国疾病预防控制中心营养与食品安全所	张莹、王绪卿、赵丹宇
81	异菌脲	中国疾病预防控制中心营养与食品安全所、农业部农药检定所	张莹、李本昌、赵丹宇、高晓辉
82	水胺硫磷	中国疾病预防控制中心营养与食品安全所、南京农业大学、黑龙江农业环境保护监测站、湖北省农科院测试中心、广东农科院果树所、农业学院、四川省农林科学院、上海农药研究所、浙江农业大学	张临夏、赵英姿、季玉玲

表 B.1（续）

序号	农药品种	起草单位	起草人
83	甲基异柳磷	广东省食品卫生监督检验所	邓峰、黄伟雄
84	异丙威	中国疾病预防控制中心营养与食品安全所、农业部农药检定所	张莹、李本昌、杨大进、高晓辉、方从容
85	稻瘟灵	华西医科大学公共卫生学院	张立实、王瑞淑、黎源倩
86	林丹	中国疾病预防控制中心营养与食品安全所、农业部农药检定所	张莹、李本昌、赵丹宇、高晓辉
87	马拉硫磷	中国疾病预防控制中心营养与食品安全所	张临夏、张萍
88	代森锰锌	中国疾病预防控制中心营养与食品安全所、农业部农药检定所	张莹、李本昌、赵丹宇、高晓辉
89	甲霜灵	中国疾病预防控制中心营养与食品安全所、农业部农药检定所	张莹、李本昌、赵丹宇、高晓辉
90	甲胺磷	中国疾病预防控制中心营养与食品安全所、浙江农业大学、广西农学院同位素研究室	张临夏、王永芳、黄光伟
91	杀扑磷	中国疾病预防控制中心营养与食品安全所、农业部农药检定所	张莹、李本昌、赵丹宇、高晓辉
92	灭多威	中国疾病预防控制中心营养与食品安全所、农业部农药检定所	张莹、李本昌、赵丹宇、高晓辉
93	溴甲烷	中国疾病预防控制中心营养与食品安全所	张莹、赵丹宇
94	异丙甲草胺	中国疾病预防控制中心营养与食品安全所、农业部农药检定所	张莹、李本昌、杨大进、高晓辉、方从容
95	禾草敌	华西医科大学公共卫生学院	张立实、黎源倩、王瑞淑
96	久效磷	中国疾病预防控制中心营养与食品安全所、农业部农药检定所	张莹、李本昌、赵丹宇、高晓辉
97	恶草酮	中国疾病预防控制中心营养与食品安全所、农业部农药检定所	张莹、李本昌、杨大进、高晓辉、方从容
98	多效唑	中国疾病预防控制中心营养与食品安全所、农业部农药检定所	张莹、李本昌、赵丹宇、高晓辉
99	百草枯	中国疾病预防控制中心营养与食品安全所、农业部农药检定所	张莹、李本昌、赵丹宇、高晓辉
100	对硫磷	中国疾病预防控制中心营养与食品安全所	张临夏、张萍
101	甲基对硫磷	浙江省医学科学院、广东农业科学院、湖南农学院	袁学洪、龚幼菊
102	二甲戊灵	北京卫生检疫局、北京进口食品卫生监督检验所、农业部农药检定所	贾磊、李本昌、刘建中、高晓辉、饶红
103	氯菊酯	中国疾病预防控制中心营养与食品安全所、浙江农业大学、南京药学院	张临夏、王永芳、黄光伟
104	稻丰散	中国疾病预防控制中心营养与食品安全所、农业部农药检定所	张莹、李本昌、赵丹宇、高晓辉

表 B.1（续）

序号	农药品种	起草单位	起草人
105	甲拌磷	中国疾病预防控制中心营养与食品安全所、浙江省粮食科学研究所、浙江医学科学院	张临夏、王永芳、黄光伟
106	伏杀硫磷	中国疾病预防控制中心营养与食品安全所、农业部农药检定所	张莹、李本昌、赵丹宇、高晓辉
107	亚胺硫磷	中国疾病预防控制中心营养与食品安全所	张临夏、王永芳
108	磷胺	中国疾病预防控制中心营养与食品安全所	张莹、赵丹宇
109	辛硫磷	中国疾病预防控制中心营养与食品安全所、新疆农业科学院、南京农业大学、江苏农学院、山西农业科学院	张临夏、王永芳、黄光伟
110	抗蚜威	中国疾病预防控制中心营养与食品安全所、河北农业大学	张临夏、张萍、和有杰、石键
111	甲基嘧啶磷	中国疾病预防控制中心营养与食品安全所、浙江省粮食科学研究所	张临夏、张萍
112	丙草胺	北京卫生检疫局、北京进口食品卫生监督检验所、农业部农药检定所	贾磊、李本昌、刘建中、高晓辉、周辉
113	咪鲜胺	中国疾病预防控制中心营养与食品安全所	张莹、王绪卿、赵丹宇
114	腐霉利	中国疾病预防控制中心营养与食品安全所、农业部农药检定所	张莹、李本昌、赵丹宇、高晓辉
115	丙溴磷	中国疾病预防控制中心营养与食品安全所	张莹、王绪卿、赵丹宇
116	敌稗	黑龙江省卫生监督所	石华、康乐、焦艳玲、辛梓楠
117	克螨特	中国疾病预防控制中心营养与食品安全所、农业部农药检定所	张莹、李本昌、赵丹宇、高晓辉
118	丙环唑	中国疾病预防控制中心营养与食品安全所	张莹、赵丹宇
119	喹硫鳞	浙江省医学科学院	袁学洪、乐俊仪
120	五氯硝基苯	中国疾病预防控制中心营养与食品安全所	张莹、赵丹宇
121	单甲脒	中国疾病预防控制中心营养与食品安全所	张莹、魏开坤
122	稀禾定	中国疾病预防控制中心营养与食品安全所、农业部农药检定所	张莹、李本昌、杨大进、高晓辉、方从容
123	戊唑醇	中国疾病预防控制中心营养与食品安全所	张莹、王绪卿、赵丹宇
124	特丁磷	中国疾病预防控制中心营养与食品安全所	张莹、王绪卿、赵丹宇
125	噻菌灵	中国疾病预防控制中心营养与食品安全所、农业部农药检定所	张莹、李本昌、赵丹宇、高晓辉
126	杀虫环	浙江省医学科学院	袁学洪、蒋世熙、夏虹
127	硫双威	中国疾病预防控制中心营养与食品安全所、农业部农药检定所	张莹、李本昌、赵丹宇、高晓辉
128	三唑酮	中国疾病预防控制中心营养与食品安全所、江苏农学院、湖北农业科学院测试中心、中国水稻研究所	张临夏、张萍

表 B.1（续）

序号	农药品种	起草单位	起草人
129	三唑醇	中国疾病预防控制中心营养与食品安全所	张莹、赵丹宇
130	三唑磷	中国疾病预防控制中心营养与食品安全所	张莹、王绪卿、赵丹宇
131	敌百虫	中国疾病预防控制中心营养与食品安全所	张临夏、王永芳
132	三环唑	浙江省医学科学院	袁学洪、沈芸芝、孙建析
133	氟乐灵	浙江省医学科学院	袁学洪、蒋世熙
134	蚜灭磷	中国疾病预防控制中心营养与食品安全所	张莹、王绪卿、赵丹宇
135	乙烯菌核利	中国疾病预防控制中心营养与食品安全所	张莹、赵丹宇
136	嘧啶氧磷	中国疾病预防控制中心营养与食品安全所	王永芳、杨大进、张莹

农药英文通用名称索引

A

B

C

G

H

I

L

M

O

P

农药中文通用名称索引

A

B

C

D

E

F

H

J

K

L

M

Q

S

ICS 17.020
A 20

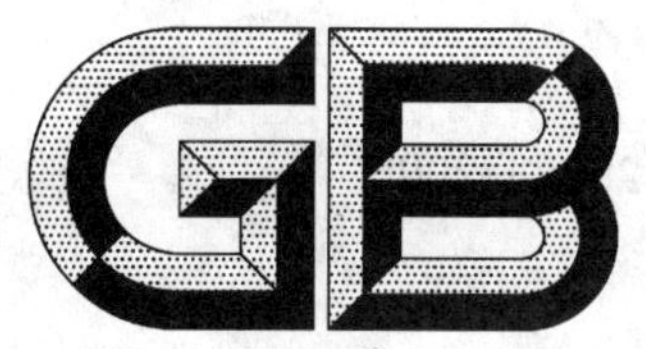

中华人民共和国国家标准

GB/T 2822—2005
代替 GB/T 2822—1981

标 准 尺 寸

Standard linear dimensions

2005-05-16 发布 2005-12-01 实施

中华人民共和国国家质量监督检验检疫总局
中国国家标准化管理委员会 发布

前言

本标准规定的标准尺寸是根据 GB/T 321—2005《优先数和优先数系》和 GB/T 19764—2005《优先数和优先数化整值系列的选用指南》选用的优先数及其化整值。这样，有利于对机械制造业中常用的线性尺寸进行协调、简化和统一。

本标准主要对 GB/T 2822—1981《标准尺寸》按标准的编写规则作了编辑性修改，而对标准尺寸系列未作任何修改。

本标准代替 GB/T 2822—1981《标准尺寸》。

本标准由全国产品尺寸和几何技术规范标准化技术委员会提出并归口。

本标准起草单位：机械科学研究院中机生产力促进中心。

本标准主要起草人：李晓沛、王欣玲。

本标准第 1 次发布于 1981 年并系第 1 次修订。

标 准 尺 寸

1 范围

本标准规定了0.01 mm～20 000 mm范围内机械制造业中常用的标准尺寸(直径、长度、高度等)系列。

本标准适用于有互换性或系列化要求的主要尺寸(如安装、连接尺寸,有公差要求的配合尺寸,决定产品系列的公称尺寸等)。其他结构尺寸也应尽可能采用。

本标准不适用于由主要尺寸导出的因变量尺寸,工艺上工序间的尺寸和已有相应标准规定的尺寸。

2 规范性引用文件

下列文件中的条款通过本标准的引用而成为本标准的条款。凡是注日期的引用文件,其随后所有的修改单(不包括勘误的内容)或修订版均不适用于本标准,然而,鼓励根据本标准达成协议的各方研究是否可使用这些文件的最新版本。凡是不注日期的引用文件,其最新版本适用于本标准。

GB/T 321 优先数和优先数系(ISO 3,IDT)

GB/T 19764 优先数和优先数化整值系列的选用指南(ISO 497,IDT)

3 标准尺寸系列

尺寸0.01 mm～20 000 mm范围的标准尺寸系列规定于表1～表7。

表1～表7中列出的标准尺寸是根据GB/T 321和GB/T 19764选用的优先数及其化整值系列。选用优先数化整值系列规定的标准尺寸用R′表示。

表1 0.01 mm～0.1 mm标准尺寸系列

单位为毫米

R′		
R′5	R′10	R′20
0.010	0.010	0.010
		0.011
	0.012	**0.012**
		0.014
0.016	0.016	0.016
		0.018
	0.020	0.020
		0.022
0.025	0.025	0.025
		0.028
	0.030	**0.030**
		0.035
0.040	0.040	0.040
		0.045
	0.050	0.050
		0.055
0.060	**0.060**	**0.060**
		0.070
	0.080	0.080
		0.090
0.100	0.100	0.100

注:R′系列中的黑体字,为R系列相应各项优先数的化整值。

表 2　0.1 mm～1.0 mm 标准尺寸系列

单位为毫米

R		R′	
R10	R20	R′10	R′20
0.100	0.100	0.10	0.10
	0.112		**0.11**
0.125	0.125	**0.12**	**0.12**
	0.140		0.14
0.160	0.160	0.16	0.16
	0.180		0.18
0.200	0.200	0.20	0.20
	0.224		**0.22**
0.250	0.250	0.25	0.25
	0.280		0.28
0.315	0.315	**0.30**	**0.30**
	0.355		**0.35**
0.400	0.400	0.40	0.40
	0.450		0.45
0.500	0.500	0.50	0.50
	0.560		**0.55**
0.630	0.630	**0.60**	**0.60**
	0.710		**0.70**
0.800	0.800	0.80	0.80
	0.900		0.90
1.000	1.000	1.00	1.00
注：R′系列中的黑体字，为 R 系列相应各项优先数的化整值。			

表 3　1.0 mm～10.0 mm 标准尺寸系列

单位为毫米

R		R′	
R10	R20	R′10	R′20
1.00	1.00	1.0	1.0
	1.12		**1.1**
1.25	1.25	**1.2**	**1.2**
	1.40		1.4
1.60	1.60	1.6	1.6
	1.80		1.8
2.00	2.00	2.0	2.0
	2.24		**2.2**
2.50	2.50	2.5	2.5
	2.80		2.8
3.15	3.15	**3.0**	**3.0**
	3.55		**3.5**
4.00	4.00	4.0	4.0
	4.50		4.5
5.00	5.00	5.0	5.0
	5.60		**5.5**
6.30	6.30	**6.0**	**6.0**
	7.10		**7.0**
8.00	8.00	8.0	8.0
	9.00		9.0
10.00	10.00	10.0	10.0
注：R′系列中的黑体字，为 R 系列相应各项优先数的化整值。			

表 4　10 mm～100 mm 标准尺寸系列

单位为毫米

R			R′		
R10	R20	R40	R′10	R′20	R′40
10.0	10.0		10	10	
	11.2			**11**	
12.5	12.5	12.5	**12**	**12**	**12**
		13.2			**13**
	14.0	14.0		14	14
		15.0			15
16.0	16.0	16.0	16	16	16
		17.0			17
	18.0	18.0		18	18
		19.0			19
20.0	20.0	20.0	20	20	20
		21.2			**21**
	22.4	22.4		22	**22**
		23.6			**24**
25.0	25.0	25.0	25	25	25
		26.5			**26**
	28.0	28.0		28	28
		30.0			30
31.5	31.5	31.5	**32**	**32**	**32**
		33.5			**34**
	35.5	35.5		**36**	**36**
		37.5			**38**
40.0	40.0	40.0	40	40	40
		42.5			**42**
	45.0	45.0		45	45
		47.5			**48**
50.0	50.0	50.0	50	50	50
		53.0			53
	56.0	56.0		56	56
		60.0			60
63.0	63.0	63.0	63	63	63
		67.0			67
	71.0	71.0		71	71
		75.0			75
80.0	80.0	80.0	80	80	80
		85.0			85
	90.0	90.0		90	90
		95.0			95
100.0	100.0	100.0	100	100	100

注：R′系列中的黑体字，为 R 系列相应各项优先数的化整值。

表 5　100 mm～1 000 mm 标准尺寸系列

单位为毫米

R			R′		
R10	R20	R40	R′10	R′20	R′40
100	100	100	100	100	100
		106			**105**
	112	112		**110**	**110**
		118			**120**
125	125	125	125	125	125
		132			**130**
	140	140		140	140
		150			150
160	160	160	160	160	160
		170			170
	180	180		180	180
		190			190
200	200	200	200	200	200
		212			**210**
	224	224		**220**	**220**
		236			**240**
250	250	250	250	250	250
		265			**260**
	280	280		280	280
		300			300
315	315	315	**320**	**320**	**320**
		335			**340**
	355	355		**360**	**360**
		375			**380**
400	400	400	400	400	400
		425			**420**
	450	450		450	450
		475			**480**
500	500	500	500	500	500
		530			530
	560	560		560	560
		600			600
630	630	630	630	630	630
		670			670
	710	710		710	710
		750			750
800	800	800	800	800	800
		850			850
	900	900		900	900
		950			950
1 000	1 000	1 000	1 000	1 000	1 000
注：R′系列中的黑体字，为 R 系列相应各项优先数的化整值。					

表 6　1 000 mm～10 000 mm 标准尺寸系列　　单位为毫米

R		
R10	R20	R40
1 000	1 000	1 000
		1 060
	1 120	1 120
		1 180
1 250	1 250	1 250
		1 320
	1 400	1 400
		1 500
1 600	1 600	1 600
		1 700
	1 800	1 800
		1 900
2 000	2 000	2 000
		2 120
	2 240	2 240
		2 360
2 500	2 500	2 500
		2 650
	2 800	2 800
		3 000
3 150	3 150	3 150
		3 350
	3 550	3 550
		3 750
4 000	4 000	4 000
		4 250
	4 500	4 500
		4 750
5 000	5 000	5 000
		5 300
	5 600	5 600
		6 000
6 300	6 300	6 300
		6 700
	7 100	7 100
		7 500
8 000	8 000	8 000
		8 500
	9 000	9 000
		9 500
10 000	10 000	10 000

表 7　10 000 mm～20 000 mm 标准尺寸系列

单位为毫米

R		
R10	R20	R40
10 000	10 000	10 000
		10 600
	11 200	11 200
		11 800
12 500	12 500	12 500
		13 200
	14 000	14 000
		15 000
16 000	16 000	16 000
		17 000
	18 000	18 000
		19 000
20 000	20 000	20 000

4　标准尺寸选择

4.1　选择标准尺寸系列及单个尺寸时，应首先在优先数系 R 系列中选。用并按 R10、R20、R40 的顺序，优先选用公比较大的基本系列及其单值。

4.2　如果必须将数值圆整，可在相应的 R′系列中选用标准尺寸，其优选顺序为 Ra5、Ra10、Ra20、Ra40。

4.3　除各表中列出的基本系列外，可采用某个基本系列导出的派生系列，也可采用复合系列。

ICS 91.100.10
Q 12

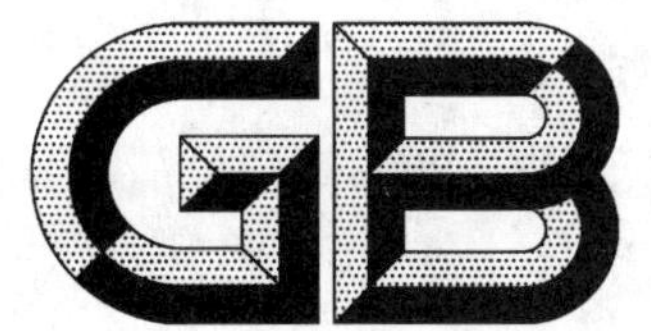

中华人民共和国国家标准

GB/T 2847—2005
代替 GB/T 2847—1996

用于水泥中的火山灰质混合材料

Pozzolanic materials used for cement production

2005-08-09 发布　　2006-03-01 实施

中华人民共和国国家质量监督检验检疫总局
中国国家标准化管理委员会　发布

前　言

本标准代替 GB/T 2847—1996《用于水泥中的火山灰质混合材料》。

本标准与 GB/T 2847—1996 相比，主要变化如下：

——增加了术语内容（本版第 3 章 3.2 条）；

——水泥胶砂 28 天抗压强度比由"不小于 62%"改为"不小于 65%"（1996 版第 5 章 5.4 条，本版第 5章 5.4 条）；

——放射性由"人工的火山灰质混合材料符合 GB 6763 规定"改为"放射性符合 GB 6566 规定"（1996 版第 5 章 5.5 条，本版第 5 章 5.5 条）；

——水泥胶砂 28 天抗压强度比按 GB/T 12957 进行（1996 版第 6 章 6.3 条，本版第 6 章 6.3 条）；

——放射性试验方法由"按 GB 6763 进行"改为"按 GB 6566 进行"（1996 版第 6 章 6.4 条，本版第 6 章 6.4 条）；

——增加了出厂检验内容（本版第 7 章 7.2 条）；

——增加了型式检验内容（本版第 7 章 7.3 条）；

——增加了仲裁检验内容（本版第 7 章 7.5 条）；

——附录 A 中增加了范围、原理、0.1 mol/L 盐酸溶液标定章节（本版 A.1、A.2、A.5）。

本标准附录 A 为规范性附录。

本标准由中国建筑材料工业协会提出。

本标准由全国水泥标准化技术委员会（SAC/TC-184）归口。

本标准起草单位：中国建筑材料科学研究院。

本标准参加起草单位：重庆市水泥质量监督检验站、重庆富皇水泥（集团）有限公司。

本标准起草人：江丽珍、杨基典、刘晨、王昕、霍春明。

本标准所代替标准的历次版本发布情况为：

GB 2847—1981、GB/T 2847—1996。

用于水泥中的火山灰质混合材料

1 范围

本标准规定了火山灰质混合材料的术语和定义、分类、技术要求、试验方法、检验规则、运输和贮存。

本标准适用于水泥生产中作为混合材料使用的火山灰质混合材料。

2 规范性引用文件

下列文件中的条款通过本标准的引用而成为本标准的条款。凡是注日期的引用文件，其随后所有的修改单(不包括勘误的内容)或修订版均不适用于本标准，然而，鼓励根据本标准达成协议的各方研究是否可使用这些文件的最新版本。凡是不注日期的引用文件，其最新版本适用于本标准。

GB/T 175 硅酸盐水泥、普通硅酸盐水泥

GB/T 176 水泥化学分析方法(GB/T 176—1996,eqv ISO 680:1990)

GB 6566 建筑材料放射性核素限量

GB 12957 用作水泥混合材的工业废渣活性试验方法

GSB 14-1510 强度检验用水泥标准样品

3 术语和定义

本标准采用下列术语和定义。

3.1

火山灰质混合材料 pozzolana

具有火山灰性的天然的或人工的矿物质材料。

3.2

活性混合材料 active addition

具有火山灰性或潜在水硬性，或兼有火山灰性和水硬性的矿物质材料。

3.3

非活性混合材料 inactive addition

在水泥中主要起填充作用而又不损害水泥性能的矿物质材料。

[GB/T 4131—1997,定义4.9,4.10,4.11]

4 分类

按其成因分为天然火山灰质混合材料和人工火山灰质混合材料两类。

4.1 天然火山灰质混合材料

4.1.1 火山灰

火山喷发的细粒碎屑的疏松沉积物。

4.1.2 凝灰岩

由火山灰沉积形成的致密岩石。

4.1.3 沸石岩

凝灰岩经环境介质作用而形成的一种以碱或碱土金属的含铝硅酸盐矿物为主的岩石。

4.1.4 浮石

火山喷出的多孔的玻璃质岩石。

4.1.5 **硅藻土或硅藻石**

由极细致的硅藻介壳聚集、沉积形成的生物岩石，一般硅藻土呈松土状。

4.2 **人工火山灰质混合材料**

4.2.1 **煤矸石**

煤层中炭质页岩经自然或煅烧后的产物。

4.2.2 **烧页岩**

页岩或油母页岩经自燃或煅烧后的产物。

4.2.3 **烧粘土**

粘土经煅烧后的产物。

4.2.4 **煤渣**

煤炭燃烧后的残渣。

4.2.5 **硅质渣**

由矾土提取硫酸铝的残渣。

5 技术要求

5.1 **烧失量**

人工火山灰质混合材料不大于 10.0%。

5.2 **三氧化硫**

不大于 3.5%。

5.3 **火山灰性**

合格。

5.4 **水泥胶砂 28 天抗压强度比**

不小于 65%。

5.5 **放射性**

符合 GB 6566 规定。

6 试验方法

6.1 **烧失量**

按 GB/T 176 进行。

6.2 **三氧化硫**

按 GB/T 176 规定的硫酸盐——三氧化硫的测定方法进行。

6.2 **火山灰性试验**

按附录 A 进行。

6.3 **水泥胶砂 28 天抗压强度比**

按 GB/T 12957 进行。但强度检验用对比水泥为 GSB 14-1510 强度检验用水泥标准样品或强度等级为 52.5 及以上的硅酸盐水泥。有矛盾时以 GSB 14-1510 强度检验用水泥标准样品为准。

6.4 **放射性**

按 GB 6566 进行。

7 检验规则

7.1 **取样**

在堆场(不少于 200 t)或采掘面不少于 15 个不同部位取样，每个部位取代表性样品 1 kg～3 kg，将样品破碎后混合均匀，按四分法缩取出比试验需要量大一倍的试样。

7.2 出厂检验

出厂检验项目为5.1～5.4技术要求。

7.3 型式检验

型式检验项目为第5章全部技术要求。有下列情况之一应进行型式检验:

——原料、工艺有较大改变,可能影响产品性能时;

——正常生产时,每半年检验一次;

——产品长期停产后,恢复生产时;

——出厂检验结果与上次型式检验有较大差异时;

——国家质量监督机构提出型式检验的要求时。

7.4 判定规则

7.4.1 出厂检验结果符合本标准5.1～5.4技术要求时,判为出厂检验合格。若其中任何一项不符合要求,允许在同一取样点中重新加倍取样进行全部项目的复检,以复检结果判定。

7.4.2 型式检验结果符合本标准第5章技术要求时,判为型式检验合格。若其中任何一项不符合要求,允许在同一取样点中重新加倍取样进行全部项目的复检,以复检结果判定。仅符合5.1、5.2和5.5要求的火山灰质混合材料为非活性混合材料,5.1、5.2和5.5中任何一项不符合要求的火山灰质混合材料不能作为水泥混合材料使用。

7.5 仲裁检验

当买卖双方对产品质量有争议时,买卖双方应将双方认可的样品签封,送省级或省级以上国家认可的质量监督检验机构进行仲裁检验。

8 运输和贮存

火山灰质混合材料在运输和贮存时不宜受潮、混入杂物,同时应防止污染环境。

附　录　A
（规范性附录）
火山灰性试验方法

A.1　范围

本附录规定了火山灰质混合材料的火山灰性试验方法，适用于火山灰质混合材料的检验。

A.2　原理

火山灰性是通过在规定时间周期后，水化水泥接触的水溶液中存在的氢氧化钙量与能使同一碱性溶液饱和的氢氧化钙相比较来确定。如果该溶液中氢氧化钙浓度低于饱和浓度，则判定该火山灰水泥具有火山灰性（或火山灰性合格）。

A.3　试剂

在分析中，应使用新鲜煮沸的或相当纯度的蒸馏水；所用试剂应为分析纯或优级纯试剂。用于标定与配制标准溶液的试剂应为基准试剂。

A.3.1　0.1 mol/L 盐酸标准溶液：

将 8.5 mL 浓度为 36%～38%（质量分数）的盐酸加水稀释至 1 L，摇匀。

A.3.2　盐酸溶液（1+1）。

A.3.3　甲基橙溶液（1 g/L）。

A.3.4　氢氧化钾溶液（200 g/L）。

A.3.5　钙黄绿素—甲基百里香酚蓝—酚酞混合指示剂（简称 CMP 混合指示剂）：称取 1.000 g 钙黄绿素、1.000 g 甲基百里香酚蓝、0.200 g 酚酞与 50 g 已在 105℃～110℃烘干过的硝酸钾混合研细，保存在磨口瓶中。

A.3.6　三乙醇胺溶液（1+2）

A.3.7　碳酸钙标准溶液：将碳酸钙（$CaCO_3$）在 105℃～110℃烘干箱内烘干 2 h 并称取 0.6 g，精确至 0.000 1 g，置于 300 mL 烧杯中，加入约 50 mL 水，盖上表面皿，沿杯口滴加盐酸溶液（1+1）至碳酸钙全部溶解后，加热微沸数分钟，冷却至室温后，将其移入 250 mL 容量瓶中，加水稀释至标线，摇匀；

A.3.8　0.015 mol/L 乙二胺四乙酸二钠（EDTA）标准溶液：将 5.6 g EDTA 置于烧杯中，加入约 200 mL水，加热溶解，过滤，稀释至 1 000 mL，摇匀。

A.4　仪器设备

A.4.1　塑料瓶：500 mL 左右、配有螺旋式密封盖的圆筒状容器，数个；

A.4.2　粗颈漏斗：1 个；

A.4.3　移液管：25 mL、100 mL，各 1 个；

A.4.4　洗耳球：1 个；

A.4.5　磨口锥形瓶：300 mL，数个；

A.4.6　烧杯：400 mL，数个；

A.4.7　容量瓶：250 mL，1 个；

A.4.8　酸式滴定管：50 mL，2 个；

A.4.9　碱式滴定管：50 mL，2 个；

A.4.10　天平

A.4.10.1 量程不小于 50 g,最小分度值不大于 0.01 g;

A.4.10.2 量程不小于 50 g,最小分度值不大于 0.000 1 g;

A.4.11 恒温箱:可控制温度 40℃±1℃。

A.5 溶液的标定

A.5.1 0.1 mol/L 盐酸标准溶液的标定

将碳酸钠(Na_2CO_3)在 130℃烘干箱内烘干 2 h 并称取 0.15 g,精确至 0.000 1 g,置于 300 mL 锥形瓶中,加入约 100 mL 水使其溶解,加入甲基橙溶液(1 g/L)1 滴,用 0.1 mol/L 盐酸标准溶液滴定至溶液呈橙红色。

盐酸标准溶液浓度按式(A.1)计算:

$$c(\text{HCl}) = \frac{m \times 1\,000}{V_1 \times 53.0} \quad \cdots\cdots (\text{A.1})$$

式中:

$c(\text{HCl})$——盐酸标准溶液的浓度,单位为摩尔每升(mol/L);

V_1——盐酸标准溶液消耗的体积,单位为毫升(mL);

m——称取碳酸钠的质量,单位为克(g);

53.0——(Na_2CO_3)的摩尔质量,单位为克每摩尔(g/mol)。

A.5.2 0.015 mol/L EDTA 标准溶液的标定

吸取 25.00 mL 碳酸钙标准溶液,放入 400 mL 烧杯中,用水稀释至约 200 mL,加入适量的 CMP 混合指示剂,在搅拌下加入氢氧化钾溶液(200 g/L),至出现绿色荧光后再过量 2 mL~3 mL,用 0.015 mol/L EDTA 标准溶液滴定至绿色荧光消失并呈现红色。

EDTA 标准溶液对氧化钙滴定度按式(A.2)计算:

$$T_{\text{CaO}} = \frac{c \times V_2}{V_3} \times \frac{M_{\text{CaO}}}{M_{\text{CaCO}_3}} = \frac{25 \times 0.560\,3 \times c}{V_3} \quad \cdots\cdots (\text{A.2})$$

式中:

T_{CaO}——EDTA 标准溶液对氧化钙的滴定度,单位为毫克每毫升(mg/mL);

c——每毫升碳酸钙标准溶液中碳酸钙含量,单位为毫克每毫升(mg/mL);

V_3——EDTA 标准溶液消耗的体积,单位为毫升(mL);

V_2——吸取碳酸钙标准溶液的体积,单位为毫升(mL);

0.560 3——氧化钙与碳酸钙的摩尔质量比。

A.6 试验材料

A.6.1 火山灰质混合材料

含水量小于 1%,80 μm 方孔筛筛余为 1%~3%。

A.6.2 硅酸盐水泥

符合 GB 175 有关要求的硅酸盐水泥,强度等级不低于 42.5。

A.6.3 试验样品

将硅酸盐水泥(A.6.2)和火山灰质混合材料(A.6.1)按 7:3 质量比混合而成。

A.7 试验步骤

A.7.1 将塑料瓶洗净,干燥,冷却至室温;

A.7.2 用移液管吸取 100 mL 蒸馏水注入塑料瓶中,盖紧(或塞紧)瓶口,放入 40℃±1℃恒温箱中恒温 1 h;

A.7.3 称取 20 g 试验样品，精确至 0.01 g，经粗颈漏斗迅速将试样倒入塑料瓶中，立即盖紧(或塞紧)瓶口，用力摇动 20 s，防止水泥结块粘住瓶底；

A.7.4 将塑料瓶再次放入 40℃±1℃恒温箱中恒温，保证瓶底放平，使瓶底形成一层均匀的水泥层(为防止瓶内温度明显下降，在恒温箱外的操作应尽快完成)；

A.7.5 在 8 天或 15 天后取出塑料瓶，将瓶内溶液迅速过滤到磨口锥形瓶中，塞紧瓶口，待滤液冷却至室温，充分摇匀；

A.7.6 总碱度(氢氧根离子浓度)测定

吸取 25.00 mL 滤液并放入 300 mL 锥形瓶中，加水稀释至约 100 mL，加入甲基橙溶液(1 g/L) 1 滴，用 0.1 mol/L 盐酸标准溶液滴定至溶液呈橙红色。

总碱度(氢氧根离子浓度)按式(A.3)计算：

$$X_{OH^-} = 40 \times c(\mathrm{HCl}) \times V_4 \qquad \cdots\cdots (A.3)$$

式中：

X_{OH^-}——总碱度(氢氧根离子浓度)，单位为毫摩尔每升(mmol/L)；

$c(\mathrm{HCl})$——盐酸溶液浓度，单位为摩尔每升(mol/L)；

V_4——盐酸溶液消耗的体积，单位为毫升(mL)；

40——25 mL 滤液换算为 1 000 mL 的比值。

A.7.7 氧化钙的测定

吸取 25.00 mL 滤液并放入 400 mL 烧杯中，滴加盐酸溶液(1+1)使溶液呈酸性(用广范围 pH 试纸检验)，加水稀释到约 250 mL，加入三乙醇胺(1+2)1 mL，再加入适量的 CMP 混合指示剂，在搅拌下加入氢氧化钾溶液(200 g/L)至出现绿色荧光后，再过量 5 mL～8 mL，用 0.015 mol/L EDTA 标准溶液滴定至绿色荧光消失并呈现红色。

氧化钙含量按式(A.4)计算：

$$X_{CaO} = \frac{40 \times T_{CaO} \times V_5}{56.08} \qquad \cdots\cdots (A.4)$$

式中：

X_{CaO}——氧化钙含量，单位为毫摩尔每升(mmol/L)；

T_{CaO}——EDTA 标准溶液对氧化钙的滴定度，单位为毫克每毫升(mg/mL)；

V_5——EDTA 标准溶液消耗的体积，单位为毫升(mL)；

56.08——氧化钙的摩尔质量，单位为克每摩尔(g/mol)；

40——25 mL 滤液换算为 1 000 mL 的比值。

A.8 结果表示

以总碱度(氢氧根离子浓度)为横坐标，以氧化钙含量为纵坐标，将试验结果点在火山灰活性图上，见图 A.1。如果试验点落在图中曲线(40℃时氢氧化钙的溶解度曲线)的下方，则认为该混合材料火山灰性试验合格；如果试验点落在图中曲线上方或曲线上，则需要重做试验，不过塑料瓶应在恒温箱内放置 15 天。此时如果试验点落在图中曲线的下方则认为该混合材料火山灰性试验仍为合格。

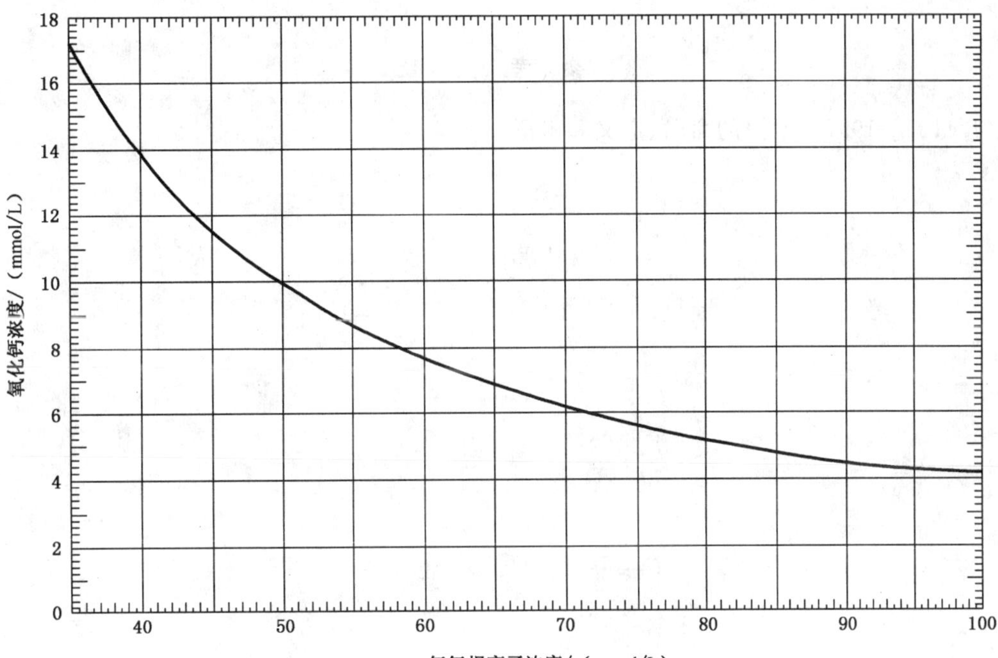

图 A.1 评定火山灰性的曲线图

参 考 文 献

GB/T 4131—1997 水泥的命名、定义和术语

ICS 23.100.20
J 20

中华人民共和国国家标准

GB/T 2879—2005/ISO 5597:1987
代替 GB/T 2879—1986

液压缸活塞和活塞杆动密封沟槽尺寸和公差

Hydraulic fluid power—Cylinders—Housings for piston and rod seals in reciprocating applications—Dimensions and tolerances

(ISO 5597:1987,IDT)

2005-07-11 发布　　2006-01-01 实施

中华人民共和国国家质量监督检验检疫总局
中国国家标准化管理委员会　发布

前　言

本标准等同采用国际标准 ISO 5597:1987《液压传动　缸　往复运动用活塞和活塞杆密封沟槽——尺寸和公差》。本标准是对 GB/T 2879—1986《液压缸活塞和活塞杆　动密封沟槽型式、尺寸和公差》的修订。

本标准与 ISO 5597:1987 的主要差异如下：

——删除 ISO 标准的前言和引言；

——“2 规范性引用文件”中，以相应的国家标准代替国际标准；

——“2 规范性引用文件”中删除了 ISO 883；

——引用了 ISO 6020-2 的最新版本。

本标准与 GB/T 2879—1986 比较，主要变化如下：

——标准名称中删除“型式”两字；

——取消原表 1 中的 F 值；

——取消原表 1 中带括号的推荐值；

——增加符合 ISO 6020-2 规定的液压缸的密封沟槽尺寸和公差。

本标准代替 GB/T 2879—1986《液压缸活塞和活塞杆动密封沟槽型式、尺寸和公差》。

本标准由中国机械工业联合会提出。

本标准由全国液压气动标准化技术委员会(SAC/TC3)归口。

本标准起草单位：北京机械工业自动化研究所。

本标准主要起草人：刘新德、赵曼琳。

本标准所代替标准的历次版本发布情况为：

GB/T 2879—1981，GB/T 2879—1986。

液压缸活塞和活塞杆动密封
沟槽尺寸和公差

1 范围

本标准规定了往复运动用液压缸的活塞和活塞杆密封沟槽系列的公称尺寸及其公差的优先选择范围,适用于下列尺寸的液压缸:

——液压缸内径 16 mm~500 mm;

——活塞杆直径 6 mm~360 mm。

为满足 ISO 6020-2 规定的降低缸筒要求的 16 MPa(160 bar)小型系列液压缸的密封需要,本标准规定了另外一个密封沟槽系列。这些较小截面的密封件要求更严格的活塞杆和液压缸内孔的公差。适用于下列尺寸的液压缸:

——液压缸内径 25 mm~200 mm;

——活塞杆直径 12 mm~140 mm。

本标准仅作为按照本标准生产的产品的尺寸标准,而不适用于产品的性能特征。

2 规范性引用文件

下列文件中的条款通过本标准的引用而成为本标准的条款。凡是注日期的引用文件,其随后所有的修改单(不包括勘误的内容)或修订版均不适用于本标准,然而,鼓励根据本标准达成协议的各方研究是否可使用这些文件的最新版本。凡是不注日期的引用文件,其最新版本适用于本标准。

GB/T 1800.2 极限与配合 基础 第 2 部分:公差、偏差和配合的基本规定(GB/T 1800.2—1998,eqv ISO 286-1:1988)

GB/T 1800.3 极限与配合 基础 第 3 部分:标准公差和基本偏差数值表(GB/T 1800.3—1998,eqv ISO 286-1:1988)

GB/T 1800.4 极限与配合 标准公差等级和孔、轴的极限偏差表(GB/T 1800.4—1999,eqv ISO 286-2:1988)

GB/T 2348 液压气动系统及元件 缸内径及活塞杆外径(GB/T 2348—1993,neq ISO 3320:1987)

GB/T 8713 液压和气动缸筒用精密内径无缝钢管(GB/T 8713—1988,neq ISO 4394-1:1980)

GB/T 17446 流体传动系统及元件 术语(GB/T 17446—1998,idt ISO 5598:1985)

ISO 6020-2 液压传动 单杆缸安装尺寸,16 MPa(160 bar)系列 第 2 部分:小型系列

3 定义

GB/T 17446 中确立的定义适用于本标准。

4 符号

本标准采用下列符号:

C——倒角的轴向长度;

L——密封沟槽的轴向长度(密封槽底长度);

d——密封沟槽内径(活塞杆直径);

D——密封沟槽外径(缸孔直径);

d_3——活塞配合直径;

d_4——活塞杆密封沟槽配合直径;

d_5——活塞杆配合直径;

S——密封沟槽径向深度(截面),$S=\frac{D-d}{2}$。

r——半径。

5 密封沟槽

5.1 概述

5.1.1 本标准规定的典型的液压缸活塞杆和活塞密封沟槽的示例,见图1~图4。

注:这些图仅是示意的,不作为特定沟槽设计的建议。

5.1.2 应去除支承面棱角处的所有锐边及毛刺并倒圆,以使这些支承面保持最大的抗挤出能力。

5.1.3 对于在本标准中未规定的密封沟槽设计细节,应与制造商协商。

5.2 轴向长度

应与制造商协商后,再采用表2和表4中给出的短的轴向长度 L。

注1:对于每一种标称的活塞和活塞杆直径,本标准均提供了沟槽轴向长度的选择,但符合 ISO 6020-2 规定的液压缸除外,这种液压缸只提供了一种轴向长度(见表3、表5)。

注2:建议在与制造商协商后,做出适当的选择。

5.3 径向深度

在应力较大或公差范围较宽的场合,应选用较大的密封沟槽径向深度 S(截面)。

注1:对于大部分活塞和活塞杆直径,本标准规定了可以选择的密封沟槽径向深度 S(截面)。但对于活塞和活塞杆直径范围的上、下限尺寸,以及符合 ISO 6020-2 规定的液压缸的密封沟槽,仅有一个径向深度。

注2:建议在与制造商协商后,做出适当的选择。

6 尺寸及公差[1)]

6.1 活塞密封沟槽尺寸

6.1.1 图1和图2给出了活塞密封沟槽尺寸的示例。

6.1.2 应由表2选择活塞密封沟槽的尺寸(符合 ISO 6020-2 规定的液压缸除外)。

6.1.3 符合 ISO 6020-2 规定的液压缸,其活塞密封沟槽的尺寸应由表3选择。

6.2 活塞杆密封沟槽尺寸

6.2.1 图3和图4给出了活塞杆密封沟槽尺寸的示例。

6.2.2 应由表4选择活塞杆密封沟槽的尺寸(符合 ISO 6020-2 规定的液压缸除外)。

6.2.3 符合 ISO 6020-2 规定的液压缸,其活塞杆密封沟槽的尺寸应由表5选择。

6.3 径向密封间隙公差

6.3.1 径向密封间隙公差应参照表6。

6.3.2 d(见图1和图2)和 D(见图3和图4)的公差的计算公式参照表6中的规定。

注1:通常,当表6所示的公式和数值与 GB/T 1800.2~GB/T 1800.4 规定的公差 ϕDH9 和 ϕd_3f8(对于活塞)或 ϕdf8 和 ϕd_5H9(对于活塞杆)同时应用时,在大多数情况下,可以分别得到沟槽底径尺寸在 ϕdh10 和 ϕDH10 以内的公差。

注2:如果对注1中例举的 D 和 d_3(活塞)或 d 和 d_5(活塞杆)选用另外的公差值,那么应用此公式能够保持必要的径向密封间隙,即放宽任意一个沟槽直径的公差都能够用另一个相配直径公差的减小来补偿。

---

1) 见 GB/T 8713 和 GB/T 2348。

6.4 沟槽长度

沟槽长度公差应为+0.25 mm。

7 挤出间隙

挤出间隙决定于与密封件相邻的金属件的直径(d_4 或 d_3)。

注 1:当活塞或活塞杆与缸的一端或另一端(支承端)相接触时,挤出间隙达到最大。

注 2:因内压引起的缸筒膨胀会进一步使活塞密封件的挤出间隙增大。

注 3:有关 d_3(见图 1 和图 2)和 d_4(见图 3 和图 4)的细节,建议沟槽设计者与密封件制造商协商决定。

8 表面粗糙度

与密封件接触的元件的表面粗糙度取决于应用场合和对密封件寿命的要求,宜由制造商与用户协商决定。

9 安装倒角

9.1 安装倒角(C)的位置应参照图 1~图 4。

9.2 倒角应与轴线成 20°~30°角。

9.3 倒角的长度应不小于表 1 的规定。

9.4 作为一种选择,仅在液压缸符合 ISO 6020-2 规定的情况下,液压缸孔的端部应倒圆,最小圆角半径为 0.4 mm。

注:在这种情况下,当密封件与液压缸装配时应特别注意。

10 标注说明(引用本标准时)

当选择遵守本标准时,建议在试验报告、产品目录和销售文件中采用以下说明:"液压缸活塞杆和活塞的密封沟槽尺寸及公差符合 GB/T 2879—2005/ISO 5597:1987《液压缸活塞和活塞杆动密封沟槽尺寸和公差》"。

表 1 安装倒角

单位为毫米

密封沟槽径向深度 S	3.5	4	5	7.5	10	12.5	15	20
安装倒角最小轴向长度 C	2	2	2.5	4	5	6.5	7.5	10

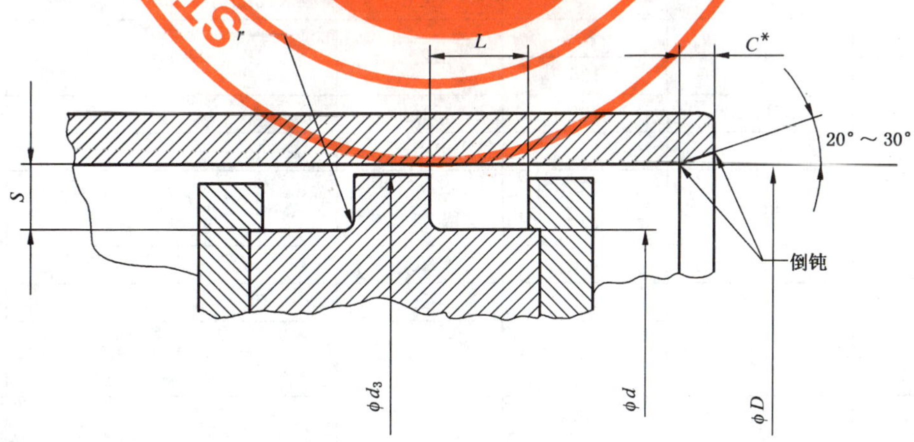

* 见表 1

图 1 活塞密封沟槽示意图(符合 ISO 6020-2 规定的液压缸见图 2)

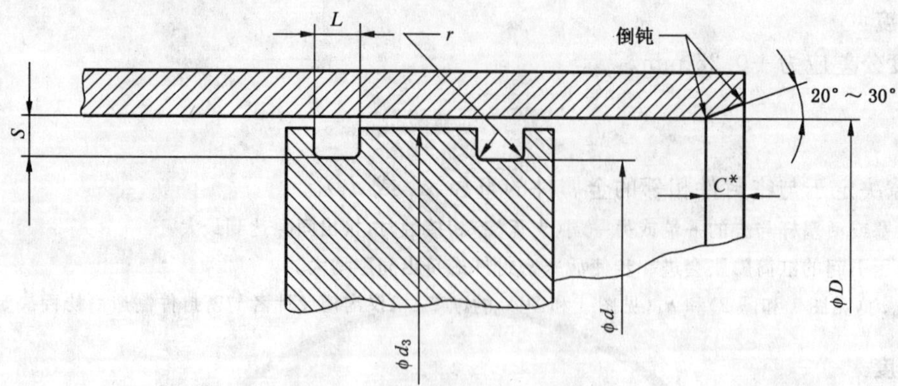

* 见表 1

图 2　符合 ISO 6020-2 规定的液压缸的活塞密封沟槽示意图

表 2　活塞密封沟槽的公称尺寸

（符合 ISO 6020-2 规定的液压缸见表 3）

单位为毫米

缸径[a] D	径向深度 S	内径 d	轴向长度[b] L 短	轴向长度[b] L 中	轴向长度[b] L 长	r max
16	4	8	5	6.3	—	0.3
20	4	12	5	6.3	—	0.3
25	4	17	5	6.3	—	0.3
25	5	15	6.3	8	16	0.3
32	4	24	5	6.3	—	0.3
32	5	22	6.3	8	16	0.3
40	4	32	5	6.3	—	0.3
40	5	30	6.3	8	16	0.3
50	5	40	6.3	8	16	0.3
50	7.5	35	9.5	12.5	25	0.4
63	5	53	6.3	8	16	0.3
63	7.5	48	9.5	12.5	25	0.4
80	7.5	65	9.5	12.5	25	0.4
80	10	60	12.5	16	32	0.6
100	7.5	85	9.5	12.5	25	0.4
100	10	80	12.5	16	32	0.6
125	10	105	12.5	16	32	0.6
125	12.5	100	16	20	40	0.8
160	10	140	12.5	16	32	0.6
160	12.5	135	16	20	40	0.8
200	12.5	175	16	20	40	0.8
200	15	170	20	25	50	0.8
250	12.5	225	16	20	40	0.8
250	15	220	20	25	50	0.8
320	15	290	20	25	50	0.8
400	20	360	25	32	63	1
500	20	460	25	32	63	1

a　见 GB/T 2348。

b　在表 2、表 4 中规定的轴向长度（短、中、长）的应用决定于相应的工作条件。

表 3　符合 ISO 6020-2 规定的液压缸活塞密封沟槽的公称尺寸　　单位为毫米

缸径[a] D	径向深度 S	内径 d	轴向长度 L	r max
25	3.5	18	5.6	0.5
32		25		
40	4	32	6.3	
50		42		
63		55		
80	5	70	7.5	
100		90		
125	7.5	110	10.6	
160		145		
200		185		

[a] 见 ISO 6020-2。

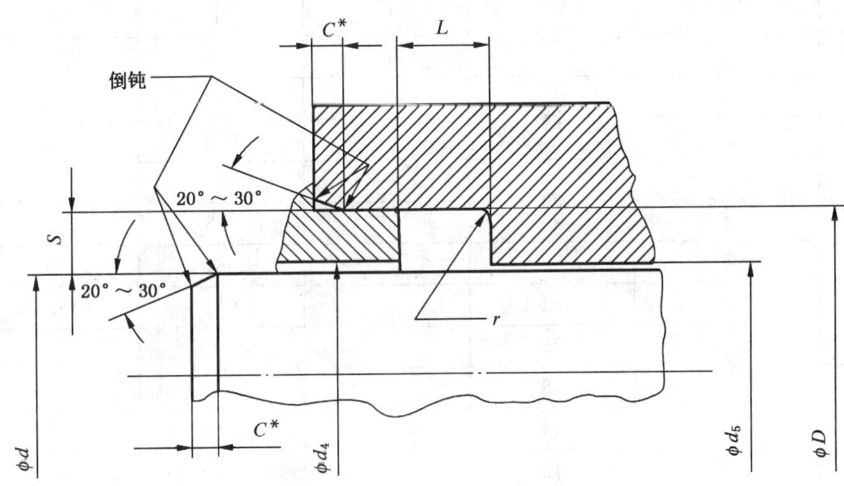

* 见表 1

图 3　活塞杆密封沟槽示意图

（符合 ISO 6020-2 规定的液压缸见图 4）

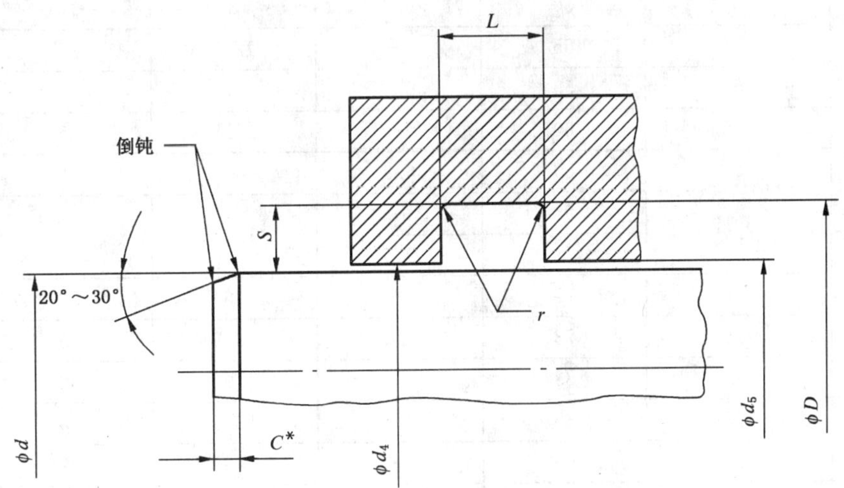

* 见表 1

图 4　符合 ISO 6020-2 规定的液压缸的活塞杆密封沟槽示意图

表 4 活塞杆密封沟槽的公称尺寸

（符合 ISO 6020-2 规定的液压缸见表 5）

单位为毫米

<table>
<tr><th rowspan="2">活塞杆直径[a]
d</th><th rowspan="2">径向深度
S</th><th rowspan="2">外径
D</th><th colspan="3">轴向长度[b] L</th><th rowspan="2">r
max</th></tr>
<tr><th>短</th><th>中</th><th>长</th></tr>
<tr><td>6</td><td rowspan="3">4</td><td>14</td><td rowspan="3">5</td><td rowspan="3">6.3</td><td rowspan="3">14.5</td><td rowspan="19">0.3</td></tr>
<tr><td>8</td><td>16</td></tr>
<tr><td rowspan="2">10</td><td>18</td></tr>
<tr><td>5</td><td rowspan="2">20</td><td>—</td><td>8</td><td>16</td></tr>
<tr><td rowspan="2">12</td><td>4</td><td>5</td><td>6.3</td><td>14.5</td></tr>
<tr><td>5</td><td rowspan="2">22</td><td>—</td><td>8</td><td>16</td></tr>
<tr><td rowspan="2">14</td><td>4</td><td>5</td><td>6.3</td><td>14.5</td></tr>
<tr><td>5</td><td rowspan="2">24</td><td>—</td><td>8</td><td>16</td></tr>
<tr><td rowspan="2">16</td><td>4</td><td>5</td><td>6.3</td><td>14.5</td></tr>
<tr><td>5</td><td rowspan="2">26</td><td>—</td><td>8</td><td>16</td></tr>
<tr><td rowspan="2">18</td><td>4</td><td>5</td><td>6.3</td><td>14.5</td></tr>
<tr><td>5</td><td rowspan="2">28</td><td>—</td><td>8</td><td>16</td></tr>
<tr><td rowspan="2">20</td><td>4</td><td>5</td><td>6.3</td><td>14.5</td></tr>
<tr><td>5</td><td rowspan="2">30</td><td>—</td><td>8</td><td>16</td></tr>
<tr><td rowspan="2">22</td><td>4</td><td>5</td><td>6.3</td><td>14.5</td></tr>
<tr><td>5</td><td>32</td><td>—</td><td>8</td><td>16</td></tr>
<tr><td rowspan="2">25</td><td>4</td><td>33</td><td>5</td><td>6.3</td><td>14.5</td></tr>
<tr><td rowspan="2">5</td><td>35</td><td>—</td><td rowspan="2">8</td><td rowspan="2">16</td></tr>
<tr><td rowspan="2">28</td><td>38</td><td>6.3</td></tr>
<tr><td>7.5</td><td>43</td><td>—</td><td>12.5</td><td>25</td><td>0.4</td></tr>
<tr><td rowspan="2">32</td><td>5</td><td>42</td><td>6.3</td><td>8</td><td>16</td><td>0.3</td></tr>
<tr><td>7.5</td><td>47</td><td>—</td><td>12.5</td><td>25</td><td>0.4</td></tr>
<tr><td rowspan="2">36</td><td>5</td><td>46</td><td>6.3</td><td>8</td><td>16</td><td>0.3</td></tr>
<tr><td>7.5</td><td>51</td><td>—</td><td>12.5</td><td>25</td><td>0.4</td></tr>
<tr><td rowspan="2">40</td><td>5</td><td>50</td><td>6.3</td><td>8</td><td>16</td><td>0.3</td></tr>
<tr><td>7.5</td><td>55</td><td>—</td><td>12.5</td><td>25</td><td>0.4</td></tr>
<tr><td rowspan="2">45</td><td>5</td><td>55</td><td>6.3</td><td>8</td><td>16</td><td>0.3</td></tr>
<tr><td>7.5</td><td>60</td><td>—</td><td>12.5</td><td>25</td><td>0.4</td></tr>
<tr><td rowspan="2">50</td><td>5</td><td>60</td><td>6.3</td><td>8</td><td>16</td><td>0.3</td></tr>
<tr><td rowspan="2">7.5</td><td>65</td><td>—</td><td rowspan="2">12.5</td><td rowspan="2">25</td><td rowspan="2">0.4</td></tr>
<tr><td rowspan="2">56</td><td>71</td><td>9.5</td></tr>
<tr><td>10</td><td>76</td><td>—</td><td>16</td><td>32</td><td>0.6</td></tr>
<tr><td rowspan="2">63</td><td>7.5</td><td>78</td><td>9.5</td><td>12.5</td><td>25</td><td>0.4</td></tr>
<tr><td>10</td><td>83</td><td>—</td><td>16</td><td>32</td><td>0.6</td></tr>
<tr><td rowspan="2">70</td><td>7.5</td><td>85</td><td>9.5</td><td>12.5</td><td>25</td><td>0.4</td></tr>
<tr><td>10</td><td>90</td><td>—</td><td>16</td><td>32</td><td>0.6</td></tr>
<tr><td rowspan="2">80</td><td>7.5</td><td>95</td><td>9.5</td><td>12.5</td><td>25</td><td>0.4</td></tr>
<tr><td>10</td><td>100</td><td>—</td><td>16</td><td>32</td><td>0.6</td></tr>
</table>

表 4（续）

单位为毫米

活塞杆直径[a] d	径向深度 S	外径 D	轴向长度[b] L			r max
			短	中	长	
90	7.5	105	9.5	12.5	25	0.4
	10	110	—	16	32	0.6
100		120	12.5			
	12.5	125	—	20	40	0.8
110	10	130	12.5	16	32	0.6
	12.5	135	—	20	40	0.8
125	10	145	12.5	16	32	0.6
	12.5	150	—	20	40	0.8
140	10	160	12.5	16	32	0.6
	12.5	165	—	20	40	0.8
160		185	16			
	15	190	—	25	50	
180	12.5	205	16	20	40	
	15	210	—	25	50	
200	12.5	225	16	20	40	
	15	230	—	25	50	
220		250	20			
250		280				
280		310				
320	20	360	25	32	63	1
360		400				

a 见 GB/T 2348。

b 表 2、表 3 中规定的轴向长度（短、中、长）的应用取决于相应的工作条件。

表 5 符合 ISO 6020-2 规定的液压缸活塞杆密封沟槽的公称尺寸

单位为毫米

活塞杆直径[a] d	径向深度 S	外径 D	轴向长度 L	r max
12	3.5	19	5.6	0.5
14		21		
18		25		
22		29		
28	4	36	6.3	
36		44		
45		53		
56	5	66	7.5	
70		80		
90		100		
110	7.5	125	10.6	
140		155		

a 见 ISO 6020-2。

表 6 密封沟槽径向深度(截面)公差

单位为毫米

径向深度 S	
公称尺寸	公差
3.5	+0.15 −0.05
4	+0.15 −0.05
5	+0.15 −0.10
7.5	+0.20 −0.10
10	+0.25 −0.10
12.5	+0.30 −0.15
15	+0.35 −0.20
20	+0.40 −0.20

对于活塞,根据下列公式计算密封沟槽内径 d(见图 1 和图 2)的公差:

$$d_{min} = 2D_{max} - d_{3min} - 2S_{max}$$

$$d_{max} = d_{3min} - 2S_{min}$$

对于活塞杆,根据下列公式计算密封沟槽外径 D(见图 3 和图 4)的公差:

$$D_{min} = d_{5max} + 2S_{min}$$

$$D_{max} = 2d_{min} - d_{5max} + 2S_{max}$$

ICS 77.120.40
H 62

中华人民共和国国家标准

GB/T 2882—2005
代替 GB/T 2882—1981 GB/T 8011—1987

镍及镍合金管

Nickel and nickel alloys tube

2005-07-26 发布 2006-01-01 实施

中华人民共和国国家质量监督检验检疫总局
中国国家标准化管理委员会 发布

前 言

本标准是对 GB/T 2882—1981《镍及镍铜合金管》和 GB/T 8011—1987《镍及镍合金无缝薄壁管》的合并修订。

本标准是参照 ASTM B 161:2000《镍无缝管》编制的。本标准尺寸公差水平达到了 ASTM B 161 的相应规定。

本标准与 GB/T 2882—1981 和 GB/T 8011—1987 相比,主要有如下变动:

——N6 管材增加了 Y2 状态,其技术参数参照 ASTM B 161 标准。

——管材最大外径由原来的 40 mm 增加到了 90 mm,壁厚由原来的 4.0 mm 增加到了 5.0 mm。

——管材的外形尺寸及其允许偏差参照 ASTM B 161 进行了修订,精度略有提高。

本标准由中国有色金属工业协会提出。

本标准由全国有色金属标准化技术委员会归口。

本标准由沈阳有色金属加工厂、宝鸡有色金属加工厂负责起草。

本标准主要起草人:王丽、刘关强、董艳霞、黄永光、李宝霞、佟学文。

本标准由全国有色金属标准化技术委员会负责解释。

本标准所代替标准的历次版本发布情况为:

——GB/T 2882—1981

——GB/T 8011—1987

镍及镍合金管

1 范围

本标准规定了镍及镍合金管的要求、试验方法、检验规则和标志、包装、运输、贮存和质量证明书及合同内容等。

本标准适用于化工、仪表、电讯、电子等工业部门制造耐腐蚀或其他重要零部件用的镍及镍合金圆形管。

2 规范性引用文件

下列文件中的条款通过本标准的引用而成为本标准的条款。凡是注日期的引用文件，其随后所有的修改单(不包括勘误的内容)或修订版均不适用于本标准，然而，鼓励根据本标准达成协议的各方研究是否可使用这些文件的最新版本。凡是不注日期的引用文件，其最新版本适用于本标准。

GB/T 228 金属材料 室温拉伸试验方法

GB/T 5235 加工镍及镍合金 化学成分和产品形状

GB/T 8647 (所有部分)镍化学分析方法

GB/T 8888 重有色金属加工产品的包装、标志、运输和贮存

YS/T 325 镍铜合金(NCu28-2.5-1.5)化学分析方法

3 要求

3.1 产品分类

3.1.1 牌号、状态和规格

管材的牌号、状态和规格应符合表1的规定。

表1 牌号、状态和规格

<table>
<tr><th rowspan="2">牌号</th><th rowspan="2">状态</th><th colspan="3">规格/mm</th></tr>
<tr><th>外径</th><th>壁厚</th><th>长度</th></tr>
<tr><td>N2、N4、DN</td><td>软(M)
硬(Y)</td><td>0.35～18</td><td>0.05～0.90</td><td rowspan="8">100～8 000</td></tr>
<tr><td>N6</td><td>软(M)
半硬(Y2)
硬(Y)</td><td>0.35～90</td><td>0.05～5.00</td></tr>
<tr><td rowspan="2">NCu28-2.5-1.5</td><td>软(M)
硬(Y)</td><td>0.35～90</td><td>0.05～5.00</td></tr>
<tr><td>半硬(Y2)</td><td>0.35～18</td><td>0.05～0.90</td></tr>
<tr><td rowspan="2">NCu40-2-1</td><td>软(M)
硬(Y)</td><td>0.35～90</td><td>0.05～5.00</td></tr>
<tr><td>半硬(Y2)</td><td>0.35～18</td><td>0.05～0.90</td></tr>
<tr><td>NSi0.19
NMg0.1</td><td>软(M)
半硬(Y2)
硬(Y)</td><td>0.35～18</td><td>0.05～0.90</td></tr>
</table>

表 2　公称尺寸

单位为毫米

外径	壁厚																					长度
	0.05~0.06	>0.06~0.09	>0.09~0.12	>0.12~0.15	>0.15~0.20	>0.20~0.25	>0.25~0.30	>0.30~0.40	>0.40~0.50	>0.50~0.60	>0.60~0.70	>0.70~0.90	>0.90~1.00	>1.00~1.25	>1.25~1.50	>1.50~1.80	>1.80~2.00	>2.00~3.00	>3.00~3.50	>3.50~4.00	>4.00~5.00	
0.35~0.40	○	—	—	—	—	—	—	—	—	—	—	—	—	—	—	—	—	—	—	—	—	
>0.40~0.50	○	○	—	—	—	—	—	—	—	—	—	—	—	—	—	—	—	—	—	—	—	
>0.50~0.60	○	○	○	—	—	—	—	—	—	—	—	—	—	—	—	—	—	—	—	—	—	
>0.60~0.70	○	○	○	○	—	—	—	—	—	—	—	—	—	—	—	—	—	—	—	—	—	
>0.70~0.80	○	○	○	○	○	—	—	—	—	—	—	—	—	—	—	—	—	—	—	—	—	
>0.80~0.90	○	○	○	○	○	○	○	—	—	—	—	—	—	—	—	—	—	—	—	—	—	
>0.90~1.50	○	○	○	○	○	○	○	○	—	—	—	—	—	—	—	—	—	—	—	—	—	
>1.50~1.75	○	○	○	○	○	○	○	○	○	—	—	—	—	—	—	—	—	—	—	—	—	
>1.75~2.00	—	○	○	○	○	○	○	○	○	—	—	—	—	—	—	—	—	—	—	—	—	
>2.00~2.25	—	○	○	○	○	○	○	○	○	○	—	—	—	—	—	—	—	—	—	—	—	
>2.25~2.50	—	○	○	○	○	○	○	○	○	○	○	—	—	—	—	—	—	—	—	—	—	≤3 000
>2.50~3.50	—	○	○	○	○	○	○	○	○	○	○	○	—	—	—	—	—	—	—	—	—	
>3.50~4.20	—	—	○	○	○	○	○	○	○	○	○	○	—	—	—	—	—	—	—	—	—	
>4.20~6.00	—	—	—	○	○	○	○	○	○	○	○	○	—	—	—	—	—	—	—	—	—	
>6.00~8.50	—	—	—	○	○	○	○	○	○	○	○	○	○	○	○	—	—	—	—	—	—	
>8.50~10	—	—	—	—	—	○	○	○	○	○	○	○	○	○	○	—	—	—	—	—	—	
>10~12	—	—	—	—	—	—	○	○	○	○	○	○	○	○	○	○	○	○	—	—	—	
>12~14	—	—	—	—	—	—	—	○	○	○	○	○	○	○	○	○	○	○	—	—	—	
>14~15	—	—	—	—	—	—	—	○	○	○	○	○	○	○	○	○	○	○	○	—	—	
>15~18	—	—	—	—	—	—	—	—	○	○	○	○	○	○	○	○	○	○	○	—	—	
>18~20	—	—	—	—	—	—	—	—	—	—	—	○	○	○	○	○	○	○	○	○	—	
>20~30	—	—	—	—	—	—	—	—	—	—	—	—	—	○	○	○	○	○	○	○	—	
>30~35	—	—	—	—	—	—	—	—	—	—	—	—	—	—	○	○	○	○	○	○	—	≤5 000
>35~40	—	—	—	—	—	—	—	—	—	—	—	—	—	—	—	○	○	○	○	○	○	
>40~60	—	—	—	—	—	—	—	—	—	—	—	—	—	—	—	—	○	○	○	○	○	≤8 000
>60~90	—	—	—	—	—	—	—	—	—	—	—	—	—	—	—	—	—	○	○	○	○	

注:“○”表示推荐采用的规格,“—”表示不推荐采用的规格,需要其他规格的产品应由供需双方商定。

3.1.2 标记示例

产品标记按产品名称、牌号、状态、精度、规格和标准编号的顺序表示，标记示例如下：

用N6制造的、供应状态为Y、高精级、外径10 mm、壁厚1.00 mm、长度为2 000 mm定尺的圆管，标记为：

管 N6Y 高 ϕ10×1.00×2 000 GB/T 2882—2005

3.2 化学成分

管材的化学成分应符合GB/T 5235的规定。

3.3 尺寸允许偏差

3.3.1 管材的公称尺寸应符合表2的规定。

3.3.2 管材的外径及其允许偏差应符合表3的规定。

表3 外径允许偏差

单位为毫米

外径	允许偏差	
	普通级	高精级
0.35～0.90	±0.007	±0.005
>0.90～2.00	±0.010	±0.007
>2.00～3.00	±0.012	±0.010
>3.00～4.00	±0.018	±0.015
>4.00～5.00	±0.022	±0.020
>5.00～6.00	±0.030	±0.025
>6.00～9.00	±0.040	±0.030
>9.00～12	±0.045	±0.040
>12～15	±0.080	±0.050
>15～18	±0.100	±0.060
>18～20	±0.120	±0.080
>20～30	±0.150	±0.110
>30～40	±0.170	±0.150
>40～50	±0.250	±0.200
>50～60	±0.350	±0.250
>60～90	±0.450	±0.300
注：需方要求单向偏差时，其值为表中数值的2倍。		

3.3.3 管材的壁厚及其允许偏差应符合表4的规定。

表4 壁厚允许偏差

单位为毫米

壁厚	允许偏差	
	普通级	高精级
0.05～0.06	±0.010	±0.006
>0.06～0.09	±0.010	±0.007
>0.09～0.12	±0.015	±0.010
>0.12～0.15	±0.020	±0.015
>0.15～0.20	±0.025	±0.020

表 4(续)

单位为毫米

<table>
<tr><th rowspan="2">壁厚</th><th colspan="2">允许偏差</th></tr>
<tr><th>普通级</th><th>高精级</th></tr>
<tr><td>>0.20～0.25</td><td>±0.030</td><td>±0.025</td></tr>
<tr><td>>0.25～0.30</td><td>±0.035</td><td>±0.03</td></tr>
<tr><td>>0.30～0.40</td><td>±0.040</td><td>±0.035</td></tr>
<tr><td>>0.40～0.50</td><td>±0.045</td><td>±0.04</td></tr>
<tr><td>>0.50～0.60</td><td>±0.055</td><td>±0.05</td></tr>
<tr><td>>0.60～0.70</td><td>±0.070</td><td>±0.06</td></tr>
<tr><td>>0.70～0.90</td><td>±0.080</td><td>±0.07</td></tr>
<tr><td>>0.90～3.00</td><td>±公称壁厚的 10%</td><td rowspan="2">±公称壁厚的 10%</td></tr>
<tr><td>>3.00～5.00</td><td>±公称壁厚的 12.5%</td></tr>
<tr><td colspan="3">注：需方要求单向偏差时，其值为表中数值的 2 倍。</td></tr>
</table>

3.3.4　管材外径和壁厚允许偏差的精度必须在合同中注明，否则按普通级供货。

3.3.5　管材端部应锯切平整，允许有轻微的毛刺。管材的长度及切斜允许偏差应符合表 5 的规定。

表 5　长度允许偏差、切斜

单位为毫米

<table>
<tr><th rowspan="2">外径</th><th colspan="2">长度允许偏差</th><th rowspan="2">切斜
不大于</th></tr>
<tr><th>普通级</th><th>高精级</th></tr>
<tr><td><20</td><td>$^{+10}_{0}$</td><td>$^{+2}_{0}$</td><td>2</td></tr>
<tr><td>≥20～<50</td><td>$^{+15}_{0}$</td><td>$^{+5}_{0}$</td><td>3</td></tr>
<tr><td>≥50</td><td>$^{+20}_{0}$</td><td>$^{+10}_{0}$</td><td>4</td></tr>
</table>

3.3.6　管材的直度应符合表 6 的规定。

表 6　直度

单位为毫米

<table>
<tr><th>外径</th><th>每米的直度，不大于</th></tr>
<tr><td>0.35～30</td><td>3</td></tr>
<tr><td>>30～90</td><td>4</td></tr>
<tr><td colspan="2">注：本表中指标不适用于“M”状态。</td></tr>
</table>

3.3.7　管材的圆度

硬态和半硬态管材的圆度不应超出其外径的允许偏差。

3.4　力学性能

管材的室温力学性能应符合表 7 的规定。

表 7　力学性能

牌号	壁厚/mm	状态	抗拉强度 R_m/MPa，不小于	伸长率/%，不小于	
				A	A_{50}
N2、N4、DN	所有规格	M	390	35	—
		Y	540	—	—
N6	<0.9	M	390	—	35
		Y	540	—	—
	≥0.9	M	370	35	—
		Y2	450	—	12
		Y	520	6	—
NCu28-2.5-1.5 NCu40-2-1 NSi0.19 NMg0.1	所有规格	M	440	—	20
		Y2	540	6	—
		Y	585	3	—

注 1：外径小于 18 mm、壁厚小于 0.90 mm 的硬(Y)态镍及镍合金管材的延伸率值仅供参考。

注 2：供农用飞机作喷头用的 NCu28-2.5-1.5 合金硬状态管材，其抗拉强度不小于 645 MPa、伸长率不小于 2%。

3.5　表面质量

3.5.1　管材的内外表面应光滑、清洁，不允许有裂纹、针孔、起皮、气泡、粗拉道、夹杂物、分层和绿锈等缺陷。

3.5.2　管材的表面允许有轻微的、局部的划伤、凹坑、斑点、细拉痕和压入物等缺陷，但不应超出管材的外径和壁厚允许偏差。轻微的氧化色、矫直痕迹和局部的水迹不作报废依据。空拉管内表面不应有明显的空拉皱纹。

4　试验方法

4.1　化学成分的仲裁分析方法

镍铜合金(NCu28-2.5-1.5)的化学成分仲裁分析方法按 YS/T 325 规定的方法进行；

其他镍及镍合金的化学成分仲裁分析方法按 GB/T 8647 规定的方法进行，GB/T 8647 分析方法测定范围之外的化学成分，其分析方法由供需双方协商。

4.2　尺寸测量方法

管材的外形尺寸应用相应精度的测量工具进行测量。

4.3　室温力学性能检验方法

管材的室温拉伸试验按 GB/T 228 的规定执行。

4.4　直度的测量

直度的测量方法是把管材平行放在平台上用 1 m 长的钢板尺靠在所测管材的凹面上，用塞尺或其他测量仪器测量管和钢板尺间最大距离。

4.5　表面质量检查方法

产品的表面质量应用目视进行检验。

5　检验规则

5.1　检查和验收

5.1.1　管材应由供方技术监督部门进行检验，保证产品质量符合本标准的规定，并填写质量证明书。

5.1.2 需方应对收到的产品按本标准的规定进行复验。复验结果与本标准及订货合同的规定不符时，应以书面形式向供方提出，由供需双方协商解决。属于表面质量及尺寸偏差的异议，应在收到产品之日起一个月内提出，属于其他性能的异议，应在收到产品之日起三个月内提出。如需仲裁，仲裁取样应由供需双方共同进行。

5.2 组批

管材应成批提交，每批应由同一牌号、状态和规格组成。每批重量应不大于2 000 kg。

5.3 检验项目

每批产品应进行化学成分、外形尺寸偏差、力学性能和表面质量的检验。

5.4 取样

产品取样应符合表8的规定。

表8 产品取样的规定

检验项目	取样规定	要求的章条号	试验方法的章条号
化学成分	供方每炉(需方每批)取一个试样	3.2	4.1
外形尺寸偏差 表面质量	逐根检查	3.3 3.5	4.2 4.4 4.5
力学性能	按GB/T 228的规定制取试样，试样号为S1、S2、S3、S7、S8。每批任取二根，每根取一个试样。	3.4	4.3

5.5 检验结果的判定

5.5.1 化学成分不合格时，判该批产品不合格。

5.5.2 管材外形尺寸偏差、表面质量不合格时，判该根不合格。

5.5.3 当力学性能试验结果中有试样不合格时，应从该批产品中另取双倍数量的试样进行重复试验。重复试验结果全部合格，则判整批产品合格。若重复试验结果仍有试样不合格，则判该批产品不合格或逐根检验，合格者交货。

5.5.4 当出现其他缺陷时，该批产品由供需双方协商处理。

6 标志、包装、运输、贮存和质量证明书

产品的标志、包装、运输、贮存和质量证明书应符合GB/T 8888的规定。

7 订货单(或合同)内容

订购本标准所列材料的订货单(或合同)内应包括下列内容：

a) 产品名称；

b) 牌号；

c) 状态；

d) 尺寸规格；

e) 重量或根数；

f) 本标准编号；

g) 其他。

ICS 29.020
K 04

中华人民共和国国家标准

GB/T 2900.22—2005
代替 GB/T 2900.22—1985

电工名词术语　电焊机

Electrotechnical terminology—Electric welding machine

2005-08-26 发布　　2006-04-01 实施

中华人民共和国国家质量监督检验检疫总局
中国国家标准化管理委员会　发布

前　言

本部分为 GB/T 2900《电工术语》的第 22 部分。

本部分是对 GB/T 2900.22—1985 的修订。与 GB/T 2900.22—1985 相比，本部分主要在以下几个方面做了重大变动：

1）根据国际及国内有关标准增加了部分电焊机及辅助装置的术语。

2）对点焊枪和点焊钳术语的定义内容做了修改，使定义更加完善、合理。

3）取消了已淘汰产品的术语和不常用的术语。

4）为便于理解，对部分术语做了编辑性的修改。

本部分从实施之日起，同时代替 GB/T 2900.22—1985。

本部分由全国电焊机标准化技术委员会提出并归口。

本部分起草单位：成都电焊机研究所、广东省电焊机厂有限公司。

本部分主要起草人：潘颖、黄虹、王超英。

本部分于 1985 年首次发布。

电工名词术语　电焊机

1　范围

本部分规定了电焊机的专用名词术语，包括一般术语、产品名称、结构及附件等。

本部分适用于电焊机产品及其标准制订、编制技术文件、编写和翻译专业手册、教材及书刊等。

与电焊机有关的各类标准中使用的名词术语必须符合本部分和有关的专业名词术语标准。本部分中未作规定的名词术语，需要时可在有关的标准和技术文件中给予规定。

2　一般术语及产品名称

2.1　一般术语

2.1.1

电焊机　electric welding machine

将电能转换成焊接能量并能实现焊接操作的整套装置设备，包括焊接电源及附件等。

2.2　电弧焊机

2.2.1

[电]弧焊机　arc welding machine

利用电弧热量熔化金属而进行焊接的电焊机。

2.2.2

半自动弧焊机　semi-automatic arc welding machine

用手工操作焊枪或焊炬，由机械方式输送焊丝以进行焊接的弧焊机。

2.2.3

自动弧焊机　automatic arc welding machine

用机械方式完成焊枪或焊炬相对于工件的移动及输送焊丝或填充焊丝，并可自动地进行电弧调节的弧焊机。

2.2.4

埋弧焊机　submerged arc welding machine

电弧在颗粒状焊剂层下燃烧以进行焊接的弧焊机。

2.2.5

气体保护弧焊机　gas shielded arc welding machine

利用气体（如惰性气体、CO_2 气体或混合气体）作保护进行焊接的弧焊机。

2.2.6

二氧化碳弧焊机　carbon-dioxide arc welding machine；CO_2 arc welding machine

采用金属熔化极，以 CO_2 作为保护气体的弧焊机。

2.2.7

钨极惰性气体保护弧焊机　tungsten inert-gas arc welding machine；TIG welding machine

用工业纯钨或活性钨作不熔化电极，并以惰性气体作保护的弧焊机（简称 TIG 焊机）。

2.2.8

熔化极惰性气体保护弧焊机　metal inert-gas arc welding machine；MIG welding machine

采用金属熔化极，以惰性气体作保护的弧焊机（简称 MIG 焊机）。

2.2.9

活性气体保护弧焊机　metal active-gas arc welding machine; MAG welding machine

采用金属熔化极，以活性气体作保护的弧焊机(简称 MAG 焊机)。

2.2.10

等离子弧焊机　plasma arc welding machine

用等离子弧作为焊接热源的弧焊机。

2.2.11

微束等离子弧焊机　micro-plasma arc welding machine

焊接电流通常小于 30 A 的等离子弧焊机。

2.2.12

气电立焊机　electro-gas welding machine

在立焊工件接头两侧采用成型器具(固定式或移动式冷却滑块)保持熔池形状，强制焊缝成型的熔化极气体保护弧焊机。

2.2.13

旋转电弧焊机　rotating arc welding machine

电弧在磁场作用下沿两工件(一般为管状)的对接面高速旋转并使工件对接面熔化，然后加压实现焊接的弧焊机。

2.2.14

带极堆焊机　strip surfacing machine; strip cladding machine

用带状熔化电极，以埋弧或电渣焊作自动堆焊的焊机。

2.3　电渣焊机

2.3.1

电渣焊机　electro-slag welding machine

利用电流通过电极和渣池的电阻热效应，使电极经渣池熔入熔池，由逐渐上升的冷却滑块保持金属熔池和渣池，使焊接过程连续向上进行的焊机。

2.3.2

钢筋电渣压力焊机　reinforcement electro-slag pressure welding machine

以被焊钢筋为电极，由渣池和电弧产生的热量来熔化母材，并施加压力完成钢筋接头焊接的焊机。

2.4　电阻焊机

2.4.1

[电]阻焊机　resistance welding machine

利用电流通过工件及其接触面间产生的电阻热使接触面局部熔化，并在压力的作用下完成焊接的焊机。

2.4.2

点焊机　spot welding machine; spot welder

采用棒状电极使工件接触面间形成点状熔合的电阻焊机。

2.4.3

凸焊机　projection welding machine

对工件上预制的一个或几个凸出部位通以焊接电流，并将其压溃成焊点或焊道的电阻焊机。

2.4.4

缝焊机　seam welding machine; seam welder

采用滚轮电极在工件上连续地滚压和间歇或连续地施加焊接电流，形成线状焊缝的电阻焊机。

2.4.5

电阻对焊机 resistance butt welding machine; butt resistance welder; upset welding machine

通过夹具将工件的焊接端面紧密接触，利用电阻热将其加热至热塑性状态然后迅速施加顶锻力完成焊接的电阻焊机。

2.4.6

闪光对焊机 flash welding machine

通过夹具将两工件的焊接端面移近到局部接触，利用电阻热使焊接端面迅速升温而产生金属飞溅，形成闪光，然后将焊接端面继续移近使之进一步闪光，直至整个端面达到预定温度时迅速施加顶锻力完成焊接的焊机。

2.4.7

电容储能电阻焊机 condenser-discharge resistance welder

利用储存在电容器中的电能进行焊接的电阻焊机。

常见的电容储能电阻焊机有：

电容储能点焊机 capacitor spot welding machine; condenser type spot welder

电容储能凸焊机 condenser type projection welder

电容储能缝焊机 condenser type seam welder

2.4.8

高频电阻焊机 high frequency resistance welding machine; high frequency induction welder

通过(电极)接触，向工件导入频率为 10 kHz 或以上的交流电，使焊件相邻部位表面局部产生热量，随之施加挤压力而进行焊接的电阻焊机。

2.4.9

三相低频电阻焊机 three phase low frequency resistance welding machine

将三相工频电压转化成单相低频电压以向工件提供电流进行焊接的电阻焊机。

2.4.10

次级整流电阻焊机 direct current resistance welder secondary rectification

在阻焊变压器次级回路中接入大功率整流器件以获得直流电流的电阻焊机。

2.4.11

逆变式电阻焊机 inverter resistance welding machine; inverter resistance welder

采用逆变器作为焊接电源的电阻焊机。

2.4.12

移动式点焊机 portable spot welding machine

工件固定，焊机按焊点位置移动的点焊机。有两种移动型式：

a) 点焊机可整体移动的；

b) 变压器和控制设备固定，点焊钳与其作柔性连接并可移动，但其移动距离是有限的。

2.4.13

点焊枪 gun welding head

用一个电极直接向工件加压，通过接在工件的另一部分上的导体构成焊接回路以传导电流进行点焊的器具。

2.4.14

点焊钳 plier spot welding head; pincer spot welding head

一种用类似夹钳的杠杆系统对电极加压并传导电流进行点焊的器具。

2.5 螺柱焊机

2.5.1

螺柱焊机 stud welding machine

把金属螺柱或类似零件的整个端面焊于工件上的焊机。

有电弧、电阻、摩擦或其他合适加热方式，焊接时要加压，可加或不加保护气体。

2.6 摩擦焊机

2.6.1

摩擦焊机 friction welding machine

利用被焊工件表面相互摩擦所产生的热使其达到塑性状态，然后迅速顶锻而完成焊接的一种热压焊机。

2.7 电子束焊机

2.7.1

电子束焊机 electron beam welding machine

产生并控制电子束流使其轰击工件的连接处，并使之局部加热熔化而实现焊接的整套装置。

2.8 激光焊机

2.8.1

激光焊机 laser welding machine

产生激光束并使其聚焦后对工件焊接处加热进行熔焊的焊机。

2.8.2

连续激光焊机 continuous laser welding machine

具有连续激光束的激光焊机。

2.8.3

脉冲激光焊机 impulse laser welding machine

具有脉冲激光束的激光焊机。

2.9 超声波焊机

2.9.1

超声波焊机 ultrasonic welding machine

在压力的作用下用超声波频率的机械振动能量使被焊工件表面产生强烈的摩擦，使局部加热到再结晶温度以上，从而进行焊接的一种压焊机。

常见的超声波焊机有：

超声波点焊机 ultrasonic spot welding machine

超声波缝焊机 ultrasonic seam welding machine

2.10 钎焊机

2.10.1 钎焊机（无对应英文词）

将焊件与钎料加热到仅使钎料熔化的温度，利用液态钎料润湿母材，填充接头间隙并与母材相互扩散实现焊件连接的整套装置。

2.11 焊接机器人

2.11.1

焊接机器人 welding robot

利用数字程序控制系统、模拟控制系统或适应控制系统等进行自动焊接的机器人。

3 结构部件

3.1 结构组成的一般术语

3.1.1

焊接电源 welding power source

为焊接提供电流、电压并具有适合该焊接方法所要求的输出特性的设备。

3.1.2

［焊接］电极 electrode(for welding)

焊接回路的组成部分，电弧在其与工件之间燃烧。

弧焊电极 arc welding electrode

电弧焊时用以传导焊接电流，并使填充材料和母材熔化或本身也作为填充材料而熔化的金属丝(焊丝、焊条)、棒(钨棒、石墨棒)。

［电］阻焊电极 resistance welding electrode

电阻焊时用以传导焊接电流和传递压力的金属极。

3.2 电弧焊机的组成部分

3.2.1

弧焊电源 arc welding power source

提供电流和电压，并具有适合于弧焊和类似工艺所要求的输出特性的设备。

3.2.2

［单相］弧焊变压器 (single-phase)arc welding transformer

供给焊接电弧能量的单相焊接变压器，通常具有下降电压特性。

3.2.3

小型弧焊变压器 portable arc welding transformer

额定焊接电流不大于 200 A、额定负载持续率为 20％的弧焊变压器。

3.2.4

［单相］弧焊整流器 (single-phase)arc welding rectifier

由单［多］相弧焊变压器及整流器组件构成的弧焊电源，用以提供直流输出。

3.2.5

［多相］弧焊整流器 (polyphase)arc welding

由多相弧焊变压器及整流器组件构成的弧焊电源，用以提供直流输出。

3.2.6

弧焊逆变器 inverter arc welding power source

采用逆变器为焊接电弧提供能量的弧焊电源。

3.2.7

交流弧焊发电机 arc welding alternator

由原动机驱动的交流发电机，其电压特性符合焊接过程的要求。

3.2.8

直流弧焊发电机 DC arc welding generator

由原动机驱动的直流发电机，其电压特性符合焊接的要求。

3.2.9

交直流两用弧焊电源 AC & DC arc welding power source

由变压器(交流发电机)和整流器组合的焊接电源，其整流器可接入电路或从电路中切除。

3.2.10

多头焊接电源　multiple operator power source

对多个操作点同时供电的一种焊接电源，每个操作点有单独的电流控制装置。

3.2.11

钨极惰性气体保护脉冲弧焊电源　TIG arc welding pulsed power source

能供给脉冲焊接电流的TIG焊电源，其脉冲频率通常从0.25 Hz到10 Hz。

3.2.12

熔化极惰性气体保护脉冲弧焊电源　MIG arc welding pulsed power source

能供给脉冲焊接电流的MIG焊电源，其频率变化范围通常是25 Hz到100 Hz。

3.2.13

引弧装置　arc initiation device

用以引燃非熔化极及工件间电弧的装置，可避免电极与焊缝金属接触引弧而相互污染。

3.2.14

维弧装置　arc maintenance device

在焊接过程中用以维持电弧的装置。

3.2.15

二氧化碳气体加热器　CO_2 heater

加热CO_2气体，使其保持一定温度的器件。

3.2.16

焊接回路　welding circuit

包括焊接电流所要通过的所有导电部件的电路。

3.2.17

送丝机构　wire drive feed unit; wire feeder

装载并向熔池输送焊丝以提供填充金属的装置，其速度可调节以适应焊接工艺要求。

3.2.18

焊车　welding tractor

装有焊接机头、送丝机构、控制盘等的电动小车，与弧焊电源等配套，可组成自动焊设备。

3.2.19

焊接机头　welding head

自动(电)弧焊机中，用以将焊丝导至焊接区，并馈送焊接电流的装置。它通常包括焊丝矫直机构、上下左右调节机构、送丝机构、摆动机构等。

3.2.20

行走机构　traveller

自动(电)弧焊机中能使焊车相对于工件移动的装置，一般由电动机、变速箱、传动装置和行走轮等组成。

3.2.21

电焊钳　electrode holder (in arc welding)

手工电弧焊时，用以夹持和操纵焊条，并传导电流以进行焊接的手持绝缘器具。

3.2.22

钨极惰性气体保护焊炬　TIG torch

钨极惰性气体保护焊枪　TIG gun

非熔化极惰性气体保护电弧焊时，用以夹持电极、馈送焊接电流并输送保护气体的操作器具。

3.2.23

熔化极惰性气体保护焊枪　MIG gun

熔化极惰性气体保护电弧焊时,用以导送焊丝、馈送焊接电流并输送惰性保护气体的操作器具。

3.2.24

二氧化碳气体保护焊枪　CO_2 gun

二氧化碳气体保护电弧焊时,用以导送焊丝、馈送焊接电流并输送二氧化碳气体的操作器具。

3.2.25

等离子焊炬　plasma torch

等离子焊枪　plasma gun

等离子电弧焊时,用以夹持电极或导送焊丝,馈送焊接电流,输送保护气体并能产生等离子弧或等离子焰流的操作器具。

3.2.26

电弧螺柱焊枪　arc stud welding gun

用头部夹持螺柱并完成电弧螺柱焊接过程的焊枪。

3.2.27

焊接供电电缆　welding supply cable

焊接电源与焊炬或焊枪或电焊钳之间的电缆。

3.2.28

焊接返回电缆　welding return cable

工件与焊接电源之间的电缆。

3.2.29

焊接电缆　welding cable

焊接供电电缆和焊接返回电缆的总称。

3.2.30

地线夹　welding current return clamp

将焊接返回电缆连接到工件上的夹头,该夹头与工件相接触或夹在工件上。

3.2.31

焊丝盘　wire reel;wire spool

缠放焊丝的圆盘状器具。

3.2.32

[焊接电缆]耦合装置　coupling device(for welding cable)

连接两根柔性焊接电缆,或者将一根柔性焊接电缆连接到焊接电源或焊接设备的装置。

注:接线端子、电缆固定块、翼形螺母等,不管是否绝缘,均不属于本装置范围。

3.2.33

[气体保护焊]喷嘴　nozzle(for gas shielded arc welding)

安装于焊枪或焊炬的端部,用来引导保护气流和限定保护范围的管状零件。

3.2.34

压缩喷嘴　constricting nozzle

等离子焊炬中,包围电极,具有压缩孔的水[气]冷喷嘴。

3.2.35

不熔化[弧焊电]极　consumable(arc welding) electrode

不作填充金属的(电)弧焊电极,称不熔化极。

3.2.36

熔化[弧焊电]极　consumable(arc welding)electrode

全部或部分作填充金属的(电)弧焊电极,称熔化极。

3.2.37

电弧气割和气刨电极　air arc cutting and gouging electrode

建立电弧以熔化金属的碳质电极,并与空气喷流同时应用,将熔融金属吹掉。

3.2.38

导电嘴　contact tube

熔化极(电)弧焊机的焊枪或焊接机头上用以将焊丝导向熔池并向焊丝馈送电流的零件。

3.2.39

(电焊)头罩　helmet;head shield;head screen

焊接时,戴在头上以保护面部和颈部的保护器具。

3.2.40

(手持)面罩　face shield;hand shield;hand screen

焊接时手持的保护器具,以保护面部和颈部。

3.3　电子束焊机的组成部分

3.3.1

电子枪　electron gun

发射电子并能使之向工件加速及聚焦的器件。

按加速电压值的不同可分为:

低压电子枪　low voltage electron gun

加速电压值等于或低于 40 kV 的电子枪。

中压电子枪　medium voltage electron gun

加速电压值高于 40 kV,低于或等于 60 kV 的电子枪。

高压电子枪　high voltage electron gun

加速电压值高于 60 kV 的电子枪。

3.3.2

[焊接]二极枪　diode gun

有两个电极(阴极、阳极)的电子枪,借改变阴极温度、加速电压、电极间距或上述参数的任一组合来调节束流。

3.3.3

[焊接]三极枪　triode gun

有三个电极(阴极、阳极、控制极)的电子枪,其束流通常由控制极电压控制,并与阴极温度、加速电压和枪的导流系数等因素有关。

3.3.4

控制极　control electrode;grid electrode

文纳尔极　wehnelt electrode

三极枪中带负偏压的元件,用其静电场控制束流。

3.4　电阻焊机的组成部分

3.4.1

阻焊控制器　resistance welding controller

用以控制电阻焊机的工作过程和焊接参数的装置。

3.4.2

电极臂　arm;horn

电阻焊机中伸出机身外的部分,用以输送焊接电流或支持载流导体输送焊接电流至电极握杆,并要求能传递和维持焊接压力。

3.4.3

电极台板　platen

凸焊机上承装电极模或支持垫的带槽导电板,电极压力和焊接电流经其传递至焊件。

3.4.4

焊轮　welding wheel

滚轮电极

缝焊机上可转动的盘状电极。

3.4.5

电极握杆　electrode holder(in resistance welding)

用以连接电极和电极臂,并向电极传递压力和焊接电流的构件。

3.5　焊接安全设备

3.5.1

防触电[减危]装置　hazard reducing device

用以降低可能由空载电压引起触电危险的一种装置。

3.5.1.1

[空载]电压降低装置　voltage reducing device

焊接不进行时能自动降低焊接电源的空载电压而在焊接开始时能使电压恢复的一种防触电装置。

3.5.1.2

交流切换成直流的装置　AC to DC switching device

焊接不进行时能自动将交流转换成直流而在焊接时能恢复为交流的一种防触电装置。

3.5.2

热保护装置　thermal protection

用以保护焊接电源的某个部件以至整台焊接电源不致因热过载而造成温度过高的系统。

当温度降至复位值时,能手动或自动复位。

4　技术性能和参数

4.1　技术性能和参数的一般术语

4.1.1

负载持续率(焊接电源的)　**duty cycle** (of a welding power source)

负载工作的持续时间与全周期时间的比值,介于0～1之间,可用百分数表示。

4.1.2

额定输入电压(焊接电源的)　**rated supply voltage**(of a welding power source)

焊接电源设计时所采用的输入电压。

4.1.3

型式检验　type test

对按照某一设计而制造的一个或多个器件所进行的试验,用以检验这一设计是否符合一定的规范。

4.1.4

例行检验　routine rest

出厂检验

对每个器件在制造中或完工后所进行的试验，用以判明器件是否符合某项标准。

4.2　电弧焊机的技术性能和参数

4.2.1

约定值　conventional value

用作比较、标定和测试的参数标准值。

4.2.2

约定焊接状态　conventional welding condition

在额定输入电压和频率或额定转速下，焊接电源输出的约定焊接电流通过约定负载产生相应的约定负载电压所确定的热态下的工作状态。

4.2.3

约定焊接电流　conventional welding current

在相应的约定负载电压下焊接电源输送给约定负载的电流。

4.2.4

约定负载（弧焊电源的）　**conventional load**(of an arc welding power source)

功率因数不小于0.99的实际无感恒电阻负载。

4.2.5

约定负载电压（弧焊电源的）　**conventional load voltage**(of an arc welding power source)

与约定焊接电流有线性关系的焊接电源所确定的负载电压。

4.2.6

负载电压（弧焊电源的）　**load voltage**(of an arc welding power source)

焊接电源在输出电流时，其输出端之间的电压。

4.2.7

约定焊接工作制　conventional welding duty

具有某负载持续率的周期工作制。以约定时间作为一个循环，整个循环由约定的焊接工作时间及随后的相应的空载运行时间所组成。

4.2.8

额定值　rated value

一般由制造厂为元件、器件或设备在特定运行条件下所规定的量值。

4.2.9

额定焊接电流　rated welding current

在约定焊接工作制、约定负载电压下，约定焊接电流的最大值。

4.2.10

额定最大电流（弧焊电源的）　**rated maximum current**(of an arc welding power source)

在最大档（位置）约定负载电压下，对电源可能供给的最大电流值；对附件是指定的最大电流值。

4.2.11

额定最小电流（弧焊电源的）　**rated minimum current**(of an arc welding power source)

在最小档（位置）约定负载电压下，对电源可能供给的最小电流值；对附件是指定的最小电流值。

4.2.12

空载电压（弧焊电源的）　**no-load voltage**(of an arc welding power source)

外电路开路时，焊接电源输出端之间的电压，应不包括任何高频稳弧电压。

注：对装有电压降低装置的电源，空载电压是指电源输出端电压未降低时的电压。

4.2.13

电弧电压　arc voltage

电弧两端之间的电压。

4.2.14

最大空载转速(弧焊发电机的)　**maximum no-load speed**(of an arc welding generator)

直流或交流弧焊发电机运转，在输出端间无负载电流，在不超过最大允许空载电压下测得的每分钟最大转数。

4.2.15

负载转速(弧焊发电机的)　**load speed**(of an arc welding generator)

在最大负载时，测得的弧焊发电机的每分钟转数。

4.2.16

外[静]特性(弧焊电源的)　**external(static)characteristic**(of an arc welding power source)

不同负载时，稳态负载电流与电源输出端电压之间的关系。

4.2.17

动特性(弧焊电源的)　**dynamic characteristic**(of an arc welding power source)

当负载状态发生瞬时变化时，焊接电源输出电流和输出电压与时间的关系，用以表征焊接电源对负载瞬变的反应能力。

4.2.18

下降特性(弧焊电源的)　**drooping characteristic**(of an arc welding power source)

在额定焊接电流调节范围内，焊接电流增加时电压降落大于 7 V/100 A 的静态外特性。

4.2.19

平特性(弧焊电源的)　**flat characteristic**(of an arc welding power source)

在额定焊接电流调节范围内，焊接电流增加时，电压降落小于 7 V/100 A 或电压上升小于 10 V/100 A 的静态外特性。

4.3　电子束焊机的技术性能和参数

4.3.1

[电子枪的]工作距离　work distance

通常指电子枪下部构件的一个参考点到电子束在工件上聚焦点之间的距离。

4.3.2

电子枪容量　capacity of electron gun

最大加速电压及最大电子束电流的乘积。

4.4　电阻焊机的技术性能和参数

4.4.1

标称焊接周期(电阻焊的)　**nominal welding cycle**(in resistance welding)

时间为 60 s，负载持续率为 50%的焊接周期。

4.4.2

最大短路电流(电阻焊的)　**maximum short-circuit current**(in resistance welding)

焊机置于最大调节档位置施加额定电源电压，电极按标准试验方法规定短路，依以下方式测得的电流值：

a)　最小阻抗(最小电极臂伸出长度和间距)；

b)　最大阻抗(最大电极臂伸出长度和间距)。

4.4.3

最大短路功率(电阻焊的) **maximum short-circuit power**(in resistance welding)

指焊机输入端的最大视在功率,即在最大调节档位置,电极按标准试验方法规定短路,焊机调到适合这一情况的最小次级阻抗做短路试验,测得的视在功率。

4.4.4

最大焊接功率 **maximum welding power**

规定为最大短路功率的80%。

4.4.5

负载持续率为50%的标称功率 **nominal power at 50%dray cycle**

在整个标称焊接周期内工作而不过载的最大输入视在功率。

4.4.6

连续功率(电阻焊的) **permanent power**(in resistance welding);**continuous power**(in resistance welding)

在100%负载持续率下工作而不过载的最大输入视在功率,与负载持续率为50%的标称功率的关系如下式:

$$S_p = S_n / \sqrt{2}$$

式中:

S_p——连续功率;

S_n——标称功率。

4.4.7

负载持续率为50%的标称电流 **nominal current at 50%duty cycle**

在标称焊接周期内焊机按实际或假设的工况运行而不过载时,从变压器的各个不同调节档上所取得的最高电流。

4.4.8

连续电流(电阻焊的) **permanent current**(in resistance welding);**continuous current**(in resistance welding)

供焊机连续工作的电流,其值如下式:

$$I_{2p} = I_{2n} / \sqrt{2}$$

式中:

I_{2p}——连续电流;

I_{2n}——标称电流。

4.4.9

空载视在功率(电阻焊的) **no-load apparent power**(in resistance welding)

当变压器调到最高次级电压并开路,初级绕组端施以额定频率的额定电压时输入给变压器的视在功率。

4.4.10

空载电流(电阻焊的) **no-load current**(in resistance welding)

当变压器调到最高次级电压并开路,初级绕组端施加以额定频率的额定电压时流经初级绕组的电流。

4.4.11

次级空载电压(电阻焊的) **secondary no-load voltage**(in resistance welding)

当电阻焊机次级回路开路,初级施加额定电源电压时,在各个调节档测得的电极之间的电压。

4.4.12

电极臂间距 throat gap

a) 对于点焊机和缝焊机，指当电极接触时，电极臂或次级绕组的外导电部件之间的有效距离。

注：本定义不包括电极握杆所需的空间。

b) 对凸焊机指两个电极台板之间的有效距离。

c) 对于对焊机指一对夹紧钳口之间可接近而不碰到的距离。

4.4.13

电极臂伸出长度 throat depth

a) 对于点焊机、凸焊机和缝焊机，指电极的轴线、电极台板的中心线或焊轮间的接触中心线与焊机机身的最近构件间的有效距离。

注：本定义不考虑电极端头的偏移。

b) 对于对焊机，指垂直于顶锻方向，焊机机身壁与钳口夹紧面最远处之间的距离。

4.4.14

电极行程 electrode stroke

a) 当电极或夹紧钳与驱动缸直接相连，电极的最大行程等于驱动缸的总行程。

b) 当动电极与杠杆摇臂相连，电极的最大行程等于动电极轴线上的一点在全行程中所走的弧线的弦长，即这一点位于动电极轴线上与固定电极头接触面的相交处，电极间所形成的最大行程。

4.4.15

点焊、凸焊和缝焊的最大电极力 maximum electrode force of spot, projection and seam welding machine

焊接时，施加给工件的最大作用力。

4.4.16

点焊、凸焊和缝焊的最小电极力 minimum electrode force of spot, projection and seam welding machine

焊接时，施加给工件的最小作用力。

4.4.17

对焊机的最大顶锻力 maximum upsetting force of butt welding machine

焊接时，施加给工件焊接面的最大作用力。

4.4.18

对焊机的最小顶锻力 minimum upsetting force of butt welding machine

焊接时，施加给工件焊接面的最小作用力。

4.4.19

对焊机最大夹紧力 maximum clamping force of butt welding machine

通过夹紧钳口作用于工件的夹紧部分的最大作用力。当在最大顶锻力作用时，能防止工件在钳口内打滑，并保持与电极有良好的接触。

4.4.20

同步控制(电阻焊的) **syschronous initiation**(in resistance welding)

在点、凸、缝焊中，能控制阻焊变压器的初级电流各半周在指定相位导通，使其各半周的电流具有同样波形称同步控制。

4.4.21

非同步控制(电阻焊的) **non-syschronous initiation**(in resistance welding)

在电阻焊中，阻焊变压器的初级电流控制在电压波任一相位下导通称非同步控制。

中 文 索 引

英 文 索 引

A

B

C

I

L

M

N

P

R

S

T

U

V

W

ICS 01.040.33
M 04

中华人民共和国国家标准

GB/T 2900.68—2005/IEC 60050-715:1996

电工术语 电信网、电信业务和运行

**Electrotechnical terminology—
Telecommunication networks, teletraffic and operation**

(IEC 60050-715:1996 International electrotechnical vocabulary
Chapter 715: Telecommunication networks, teletraffic and operation, IDT)

2005-10-10 发布　　2006-06-01 实施

中华人民共和国国家质量监督检验检疫总局
中国国家标准化管理委员会　发布

前　言

本部分为 GB/T 2900 的第 68 部分，等同采用国际电工委员会 IEC 50(715):1996《国际电工词汇 电信网、电信业务和运行》。术语的条目编号与 IEC 50(715):1996 保持一致。

本部分由全国电工术语标准化技术委员会提出。

本部分由全国电工术语标准化技术委员会归口。

本部分起草单位：信息产业部电信传输研究所。

本部分的主要起草人：续合元、吴宏建。

电工术语　电信网、电信业务和运行

1　范围

GB/T 2900 的本部分规定了电信网中使用的常用电信术语和这些术语的定义。

本部分适用于电信标准中的使用和引用。

2　术语和定义

下列术语和定义适用于本部分。

2.1　基本术语

715-01-01

通信　communication

根据约定进行的信息传送。

715-01-02

传输信道　transmission channel

两点间在单方向上传输信号的手段。

715-01-03

[电信]电路　(telecommunication) circuit

两点间允许双向传输的两个**传输信道**(715-01-02)的组合。

注 1：如果通信是单向的，则术语"电路"有时用于指单个传输信道，但是不赞成这种用法。

注 2：在电话学中，术语"电话电路"通常只限于指直接连接两个交换中心的电信电路。

715-01-04

链路　link

两点间具有规定特性的通信手段。

715-01-05

电信网　telecommunication network

在一些接入到电信业务的设备所在的位置之间，提供这些电信业务的所有手段。

注：网络的内部结构可允许标识网络的不同部分，每一部分与特定的业务或一组业务有关。

715-01-06

终端　terminal

连接到**电信网**(715-01-05)的设备，它提供一种或多种特定业务的接入。

注 1：终端可以是，例如用户终端，提供业务的终端或在电信网之间作为接口的终端。

注 2：终端可能必须根据所进行的业务翻译从网络中接收到的或者是向网络发送的信号。

715-01-07

连接　connection

传输信道(715-01-02)或**电信电路**(715-01-03)、交换单元和其他功能单元的临时性关联，用来在电信网中的一个或几个点间传送信息。

注：根据关联的持续时间，连接可以分为交换连接、半永久连接或永久连接。

715-01-08

交换　switching

为提供所希望的电信设施，暂时关联功能单元、**传输信道**(715-01-02)或**电信电路**(715-01-03)的过程。

715-01-09

交换局 **exchange;switching unit;switching entity;switching office**

电信网中一个节点的**交换**(715-01-08)设备和辅助设备的集合,能使**连接**(715-01-07)按照用户的要求建立。

715-01-10

单向[的](1) **unidirectional**

属于只能在预先安排的单方向上传送用户信息的**链路**(715-01-04)。

注:这个术语不应用于描述呼叫建立的方向。

715-01-11

双向[的](1) **bidirectional**

属于能同时在两点间的两个方向上传送用户信息的**链路**(715-01-04)。

注1:在两个方向上的**传输信道**(715-01-02)的容量和信令率不必相同。

注2:这个术语不能应用于描述呼叫建立的方向。

715-01-12

单向[的](2) **one-way**

属于呼叫建立总是在一个方向上发生的运行模式。

注:这个术语不应用于描述传送用户信息的方向。

715-01-13

双向[的](2) **two-way;both way**

属于呼叫建立在两个方向上发生的运行模式。

注1:在两个方向上的业务流量不必相同。

注2:这个术语不应用于描述传送用户信息的方向。

715-01-14

信令(电信) **signalling**(in telecommunication)

与**电信网**(715-01-05)中的**呼叫**(715-03-02)建立、监控和与网络管理有关的信息交换。

715-01-15

地址 **address**

在网络中的某一点确定被叫方位置的数字和其他可能字符的总和,或者是前向选路所必需的数字。

注:由主叫方发送的包含地址信息的数字,在连接逐步建立的过程中,可能会由于地址翻译和(或)数字吸收而被改变,但是每一点的翻译后的和(或)余留的数字构成了这点的地址信息。

715-01-16

公用电信网 **public telecommunication network**

任何人都可以成为这个网所提供的业务的**用户**(715-02-02)的**电信网**(715-01-05)。

715-01-17

专用电信网 **private telecommunication network**

向确定的一组用户提供业务的**电信网**(715-01-05),它可以也可以不连接到**公用电信网**(715-01-16)。

715-01-18

可闻指示 **audible indications**

通过电话机的接收器向电话网中的**用户**(715-02-02)实时提供任何听得见的信息,例如音或留言,这些信息与建立、保持和释放呼叫有关。

715-01-19

电信业务 **teletraffic**

涉及电信**业务量**(715-05-01)的研究领域。

2.2 资源

715-02-01

资源 resource

任何物理或概念上可识别的实体，它的用途和状态能在任何时候被明确地确定。

715-02-02

用户 user

电信网(715-01-05)外的利用网络服务进行通信的任何人或机器。

715-02-03

占用请求 bid

获得相关资源的服务的尝试。

注：在网络管理中，如果未加限制则意味着对**电路群**(715-09-06)，路由或目的地的一次占用请求。

715-02-04

占用 seizure

成功的**占用请求**(715-02-03)。

715-02-05

自由[的] free

属于现在没有使用但可供使用的**资源**(715-02-01)。

715-02-06

空闲[的] idle

属于现在没有使用也没有故障的**资源**(715-02-01)。

注：空闲的资源或者是**自由**(715-02-05)的资源，或者是**闭塞**(715-02-08)的资源。

715-02-07

忙[的] busy

属于现在正使用或预留的**资源**(715-02-01)。

715-02-08

闭塞[的] blocked;busied out

属于有意使之不可用的**资源**(715-02-01)。

715-02-09

释放 release

资源(715-02-01)状态从**忙**(715-02-07)到**空闲**(715-02-06)的转变。

715-02-10

保持时间 holding time

资源(715-02-01)从**占用**(715-02-04)到**释放**(715-02-09)的时间。

715-02-11

服务时间 service time

资源(715-02-01)服务于某个给定需求的累积时间。

注：如果服务时间是不间断的，那么它与保持时间一致。

715-02-12

损失操作模式 loss mode of operation

当不能立即找到合适的**自由**(715-02-05)**资源**(715-02-01)时拒绝**占用请求**(715-02-03)的操作模式。

715-02-13

延时操作模式 delay mode of operation

当不能立即找到合适的**自由**(715-02-05)**资源**(715-02-01)时允许**占用请求**(715-02-03)等待的操作模式。

715-02-14

等待时间　waiting time

排队时间　queuing time

在**延时操作模式**(715-02-13)下，从对某**资源**(715-02-01)的**占用请求**(715-02-03)到**占用**(715-02-04)或放弃占用请求之间的间隔时长。

715-02-15

闭塞　blocking

拥塞　congestion

占用请求(715-02-03)不能立即导致**占用**(715-02-04)时**资源**(715-02-01)池的状态。

注：如果在一定的时延之后或通过使用替换的资源能够建立**呼叫**(715-03-02)，则闭塞不一定导致**试呼**(715-03-01)的损失。

715-02-16

内部闭塞　internal blocking

在给定的入口和希望的出口池中的至少一个自由出口之间不能建立**连接**(715-01-07)时，多级**交换**(715-01-08)网的状态。

715-02-17

外部闭塞　external blocking

由于出口池中的所有出口被占用，给定的入口和希望的出口池之间不能建立**连接**(715-01-07)时，多级**交换**(715-01-08)网的状态。

715-02-18

时间拥塞　time congestion

一个特定资源池中不包含任何**自由**(715-02-05)**资源**(715-02-01)的概率，它由在规定的时间间隔内这些资源完全被占用的时间所占的比例来估算。

715-02-19

呼叫拥塞　call congestion

不能立即转化为**占用**(715-02-04)的对特定资源的**占用请求**(715-02-03)在所有的占用请求中所占的比例。它由在规定的时间间隔内不成功的占用请求和所有占用请求的比来估算。

注：呼叫拥塞也可以称为"损失率"。

715-02-20

应答占用比　answer seizure ratio

ASR(缩写词)

对给定的**电路群**(715-09-06)或**目的地**(715-05-13)码，在规定的时间间隔内产生应答信号的**占用**(715-02-04)数与总的占用数的比。

注：在网络的某些点，由于自动重复试呼，这个比可能比**完成率**(715-03-12)低。

715-02-21

应答占用请求比　answer bid ratio

ABR(缩写词)

对于给定的**电路群**(715-09-06)或**目的地**(715-05-13)码，在规定的时间间隔内产生应答信号的**占用请求**(715-02-03)数和所有占用请求数的比。

注：在网络的某些点，由于不成功的占用请求，这个比值可能比**应答占用比**(715-02-20)低。

2.3　呼叫

715-03-01

试呼　call attempt

电信网(715-01-05)**用户**(715-02-02)的单序列操作,试图接通所要的用户、**终端**(715-01-06)或服务。

注1:这一序列的操作在合适的情况下是够用的,但是在例如闭塞、故障等情况下就不够用。

注2:在网络中的给定点,试呼表现为单个不成功的**占用请求**(715-02-03)或一个成功的占用请求及其后续的一切关于建立连接的可辨识的活动。

715-03-02

呼叫　call

试呼(715-03-01)之后的一个完整**连接**(715-01-07)的建立和使用。

715-03-03

呼叫意向　call intent

对于给定的**电信网**(715-01-05)**用户**(715-02-02),向给定用户、终端或服务建立呼叫的意向。

注:正常情况下呼叫意向表现为一个或几个**试呼**(715-03-01)。然而试呼可能被用户抑制或延迟,例如在他预计到质量差的服务的时候。

715-03-04

第一次试呼　first call attempt

与给定的**呼叫意向**(715-03-03)有关的到达网络给定点的第一次尝试。

715-03-05

重复试呼　repeated call attempt,reattempt

与给定的**呼叫意向**(715-03-03)有关的**第一次试呼**(715-03-01)之后的任意一个后续试呼。

注:重复试呼可以是自动的,即使第一次试呼是手动的。

715-03-06

呼叫串　call string

与给定**呼叫意向**(715-03-03)有关的所有**试呼**(715-03-01)。

715-03-07

放弃试呼　abandoned call attempt

主叫用户中止的**试呼**(715-03-01)。

715-03-08

闭塞试呼　blocked call attempt

由于网络缺乏资源,不能立即满足的**试呼**(715-03-01)。

715-03-09

损失试呼　lost call attempt

由于网络缺乏资源、或者由于网络中的错误或失效,而失败的**试呼**(715-03-01)。

715-03-10

成功试呼　successful call attempt;fully-routed call attempt

能使主叫用户接收到关于被叫用户状态以及建立**连接**(715-01-07)可能性的可懂性信息的**试呼**(715-03-01)。

715-03-11

完成试呼　completed call attempt;effective call attempt

产生应答信号的**成功试呼**(715-03-10)。

715-03-12

完成率　completion ratio;efficiency

在网络中的给定点和规定的时间段内**完成试呼**(715-03-11)数与试呼总数的比。

715-03-13

呼叫强度　call intensity

规定的时间间隔内的**试呼**(715-03-01)数除以这个间隔时长。

注:呼叫强度指一个或另一方向的呼叫建立或双向的总和。

2.4 时间和时延

715-04-01

拨号音时延 dial-tone delay

从摘机到收到拨号音之间的间隔时长。

715-04-02

拨号时间 dialing time

从主叫用户接收到拨号音到拨号结束之间的间隔时长。

715-04-03

入局响应时延 incoming response delay

当信号在语音信道中作为语音发送或在永久性关联的信令信道中发送时,从**占用**(715-02-04)信号到达的时刻到回送进行发送信号的时刻之间的时长。

715-04-04

交换局呼叫建立时延 exchange call set-up delay

交换局(715-01-09)的入局侧接收到建立呼叫所需要的地址信息,到向后续交换局发送占用信号或开始发送地址信息之间的间隔时长。

715-04-05

直通连接时延 through-connection delay

交换局在得到建立直通连接所要求信息的时刻,到建立了网络直通连接的时刻之间的时长。

715-04-06

拨号后时延 post-dialling delay

用户拨号结束时刻到用户接收到适当的声音、录音通知或到无语音的放弃**试呼**(715-03-01)时刻之间的时长。

715-04-07

应答时延 answering delay

主叫用户和被叫用户间**连接**(715-01-07)的建立,到始发**交换局**(715-01-09)检测到应答信号之间的时长。

2.5 业务量

715-05-01

业务量(电信) traffic (in telecommunication)

电信网(715-01-05)或电信网的一部分中的**试呼**(715-03-01)、呼叫或消息的集合。

注:当被考虑的部分是一特殊的**资源**(715-02-01)池时,业务量现象就变为关于对某一资源的**占用请求**(715-02-03),**占用**(715-02-04)和占用直到释放,或不成功的占用请求的消失等资源状态的演变进程。

715-05-02

业务量强度 traffic intensity

在一个特定**资源**(715-02-01)池中同时**忙**(715-02-07)的资源数。

注:业务量强度的单位是厄兰。

715-05-03

携载业务量 traffic carried

特定**资源**(715-02-01)池所服务的**业务量**(715-05-01)。

715-05-04

业务量负荷 traffic load

携载业务量[强度]　traffic carried (intensity)

特定**资源**(715-02-01)池所服务的**业务量**(715-05-01)的**业务量强度**(715-05-02)。

注：实际的作法是，把业务量估算为在规定的时间间隔，如忙时内的平均。

715-05-05

提供业务量　traffic offered

若用户的使用不受到**资源**(715-02-01)池的大小的限制，资源池的用户所能够产生的**业务量**(715-05-01)。

715-05-06

厄兰　erlang

E

业务量强度(715-05-02)的单位，它对应于对一个**资源**(715-02-01)的占用。

715-05-07

溢出业务量　overflow traffic

提供给**资源**(715-02-01)池的业务量中的一部分，这一部分没有被它携载，而是提供给其他资源。

715-05-08

闭塞业务量　blocked traffic

溢出业务量(715-05-07)中没有被其他资源携载的部分。

注："损失的业务量"一语仅局限于**损失操作模式**(715-02-12)，因而不应当看作是本术语的同义词。

715-05-09

放弃业务量　abandoned traffic

闭塞业务量(715-05-08)中没有产生重复**试呼**(715-03-01)的部分。

注：鉴于与**损失操作模式**(715-02-12)的通用定义产生混淆的可能性，这个术语不应称为"损失的业务量"。

715-05-10

抑制业务量　suppressed traffic

当用户在特定的时间预计**服务质量**(715-07-14)差时，用户所抑制的业务量。

715-05-11

业务量积　traffic volume

业务量强度(715-05-02)在给定时间间隔内的积分。

注1：给定资源池的业务量积等于各个资源保持时间的和。

注2：业务量积的单位是厄兰-小时(表示符号：Eh)。

715-05-12

始发地　origin (of a call attempt)

网络中主叫方的位置。

注：始发地可按符合于情况的准确度规定。

715-05-13

目的地　destination (of a call attempt)

网络中被叫终端点的位置。

注：根据**地址**(715-01-15)信息的相关部分，目的地可按任何一种符合情况的准确度规定。

715-05-14

点到点业务量　point-to-point traffic

业务量包　traffic parcel

从特定**始发地**(715-05-12)到特定**目的地**(715-05-13)的业务量。

715-05-15

业务量矩阵　traffic matrix

与许多**始发地**(715-05-12)和**目的地**(715-05-13)之间**点到点业务量**(715-05-14)相关的**业务量强度**(715-05-02)的矩阵。

715-05-16

峰值因数　peakedness factor

业务量强度(715-05-02)分布中方差和平均值的比。

715-05-17

平滑业务量　smooth traffic

峰值因数(715-05-16)小于1的业务量。

715-05-18

峰值业务量　peaked traffic

峰值因数(715-05-16)大于1的业务量。

715-05-19

泊松业务量　Poisson traffic

随机业务量　random traffic

资源(715-02-01)的**占用请求**(715-02-03)遵守泊松过程的业务量。

注：**峰值因数**(715-05-16)等于1的业务量为泊松业务量。

715-05-20

等效随机业务量强度　equivalent random traffic intensity

理论的泊松**业务量强度**(715-05-02),当它被提供给理论的**电路群**(715-09-06)时,它产生的溢出业务量强度分布的平均值和方差分别等于给定的提供业务量的平均值和方差。

注：等效随机业务量强度的概念使以间接方式考虑业务量方差成为可能;理论的电路群被称为"等效随机电路群"。

2.6　电路群

715-06-01

首选电路群　first choice circuit group

作为第一优先级来携载给定的**点到点业务量**(715-05-14)的**电路群**(715-09-06)。

715-06-02

高效电路群　high usage circuit group

在工程配置中能够将提供给它的业务量溢出到其他一个或几个群的**电路群**(715-09-06)。

715-06-03

最终电路群　final circuit group

接收**溢出业务量**(715-05-07)而不再溢出这些业务量的**电路群**(715-09-06)。

715-06-04

满供电路群　fully provided circuit group

对于给定的**点到点业务量**(715-05-14),既是首选电路群又是终选电路群的**电路群**(715-09-06)。

715-06-05

终选电路群　last choice circuit group

对于给定的**点到点业务量**(715-05-14),没有溢出可能性的**电路群**(715-09-06)。

注：终选电路群是**最终电路群**(715-06-03)或**满供电路群**(715-06-04)。

715-06-06

等效随机电路群　equivalent random circuit group

与**等效随机业务量密度**(715-05-20)相关的**电路群**(715-09-06)。

2.7 业务量工程

715-07-01

路由(交换) **route** (in switching)

在两个指派的**交换局**(715-01-09)或**终端点**(715-08-02)之间**业务量**(715-05-01)的潜在**通道**(715-08-08)。

注：通道不一定是单个的电路群，虽然它常常如此。

715-07-02

基本路由 **primary route**

首选路由 first choice route

在两个指派的**交换局**(715-01-09)或**终端点**(715-08-02)之间首先选择的路由。

715-07-03

迂回路由 **alternative route;alternate route**

在两个指派的**交换局**(715-01-09)或**终端点**(715-08-02)之间第二或后续选择的路由。

715-07-04

链 **chain**

对于给定的**点到点业务量**(715-05-14)，从始发**交换局**(715-01-09)连接到目的地交换局的潜在**通道**(715-08-08)。通常情况下要受，例如最大中间节点数或给定选择次序的限制。

注：当始发节点和目的地节点之间存在多于一条的链时就可能实现网络优化。

715-07-05

链流 **chain flow**

从始发节点到目的地节点在给定**链**(715-07-04)上所携载的业务量。

715-07-06

网络簇 **network cluster**

一个**最终电路群**(715-06-03)和所有的特定的**高效电路群**(715-06-02)的组合，这些高效电路群至少有一个**点到点业务量**(715-05-14)将最终电路群作为最后选择的路由。

715-07-07

忙时 **busy hour**

在完全给定的期间内**携载业务量**(715-05-03)或**试呼**(715-03-01)数最大、且持续时间为一个小时的时间间隔。

715-07-08

峰值忙时 **peak busy hour;bouncing busy hour;post selected busy hour**

连续24小时内的**忙时**(715-07-07)。

注：每天的峰值忙时可以是不一样的。

715-07-09

平均日忙时业务量强度 **average daily peak hour traffic intensity**

几天来忙时携载业务量强度的平均值。

715-07-10

平均忙时 **mean busy hour**

时间一致性忙时 time consistent busy hour

指每天开始时刻相同的持续时间为一个小时的时间间隔，并且要求在这个时间间隔内，几天内的携载的业务量强度的平均值最大。

715-07-11

日忙时比 **day to busy hour ratio**

连续 24 小时的**业务量积**(715-05-11)与忙时业务量积的比。

注：也可以使用"忙时对日比"。

715-07-12

有效业务量　effective traffic

仅指对应于成功**呼叫**(715-03-02)中的会话部分的业务量。

715-07-13

服务等级　grade of service

业务量工程中一个量的值，用来衡量一组资源在规定的条件下对业务量进行携载的胜任度。

注：这可以是超时覆盖的比例，损失的概率，**拨号音时延**(715-04-01)等。

715-07-14

服务质量　quality of service

服务性能的综合效果，它决定了**用户**(715-02-02)的满意程度。

注：这些特征性能，举例来说，可能与传输质量、拨号音时延、失效、故障的频率和持续时间有关。

715-07-15

始发业务量　originating traffic

由给定的网络内的源产生的不论其发向何处的**业务量**(715-05-01)。

715-07-16

终接业务量　terminating traffic

到达位于给定的网络内的目的地的不论其来自何处的**业务量**(715-05-01)。

715-07-17

内部业务量　internal traffic

从给定的网络内的源到该网络内的目的地的**业务量**(715-05-01)。

715-07-18

入局业务量　incoming traffic

由给定网络外的源产生，但使用该网络的**资源**(715-02-01)的**业务量**(715-05-01)。

注：目的地可能在给定网络的外部或在内部，这分别对应于**转接业务量**(715-07-20)和终接的入局业务量。

715-07-19

出局业务量　outgoing traffic

使用给定网络的**资源**(715-02-01)，但**目的地**(715-05-13)是在这个网络外的**业务量**(715-05-01)。

注：源可能在网络外部或内部，这分别对应于**转接业务量**(715-07-20)和始发的出局业务量。

715-07-20

转接业务量　transit traffic

使用给定网络的**资源**(715-02-01)的由网络外的源产生且目的地也是在网络外的业务量。

715-07-21

本地业务量　local traffic

在同一本地服务区或基本计费区内的内部业务量。

715-07-22

业务量分布不平衡　traffic distribution imbalance

业务量负荷不平衡　traffic load imbalance

在相似的资源之间**携载业务量**(715-05-03)的不均匀的分布。

2.8　网络

715-08-01

电信网体系结构　architecture of a telecommunication network

从不同视点考虑时,能在给定的**电信网**(715-01-05)中被区分的功能或物理结构的组合。

715-08-02

终端点 terminal point

电信网(715-01-05)中可以连接**终端**(715-01-06)的点。

715-08-03

交换网 switched network

一种**电信网**(715-01-05),在这种电信网中,从主叫**终端**(715-01-06)到至少一个被叫终端的**连接**(715-01-07)的建立要求能通过分析由主叫终端提供的**地址**(715-01-15)确定被叫终端,并且能通过交换建立联接这些终端的**传输信道**(715-01-02),而且所建立的传输信道能够持续一段时间。

715-08-04

信令网 signalling network

用于**电信网**(715-01-05)中**交换**(715-01-08)节点之间的公共信道信令的网络。

715-08-05

同步网 synchronization network

在**电信网**(715-01-05)中,为了确保数字交换和数字传输设备的时钟速率与网络频率或/和时间基准一致而设置的一种网络,由节点(时钟)与链路(定时链)组成。

715-08-06

节点 node

电信网(715-01-05)中,两条或多条**链路**(715-01-04)相互连接的任何一个点。

715-08-07

分支 branch

电信网(715-01-05)中,两个**节点**(715-08-06)或**终端点**(715-08-02)之间没有任何中间节点的的一条**链路**(715-01-04)。

715-08-08

通道 path

电信网(715-01-05)中,两个**节点**(715-08-06)或**终端点**(715-08-02)之间的**分支**(715-08-07)序列。必要时要经过其他节点。

715-08-09

交换节点 switching node

电信网(715-01-05)中,发生**交换**(715-01-08)的**节点**(715-08-06)。

715-08-10

交换中心 switching centre

电信网(715-01-05)中,包含一个或多个**交换局**(715-01-09)的**节点**(715-08-06)。

注:辅助的交换单元除外。

715-08-11

本地交换局 local switching exchange

服务连接交换局 serving connection exchange

一种交换局,任何时候连接到该交换局的给定的一组**终端**(715-01-06)中的任何一个在参与通信时,该交换局都必定处于工作状态;这种交换局通常提供特定终端信令和其他类型信令间的接口。

注:至少有一个,通常也只有一个本地交换局通过一组平行线和给定的终端相连。

715-08-12

接入线 access line

用户线 subscriber's line

用户环路　subscriber's loop

连接线　connection line

用户驻地的设备和**本地交换局**(715-08-11)之间的**链路**(715-01-04),包括终接设备。

715-08-13

辅助交换单元　auxiliary switching unit

指与给定**接入线**(715-08-12)组中的接入线相连接的**交换**(715-01-08)设备,其用途在于在这个设备和**本地交换局**(715-08-11)之间使用较少的**业务电路**(715-09-05)。

注:辅助交换单元可以是分支交换局,集线器或共享线设备。

715-08-14

转接交换局　transit exchange

转接中心　transit centre

主要用于从一些交换局向其他交换局转接业务量的**交换局**(715-01-09)。

注:它也可以起**本地交换局**(715-08-11)的作用。

2.9　电路交换网

715-09-01

电路交换　circuit switching

一种交换类型,包括**终端**(715-01-06)、**传输信道**(715-01-02)或**电信电路**(715-01-03)间的相互连接,能在一个呼叫或服务期间为**用户**(715-02-02)提供专用的连接。

715-09-02

电路交换网　circuit switching network

在每一个呼叫期间基于专用要求而建立**连接**(715-01-07)的**电信网**(715-01-05)。

715-09-03

业务量选路计划　traffic routing plan

为管理**电路交换网**(715-09-02)中的**连接**(715-01-07)而建立的一套规则。

注:这些规则确定(除其他事项外):

——每一个**交换局**(715-01-09)的类别;

——在两个电路交换的交换局之间互连的电路群,以及**接入线**(715-08-12)群;

——在参与其中的终端点之间,对于每一个呼叫,至少有一条可能的路由。

715-09-04

电路交换单元　circuit switching unit

以**电路交换**(715-09-01)模式工作的交换单元。

715-09-05

业务电路　traffic circuit

可用于**连接**(715-01-07)的**电信电路**(715-01-03)。

715-09-06

电路群　circuit group

中继群　trunk group

具有相同选择标准的一群**业务电路**(715-09-05)。

715-09-07

电路子群　circuit subgroup

具有相似特征,例如**信令**(715-01-14)类型、传输**通道**(715-08-08)类型的一部分**电路群**(715-09-06)。

715-09-08

线路群　line group

在给定**终端**(715-01-06)和**本地交换局**(715-08-11)之间具有相同选择标准的一群**接入线**(715-08-12)。

715-09-09

线群大小　group size

电路群(715-09-06)中的电路数或**线路群**(715-09-08)中的线路数。

715-09-10

业务量选路　traffic routing

根据给定的规则,对**电路群**(715-09-06)进行选定,使之能为给定的**试呼**(715-03-01)建立一个以给定的交换局为起点的**连接**(715-01-07)。

715-09-11

交换局类别　class of an exchange

分配给用于**业务量选路**(715-09-10)的**交换局**(715-01-09)的类别。

注:例如本地交换局,转接交换局。

715-09-12

入局电路　incoming circuit

对于给定的**交换局**(715-01-09),仅用于**入局业务量**(715-07-18)的**业务电路**(715-09-05)。

715-09-13

出局电路　outgoing circuit

对于给定的**交换局**(715-01-09),仅用于**出局业务量**(715-07-19)的**业务电路**(715-09-05)。

715-09-14

双向电路　both-way circuit;two-way circuit

对于给定的**交换局**(715-01-09),或者用于**入局业务量**(715-07-18)或者用于**出局业务量**(715-07-19)的**业务电路**(715-09-05)。

2.10　消息交换网

715-10-01

消息交换　message switching

在**电信网**(715-01-05)内,通过在某些节点上对消息进行创建、接收、存储(如果需要)和前转,从而完成对完整消息的选路的过程。

715-10-02

消息交换网　message switching network;store and forward switched network

工作在**消息交换**(715-10-01)模式下的**电信网**(715-01-05)。

2.11　分组交换网

715-11-01

分组交换　packet switching

在**电信网**(715-01-05)内消息的选路过程:消息首先分割为寻址的分组;在网络的某些节点,这些分组被接收、存储,然后在适当的**传输信道**(715-01-02)中前转;在接收端,把接收的分组重新组成消息。

715-11-02

分组交换网　packet switching network

工作在**分组交换**(715-11-01)模式下的**电信网**(715-01-05)。

中 文 索 引

英 文 索 引

A

B

C

D

E

F

G

H

I

L

M

N

O

P

Q

R

S

T

U

W

ICS 33.080
M 04

中华人民共和国国家标准

GB/T 2900.69—2005/IEC 60050(716-1):1995

电工术语 综合业务数字网(ISDN) 第1部分:总则

Electrotechnical Terminology—
Integrated services digital network (ISDN)—Part 1:General aspects

(IEC 60050(716-1):1995, International electrotechnical vocabulary—
Chapter 716-1:Integrated services digital network (ISDN)—
Part 1:General aspects, IDT)

2005-10-10 发布　　　　2006-06-01 实施

中华人民共和国国家质量监督检验检疫总局
中国国家标准化管理委员会　发布

前言

本部分为GB/T 2900的第69部分,等同采用IEC 60050(716-1):1995《国际电工词汇　综合业务数字网(ISDN)　第1部分:总则》。

本部分与现行国家标准GB/T 14733.11—1993《电信术语　传输》作了尽可能的协调。

本部分中术语条目编号与IEC 60050(716-1):1995保持一致。

本部分由全国电工术语标准化技术委员会提出。

本部分由全国电工术语标准化技术委员会归口。

本部分起草单位:信息产业部邮电工业标准化研究所、机械科学研究院。

本部分主要起草人:谭泳、武冰梅、杨芙。

电工术语
综合业务数字网(ISDN) 第1部分:总则

1 范围

GB/T 2900 的本部分规定了综合业务数字网(ISDN)的术语和定义。

本部分适用于与综合业务数字网(ISDN)有关的电信网络和电信业务。

2 术语和定义

下列术语和定义适用于本部分。

2.1 基本术语

716-01-01

综合业务网 **integrated services network**

ISN(缩写词)

提供或支持一系列不同**电信业务**(716-02-01)的网络。

716-01-02

综合数字传输和交换 **integrated digital transmission and switching**

数字传输和数字交换设备的直接数字互连,目的是提供连续的数字路径。

716-01-03

[综合]数字网 **(integrated) digital network**

IDN(缩写词)

由数字节点和数字链路组成的集合,用**综合数字传输和交换**(716-01-02)在两个或多个规定点之间提供数字连接。

716-01-04

综合业务数字网 **integrated services digital network**

ISDN(缩写词)

通过**综合数字网**(716-01-03)提供的**综合业务网**(716-01-01)。

716-01-05

[网络]运营者 **(network) operator**

运营电信网的组织。

注:网络运营者可以是政府管理机构或公共组织或个人组织。

716-01-06

用户 **user**

正常使用电信网业务和/或设备的任何实体(例如人、智能终端、设备)。

注:人可以是消费者或该消费者或**网络运营者**(716-01-05)的代理。终端或设备可由消费者或**网络运营者**(716-01-05)操作。

716-01-07

接口 **interface**

两个系统之间或者同一系统的两个部分之间的公共物理边界或公共逻辑边界。

716-01-08

物理接口　physical interface

机械的、电的、电磁的和/或光学的**接口**(716-01-07)。

注：例如，两个设备之间或设备和电缆之间所规定的物理接口。

716-01-09

物理接口规范　physical interface specification

为确保两个相关系统之间互连的物理兼容性，对相关系统所必需的**接口**(716-01-07)特性所作的正式说明。

716-01-10

功能接口规范　functional interface specification

为确保两个相关系统之间交互作用的功能兼容性，对相关系统所必需的**接口**(716-01-07)特性所作的正式说明。

注：功能接口规范通常包括类型、编号、格式和互连互操作的顺序。

716-01-11

接口规范　interface specification

为确保两个相关系统之间的全兼容性(物理的和功能的)，对相关系统所必需的**接口**(716-01-07)特性所作的正式说明。

注：对于全兼容性，接口规范应该包括**物理接口规范**(716-01-09)和**功能接口规范**(716-01-10)。

716-01-12

功能组　functional group

可以由一个或多个设备执行的预先规定的一组功能。

716-01-13

参考点　reference point

在两个不重叠**功能组**(716-01-12)之间**接口**(716-01-07)上的虚拟点。

716-01-14

参考配置　reference configuration

功能组(716-01-12)与**参考点**(716-01-13)的组合，这种组合规定了特定的电信网安排。

注：例如，参考配置可用于分配性能参数。

716-01-15

层　layer

在功能层级体系中，上一个逻辑边界与下一个逻辑边界之间的功能集。此功能集与相邻功能集服务目的不同，且为高层功能提供服务。

注：**开放系统互连参考模型**(716-01-20)有七层。

716-01-16

层接口　layer interface

层级结构中相邻**层**(716-01-15)之间的**接口**(716-01-07)。

716-01-17

协议　protocol

为确保在层级体系中处于相同**层**(716-01-15)内的过程组之间的通信而采用的一组约定的规程。

716-01-18

用户—用户协议　user-to-user protocol

两个或多个**用户**(716-01-06)为了确保他们之间的通信而采用的**协议**(716-01-17)。

716-01-19

综合业务数字网协议参考模型 ISDN protocol reference model

描述功能和**协议**(716-01-17)的逻辑结构的参考模型。例如，可以在用户和**综合业务数字网**(716-

01-04)之间作出包括**用户**(716-01-06)信息和控制信息的信息流的模型。

716-01-20

开放系统互连[参考模型]　open systems interconnection (reference model)

OSI(缩写词)

电信网、电信网**用户**(716-01-06)与电信网提供的**电信业务**(716-02-01)之间的各种关系分布在七层中的体系结构。

716-01-21

低层功能　lower layer functions

LLF(缩写词)

主要与传输、同步、路由和交换有关的那些功能。

注:根据惯例,低层功能是指**开放系统互连参考模型**(716-01-20)的1～3层。

716-01-22

高层功能　higher layer functions

HLF(缩写词)

主要与信息处理、储存和加工有关的那些功能。

注:根据惯例,高层功能是指**开放系统互连参考模型**(716-01-20)的4～7层。

716-01-23

环回　loopback

测试环路　test loop

为了测试的目的,在**终端设备**(716-04-08)中或网络内给定点的装置中,将一个通路上接收的信息流返回到相反方向的发送通路上去。

2.2　业务

716-02-01

电信业务　telecommunication service

由**网络运营者**(716-01-05)提供的用以满足特定电信需要的业务。

注:**承载业务**(716-02-02)和**用户综合(电信)业务**(716-02-03)是电信业务的两个例子。

716-02-02

承载业务　bearer service

在**用户—网络接口**(716-04-17)之间提供信号传输能力的**电信业务**(716-02-01)。

注:用于支持承载业务的**综合业务数字网连接类型**(716-03-06)可以和用于支持其他类型电信业务的**综合业务数字网连接类型**(716-03-06)相同。

716-02-03

用户综合[电信]业务　teleservice

依照**网络运营者**(716-01-05)所制定的**协议**(716-01-17)或依照网络运营者之间的约定,为**用户**(716-01-06)之间的通信提供完备的**电信业务**(716-02-01)。这种业务包括**终端设备**(716-04-08)功能。

716-02-04

遥信业务　teleaction service

在**用户**(716-01-06)和网络之间用低速率短信息的方式实现远程作用的**电信业务**(716-02-01)。

注:遥信业务的例子有:远程告警、遥控指令、遥测技术和遥控警报等。

716-02-05

应需[电信]业务　demand (telecommunication) service

借助于用户—网络信令,在最短时间内响应**用户**(716-01-06)请求,建立以及终止(连接)的一种

电信业务(716-02-01)。

716-02-06

预约电路[电信]业务　reserved circuit (telecommunication) service

由**用户**(716-01-06)事先确定使用时间段的**电信业务**(716-02-01)。此业务可根据用户—网络信令的请求在该时间段内建立以及终止(连接)。

716-02-07

租用电路业务　leased circuit service

专线业务　private line service

永久电路[电信]业务　permanent circuit (telecommunication) service

用操作或管理信息响应用户请求,提供长时间服务的**电信业务**(716-02-01)。

716-02-08

指配电路[电信]业务　assigned circuit (telecommunication) service

通过操作或管理信息,按用户事先规定的时间建立并且终止的**电信业务**(716-02-01)。

注:定时电路(电信)业务可以按一定的规律来确定。如:每天的同一小时或每周的特定小时组。

716-02-09

[电信]业务属性　(telecommunication) service attribute

某种**电信业务**(716-02-01)的规定特性,可用其值把该业务与其他业务区别开。

2.3　网络

716-03-01

连接　connection

电信网内为信号在两点或多点之间传送而建立的传输通路或电信电路、交换单元以及其他功能单元的组合,以实现一次通信。

716-03-02

数字连接　digital connection

允许数字信号传送的**连接**(716-03-01)。

716-03-03

交换连接　exchange connection

在交换机的两个或多个端口之间,通过交换机建立起来的**连接**(716-03-01)。

716-03-04

综合业务数字网连接　ISDN connection

通过**综合业务数字网**(716-01-04),在此网络的两个或多个指定**接口**(716-01-07)之间建立的**连接**(716-03-01)。

716-03-05

综合业务数字网连接属性　ISDN connection attribute

综合业务数字网连接(716-03-04)的规定特性,可用其值把该连接与其他连接区别开。

716-03-06

综合业务数字网连接类型　ISDN connection type

根据一个或多个**综合业务数字网连接属性**(716-03-05),属于同一类别的**综合业务数字网连接**(716-03-04)。

716-03-07

综合业务数字网连接单元　ISDN connection element

综合业务数字网连接(716-03-04)的一部分,该部分具有一个或多个**综合业务数字网连接属性**(716-

03-05)的规定特征值。

716-03-08

点对点综合业务数字网连接　point-to-point ISDN connection

建立在两个指定**接口**(716-01-07)之间的**综合业务数字网连接**(716-03-04)。

716-03-09

点对多点综合业务数字网连接　point-to-multipoint ISDN connection

在一个指定**接口**(716-01-07)与多个其他指定接口之间建立的**综合业务数字网连接**(716-03-04)。

716-03-10

地址　address

网络号码(716-03-11)。如果有**子地址**(716-03-12),跟在网络号码后面。

716-03-11

[网络]号码　(network) number

用户—网络接口(716-04-17)的标识。

716-03-12

子地址　sub-address

在**用户—网络接口**(716-04-17)上终端、进程或更大一群这类终端或进程中的一群终端或进程的标识。

716-03-13

编号　numbering

为每个**用户—网络接口**(716-04-17)分配**网络号码**(716-03-11)。

716-03-14

寻址　addressing

主叫**用户**(716-01-06)试呼时表明被叫用户标识的过程。

716-03-15

子寻址　sub-addressing

主叫**用户**(716-01-06)表明终端、进程或用**网络号码**(716-03-11)标识的一个更大群终端内一群终端的标识的过程。

2.4　接入

716-04-01

用户—网络接入　user-network access

为使用网络的业务和/或设施,将**用户**(716-01-06)连接到电信网的各种方法。

716-04-02

接入信道　access channel

具有规定特性,在用户—网络接口提供的信息传输能力的指定部分。

注1:在英语中,普遍默认"传输信道"(704-14-02)仅指单向信道,并且通常缩略为"信道"。为了避免和这种用法混淆,通过用户—网络接口双向工作的"接入信道"一定不能缩略为"信道"。

注2:"接入信道"可以用H、B或D的字样加以限定,这时就可以称之为**H信道**(704-04-03)、**B信道**(704-04-04)或**D信道**(704-04-05)。

716-04-03

H信道　H-channel

以高于64 kbit/s的规定速率用标准的数字信号携带用户信息的**接入信道**(716-04-02)。

注 1:H 信道通常由一个或两个下标为特征:

——第一个数指信号速率,例如,H_0 信道信号速率是 384 kbit/s;

——第二个数,如果有,指不同的信道结构。例如:H_{11} 信道速率是 1 536 kbit/s,H_{12} 信道速率是 1 920 kbit/s。

注 2:一个给定的 H 信道可以再划分为较低速率的 H 信道、**B 信道**(704-04-04)和/或 **D 信道**(704-04-05)。

716-04-04

B 信道　B-channel

以标准 64 kbit/s 数字信号携带用户信息的 64 kbit/s **接入信道**(716-04-02)。

716-04-05

D 信道　D-channel

主要用于用户—网络信令目的的**接入信道**(716-04-02)。

注 1:D 信道可用于用户对用户信令以及分组数据的传输。

注 2:D 信道速率规定为 16 kbit/s 和 64 kbit/s。

716-04-06

综合业务数字网用户网络接口结构　ISDN user-network interface structure

在**综合业务数字网**(716-01-04)**用户—网络接口**(716-04-17)处的**接入信道**(716-04-02)的数量和类型。

716-04-07

综合业务数字网接入能力　ISDN access capability

在**综合业务数字网**(716-01-04)**用户—网络接口**(716-04-17)处可供电信实际使用的**接入信道**(716-04-02)的数量和类型。

716-04-08

终端[设备]　terminal (equipment)

TE(缩写词)

用户—网络接口(716-04-17)用户侧的**功能组**(716-01-12)。

注:终端设备包括终端、**终端适配器**(704-04-11),如果存在还有 NT2 功能组。

716-04-09

网络终端　network termination

NT(缩写词)

用户—网络接口(716-04-17)网络侧的**功能组**(716-01-12)。

注:网络终端总是由一个传输部分 NT1 以及可选的交换部分 NT2 组成。

716-04-10

综合业务数字网终端　ISDN terminal

可直接与**综合业务数字网**(716-01-04)**网络终端**(716-04-09)兼容的终端。

716-04-11

终端适配器　terminal adapter

TA(缩写词)

使非 ISDN 终端与 ISDN **网络终端**(716-04-09)匹配的设备。

716-04-12

基本[速率]接入　basic (rate) access

由两个 **B 信道**(716-04-04)和一个 **D 信道**(716-04-05)组成的基本的标准**综合业务数字网用户网络接口结构**(716-04-06)。

注:在该接口结构中 **D 信道**(704-04-05)的速率是 16 kbit/s。

716-04-13

一次群速率接入 primary rate access

标准的**综合业务数字网用户网络接口结构**(716-04-06),采用数字体系结构中的基本速率,即速率为1 544 kbit/s或2 048 kbit/s。

注:在该接口结构中任何一个**D信道**(704-04-05)的速率都是64 kbit/s。

716-04-14

多点接入 multipoint access

几个终端设备共享同一个**网络终端**(716-04-09)的**用户—网络接入**(716-04-01)方式。

716-04-15

接入争用 access contention

当处于**多点接入**(716-04-14)的**网络终端**(716-04-09)出现多个需求,而这些需求不能同时被满足的状况。

716-04-16

接入争用解决 access contention resolution

在**多点接入**(716-04-14)时,成功解决**接入争用**(716-04-15)的过程。

716-04-17

用户—网络接口 user-network interface

UNI(缩写词)

电信网中**终端设备**(716-04-08)和**网络终端**(716-04-09)之间的**接口**(716-01-07)。

716-04-18

接入协议 access protocol

为使**用户**(716-01-06)能应用电信网的业务和/或设施,在**用户—网络接口**(716-04-17)上使用的**协议**(716-01-17)。

716-04 19

链路接入协议 link access protocol

LAP(缩写词)

为传送那些要经过**用户—网络接口**(716-04-17)的信息而正式规定的一套链路同步规程和差错控制规程。

注:链路接入协议与**开放系统互连参考模型**(716-01-20)的数据链路层有关。

中 文 索 引

GB
STANDARDS PRESS OF CHINA

英 文 索 引

L

M

N

O

P

R

S

T

U

ICS 21.160
J 26

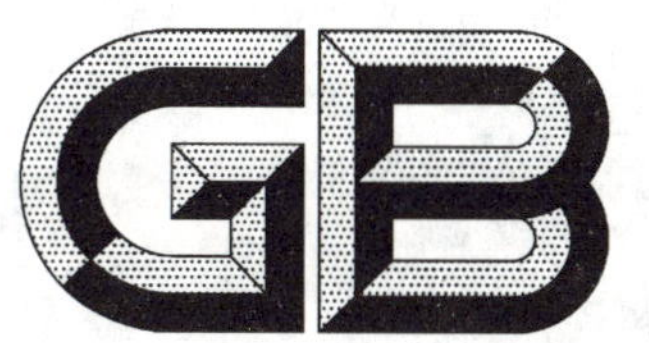

中华人民共和国国家标准

GB/T 2940—2005
代替 GB/T 2940—1982

柴油机用喷油泵、调速器、喷油器弹簧技术条件

Technical specifications of springs for fuel pump, governor and injecter of diesel engines

2005-07-11 发布　　2006-01-01 实施

中华人民共和国国家质量监督检验检疫总局
中国国家标准化管理委员会　发布

前　言

本标准代替 GB/T 2940—1982《柴油机用喷油泵、调速器、喷油器弹簧技术条件》。本标准与 GB/T 2940—1982相比主要变化如下：

——按 GB/T 1.1 进行了编辑性修改；

——按 GB/T 1085—2001《弹簧术语》标准，对涉及负荷、刚度、变形量等符号进行了修订；

——对引用的材料标准进行了全面查新；

——由于目前弹簧生产均采用油淬火-回火钢丝，弹簧成型后只需回火去应力处理，而无需淬火处理，因此弹簧在加工过程中不改变其硬度值，故将原标准中 1.3 取消；

——将标准中允许偏差全部用极限偏差替换；

——将“柱塞弹簧负荷的极限偏差：F_1 为±0.1F”改为“柱塞弹簧负荷的极限偏差：F_1 为±0.08F_1”(4.2.1 条)；

——将“柱塞弹簧自由高度偏差最小值(±1)，出油阀弹簧自由高度偏差最小值(±0.5)”改为“柱塞弹簧自由高度偏差最小值(±0.8)，出油阀弹簧自由高度偏差最小值(±0.4)”(4.4.1 条)；

——将调速拉簧两钩环相对角度的公差“20°、15°、10°”改为“15°、10°、5°”(4.11 条)；

——将“表面光洁度”改为“表面粗糙度”，喷油器调压弹簧表面粗糙度 Ra 值由原来的“12.5 μm”改为“3.2 μm”(4.9 条)；

——将表 7 中启动弹簧、怠速弹簧自由高度最小值由“0.25”改为“0.20”(4.4.2 条)；

——增加了喷丸处理和疲劳试验的要求；

——弹簧垂直度描述由“中心线对两端面”改为“外圆素线对两端面”；

——在检验规则中添加了 5.2～5.5，将检验规则中两次抽样方案改为一次抽样方案；

——细化了标志、包装、运输、贮存中的具体内容。

本标准由中国机械工业联合会提出。

本标准由全国弹簧标准化技术委员会(SAC/TC235)归口。

本标准起草单位：中机生产力促进中心、无锡泽根弹簧有限公司。

本标准起草人：姜膺、曹辉荣。

柴油机用喷油泵、调速器、喷油器弹簧技术条件

1 范围

本标准规定了柴油机用喷油泵柱塞弹簧、出油阀弹簧、调速器弹簧和喷油器调压弹簧的技术要求、试验方法和检验规则。

本标准适用于柴油机用喷油泵柱塞弹簧、出油阀弹簧、调速器弹簧和喷油器调压弹簧等圆柱螺旋型弹簧,以下简称弹簧。

2 规范性引用文件

下列文件中的条款通过本标准的引用而成为本标准的条款。凡是注日期的引用文件,其随后所有的修改单(不包括勘误的内容)或修订版均不适用于本标准,然而,鼓励根据本标准达成协议的各方研究是否可使用这些文件的最新版本。凡是不注日期的引用文件,其最新版本适用于本标准。

GB/T 1805 弹簧术语

GB/T 2828.1 计数抽样检验程序 第1部分:按接收质量限(AQL)检索的逐批检验抽样计划(GB/T 2828.1—2003,ISO 2859-1:1999,IDT)

GB/T 4357 碳素弹簧钢丝

GB/T 4358 重要用途碳素弹簧钢丝

GB/T 18983 油淬火-回火弹簧钢丝(GB/T 18983—2003,ISO/FDIS 8458-3:1992 MOD)

JB/T 9129 圆柱螺旋弹簧喷丸 技术规范

3 术语和定义

GB/T 1805 确立的术语和定义适用于本标准。

4 技术要求

弹簧应按经规定程序批准的产品图样及技术文件制造。

4.1 材料

4.1.1 材料选用

弹簧材料一般按表1所列的弹簧钢丝制造,也可按供需双方商定的弹簧钢丝制造。

4.1.2 材质

弹簧钢丝须备有材料制造厂(商)的质量保证书、并经弹簧制造厂(商)复验合格后方可使用。

表 1

材料名称	牌 号	材料标准
重要用途碳素弹簧钢丝	65Mn、70	GB/T 4358
碳素弹簧钢丝	65Mn、70	GB/T 4357
油淬火-回火弹簧钢丝	50CrVA、65Mn、70、55CrSi	GB/T 18983

4.2 弹簧负荷(刚度)的极限偏差

4.2.1 柱塞弹簧负荷的极限偏差:F_1 为 $\pm 0.08F_1$,F_2 为 $\pm 0.06F_2$。

4.2.2 出油阀弹簧、喷油器调压弹簧和调速器弹簧刚度的极限偏差按表2规定。

表 2

<table>
<tr><td rowspan="3">弹簧类别</td><td rowspan="3">出油阀弹簧、喷油器调压弹簧</td><td colspan="4">调速器弹簧</td></tr>
<tr><td rowspan="2">校正弹簧、调速外弹簧</td><td colspan="2">调速拉、压簧</td><td rowspan="2">调速扭簧</td></tr>
<tr><td>$n<4$</td><td>$n\geqslant 4$</td></tr>
<tr><td>刚度极限偏差</td><td>$\pm 0.06F'$</td><td>$\pm 0.1F'$</td><td>$\pm 0.08F'$</td><td>$\pm 0.05F'$</td><td>$\pm 0.08T'$</td></tr>
<tr><td colspan="6">注：F'单位：N/mm，T'单位：N/(°)。</td></tr>
</table>

4.2.3 根据使用要求，出油阀弹簧、喷油器调压弹簧和调速器弹簧亦可要求负荷（扭矩），其极限偏差按表 3 规定，并于图样中注明。

表 3

<table>
<tr><td rowspan="3" colspan="2">弹簧类别</td><td rowspan="3">出油阀弹簧、喷油器调压弹簧</td><td colspan="4">调速器弹簧</td></tr>
<tr><td rowspan="2">校正弹簧、调速外弹簧</td><td colspan="2">调速拉、压簧</td><td rowspan="2">调速扭簧</td></tr>
<tr><td>$n<4$</td><td>$n\geqslant 4$</td></tr>
<tr><td rowspan="2">负荷或扭矩极限偏差</td><td>F_1</td><td rowspan="2">$\pm 0.06F$</td><td rowspan="2">$\pm 0.1F$</td><td rowspan="2">$\pm 0.08F$</td><td rowspan="2">$\pm 0.05F$</td><td rowspan="2">$\pm 0.08T$</td></tr>
<tr><td>F_2</td></tr>
<tr><td colspan="7">注：F 单位：N，T 单位：N·mm。</td></tr>
</table>

4.2.4 特殊需要时，出油阀弹簧刚度（负荷）的极限偏差可按 $\pm 0.05\ F'(F)$ 制造；调速扭簧刚度（负荷）的极限偏差可按 $\pm 0.05T'(T)$ 制造，并于图样中注明。

4.3 弹簧外径（内径）的极限偏差

4.3.1 柱塞弹簧、出油阀弹簧和喷油器调压弹簧外径（内径）的极限偏差按表 4 规定。

表 4

单位为毫米

<table>
<tr><td>弹簧类别</td><td>柱塞弹簧</td><td colspan="2">出油阀弹簧</td><td>喷油器调压弹簧</td></tr>
<tr><td>外（内）径极限偏差</td><td>$\pm 0.015D$</td><td colspan="3">$\pm 0.01D$</td></tr>
<tr><td rowspan="2">最小值</td><td rowspan="2">±0.3</td><td>$D_2\leqslant 6$</td><td>$D_2>6$</td><td rowspan="2">±0.2</td></tr>
<tr><td>±0.1</td><td>±0.2</td></tr>
</table>

4.3.2 特殊需要时，柱塞弹簧的外（内）径极限偏差可按 $\pm 0.01D$ 制造，并于图样中注明。

4.3.3 调速器弹簧外径（内径）的极限偏差按表 5 规定。

表 5

单位为毫米

<table>
<tr><td rowspan="3">弹簧形式</td><td colspan="2">旋 绕 比 C</td><td rowspan="3">最小值</td></tr>
<tr><td>≥4～8</td><td>≥8～20</td></tr>
<tr><td colspan="2">外径（内径）极限偏差</td></tr>
<tr><td>压 缩</td><td>$\pm 0.01D$</td><td>$\pm 0.015D$</td><td>±0.2</td></tr>
<tr><td>拉 伸</td><td>$\pm 0.015D$</td><td>$\pm 0.02D$</td><td>±0.3</td></tr>
<tr><td>扭 转</td><td colspan="2">±0.35</td><td>—</td></tr>
</table>

4.3.4 特殊需要时，调速扭簧内径的极限偏差可按±0.2 mm 制造，并于图样中注明。

4.4 弹簧自由高度（长度）的极限偏差

4.4.1 柱塞弹簧、出油阀弹簧和喷油器调压弹簧自由高度的极限偏差按表 6 规定。

表 6

单位为毫米

弹簧类别	自由高度极限偏差	
柱塞弹簧	±0.02H_0(最小值±0.8)	
出油阀弹簧	±0.4	
喷油器调压弹簧	调整开启压力方式	
	用调压螺钉	用垫片
	±0.025H_0	±0.01H_0
注:喷油器调压弹簧当要求两点负荷时,不考核自由高度。		

4.4.2 调速器弹簧自由高度(长度)的极限偏差按表 7 规定。

表 7

单位为毫米

弹簧类别	调速压簧、校正弹簧	启动弹簧、怠速弹簧	圆钩环型调速拉簧自由长度			异型钩环调速拉簧	调速扭簧
			<20	≥20~60	≥60~120		
自由高(长)度极限偏差	±0.01H_0	±0.015H_0	±0.7	±1	±1.5	±0.5	±0.75
最小值	±0.20			—		—	—

4.4.3 特殊需要时,调速扭簧的自由高(长)度极限偏差可按±0.5 mm 制造,并于图样中注明。

4.5 弹簧节距不均匀度

当弹簧压缩到最大工作变形量再加上全变形量的 10%(总计不超过全变形量的 85%)时,不允许正常节距的弹簧圈有接触。

4.6 弹簧外圆素线对两端圈的垂直度公差按表 8 规定。

表 8

单位为毫米

弹簧类别	柱塞弹簧、出油阀弹簧	喷油器调压弹簧	调速压簧	校正压簧	启动压簧、怠速压簧
垂直度公差	0.0175H_0	0.01H_0	0.015H_0		0.02H_0
最小值	0.5	0.3	—	0.4	—

4.7 压缩弹簧两端圈应并紧,端圈的允许间隙按表 9 规定。

表 9

单位为毫米

旋绕比	$C \geq 6$	$C < 6$
端圈的允许间隙	≤0.3	≤0.2

4.8 压缩弹簧两端圈支承面应磨平,其磨平部分不小于 270°,端头厚度约为 $d/4$,但不得小于 $d/8$。

4.9 压缩弹簧两端圈粗糙度按表 10 规定。

表 10

弹 簧 类 别	粗糙度 $Ra/\mu m$
柱塞弹簧、调速器弹簧、出油阀弹簧	6.3
喷油器调压弹簧	3.2
注:柱塞弹簧、调速器弹簧、喷油器调压弹簧的粗糙度在喷丸前检查。	

4.10 调速拉簧在自由状态下,钩环中心面对弹簧轴心线位置度公差(见图1)按表11规定。

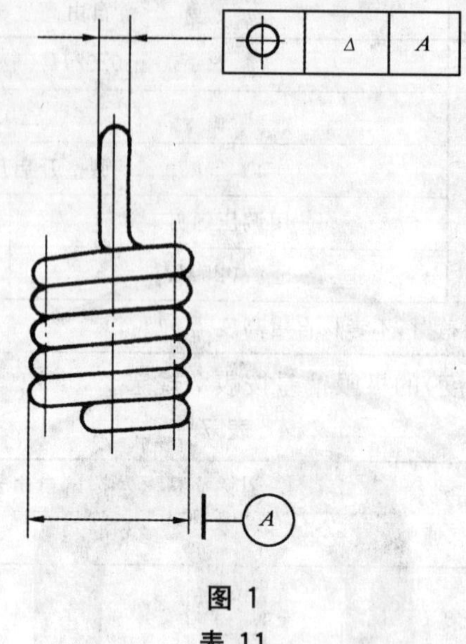

图 1

表 11

单位为毫米

弹簧中径 D	公差值 Δ
<20	1.5
20～30	2
>30～50	3

4.11 调速拉簧两钩环相对角度的公差(见图2)按表12规定。

表 12

单位为度(°)

弹簧中径 D/mm	≤10	>10～25	>25～50
公差值 $\Delta 1$	15	10	5

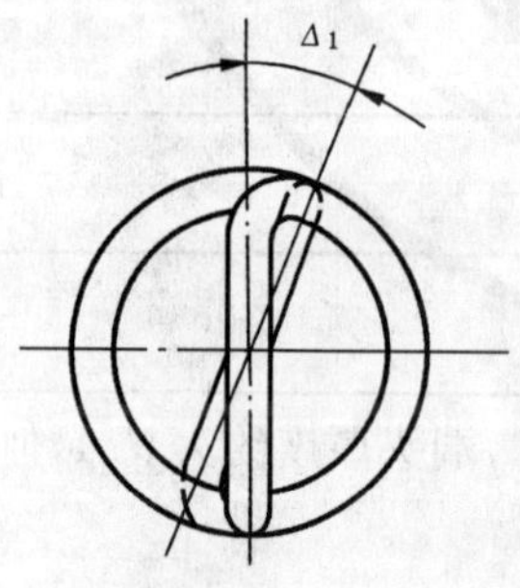

两钩环在同一平面

两钩环互成90°

图 2

4.12 调速拉簧钩环开口处的长度极限偏差按表13规定。

表 13

单位为毫米

开口处的长度	≤7	>7
极限偏差	±0.5	±1

4.13 调速扭簧两扭臂对弹簧轴心线垂直度公差按 0.015 l 制造,最小值为 0.5 mm,见图 3。

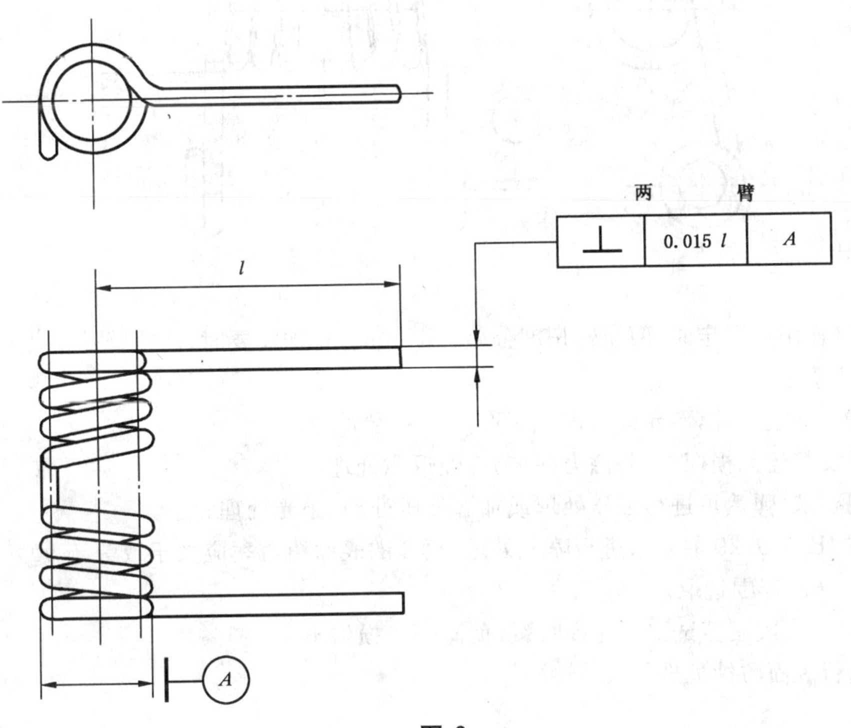

图 3

4.14 调速扭簧两扭臂支承点应和弹簧轴心线在同一平面内,其公差值为 0.3 mm(见图 4)。特殊需要时,可按公差值 0.15 mm 制造,并于图样中注明。

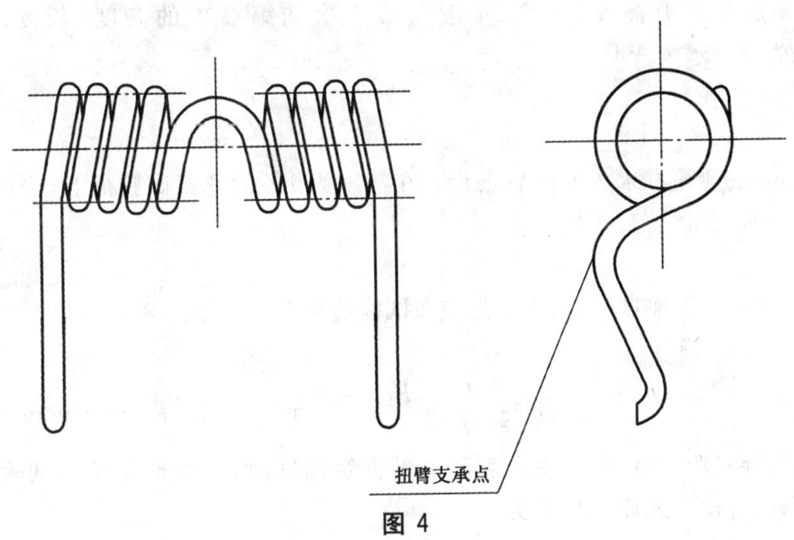

图 4

4.15 调速扭簧自由角度的公差为 8°。

4.16 调速扭簧两扭臂支承圈中心连线对弹簧轴心线平行度公差为 0.3 mm,见图 5。

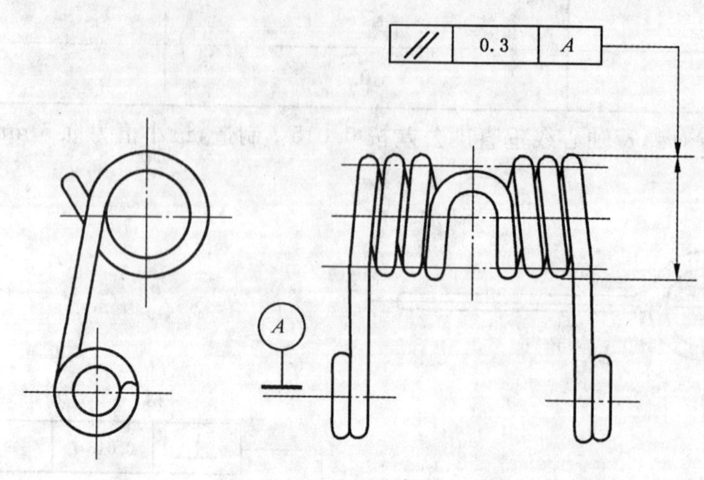

图 5

4.17 调速扭簧(作用点固定时)两扭臂长度公差为 1 mm。特殊需要时,两扭臂长度公差按 0.7 mm 制造,并于图样中注明。

4.18 弹簧须进行立定处理,不允许有永久变形。

4.19 材料或弹簧需经无损探伤,若磁力探伤,应经退磁处理。

4.20 根据使用要求,弹簧可进行强压处理或加温强压处理、抛光处理。

4.21 弹簧应按 JB/T 9129 的要求进行喷丸处理,喷丸的表面覆盖率应大于或等于 90%。喷丸强度应在阿尔曼 0.2～0.6A 范围选取。

4.22 弹簧经 1×10^7 次疲劳试验不允许断裂,负荷(F_2)损失不大于 5%。

4.23 弹簧应进行表面防蚀处理。

5 试验方法

5.1 永久变形

将弹簧成品压缩(拉伸、扭转)两次到图样规定高度(长度、角度),测量第 2 次压下后的高度(长度或角度)后再压第 3 次并测量高度(长度、角度),第 2 次和第 3 次的高度(长度、角度)测量值差≤0.05 mm,则认为没有永久变形。

5.2 弹簧特性

5.2.1 负荷

弹簧负荷(扭矩)的测量在永久变形后进行。在精度为 1% 的弹簧试验机上,按产品图样规定的测试高度(角度)/变形量测量负荷(扭矩)。

5.2.2 刚度

当图规定需要测量弹簧刚度时,其变形量应在试验负荷下变形量的 30%～70% 之间选取。按下式计算弹簧刚度:

$$F' = \frac{F_2 - F_1}{f_2 - f_1} \quad (\mathrm{N/mm}) \qquad \cdots\cdots(1)$$

调速扭簧的扭转刚度(M'):当图规定需要测量弹簧刚度时,其变形量应在试验负荷下变形量的 30%～70% 之间选取。按下式计算其刚度:

$$M' = \frac{M_2 - M_1}{\varphi_2 - \varphi_1} \quad (\mathrm{N \cdot mm/Deg}) \qquad \cdots\cdots(2)$$

式中 φ_1、φ_2 分别为相应工作扭矩 M_1、M_2 作用下的工作扭转角。其有关位置应采用专用量具测量。

5.3 **表面质量**

5.3.1 **经氧化处理后的弹簧成品质量检查**

a) 外观检查——按氧化膜常规检查进行;

b) 抗蚀性检查——采用试液浸渍法。

5.3.2 **有表面镀层弹簧成品质量检查**

a) 外观检查——按镀层外观常规检查进行;

b) 镀层厚度检查——金相法或其他专用测厚仪测量。

5.4 **直径**

弹簧直径用分度值小于或等于 0.02 mm 的游标卡尺测量,图样上标明外径或中径的测外径,并以外径最大值为准。标明内径的测内径,并以内径最小值为准。

5.5 **自由高度**

弹簧自由高度用分度值小于或等于 0.02 mm 的游标卡尺测量弹簧的最高点。

5.6 **垂直度**

将弹簧竖直放在二级精度平板上,用三级精度宽座角尺测量。将弹簧对宽座角尺自转一周后再检查另一端(端头至 1/2 圈处考核相邻的第 2 圈)、用 100 mm 塞尺测量垂直度的最大偏差。

5.7 **喷丸**

5.7.1 喷丸强度采用单面阿尔曼 A 型喷丸试片及量具,根据试片上所产生的曲率来衡量。

5.7.2 喷丸覆盖率用肉眼或 5～10 倍放大镜对照标准图片检查。

5.8 **疲劳试验**

将弹簧安装在专用的疲劳试验机上进行试验,弹簧承受的负荷(加载形式)尽可能与实际工况一致。

6 检验规则

6.1 弹簧须经制造厂检验部门检验合格后方能出厂,并应附有产品质量合格证。弹簧检查项目按表 14规定。

表 14

弹簧类别		检　查　项　目
喷油器调压弹簧		负荷或刚度,垂直度,疲劳寿命,永久变形
柱塞弹簧		负荷或刚度,垂直度,疲劳寿命
出油阀弹簧		负荷或刚度,垂直度,自由高度
调速弹簧	拉	负荷或刚度,永久变形
	压	负荷或刚度,垂直度,永久变形,自由高度
	扭	负荷或刚度,自由高度,扭臂支承点与弹簧轴心线的偏移,圈与圈间隙,弹簧内径

6.2 各检验项目的试验方法按第 5 章的有关规定进行。

6.3 弹簧制造厂应定期(每年至少 1 次)对弹簧成品进行疲劳试验,也可按供、需双方协议执行。

6.4 订货单位对成批生产的弹簧进行抽样验收时,根据 GB/T 2828.1 的规定,采用一次正常抽样方案,检查项目分类、抽样基数和样本数、合格判定数按表 15 规定。

表 15

检查项目		批量范围	样本数	合格判定数	
				Ac	Re
严重缺陷	疲劳寿命	不限批量	12	0	1
重要缺陷	负荷或刚度 永久变形 扭臂支承点与弹簧轴心线偏移 垂直度	≤500	8	0	1
		501～10 000	20	1	2
		≥10 001	32	2	3
一般缺陷	端圈粗糙度 自由高度 圈与圈间间隙 弹簧内径	≤500	8	0	1
		501～10 000	20	2	3
		≥10 001	32	3	4

7 标志、包装、运输、贮存

7.1 弹簧在包装前应清洁干净，并进行防蚀处理，用结实而不透水的中性包装材料进行包装。也可按供、需双方协议采用其他包装方式。

7.2 弹簧应包装可靠，每箱质量不超过 25 kg，也可根据需要用集装箱运输。

7.3 包装箱内应附有产品合格证，合格证应注明产品名称、型号、数量及出厂日期。包装箱外部应标明：

a) 制造厂名称、商标和地址；

b) 产品名称及型号；

c) 数量；

d) 发往地址及收货单位名称；

e) “轻放”、“防潮”等字样或符号；

f) 出厂日期。

7.4 产品应放在通风和干燥的仓库内。在正常保管情况下，自出厂之日起，制造厂应保证在 6 个月内不锈蚀。

ICS 47.020.30
U 50

中华人民共和国国家标准

GB 3033.2—2005/ISO 14726-2:2002
代替 GB 3033—1982

船舶与海上技术 管路系统内含物的识别颜色 第2部分:不同介质和(或)功能的附加颜色

Ships and marine technology—Identification colours for the content of piping systems—Part 2:Additional colours for different media and/or functions

(ISO 14726-2:2002,IDT)

2005-09-14 发布　　2006-04-01 实施

中华人民共和国国家质量监督检验检疫总局
中国国家标准化管理委员会　发布

前言

本部分的全部技术内容为强制性。

GB 3033—2005《船舶与海上技术　管路系统内含物的识别颜色》分为两部分：

——第1部分：主颜色和介质；

——第2部分：不同介质和(或)功能的附加颜色。

本部分为GB 3033的第2部分。

本部分等同采用ISO 14726-2:2002《船舶与海上技术　管路系统内含物的识别颜色　第2部分：不同介质和(或)功能的附加颜色》(英文版)。为便于使用，本部分作了下列编辑性修改：

a) “本国际标准”一词改为“本部分”；

b) 用小数点“.”代替作为小数点的逗号“,”；

c) 删除国际标准的前言和引言。

d) 表1中的“黄色”，原文有误，根据IEC 60757，改为“淡黄褐色”。

e) 表2不可燃气体的“呼吸用气体”，原文有误，改为“GY-YEO-GY”。

GB 3033.2代替GB 3033—1982《船舶管路和识别符号的油漆颜色》相应部分，GB 3033.2—2005实施之日起GB 3033—1982同时废止。GB 3033.2—2005与GB 3033—1982相比主要变化如下：

——分别以12种颜色中的一种作为主颜色，其他11种颜色作为附加颜色，标志管路中的介质和(或)功能。

本部分的附录A和附录B为资料性附录。

本部分由中国船舶工业集团公司提出。

本部分由全国海洋船标准化技术委员会船舶基础分技术委员会归口。

本部分起草单位：中国船舶工业第七〇八研究所。

本部分主要起草人：姚方龙、卫昱锋。

本部分所代替标准的历次版本发布情况为：

——GB 3033—1982。

船舶与海上技术
管路系统内含物的识别颜色
第2部分:不同介质和(或)功能的附加颜色

1 范围

GB 3033的本部分规定的附加颜色同GB 3033.1规定的主颜色标记一起用来标识船舶和海上结构物管路系统中的介质和(或)功能。

如果船上无需区别单个主颜色,附加颜色可以不使用。

本部分不适用于输送医学气体、工业气体和货物的管路系统。

本部分对所列介质和(或)功能不作定义。

本部分附加颜色和主颜色可同时在管路系统的图样中使用。

2 规范性引用文件

下列文件中的条款通过GB 3033的本部分的引用而成为本部分的条款。凡是注日期的引用文件,其随后所有的修改单(不包括勘误的内容)或修订版均不适用于本部分,然而,鼓励根据本部分达成协议的各方研究是否可使用这些文件的最新版本。凡是不注日期的引用文件,其最新版本适用于本部分。

GB 3033.1—2005 船舶与海上技术 管路系统内含物的识别颜色 第1部分:主颜色和介质(ISO 14726-1:1999,IDT)

IEC 60757:1983 颜色标记代号

CIE出版物15.2:1986 比色法(第二版)

3 介质和(或)功能的附加颜色

表1列出了附加颜色的名称和字母代号。

表2列出了不同介质和(或)功能的附加颜色。每一个主颜色可以同11种附加颜色搭配使用。表2中留有空缺部分以备进一步标准化之用。

附录A列出了一些介质/功能的说明资料。

附录B列出了标准颜色和在其他颜色系统中的同等颜色代号。

表1 颜色名称和字母代号

颜色名称	字母代号[a]
黑色	BK
蓝色	BU
棕色	BN
绿色	GN
灰色	GY
褐红色	MN
橙色	OG
银色	SR
红色	RD
紫色	VT
白色	WH
淡黄褐色	YEO

[a] 按IEC 60757给定。

表 2　不同介质和(或)功能的附加颜色

废弃介质	BK (主颜色)	淡水	BU (主颜色)
黑水	BK-BU-BK		BU-BK-BU
废油/用过的油	BK-BN-BK	卫生用淡水	BU-BN-BU
舱底水	BK-GN-BK	饮用水	BU-GN-BU
废气	BK-GY-BK	蒸馏水	BU-GY-BU
	BK-MN-BK		BU-MN-BU
	BK-OG-BK	燃气轮机冲洗水	BU-OG-BU
	BK-SR-BK	补给水	BU-SR-BU
	BK-RD-BK		BU-RD-BU
	BK-VT-BK	冷却淡水	BU-VT-BU
灰水	BK-WH-BK	冷冻水	BU-WH-BU
污水,污染水	BK-YEO-BK	冷凝水	BU-YEO-BU
海水	**GN (主颜色)**	**燃油**	**BN (主颜色)**
	GN-BK-GN	重质燃油(HFO)	BN-BK-BN
净化水	GN-BU-GN	航空燃油	BN-BU-BN
卫生用海水	GN-BN-GN		BN-GN-BN
	GN-GY-GN		BN-GY-BN
	GN-MN-GN		BN-MN-BN
	GN-OG-GN		BN-OG-BN
	GN-SR-GN		BN-SR-BN
	GN-RD-GN		BN-RD-BN
压载水	GN-VT-GN	生物燃油	BN-VT-BN
	GN-WH-GN	燃气轮机燃油	BN-WH-BN
冷却海水	GN-YEO-GN	柴油(MDO)	BN-YEO-BN
不可燃气体	**GY (主颜色)**	**酸性,碱性介质**	**VT (主颜色)**
	GY-BK-GY		VT-BK-VT
氧气	GY-BU-GY		VT-BU-VT
惰性气体	GY-BN-GY		VT-BN-VT
氮气	GY-GN-GY		VT-GN-VT
冷冻剂	GY-MN-GY		VT-GY-VT
低压压缩空气(LP)	GY-OG-GY		VT-MN-VT
	GY-SR-GY		VT-OG-VT
高压压缩空气(HP)	GY-RD-GY		VT-SR-VT
控制空气/调节空气	GY-VT-GY		VT-RD-VT
呼吸用空气[a]	GY-WH-GY		VT-WH-VT
呼吸用气体[a]	GY-YEO-GY		VT-YEO-VT

a　该标志表示从气瓶至潜艇的呼吸空气分配系统。

表 2(续)

块状物质(干和湿)	MN (主颜色)	蒸汽	SR (主颜色)
	MN-BK-MN	加热用蒸汽	SR-BK-SR
	MN-BU-MN		SR-BU-SR
	MN-BN-MN		SR-BN-SR
	MN-GN-MN		SR-GN-SR
	MN-GY-MN		SR-GY-SR
	MN-OG-MN		SR-MN-SR
	MN-SR-MN		SR-OG-SR
	MN-RD-MN		SR-RD-SR
	MN-VT-MN		SR-VT-SR
	MN-WH-MN	排汽	SR-WH-SR
	MN-YEO-MN	供汽	SR-YEO-SR
除燃油以外的油类	**OG (主颜色)**	**通风系统内的空气**	**WH (主颜色)**
	OG - BK-OG	排风	WH-BK-WH
热媒油	OG - BU-OG	机械送风,冷	WH-BU-WH
	OG - BN-OG	自然排风	WH-BN-WII
燃气轮机润滑油	OG - GN-OG	大气空气	WH-GN-WH
液压油	OG - GY-OG	机械排气	WH-GY-WH
	OG - MN-OG	净化后的送气	WH-MN-WH
蒸汽轮机润滑油	OG - SR-OG	机械循环空气	WH-OG-WH
	OG - RD-OG	机械送风,暖	WH-SR-WH
齿轮传动装置润滑油	OG - VT-OG	烟气清除	WH-RD-WH
	OG - WH-OG	空调送风	WH-VT-WH
内燃机润滑油	OG - YEO-OG	自然送风	WH-YEO-WH
消防/防火	**RD (主颜色)**	**可燃气体**	**YEO (主颜色)**
	RD - BK-RD		YEO-BK-YEO
	RD - BU-RD	氢气	YEO-BU-YEO
	RD - BN-RD		YEO-BN-YEO
消防水	RD - GN-RD		YEO-GN-YEO
消防气体	RD - GY-RD	乙炔	TEO-GY-TEO
	RD - MN-RD		YEO-MN-YEO
喷淋水	RD - OG-RD		YEO-OG-YEO
	RD - SR-RD		YEO-SR-YEO
喷雾水	RD - VT-RD		YEO-RD-YEO
消防用干粉	RD - WH-RD	液化气	YEO-VT-YEO
消防用泡沫	RD - YEO-RD		YEO-WH-YEO

4 设计

上述标志应根据 GB 3033.1—2005 中第 5 章和第 6 章加以运用。标志应清晰可见,附加颜色的布置应被主颜色所包围。

附 录 A
（资料性附录）
介质/功能的说明

A.1 废弃介质

A.1.1 概述

废弃介质包括含有污物和其他杂质的所有介质。

这些介质在A1.2至A1.7中予以描述。

A.1.2 黑水

黑水包括下列种类：

a) 来自厕所、便器和坐浴盆的污水；

b) 来自医疗区（医务室、药房等）和位于该区域的所有盥洗盆、浴缸和甲板排水口的污水；

c) 来自活的动物处所的污水；

d) 含有a)到c)项所述污物的污水。

A.1.3 废油/用过的油

超出允许工作时间，超出允许分析值或含有污物或其他杂质的泄放油。

A.1.4 舱底水

来自船舶的各种舱底水。

A.1.5 废气

来自内燃机、锅炉和热油加热器的废气。

A.1.6 灰水

来自卫生间、食品库、风机室、货舱和甲板除黑水以外的各种污水。

A.1.7 污水、污染水

除黑水和灰水以外的所有污水。

A.2 淡水

A.2.1 概述

这些水包括供人员消耗或机械设备工艺用水，例如冷却发动机用的淡水。

A.2.2 淡水种类

淡水包括下列种类：

a) 卫生用淡水：卫生设备使用的淡水；

b) 冷却淡水：带有添加剂的冷却用淡水；

c) 燃气轮机冲洗水：用于冲洗燃气轮机的淡水；

d) 补给水：补给锅炉用水；

e) 蒸馏水：化学纯净水；

f) 饮用水：供人饮用的水；

g) 冷冻水：用作一种热载体的水，例如在空调装置内的水；

h) 冷凝水：冷凝蒸汽。

A.3 燃油

A.3.1 概述

燃油是指能燃烧产生热能的一种物质。

A.3.2 燃油种类

燃油包括下列种类：

a) 重质燃油(HFO)：根据 ISO 8216-0R 族所确定的燃油；

b) 航空燃油：飞行器使用的燃油；

c) 生物燃油：产于生物体的燃油；

d) 燃气轮机燃油：燃气轮机用燃油；

e) 柴油(MDO)：根据 ISO 8216-1 DMC 类所确定的燃油。

A.4 海水

A.4.1 概述

海水是指取自于舷外的水。

A.4.2 海水种类

海水包括下列种类：

a) 净化水：净化用的海水；

b) 卫生用海水：卫生设备用的海水；

c) 压载水：调节船舶稳性、纵倾、防横倾和刚性用的海水；

d) 冷却海水：冷却用的海水。

A.5 不可燃气体

不可燃气体包括下列种类：

a) 氧气；

b) 氮气；

c) 压缩空气：压力大于大气压力的空气；

d) 冷冻剂：冷库用作热载体的物质；

e) 控制空气和调节空气：控制和调节用的空气；

f) 呼吸用空气：呼吸空气瓶内的压缩空气；

g) 呼吸用气体：呼吸空气瓶内的压缩气体。

A.6 除燃油外的油类

A.6.1 概述

该类油是指除燃油以外的天然和合成油。

A.6.2 种类

除燃油以外的油类包括下列种类：

a) 热媒油：用于热油加热系统的热载体；

b) 燃气轮机润滑油：用于燃气轮机润滑的油；

c) 液压油：用于液压系统输送压力和(或)体积流量的油；

d) 蒸汽轮机润滑油：用于蒸汽轮机润滑的油；

e) 齿轮传动装置润滑油：用于齿轮传动装置润滑的油；

f) 内燃机润滑油：用于内燃机润滑的油。

A.7 蒸汽

A.7.1 概述

蒸汽是指由水加热到沸点后转换成的无形的气化物。

A.7.2 种类

蒸汽包括下列种类：

a） 加热用蒸汽:用于加热的蒸汽；

b） 供汽:进入一个装置的蒸汽；

c） 排汽:从一个装置返回的蒸汽。

A.8 消防/防火

消防系统的下列类型：

a） 消防水:用于灭火的水；

b） 消防气体:用于灭火的气体(如:CO_2)；

c） 喷淋水:喷淋灭火装置用的水；

d） 喷雾水:喷雾和冲洗装置用的海水；

e） 消防用干粉:用于灭火的干粉；

f） 消防用泡沫:用于灭火的泡沫。

A.9 通风系统内的空气

通风系统内空气类型如下：

a） 排风:排入大气中的空气；

b） 机械送风,冷:用机械方式供给低于舱室空气温度的冷空气；

c） 自然排风:不通过机械帮助,从舱室排出的空气；

d） 大气空气:室外新鲜空气；

e） 机械排气:通过机械帮助,从舱室排出的空气；

f） 净化后的送气:经净化的空气,如除毒或除去其他危害生命物质的空气；

g） 机械循环空气:返回到舱室的空气,即排出空气的一部分；

h） 机械送风,暖:用机械方式供给高于舱室温度的暖空气；

i） 烟气清除:清除着火后的烟气；

j） 空调送风:保持给定的温度和湿度的空气；

k） 自然送风:不通过机械帮助进入舱室的供给空气。

附 录 B
（资料性附录）
标准颜色和等同色码

GB 3033 的本部分规定的颜色是根据国际照明委员会（CIE）出版物 15.2:1986 确定的。本附录为一些使用其他颜色系统的国家提供了指南。表 B.1 包含了标准颜色和其他颜色系统的等同色码。

表 B.1 标准颜色和等同色码

主颜色	字母代号	劳尔 (RAL)	潘通 (Pantone)	门塞尔代号 (Munsell Code)
黑色	BK	9005	Black C	N1
蓝色	BU	5015	PMS 2925C	2.5PB 3.5/10
棕色	BN	8001	PMS 154C	5YR 3.5/4
绿色	GN	6018	PMS 362C	10GY 4/10
灰色	GY	7001	PMS 430C	N5
褐红色	MN	8015	PMS 490C	2.5 RP 4/12
橙色	OG	2003	PMS 158C	2.5 YR6/14
银色	SR	9006	PMS 877C	—
红色	RD	3000	PMC 1797C	7.5R 4/14
紫色	VT	4001	PMS 2633C	2.5 P4/11
白色	WH	9010	White	N9.5
淡黄褐色	YEO	1021	PMS 116C	2.5Y 8/14
注：附加颜色代号可以被增加。				

参 考 文 献

[1] ISO 8216-0 1986 石油产品 燃油(F类)分类 第0部分:系列

[2] ISO 8216-1 1996 石油产品 燃油(F类)分类 第1部分:船用燃油的种类

ICS 71.080.15
G 18

中华人民共和国国家标准

GB/T 3069.2—2005
代替 GB/T 3069.2—1986

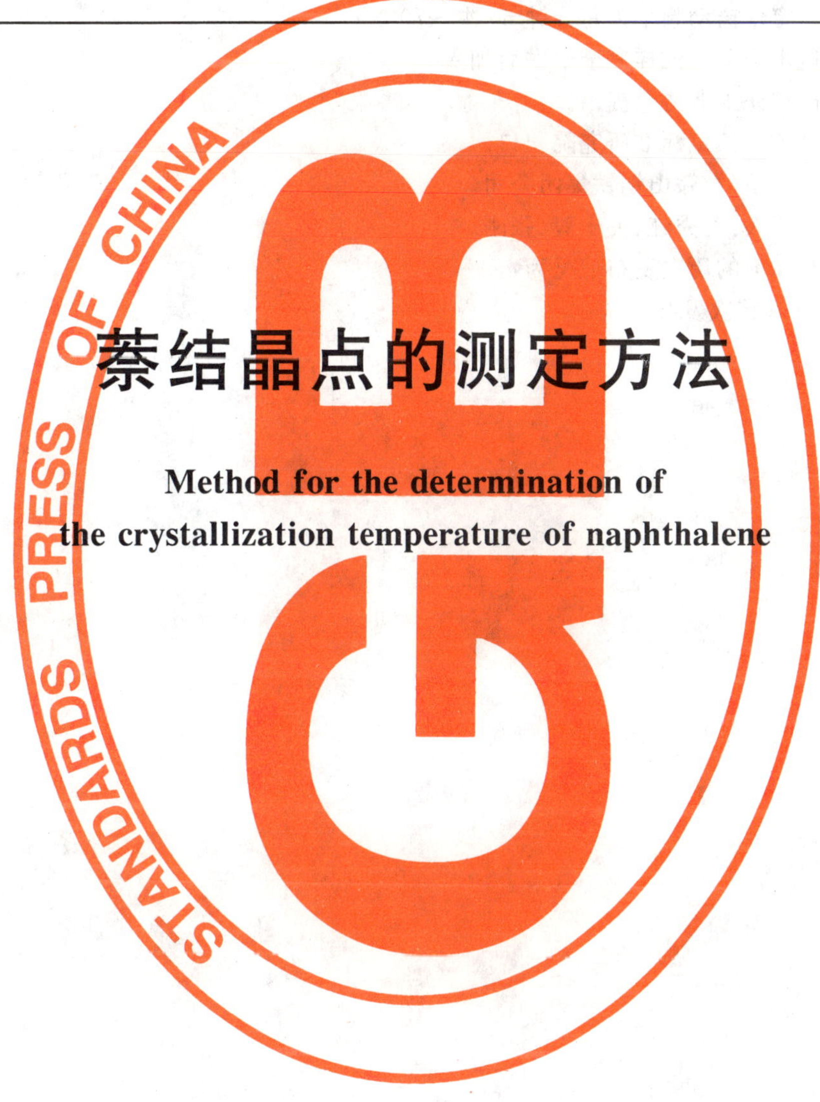

萘结晶点的测定方法

Method for the determination of the crystallization temperature of naphthalene

2005-05-13 发布 2005-10-01 实施

中华人民共和国国家质量监督检验检疫总局
中国国家标准化管理委员会 发布

前　言

本标准代替 GB/T 3069.2—1986《焦化萘的结晶点测定方法》。

本标准与 GB/T 3069.2—1986 相比主要变化如下：

——结晶点测定仪摇动频率为每分钟 60 次～70 次；

——操作时脱水剂要在试样完全熔融后加入。

本标准由中国钢铁工业协会提出。

本标准由冶金工业信息标准研究院归口。

本标准主要起草单位：鞍山钢铁集团公司。

本标准主要起草人：高秀红、关永毅、张刚。

本标准所代替标准的历次发布情况为：

——1986 年 8 月首次发布。

萘结晶点的测定方法

1 范围

本标准规定了萘结晶点测定的原理、仪器、试剂、试样的采取、试验步骤、结果计算和精密度。

本标准适用于分馏高温煤焦油所得的含萘馏分，经洗涤、精馏制得的精萘、工业萘中结晶点的测定。

2 规范性引用文件

下列文件中的条款通过本标准的引用而成为本标准的条款。凡是注日期的引用文件，其随后所有的修改单(不包括勘误的内容)或修订版均不适用于本标准，然而，鼓励根据本标准达成协议的各方研究是否可使用这些文件的最新版本。凡是不注日期的引用文件，其最新版本适用于本标准。

GB/T 2000 焦化固体类产品取样方法

GB/T 2289 焦化产品粘油类取样方法

YB/T 2305 焦化产品试验用温度计

3 原理

液态萘冷却到一定温度时，析出结晶，温度回升达到最高点即为萘的结晶点。

4 仪器

4.1 萘结晶点测定仪：如图1所示。

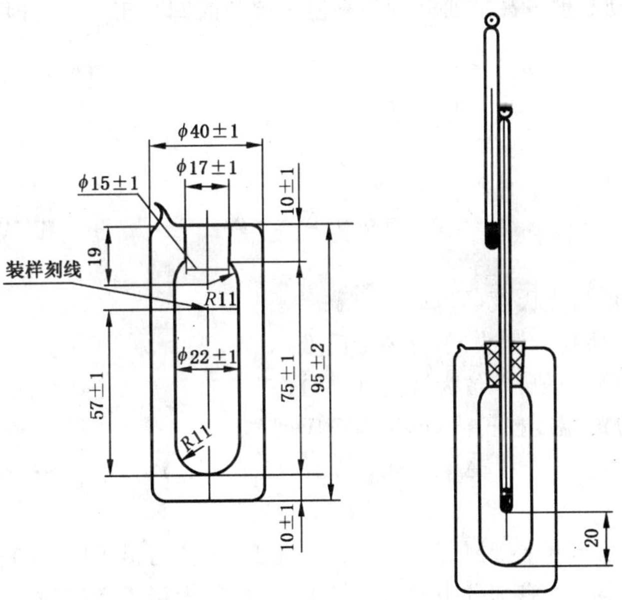

图 1

4.2 精密温度计：温度范围 70℃～90℃，分格值 0.1℃，全长 270 mm±10 mm，全浸(YB/T 2305 中 COK 4C)。

4.3 温度计：温度范围 0℃～50℃，分格值 1℃，全浸 (YB/T 2305 中 COK 23C)。

4.4 熔萘试管：直径 35 mm±1 mm，高 100 mm±3 mm。

4.5 水浴：保持温度 85℃～90℃。

4.6　秒表。

4.7　干燥箱：普通型，能保持 90℃±5℃。

5　试剂

无水硫酸铜：化学纯，在 300℃高温炉中灼烧 3 h，冷却后保存于干燥器中。

6　试样的采取

6.1　固体萘试样的采取按 GB/T 2000 的规定进行。

6.2　液体萘试样的采取按 GB/T 2289 的规定进行。

7　操作步骤

7.1　称取试样 30 g～40 g 置于熔萘试管中，然后将试管置于 85℃～90℃的恒温水浴中使试样完全熔化，称取 2 g 无水硫酸铜加入熔萘试管中脱水，静止脱水 5 min。

注：加入无水硫酸铜如果全部变蓝，应再加入无水硫酸铜脱水，直至加入无水硫酸铜不变色。

7.2　再将熔融试样迅速倒入已预热至 90℃的结晶点测定仪中，使试样达仪器刻线处，并立即用装有精密温度计的软木塞塞紧（温度计预热至 80℃～85℃），使精密温度计插至离萘结晶点测定仪底 20 mm处。

7.3　保持结晶点测定仪与水平成 45°、振幅 100 mm，每分钟 60 次～70 次摇动测定仪，每 0.5 min 看一次精密温度计温度，温度逐渐降低，当有结晶出现，温度开始回升时，再摇动一次后停止摇动，静置观察温度。

7.4　当温度达到最高点并在最高温度停留 1 min 以上时，该温度即为结晶点。读记此温度，读数估计到 0.01℃，同时记录精密温度计水银柱外露部分中段附近的温度。

7.5　若在测定中未观察到温度升高或回升到最高温度停留时间少于 1 min 时，则此次试验作废，需重新试验。

8　试验结果计算

按式(1)计算萘的结晶点：

$$t = t_0 + \Delta t_1 + \Delta t_2 \qquad (1)$$

式中：

t——萘的结晶点，单位为摄氏度(℃)；

t_0——精密温度计观察所得的读数，单位为摄氏度(℃)；

Δt_1——精密温度计本身校正值，单位为摄氏度(℃)；

Δt_2——水银柱外露部分的温度校正值，单位为摄氏度(℃)。

$$\Delta t_2 = 0.000\,16\, H(t_0 - t_B) \qquad (2)$$

式中：

H——精密温度计在软木塞上外露部分的水银柱高度，单位为摄氏度(℃)；

t_B——精密温度计水银柱外露部分中段附近的温度，单位为摄氏度(℃)。

9　精密度

重复性试验结果之差不得超过 0.05℃。

ICS 83.120
Q 23

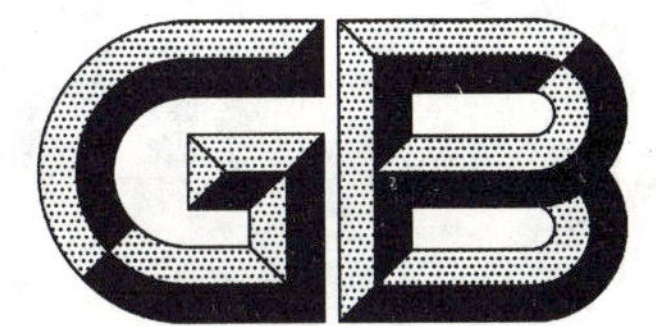

中华人民共和国国家标准

GB/T 3139—2005
代替 GB/T 3139—1982

纤维增强塑料导热系数试验方法

Fiber-reinforced plastics composites—Determination of thermal conductivity

2005-05-18 发布　　　　2005-12-01 实施

中华人民共和国国家质量监督检验检疫总局
中国国家标准化管理委员会　发布

前 言

本标准代替 GB/T 3139—1982《玻璃钢导热系数试验方法》。

本标准与 GB/T 3139—1982 相比主要变化以下：

——题目由《玻璃钢导热系数试验方法》改为《纤维增强塑料导热系数试验方法》；

——增加规范性引用文件一章(见第 2 章)；

——增加术语和定义一章(见第 3 章)；

——增加试验原理一章(见第 4 章)；

——导热系数单位由卡/厘米·秒·℃改为瓦[特]每米开[尔文][W/(m·K)]；

——修改了试样预处理条件(1982 年版的 1.4，本版的 8.2)；

——增加试验设备示意图(见图 1)。

本标准由中国建筑材料工业协会提出。

本标准全国纤维增强塑料标准化技术委员会归口。

本标准起草单位：北京玻璃钢研究设计院。

本标准主要起草人：赵广福、张力平、雷国栋。

本标准于 1982 年 7 月首次发布，2005 年 5 月第一次修订。

纤维增强塑料导热系数试验方法

1 范围

本标准规定用护热板法测定纤维增强塑料导热系数的试验原理、试样、试验仪器、试验条件、试验步骤、计算结果和试验报告。

本标准适用于测定纤维增强塑料的导热系数。

2 规范性引用文件

下列文件中的条款通过本标准的引用而成为本标准的条款。凡是标注日期的引用文件，其随后所有的修改单(不包括勘误的内容)或修订版不适用于本标准，然而鼓励根据本标准达成的协议的各方研究是否适用这些文件的最新版本。凡是不标注日期的引用文件，其最新版本适用于本标准。

GB/T 1446—2005 纤维增强塑料性能试验方法总则

3 术语和定义

下列术语和定义适用于本标准。

3.1

热流量 heat flow rate

单位时间内通过一个面内的热量。

[GB/T 3102.4—1993，定义 4-7]

3.2

热流量密度 density of heat flow rate

垂直于热流方向的单位面积热流量。

[GB/T 4132—1996，定义 6.2.3]

3.3

导热系数 thermal conductivity

材料导热特性的一个物理指标。数值上等于热流密度除以负温度梯度。

[GB/T 4132—1996，定义 6.2.5]

3.4

试样平均温度 mean temperature

稳定状态时，试样的高温面温度和低温面温度的算术平均值；也可以简称为平均温度。

3.5

试样温度差 temperature difference

稳定状态时，试样的高温面温度和低温面温度的差值。

4 试验原理

护热板法是在稳定状态下，单向热流垂直流过板状试样；通过测量在规定传热面积的一维恒定热流量，及试样冷热表面的温度差，可以计算出试样的导热系数。

5 试样

5.1 试样制备按 GB/T 1446—2005 第 4 章的规定。

5.2　试样尺寸应满足以下要求：

5.2.1　试样边长或直径应与加热板相等，通常为 100 mm。

5.2.2　试样厚度至少是 5 mm，最大不大于其边长或直径的 1/10。

5.3　试样表面应平整，表面不平度不大于 0.50 mm/m；试样两面应平行。

5.4　每组试样不少于 3 块。

6　试验仪器

试验仪器如图 1 所示。

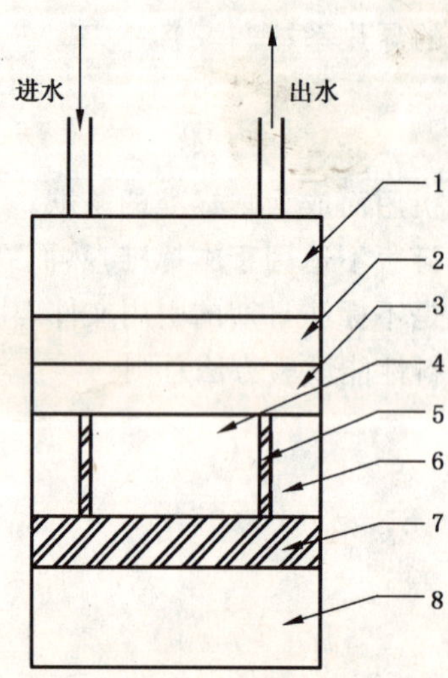

1——冷却水套；
2——冷板；
3——试样；
4——主加热板；
5——绝热材料；
6——护加热板；
7——绝热材料；
8——底加热板。

图 1　试验设备示意图

6.1　加热板

加热板由主加热板和包围主加热板并有一定间隙的护加热板以及底加热板组成，各加热板有独立的加热器和表面板。

6.1.1　加热板的边长或直径一般是 100 mm，护加热板的宽度是加热板边长或直径的 1/4，并有适当的保温措施。若有特殊措施，并保证导热系数测量值的误差在 8%以内，此值也可适当改变。

6.1.2　加热板表面各点温度差不大于稳定状态下试样两面温差的 2%，且最大不得大于 0.5℃。护加热板表面各点温度差不大于稳定状态下试样两面温差的 5%，且最大不得大于 1℃。

6.1.3　加热板表面不平度应不大于 0.25 mm/m。

6.2　冷却板

冷却板内应具有螺纹式双向液体回路；冷却板的尺寸及接触试样的表面状态同加热板，但冷却板不设间隔。

6.3　温度和功率测量精度

温度测量应精确到稳定状态下试样两面温差的 1%，但最大不大于 0.5℃。

测量主加热板的功率，应精确到 1%。

7 试验条件

7.1 试验环境

试验环境条件应符合 GB/T 1446—2005 第 3 章的规定。

7.2 试样温度及温度差

热板温度一般不超过 260℃，冷板温度从室温升至所需温度；试样两面温差不小于 10℃。

8 试验步骤

8.1 试样外观检查

试样外观检查按 GB/T 1446—2005 中 4.2 的规定，试样表面的不平度用刀形平板尺进行检验。

8.2 试样状态调节

试样状态调节按 GB/T 1446—2005 中 4.4 的规定，或按产品技术要求处理。

8.3 试样厚度测量

测量试样厚度，至少测量 4 次，精确至 0.01 mm，取算术平均值。

8.4 试样安装

安装试样时注意消除空气夹层，并对试样施加一定的压力。

8.5 调节平衡

调节主加热板与护加热板以及主加热板与底加热板之间的温差，使之达到平衡，由于不平衡所引起的导热系数测试误差不得大于 1%。

8.6 测量

达到稳定状态后，测量主加热板功率和试样两面的温差，试验即可结束。所谓稳定状态是指在主加热板功率不变的情况下，30 min 内试样表面温度波动不大于试样两面温差的 1%，且最大不得大于 1℃。

9 计算

导热系数按式(1)计算，取 2 位有效数字。

$$\lambda = \frac{\Phi \cdot d}{A \cdot (t_1 - t_2)} \quad \cdots\cdots(1)$$

式中：

λ——导热系数，单位为瓦特每米开(尔文)[W/(m·K)]；

Φ——主加热板稳定时的功率，单位为瓦特(W)；

d——试样厚度，单位为米(m)；

A——主加热板的计算面积(对某台测试装置，该数值为固定数值)，单位为平方米(m^2)；

t_1——试样高温温度，单位为摄氏度(℃)；

t_2——试样低温温度，单位为摄氏度(℃)。

计算出每个试样的导热系数，计算出每组试样的平均值。

10 试验报告

按照 GB/T 1446—2005 第 7 章，但试验结果只需给出每个试样的导热系数值和每组试样的算术平均值，注明试样的高温面温度或试样的平均温度。

ICS 83.120
Q 23

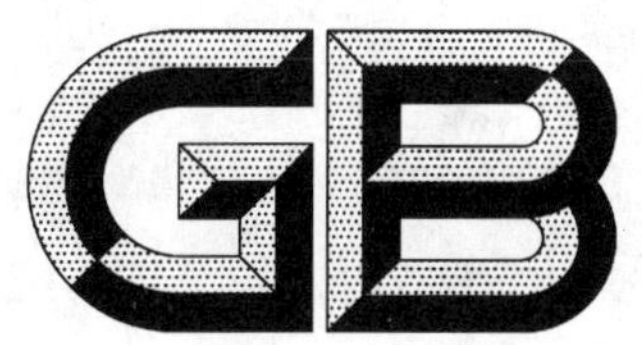

中华人民共和国国家标准

GB/T 3140—2005
代替 GB/T 3140—1995

纤维增强塑料平均比热容试验方法

Fiber-reinforced plastics composites—
Determination of mean specific heat capacity

2005-05-18 发布　　　　2005-12-01 实施

中华人民共和国国家质量监督检验检疫总局
中国国家标准化管理委员会　发布

前　言

本标准代替 GB/T 3140—1995《纤维增强塑料平均比热容试验方法》。

本标准与 GB/T 3140—1995 相比主要变化以下：

——测试温度范围由 100℃～20℃改为 150℃～20℃(1995 年版的第 1 章,本版的第 1 章)；

——增加规范性引用文件一章(见第 2 章)；

——增加术语和定义一章(见第 3 章)；

——对试样型式作了更清楚的规定(1995 年版的 4.1,本版的 5.1)。

本标准的附录 A 为资料性附录。

本标准由中国建筑材料工业协会提出。

本标准全国纤维增强塑料标准化技术委员会归口。

本标准起草单位:北京玻璃钢研究设计院。

本标准主要起草人:赵广福、张力平、施自强。

本标准于 1982 年 10 月首次发布,1995 年 5 月第一次修订,2005 年 5 月第二次修订。

纤维增强塑料平均比热容试验方法

1 范围

本标准规定了用混合法(采用铜块量热计)测定纤维增强塑料平均比热容的试样、试验原理、仪器设备、试验步骤、结果计算和试验报告。

本标准适用于测试平均温度约 85℃(150℃～20℃),即试样被加热到 150℃的纤维增强塑料的平均比热容。

本标准不适用于在 150℃时发软变形的材料。

2 规范性引用文件

下列文件中的条款通过本标准的引用而成为本标准的条款。凡是标注日期的引用文件,其随后所有的修改单(不包括勘误的内容)或修订版不适用于本标准,然而鼓励根据本标准达成的协议的各方研究是否适用这些文件的最新版本。凡是不标注日期的引用文件,其最新版本适用于本标准。

GB/T 1446—2005 纤维增强塑料性能试验方法总则

3 术语和定义

下列术语和定义适用于本标准。

3.1

平均比热容 mean specific heat capacity

单位质量的物体温度升高 1 K 所需的热量,该热量是在规定温度范围内的平均热量。

3.2

热容 heat capacity

当一系统由于加给一微小的热量 δQ 而温度升高 $\mathrm{d}T$ 时,这个量即是热容 $\delta Q/\mathrm{d}T$。

注:除非规定变化过程,这个量是不完全确定的。

[GB/T 3102.4—1993,定义 4-15]

4 试验原理

将一定质量的试样均匀加热到试验温度后,降落到温度较低的已知热容值的铜块量热计内,测定量热计的温升。当二者温度平衡时量热计所吸收的热量即等于试样放出的热量。根据公式计算出试样的平均比热容。

5 试样

5.1 试样尺寸和型式

模塑料试样尺寸和型式见图 1,可以直接模塑。

板材试样尺寸和型式见图 2。在试样中心钻孔,然后用同样材质的材料加工成圆棒贯穿固定。

5.2 试样数量

试样数量不少于3个。

6 仪器设备

试验设备主要由量热计、恒温水浴、加热炉和温度测量装置组成，如图3所示。

6.1 量热计

量热计由铜块量热计及其外壳组成。铜块量热计材料为紫铜（热容约为800 J/℃，尺寸见图4和图5）。热容值用电能法进行标定。

注：电能法是指对量热计进行电加热，根据所加电能和量热计温升计算量热计的热容。

6.2 恒温水浴

在试验期间水浴温度波动不超过±0.1℃。

6.3 加热炉

加热炉均温区沿纵向的长度至少是试样高度的两倍。均温区最大温差不超过1℃。

6.4 温度测量装置

量热计温度传感器用铂电阻温度计测量，精度不应低于0.01℃。

试样温度用热电偶伸入试样孔中进行测量，精确至0.2℃。

7 试验步骤

7.1 试样状态调节

试样状态调节按照GB/T 1446—2005的4.4进行。

7.2 把试样悬挂于加热炉均温区的正中处。通电加热，使其升温至约150℃。

7.3 把量热计置于水浴中，使量热计的初始温度保持在20℃左右（与标定热容值时的量热计初始温度相一致）；待量热计温度稳定后，将水浴温度调节到比量热计温度的初始温度高1℃～1.5℃。

7.4 待试样温度稳定后，保温20 min以上，保温期间温度偏差不超过0.2℃。记录落样时刻的试样温度为t。

7.5 分三个阶段测量量热计的温度值，每隔1 min读一次数。

7.5.1 第一阶段，当量热计和恒温水浴热交换稳定时，量热计温度上升速率稳定；连续记录10 min，在第10 min准时落样，同时记录此时温度值t_0。

7.5.2 第二阶段，试样放热量热计温度迅速升高，继续读数直到温度最高值t_n。

7.5.3 第三阶段，末期降温阶段，从温度下降开始记录10 min。

7.6 从量热计中取出试样。称量试样质量m，精确到0.01 g。

8 结果计算

8.1 试样的平均比热容

试样的平均比热容按式(1)计算：

$$C_p = \frac{C(t_n + t_\delta - t_0)}{m(t - t_n - t_\delta)} \qquad \cdots\cdots(1)$$

式中：

C_p——试样的平均比热容，单位为焦[耳]每千克开(尔文)(J/(kg·K))；

C——量热计的热容值，单位为焦[耳]每摄氏度(J/℃)；

t_n——量热计的最高温度值，单位为摄氏度(℃)；

t_δ——量热计的温度修正值(为正时表示量热计向外散失热量，反之为从外吸收了热量)，单位为摄氏度(℃)；

t_0——落样时刻的量热计温度值，单位为摄氏度(℃)；

m——试验后的试样质量，单位为克(g)；

t——试样温度，单位为摄氏度(℃)。

8.2 量热计的温度修正

量热计的温度修正值按式(2)或式(3)计算：

$$t_\delta = \frac{V_3 - V_1}{\bar{t}_3 - \bar{t}_1}\left(\frac{t_0 + t_n}{2} + \sum_{j=1}^{n-1} t_j - n \cdot \bar{t}_1\right) + n \cdot V_1 \qquad \cdots\cdots(2)$$

$$t_\delta = \frac{V_3 - V_1}{\bar{t}_3 - \bar{t}_1}\left(\frac{t_0 + t_n}{2} + \sum_{j=1}^{n-1} t_j - n \cdot \bar{t}_3\right) + n \cdot V_3 \qquad \cdots\cdots(3)$$

式中：

t_δ——同式1；

V_1、V_3——分别表示第一和第三阶段量热计温度变化速率，单位为摄氏度每分钟(℃/min)；

$\bar{t}_1$、$\bar{t}_3$——分别表示第一和第三阶段量热计温度平均值，单位为摄氏度(℃)；

n——第二阶段量热计温度记录次数；

t_j——第二阶段量热计温度记录值，单位为摄氏度(℃)。

8.3 计算出三个试样的算术平均值，结果取三位有效数字。平均比热容的计算示例参见附录A。

9 试验报告

在试验报告中应包括以下部分或全部：

a) 注明本标准号；

b) 给出每个试样的平均比热容和一组试样的算术平均值；

c) 注明试验的温度范围和特殊的状态调节条件等。

单位为毫米

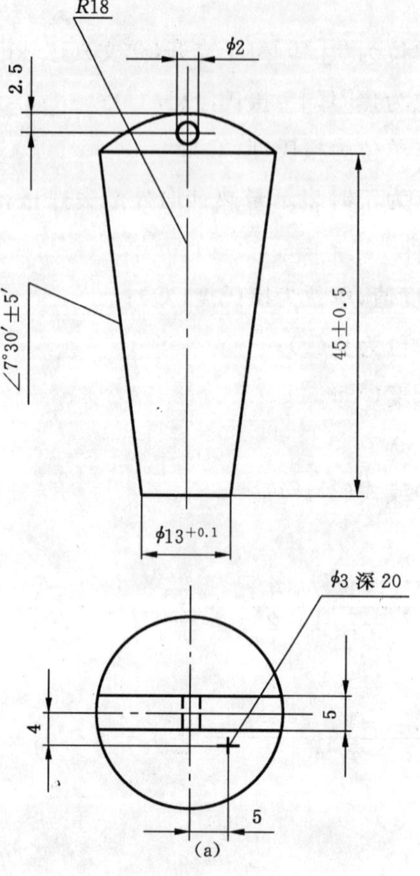

图 1　模塑料试样尺寸和型式

单位为毫米

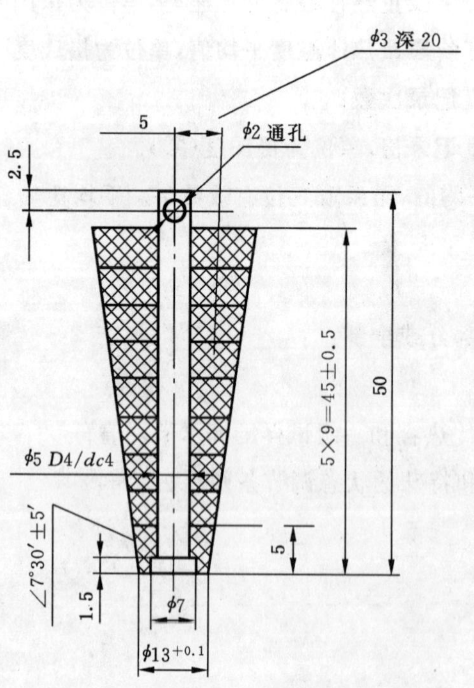

图 2　板材试样尺寸和型式

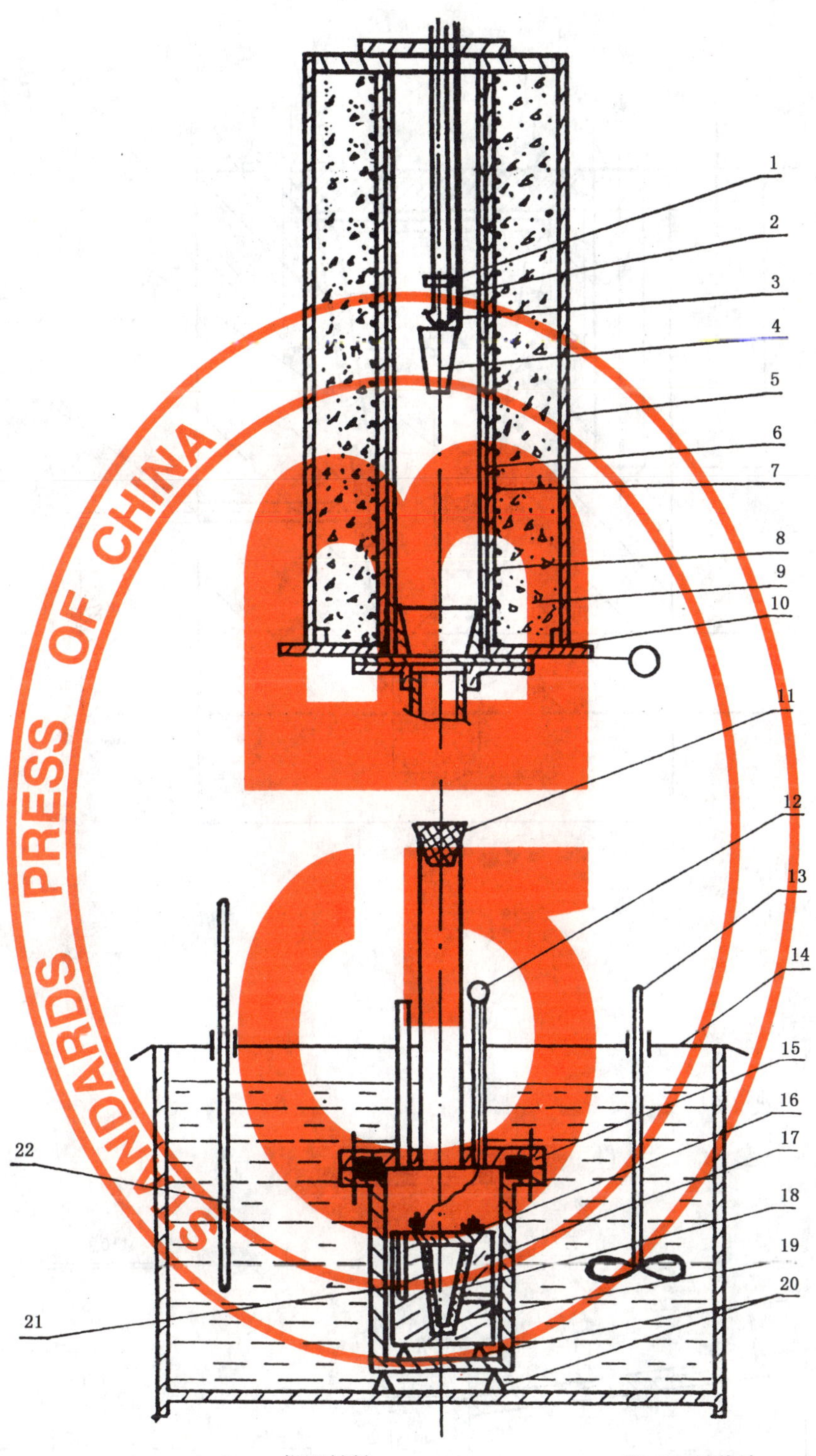

1——试样架；
2——热电偶温度计；
3——金属丝；
4——试样；
5——加热炉；
6——紫铜管；
7——加热丝；
8——绝缘材料；
9——保温材料；
10——炉门；
11——橡皮塞；
12——活动盖拉线；
13——搅拌器；
14——恒温水浴；
15——量热计外壳；
16——量热计活动盖；
17——量热计；
18——量热计标定用加热丝；
19——量热计内衬；
20——热绝缘支撑物；
21——铂温度计；
22——温度计。

图 3 测试装置

单位为毫米

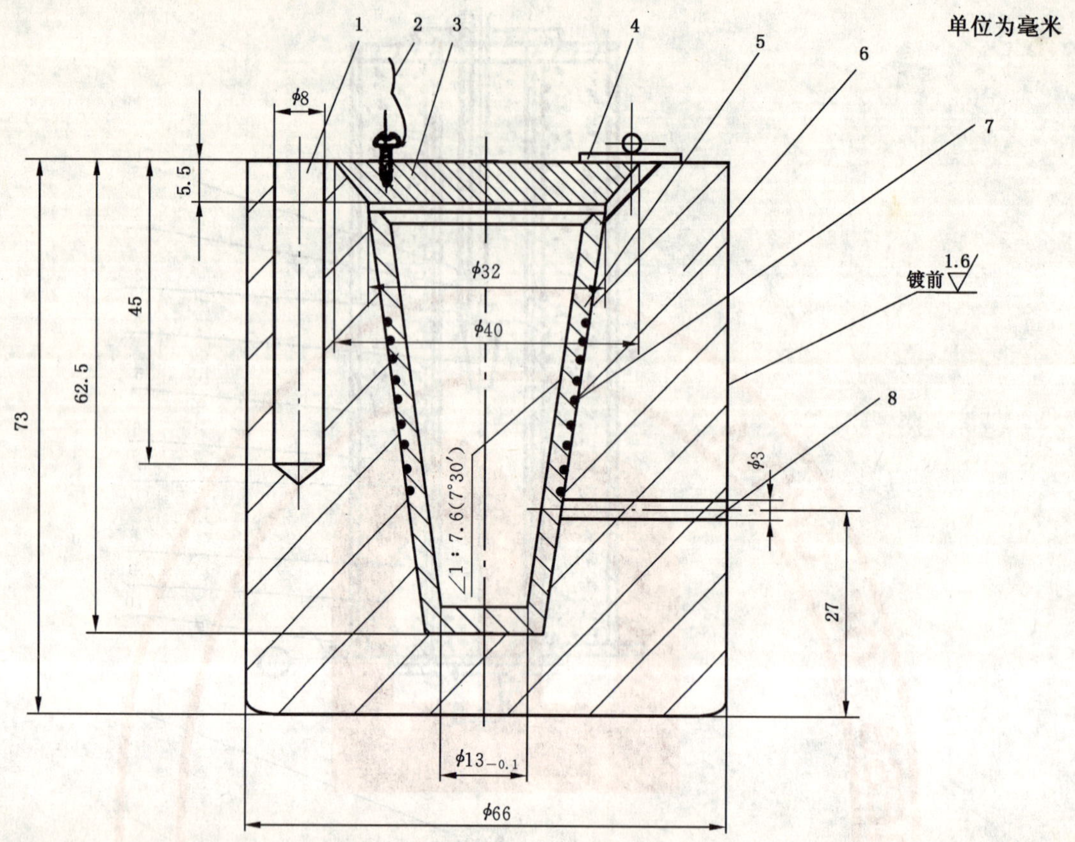

1——温度计插孔；

2——活动盖拉线；

3——活动盖；

4——合页；

5——量热计内衬；

6——铜块量热计；

7——标定热值用加热丝；

8——加热丝引线孔。

图 4　量热计

单位为毫米

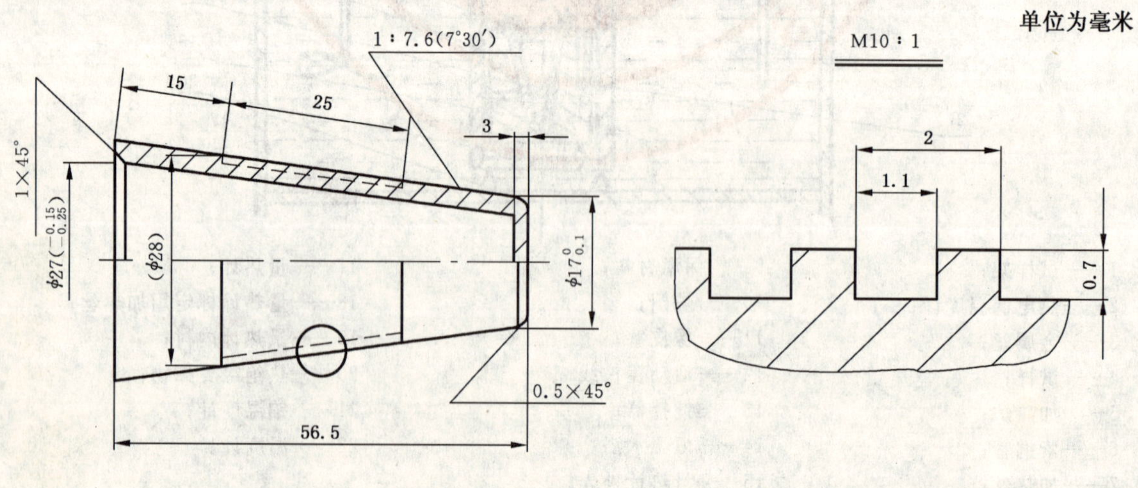

图 5　量热计内衬

附　录　A
（资料性附录）
平均比热容计算示例

A.1　试验结果

A.1.1　量热计热容量 $C=775.5$ J/K；

A.1.2　试样温度：$t=150.1$℃；

A.1.3　试验后的试样质量：$m=23.19\times10^{-3}$ kg；

A.1.4　量热计温度记录见表 A.1。

表 A.1　量热计温度记录表

时间/min	第一阶段温度/℃	时间/min	第二阶段温度/℃	n	时间/min	第三阶段温度/℃
0	20.21	11	21.53	1	20	24.30
1	20.22	12	22.63	2	21	24.28
2	20.24	13	23.32	3	22	24.27
3	20.25	14	22.68	4	23	24.25
4	20.26	15	23.74	5	24	24.22
5	20.28	16	24.00	6	25	24.20
6	20.30	17	24.16	7	26	24.18
7	20.31	18	24.24	8	27	24.14
8	20.32	19	24.29	9	28	24.12
9	20.34		24.31	10	29	24.10
10	20.35					
注：$t_0=20.35$；$t_n=24.31$。						

A.2　计算量热计温度修正值

$$V_1=\frac{20.21-20.35}{10}=-0.014$$

$$V_3=\frac{24.30-24.10}{10}=0.020$$

$$\bar{t}_1=\frac{20.21+20.35}{2}=20.28$$

$$\bar{t}_3=\frac{24.30+24.10}{2}=24.20$$

$$\frac{V_3-V_1}{\bar{t}_3-\bar{t}_1}=\frac{0.034}{3.92}=0.008\ 7$$

$$\frac{t_0+t_n}{2}=22.33$$

若 $n=9$：

$$\sum_{j=1}^{n-1} t_j = 21.53 + 22.63 + 23.32 + 23.74 + 24.00 + 24.16 + 24.24 + 24.29 = 187.91$$

$$n \cdot \bar{t}_1 = 9 \times 20.28 = 182.52$$

$$n \cdot V_1 = 9 \times (-0.014) = -0.126$$

代入

$$\begin{aligned} t_\delta &= \frac{V_3 - V_1}{\bar{t}_3 - \bar{t}_1}\left(\frac{t_0 + t_n}{2} + \sum_{i=1}^{n-1} t_i - n \cdot \bar{t}_1\right) + n \cdot V_1 \\ &= 0.0087 \times (21.68 + 187.91 - 182.52) + (-0.126) \\ &= 0.11 \end{aligned}$$

A.3 计算试样的平均比热容

$$C_p = \frac{C(t_n + t_\delta - t_0)}{M(t - t_n - t_\delta)} = \frac{775.5 \times (24.31 + 0.11 - 20.35)}{23.19 \times 10^{-3} \times (150.1 - 24.31 - 0.11)} = 1.08 \times 10^3\ \mathrm{J/(kg \cdot K)}$$